一生的忠告

(美)约翰·D.洛克菲勒等 /著
范毅然等 /编译

中国华侨出版社
北 京

图书在版编目（CIP）数据

一生的忠告 /（美）约翰·D.洛克菲勒等著；范毅然等编译. — 北京：中国华侨出版社，2018.3
ISBN 978-7-5113-7376-2

Ⅰ.①一… Ⅱ.①约… ②范… Ⅲ.①人生哲学—通俗读物 Ⅳ.① B821-49

中国版本图书馆 CIP 数据核字（2018）第 017579 号

一生的忠告

著　　者：（美）约翰·D.洛克菲勒等
编　　译：范毅然等
出 版 人：刘凤珍
责任编辑：清　芬
封面设计：王明贵
文字编辑：张爱萍
美术编辑：杨玉萍
经　　销：新华书店
开　　本：889mm×1194mm　1/32　印张：22　字数：700 千字
印　　刷：北京市松源印刷有限公司
版　　次：2018 年 3 月第 1 版　2018 年 3 月第 1 次印刷
书　　号：ISBN 978-7-5113-7376-2
定　　价：39.80 元

中国华侨出版社　北京市朝阳区静安里 26 号通成达大厦 3 层　邮编：100028
法律顾问：陈鹰律师事务所
发 行 部：（010）58815874　　传真：（010）58815857
网　　址：www.oveaschin.com
E-mail：oveaschin@sina.com

如果发现印装质量问题，影响阅读，请与印刷厂联系调换。

前言

忠告，是智者的睿语，是师长的劝诫。好的忠告是一笔值得一生珍藏的宝贵财富，它是歧路前的警示，让你避免重蹈覆辙，在人生的道路上少走弯路，少遭挫折和失败；它是迷途时的明灯，在你彷徨之际，指引你前进的方向；它是坦途时的鞭策，在你春风得意之时，提醒你别忘了远方的目标；它是低谷时的安慰，抚平你的创伤，激发你的潜能，催促你重整旗鼓，开始新的挑战……接受了正确有益的忠告，不但可以增加你的个人力量，而且可以帮你树立正确的人生观，让你具有前进的希望和动力。本书收录了洛克菲勒、约翰·摩根、查斯特菲尔德、巴菲特、比尔·盖茨、李嘉诚、松下幸之助等七位世界名人给年轻人的忠告，这些忠告毫无保留地总结和浓缩了他们的人生经验和智慧，在学习、工作、交友、处理人际关系等方面给予年轻人许多深刻的教诲，在投资理财、获取成功方面给出了许多中肯的忠告。

约翰·D. 洛克菲勒是美国第一家工业托拉斯企业的创建者，他成功地造就了美国历史上一个独特的时代，被誉为"窥见上帝秘密的人"。可以毫不夸张地说，洛克菲勒家族在过去150年的发展史就是整个美国历史的一个精彩的缩影，并且已经成为美国国家精神的杰出代表。"洛克菲勒给儿子的28封信"是洛克菲勒一生的思想精华，饱含了一位父亲对孩子们那浓浓的爱以及殷切的希望，真实、完整地记录了洛克菲勒在其98年的峥嵘岁月中的人生智慧和成功之道，展示了一位商业巨子如何从无到有创造财富，又如何抓住每一分钱来赚取更多的财富的。从中你将看到一位传奇的商业巨子、一位伟大的父亲，为你揭示成长、修身、处世与财富的秘密。这不仅仅是一些教子的忠告，更是一把把收获幸福、走向成功、开启财富大门的金钥匙。

约翰·皮尔庞特·摩根是美国近代金融史上最著名的金融巨头，曾两度几乎以个人之力使美国经济起死回生，被誉为"华尔街的拿破仑"。摩根给儿子小约翰·皮尔庞特的23封信是以遗嘱的形式流传下来的贵重藏品。信札透露了太多摩根家族创造财富的秘密和人生智慧，是一本培养伟大企业家无可比拟的教材……这些信札被外界获悉之后引起出版界的广泛关注，多年一直有人强烈要求出版，但都被一一回绝。直到20世纪90年代中期摩根家族的继承者查尔斯·摩根才答应付梓刊印。这些信札的价值就如亨利·斯塔杰所说："比摩根家庭富可敌国的全部财富更加宝贵。"美国金融家艾伦·格林斯潘也曾高度评价："这些信件是摩根家族的至宝。当我戴上白手套阅读了一页，便不忍释手，文章写得实在太妙了，我只有在读《圣经》时才有这种感觉。恍然间，我好像看到了摩根家族强大、富有的秘密……"

查斯特菲尔德勋爵是英国著名政治家、外交家、文学家，他出身于贵族世家，36岁担任英国驻荷兰海牙大使，1745～1748年相继担任爱尔兰总督、国务大臣等国家要职。他留给后人最大的财富是他写给儿子的书信。在这些书信中，他把自己宝贵的人生经验和处世感悟，通过深情的教诲和极富文学魅力的灵动笔触，毫无保留地告诉儿子，给儿子在学识、品格、仪表、交际、事业、生活等方方面面提出了极其宝贵的人生忠告。在父亲书信的教导下，菲利普·斯坦霍普最终成为英国杰出的外交家。两个多世纪以来，查斯特菲尔德勋爵写给儿子的信风靡欧洲各国，成为西方贵族式教育的典范,被誉为"培养最杰出的青少年、造就最优秀的男子汉的经典教科书"。这些忠告对于所有人,尤其是正在成长中的青少年提高素质、取得成功具有重要的借鉴和教育作用。

巴菲特是世界上唯一一位仅仅通过股票投资成为世界首富的人,其资产曾经达到620亿美元,超过比尔·盖茨,被誉为"华尔街股神""当代最伟大的投资家"。然而,巴菲特更是一位慈祥的长者,一位成功的导师,他的人生哲学被世人所推崇,巴菲特给年轻人的忠告展示了他在人生观、价值观方面等方面独特的感悟,针对年轻人成长过程中的关键问题,如生活态度、职业选择、人生规划、管理营销、投资理财、股票操作,等等,向青年朋友提出了一些实用的忠告。这些饱含智慧的忠告都是从巴菲特年轻时候所犯的错误中加以提炼总结的,为年轻人提供了化解人生困局的指引,无疑是年轻人改变命运、拥有辉煌人生的智慧指南。

比尔·盖茨是世所共知的财富的象征,他学生时代创业,20岁领导微软,31岁成为有史以来最年轻的亿万富翁,37岁便成为美国首富,39岁成为世界首富。这一切的成功,使得比尔·盖茨成为世人特别是年轻人羡慕和崇拜的偶像。比尔·盖茨的成功,绝不是与生俱来的,而是得益于他的一些做人做事的准则。他将自己成功的秘诀,总结为24条人生忠告,作为最珍贵的礼物奉献给每一位渴望成功的人。这24条忠告被称为"黄金准则",其中既有他的人生感悟、处世妙论,又有他的经营智语、经商心得,是每一个有志追求成功的年轻人都应该学习的,可以引导年轻人克服障碍,少走弯路,勇于登高,最终实现人生的目标。

李嘉诚创造了一个让人惊叹的商业神话:14岁步入社会,没有文凭,没有资金,当过茶馆堂倌,做过推销员,22岁正式开始创业,30岁即成为千万富翁,最终以自己雄厚的实力和庞大的商业帝国成为风光无限的世界华人首富,被誉为商界"超人"。李嘉诚的成功是他智慧、意志力的胜利,同时又是他人生信条和做人哲学的胜利。"李嘉诚给年轻人的26个忠告"是其数十载打拼后的人生感悟、上百亿财富的人格源泉,涵盖了立志、心态、性格、价值观等各个方面,不仅教那些刚刚步入社会的年轻人如何做人、做事,而且也为年轻人指明了努力的目标和成功的方向。

松下幸之助是日本的"经营之神"、东方企业界的骄子、日本商业精神的化身。他领导松下公司从一家小作坊发展到著名跨国企业,他首创"事业部制""终身雇佣制"等日本企业管理制度,以及"自来水哲学""玻璃式经营""水坝式经营"等企业经营哲学。"松下幸之助给年轻管理者的22个忠告"是他60多年的实践与思考的结晶,融合了东西方双重智慧——以古老的东方学统为基础,消化吸收西方国家先进的管理理念与方法,并将其转化为适宜本土文化的经营之道,字里行间时时闪现着他对人生、价值、世界的深刻思考,处处洋溢着东方智慧的芬芳,令人读之倍感亲切,在潜移默化中感受和习得松下经营管理思想的精髓。

朋友们,向这些已成就辉煌事业的成功者学习吧,他们的忠告句句都是"金玉良言",当你了解了他们的人生忠告并有目的地遵循时,祝贺你,你已经迈出了改变你人生的第一步!当你严格地按照他们的忠告去做,你将会以健康、积极的心态投入到你的学习、生活和事业中,并会取得非常大的进步。向优秀的人学习,你将是个优秀的人;向成功的人学习,你将是个成功的人。

目录

洛克菲勒给儿子的28封信

> 洛克菲勒成功地造就了美国历史上一个独特的时代,被誉为"窥见上帝秘密的人",他留给儿子的几十封信真实记录了他创造财富神话的种种业绩,从中人们不仅仅可以看到洛克菲勒优良的品德、卓越的经商才能,还可窥见一代巨富创造财富的谋略与秘密。

约翰·D.洛克菲勒简介 …………………………………	2
第1封信　起点不决定终点 …………………………	12
第2封信　运气靠策划 ………………………………	15
第3封信　天堂与地狱毗邻 …………………………	19
第4封信　现在就去做 ………………………………	23
第5封信　为前途抵押 ………………………………	27
第6封信　别让精神破产 ……………………………	30
第7封信　坚定不移的信心足可撼动山峦 …………	33
第8封信　重视对手,勇于竞争 ……………………	37
第9封信　天下没有免费的午餐 ……………………	41
第10封信　隐藏你的聪明 ……………………………	44

第 11 封信	财富是勤奋的副产品 ·········	47
第 12 封信	只为成功找方法，不为失败找借口 ·······	50
第 13 封信	成功的希望就在自己手中 ········	55
第 14 封信	花时间让自己富裕起来 ·········	59
第 15 封信	侮辱有时可以催人奋进 ·········	63
第 16 封信	明白交易中的价值与价格 ········	66
第 17 封信	相信自己是重要人物 ··········	69
第 18 封信	让每一分钱都物有所值 ·········	73
第 19 封信	幸运之神眷顾勇者 ···········	76
第 20 封信	欲得完美想法，必先有许多想法 ·····	80
第 21 封信	拒绝与消极人士来往 ··········	83
第 22 封信	抱怨只会让优秀沦丧 ··········	87
第 23 封信	让合适的人出现在合适的地方 ······	91
第 24 封信	永远作策略性思考 ···········	94
第 25 封信	始终把部属放在第一位 ·········	98
第 26 封信	财富是种责任 ·············	101
第 27 封信	充实你的心灵 ·············	104
第 28 封信	谁都有机会成为大人物 ·········	107

摩根给儿子的 23 封信

　　这是美国财富巨擘摩根家族的奠定者——约翰·皮尔庞特·摩根给儿子小约翰·皮尔庞特的信，是私人信札，并且是遗嘱形式的贵重藏品，信札透露了太多摩根家族创造财富的秘密和人生智慧，是培养伟大企业家无可比拟的教材，其价值就如亨利·斯塔杰所说："比摩根家庭富可敌国的全部财富更加宝贵。"

约翰·皮尔庞特·摩根简介	……………………………	114
第1封信	迎接挑战 ……………………………………	124
第2封信	做一个积极行动的人 ………………………	128
第3封信	敢于尝试新事物 ……………………………	132
第4封信	只有相信成功才能得到成功 ………………	137
第5封信	看重读书的经济价值 ………………………	140
第6封信	用心经营友谊 ………………………………	144
第7封信	释放压力,储蓄健康之本 …………………	149
第8封信	不断汲取新经验 ……………………………	153
第9封信	说"谢谢"越频繁,越容易成功 …………	156
第10封信	激发员工的热情 ……………………………	160
第11封信	谨防冒险的诱惑 ……………………………	164
第12封信	正确使用金钱 ………………………………	168
第13封信	扩大事业的野心 ……………………………	172
第14封信	成为最优秀的领导者 ………………………	176
第15封信	企业精神的精髓 ……………………………	180
第16封信	有价值的"批评" …………………………	183
第17封信	效率化管理 …………………………………	187
第18封信	创新是突破困境的利器 ……………………	192
第19封信	规避投资的风险 ……………………………	197
第20封信	与银行愉快地合作 …………………………	201
第21封信	战胜你的恐惧心理 …………………………	205
第22封信	掌握用人之道 ………………………………	208
第23封信	全看你的了 …………………………………	212

查斯特菲尔德给儿子的 32 封信

> 这是英国著名政治家、外交家及文学家查斯特菲尔德写给儿子菲利普·斯坦霍普的信。信中查斯特菲尔德向儿子传授了为人处世的基本准则、进入上流社会的礼仪风范以及成就功名的学识与技巧,充满了对社会、人性、商业、人际关系和领导能力的深刻洞察。

查斯特菲尔德简介 …………………………………… 218
第 1 封信　确定目标,合理分配时间和精力 ………… 221
第 2 封信　奠定一生的基石 …………………………… 223
第 3 封信　培养完美的品性 …………………………… 225
第 4 封信　高尚的品格是你立足和腾飞的基础 ……… 227
第 5 封信　美德与学问缺一不可 ……………………… 231
第 6 封信　勿染恶习,远离不良人士 ………………… 233
第 7 封信　切莫自以为是,要不断完善自己 ………… 236
第 8 封信　学习切忌一知半解 ………………………… 239
第 9 封信　学习时要全神贯注 ………………………… 241
第 10 封信　切勿卖弄学问 ……………………………… 243
第 11 封信　学习时不忘关心政治 ……………………… 246
第 12 封信　良好的外在素养让你在社交
　　　　　　和事业上脱颖而出 ……………………… 248
第 13 封信　优雅的风度礼仪蕴含着巨大的力量 ……… 252
第 14 封信　凭借良好的教养出人头地 ………………… 255
第 15 封信　培养你的口才 ……………………………… 260
第 16 封信　口才和雄辩 ………………………………… 264

第 17 封信	轻松自如地演讲	266
第 18 封信	靠自己的力量开辟道路	268
第 19 封信	学会独立思考	270
第 20 封信	保持自信乐观的心态	273
第 21 封信	培养坚定无畏的气魄	275
第 22 封信	挫折是前进的动力	279
第 23 封信	懒散的头脑和关注琐事的头脑	281
第 24 封信	细节决定你的成败	283
第 25 封信	真正的智慧	286
第 26 封信	积累社会经验，提高社会认识	288
第 27 封信	抛弃教条主义，增长社会阅历	290
第 28 封信	掌握为人处世的艺术	292
第 29 封信	广结善友，不要处处树敌	296
第 30 封信	取信于人的艺术	298
第 31 封信	谨防年轻时的诱惑	301
第 32 封信	经营好你的婚姻	302

巴菲特给年轻人的 23 个忠告

> 巴菲特不仅是人们眼中的"股神"，更是一位慈祥的长者，他的人生哲学被世人所推崇，他对年轻人的忠告展示了他在人生观、价值观等方面独特的感悟，为年轻朋友提供了化解人生困局的指引，无疑是年轻人改变命运，拥有非凡的人生的智慧指南。

巴菲特简介		306
第 1 个忠告	个人最大的成功是靠自己努力的成功	312

第2个忠告	思考永远是行动的前锋	315
第3个忠告	别把简单的事情复杂化	318
第4个忠告	极尽所能地选出自己的英雄	322
第5个忠告	把阅读当成工作	326
第6个忠告	工作需要激情	330
第7个忠告	研究失败比研究成功更有价值	333
第8个忠告	没有调查就没有发言权	337
第9个忠告	理性是稳定的保障	340
第10个忠告	不轻易负债	344
第11个忠告	不盲目跟风	348
第12个忠告	价格与价值的差异是盈利的来源	352
第13个忠告	模糊的正确胜过精确的错误	356
第14个忠告	足够的耐心是成功必不可少的	360
第15个忠告	胆大心细是做成所有事情的法宝	363
第16个忠告	出手要快，收手要更快	367
第17个忠告	筹码集中在一起才更有优势	371
第18个忠告	财富只钟情于专注的人	374
第19个忠告	假定自己只有一次机遇	378
第20个忠告	策略因实情而变	381
第21个忠告	避免陷入分析的沼泽	385
第22个忠告	志在必得的决心	389
第23个忠告	多投资自己	393

比尔·盖茨给年轻人的 24 个忠告

> 比尔·盖茨学生时代创业,20 岁领导微软,31 岁成为有史以来最年轻的亿万富翁,37 岁成为美国首富并获得国家科技奖章,39 岁成为世界首富。比尔·盖茨是众多青少年崇拜的偶像,他给即将走出校门、踏入社会的青年一代的忠告,被人称为"黄金准则"。

比尔·盖茨简介 …………………………………… 398
第 1 个忠告　我应为王 …………………………… 403
第 2 个忠告　跑在别人的前面 …………………… 407
第 3 个忠告　策划未来是最重要的事情 ………… 411
第 4 个忠告　借助巨人的力量 …………………… 415
第 5 个忠告　人才是企业的生命 ………………… 418
第 6 个忠告　合作是生存的必要 ………………… 421
第 7 个忠告　勇于挑战"不可能" ……………… 424
第 8 个忠告　机遇不会自动变成财富 …………… 428
第 9 个忠告　创新是活力之源 …………………… 432
第 10 个忠告　思考是行动的灵魂 ………………… 436
第 11 个忠告　有效的竞争管理 …………………… 439
第 12 个忠告　与人才共事是永远不变的 ………… 443
第 13 个忠告　注重团队的协调 …………………… 446
第 14 个忠告　充分信任,给员工创造空间 ……… 450
第 15 个忠告　最宝贵的是适应变化的能力 ……… 454
第 16 个忠告　客户的需求是市场的导向 ………… 458
第 17 个忠告　坚持下去,成功在下一个转角 …… 462

第 18 个忠告	多否定自我欲望	465
第 19 个忠告	做力所能及的事	469
第 20 个忠告	准备越足,效率越高	472
第 21 个忠告	专注是卓越的征兆	476
第 22 个忠告	伟大来自责任感的驱使	479
第 23 个忠告	一劳永逸的想法只会导致灭亡	482
第 24 个忠告	不成功,决不罢休	486

李嘉诚给年轻人的 26 个忠告

> 李嘉诚是世界著名的华人富商,也是众多经理人、企业家学习的楷模,他给年轻人的激励与忠告是其数十载打拼后的人生感悟、上百亿财富的人格源泉,不仅仅教会刚刚步入社会的年轻人如何做人、做事,而且也为年轻人指明了努力的目标和成功的方向。

李嘉诚简介		490
第 1 个忠告	眼界决定境界	496
第 2 个忠告	有变数的地方就有机会	500
第 3 个忠告	积累不够,事情的发展必不宏大	503
第 4 个忠告	小心驶得万年船	507
第 5 个忠告	先人一步,胜人千里	511
第 6 个忠告	谋虑周详才能做到"不疾而速"	515
第 7 个忠告	欲擒故纵,让生意来找你	518
第 8 个忠告	步步为营,稳扎稳打	522
第 9 个忠告	不入虎穴,焉得虎子	527
第 10 个忠告	成功没有绝对公式,但有一定的原则	531

第11个忠告	进攻要快，退守要更快	535
第12个忠告	苦难是最好的学校	538
第13个忠告	未雨绸缪，未买先想卖	542
第14个忠告	分散风险，投资多元化	545
第15个忠告	别人贪婪时恐惧，别人恐惧时贪婪	549
第16个忠告	给机遇一些成长的时间	552
第17个忠告	信誉是商人的最大资本	556
第18个忠告	保持低调，隐藏虚实	560
第19个忠告	先做人，再做商人	563
第20个忠告	多做一点，就可能多赢一点	567
第21个忠告	人事有代谢，与时代并进	570
第22个忠告	跟好市场导向	574
第23个忠告	最大的智慧在于知人用人	577
第24个忠告	和气生财	581
第25个忠告	让别人赚钱	583
第26个忠告	嘉千骏之长，诚万川之江	587

松下幸之助给年轻管理者的22个忠告

松下幸之助以一生的事业奋斗经历、优秀的经营管理才能以及世人瞩目的业绩，为自己赢得了无比辉煌的荣誉，被人称为"经营之神"，他集70余年经营管理经验而总结出来的经营管理秘诀，是所有经营管理者的福音和信条。

松下幸之助简介		594
第1个忠告	苦难是试金石	600
第2个忠告	走自己的路	603

第3个忠告	勇气与魄力让希望升腾 ……………………	607
第4个忠告	用别人的钱做大自己的生意 ………………	611
第5个忠告	坚持相信自己 ………………………………	614
第6个忠告	时机成熟了再行动 …………………………	618
第7个忠告	好时别看得太好,坏时也别看得太坏 ……	621
第8个忠告	把事情看得简单些 …………………………	625
第9个忠告	把事业当作崇高的使命 ……………………	630
第10个忠告	危机中的机会 ………………………………	635
第11个忠告	在竞争与合作中谦虚学习 …………………	638
第12个忠告	适应市场需求是企业竞争力的保证 ………	643
第13个忠告	慎重选择合作伙伴 …………………………	647
第14个忠告	人力不是成本,而是资源 …………………	650
第15个忠告	人事决策是最根本的管理 …………………	655
第16个忠告	给员工充分的信任 …………………………	660
第17个忠告	管理应该人情化 ……………………………	663
第18个忠告	销售服务是品质竞争的关键 ………………	666
第19个忠告	分清大事和小事 ……………………………	670
第20个忠告	储存信誉就是储存资金 ……………………	673
第21个忠告	随时反省,才能领悟经营的要诀 …………	677
第22个忠告	"玻璃式"经营法 …………………………	682

洛克菲勒给儿子的 28 封信

约翰·D.洛克菲勒简介

谁是美国历史上最富有的人？世界著名财经杂志《福布斯》曾作过一项相关调查。此调查当然不能仅凭个人财富在巅峰时期的金额多少来决定，而是对照当时美国国内生产总值来反映他们对于美国经济的影响。最终得出的答案是——"石油大王"约翰·D.洛克菲勒。如果将约翰·D.洛克菲勒的财富转化成2006年的美元标准，得到的数字是2000多亿美元，这比比尔·盖茨的个人资产高出数倍。比尔·盖茨也视洛克菲勒为偶像，他说："我心目中的赚钱英雄只有一个——约翰·D.洛克菲勒。"

要了解美国资本主义经济发展史，不可避免地都要谈到洛克菲勒，他也是现代商业史上最富争议的人物。一方面，洛克菲勒创建的标准石油公司，在巅峰时期时曾垄断全美80%的炼油工业和90%的油管生意，因此有人认为洛克菲勒只不过是不择手段、唯利是图的资本家；另一方面，洛克菲勒笃信基督教，以他名字命名的基金会，秉承"在全世界造福人类"的宗旨，其捐款总额高达5亿美元，因此也有人恭维洛克菲勒说他是个慷慨的慈善家。"石油大王"的漫长一生，毁誉参半。

1839年7月8日，约翰·D.洛克菲勒出生于纽约州哈得逊河畔的一个小镇。他们家族是18世纪从德国举家移民到美国的。他父母的个性截然不同：父亲是一个很讲求实际的人，在教育孩子时，给他们灌输的思想也是"只有付出劳动才能得到报酬"；母亲则是个一言一行都皈依《圣经》的虔诚的基督教徒，她勤快简朴。洛克菲勒作为长子，他从父亲那里学会了讲求实际的经商之道，又从母亲那里学到了精细、节俭、守信用、一丝不苟的长处，这对他日后的成功产生了莫大的影响。

洛克菲勒从小就表现出了商业才能，他有个记账本，上面详细地记录了自己干活的情况，以此来向父亲要求报酬。同时，他把这些钱积攒下来，贷给当地的农民，收取一定的利息，从中赚取费用。一次，洛克菲勒在树林中发现了火鸡的窝，就把小火鸡带回家饲养，到感恩节的时候再把火鸡卖掉，洛克菲勒又从中赚得了可观的利润。

洛克菲勒14岁那年，在克利夫兰中心中学上学。放学后，他常到码头上闲逛，看商人做买卖。有一天，他遇到一个同学，两人边走边聊起来。那个同学问："约翰，你长大后想干什么？"年轻的洛克菲勒毫不迟疑地回答说："我要成为一个拥有10万美元的人，我准会成功的。"

中学毕业后，洛克菲勒决定不上大学，闯荡商界。洛克菲勒对工作的要求颇高，他翻开克利夫兰的工商企业名录，仔细寻找有相当知名度的公司。他后来回忆道："我上铁路公司、上银行、上批发商那儿去找工作，小铺小店我是不去的。我可是要干大事的。"但是这谈何容易，每天早上8点，洛克菲勒离开住处，身穿黑色衣裤和高高的硬领西服，戴上黑领带，去赴新一轮的预约面试。尽管多次被人拒之门外，但洛克菲勒还是没有灰心丧气。洛克菲勒说，他把列入名单的公司走了一遍之后，又从头开始，有些公司甚至去了两三次，但谁也不想雇个孩子。可是洛克菲勒是那种倔脾气的人，越是受到挫折，他的决心越是坚定。每星期有6

天去面试,他一连坚持了6个星期。

1855年9月26日上午,16岁的洛克菲勒走进从事农产品运输代理的休伊特—塔特尔公司。接见他的是二老板亨利·B.塔特尔,他需要一个记账员,于是考虑让洛克菲勒担任。午饭后,再次来到公司的洛克菲勒见到了大老板艾萨克·L.休伊特,这位大老板在仔细看完洛克菲勒的字后,说:"留下来试试吧。"得到聘用的洛克菲勒欣喜欲狂,当时的激动心情即使洛克菲勒在老年回想起来仍记忆犹新。从此9月26日这个日子成了洛克菲勒的就业纪念日,他把这个日子当作自己的第二个生日来庆祝。

担任记账员的洛克菲勒成天埋头于账本里,对工作的态度是一丝不苟,他回忆说:"由于我第一份工作是记账员,所以我学会了十分尊重数字和事实,无论它有多小……"后来公司让洛克菲勒负责付账单,他对待这项工作的态度更是谨慎认真,每次都要仔细核查,用洛克菲勒自己的话说——"比花自己的钱还尽心"。对于出现的几分钱的小差错,洛克菲勒都不能忍受,这种负责尽职的态度让老板非常满意。此外,年轻的洛克菲勒在为休伊特老板收房租时,不仅表现得有耐心、有礼貌,而且还表现出了不屈不挠的精神,即不收到房租决不罢休。

除了记好账外,洛克菲勒还常为公司的经营出主意。有一次,公司买入一批大理石,打开包装后发现,高价购进的大理石材上有瑕疵,老板沮丧不已但又无计可施。这时,头脑灵活的洛克菲勒建议把责任推到负责运货的3家运输公司头上,向这3家公司分别提出赔偿损失的要求。这个绝妙的主意使商行得到的赔款比原来高出两倍。洛克菲勒优秀的表现颇得老板赏识,在1855年年底,休伊特支付洛克菲勒50美元作为头三个月的工钱。紧接着不久,休伊特又宣布,这位助理记账员的工资将升到每月25美元。洛克菲勒追忆到:"就在那儿,我开始了学做生意的生涯,每周工资是5美元。"

1857年，洛克菲勒被提升为主任记账员，年收入提升到600美元。这时的洛克菲勒开始充满自信地尝试一些面粉、火腿和猪肉的生意，尽管规模不大，但每次都能给他带来一些收益。

1858年，年仅19岁的洛克菲勒在朋友莫利斯·克拉克的提议下，与之合伙创立了一家经营农产品的公司。洛克菲勒以10%的利息从父亲那里借来1000美元，加上自己储蓄的800美元，他创办了生平第一个合伙公司——克拉克-洛克菲勒公司。新公司的经营非常顺利，第一年就做了4.5万美元的生意，净赚4000美元，第二年年底净赚1.2万美元。在经营过程中，克拉克对洛克菲勒的经营能力十分赞赏，他在描述当年的情况时说："他有条不紊到极点，留心细节，不差分毫。如果有一分钱该给我们，他必取来。如果少给客户一分钱，他也要客户拿走。"洛克菲勒做生意时总是信心十足、雄心勃勃，同时又言而有信，想方设法使自己取信于人。

1859年8月28日，在宾夕法尼亚州发现石油，无数怀揣发财梦想的人一时间蜂拥而至。洛克菲勒虽然对石油抱有极大的热忱，但没有失去理智而盲目跟风。他决定亲自去宾州原油产地作一番调查，以便获得直接而可靠的信息。在原油产地，洛克菲勒看到井架林立，一派生气勃勃的景象。冷静的洛克菲勒没有被表面的繁荣景象所蒙蔽，他看到了盲目开采背后潜在的危机。

经过一段时间的实地考察，洛克菲勒回到了克利夫兰。他在此基础上做出的最后决定是不对原油生产进行投资，因为那里的油井已有72座，日产量1135桶，而石油的需求量却十分有限，在供过于求的情况下油市的行情必定下跌，这是盲目开采的必然结果。果然，不出洛克菲勒所料——"打先锋的赚不到钱"。由于疯狂开采，油价一跌再跌，每桶原油从当初的20美元暴跌到区区10美分。许多石油商因此赔了身家，而洛克菲勒却因为冷静的头脑得以避免遭受损失。洛克菲勒就此告诫说，要想创造一份事业，必须学会忍耐。大多数石油生产商在这种浮躁的气氛下,都想尽快把井里的油采干,而没想建立一个工业。洛克菲勒则始终保持着沉着冷静的态度,他相信这个行业具有长远的前景。

1861年,美国南北战争爆发。没有参战的洛克菲勒在生意场上大显身手,他迅速办理了高额贷款,大量囤积战时必需的物品。这给洛克菲勒带来了极为可观的利润。战争带来的远不止这些,因为当时铁路迅速兴起,石油的需求量也大大增加。

首次宾州之行使洛克菲勒有了这样一个认识,探油的结果实在无法预料,相比之下炼油似乎既保险又有条理。没过多久,他建立了这样的信念:炼油是从这个行业中获得最大利益的关键。这是一位叫塞缪尔·安德鲁斯的朋友给洛克菲勒的启发,洛克菲勒由经营农产品转到石油行业,也正是因为塞缪尔·安德鲁斯极力劝导的缘故。安德鲁斯是照明油方面的专家,他认为煤油将比其他来源的光要亮,市场也更大。为了寻找赞助人,安德鲁斯找到了克拉克和洛克菲勒。洛克菲勒觉得这是一个不错的机会,于是在1863年,洛克菲勒决定在克利夫兰投资新建炼油公司——安德鲁斯—克拉克公司。

胆小谨慎的克拉克与胆大激进的洛克菲勒性格迥异,因此两人经常在决策上出现严重分歧。洛克菲勒在后来的回忆录里说:"因为我贷款扩大炼油业务的事,他非常生气,好像这冒犯了他似的。"最终导致两人不得不分道扬镳的催化剂是,1865年1月,在一个名叫皮特霍尔河的地方发现了一座油田。为了扩大规模,洛克菲勒请克拉克同意签一张借据,但是洛克菲勒得到的却是克拉克的怒火:"为了发展这个石油业务,我们一直在借钱,借的钱太多了。"洛克菲勒毫不退让地反驳说:"只要借钱能稳稳地扩大业务,我们就应该借。"克拉克企图吓住洛克菲勒,便威胁说要散伙。

解决问题的办法是将公司拍卖给出价最高的买主。拍卖底价是 500 美元，但很快涨到 5 万美元，这已经超过了洛克菲勒所预想的炼油厂的价值。最后又升至 7.2 万美元，洛克菲勒毫不迟疑地报出 7.25 万美元，他明白这事将决定自己的一生。拍卖会后，洛克菲勒用 7.25 万美元换回了代理公司的另一半股份。于是公司被改名为洛克菲勒－安德鲁斯公司，洛克菲勒在 26 岁时，拥有了克利夫兰最大的炼油厂，每天能提炼 500 桶原油，一跃跻身于世界最大的炼油厂之列。

1865 年 12 月，洛克菲勒－安德鲁斯公司开了第二家炼油厂——标准炼油厂。4 年后，两家工厂以联合股份的形式起名为标准石油公司，在俄亥俄州注册，洛克菲勒任总裁。之后洛克菲勒一连收购了几家炼油厂，并涉足管道运输业，还建立了自己的铁路网络，对行业实行垄断。1865 年洛克菲勒初进石油业时，克利夫兰有 55 家炼油厂，到 1870 年标准石油公司成立时只有 26 家生存下来，1872 年底标准石油公司就控制了这 26 家中的 21 家。

1878 年 8 月，安德鲁斯与洛克菲勒在对股东分红问题上出现分歧。洛克菲勒不能容忍那些只喜欢多得红利而不愿把收益投入再生产的董事。安德鲁斯威胁说要转让公司的股票，洛克菲勒按照他的要求以 100 万元买下了他手中的股票，从此便独自执掌公司大权。

随着石油帝国的迅速发展，尾大不掉的危险性也随之逐渐显露，洛克菲勒对这一弊病有着清醒的认识。一次偶然的机会，洛克菲勒在一本公开发行的刊物上读到一篇文章，上面写道："小商人时代结束，大企业时代来临。"这与洛克菲勒的想法不谋而合，于是洛克菲勒用高达 500 美元的月薪聘请文章的作者多德为法律顾问。

多德是个年轻的律师，在进入洛克菲勒的公司后，他负责公司法律方面的事务。一天，他在仔细研读《英国法》中的信托制度时，突然灵光一现，提出了"托拉斯"这个垄断组织的概念。

所谓"托拉斯",就是生产同类产品的多家企业,不再各自为政,而以高度联合的形式组成一个综合性企业集团。这种形式比起最初的"卡特尔",即那种各自独立的企业为了掌握市场而在生产和销售方面结成联合战线的方式,其垄断性要强得多。

在多德的"托拉斯"理论的指导下,洛克菲勒在1882年1月20日召开"标准石油公司"的股东大会,组成9人的"受托委员会",掌管所有标准石油公司的股票和附属公司的股票。

洛克菲勒理所当然地成为该委员会的委员长。随后,受托委员会发行了70万张信托证书,仅洛克菲勒等4人就拥有46万多张,占总数的2/3。就这样,洛克菲勒如愿以偿地创建了一个史无前例的联合事业——托拉斯。

在这个托拉斯结构下,洛克菲勒合并了40多家厂商,垄断了全国80%的炼油工业和90%的油管生意。托拉斯迅速在全美各地、各行业蔓延开来,在很短时间内,这种垄断组织形式就占了美国经济的90%。很显然,洛克菲勒成功地造就了美国历史上一个独特的时代——垄断时代。

尽管标准石油公司在炼油、运输和销售等方面无所不能,可是直到19世纪80年代初,它还只拥有4处石油生产基地。自从在宾夕法尼亚州发现油田的25年后,美国境内再也没有发现大型油田。因此有许多人对洛克菲勒石油帝国的坚实性产生过怀疑,有人甚至建议标准石油公司退出石油工业,而转向更为稳定的行业,但是洛克菲勒选择了坚持。

转机出现在1885年5月。一支勘探队在俄亥俄州西北部的莱玛镇寻找天然气时,意外地钻探出一片大油田。然而美中不足的是,原油所含的化学成分中存在着一些难以对付的问题,燃烧时会在灯上形成一层薄膜。更麻烦的是,它的硫化物含量太高,会腐蚀机器,并且散发出一种难闻的气味。为了解决质量问题,洛克菲勒在1886年7月请来一位叫赫尔曼·弗拉希的著名德裔化学家，让他除去石油中的臭味。

于是当时就有一个两难的选择摆在了标准石油公司的面前：是立即购买油田呢，还是等试验成功了再进行收购？选择等待就有可能坐失良机，一向谨慎的洛克菲勒表现出了惊人的胆量和远见，他决定立即收购油田。这一决定遭到了董事会的一致反对，洛克菲勒拿出了背水一战的决心和勇气，他提出用自己的300万美元进行投资，并且承担两年风险。如果成功了的话，公司再把钱还给他；要是失败的话，风险由他一人承担。

标准石油公司花了数百万元买下莱玛的油田，并铺设了输油管道。那时这种"臭鼬石油"每桶只卖15美分，没有市场，但公司还是把这些石油库存起来。到1888年存量达到4000万桶以上。终于，到1887年10月，弗拉希取得成功，提炼出了可供上市的煤油。标准石油公司立即全力以赴投入了石油生产，并开始进行这一行业前所未有的大并购。1890年，他吞并了联合石油公司和其他三家大型石油生产公司，控制了宾夕法尼亚和西弗吉尼亚州30万英亩的土地。

19世纪80年代，标准石油公司在很长一段时间实行全球石油垄断。为了开拓国外市场，1882年洛克菲勒派人进行了为期两年的海外市场调查，不久洛克菲勒就用煤油顺利打开了中国、日本、印度等国的市场。但是俄国巴库发现原油后，新一轮的竞争继而打响，俄国人甚至有将美国石油赶出世界市场的野心。

激烈的竞争再次激起洛克菲勒的斗志，他决定设立自己的海外机构。1888年标准石油公司设立了它的第一个海外分支机构——英美石油公司，而且很快便垄断了英国的石油生意。

1890年，标准石油公司又在不莱梅成立了德美石油公司，负责德国的石油市场。另外，洛克菲勒在鹿特丹设立了一个石油输送站，负责向法国供应全部所需原油。而后又买下了荷兰、意大利石油公司的部分股份，并策划在印度进行一场激烈的价格战。

标准石油公司还向欧洲派出了第一艘装载量为100万加仑的巨型蒸汽油轮。

为了抢占亚洲的市场,标准石油公司甚至屈尊代销俄国煤油。不久后,标准石油公司终于在亚洲设立了一系列营业所,并且向上海、加尔各答、孟买、横滨、神户和新加坡等地派去了一批代理人。此时的标准石油公司已拥有了10万名员工,洛克菲勒创立的这个石油帝国成了世界上最大、最富有的融生产与商业为一体的机构。洛克菲勒创建的石油公司几经更名,最终定名为美孚石油公司。

1896年,57岁的洛克菲勒选择了退休,将标准石油公司交给儿子小约翰·D.洛克菲勒打理。但是他始终保留着标准石油公司的最大股权,可以参与标准石油公司的商业决策。

在41年的退休生涯里,他把主要精力放在慈善事业上。最初没有人愿意接受他的捐款,因为他们认为洛克菲勒的钱都是用肮脏的手段赚来的,沾满了血腥。但是通过洛克菲勒的努力,人们慢慢地被他的诚意所打动。密歇根湖畔一家学校因为资不抵债而面临着倒闭的窘境,洛克菲勒立即捐出数百万美元,令学校起死回生并发展至今天的芝加哥大学。洛克菲勒捐款20万美元建立的洛克菲勒医学研究所成为了美国第一个医疗研究中心,后来这个研究所因为卓越的成就获得了12项诺贝尔奖,获奖次数比任何同类研究所都多。此外,洛克菲勒还创办了不少福利事业。

从19世纪90年代开始,洛克菲勒每年的捐献都超过100万美元。1913年,设立了"洛克菲勒基金会",专门负责捐款工作。他捐款总额达5亿美元之多,但是,他捐款的速度远跟不上赚钱的速度。

1910年,洛克菲勒的财富达到了10亿美元,成了美国历史上第一个拥有10亿美元的人。1911年5月15日,依据1890年的《谢尔曼反托拉斯法》,美国最高法院判决美孚石油公司属于垄断机构。根据这一判决，美孚石油公司被拆分成38家地区性石油公司。然而尽管有最高法院的判决以及被冠名为不择手段的垄断资本家，但是投资者依然热衷地追捧这些分公司的股票，使得拆分后的众多公司的股票市值合起来远远超过原来美孚石油公司的市值。洛克菲勒家族的财产非但没有减少，反而比以前更多了。

1937年5月23日，98岁的洛克菲勒去世。留下的巨额财富和石油帝国事业由子孙们承接下去，至今已延绵至第六代了，洛克菲勒家族也成了美国最负盛名的财富家族。这个家族对美国的经济和政治都有着巨大的影响。由约翰·D.洛克菲勒创建的石油帝国在后辈子孙的经营下，其辉煌一直在持续着。今天，洛克菲勒家族旗下的石油公司——埃克森-美孚、雪佛龙、英国石油、壳牌和法国的Total是世界最大的5个石油公司。

从一个小小的经纪人到全球石油业的霸主，洛克菲勒成就了一个传奇。洛克菲勒的创业史在美国早期富豪中颇具代表性，是美国梦的典型代表。他精明而富有远见、冷静而又具备胆略，他的成功绝不是偶然，正如他自己所说："如果把我剥得一文不剩并丢在沙漠里，只要一行驼队经过，我就可以重建整个王国。"

第1封信

起点不决定终点

每个人的人生起点不尽相同，但这并不意味着，其人生的最后结果就被出身定型。在这个世界上，永远不存在穷富世袭，也不存在成败周替，有的只是"我奋斗，我成功"的真理。我坚信，我们的命运由我们自己的行动决定，而绝对不是完全由我们的出身决定。

亲爱的约翰：

你希望我能始终与你一起出航，虽然听起来很不错，但我不可能永远做你的船长。上帝为我们创造双脚，是要让我们靠自己的双脚走路。

踽踽独行，也许你尚未做好准备，但你必须知道，我身处的那个商业世界充满挑战与神奇，而你的新生活将从那里开始。在那里，你将参加完全陌生而又关乎未来的人生盛宴。至于你如何使用摆放在面前的刀叉、如何品味命运天使奉上的每一道菜肴，那完全要靠你自己。

当然，我期望你在不远的将来就能卓尔不群，并且比我更胜一筹。而我决定将你留在我身边，无非是想让你的事业有个高起点，让你无须艰难跋涉便可享有迅速腾达的机会。

这当然没有什么值得你去庆幸和炫耀的，更用不着感激。美利坚合众国的建国信念是人人生而平等，但这种平等是权利与法律意义上的平等，与经济和文化优势无关。想想看，我们这个世界就如同一座高山，当你的父母生活在山顶上时，注定你不会生活在山脚下；当你的父母生活在山脚下时，注定你不会生活在山顶上。在多数情况下，父母的位置决定了孩子人生的起点。

每个人的人生起点不尽相同，但这并不意味着，其人生的最后结果就被出身定型。在这个世界上，永远不存在穷富世袭，也不存在成败罔替，有的只是"我奋斗，我成功"的真理。我坚信，我们的命运由我们自己的行动决定，而绝对不是完全由我们的出身决定。

正如你所知道的那样，在我小的时候，家境十分贫寒，记得我刚上中学时所用的书本都是好心的邻居给我买的。我的人生起点也只是一个周薪只有 5 美元的记账员，但是经过不懈的努力奋斗，我却建立了一个令无数人艳羡的石油王国。在旁人眼里，这似乎是个传奇，而我却认为这是对我持之以恒、积极奋斗的回报，是命运之神对我艰苦付出的奖赏。

约翰，机会永远都会不平等，但结果却可能平等。历史上，无论是在政界还是在商界，尤其在商界，白手起家的事例俯拾皆是，那些成功者曾经都因贫穷而少有机会，然而都因努力奋斗而功成名就。同样，拥有一切优势在手的富家子弟最终走向失败的事例也比比皆是。马萨诸塞州的一项统计数字表明，17 个有钱人的孩子里面，竟然没有一个是以富翁的身份离开这个世界。

在很久以前，社会上便流传着一个讽刺纨绔子弟无能败家的故事，大意是说在费城的一个小酒吧里，一位客人谈起某位百万富翁，心生羡慕地说："他是白手起家的百万富翁。""是啊，"旁边一位比较精明的先生回答说，"他继承了 2000 万，然后他把这笔钱变成了 100 万。"

这是一个令人沮丧的故事。但在我们今天这个社会，富家子弟正处在一种不进则退的窘境之中，他们中的很多人注定要受人同情和怜悯，甚至要下地狱。

家族的荣耀与辉煌的过去，并不能保证其子孙后代有美好的未来。我承认早期的优势的确大有帮助，但这不是最后赢得胜利的保障。我曾经不止一次地思考这个对富家子弟而言带有悲哀性的问题，我似乎觉得，在富家子弟继承优势的同时，也减少了他们学习和发展生存技巧的机会。而出身窘迫的人因为解救自身的迫切需要，他们便会积极发挥创意和能力，并且珍惜和把握各种机会。我还注意到，富家子弟缺乏贫困出身者的那种想要拯救自己的野心，他们做的仅仅只有祈求上帝赐予他们成就。

因此，在你和你的姐姐们很小的时候，我就有意识地不让你们知道你们的父亲是个富人，我向你们灌输最多的是诸如节俭、个人奋斗等价值观念，因为我知道给人带来伤害最快捷的途径就是金钱，它可以让人腐化堕落、飞扬跋扈、不可一世，失去最美好的快乐。我不能用财富埋葬我心爱的孩子们，愚蠢地让你们成为不思进取、只知道依赖父母成果的无能之辈。

一个真正快乐的人，是能够享受自己创造的人。那些像海绵一样，只懂得索取不知道付出的人，永远也体会不到真正的快乐。

我相信没有人不渴望过上快乐而高贵的生活，但是对于高贵而快乐的生活从何而来这一问题，很少人能说出个一二。在我看来，高贵快乐的生活，不是来自高贵的血统，也不是来自高贵的生活方式，而是来自高贵的品格——自立精神。看看那些赢得世人尊重、处处施展魅力的高贵人士，我们就知道自立的可贵。

约翰，你的每一个举动都将成为我心头的牵挂。但与这种牵挂相比，我更对你充满信心，我相信你优异的品格——比世界上任何财富都更有价值的品格，将帮助你铺设出一条美好的前程，并将助你拥有成功而又充实的人生。

但你需要强化这样的信念：起点可能影响结果，但不会决定结果。能力、态度、性格、抱负、手段、经验和运气等各种因素，在人生和商业世界里扮演着极为重要的角色。你的人生刚刚开始，但一场人生之战就在你面前。我能深切地感觉到你想成为这场战争的胜者，但你要知道，每个人都有追求胜利的意志，只有做好准备的人才会赢得胜利。

我的儿子，享有特权而毫无力量的人是废物，受过教育而毫无影响的人是一堆一文不值的垃圾。找到自己的路，上帝就会帮你！

爱你的父亲

■第2封信

运气靠策划

我承认，就像人不能没有金钱一样，人不能没有运气。但是，要想有所作为就不能只是等待运气光顾。我的信条是：我不依赖天赐的运气，但我靠策划运气平步青云。我相信好的计划会左右运气，甚至在任何情况下，都能成功地影响运气。我在石油界实施的变竞争为合作的计划恰恰验证了这一点。

亲爱的约翰：

有些人凭借着他们非凡的才能，注定会成为令人瞩目的王者或伟人，比如，老麦考密克先生，他拥有一颗能制造运气的脑袋，知道如何将收割机变成收割钞票的镰刀。

在我看来，老麦考密克永远是位野心勃勃且具有商业才能的实业巨子，他用收割机解放了美国农民，同时也把自己送入全美最富有者的行列。法国人似乎更喜欢他,盛赞他为"对世界最有贡献的人"。哦,这真是一个意外的收获。

这位原本只能做个普通农具商的商界奇才,说过一句深奥的名言:"运气是设计的残余物质。"

这句话听起来的确让人费解,它是指运气是策划和策略的结果,还是指运气是策划之后剩余的东西呢?我的经验告诉我,这两种意义都存在,换句话说,我们创造自己的运气,我们任何行动都不可能把运气完全消除,运气是策划过程中难以摆脱的福音。

麦考密克洞悉了运气的真谛,打开了幸运之门。所以,我对麦考密克收割机能行销全球,成为日不落产品,丝毫不感到奇怪。

然而,在我们这个世界上,很难找到像麦考密克先生那样善于策划运气的人,也很难找到不相信运气的人,和不误解运气的人。

在凡夫俗子的眼里,运气永远是与生俱来的,只要发现有人在职务上得到升迁、在商海中势如破竹,或在某一领域内取得成功,他们就会很随便,甚至用轻蔑的口气说:"这个人的运气真好,是好运帮了他!"这种人永远不能窥见一个让自己赖以成功的伟大真理:每个人都是他自己命运的设计师和建筑师。

我承认,就像人不能没有金钱一样,人不能没有运气。但是,要想有所作为就不能只是等待运气光顾。我的信条是:我不依赖天赐的运气,但我靠策划运气平步青云。我相信好的计划会左右运气,甚至在任何情况下,都能成功地影响运气。我在石油界实施的变竞争为合作的计划恰恰验证了这一点。

在那项计划开始前,炼油商们各自为战,利欲熏心,结果引发了毁灭性的竞争。这种竞争对消费者来说当然是件好事,但油价下跌对炼油商来说却是个灾难。那时候绝大多数炼油商做的都是亏本生意,一个个跌入破产的泥潭。

我很清楚,要想重新攫取利益并将钱永远地赚下去,就必须驯服这个行业,让大家理智地做生意。我把这视为一种责任,然而这很难做到,这需要一个计划——将所有炼油业务都收在我的手中。

约翰,要在获取利益的猎场上成为好猎手,你需要勤于思考、谨慎行事,能够看到事物中一切可能存在的危险和机遇,同时又要像一个棋手那样研究所有可能危及你霸主地位的各种战略。我彻底研究了形势并评估了自己的力量,决定将大本营科利佛兰作为我发动石油工业战争的第一战场,等到征服那里的二十几家竞争对手之后,再迅速行动,开辟第二战场,直至将那些对手全部征服,建立石油业的新秩序。

就像战场上的指挥官,选择攻击什么样的目标,要首先知道选择什么样的武器才最奏效,要想成功实现将石油业统一到我麾下的计划,需要一个彻底解决问题的手段,那就是钱,我需要大量的钱去买下那些制造生产过剩的炼油厂。但我手头上的那点资金不足以实现我的计划,所以我决定组建股份公司,把行业外的投资者拉进来。很快我们以百万资产在俄亥俄注册成立了标准石油公司,第二年资本大幅扩张了3.5倍,但何时动手却是门学问。

目光长远的商人总善于从每次灾难中寻找机会,我就是这样做的。在我们开始征服之旅前,石油业一片混乱,境况江河日下,科利佛兰90%的炼油商已经快被日益剧烈的竞争压垮,如果不把厂子卖掉,他们就只能眼睁睁地看着自己走向灭亡。这便是收购对手的最好时机。

在此时采取收购行动,似乎不太道德,但这不能有妇人之仁。商场如同战场,战略目标的意义就是要形成对己方最有利的状态。出于战略上的考虑,我选择的第一个征服目标不是不堪一击的小公司,而是最强劲的对手克拉克-佩恩公司。这家公司在科利佛兰很有名望，而且野心勃勃，和我的想法一样，它也想要吞并我的明星炼油厂。

但在对手行动之前，我决定先下手为强。我主动约见克拉克－佩恩公司最大的股东、我中学时代的老朋友奥利弗·佩恩先生，我告诉他，石油业混乱、低迷的时代该结束了，为保护无数家庭赖以生存的石油行业，我要建立一个庞大、高绩效的石油公司，并邀请他入伙。我的计划打动了佩恩，最后他们同意以40万美元的价格出售公司。

我知道克拉克－佩恩公司根本不值这个价钱，但我没有拒绝他们，吃掉克拉克－佩恩公司就意味着我将取得世界最大炼油商的地位，将为迅速把科利佛兰的炼油商捏合在一起充当强力先锋。

这一招果然十分奏效。在以后不到两个月的时间里，就有22家竞争对手归于标准石油公司的麾下，并最终让我成为了那场收购战的大赢家。而这又给我势不可当的动力，在此后3年的时间里，我连续征服了费城、匹兹堡、巴尔的摩的炼油商，成为了全美炼油业的唯一主人。

今天想来，我真是幸运，如果当时我只感叹自己时运不济，选择随波逐流，或许我早已被征服，但我策划出了我的运气。

世界上什么事都可以发生，就是不会发生不劳而获的事，那些随波逐流、墨守成规的人，我不屑一顾。他们的大脑被错误的思想所盘踞，以为能全身而退就沾沾自喜。

约翰，要想让我们的好运气持续下去，我们必须要精心策划运气，而策划运气，需要好的计划，好的计划一定是好的设计，好的设计一定能够发挥作用。你要知道，在构思好的设计时，要首先考虑两个基本条件，第一个条件是知道自己的目标，比如你要做什么，甚至你要成为什么样的人；第二个条件是知道自己拥有什么资源，如地位、金钱、人际关系，乃至能力。

这两个基本条件的顺序并非绝对不可改变，你可能先有一个构想、一个目标，才开始寻找适于这些资源的目标。还可以把它们混合在一起，形成第三和第四种方法，例如拥有某种目标和某种资源，为实现目标，你必须选择性地创造一些资源，也可能拥有一些资源和某个目标，你必须根据这些资源，提高或降低目标。

你根据资源调整目标或根据目标调整资源之后，就有了一个基础——可以据此构思设计的结构，剩下的东西就是用方法与时间去填充和等待运气的来临了。

你需要记住，我的儿子，设计运气，就是设计人生。所以在你等待运气的时候，你要知道如何引导运气。试试看吧。

爱你的父亲

■第3封信

天堂与地狱毗邻

失去工作就等于失去快乐。但是令人遗憾的是，有些人却要在失业之后，才能体会到这一点，这真不幸！我可以很自豪地说，我从未尝过失业的滋味，这并非我运气好，而在于我从不把工作视为毫无乐趣的苦役，却能从工作中找到无限的快乐。

亲爱的约翰：

有一则寓言很有意味，也让我感触良多。那则寓言说：

在古老的欧洲，有一个人在他死的时候，发现自己来到了一个美妙而又能享受一切的地方。他刚踏进那片乐土，就有个侍者模样的人走过来问他："先生，您有什么需要吗？在这里您可以拥有一切您想要的：所有美味佳肴，所有可能的娱乐以及各式各样的消遣，其中不乏妙龄美女，都可以让您尽情享用。"

这个人听了以后，感到有些惊奇，但非常高兴，他暗自窃喜："这不正是我在人世间的梦想嘛！一整天他都在品尝所有的佳肴美食，同时尽享美色的滋味。然而，有一天，他却对这一切感到索然无味了，于是他就对侍者说："我对这一切感到很厌烦，我需要做一些事情。你可以给我找一份工作做吗？"

没想到，他所得到的回答却是摇头："很抱歉，我的先生，这是我们这里唯一不能为您做的。这里没有工作可以给您。"

这个人非常沮丧，愤怒地挥动着手说："这真是太糟糕了！那我干脆就留在地狱好了！"

"您以为您在什么地方呢？"那位侍者温和地说。

约翰，这则很富幽默感的寓言，似乎告诉我：失去工作就等于失去快乐。但是令人遗憾的是，有些人却要在失业之后，才能体会到这一点，这真不幸！

我可以很自豪地说，我从未尝过失业的滋味，这并非我运气好，而是因为我从不把工作视为毫无乐趣的苦役，却能从工作中找到无限的快乐。

我认为，工作是一项特权，它带来比维持生活更多的事物。工作是所有生意的基础，所有繁荣的来源，也是天才的塑造者。工作使年轻人奋发有为，比他的父母做得更多，不管他们多么有钱。工作以最卑微的储蓄表示出来，并奠定幸福的基础。工作是增添生命味道的食盐。但人们必须先爱它，工作才能给予最大的恩惠，获得最大的结果。

我初入商界时，时常听说，一个人想爬到高峰需要牺牲很多。然而，岁月流逝，我开始了解到很多正爬向高峰的人，并不是在"付出代价"。他们努力工作是因为他们真正地喜爱工作。任何行业中往上爬的人都是完全投入正在做的事情，且专心致志。衷心喜爱从事的工作，自然也就成功了。

热爱工作是一种信念。怀着这个信念，我们能把绝望的大山凿成一块希望的磐石。一位伟大的画家说得好，"痛苦终将过去，但是美丽永存"。

但有些人显然不够聪明，他们有野心，却对工作过分挑剔，一直在寻找完美的雇主或工作。事实是，雇主需要准时工作、诚实而努力的雇员，他只将加薪与升迁机会留给那些格外努力、格外忠心、格外热心、花更多的时间做事的雇员，因为他在经营生意，而不是在做慈善事业，他需要的是那些更有价值的人。

不管一个人的野心有多么大，他至少要先起步，才能到达高峰。一旦起步，继续前进就不太困难了。工作越是困难或不愉快，越要立刻去做。如果他等的时间越久，就变得越困难、可怕，这有点像打枪一样，你瞄的时间越长，射中的机会就越渺茫。

我永远也忘不了做第一份工作——记账员时的经历，那时我虽然每天天刚蒙蒙亮就得去上班，而办公室里点着的鲸油灯又很昏暗，但那份工作从未让我感到枯燥乏味，反而很令我着迷和喜悦，连办公室里的一切繁文缛节都不能让我对它失去热情，而结果是雇主不断地为我加薪。

收入只是你工作的副产品，做好你该做的事，出色地完成你该完成的工作，理想的薪金必然会来。而更为重要的是，我们劳苦的最高报酬，不在于我们所获得的，而在于我们会因此成为什么。那些头脑活跃的人拼命劳作绝不是只为了赚钱，使他们工作热情得以持续下去的东西要比只知敛财的欲望更为高尚——他们是在从事一项迷人的事业。

老实说我是一个野心家，从小我就想成为巨富。对我来说，我受雇的休伊特－塔特尔公司是一个锻炼我的能力、让我一试身手的好地方。它代理销售各种商品，拥有一座铁矿，还经营着两项让它赖以生存的技术，那就是给美国经济带来革命性变化的铁路与电报。它把我带进了妙趣横生、广阔绚烂的商业世界，让我学会了尊重数字与事实，让我看到了运输业的威力，更培养了我作为商人应具备的能力与素养。所有的这些都在我以后的经商中发挥了极大的效能。我可以说，没有在休伊特－塔特尔公司的历练，在事业上我或许要走很多弯路。

现在，每当想起休伊特和塔特尔两位先生时，我的内心就不禁涌起感恩之情，那段工作生涯是我一生奋斗的开端，为我打下了奋起的基础，我永远对那三年半的经历感激不尽。

所以，我从未像有些人那样抱怨他们的雇主，说："我们只不过是奴隶，我们被雇主压在下面，他们却高高在上，在他们美丽的别墅里享乐；他们的保险柜里装满了黄金，他们所拥有的每一块钱，都是压榨我们这些诚实的工人得来的。"我不知道这些抱怨的人是否想过：是谁给了你就业的机会？是谁给了你建设家庭的可能？是谁让你得到了发展自己的可能？如果你已经意识到了别人对你的压榨，那你为什么不结束压榨，一走了之？

工作是一种态度，它决定了我们快乐与否。同样都是石匠，同样在雕塑石像，如果你问他们："你在这做什么？"他们中的一个人可能就会说："你看到了嘛，我正在凿石头，凿完这块我就可以回家了。"这种人永远视工作为惩罚，在他嘴里最常吐出的一个字就是"累"。

另一个人可能会说："你看到了吗，我正在做雕像。这是一份很辛苦的工作，但是酬劳很高。毕竟我有太太和4个孩子，他们需要温饱。"这种人永远视工作为负担，在他嘴里经常吐出来的一句话就是"养家糊口"。

第三个人可能会放下锤子，骄傲地指着石雕说："你看到了嘛，我正在做一件艺术品。"这种人永远以工作为荣，工作为乐，在他嘴里最常吐出的一句话是"这个工作很有意义"。

天堂和地狱都由自己建造。如果你赋予工作意义，不论工作大小，你都会感到快乐，自我设定的成绩不论高低，都会使人对工作产生乐趣。如果你不喜欢做的话，任何简单的事都会变得困难、无趣，当你叫喊着这个工作很累人时，即使你不卖力气，你也会感到精疲力竭，反之就大不相同。事情就是这样。

约翰，如果你视工作为一种乐趣，人生就是天堂；如果你视工作为一种义务，人生就是地狱。审视一下你的工作态度，那会让我们都感到愉快。

爱你的父亲

第4封信

现在就去做

我一直相信，机会是靠争取得来的。再好的构想都存在缺陷，即使是再普通不过的计划，只要你确实执行并且继续发展，所取得的效果都会比半途而废的好计划要好得多，因为前者会贯彻始终，而后者却前功尽弃。所以我说，成功没有秘诀，要在人生中取得好的结果，有过人的聪明智慧和一技之长自然好，没有也无须沮丧，只要肯积极行动，你就会越来越接近成功。

亲爱的约翰：

聪明人说的话总能让我记得很牢。有位聪明人说得好："教育涵盖了许多方面，但是它本身不教你任何一面。"这位聪明人向我们展示了一条真理：如果你不采取行动，世界上最实用、最美丽、最可行的哲学也无法行得通。

我一直相信，机会是靠争取得来的。再好的构想都存在缺陷，即使是再普通不过的计划，只要你确实执行并且继续发展，所取得的效果都会比半途而废的好计划要好得多，因为前者会贯彻始终，而后者却前功尽弃。所以我说，成功没有秘诀，要在人生中取得好的结果，有过人的聪明智慧和一技之长自然好，没有也无须沮丧，只要肯积极行动，你就会越来越接近成功。

遗憾的是，很多人并没有汲取这个教训，结果让自己沦为了平庸之辈。看看那些庸庸碌碌的普通人，你就会发现，他们都在被动地活着，他们说的远比做的多，甚至只说不做。但他们几乎个个都是找借口的行家，他们会找各种借口来拖延，直到最后他们证明这件事不应该、没有能力去做或已经来不及了为止。

与这类人相比，我似乎聪明、狡猾了许多。盖茨先生赞扬我是个主动做事、自动自发的行动者。我很乐意这样的赞扬，因为我没有辜负它。积极行动是我身上的另一个标识，我从不喜欢纸上谈兵。因为我知道，没有行动就没有结果，世界上没有哪一件东西不是由一个个想法付诸实施所得来的。人只要活着，就必须考虑行动。

很多人都承认，没有智慧作为基础的知识是没用的，但更令人沮丧的是即使空有知识和智慧，如果没有行动，一切仍属空谈。行动与充分准备其实可视为物体的两面。人生必须适可而止。做太多的准备却迟迟不行动，最后只会徒然浪费时间。换句话说，事事必须有节制，我们不能落入不断演练、计划的圈套，而必须承认现实：不论计划有多周详，我们仍然不可能准确预测最后的结果。

我当然不否认计划非常重要，计划是获得有利结果的第一步，但计划并非行动，也无法代替行动。就如同打高尔夫球一样，如果没有打过第一洞，便无法到达第二洞。行动解决一切。没有行动，什么都不会发生。我们无论如何也买不到万无一失的保险，但我们可以做到的是下定决心去实行我们的计划。

缺乏行动的人，都有一个坏习惯：喜欢维持现状，拒绝改变。我认为这是一种极具欺骗和自我毁灭效果的坏习惯，因为一切都在变化之中，正如人会生死一样，没有不变的事物。但因内心的恐惧——对未知的恐惧，很多人抗拒改变，哪怕现状多么令他不满意，他都不敢向前跨出一步。看看那些本该事业有成，却一事无成的人，你就知道不同情他们是件很难的事。

是的，每个人在决定一件大事时，心里都会或多或少有些担心、恐惧，都会面对到底要不要做的困扰。但"行动派"会用决心燃起心灵的火花，想出各种办法来完成他们的心愿，更有勇气克服种种困难。

很多缺乏行动的人大都很天真，喜欢坐等事情的发生。他们天真地以为，别人会关心他们的事。事实上，除了自己以外，别人对他们不大感兴趣，人们只对自己的事情感兴趣。例如一桩生意，我们获利比重越高，就要越主动采取行动，因为成败与别人的关系不大，他们不会在乎的。这时候，我们最好把它推一把，如果我们怠惰、退缩，坐等别人采取主动来推动事情的话，结果必定会令人失望。

一个人只有依靠自己，他才不会让自己失望，并能增加自己控制命运的机会。聪明人会去促使事情发生。

人生中最令人感到挫折的，莫过于想做的事太多，结果不但没有足够的时间去做，反而想到每件事的步骤繁多，而被做不到的情绪所震慑，以致一事无成。我们必须承认，时间有限，任何人都无法做完所有的事情。聪明人知道，并非所有的行动都会产生好的结果，只有明智的行动才能带来有意义的结果，所以聪明人只会做能获得好的效果的工作，做与完成最大目标有关的工作，而且专心致志，所以聪明人总能做出有价值的贡献，并收获很多。

要吃掉大象需要一口一口地吃，做事也是一样，想完成所有的事情，只会让机会溜掉。我的座右铭是：洛克菲勒对紧急事件采取不公平的待遇。

很多人都是自己使自己变成一个被动者的，他们想等到所有的条件都十全十美，也就是时机对了以后才行动。人生随时都是机会，但是几乎没有十全十美的。那些被动的人平庸一辈子，恰恰是因为他们一定要等到每一件事情都百分之百的有利、万无一失以后才去做。这是傻瓜的做法。我们必须向生命妥协，相信手上的正是目前需要的机会，才不会使自己陷入等待的泥沼。

我们追求完美，但是人类的事情没有一件绝对完美，只有接近完美。等到所有条件都完美以后才去做，只能永远等下去，并将机会拱手让给他人。那些要等到所有事情都已经准备妥当才出发的人，将永远也离不开家。要想变成"我现在就去做"的那种人，就是停止一切白日梦，时时想到现在，从现在就开始做。诸如"明天""下礼拜""将来"之类的句子，跟"永远不可能做到"意义相同。

每个人都有失去自信，怀疑自己能力的时候，尤其是在逆境中的时候。但真正懂得行动艺术的人，却可以用坚强的毅力克服它，会告诉自己每个人都有失败的时候，有失败得很惨的时候，会告诉自己不论事前做了多少准备、思考多久，真正着手做的时候，都难免会犯错误。然而，被动的人，并不把失败视为学习和成长的机会，却总在告诫自己：或许我真的不行了，以致失去了积极参与未来的行动。

很多人都相信心想事成，但我却将其视为谎言。好主意一毛钱能买一打，最初的想法只是一连串行动的起步，接下来需要第二阶段的准备、计划和第三阶段的行动。在我们这个世界上从来不缺少有想法有主意的人，但懂得成功地将一个好主意付诸实现比在家空想出一千个好主意要有价值得多的人却很少。

人们用来判断你的能力的真正基础，不是你脑子里装了多少东西，而是你的行动。人们都信任脚踏实地的人，他们都会想：这个人敢说敢做，一定知道怎么做最好。我还没听过有人因为没有打扰别人、没有采取行动或要等别人下令才做事而受到赞扬的。那些在工商界、政府、军队中的领袖,都是很能干又肯干的人、百分之百主动的人。那些站在场外袖手旁观的人永远成不了领导人物。

不论是自动自发者还是被动的人,都是习惯使然。习惯有如绳索,我们每天纺织一根绳索,最后它粗大得无法扯断。习惯的绳索不是带领我们到高峰就是引领我们到低谷,这得看它是好习惯还是坏习惯了。坏习惯能摆布我们、左右成败,它很容易养成,但却很难伺候。好习惯很难养成,但很容易坚持下去。

要有现在就做的习惯,最重要的是要有积极主动的精神,戒除散漫的习惯,要决心做个主动的人,要勇于做事,不要等到万事俱备以后才去做,永远没有绝对完美的事。培养行动的习惯,不需要特殊的聪明智慧或专门的技巧,只需要努力耕耘,让好习惯在生活中开花结果即可。

儿子,人生就是一场伟大的战役,为了胜利,你需要行动,再行动,永远行动!这样,你的安全就能得到保障。

祝圣诞节快乐!我想此时送给你的这封信,是再好不过的圣诞礼物了。

爱你的父亲

■第5封信

为前途抵押

借钱是为了创造好运。如果抵押一块土地就能借得足够的现金让我独占一块更大的地方,那么我会毫不迟疑地抓住这个机会。人生就是不断抵押的过程,为前途我们抵押青春,为幸福我们抵押生命。因为如果你不敢逼近底线,你就输了。为了成功,我们抵押冒险不值得吗?

亲爱的约翰：

你用向我借来的钱去股市闯荡的同时感到有些不安，这我能够理解。因为你想赢，却又怕在那个冒险的世界里输，而输掉的钱不是你的，是借来的，需要支付利息。

这种输不起的感受，在我创业之初，乃至较有成就之后，似乎一直都在支配着我，以致每次借款之前，我都会在谨慎与冒险之间徘徊，苦苦挣扎，甚至夜不能寐，躺在床上就不停地想如何偿还欠款。

常有人说，冒险的人容易招致失败。但白痴又何尝不是如此？在我恐惧失败过后，我总能打起精神，决定去再次借钱。事实上，为了取得进步我没有其他道路可走，我不得不去银行贷款。

儿子，呈现在我们眼前的，经常是巧妙化解棘手问题的大好良机。借钱不是件坏事，它不会让你破产，只要你不把它看成像救生圈一样，只在出现危机的时候使用，而应该把它看成是一种有力的工具，你就可以用它来开创机会。否则，你就会陷入恐惧失败的泥潭，让恐惧束缚住你本可大展宏图的双臂，以致终无所成。

我所熟知或认识的富翁中间，只靠自己一点一滴、日积月累挣钱发达的人少之又少，更多的人是因借钱而发财，这其中的道理并不深奥，一块钱的买卖远远比不上一百块钱的买卖赚得多。

不论是要赢得财富，还是要赢得人生，优秀的人在竞技中想的不是输了我会怎样，而是要成为胜利者我应该做什么。

借钱是为了创造好运。如果抵押一块土地就能借得足够的现金让我独占一块更大的地方，那么我会毫不迟疑地抓住这个机会。在科利佛兰时，我为扩张实力、夺得科利佛兰炼油界头把交椅，我曾多次欠下巨债，甚至不惜把我的企业抵押给银行，结果我成功了，我创造了令人震惊的成就。

儿子，人生就是不断抵押的过程，为前途我们抵押青春，为幸福我们抵押生命。因为如果你不敢逼近底线，你就输了。为了成功，我们抵押冒险不值得吗？

谈到抵押，我想告诉你，在我从银行家手里接过巨款时，我抵押出去的不光是我的企业，还有我的诚实。我视合同、契约为神圣的东西，我严格遵守合同，从不拖欠债务。我对投资人、银行家、客户，包括竞争对手，从不忘记以诚相待，在同他们讨论问题时我都坚持讲真话，从不捏造或含糊其辞，我坚信谎言在阳光下就会显形。

付出诚实的回报是巨大的，在我没有走出科利佛兰前，那些了解我品行的银行家们，曾一次次把我从难以摆脱的危机中拯救出来。

我清楚地记得，有一天，我的一个炼油厂突然失火，损失惨重。由于保险公司迟迟不能赔付保险金，而我又急需一笔钱重建企业，因此我不得不向银行追加贷款。现在一想起那天银行贷款的情景就让我激动不已。本来在那些缺乏远见的银行家眼里，炼油业早已是高风险行业，向这个行业提供资金不亚于赌博，再加上我的炼油厂刚刚被毁于一旦，所以有些银行董事对我追加贷款犹豫不决，不肯立即放贷。

就在这时，他们中的一个善良的人，斯蒂尔曼先生，让一个职员提来他自己的保险箱，向着其他几位董事大手一挥说："听我说，先生们，洛克菲勒先生和他的合伙人都是非常优秀的年轻人。如果他们想借更多的钱，我恳请诸位要毫不犹豫地借给他们。如果你希望更保险一些，这里就有，想拿多少就拿多少。"我用诚实征服了银行家。

儿子，诚实是一种方法，一种策略。因为我支付诚实，所以我赢得了银行家乃至更多人的信任，也因此渡过了一道道难关，踏上了快速的成功之路。

今天，我无须再求助于任何一家银行，我就是我自己的银行，但我永远都感激那些曾经鼎力帮助过我的银行家们。

你未来可能会管理企业，你需要知道，经营企业的目的是赚钱。扩大企业能够赚钱，但是把企业拿去抵押也是管理和运用金钱的重要手段。如果你只注重一种功能，而忽视另一种功能，就会招致失败；在最糟糕的情形下，可能会造成财务崩溃，即使在较好的情形下，可能也会因此错失很多机会。

管理和运用金钱跟决心赚钱不同，需要有不同的信念。要管理和运用金钱，你必须亲自动手、亲自管理数字，不能只是在管理和策略上纸上谈兵。机会往往隐藏在细节之中。如果你忽视这些细节，或是超脱细节，把这种"杂事"授权给别人去做，就等于你至少忽视了事业经营的一半重要责任。细节永远不应该妨碍热情，成功的做法要求你牢记两点：一个是战术，另一个是战略。

儿子，你正朝着成功人生的方向前进，这是你一直以来的目标，你需要勇敢，再勇敢。

爱你的父亲

■第6封信

别让精神破产

人始终要保持活力，保持坚强，不论遭遇怎样的失败与挫折，这是我唯一能做的事情。我非常明白，做什么事情才会让自己感到快乐，什么东西值得自己为之努力。根本的期望，就像清洁工用手中的扫把，扫尽成功路上所有的垃圾。儿子，你自己根本的期望在哪里？只要你不丢掉它，成功必将到来。

亲爱的约翰：

　　你近来的情绪过于低落，这种表现让我感到非常难过。我能真切地感受到，你还在为那笔让你赔进一百万美元的投资而感到耻辱和羞愧，因此终日闷闷不乐、忧心忡忡。其实，这大可不必，一次失败并不能说明什么，失败更不会在你的脑门上贴上无能者的标签。

　　乐观起来，我的儿子。你需要知道，在这个世界上，任何人的一生都不可能自始至终地保持顺利；相反，却要时刻与失败毗邻而居。也许正因为这个世界上有太多无奈的失败，追求卓越才变得魅力十足。人们对成功竞相追逐，甚至不惜以生命为代价。但即便如此，失败还是不可避免的。

　　我们的命运也是如此，只是与有些人不同，我把失败当作一杯烈酒，咽下去的是苦涩，吐出来的却是精神。

　　在我雄心勃勃进入商界，跪下来诚心祈求上帝保佑我们的新公司一路顺风之时，一场灾难性的风暴袭击了我们。当时我们签订了一笔合同，要购进一大批豆子，本来可以从中大赚一把，但没有想到一场突然"来访"的霜冻击碎了我们的美梦，到手的豆子毁了一半，而且有失德行的供货商还在里面掺加了沙土和细小的豆叶、豆秸。这注定是一笔要做砸的生意。但我知道，我不能沮丧，更不能沉浸在失败的痛苦当中，否则，我就会离我的目标越来越远。

　　天下没有白吃的午餐，更不可能一直维持现状，如果静止不动，就是退步，但要前进，必须乐于作决定和冒险。那笔生意失败之后，我再次向我的父亲借债，尽管我很不情愿这么做。而且，为使自己在经营上胜人一筹，我告诉我的合伙人克拉克先生，我们必须宣传自己，通过报纸广告让我们的潜在客户知道，我们能够提供大笔的预付款，并能提前供应大量的农产品。

结果让人非常满意,胆识加勤奋拯救了我们,那一年我们非但没有受"豆子事件"的影响,反而赚了一大笔。

人人都厌恶失败,然而,一旦避免失败变成你做事的动机,你就走上了怠惰无力之路。这非常可怕,甚至是种灾难。因为这预示着你可能会丧失原本可能有的机会。

儿子,机会是稀少的,人们因机会而发迹、富有,看看那些穷人你就知道,他们不是无能的蠢材,他们也不是不努力,他们是苦于没有机会。你要知道,我们生活在弱肉强食的丛林之中,在这里逃避风险几乎就等于放弃成功;而如果你利用了机会,那别人的机会就相应减少了,这样能更好地保全自己。

害怕失败就不敢冒险,不敢冒险就会错失眼前的机会。所以,我的儿子,为了避免丧失机会、保住竞争的资格,我们为失败与挫折买单是值得的!

失败是迈向更高峰的开始。我可以说,我今天的地位,是踩着失败的螺旋阶梯升上来的,是在失败中崛起的。我是一个聪明的"失败者",我知道向失败学习,从失败的经验中汲取成功的因素,用新的方法,去开创新事业。所以我想说,只要不变成习惯,失败是件好事。

我的座右铭是:人始终要保持活力,保持坚强,不论遭遇怎样的失败与挫折,这是我唯一能做的事情。我非常明白,做什么事情才会让自己感到快乐,什么东西值得自己为之努力。根本的期望,就像清洁工用手中的扫把,扫尽成功路上所有的垃圾。儿子,你自己根本的期望在哪里?只要你不丢掉它,成功必将到来。

乐观的人在苦难中会看到机会,悲观的人在机会中只会看到苦难。儿子,记住我深信不疑的成功公式:梦想 + 失败 + 挑战 = 成功。

当然,失败有它的杀伤力,它会打击人的意志力,使人变得萎靡。但最重要的是你对待失败的态度。天才发明家托马斯·爱迪生先生，在用电灯照亮摩根先生的办公室前，共做了一万多次实验，在他那里，失败是成功的试验田。

10年前，《纽约太阳报》一位年轻记者对爱迪生进行了一次采访，那位少不更事的年轻记者问道："爱迪生先生，您目前的发明曾经失败过一万次，您对这些有什么看法？"爱迪生对"失败"一词很不受用，他以长者的口吻对那记者说："年轻人，你的人生旅程才刚刚开始，所以我告诉你一个对你未来很有帮助的启示，我没有失败过一万次，我只是发明了一万种行不通的方法。"精神的力量永远如此巨大。

儿子，如果你宣布精神破产，你就会输掉一切。你要知道，人的事业就如同浪潮，如果你踩到浪头，功名随之而来；而一旦错失，则终其一生都将受困于浅滩与悲哀。失败是一种学习经历，你可让它变成墓碑，也可以让它变成垫脚石。

没有挑战就没有成功，不要因为一次失败就停下脚步，战胜自己，你就是最大的胜者！

我对你很有信心。

爱你的父亲

▇第7封信

坚定不移的信心足可撼动山峦

信心的大小决定了成就的大小。庸庸碌碌、得过且过的人，自认为做不成什么大事，所以他们仅能得到很少的报酬。他们相信无法创造伟大的壮举，他们便真的不能。他们认为自己人微言轻，所做的每一件事也显得无足轻重。久而久之，连他们的言行举止也会表现得缺乏自信。如果他们缺乏自信，他们就只能在自我评估中萎缩，变得愈来愈渺小。而且他们怎么看待自己，也会使别人怎么看待他们，于是这种人在众人的眼光下又会变得更加渺小。

亲爱的约翰：

你说得很对，拥有实现伟大抱负的智慧可以创造奇迹。然而，现实中创造奇迹的人总是寥若晨星，而庸庸碌碌之辈却如过江之鲫，不可胜数。

耐人寻味的是，人人都想大有一番作为。每一个人都想要获得一些最美好的东西。谁都不喜欢曲意逢迎，过着唯他人马首是瞻的平庸日子；也没有人乐意把自己当作二流人物看待，或不情愿地认为自己是被迫无奈才成为二流人物。

难道我们没有实现伟大抱负的智慧吗？当然不是！最实用的成功智慧早已写在《圣经》之中，那就是"坚定不移的信心足可撼动山峦"。可为什么还有那么多失败者呢？我想那是因为真正相信自己能够撼动山峦的人不多，结果，真正做到的人也自然不多。

绝大多数的人都认为那句圣言是荒谬的想法，认为那是根本不可能的。我认为这些无可救药的人犯了一个常识性的错误，他们错把信心当成了"希望"。不错，我们无法用"希望"撼动一座高山，也无法只凭借"希望"获得成功，也不能只靠"希望"给你带来财富和地位。

但是，信心的力量却能帮助我们撼动一座山峦，换句话说，只要我们自信能够成功，就可以创造奇迹。你也许认为我将信心的威力神奇或神秘化了，不！信心产生相信"我确实能够做到"的态度，相信"我确实能够做到"的态度能创造出成功所必备的能力、技巧与精力。每当你相信"我能做到"时，自然就会想出"如何解决"的方法，成功就诞生在成功解决问题之中。这就是信心发挥效用的过程。

每一个人都希望有一天能登上成功的顶峰，享受随之而来的成功果实。但是绝大多数人偏偏都不具备必需的信心与决心，他们也便无法达到顶峰。也因为他们不相信能够到达，以致找不到登上顶峰的途径，他们也就一直停留在一般人的水准。

但是，有少部分人真的相信他们总有一天会成功。他们抱着"我就要登上顶峰"的心态来进行各项工作，并且凭着坚强的信心实现目标。我以为我就是他们其中的一员。当我还是一个穷小子的时候，我就自信我一定会成为天下最富有的人，强烈的自信激励我想出各种可行的计划、方法和技巧，一步步攀上了石油王国的顶峰。

我从不相信失败是成功之母，我相信信心是成功之父。胜利是一种习惯，失败也是一种习惯。如果想成功，就得取得持续性的胜利。我不喜欢取得一定量的胜利，我要的是持续性胜利，只有这样我才能成为强者。信心激发了我成功的动力。

相信会有伟大的结果，是所有伟大事业、书籍、剧本，以及科学新知背后的动力。相信会成功，是成功人士必备的要素，但失败者慷慨地丢掉了这些。

我曾与许多在生意场上失败过的人进行谈话，听到的是无数失败的理由与借口。这些失败者在说话的时候，时常会在无意中说："老实说，我并不以为它会行得通。""我在开始进行之前就感到不安了。""事实上，我对这件事情的失败并不太惊奇。"

以"我暂且试试看，但我想还是不会有什么结果"的态度行事，毫无疑问最后一定会招致失败。"不信"是消极的力量。当你心中不能确定甚至产生怀疑时，你就会想出各种理由来支持你的"不信"。怀疑、不信、潜意识里的失败倾向，以及不是很想成功，都是失败的主因。心中存有怀疑，就会失败。相信会胜利，就必定成功。

信心的大小决定了成就的大小。庸庸碌碌、得过且过的人，自认为做不成什么大事，所以他们仅能得到很少的报酬。他们相信无法创造伟大的壮举，他们便真的不能。他们认为自己人微言轻，所做的每一件事也无足轻重。久而久之，连他们的言行举止也会表现得缺乏自信。如果他们没有自信，他们就只能在自我评估中萎缩，变得愈来愈渺小。而且他们怎么看待自己，也会使别人怎么看待他们，于是这种人在众人的眼光下会变得更加渺小。

　　那些积极向前的人，肯定自己有更大的价值，就能得到很大的回报。他们相信自己能处理艰巨的任务，就真的能做到。他们所做的每一件事情，待人接物，个性、想法和见解，都显示出他们是专家，是不可或缺的重要人物。

　　照亮我的道路、不断给我勇气、让我积极面对生活的理想，这种支撑我的东西就是信心。在任何时候，我都不忘增强信心，给自己鼓足勇气。我用成功的信念取代失败的念头。当我面临困境时，想到的是"我会赢"，而不是"我可能会输"。当我与人竞争时，我想到的是"我跟他们一样好"，而不是"我无法跟他们相比"。机会出现时，我想到的是"我能做到"，而不是"我不能做到"。

　　每个人迈向成功的第一步，也是不可或缺的一步，就是要相信自己，要相信自己一定能够成功。要让关键性的想法"我会成功"支配我们的各种思考。成功的信念会激发我们的心智和勇气去创造出获得成功的计划。失败的意念正好相反，它往往会驱使我们去想一些导致失败的念头。

　　我定期提醒自己：你比你想象的还要好。成功的人并不是超人。成功不需要超人的智力，不是看运气，也没有什么神秘之处。成功者是一个平凡的人，只不过他相信自己、肯定自己的所作所为。永远不要廉价出售自己。

　　每个人都是他自己思想的产物。他所想的目标越小，他得到的成就也就越小；所想的目标越大，赢得的成功也就越大。而小的创意与计划通常比大的创意与计划要容易，至少不会更困难。

那些能够在商业、传教、写作、演戏，以及其他领域追求并达到最高峰的人，都是因为他们能够脚踏实地、持之以恒地奉行一个自我发展与成长的计划。这项训练计划会为他们带来一系列的报酬，如家人的尊敬、朋友与同事的赞赏、收入的增加与生活水平的提高，同时他们还能感受到自己的重要性和存在的价值。

成就辉煌就是生命的最终目标，其需要我用积极的思考去小心对待。当然，在任何时候我想都不能让信念出问题。

爱你的父亲

第8封信

重视对手，勇于竞争

我喜欢胜利，但我不喜欢为追求胜利而不择手段。不计代价获得的胜利不是胜利，丑恶的竞争手段让人厌恶，那等于是画地为牢，可能以后永远无法超越。

亲爱的约翰：

今天，在去打高尔夫球的路上，我遇到了久违的挑战：一个年轻人开着他那部时髦的雪佛兰高傲地超过了我的车子。他刺激了我这个老头子好胜的本性，结果他只能看我的车屁股了。这让我很高兴，就像我在商场上战胜了我的对手一样。

约翰，好胜是我永不磨损的天性，所以我说那些谴责我贪欲永无止境的人都错了，事实上我不喜欢钱，我喜欢的是赚钱，我喜欢的是胜利时刻的美好感觉。

当然，让别人输的感觉有时会触动我的恻隐之心，但是，经商是一场严酷的竞争，没有什么东西比设法迫使别人出局更无情的了，可是你只能想方设法战胜对手，否则被迫出局、接受悲惨命运的人就是你自己。有竞争的地方，都是这样。

坦率地说，我不喜欢竞争，但我努力竞争。每当遇到强劲的对手时，我心中竞争好胜的本性就会燃烧，而当它熄灭时，我收获的是胜利和快乐。波茨先生就曾为我带来这种快感，而且非常巨大。

与波茨先生开战，源于我的一个错误，一个因好心而酿成的错误。在20世纪70年代，石油都集中在宾州西北部一个不大的地方，如果在那里建设一个输油管道网络，将所有油井连接起来，我只需要借助一个阀门，便可以控制整个油区的开采量，从而彻底独霸这一行业。可是我担心，用管道长途运输会引起与我合作的铁路公司的不安与恐惧，所以为维护它们的利益，我一直没有启动铺设输油管道的计划，更何况它们都曾帮助过我。

但是，那个曾经戏耍过我、又向我妥协了的宾州铁路公司此时却野心勃勃，它努力想取代我，要将炼油业彻底置于它的掌控之中。它把油区两条最大的输油管道并入了自己的铁路网络，想借此扼住我们的咽喉。而肩负完成这一使命的人，就是宾州铁路的子公司帝国运输公司的总裁波茨先生。

坐视对手发展，哪怕是潜在对手的实力增强，都是在削弱自己的力量，甚至会颠覆自己，我可没那么愚蠢。我的信念是抢在别人之前达到目的。我迅速起用精明强干的奥戴先生组建了美国运输公司，与帝国公司展开了一场自卫反击战。我们的努力获得了应有的回报，不出一年，我们控制了油区四成的石油运输业务，压制住了波茨先生的进攻。但这只是我与波茨先生较量的开始。

在这个世界上能出人头地的人，都是那些懂得去寻找自己理想环境的人，如果他们不能如愿，就会自己创造出来。

两年后，在宾州布拉德福又发现了一个新油田，奥戴先生迅速带领他的人扑向那个激起千万人发财梦想的地方，不分昼夜把输油管道铺向新油井。但开采油田的那帮家伙个个都很疯狂，毫无节制，恨不得一夜之间就把油全部采光，然后面带喜悦揣着钞票走人。所以，不管奥戴他们怎么努力，都无法满足运输和储存石油的需要。

我不想看到辛辛苦苦的采油商们自掘坟墓，毁灭自己，我请奥戴警告采油商，他们的开采能力已经远远超过了我们的运输能力，他们必须缩减生产量，否则，他们开采出来的黑金就将变成一文不值的黑土。但没有人接受我们的好意和忠告，更没有人欣赏我们的努力，反来声讨我们，责怪我们不运走他们的石油。

就在布拉德福德的采油商们情绪激动达到顶点的时候，波茨先生动手了。他先在我们的炼油基地纽约、费城、匹兹堡向我示威，收购我们竞争对手的炼油厂。接着，又开始在布拉德福德抢占地盘，铺设输油管道，要将布拉德福德的原油运到自己的炼油厂。

我很欣赏波茨先生的胆量，更愿意接受他意欲撼动我在炼油业的统治地位而发起的挑战，但我必须将他赶出炼油行业。

我首先拜会了宾州铁路公司的大老板斯科特先生，我直言不讳地告诉他，波茨先生是个偷猎者，他正在闯入我们的领地，我们必须让他停下来。但斯科特非常固执，决心让波茨的强盗行为继续下去。我没有选择，我只能向这个强大的敌人应战。

首先我们终止了与宾铁的全部业务往来，我指示部属将运输业务转给一直坚定地支持我们的两大铁路公司，并要求它们降低运费，与宾铁竞争，削弱它的力量，同时命令关闭依赖帝国公司运输的所有在匹兹堡的炼油厂；随后指示所有处于与帝国公司竞争的己方炼油厂，以远远低于对方的价格出售成品油。宾铁是全美最大的运输公司，斯科特先生是握有运输大权的巨头，他们以前从未被征服并以此为荣。但在我立体、压迫式的打击下，他们只有臣服。

为与我对抗，他们忍痛给予我们竞争对手巨额折扣，换句话说，他们为别人服务还要付给别人钱。接着他们使出了不得人心的一招——裁减雇员、削减工资。斯科特和波茨没有想到，这很快招致了惩罚，愤怒的工人们为发泄不满，一把大火烧了他们几百辆油罐车和一百多辆机车，逼得他们只得向华尔街银行家们紧急贷款。结果，当年宾铁的股东们非但没有分得红利，而且股票价格一落千丈。他们与我决斗的结果，就是他们的口袋越来越干净。

波茨先生不愧是个军人，在你死我活的硝烟中拼出了上校的军阶，有着令人钦佩的不屈不挠的意志力，所以，在已经分出胜负的情况下，他还想继续同我战斗下去。同样有着军旅生涯的斯科特先生，尽管此前曾是最有统治欲、最独裁的实力派人物，但他更懂得什么叫识时务，他果断地低下了不可一世的脑袋，派人告诉我，非常希望讲和，停止炼油业务。

我知道，波茨上校想要证明自己是伟大的摩西，可惜他失败了，他彻底失败了。几年后，波茨放弃了与我对抗的欲望，这个精明又滑得像油一样的油商，成为了我属下一个公司积极勤奋的董事。

傲慢通常会让人垮台。斯科特和波茨自以为出身高贵，一直目空一切，所以，成功驯服这些傲慢的倔驴，我的心都在跳舞。

约翰，我喜欢胜利，但我不喜欢为追求胜利而不择手段。不计代价获得的胜利不是胜利，丑恶的竞争手段让人厌恶，那等于是画地为牢，可能以后永远无法超越。即使赢得一场胜利，也可能失去以后再获胜的机会。而循规蹈矩不表示必须降低追求胜利的决心,而是表示用合乎道德的方式去赢得明确的胜利,也表示在这种限制下,全力公平地追求胜利。我希望你能做到这一点。

爱你的父亲

第9封信

天下没有免费的午餐

任何一个人一旦养成习惯,不管是好或坏,习惯就一直影响着他。吃免费午餐的习惯不会使一个人步向坦途,只能使他失去赢的机会。而勤奋工作却是唯一可靠的出路,工作是我们享受成功所付出的代价,财富与幸福要靠努力工作才能得到。

亲爱的约翰:

我已经注意到那条指责我吝啬、说我捐款不够多的新闻了,这没什么。我被那些不明就里的记者骂得够多了,我已经习惯了他们的无知与苛刻。我回应他们的方式只有一个:保持沉默、不加辩解,无论他们如何口诛笔伐。因为我清楚自己的想法,我坚信自己站在正确的一方。

每个人都需要走自己的路,重要的是问心无愧。有一个故事或许能够解释,为什么我很少去理会那些乞求我出钱来解决他们个人问题的人,更能解释让我出钱比让我赚钱更令我紧张的原因。

有一天,一个老人赶着一头拖着两轮车的驴子,车上拉着许多木材和粮食,走进了野猪出没的村庄。当地居民很好奇,就走向前问那个老人:"你从哪里来,要干什么去呀?"老人告诉他们:"我来帮助你们抓野猪啊!"众乡民一听就嘲笑他说:"别逗了,连优秀的猎人都做不到的事你怎么可能做到。"但是，两个月以后，老人回来告诉那个村子的村民，野猪已被他关在山顶上的围栏里了。

村民们感到非常惊讶，追问那个老人："是吗？真不可思议，你是怎么抓住它们的？"

老人解释说："首先，就是去找野猪经常吃东西的地方。然后我就在空地上放一些粮食作陷阱的诱饵。那些猪起初吓了一跳，最后还是好奇地跑过来，闻粮食的味道。很快一头老野猪吃了第一口，其他野猪也跟着吃起来。这时我知道，我肯定能抓到它们了。

"第二天，我又多加了一点粮食，并在几尺远的地方树起一块木板。那块木板像幽灵般暂时吓退了它们，但是那免费的午餐很有诱惑力，所以不久它们又跑回来继续大吃起来。当时野猪并不知道它们已经是我的了。此后我要做的只是每天在粮食周围多树起几块木板，直到我的陷阱完成为止。

"然后，我挖了一个坑立起了第一根桩。每次我加进一些东西，它们就会远离一些时间，但最后都会进来吃免费的午餐。围栏造好了，陷阱的门也准备好了，而不劳而获的习惯使它们毫无顾虑地走进围栏。这时我就出其不意地收起陷阱，那些白吃午餐的猪就被我轻而易举地抓到了。"

这个故事的寓意很简单，一只动物要靠人类供给食物时，它的机智就会被取走，接着它就有麻烦了。同样的情形也适用于人类，如果你想使一个人残废，只要给他一对拐杖再等上几个月就能达到目的。换句话说，如果在一定时间内你给一个人免费的午餐，他就会养成不劳而获的习惯。别忘了，每个人在娘胎里就开始有被照顾的需求了。

是的，我一直鼓励你要帮助别人，但是就像我经常告诉你的那样，如果你给一个人一条鱼，你只能供养他一天，但是你教他捕鱼的本领，就等于供养他一生。这个关于捕鱼的老话很有意义。

在我看来，资助金钱是一种错误的帮助，它会使一个人失去节俭、勤奋的动力，而变得懒惰、不思进取、没有责任感。更为重要的是，当你施舍一个人时，你就否定了他的尊严，你否定了他的尊严，你就夺走了他的命运，这在我看来是极不道德的。作为富人，我有责任成为造福于人类的使者，却不能成为制造懒汉的始作俑者。

任何一个人一旦养成习惯，不管是好或坏，习惯就一直影响着他。吃免费午餐的习惯不会使一个人步向坦途，只能使他失去赢的机会。而勤奋工作却是唯一可靠的出路，工作是我们享受成功所付出的代价，财富与幸福要靠努力工作才能得到。

在很久以前，一位聪明的老国王，想编写一本智慧录，以飨后世子孙。一天，老国王将他聪明的臣子召集来，说："没有智慧的头脑，就像没有蜡烛的灯笼，我要你们编写一本各个时代的智慧录，去照亮子孙的前程。"

这些聪明人领命离去后，工作了很长一段时间，最后完成了一本12卷的皇皇巨作，并骄傲地宣称："陛下，这是各个时代的智慧录。"

老国王看了看，说："各位先生，我确信这是各个时代的智慧结晶。但是，它太厚了，我担心阅读它的人们得不到要领。把它浓缩一下吧！"这些聪明人花了很多时间，几经删减后，把原书裁定成了一卷。但是，老国王还是认为太长了，又命令他们再次浓缩。

这些聪明人把一本书浓缩成一章，然后减至一页，再变为一段，最后则变成一句话。聪明的老国王看到这句话时，显得很得意。"各位先生，"他说，"这真是各个时代的智慧结晶，而且各地的人一旦知道这个真理，我们大部分的问题就可以解决了。"这句话就是："天下没有免费的午餐。"

智慧之书的第一章，也是最后一章，是天下没有免费的午餐。如果人们知道想出人头地，就必须以努力工作为代价，大部分人就会有所成就，同时也将使这个世界变得更美好。而吃免费午餐的人，迟早会付出惨痛的代价。

一个人活着，必须创造足以使生命和死亡有尊严的东西。

爱你的父亲

■第 10 封信

隐藏你的聪明

装糊涂带给你的好处有很多。装糊涂的含义，是摆低姿态，变得谦虚，换句话说，就是隐藏你的聪明。越是聪明的人越有装糊涂的必要，因为就像那句格言所说的——越是成熟的稻子，越垂下稻穗。

亲爱的约翰：

明天，我要回老家克利夫兰处理一些我们家族内部的事情。我希望在此期间，你能代我打理一些事务。但我提醒你，如果你遇到某些棘手或自己拿不定主意的事情，你要多向盖茨先生请教和咨询。

盖茨先生是我最得力的助手，他忠实真诚、直言不讳、尽职尽责，而且精明干练，总能帮我做出明智的抉择，我非常信任他，我相信他一定会对你大有帮助，前提是你要尊重他。

儿子，我知道你是布朗大学的优秀毕业生，你在经济学与社会学方面的知识算得上优秀。但是，你应该清楚，知识原本是空的，除非把知识付诸行动，否则什么事都不会发生。而且，教科书上的知识，几乎都是那些皓首穷经的知识匠人在象牙塔里编撰出来的，它难以帮你解决实际问题。

我希望你能摆脱对知识、学问的依赖心理，这是你走上人生坦途的关键。

你需要知道，学问本身并不代表能力。你需要将你所具备的学问巧妙地运用到实践当中，才能发挥学问的作用。要成为能够活用学问的人，你必须首先成为具有实行能力的人。

那么实行能力从哪里来呢？在我看来它就潜藏在吃苦的过程中。我的经验告诉我，走过艰难之路——布满艰辛、不幸、困难和失败的道路，不仅会铸就我们坚强的性格，我们赖以成就大事的实行能力也将从中得到锻炼。在苦难中向上攀爬的人，知道什么叫千方百计地去寻找方法、手段，让自己得救。处心积虑地去吃苦，是我笃信的成功信条之一。

也许你会讥讽我，认为没有什么想法比吃苦更傻的了。不！一个人没有不幸的体验，反而是他的不幸。很多事情都是来得快去得也快，那些实现了一夜成名、一夜暴富梦想的人，有谁不是很快就销声匿迹了？吃苦所得到的，是将你的事业大厦建立在坚实的地面上，而不是流沙里。人要有远见，只有长时间地吃苦，才有长时间的收获。

我相信你已经发现了，自从你到我身边工作以来，我并没有让你去担重担。但这并不表明我怀疑你的能力，我只是希望你善于做小事而已。

做好小事是做成大事的基石，如果你从一开始就高高在上，就无法了解部属的心情，也就不能真正地活用别人；在这个世界上要活下去、要创造成就，你必须借助于人力，即别人的力量，但你必须从做小事开始，才会了解部属的心情，等你有一天走上更高的职位，你就知道如何让他们贡献出全部的工作热情了。

儿子，世界上只有两种聪明人：一种是活用自己的聪明人，例如艺术家、学者、演员；另一种是活用别人的聪明人，例如经营者、领导者。后一种人需要一种特殊的能力——抓住人心的能力。但很多领导者都是聪明的傻瓜，他们以为要抓住人心，就得依据由上而下的指挥方式。在我看来，这非但不能得到领导力，反而会使其领导力大打折扣。要知道，每个人对自己受到轻视都非常敏感，被看矮一截会丧失热情。这样的领导者只会使部属无能化。

一头猪好好被夸奖一番，它就能爬到树上去。善于驱使别人的经营者、领导者或大有作为的人，一向宽宏大量，他们懂得高看别人和赞美他人的艺术。这意味着他们要有感情的付出，而付出深厚的感情的领导者最终必赢得胜利，并获得部属更多敬重。

没有知识的人终无大用，但有知识的人很可能成为知识的奴隶。每个人都需要知道，一切的知识都会转化成先入为主的观念，结果形成一边倒的保守心理，认为"我懂""我了解""社会本来就是这样"。有了"懂"的感觉，就会缺乏想要知道的兴趣，没有兴趣就将丧失前进的动力，等待他的也只剩下百无聊赖了。

但是，受自尊心、荣誉感的支配，很多有知识的人对"不懂"总是难以启齿，好像向别人请教，表示自己不懂，是见不得人的事，甚至把"不懂"当罪恶。这是自作聪明，这种人永远都不会理解那句伟大的格言——每一次说不懂的机会，都会成为我们人生的转折点。

自作聪明的人是傻瓜，懂得装糊涂的人才是真聪明。

直到今天我都能清晰记得一次装糊涂的情景，当时我正为如何筹借到15000美元大伤脑筋，走在大街上我都在苦苦思索这个问题。说来有意思，正当我满脑子闪动着借钱、借钱的念头时，有位银行家拦住了我的去路，他在马车上低声问我："你想不想借用50000美元，洛克菲勒先生？"我交了好运吗？我有点不相信自己的耳朵。但在那一瞬间我没有表现出丝毫的急切，我看了看对方的脸,慢条斯理地告诉他:"是这样……你能给我24小时考虑一下吗?"结果,我以最有利于我的条件与他达成了借款合同。

装糊涂带给你的好处有很多。装糊涂的含义,是摆低姿态,变得谦虚,换句话说,就是隐藏你的聪明。越是聪明的人越有装糊涂的必要,因为就像那句格言所说的——越是成熟的稻子,越垂下稻穗。

儿子,有了爱好,然后才能做到轻巧。现在,就开始热爱装糊涂吧!

我料想得到,在我离开的日子里,让你独当一面对你而言绝非易事,但这没有什么。"让我等等再说",是我在经商中始终奉行的格言。我做事总有一个习惯,在作决定之前,我总会冷静地思考、判断,但我一旦做出决定,就将义无反顾地执行到底。我相信你也能行。

爱你的父亲

第11封信

财富是勤奋的副产品

财富是意外之物,是勤奋工作的副产品。每个目标的达成都来自于勤奋的思考与勤奋的行动,实现财富梦想也是如此。

亲爱的约翰:

很高兴收到你的来信。在你的信中有两句话让我非常欣赏,一句是"你要不是赢家你就是在自暴自弃",一句是"勤奋出贵族"。这两句话是我不折不扣的人生座右铭,如果骄傲一点的话,我愿意说，这两句话正是我人生的缩影。

那些不怀好意的报纸，在谈到我创造的巨额财富时，常把我比作一台很有天赋的赚钱机器，其实他们对我几乎一无所知，更对历史缺乏洞见。

作为移民，满怀憧憬和勤奋努力是我们的天性。而我尚在孩童时期，母亲就将节俭、自立、勤奋、守信和不懈的创业精神等美德植入了我的骨髓。我真诚地笃信这些美德，将其视为伟大的成功信条，直到今天，在我的血液中依然流淌着这些伟大的信念。而所有的这一切结成了我向上攀爬的阶梯，将我送上了财富之巅。

当然，那场改变美国人民命运与生活的战争，让我获益匪浅，真诚地说，它将我造就成了令商界啧啧称奇而又望而生畏的商业巨人。是的，南北战争给民众带来了前所未有的巨大商机，它让我提前变成了富人。有利的资本支持，让我在战后抢夺机会的竞技场上占据绝对优势，以致后来财源不断。

但是，机会如同时间一样，对每个人都是平等的。可为什么偏偏我能抓住机会成为巨富，而很多人却与机会擦肩而过、不得不与贫困为伍呢？难道真的像诋毁我的人所说，是因为我贪得无厌吗？

不！是勤奋！机会只留给勤奋的人！自我年少时，我就笃信一条成功法则：财富是意外之物，是勤奋工作的副产品。每个目标的达成都来自于勤奋的思考与行动，实现财富梦想也是如此。

我极为推崇"勤奋出贵族"这句话，它是让我永生敬意的箴言。无论是过去还是现在，无论是在我们立足的北美还是在遥远的东方，那些享有地位、尊严、荣耀和财富的贵族，都有一颗永不停息的心，都有一双坚强有力的臂膀，在他们身上都凸显出顽强意志的光芒。而正是这样的品质或者说是财富，让他们成就了事业，赢得了尊重，成为了顶天立地的人物。

约翰，在这个无限变幻的世界中，没有永远的贵族，也没有永远的穷人。就像你所知道的那样，在我小的时候，我穿的是破衣烂衫，家境贫寒到要靠好心人来接济。但今天我已拥有一个庞大的财富帝国，已将巨额财富注入慈善事业之中。如同万物盛衰起伏变幻，如同沧海桑田，生生不息。出身卑贱和家境贫寒的人，通过自己的勤奋工作、执着的追求和智慧，同样能功成名就、出人头地，成为一个新贵族。

一切成功和荣誉都必须靠自己的创造去获取，这样的成功和荣誉才能永葆活力。但在我们今天这个社会，富家子弟正处在一种不进则退的情况之下。不幸的是，他们中的大多数都缺乏进取精神，它们好逸恶劳，挥霍无度，以致有很多人虽在富裕的环境中长大，却在贫困中死去。

所以，你要教导你的孩子，要想在与人生风浪的博击中完善自己、成就自己，享受成功的喜悦，赢得社会的尊敬，高歌人生，只能凭自己的双手去创造；要让他们知道，荣誉的桂冠只会戴在那些勇于探索者的头上；告诉他们，勤奋是为了自己，不是为了别人，他们自己是勤奋的最大受益者。

我自孩提时代就坚信，没有辛勤的耕耘就不会有丰硕的收获，作为贫民之子，除了靠勤奋获得成功、赢得财富与尊严之外，别无他法。上学时，我不是一个一教就会的学生，但我不甘人后，所以我只能勤恳地准备功课，并持之以恒。在我10岁时我就知道要尽我所能地多干活，砍柴、挤奶、打水、耕种，我什么都干，而且从不惜力。正是农村艰苦而辛劳的岁月，磨炼了我的意志，使我能够承受日后创业的艰辛，也让我变得更加坚忍不拔，并塑造了我坚强的自信心。

我知道，尽管以后会身陷逆境，但我总能泰然处之，包括我的成功，在很大程度上都得益于我从小建立的自信心以及勤奋踏实的品质。

勤奋能修炼人的品质，更能培养人的能力。我受雇于休伊特－塔特尔公司时，我就获得了具备非同一般的能力和出众的年轻记账员的名声。在那段日子里,我可谓是日夜辛劳、孜孜不倦。当时我的雇主就对我说,你一定会成功,以你这非凡的毅力。尽管我不明白将来会是什么样子,但有一点我相信,只要我用心去干一件事,我决不会失败。

今天,我尽管已年近70,但我依然搏杀于商海之中,因为我知道,结束生命最快捷的方式就是什么也不做。人人都有权利选择把退休当作开始或结束。那种无所事事的生活态度会使人中毒。我始终将退休视为再次出发,我一天也没有停止过奋斗,因为我知道生命的真谛。

约翰,我今天的显赫地位、巨额财富不过是我付出比常人多得多的劳动和创造换来的。我原本是普普通通的常人,原本没有头上的桂冠,但我以坚强的毅力、顽强的耕耘,孜孜以求,终于功成名就。我的名誉不是虚名,是血汗浇铸的王冠,些许浅薄的嫉恨和无知的浅薄,都是对我的不公平。

我们的财富是对我们勤奋的嘉奖。让我们坚定信念,认定目标,凭着对上帝意志的信心,继续努力吧,我的儿子。

爱你的父亲

■第12封信

只为成功找方法,不为失败找借口

一个失败者一旦找出一种"好"的借口,他就会抓住不放,然后总是拿这个借口对他自己和别人解释:为什么我无法再做下去,为什么我无法成功。起初,他还能自知他的借口多少是在撒谎,但是在不断重复使用后,他就会越来越相信那完全是真的,相信这个借口就是他无法成功的真正原因，结果他的大脑就开始怠惰、僵化，让想方设法要赢的动力化为乌有，但他从不愿意承认自己是个爱找借口的人。

亲爱的约翰：

斯科菲尔德船长又输了，失利让他有些气急败坏，一怒之下他把自己那根漂亮的高尔夫球杆扔上了天，结果他只得再买一个新球杆了。

坦率地说，我比较喜欢船长的性格，人生奋斗的目标就是求胜，打球也是一样。所以，我准备买个新球杆送给他，但愿这不会被他认为是对他发脾气的奖赏，否则他要一发不可收拾的话，那我可就惨了。

斯科菲尔德船长还有一个令人称道的优点，尽管输球会令他不高兴，但他认为赢本身并不代表一切，而努力去赢的做法才是最重要的。所以在输球之后，他从不找借口。事实上，他可以以年龄太大、体力欠佳来作为他输球的理由，为自己讨回颜面，但他从来不这样做。

在我看来借口是一种思想病，而染有这种严重病症的人，无一例地的是失败者，当然一般人也有一些轻微的症状。但是，一个人越是成功，越不会找借口，处处亨通的人，与那些没有什么作为的人之间最大的差异，就在于借口。

只要稍加留意你就会发现，那些没有任何作为，也不曾打算有一番作为的人，经常会有一大堆的借口来解释：为什么我没有做到，为什么我不做，为什么我不能做，为什么我不是那样的。失败者为自己料理"后事"的第一个举动，就是为自己的失败找出各种理由。

我鄙视那些爱找借口的人，因为那是懦弱者的行为，我也同情那些爱找借口的人，因为借口是制造失败的病源。

一个失败者一旦找出一种"好"的借口,他就会抓住不放,然后总是拿这个借口对他自己和别人解释:为什么我无法再做下去,为什么我无法成功。起初,他还能自知他的借口多少是在撒谎,但是在不断重复使用后,他就会越来越相信那完全是真的,相信这个借口就是他无法成功的真正原因,结果他的大脑就开始怠惰、僵化,让努力想方设法要赢的动力化为乌有。但他从不愿意承认自己是个爱找借口的人。

偶尔,我见过有人站起来说:"我是靠自己的努力得到成功的。"到目前为止,我还未见过任何男人或女人,敢于站起来说:"我是使自己失败的人。"失败者都有一套失败者的借口,他们将失败归咎于家庭、性格、年龄、环境、时间、肤色、宗教信仰、某个人乃至星象,而最坏的借口莫过于健康、才智以及运气。

最常见的借口,就是健康的借口,一句"我的身体不好"或"我有这样那样的病痛",就成了不去做或失败的理由。事实上,没有一个人是完全健康的,每个人多少都会有生理上的毛病。

很多人会完全或部分屈服于这种借口,但是一心要成功的人则不然。盖茨先生曾为我引荐过一位大学教授,他在一次旅行中不幸失去了一条手臂,但就像我所认识的每一个乐观者一样,他还是经常微笑,经常帮助别人。那天在谈及他的残障问题时,他告诉我说:"那只是一条手臂而已,当然,两个总比一个好。但是切除的只是我的手臂,我的心灵还是百分之百的完整而且正常。我实在是要为此表示感谢。"

有一句老话说得好:"我一直在为自己的破鞋子懊恼,直到我遇见一位没有脚的人。"庆幸自己的健康比抱怨哪里不舒服要好得多。为自己拥有的健康感谢,能有效地预防各种病痛。我经常提醒自己:累坏自己总比放着朽坏要好。生命是要我们来享受的,如果浪费光阴去担忧自己的健康而真的想出病来,那才是真正的不幸。

"我不够聪明"的借口也很常见,几乎有95%的人都有这种毛病，只是程度不同而已。这种借口与众不同，它通常默不作声。人们不会公开承认自己缺少足够的聪明才智，多半是在自己内心深处这么想。

我发现大多数人对"才智"有两种基本错误的态度：太低估自己的脑力和太高估别人的脑力。因为这些错误，使许多人轻视自己。他们不愿面对挑战，因为那需要相当的才智。认为自己愚蠢的人才是真正愚蠢的人，他们应该知道，如果有一个人根本不考虑才智的问题，而勇于一试，就会发现自己完全可以胜任。

我认为真正重要的，不在于你有多少聪明才智，而是如何使用你已经拥有的聪明才智，要成为一个好的商人，不需要有闪电般的灵敏，不需要有非常惊人的记忆，也不需要在学校名列前茅，唯一的关键，就是对经商要有强烈的兴趣和热心。兴趣和热心是决定成败的重要因素。

事情的结果往往与我们的热心程度成正比。热心能使事情变好一百倍一千倍。很多人并不知道什么叫热心，所谓热心就是"这是很了不起的"这种热情和干劲而已。

我相信才智平平的人，如果有乐观积极与合作的处世态度，将会比一个才智杰出却悲观消极并且不愿合作的人，赚得更多的金钱，赢得更多的尊敬，并获得更大的成功。一个人不论他面对的是繁琐的小事、艰巨的任务还是重要的计划，只要他执着热忱地去完成，成果会远胜于聪颖但是懒散的人。因为，专注与执着占了一个人95%的能力。

有些人百思不得其解：为什么很多非常出色的人物会招致失败呢？我可以让他们得到清晰的答案，如果一个绝顶聪明的人总在用他惊人的脑力，去证明事情为什么无法成功，而不是用他的脑力引导自己去寻找迈向成功的各种方法，失败的命运就会找上他。消极的思想牵制他们的智力，使他们无法施展身手以致一事无成。如果他们能改变心态，相信他们会做出许多伟大的事情。

想成大事却不懂得思考的大脑,也就是一桶廉价的糨糊而已。

引导我们发挥聪明才智的思考方式,远比我们才智的高低重要。即使是学历再高也无法改变这项基本的成功法则。才智的好坏不在于教育程度的高低,而是在于思想管理。那些成功的商人从不杞人忧天,而是充满热忱。要改善天赋的素质绝非易事,但改善运用天赋的方法却很容易。

很多人都迷信所谓的知识就是力量。在我看来这句话只说对了一半。拿才智不足当借口的人,也是错解了这句话的意义。知识只是一种潜在的力量,只有将知识付诸应用,而且是建设性地应用,才会显出它的威力。

标准石油公司永远不会为"活字典"式的人物提供职位,因为我不需要只会记忆、不会思考的"专家"。我要的是真正能够解决问题,能想出各种点子的人,是有梦想而且勇于实现梦想的人。有创意的人能为我赚钱,只能记忆资料的人则不能。

一个不以才智为借口的人,绝不低估自己的才智,也不高估别人的才智。他专注地运用自己的资产,发掘他拥有的优异才能。他知道真正重要的不在于才智的多少,而在于他如何使用现有才智的方法以及如何使用自己的脑力。他会常常提醒自己:我的心态比我的才智重要。对建立一种"我一定赢"的态度,他有强烈的渴望。他知道要运用自己的才智积极创造,用他的才智寻找成功的方法,而不是用来证明自己会失败。他还知道思考力比记忆力更有价值,他要用自己的头脑来创造、发展新观念,寻找更好的做事方法,随时提醒自己:我是正在用我的心智创造历史呢,或只是在记录别人创造的历史?

每一件事的发生必定有其原因,人类的遭遇也不可能碰巧发生。所以,有很多人总会把自己的失败怪罪于运气太坏,看到别人成功时,就认为那是因为他们运气太好。我从不相信什么运气好坏,我只认为精心筹备的计划和行动叫"运气"。

如果由运气决定谁该做什么，每一种生意都会瓦解。假设标准石油公司要根据运气来彻底进行改组，就要将公司所有职员的名字放入一个大桶里，第一个被抽出的名字就是总裁，第二个是副总裁，就这样顺序下去。很可笑吧？但这就是运气的功能。

　　我从不屈从运气，我相信因果定律。看看那些看似好运当头的人，你会发现并不是运气使然，而是准备、计划和积极的思想为他们带来好的气象。再看看那些"运气不好"的人，你会发现背后都有明确的因素。成功者能面对挫折，从失败中学习，再创契机。平庸者往往就此灰心丧志。

　　一个人不可能只靠运气成功，他必须付出努力的代价。我不妄想靠运气获得胜利等生命中的美好事物，所以我集中全力去发展自我，修炼出使自己变成"赢家"的各种特质。

　　借口把绝大多数的人挡在了成功的大门之外，99%的失败都是因为人们惯于找寻借口。所以在追求事业成功的过程中，最重要的一点就是：防止自己找借口。

爱你的父亲

■第13封信

成功的希望就在自己手中

　　从贫穷通往富裕的道路永远是畅通的，重要的是你要坚信：我就是我最大的资本。你要锻炼信念，不停地探究产生迟疑的原因，直到肯定取代了怀疑。你要知道，连自己都不相信的事情，你是无法达成的，信念是带你前进的力量。

亲爱的约翰：

　　昨天，就在昨天，我收到一个立志要成为富翁的年轻人的来信。他在信中恳请我帮忙解答一个问题：他缺少资本，他该如何去创业致富？

　　他是想让我给他指明生命的方向。可是教诲他人似乎不是我的专长，而我又无法拒绝他，这真令人痛苦。但我还是回信告诉他，你需要资本，但你更需要常识。常识比金钱更重要。

　　对于一个要去创业的贫寒子弟来说，他常常因为资本匮乏而感到苦恼。如果他再恐惧失败，他就会表现得犹豫不决，以蜗牛般的速度缓慢行进，甚至止步于成功之路，而永无出头之日，所以我在给那个年轻人的回信中特别提醒他："从贫穷通往富裕的道路永远是畅通的，重要的是你要坚信：我就是我最大的资本。你要锻炼信念，不停地探究产生迟疑的原因，直到肯定取代了怀疑。你要知道，连你自己都不相信的事情，你是无法达成的，信念是带你前进的力量。"

　　每一个渴望成功的人都应该认识到，成功的希望就隐藏在他身边。只要认识到这一点，他就能得到自己想要得到的东西。在信中我给那个年轻人讲了一个故事，我相信这个故事定将惠泽于他，乃至所有的人。

　　这个故事也是我从他人那里听来的，讲述这个故事的人是这样说的：

　　从前有个人，名叫阿尔·哈菲德，住在离印度河不远的地方。他拥有一大片兰花园，另外还有数百亩良田和繁盛的园林。他是个知足的人，而且十分富有——因为他很富有，所以他十分知足。有一天，一位老僧人来拜访他，坐在他的火炉边跟他说："你富有，你的生活舒适而安逸。但是，你如果拥有满满一手钻石，你就可以买下整个国家的土地；要是你能拥有一座钻石矿的家，你就可以利用这笔巨富的影响力,把孩子送上王位。"

哈菲德听了老僧人这番极具诱惑力的话之后,当天晚上躺在床上的时候,他仿佛变成了一个穷人——不是因为他失去了一切,而是他开始变得不满足,所以他觉得自己很贫穷;也因为他认为自己很贫穷,所以得不到满足。"我要一座钻石矿"的想法在他的脑海里萦绕不断,以致整晚都辗转难眠。第二天一大早他就跑去找那位僧人。

老僧人一大早就被叫醒,非常不高兴。但哈菲德完全不顾及这些,他满不在乎地把老僧人从睡梦中摇醒,对他说:"你能告诉我什么地方可以找到钻石吗?"

"钻石?你要钻石做什么?"

"我想要拥有庞大的财富,"哈菲德说,"但我不知道哪里可以找到钻石。"

"哦,"老僧人明白了,他说,"你只要在山里面找到一条在白沙上穿流的河,就可以在沙子里找到钻石。"

"你真的认为有这样一条河吗?"

"多得很,多得很呐!你只要出去寻找,一定会找到。"

"我会的。"哈菲德说。

于是,他卖掉农场,收回借款,把房子交给邻居看管,就出发寻找钻石去了。

哈菲德先是去了月光山区寻找,而后到了巴勒斯坦,接着又跑到欧洲,最后他花光了身上所有的钱,变得一文不名。他如同乞丐般站在西班牙巴塞罗那海边,看到一道巨浪越过赫丘力士石柱汹涌而来,这个历经沧桑、痛苦万分的可怜虫,无法抵抗纵身一跳的诱惑,就随着浪峰跌入大海,终结了一生。

在哈菲德死后不久,他的财产继承人拉着骆驼去花园喝水,当骆驼把鼻子伸到花园那清澈见底的溪水中时,那个继承人发现,在浅浅的溪底白沙中闪烁着奇异的光芒,他伸手下去,摸到一块黑石头，石头上面有一处闪亮的地方，发出了彩虹般的色彩。他将这块怪异的石头拿进屋子，放在壁炉的架子上，又继续去忙他的工作，完全忘记了这件事。

几天后，那个告诉哈菲德在哪里能找到钻石的老僧人来拜访哈菲德的继承人。他看到架子上的石头发出的光芒，立即奔过去，惊讶地叫道："这是钻石！这是钻石！哈菲德回来了吗？"

"没有，他还没有回来，而且那也不是钻石，那不过是一块石头，是我在我家的后花园里发现的。"

"年轻人，你发财了！我认识钻石，这真的是钻石！"

于是，他们一起奔向花园，用手捧起溪底的白沙，发现许多比第一颗更漂亮、更有价值的钻石。

这就是人们发现印度戈尔康达钻石矿的经过。那是人类历史上最大的钻石矿，其价值远远超过南非的金佰利。英王皇冠上镶嵌的库伊努尔大钻石，以及那颗镶在俄皇王冠上的世界第一大钻石，都是采自那座钻石矿。

约翰，每当我记起这个故事，我就不免为阿尔·哈菲德叹息，假如哈菲德能留在家乡，挖掘自己的田地和花园，而不是去异乡寻找，他也就不会沦为乞丐，贫困挨饿，以致跃入大海而亡。他本来就拥有遍地的钻石。

并非每一个故事都具有意义，但这个故事却给我带来了宝贵的人生教诲：你的钻石不在遥远的高山与大海之间，如果你决心去挖掘，钻石就在你家后院。重要的是要真诚地相信自己。

每个人都有一个理想，这个理想决定着他的努力方向和价值取向。从这种意义上来说，我以为，不相信自己的人就跟窃贼一样，因为任何一个不相信自己而且未充分发挥本身能力的人，可以说是向自己偷窃的人；而且在这个过程中，由于创造力低落，他也等于是从社会中偷窃。由于没有人会从他自己那里故意偷窃，那些向自己偷窃的人，显然都是无意中偷窃了。然而这种罪状仍很严重，因为其所造成的损失，跟故意偷窃一样大。

只有戒除这种向自己偷窃的行为，我们才能爬向高峰。我希望那个渴望发财的年轻人，能思索出其中所蕴含的教诲。

爱你的父亲

■第14封信

花时间让自己富裕起来

我之所以是我，都是我过去的信念创造出来的。坦率地说，自从我感觉到人世间的贫穷和疾苦的时候，我就萌发了一个信念：我应该是富翁，我没有权利当穷人。随着时间的推移，这个信念变得有如钢铁般坚硬。

亲爱的约翰：

有很多悲剧都是因为偏执和骄傲而引发的，制造贫穷的人也是一样。

许多年前，我在第五大道浸礼会教堂里，曾偶遇一个叫汉森的年轻人，一个在节衣缩食中悲惨度日的小花匠。也许汉森先生自以为坚守贫穷是种美德，他摆出一副品格高尚的样子对我说："洛克菲勒先生，我觉得我有责任同你讨论一个问题——'金钱是万恶之源'，这是《圣经》上说的。"

就在那一瞬间，我知道汉森先生为什么与财富无缘了，他是在对《圣经》的误解中获取人生教诲，但他却浑然不觉。

我不希望让这个可怜的年轻人在他心胸狭隘的沼泽中越陷越深，我告诉他："年轻人，我从小就不断接受各种基督教格言的熏陶，并且以此作为自己的行为准则，我想你也是一样。但我的记忆力似乎要比你好一些，你忘了，在那句话的前边还有一个词语——喜爱，'喜爱金钱是万恶之源'。"

"你说什么？"汉森的嘴巴大张着，好像要吞下一条鲸鱼。真希望他赚钱的胃口能有那么大。

"是的，年轻人，"我拍拍他的肩头说，"《圣经》根源于人类的尊严与爱，是对宇宙最高心灵的敬重，你可以毫不畏惧地引用里面的话，并将生命托付给它。所以，当你直接引用《圣经》的智慧时，你所引用的就是真理。'喜爱金钱是万恶之源。'哦，正是如此。喜爱金钱只是崇拜的手段，并不是目的。如果你没有手段，就无法达成目标，也就是说，你只知道当个守财奴，那么金钱就是万恶之源。"

"想想看，年轻人，"我提醒汉森，"如果你有了钱，你就可以惠及你的家人、朋友，给他们快乐、幸福的生活，甚至可以惠及社会，拯救那些孤苦无助的穷人。"

"年轻人，手里每多一分钱，就增加了一份决定未来命运的力量，去赚钱吧，"我劝导他，"你不该让那些偏执的观念锁住你有力的双手，你应该花时间让自己富裕起来，因为有了钱就有了力量。而纽约充满了致富的机会，你应该致富，而且能够致富。记住，小伙子，你虽是尘世间的匆匆过客，却也要划出一道人生的光亮。"

我不知道汉森能否接受我的规劝，如果不能，我会为他感到遗憾的，他看上去很结实，脑袋也不笨。

我一直以为，每个人都应该花时间让自己富裕起来。当然，有些东西确实比金钱更有价值。当我们看到一座落满秋叶的坟墓时，就不免感到一种难以言喻的悲伤，因为我知道有些东西的确比金钱崇高。尤其是那些受过苦难的人，他们更能深深地体会到，有些东西比黄金更甜蜜、更尊贵、更神圣。然而，有常识的人都知道,那些东西没有一样不是用金钱来大幅提升的。金钱不是万能的,但在我们这个世界,很多事情是离不开金钱的!

爱情是上帝赐予我们的伟大礼物,但是,拥有很多金钱的情人能使爱情更加幸福,金钱就具有这样的力量!

一个人如果说"我不要金钱",那就等于是在说:"我不想为家人、友人和同胞服务。"这种说法固然荒谬,但要断绝这两者关系同样荒谬!

我相信金钱的力量,我主张人人都应该去赚钱。然而,宗教对这种想法有强烈的偏见,因为有些人认为,作为上帝贫穷的子民是无上的荣耀。我曾听过一个人在祈祷会上祷告说,他十分感谢自己是上帝的贫穷子民,我听后不禁心里暗想:这个人的太太要是听到她先生这么说,不知会有何感想。她肯定会认为自己嫁错了人。

我不想再见到这种上帝的贫穷子民,我想上帝也不愿意!我可以说,如果某个原本应该很富有的人,却因为贫穷而懦弱无能,那他必然犯下了极端严重的错误;他不仅对自己不忠实、忠诚,也亏待了他的家人。

我不能说,财富的多少可以用来当作衡量人生成功与否的标准,但几乎毫无例外的是,你可以利用财富的多少来衡量一个人对社会所做的贡献。你的收入愈多,你的贡献也愈大。一想到我已经使无数国民永远走向了富裕之路,我便感觉到自己拥有了伟大的人生。

我相信上帝是为他的子民——而不是撒旦之流——才铸出钻石。上帝所给我们的唯一告诫是:我们不能在有违上帝的情况下赚钱,或赚取别的东西。那样做只会让我们平添罪恶感。要获得金钱、大量的金钱,无可厚非,只要我们以正当的方法得来,而不是让金钱牵着我们的鼻子走。

某些人之所以没有钱,是因为他们不了解钱。他们认为钱既冷又硬,其实钱既不冷也不硬——它柔软而温暖,它会使我们感觉良好,而且在色泽上也能跟我们所穿的衣服相配。

我之所以是我,都是我过去的信念创造出来的。坦率地说,自从我感觉到人世间贫穷和疾苦的时候,我就萌发了一个信念:我应该是富翁,我没有权利当穷人。随着时间的推移,这个信念变得有如钢铁般坚硬。

在我小的时候,正是拜金思想神圣化的时期,当时数以万计的淘金者怀揣着发财梦从各个地方蜂拥赶至加利福尼亚,尽管事后发现那场淘金热只是个圈套,但它却大大激起了数百万人的发财欲望,这其中就包括我——一个只有10多岁的孩子。

那时我的家境窘迫,时常要接受好心人伸出的援手。我的母亲是一个非常有自尊的人,她希望我能肩负起做长子的职责,建设好这个家庭。母亲的厚望与教诲,养成了我一种终身不变的责任感,我立下誓言:我不能沦为穷人,我要赚钱,我要用财富改变家人的命运!

在我少年时代的发财梦中,金钱对我而言不只是一种工具,它不仅能让家人过上富足无忧的生活,而且通过给予——明智地花出去,金钱更能换来有尊严的社会地位,这些东西远比豪华、气派的住宅和漂亮的服饰更令我激动不已!

我对金钱的理解,坚定了我要赚钱、我要成为富人的信念,而这个信念又给予我无比的斗志去追逐财富。

我的儿子,没有比为了赚钱而赚钱的人更可怜、更可鄙的,我懂得赚钱之道:要让金钱当我的奴隶,而不是让自己沦为金钱的奴隶。我就是这样做的。

爱你的父亲

第15封信

侮辱有时可以催人奋进

> 我知道任何轻微的侮辱都可能伤及尊严。但是,尊严不是天赐的,也不是别人给的,是你自己缔造的。

亲爱的约翰:

你与摩根先生谈判时的表现,令我和你的母亲感到惊喜,我们没有想到你竟然有勇气同那个盛气凌人的华尔街最大的钱袋子对抗。你当时的表现相当出色,应对沉稳,言词得体而不失教养,最令人感到惊喜的是你彻底控制住了对手。感谢上帝,能让我们拥有你这样出色的孩子。

在来信中你告诉我说,摩根先生待你粗鲁无礼,是在有意侮辱你,我想你是对的。事实上,他是想报复我,把恶意攻击施加在你身上,是想让你代我受辱。

正如你知道的,此次摩根提出与我结盟的动机,是担心我会对他构成威胁。我相信他并不情愿与我合作,因为他知道我和他是跑在两条路上的马车,彼此谁都不喜欢谁。我一见到他那副趾高气扬、傲慢无理的样子就感到恶心。我想他一见到我肯定也是同样的感受。

但必须承认一点,摩根是位商界奇才,他知道我不把华尔街放在眼里,更不惧怕他对我的威胁,所以他要实现他的野心——统治美国钢铁行业,就必须与我合作,否则,等待他的就将是一场你死我活的竞争。

善于思考和善于行动的人，都知道必须除去人性中的傲慢与偏见，都知道永远不能让自己的个人偏见妨碍自己的成功，摩根先生就是这样的人。所以，尽管摩根先生不想同我打交道，但他还是向我提出建议，是否可以在标准石油公司总裁办公室与他会面。

在谈判中能坚持到最后一刻的人一定会有收获，所以我告诉摩根："我已经退休了，如果你愿意，我很乐意在我家中恭候你。"他果真来了，这对他而言显然是有些屈尊。但他做梦都不会想到，当他提出具体问题时我会说："很抱歉，摩根先生，我退休了，我想我的儿子约翰会很高兴同你谈那笔交易。"

即便是傻瓜也看得出来，这对摩根是一种轻蔑，但他很克制。他告诉我，希望我能去他在华尔街的办公室进行会谈。我答应了。

对他人的报复，就是对自己的攻击。摩根先生似乎不懂得这个道理，为了一解心头之恨，对你实施报复，结果反倒让你给控制住了。但不管怎么说，尽管摩根先生对我公然地侮辱他耿耿于怀，但始终将眼睛盯在要达成的目标上，对此我颇为欣赏。

我的儿子，我们生长在追求尊严的社会，我知道对于一个热爱尊严的人来说，蒙受侮辱意味着什么。但在很多时候，不管你是谁，即使是美利坚合众国的总统都无法阻止来自他人的侮辱。

那么，我们该怎么办呢？是在盛怒中反击，捍卫尊严呢，还是宽容相待，一笑而过呢？还是用其他什么方式来回应呢？

你或许还记得，我一直珍藏着一张中学同学的多人合照。那里面没有我，有的只是出身富裕家庭的孩子。几十年过去了，我依然珍藏着它，更珍藏了拍摄那张照片的情景。

那是一天下午，天气不错，老师告诉我们说，有一位摄影师跑来要求拍学生上课时的情景照。我是照过相的，但很少，对一个穷苦家的孩子来说，照相是种奢侈。摄影师刚一出现，我便想象着要被摄入镜头的情景，多点微笑、多点自然，让自己看上去帅一点，甚至开始想象如同报告喜讯一样回家告诉母亲："妈妈，我照相了！是摄影师拍的，棒极了！"

我用一双兴奋的眼睛注视着那位弯腰取景的摄影师，希望他早点把我拉进相机里。但我失望了，那个摄影师好像是个唯美主义者，他直起身，用手指着我，对我的老师说："你能让那位学生离开他的座位吗，他的穿戴实在是太寒酸了。"我是个弱小并且听命于老师的学生，我无力抗争，我只能默默地站起身，为那些穿戴整齐的富家子弟制造美景。

在那一瞬间我感觉我的脸在发热，但我没有动怒，也没有自哀自怜，更没有抱怨我的父母为什么不让我穿得体面些，事实上他们已经竭尽全力地让我有机会接受良好的教育。看着在那位摄影师调动下的拍摄场面，我在心底攥紧了双拳，我向自己郑重发誓：总有一天，你会成为世界上最富有的人！让摄影师给你照相算得了什么！让世界上最著名的画家给你画像才是你的骄傲！

我的儿子，我那时的誓言已经变成了现实！在我眼里，"侮辱"一词的词义已经转换，它不再是剥掉我尊严的利刃，而是一股强大的动力，势如排山倒海，催我奋进，驱使我去追求一切美好的东西。如果说那个摄影师把一个穷孩子激励成了世界上最富有的人，似乎并不过分。

每个人都有享受掌声与喝彩的时候，那或者是在肯定我们的成就，或者是在肯定我们的品质、人格与道德；也有遭受攻击的侮辱的时候，除去恶意，我想我们之所以会遭受侮辱，是因为我们的能力欠佳，这种能力可能与做人有关，也可能与做事有关，总之不构成他人的尊重。所以，我想说，蒙受侮辱不是件坏事，如果你是一个知道冷静反思的人，或许就会认为对待侮辱的不同态度或采取的行动，也可以体现人的能力高低。

我知道任何轻微的侮辱都可能伤及尊严。但是，尊严不是天赐的，也不是别人给的，是你自己缔造的。尊严是你自己享用的精神产品，每个人的尊严都只属于他自己，你自己认为自己有尊严，你就有尊严。所以，如果有人伤害你的感情、你的尊严，你要不为所动。如果你死守你的尊严，就没有人能伤害你。

我的儿子，你与你自己的关系是所有关系的开始，当你相信自己，并与自己和谐一致，你就是自己最忠实的伴侣。也只有如此，你才能做到宠辱不惊。

爱你的父亲

第16封信

明白交易中的价值与价格

交易的真谛是交换价值，用别人想要的东西来换取你想要的东西。

要完成一笔好交易，最好的方法是强调其价值。而很多人会犯强调价格而非价值的错误，常说什么："这的确很便宜，再也找不到这么低的价格了。"不错，没有谁愿意出高价，但在最低价之外，人们更希望得到最高的价值。

亲爱的约翰：

今晚我会晤了调解人亨利·弗里克先生，我告诉他："正如我的儿子告诉摩根先生的那样，我并不急于卖掉联合矿业公司。但又像你所猜测的那样，任何有价值的企业我都乐于接受并为之付出。但是，我坚决反对买主居高临下，定下企图将我们排斥在外的价格,我宁可血战到底也不会做这样的生意。"我请弗里克先生转告摩根先生,他想错了。

约翰,看来你还得同摩根先生继续打交道,尽管你讨厌那个家伙。在这里,我想给你一些建议,让那个不可一世的家伙知道,他那我行我素的态度即将招致的后果。

儿子,很多人都犯有同样一个错误,他们不知道自己到底是干什么的。其实,不论你从事哪一个行业,譬如经营石油、地产,做钢铁生意,还是做总裁、做雇员,都是在从事一个行业,那就是跟人打交道的行业。谈判更是如此,与你展开斗争的不是某桩生意,而是人!

所以,真实了解自己、了解对手,是保证你在决胜中取得大胜的前提。你需要知道,准备是游戏心理的一部分,你必须知己知彼。如果你要拥有实质性的优势,你必须知道:

第一,整体环境:市场状况如何,景气状况如何。

第二,你的资源:你有哪些优势(优点)和弱势(弱点),你有哪些资本。

第三,对手的资源:对手的资产状况如何,他的优势、劣势在哪里。在任何竞争中,谋划大策略的重要因素之一,就是了解对手的优势。

第四,你的目标和态度:太阳神阿波罗的座右铭只有短短的一句话——"人贵自知。"你要知道自己在干什么、有什么目标,实现目标的决心有多坚决,认为自己像个赢家还是在怀疑自己,在精神与态度上有什么优点和缺点。

约翰,你要记住我的一句话:越是认为自己行,你就会变得越高明,积极的心态会创造成功。

第五,对手的目标和态度:要尽量判断对手的目标,同样重要的是,要设法深入对手的内心,了解他的想法和感觉。

毫无疑问,最后这一条——预测和了解对手——是最难实现的，但你要力争实现。那些伟大的军事将领大多有一个习惯，他们总是尽力了解对手的性格和习惯，以此来判断对手可能做出的选择和行动方向。在所有的竞争活动中，能够了解对手和竞争者也总是很有功效的，因为这样你就可以预测对手的动向。主动、预期性的措施总比被动反应有效，而且更有力量，俗话说，预防胜于治疗就是这个道理。

在有些时候，你的竞争对手可能是你熟知的人，那你就要对这个优势多加利用。如果你了解他是一个很谨慎的人，或许你自己最好也应该小心一点；如果你觉得他总是很冲动，或许这是在暗示你，要大刀阔斧，否则你就可能被他逼上绝路。

但是，不是只与对手熟识才能了解对手，只要你能明察秋毫，在谈判桌上你同样可以发现很多有价值的东西。善于谈判的人应该能够观察一切。你甚至不必等到开始走出第一步，才开始了解对手。

我们说的话可能会透露或掩饰自己的动机，但我们的选择几乎总是会泄露自己内心的秘密——想法，这是每个人所做的第一个选择，也是泄露真相的第一个动作。在谈判中你必须知道自己在说什么，如果你真的能掌控一切，就应该能够掌控自己所说的话，这会给自己带来极大好处。

同样地，你必须随时保持警惕，以便收到对手发出的信息，如果是这样，你就可以持续掌控明确的优势，做不到这一点，你就可能丧失机会。你要知道，在一场竞争激烈的谈判中失败，意味着下次赢得谈判的机会将会降低。

做交易的秘诀在于，你要知道不能交易什么和可以交易什么。摩根先生视我们为墙角里的残渣，要清扫出去，但我们必须留在地板上。这是不能谈判的。同时，他还必须给出一个好价钱。但你也要知道，在做生意时，你绝对不要想把钱赚完，要留一点给别人。

约翰，你知道，我们愿意做这笔交易，是因为我们认为这笔交易对我们有利，这是显而易见的。然而，你不要受制于这种明显而狭隘的观点。

有太多的"聪明人"认为自己的目的不是要交易，而是要捡便宜，希望用最低的价格买到东西。这次摩根一方给出的价格比实际价值低百万。如果他只想做这种交易，那么他会因此而丧失这次登上美国钢铁行业霸主地位的机会。交易的真谛是交换价值，用别人想要的东西来换取你想要的东西。

要完成一笔好交易，最好的方法是强调其价值。而很多人会犯强调价格而非价值的错误，常说什么："这的确很便宜，再也找不到这么低的价格了。"不错，没有谁愿意出高价，但在最低价之外，人们更希望得到最高的价值。

约翰，在你与摩根先生的谈判中，当涉及金钱的时候，你绝对不要先提金额，要提供给他宝贵的价值，强调他从你这里能够买到什么。

我相信，人经过努力可以改变世界，达到新的、更美好的境界。祝你好运！

爱你的父亲

第17封信

相信自己是重要人物

我们不能左右风的方向，但我们可以调整风帆——选择我们的态度。一旦你们选择了看重自己的态度，那些"我是个没用的人，我是个无名小卒，我算老几，我一文不值"，等等贬低自己、消磨意志、削弱信心和自暴自弃的懦夫的想法就会消失殆尽，取而代之的，是心灵的复活，思维和行为方式的积极改变，信心的增强，以"我能！而且我会"的心态面对一切。

亲爱的约翰：

享受别人给予的热烈而真挚的爱戴，这种感觉真是棒极了。今天，芝加哥大学的学生让我体验到了这种美妙的感受。姑且把这种行为看作是对我创建该校的回报，不过，这的确让我喜出望外。

说实话，在我决定投资创建这所大学之前，我从未奢望在那里受到圣人般的礼遇。我最初的想法只是希望能为我们的青年一代做些什么，为了给他们传承我们最优秀的文化并造就自己的美好未来提供一些力所能及的帮助。现在看来，我的目的达到了，这是我一生中最明智的投资。

芝加哥大学的青年学生非常可爱，他们对美好未来无限向往，都拥有成就一番事业的愿望和决心。他们当中几个一脸稚气的男孩跑来跟我说，我是他们的榜样，真诚地希望我能给他们一些建议。我接受了他们的请求，我忠告那些未来的洛克菲勒：

成功不是以一个人的身高、体重、学历或家庭背景来衡量的，而是由他思想的"大小"来决定。我们思想的大小决定我们成就的大小。这其中最重要的一条就是我们要看重自己，克服人类最大的弱点——自卑，千万不要廉价出卖自己。你们比你们想象中的还要伟大，所以，要将你们的思想扩大到你们真实的程度，绝对不要看轻自己。

这时，掌声突然响起，我显然被它彻底俘虏了，以致得意忘形，管不住我的舌头，我继续说：

几千年来，很多哲学家用他们的智慧偈语忠告我们：认识自己。但是，大部分人都把它解释为仅仅认识自己消极的一面。大部分的自我评估都包括太多的缺点、错失与无能。认识自己的缺点固然是一件好事，我们可以借此谋求改进。但是，如果我们仅仅认识自己消极的一面，就会陷入混乱，使自己变得没有任何价值。

对那些渴望得到别人尊重的人来说，现实是很残酷的，因为别人对他的看法，与他对自己的看法相同。我们都会受到那种"我们自认为是怎样"的待遇。那些自以为比别人差一截的人，结果也一定会比别人差一截，不管他的实际能力到底如何，因为人的思想本身具有调节并控制其各种行为的能力。

如果一个人觉得自己比不上别人，他就会表现出真的比不上别人的各种行为，而且这种感觉无法掩饰或隐瞒。那些自以为"不是很重要"的人，就真的会成为"不是很重要"的人。

而另一方面，那些相信自己具有"承担重大责任的能力"的人，就真的会变成一个"很重要"的人物。所以，如果你们真想成为重要人物，就必须首先使自己承认"我确实很重要"，而且要真诚地肯定，如此别人才会跟着这么想。

每个人都无法逃脱这样一个推理原则：你如何思考将会决定你采取什么样的行动，你的行动方式将决定别人对你的看法，就像你们的成功计划一样，要获得别人的尊重其实很简单。为了得到他人的尊重，首先你们必须觉得自己确实有值得别人尊敬的地方，而且你们越尊重自己，别人对你们的敬意也越发强烈。

请你们想一想：你们会不会尊重那些成天游荡在破旧街道的人？当然不会。为什么？原因就在于那些无赖根本不看重自己，他们只会让自卑感腐蚀他们的心灵而自暴自弃。倘若他们看重自己，他们便不会这么自甘堕落。

一个人的思想观念是人格的核心。你们自己认为是什么样的人，你们就真的会成为什么样的人。

不管他是谁，无论他身居何处，他究竟是无名之辈还是身世显赫，他到底是文明还是野蛮，也不论他是年轻还是年老，他都有成为重要人物的强烈欲望。请仔细想一想你们身边的每一个人——你的邻居、你自己、你的老师、你的同学、你的朋友,他们当中谁会没有成为重要人物的强烈愿望?全都有,这种愿望是人类最强烈、最直接的一种目标。

但是,为什么很多人将这个本可以实现的目标,永远地变成了无法实现的美梦呢?在我看来,态度起了决定性作用。态度是我们每个人思想和精神因素的物化,它决定着我们的选择和行动。从这个意义上说,态度是我们最好的朋友,也是我们最大的敌人。

我承认,我们不能左右风的方向,但我们可以调整风帆——选择我们的态度。一旦你们选择了看重自己的态度,那些"我是个没用的人,我是个无名小卒,我算老几,我一文不值",等等贬低自己、消磨意志、削弱信心和自暴自弃的懦夫的想法就会消失殆尽,取而代之的,是心灵的复活,思维和行为方式的积极改变,信心的增强,以"我能!而且我会"的心态面对一切。

小伙子们!如果你们中间有谁曾经自己骗自己,请就此停止,因为那些不觉得自己重要的人,都是自暴自弃的人。任何时候都不要贬低自己,你最先要做的就是列出自己的各种资产——优点。这要问你自己:"我有哪些优点?"在分析自己的优点时,不能太谦虚。

你们要专注自己的长处,告诉自己你比你想象的还要好。你要让自己的眼光注视到更远的未来,对自己充满期待,而不能只将眼光局限于现在。要随时记住这个问题:"重要人物会不会这么做呢?"做到这些的话,成为重要的伟大人物也就离你们不远了。

孩子们,通往成功的道路上铺满了黄金,然而这条道路却只是一条单行线。此时此刻,我们需要一种乐观的态度。乐观常被哲学家称为"希望"。首先让我来告诉你们,这是对乐观的曲解!乐观是一种信念,拥有这种信念的人会相信,生活终究是乐多苦少,即使不如人愿的事情屡屡发生,好事终将占上风。

约翰,你知道吗,在我短短十几分钟的即兴演讲中,我竟获得了 8 次掌声。遗憾的是过多的掌声干扰了我的思路,我有一个重要的观点被掌声赶跑了,那就是提高思考能力,这会让他们的行为水准得以提高,使他们更有作为。但我还是很高兴,我的舌头居然有那么大的魅力。

爱你的父亲

第 18 封信

让每一分钱都物有所值

无论一个人积储了多么丰富的妙语箴言,也无论他的见解有多么高明,假使不能利用每一个确实的机会去行动,其性格终不能受到良好的影响。失去美好的意图,终是一无所获。

亲爱的约翰:

查尔斯先生永远地离开了我们,这让我很难过。查尔斯先生是一位非常善良的富人,他乐善好施,不断用自己辛勤赚到的钱去救助那些处于贫困中的同胞。

与真挚的灵魂相伴,是天赐的福气。有像查尔斯先生这样的合伙人,是我一生的荣幸。当然,查尔斯先生谨小慎微的性格常常导致我们之间发生龃龉,但这丝毫不会影响我对他的尊重。失去对高尚者的尊重,也是剥夺自己做人的尊严。

当年,公司最高管理层有共进午餐的习惯,每次用餐的时候,查尔斯先生都坐在象征公司核心的座位上。尽管我是公司第一人,但为了对他的高尚人格表示敬意,我便把座位让给了他。是的,这不足为道,高尚的道德本该受到褒奖。而就一个整体而言,虽然这只是很小的细节,但这样一个细节可能影响到整个公司,影响到公司的效益。

事实上,标准石油公司的合伙人都是正直的人,我们每个人都懂得彼此尊重、信任、团结一心对合作有多么重要,我们努力使之成为现实。所以,即使出现分歧,我们只会直言不讳、就事论事,从不钩心斗角、搬弄是非。我相信,在这种纯洁的氛围中,即使有人心术不正,他也会把心术不正的恶习留在家里。但这只是标准石油公司强大到令对手敬畏的原因之一,而视精诚协作为我们的生命才是最重要的因素。在这方面,查尔斯先生身体力行,堪为表率。

作为公司的引领者,我在一次董事会上曾真诚倡议:"我们是一家人,我们荣辱与共,我们坚强的手掌托起的是我们共同的事业。所以,我建议大家,请不要说我应该做什么,要说我们应该做什么。千万别忘了,我们是合作伙伴,无论做什么事都是为了我们大家的利益。"

我的发言感染了查尔斯先生,他第一个回应我:"先生们,我听懂了,约翰的意思是说,比起'我'来说,'我们'更重要,我们是一家人!没错!是应该说我们!"

在那一刻,我看到了我们伟大的未来,因为我们已经开始忠于"我们"。别忘了,人人自私,每个人的天性都是忠于自己。当"我们"取代"我"的时候,它所焕发出的力量将难以估量。我所以能取得巨大成就,就在于我首先经营的是人,所有的人。

我与查尔斯先生有着共同的信仰。我喜欢查尔斯先生最喜欢的一句格言:"珍惜时间和金钱。"我一直以为这是一则凝聚着伟大智慧的箴言。我相信绝大多数的人都会喜欢它,但他们却难以将其变成自己的思想信念和价值信条,并永远融入自己的血液中。

是的，无论一个人积储了多么丰富的妙语箴言，也无论他的见解有多么高明，假使不能利用每一个确实的机会去行动，其性格终不能受到良好的影响。失去美好的意图，终是一无所获。

几乎人人都知道，构筑幸福生活、实现伟大抱负，这一切美好愿望能否实现都与如何利用时间密切相关。然而，对很多人而言，时间是他们的敌人，他们消磨它，抹杀它；但如果谁偷走他们的时间，他们又会大发雷霆，因为时间毕竟是金钱，重要的是时间还是生命。遗憾的是，他们就是不知道如何利用时间。

事实上，这没有哥伦布先生发现美洲那么难。要利用好自己的时间，最重要的是我们对每一天甚至是每一刻都做好计划，思考自己应该思考什么，并采取怎样的行动。计划是我们按照每天情况去如何生活的依据，它能显示什么是可行的。要制订完美的计划，首先要确认自己想要什么。还有，每项计划都要有措施，并要监督成果。能付诸行动、有成果的计划才是有价值的计划。当然，创造力、自发精神和信念可以化不可能为可能，并突破计划的限制，所以，不要让计划成为束缚自己的枷锁。

每一刻都很关键，每一个决定都影响生命的过程，所以，我们要有下决心的策略。决定不宜做得太快，遇到重要问题时，如果没有想好最后一步，就永远不要迈出第一步。你要始终相信总有思考问题的时间，也总有足够的时间付诸行动，促进计划成熟的耐心是必不可少的。可是一旦做出决定，就要像斗士那样，忠实地去执行。

"赚钱不会让你破产"，是查尔斯先生的致富经。在一次宴会上，查尔斯先生公开了他的赚钱哲学，那天他用一种演讲家般的激情，激励了我们每个人，他告诉我们大家：世界上有两种人永远不会富有。

第一种是及时行乐者，他们喜欢过着光鲜亮丽的日子，像苍蝇盯臭肉那样，对奢侈品兴趣盎然，他们挥霍无度，竭尽所能地收揽精美的服饰、昂贵的汽车、豪华的住宅,以及价格不菲的艺术品。这种生活的确迷人,但它缺乏理性,及时行乐者缺乏这样的警惕:他们是在寻找增加负债的方法,他们会成为可怜的车奴、房奴,而一旦破产,他们就完了!

第二种人,喜欢存钱的人,把钱存在银行里当然保险,但它跟把钱冷冻起来没什么两样,要知道靠利息不能发财。

但是,有一种人会成为富人,比如在座的诸位,我们不寻找花钱的方法,我们寻找、培养和管理各种投资的方法,因为我们知道财富可以拿来滋生更多的钱财,我们会把钱拿来投资,创造更多的财富。但我们还要知道,让每一分钱都能带来效益!这正如约翰一贯的经商原则——每一分钱都要让它物有所值!

查尔斯先生的演讲博得了热烈掌声,我被他燃烧起来,鼓掌时太过用力,以致饭后还觉得两个手掌在隐隐作痛。

如今,再也听不到那种掌声了,也没那种鼓掌的机会了。但"珍惜时间和金钱"一直与我相伴。我没有理由浪费生命,浪费生命就等于糟蹋自己,世界上没有比糟蹋自己更大的悲剧了,我也不把安逸和享乐看作是生活的目的。

爱你的父亲

第19封信

幸运之神眷顾勇者

经验告诉我,自信果敢的人,能完成最好的交易,能吸引他人的支持,结成最有力的盟约。而那些胆小、犹豫的人却难以制造这样的效果。不仅如此,大胆的方法对自己也大有裨益,有自信的人期望成功，他们会配合自己的期望，设计所有的计划以追求成功。

亲爱的约翰：

几天前你的姐姐塞迪兴高采烈地告诉我，她一头栽进了幸运里，说她手里的股票就像百依百顺听她使唤的奴隶，正在帮她将大把大把的钱拿回家。

我想现在的塞迪可能已经快乐疯了，但我不希望她被那些钱弄得意忘形以致乱了分寸，我给她以警示：过度相信运气会把你扔到失败的田野上。

几乎每一位事业有成的人都在警告世人：你不能靠运气活着，尤其不能靠运气来建立事业生涯。有趣的是，大部分的人对运气深信不疑，我想他们是错把机会当运气了，没有机会就没有运气。

约翰，想一想你认识的那些幸运儿，你几乎可以确定，他们都不是温良恭俭的人，你也几乎可以确定，他们总是表现出自信的光辉和天下无难事的态度，甚至会显得非常大胆。这其中潜藏着一个鸡生蛋、蛋生鸡的问题，幸运儿是因为幸运才表现得自信和大胆，还是他们的"运气"是自信和大胆的结果呢？我的答案是后者。

幸运之神眷顾勇者，是我一生奉行的格言。胜利不一定属于强者，高度警惕、生气勃勃、勇敢无畏的人也会获得胜利的眷顾。当然，也有人相信谨慎胜过勇敢，但勇敢和大胆比谨慎更引人注目、更受欢迎，且更有吸引力，懦弱根本不能与之相比。

我从未见过有谁不欣赏自信果敢的人，每个人都会用极大的热情去支持自信果敢的人，期望这样的人担任领袖。我们之所以如此迷信这样的人，就在于他们有着强大的吸引力。所以，勇敢的人常常会比较成功，会较容易担任领袖、总裁和司令官，那些迅速升职的人都属于这样的人。

经验告诉我，自信果敢的人，能完成最好的交易，能吸引他人的支持，结成最有力的盟约。而那些胆小、犹豫的人却难以制造这样的效果。不仅如此，大胆的方法对自己也大有裨益，有自信的人期望成功，他们会配合自己的期望，设计所有的计划以追求成功。

当然，这样做不能保证会绝对成功，却能自然而然地推出对成功的展望。换句话说，如果你觉得自己是赢家，你的行为就会像个赢家；如果你的行为像个赢家，你就很可能去做更多赢家要做的事，从而改变你的"运气"。

真正的勇者并非是不可一世的狂妄之徒，更不是没有脑子的莽撞汉。勇者知道运用预测和判断力，计划每一步和做好每一个决定，这种做法就像军事策略家所说的那样，会让你力量大增，也就是拥有一种武器，能立刻形成明显的优势，帮你战胜对手。这让我想起了十几年前，大胆决定买下莱玛油区的事情。

在此之前，原油将会枯竭的恐惧阴云始终笼罩在石油界，甚至连我的助手都开始担心在石油行业已经无利可图，因此他悄悄地卖公司的股票；而有的人甚至建议，公司应该及早退出石油业，转行做其他更为稳妥的生意，否则我们这艘大船就将永远不能返航。作为领袖，面对悲观送出的应该永远是希望而不是哀叹。

再次看到希望是人们在俄亥俄州莱玛镇发现了石油的时候。只是莱玛的石油散发着一股特殊的臭味，用常规方法无法祛除，这让许多本想从中大捞一把的人感到失望。但我对莱玛油田充满信心，我可以预见到一旦我们独占莱玛，我们就将具有控制石油市场的强大力量。机会来了，不能让它悄然溜走，我郑重地告诉公司的董事们：这是千载难逢的一个大好时机，是该把钱投到莱玛的时候了！

非常遗憾的是，我的意见遭到了胆小怕事者的反对。

强加于人不符合我的性格，我寄希望于通过和颜悦色的讨论，让大家最终能统一到我的意见上来。

那是一次漫长而没有结果的等待。我心急如焚，我们建起了全球最具规模的巨型炼油厂，它就像一个饥饿的婴儿对母亲的奶汁贪得无厌一样，需要吃掉源源不断的原油，但宾州的油田正在凋敝，其他几个小油田业已开始减产，长此下去我们只得依赖俄罗斯的原油，几乎可以肯定，俄国人一定会利用他们对油田的控制，削弱我们的力量，甚至彻底击败我们，把我们赶出欧洲市场。但是，一旦我们拥有了莱玛的石油资源，我们就会继续做赢家。不能再等了，是该行动的时候了！

正像我所预想的那样，在董事会上保守派的意见依然是"不"。但我以令反对派大吃一惊的方式，降伏了他们，我说："先生们，如果不想让我们这艘巨轮沉下去，我们必须保证我们的原油供应。现在，蕴藏在莱玛地下的石油正向我们招手，它将带来令我们目眩的巨额财富。看在上帝的分儿上，请不要说那带有臭味的液体没有市场，我相信这些东西都有其价值，我相信科学会扫除我们的疑虑。所以，我决定用我自己的钱进行这项投资，并情愿承担两年的风险。如果两年以后成功了，公司可以把钱还给我；如果失败了，就由我自己承担一切损失。"

我的决心与诚意打动了我最大的反对者普拉特先生，他眼中闪动着泪光，激动地对我说："约翰，我的心被你俘虏了，既然你认为应该这样做，我们就一起干吧！你能冒这个险，我也能！""一荣俱荣、一损俱损"的合作精神，是我们不断强大的精神支柱。

我们成功了。我们倾尽全力将巨资投到了莱玛，其回报更是巨大，我们将全美最大的原油生产基地牢牢地控制在了自己的手中。而在莱玛的成功又增强了我们的活力，驱使我们开始发动在石油业前所未有的大收购战。结果正像我们预想的那样，我们成为石油领域最令人畏惧的超级舰队，取得了不可动摇的统治地位。

约翰，态度有助于创造运气，而机遇就在你的选择之中。如果你有 51% 的时间做对了，那么你就会变成英雄。

这是我关于幸运的最深体会。

爱你的父亲

■第 20 封信

欲得完美想法，必先有许多想法

世界上不可能有绝对完美的计划，这意味着一切事物永远都有改良的余地。我非常清楚这一点，所以我经常会再寻找一些更加妥善的办法。我不会问自己：我能不能做得更好？对于这个问题，我的答案非常肯定，我相信自己一定能做到，所以我通常这样问自己：我要怎样才能做得更好？

亲爱的约翰：

对于你认为罗杰斯能担当重任、独当一面的观点，我不能赞同。事实上，我曾为此作过努力，但结果颇令我失望。我的用人原则是，被委以重任的人是能找出更好的解决问题的办法的人。但罗杰斯显然不够格，因为他是个懒于思考的人。

在我有意启用罗杰斯之前，我对他作过一番考察，当时我向他提出了一个问题："罗杰斯先生，你认为政府怎么做才能在 30 年内废除所有的监狱？"他听了显得很困惑，怀疑自己听错了，一阵沉默过后，他开始反驳我："尊敬的洛克菲勒先生，您的意思是要把那些杀人犯、强盗以及强奸犯全部释放吗？您知道这样做会有什么后果吗？如果真是那样，我们就别想得到安宁了。不管怎样，一定要有监狱。"

当时我希望能把罗杰斯那颗铁板似的脑袋砸开一道缝，我提醒他："罗杰斯，你只说了不能废除的理由。现在，你来试着相信可以废除监狱。假设可以废除，我们该如何着手？"

"这太让我为难了，洛克菲勒先生，我无法相信，我也很难找出废除它的方法。"这就是罗杰斯的办法——没有办法。

我想象不出，如果让他担重任，当机会或危难来临的时候，他是否会动用他所有的才智去积极应对。我不信任罗杰斯，他只会将希望变成失望。

找出更好解决问题的办法，是出色完成任何事情的保证。这不需要超人的智慧，重要的是一种信念——相信自己能把事情做好。当我们相信某一件事不可能做到的时候，我们的大脑就会为我们找出各种做不到的理由。但是，当我们相信——真正地相信，某一件事确实可以做到，我们的大脑就会帮我们找出各种做到的方法。

确信自己能做成某事，会激发出我们潜在的各种创造力，我们也会因此得到创造性的解决办法。相反，对某件事情的成功与否存在怀疑或者直接否定，就等于关闭了自己的心门，不但会阻碍潜在创造力的发挥，同时我们的美好梦想也随之破灭。

我厌恶我的手下人说"不可能"。"不可能"是失败者的语言，一个人一旦被"那是不可能的"想法所支配，他就能生出一连串的想法证明他想得没错。罗杰斯就犯了这种错误，他是个传统的思考者，他的心灵都是麻木的，他的理由是：监狱制度已经实行一百年了，因此一定是个好办法，必须维持原样，又何必冒险去改变呢？而事实往往是，如果你能用心地去想办得到的方法，那么事情也将会做得出色。然而"普通人"总是憎恶进步。

人都相信，任何事情都不可能只有一种最好的解决办法，最好的方法就如创造性的想法那样多。没有任何事是在冰雪中生长的，如果我们让传统的想法冻结我们的心灵，新的创意就无从生长。

传统的想法是禁锢我们创造力的头号敌人。传统的想法会冰冻我们的心灵，阻碍我们发挥成功必需的创造力。罗杰斯就犯了这样的错误，他应该乐于接受各种创意，丢弃那些"不可行""办不到""没有用""那很愚蠢"等思想的渣滓；他还要具备实践精神，勇于尝试新的东西，这样他才能扩展他的能力，为他承担更大的责任做好准备。同时，他还要主动前进，他的想法不能只停留在以前：这是我平常做事的方式，所以在这里我也要用这种方法。他的想法必须有所改变，他应该要有这样的觉悟：比起我们惯用的方法，有什么方法能更好地解决问题呢？

世界上不可能有绝对完美的计划，这意味着一切事物永远都有改良的余地。我非常清楚这一点，所以我经常会再寻找一些更加妥善的办法。我不会问自己：我能不能做得更好？对于这个问题，我的答案非常肯定，我相信自己一定能做到。所以我通常这样问自己：我要怎样才能做得更好？

要找出完美想法的最佳途径，就是拥有许多想法。我会不断地为自己和别人设定较高的标准，不断地寻求提高效率的各种方法，以较低的成本获得较多的报酬，以较少的精力做成更多的事情。因为我知道，有"我能把事情做得更好"这种态度的人才能取得伟大的成就。

树立"我能做得更好"的态度，需要培养，要每天思考：我今天要怎样把工作做得更好？今天我该如何激励员工？我还能为公司提供哪些特殊的服务？我该如何使工作更有效率？这项练习很简单，但很管用。你可以试试看，我相信你会找到无数创造性的方法来赢得更大的成功。

我们的态度决定我们的能力。我不止一次地说过，只要我们自己相信能做多少，我们就能做到多少，因为在你充分相信的背后是巨大潜能的挖掘，我们就会因此创造性地思考出各种解决问题的方法。

拒绝新的挑战是非常愚蠢的行为。我们要集中思想去考虑如何才能做得更好、更多。在此过程中，许多富有创造性的方法都会不期而至。例如，改善目前工作的计划，或者处理例行工作的捷径，或者删除无关紧要的琐事。换句话说，那些使我们做得更多的方法多半都在你积极思考的时候出现。

约翰，你可以跟罗杰斯谈谈，我希望他能有所改变，到那时候他也许就有好日子过了。

爱你的父亲

第21封信

拒绝与消极人士来往

消极人士只会哀叹时运不济，从不用带有欣赏性的眼光把自己看成是更有分量、更有价值的人，他们失去了让自己全力以赴的念头以及自我鼓励的能力，反让消极占满了自己的内心。明智的人绝不会停顿在对时运不济的哀叹中。

亲爱的约翰：

我想你已经有所觉察，因为受你那些朋友的影响，你的某些思想和观念正在发生转变。我当然不反对你扩大自己的社交圈，这可以增加你的生活情趣，扩展你的生活领域，甚至可以帮你找到知己或者帮你实现人生理想的人。但有些人显然不值得你与之交往，比如，那些拘泥于卑微、琐碎的人。

在我年轻的时候，我就有明确的想法，有两种人是我坚决拒绝与之交往的。

第一种人是那些完全对现实投降以及安于现状的人。他们深信自己完全没有足够的条件去创造伟大的成就，那只是幸运儿的专利，而自己没有这个福气。

这种人愿意守着一个有一定保障但是却平凡无奇的职位，他们得过且过，年复一年，最终只能碌碌无为。他们也知道自己需要一份更有挑战性的工作，这样才能得到更好的发展与成长，但是碍于许多的阻力与挫折，他们在打击中悲观地认为自己不适合做大事，最终选择敷衍一生。

这种人只会哀叹时运不济，从不用带有欣赏性的眼光把自己看成是更有分量、更有价值的人，他们失去了让自己全力以赴的念头以及自我鼓励的能力，反让消极占据了自己的内心。明智的人绝不会停顿在对时运不济的哀叹中。

第二种人是不能坚持挑战到底的人。这些人曾经有着成就大事的决心和希望，也曾为此做过多方面的准备和筹划。但是过去几十年或十几年后，随着工作阻力的慢慢增加，为更上一层楼需要艰苦努力的时候，他们就会觉得这样下去实在不值得，因而放弃努力，变得自暴自弃。

他们会自我解嘲："我们比一般人赚得多，生活也比一般人要好，干嘛不知足，还要冒险呢？"其实这种人已经有了恐惧感，他们害怕失败，害怕大家不认同，害怕发生意外，害怕失去已有的东西。他们并不满足，但已经投降。这种人中有些很有才干，却因不敢冒险，从而平平淡淡地度过一生。

这两种人身上有着共同的思想毒素，极易感染他人的思想，那就是消极。

我一直以为，一个人的个性与野心，目前的身份与地位，同与什么人交往有关。

经常跟消极的人来往，他自己也会变得消极；跟小人物交往过密，就会产生许多卑微的习惯。

反过来说，经常受到大人物的熏陶，自会提高自己的思想水准；经常接触那些雄心万丈的成功人士，也会使他具有迈向成功所需要的野心。

我喜欢同那些永远也不屈服的人做朋友。有个聪明人说得好：我要挑战令人厌恶的逆境，因为智者告诉我，那是通往成功最明智的方向。只是这种人少之又少。

这种人绝不让悲观来左右一切，绝不屈从各种阻力，更不相信自己只能浑浑噩噩虚度一生。他们活着的目的就是获得成就，这种人都很乐观，因为他们一定要完成自己的心愿。这种人很容易成为各个领域的佼佼者。他们懂得享受真正的人生，也真正了解生命的可贵与价值。他们都盼望每一个新的日子，以及跟别人之间的新接触，因为他们把这些看成是丰富人生的历练，因此热情地接受。

我相信人人都希望跻身其中，因为只有这些人才能成功，也只有这些人才真正做出实际行动，并且能得到他们期盼的结果。

不幸的是，消极的人随处可见，他们把自己禁锢在消极的心态下，原本具有的能力也发挥不出来，以致办事不力。

这个社会，人人平等，但并不是每个人都相同。有些消极保守，有些则积极进取。在曾与我共事的人当中，有的只是满足于解决温饱，而有的则胸怀大志，想让自己的地位变得举足轻重，他们当然知道，在成为大人物前，必须先做好追随者的角色。

在你成功的路上，有着各式各样的陷阱，要想达到成功的终点就必须避免它们。在任何一个地方，总有自不量力的人出来螳臂当车，明知不行却偏要出现在路上阻挡你前进的步伐。他们嫉妒你的表现和成就，会想尽办法来捉弄你使你难堪，有许多满怀雄心壮志的人竟因为奋发图强而被人嘲笑甚至被恐吓。

我们不能阻止他人成为那些无聊的消极分子，但我们要保证自己不被那些消极人士影响，导致我们的思想水准有所降低。你要让他们自然溜过，就像水鸭背后的水一样自然滑过。时时跟随思想积极前进的人，跟着他们一起成长、一起进步。

你确实能够做到这一点，只要你的思想正常，一定可以办到，而且你最好这样做。

我并没有消极者就是坏人的想法，甚至其中有些人心地善良，可有的却用心险恶。他们自己不知上进，还想把别人也拖下水，他们自己没有什么作为，所以想使别人也一事无成。记住，约翰，说你办不到的人，都是无法成功的人，也就是说他个人的成就，顶多普普通通而已。因此这种人的意见，对你有害无益。

你要多加防范那些说你办不到的人，你只能把他们的看法当成一种挑战，证明他们的看法是愚蠢可笑的。你还要特别防范那些破坏你实施成功计划的消极人士，这种人随处可见，他们破坏别人的进步与努力，并以此为乐。

千万要小心，要多多提防那些消极的人，千万不要让他们破坏你的成功计划。不要让那些思想消极、度量狭窄的人妨碍你的进步。那些幸灾乐祸的人都想看到你失败的惨景，不要给他们机会。

当你遇到任何无法应付的困难而要寻求帮助时，明智的做法是找第一流的人物。如果向一个失败者请教，就跟请求庸医治疗绝症一样可笑。你的前途很重要，千万不要向喜好搬弄是非的人征求意见，因为这种人一辈子都没有出息。难道这种人会给出什么明智的意见吗？

你要重视你的环境，就像食物供应身体一样，精神活动也会滋润你的心理。要使你的环境为你的工作服务，而不是拖累你。不要让那些专门扯你后腿的消极人士成为你前进的阻力，让环境在你成功的过程中起到正面作用的办法是：多接近那些积极的成功人士，拒绝同消极人士来往。

每一件事情都要做到尽善尽美。因小失大所导致的种种额外负担，你无暇承担也承担不起。

爱你的父亲

■第 22 封信

抱怨只会让优秀沦丧

在抱怨声中,一支精锐之师也会变成乌合之众!

亲爱的约翰:

如果我告诉你,那位一直不甘示弱、自认为是世界第一富豪的安德鲁·卡内基先生来拜访我,并向我讨教了一个非常严肃的问题,你会不会感到惊讶?事实上,那位伟大的铁匠确实这么做了。

两天前,在我们的基奎特,卡内基先生不期而至。或许是我友善的态度,和我们之间轻松的谈话气氛,熔化了卡内基先生钢铁般的自尊,他放下架子问了我一个问题:

"约翰,我知道,你领导着一群很能干的人。不过,我不认为他们的才干无可匹敌,但令我疑惑的是,他们似乎无坚不摧,总能轻松击败你们的竞争对手。我想知道,你究竟施了什么魔法,能让他们拥有那种精神,难道是金钱的力量?"

我当时告诉他,金钱的力量固然不可低估,但比之更强大的是责任的力量。有时,行动并非源于想法,而是源自担负的责任。标准石油公司的每一个人都具有责任感,他们都知道"我的责任是什么、什么办法能让我把事情做得更出色。"我从不对责任或义务发表空泛的谈论,我只是通过我的领导来创造具有负责精神的企业。

我本以为,这个话题到此就应该结束了,但我的回答显然引起了卡内基先生的好奇心,他表情严肃地进一步追问:"约翰,那你能告诉我你是怎么做到的吗?"

看着卡内基先生谦逊的神态,我无法拒绝,我必须如实相告。我告诉他,如果我们想要永久持续生存下去,那么这就意味着,不管任何理由,我们领导者都要断然拒绝去责难任何一个人或任何一件事。责难就如同一片沼泽,一旦失足跌落进去,你便失去了立足点和前进的方向,你会变得动弹不得,陷入憎恨和挫折的困境之中。这样的结果只有一个:失去部属的尊重与支持。一旦落到这步田地,那你就好比是一个将王冠拱手让人的国王,从此失去了主宰一切的权力。

我知道,在摧毁领导者的领导能力的众多敌人当中,责难是头号敌人;我还知道在这个世界上没有常胜将军,不管是谁都会遭遇挫折和失败。所以,当问题出现时,我不会因此感到愤懑不已,我思考的问题只有一个:怎么做才能让情势好转起来?采取什么行动可以补救或是修复我们的失误?积极地选择朝向更高的生产力和满意度前进。

当然,我不会放过我自己。当坏事降临到我们头上时,我会先停下来问自己一个问题:"我的职责是什么?"抛开一切,对自身角色进行完全坦诚的评估,这样可以避免窥探他人做了什么,或是要求其他人改变什么等毫无意义的行为。事实上,只有将焦点专注在自己身上,我才能将无意中拱手让出的王冠重新收回。

但是,分析"我的职责是什么"并不意味着自责。自责是一种责难陷阱,诸如"那真是一个愚蠢的错误"等自我责难。自责与其他责难一样,只会使我陷入愤恨与不满的圈套之中。事实上,"我的职责是什么"是一个步骤,一个具有强大分析力和自我肯定的步骤。真正的问题不在于他们应该做什么,而在于我应该做什么,当我真正明白这点时,我不会选择自怨自艾,我只会让自己变得更强大。自己强大了,就能削弱别人的影响,看来这不是件坏事。

如果我能将每一个阻碍视为了解自己的一个机会，而不是纠缠于他人对我做了什么的问题上，那么我就能在领导危机的围墙外找到新的出路。

当然，我从不把自己视为救世主，也没有救世主的心态。我自问：我在哪些方面应该对自己负责？在哪些方面，部属们要为我负责？领导者并不是一个全知全能的圣人，因此不可能对所有的事情负责。如果我视自己为英勇的正义使者，准备去拯救这个世界，那就只会让自己陷入领导危机之中。在我的责任中，很大一部分是让其他人明白，他们必须承担起他们应有的责任。如果一个雇员对于事关自己切身利益的事情都不在乎的话，我不相信这样的雇员能对出色完成工作有强烈的渴望，那他就应该离开，去为别人服务。

感觉重任在肩，这种压力和使命感能让人不自觉地兴奋起来。责任感可以激发并强化做事的能力，其他任何一件事情都不会有这样的功效。将重大责任托付给部属，并让他了解我给予的充分信任，无疑是对他最大的帮助。所以，我不会将部属必须并且能够负担的责任全部揽在自己身上。

我不只光靠示范作用来营造公司负责的氛围与风气，我的部属都知道我的基本原则：在标准石油公司没有责难、没有借口！这是我坚持的理念，每一个人都知道。我不会因为他们犯错而对他们做出惩罚，但是我决不能容忍不负责任的行为存在。我们的信念就是要彻底奉行。我们的箴言是支持、鼓励和尊重将被全心接受与加倍颂扬。只会找借口而不提供解决方法，在标准石油公司是无法容忍的。

我们很少犯错误，因为我办公室的大门随时为部属敞开着，他们可以提出明智的意见，或是纯粹地发牢骚，但是要用一个负责任的方式。这样的结果会让我们彼此信任，因为我们了解所有的事都需要摊在阳光下来讨论。

卡内基先生是位优秀的老学生,他没有让我的时间白白地浪费掉。在我结束这个话题时,他说:"在抱怨声中,一支精锐之师也会变成乌合之众!"他真聪明。

约翰,几乎所有的人都有推脱责任的防御心理,以致推脱责任的现象处处可见。它贻害无穷,避免和防御其危害的方法就是倾听。

如何创造一个舒适的环境,让大家觉得开诚布公远比隐藏虚实好,这是作为一个领导者必须面对的最大挑战。主动邀请其他人陈述他们的想法,用一些诸如"再多说一点",或是"我真的想听听你的意见"的话语来鼓励他们说出自己的想法。和一般人所相信的恰恰相反,在对话中,拥有权力的人是聆听者,而非陈述者。

难以置信吧?想想看,陈述者的语调、焦点还有内容,事实上都取决于你倾听的方式。试想一下,和一个面露敌意且肢体呈现侵略性姿态的人以及一个对你表示全神贯注的人说话时,两者之间的差异。当你单纯地聆听其他人说话时,你卸下了你的防卫。你会得到这些好处:你对有攻击性或愤怒的语言的背后隐含的议题,会有着更透彻的了解。你可以得到更多的信息,而这些资讯可以改变你对整个事件来龙去脉的假设。你会有更多的时间来整理思绪。

陈述者会感觉你重视他们的观点。最令人兴奋的是,当你专注地倾听之后,原来的陈述者也会更愿意聆听你的意见。

真实的倾听是不具任何防御性的。即使你不喜欢这个信息,你也应该倾听了解,而非立即做出回应。专注地倾听不太像是一种技巧,它比较像是一种态度。滑雪的人在遭遇障碍时,他们每一秒钟都投注百分之百的注意力,绝对不会分神去思考一会儿他要对伙伴说什么。同样地,作为一名积极的倾听者,你贡献百分之百的注意力给另外一个人,不会出现想到什么就脱口而出的情况。如此一来，你去除了先入为主的观念，并敞开胸襟开始一段更有意义和更有效果的对话。

长久以来，我们塑造了生活也塑造了自己。这个过程将会持续下去，我们最终都将为自己的选择负责。就如"目的"决定你的方向，拒绝责难将开拓一条实现目标的大道。

爱你的父亲

第23封信

让合适的人出现在合适的地方

我的目的是要在每位部属身上找出我所重视的价值，而不是那些我不愿意看到的缺点。我找出每个员工值得重视的优点，并致力于将员工的优点转化成出色的才能，而不会试图修正他们的缺点。所以，我总是拥有能力健全而又乐意奉献的部属。

亲爱的约翰：

收到你的来信让我感到非常兴奋，因为对于一直帮助我成就事业的处世哲学——做你喜欢做的事情，至于其他的事情，就交给喜欢做这件事的人去完成，你似乎已经读懂它了。

就我而言，做自己喜欢做的事情，是一项无可非议的定论。如果要想激发部属发挥胜任工作的能力，你绝对不能依赖某些管理技巧，而是要采用一种更具效能的宏观调控方式。在这一方面，做自己喜欢做的事情，这一定论给了我不少启发。

具体而言，就是不让部属拘泥在程序刻板的工作职务上，而是要想办法利用每个人的长处并诱发他们将热情倾注在工作之中，来创造高效的生产力。这就是我的制胜之道。

在我读书时，有这样一句话让我印象深刻，它说："最完美的人就是那些彻底投身于自己最擅长的活动的人。"后来，我对这句话略加改造，使其成为我的一个管理理念：最能创造价值的人就是那些彻底投身于自己最喜欢的活动的人。

我说过，每个人都有忠于自己的天性，都渴望成为理想中的自己，而他们实现忠于自己的方式就是做自己喜欢做的事。遗憾的是，很多管理者并没有注意到这一点，他们对于员工忠于自己的祈求置若罔闻，结果往往是事倍功半，因小失大。

其实这很好理解，如果你不将时间投入到你喜爱的事情上，你就绝不可能感到自我满足；如果你得不到自我满足，你就将失去生活的热情；生活的热情一旦消失，那么生活的动力也将随之而去。对一个失去工作热情和生活动力的人，你要指望他去出色地完成工作任务，就好比期望一个停摆的闹钟去准确报时一样可笑至极，你的期望只会换回失望。

所以，每时每刻我都不忘给手下忠于自己的机会——燃烧他们的热情，让他们的特别才干在自己喜欢的领域内发挥到极致，而我自己从中收获的，恰恰是财富与成就。忠于自己就意味着，有机会去赢得人生中最伟大的一场战役，谁会放过这样的机会呢？

要让自己的部属发挥工作热情，你必须知道自己作为领导者的职责所在。你的职责就在于关注与激励部属的优点与才干并让这些优势得以充分发挥，而不是紧紧地盯住他们的弱点。挑出部属最脆弱的特质，我没有这种恶习，相反，我总乐意去寻找他们最坚强的特质，让他们的才干充分地展现在工作的挑战与需求上。我重用阿奇博尔德先生就很好地证明了这一点。

与有些人不同，我不以自己感情上的喜恶作为选拔人才的标准。选拔人才，我并不会在乎他身上贴着什么标签和头衔，我看中的是他在工作中展示出来的能力。我喜欢自己的喜好，但更喜欢效率。

阿奇博尔德绝不是一个完美的人，他嗜酒如命，这点大大地忤逆了我，因为我是个禁酒主义者。但是，阿奇博尔德具备非凡的领导才能和天赋：他头脑机敏、乐观幽默，而且在激烈的竞争中，他那出众的口才和胆大心细的性格无疑是对胜利的保证。所以在从对手变为合伙人之后，我一直对他兴趣浓厚，我不断地委之以重任，直至提拔他接替我的职务。

他已经证明了自己是一名天才的领导者，他的职业生涯是那样特殊。如果不是不良习惯有所掣肘，他的成绩将更加出色。

我的目的是要在每位部属身上找出我所重视的价值，而不是那些我不愿意看到的缺点。我找出每个员工值得重视的优点，并致力于将员工的优点转化成出色的才能，而不会试图修正他们的缺点。所以，我总是拥有健全能力而又乐意奉献的部属。

约翰，没有人是无所不能的，现在你是一位管理者，你的成就依赖于你领导能力的发挥，依赖于你部属做事才能的发挥。你需要知道，在你的部属身上也许可以挑出许多毛病，但这并不是你应该关注的地方，你要专注于发掘每个人潜在的优点，注意他们在每个细节上的杰出表现，以及他们为了将事情做得出色，而对完美主义近乎苛求的坚持。这是你领导力的优势所在。

一个人不能主宰一个集体。我不否认领导者的巨大作用，但就整体而言，取胜的关键还在于依靠集体的力量。我所取得的任何荣誉，其背后都站着一个集体，而绝非我个人。也只有众人都付出努力、发挥自己的才干，才能相信并期待奇迹的出现。

祝你好运！我的儿子。

爱你的父亲

■ **第 24 封信**

永远作策略性思考

不论我们是为公司或是单一部门拟定计划，我们都必须确认自己所拟定的是策略，而非手段。策略的本质是弹性的、长远的、多面向的、大格局的。它们强调的是如何成长或扩大利润这类的成果，而不是某个可衡量的目标。同时策略所提供的是一个大方向，而非达到成功的唯一方式。

亲爱的约翰：

汉密尔顿医生又发福了，看来高尔夫运动已无法阻止腰围向外扩张的态势，他只能求助于其他运动来减少脂肪的含量了。不幸的是，能防止他增重的运动还没发明出来，这令他很痛苦。不过，他倒总能用他脑子里各种稀奇古怪的故事为我们带来快乐。

今天，汉密尔顿医生用一个渔夫与垂钓者的故事，好好地让我们娱乐了一把。或许是大家捧腹大笑的场景让汉密尔顿医生颇为得意，他笑着问我："洛克菲勒先生，您是想做渔夫呢，还是想做垂钓者？"

我当时告诉他，如果我选择做垂钓者，或许我就没有资格站在这里与诸位一同打高尔夫了。因为我所创造的商业利益，是来自于有效的行为策略，垂钓者的行为方式不能作为我事业成功的保证。

当然，我的意思并不是垂钓者只会愚蠢到丢下鱼饵而不进行事先的思考与计划，每一个垂钓者都会作出他们的思考与决定，譬如要钓哪种鱼，用什么样的饵料，需要将鱼线抛到一个什么样的位置，而后他们才坐等大鱼上钩。就过程而言，他们没有任何出错的地方，但结果是否如愿却没人知道。

花上一段时间后，他们也许会钓到鱼，也可能会徒劳无功、两手空空，而那条他们理想中的鱼，也许永远不会上钩。因为他们太执着于自己的方式，尽管他们很清楚自己的目标，但是成功的可能性被他们的方式加以限制——除了那条鱼线所能触及的地方，他们捕鱼的范围几乎等于零。但是，如果能像渔夫那样用网捕鱼，捕鱼的范围将大大增加，而丰富的鱼量也为他们提供了众多的选择机会，捕获他们想要的鱼的概率就大大增加了。

我告诉汉密尔顿先生和我的球友们，我不是刻板固执、按部就班、以简单方式来解决问题的垂钓者，而是渔夫，我能够创造多种选择，直至挑选出最能创造商业利益的鱼。他们都笑了，说我泄露了赚钱的秘密。

约翰，不论你做什么，要找出完美想法的最佳途径，就得拥有许多想法。在作出最完美的决定之前，我会致力于寻找具有创意与功效的各种可能性选择，考量多种具可能性的方案，并积极尝试各种选择，然后才将重点放在最好的选择上。

这种做法总能帮助我捕获到我想要的大鱼。当然，在执行计划的过程中，我也会保持开放策略，顺应时势，不断地进行调整或修正我的计划。所以，即使计划进展并不顺利，我也不会惊慌失措，却总能沉着应对。

很多人都认为我有着非凡的能力，是一位充满效率与行动能力的领导者。如果真是这样，我想你也可以获得这样的赞誉，只是你需要克制寻找简单、单向解决方案的冲动，乐于尝试能达成目标的各种办法，具有在困难面前付诸行动的耐心、勇气和胆略，以及不达目的决不罢休的执着精神。

把计划单纯地固定成模式的人只配给策略者提鞋。作为总裁，我只为部属设立清楚明确的方向或策略,但不会让自己陷于过分僵化的行动计划中。相反地,我会持续探索能够实现策略的各种可能性。

许多人都坚持认为,成功的关键在于扎实而清晰的策略计划,而这项计划必须由具体、可衡量、可达成以及实际的行动目标作为依据。我承认这样做很重要,但它有致命的缺陷。计划强调的是判断的标准与预设的成果,人们所采取的行动也是认为可达成目标的固定方法。由于这些方案依据的是预期能达成目标的已知方法,因此我们在开始行动之前,其实已经局限了范围。

尽管在我们提笔拟定计划之际,该计划看起来似乎天衣无缝,但是局势在计划定稿之前可能已经改变了,也就是说,不仅市场的状况早已改变,客户改变,就连所能支持计划的资源也已改变。难怪这些成本高昂,又耗时费力的策略,仅有极少的部分能真正被执行。

要如何应对这种状况呢?不论我们是为公司或是单一部门拟定计划,我们都必须确认自己所拟定的是策略,而非手段。策略的本质是弹性的、长远的、多面向的、大格局的。它们强调的是如何成长或扩大利润这类的成果,而不是某个可衡量的目标。同时策略所提供的是一个大方向,而非达到成功的唯一方式。

要成为杰出的领导者,我们必须让自己成为一位策略性的思考者,而不仅是手段的设计者。我们还得避免将自己局限于既定的文件流程中,我们的座右铭将是专注,但是具有弹性空间。我们着重于探索的过程,每时每刻,我们都能开创有助于达成长远目标的可能方向。

我们不会固守3种、5种方式来达成远程目标,而是无时无刻都能发掘获取利润的机会——不论是在与对手交谈,或与部属进行脑力激荡的会议中。

为了远离危机风暴,我们必须不断地拟定新的策略,同时调整旧有的计划。在应对每天都在改变的商业环境，同时我们也必须依据情势的变化来修正长远的计划。这样在短期内我们不但能维持弹性的作风，同时从长期来看，我们对一个能符合最新经济环境的弹性理想目标，也有了清楚的概念。我们可将陈腐的策略计划束之高阁，并且精力充沛、满怀希望地在朝气蓬勃的环境中步调一致地向前迈进。

要做一名乐观主义者。无论情况看起来或是实际上有多糟糕，请擦亮眼睛找出其中蕴含的无限希望——永远不要放弃寻找，因为希望永远存在。

我相信所有的领导者都担负着提供希望的责任，而且不但要替自己，同时也要为雇员指引出一条发展道路。回想一下生命中你感到最没有希望的那段时日，那很可能是因为你觉得自己已经走投无路，或者相信自己没有任何其他选择，你被困住、被放弃、找不到出路。

克服绝望的方式只有一种，面对障碍，你必须持续创造出各种可能的解决办法。简单地说，希望源自于相信有其他可能的存在。

杰出的领导者具备能够应付特定商业状况的腹案、创造新市场的机动计划、应对危机的应急智慧，以及为自己与员工发展事业的蓝图。当局势似乎跌到谷底而无可挽回时，他们就像骁勇善战的摔跤手一样，即使被对手压在地难以脱身，他们也永远不会放弃任何能够翻身的机会。

凭借着他们的才能、灵活的身段，以及随机应变的智慧，他们巧妙地找到空隙并逃脱险境。他们在别无选择的劣势下，硬是杀出一条生路。

如果你能在一开始就勇于发挥创意，就能够避免无止境的疲于奔命、挫折与痛苦。

当你看到绝境时，事情似乎到了无可挽回的地步。如果我们始终抱持着坚定的希望，我们就能超越自我设定的界限，并且可以为自己的部属提供选择的机会。所以,在面对困境时,我们要做的就是坚信自己能找到机会并由此开拓一条生路。

爱你的父亲

■第 25 封信

始终把部属放在第一位

薪水和奖金的确非常诱人,然而对一些人来说,金钱并不能激起他们为之效命的欲望,但给予重视却能达到这个目的。在我看来,每个人都渴望受到重视、赢得他人的尊重,希望自己的价值得到肯定,每个人的脖子上都挂着一个无形的标志,上面写着:重视我!

亲爱的约翰:

想象一下这样一个场景:一位交响乐团的指挥,准备让买票进场的观众欣赏一场高水准的演出,但是他却转身面向观众,留下音乐家们独自奋战、辛苦演奏,结果会怎么样?

是的!这注定是一场糟糕的音乐会。因为指挥没把音乐家们放在眼里,后者就会用消极怠慢的态度来回应他以表示"感谢",事情注定会搞得一团糟。

每个雇主就像是一位乐团的指挥,他做梦都想激励、调动起所有雇员的力量,使之尽可能多地做出贡献,帮助他演奏出赚钱的华丽乐章,让他赚到更多的钱。然而,对许多雇主而言,这注定是一场难以实现的梦,因为他们就像那位愚蠢的指挥一样,忘了善待雇员,以致关闭了雇员们情愿付出的大门。

同他们一样，我期望所有的雇员都能像忠实的仆人那样，全心全意为我做出更多的贡献。但是，我比他们聪明得多，我非但不会无视雇员的存在，反而会认真看待他们，准确地说，在我的脑子里始终把为我卖命的雇员摆在第一位。

坦白地说，我没有理由不善待那些雇员，是他们用双手让我的钱袋鼓了起来；我也没有理由不去感激他们，因为他们为我的事业做出了努力与牺牲，更何况我们这个世界本来就应该充满温情。

我爱我的雇员，我从不高声斥责、侮辱谩骂他们，也不会像某些富人那样在他们面前颐指气使、不可一世，我用温情、平等与宽容来对待我的雇员，所有这些合成一个词就叫尊重。尊重别人是满足我们道德感的需要，但我发现它还是激发雇员努力工作的有效工具。标准石油公司的每个雇员都为公司竭尽全力地工作，这一事实让我坚信，给予人们应得的尊重，他们就能彻底发挥他们的潜能。

人性最基本的一面，就是渴望获得慷慨。我本人克勤克俭，却从没忘了要慷慨地向他人施以援手。记得那次经济大萧条时，我曾数次借债来帮助那些走投无路的朋友，让他们的工厂和家人平安渡过了危机。而在我的记忆中，我从来没有催债和逼债的记录，因为我知道心地宽容的价值。

至于对雇员，我同样慷慨和体恤，我不但发给他们比任何一家石油公司都要高的薪金，还让他们享受退休金制度，这能保证他们老有所依。

此外，我还给予他们每年约见老板要求为自己加薪的机会。我不否认，在付出慷慨的援助时，我怀有功利心，但我更知道我的慷慨将换来雇员生活水准的提升，而这恰恰是我的职责之一，我希望每一个为我做事的人都因我而富有。

雇主就是雇员的守护神，雇员的问题就是我的问题，我握有选择权，我可以选择忽略他们的需求，也可以选择满足他们的需求,但我喜欢选择后者。我总试图了解雇员需要什么,接着就想办法满足他们的需求。我不断询问他们两个问题:"你需要什么?"和"我可以帮上什么忙?"我随时都在旁边关心他们。对我来说,这个职务最大的乐趣之一,就是我能为雇员提供一臂之力。

  薪水和奖金的确非常诱人,然而对一些人来说,金钱并不能激起他们为之效命的欲望,但给予重视却能达到这个目的。在我看来,每个人都渴望受到重视、赢得他人的尊重,希望自己的价值得到肯定,每个人的脖子上都挂着一个无形的标志,上面写着:重视我!

  我无法想象一个人在工作或在家庭中不被重视的痛苦,我的目的是要让每个人在工作时都能如沐春风。所以,我就像个要侦查出破案线索的侦探,不停地搜索每个雇员引以为豪的才能。当我了解他们认为自己最值得重视的才能后,我就会给予他们重任。一个善于激励雇员做出最大贡献的雇主,要让雇员看到,追随或者效忠于你是有希望、有前途的,你要时刻提醒自己,给予重视、委以重任其实是能让雇员发挥工作热情的关键。

  做和善、体贴的雇主,可以使雇员精力充沛、斗志昂扬。而对雇员时常表示谢意,也很有作用。没有一位雇员会记得 5 年前得到的奖金,但是有许多人对雇主的赞美之词,会永远铭记在心,我会毫不吝惜向他们表达心中的感激之情。没有一件事的影响力,比及时而直接的感谢来得更为深远。

  我喜欢在部属桌上留一张便条,上面写着我的感谢词。对于我一两分钟信手写来的感激之语,我可能早已不记得。但是我的感激之意却会产生鼓舞人心的效果,多少年后,他们还都记得我这个慈爱的领导者留给他们的温暖鼓励,并视其为一个珍贵的箴言。一个简单的感谢申明,能够展现强大的力量,这就是一个很好的证明。

  我绝对会认真看待我的部属,包括他们在工作和个人方面的问题。每个人的能力毕竟有限,因此当我尽力为部属解决问题的同时,相对地,他们就可以做出更多的贡献。

约翰,现在你已经是一位领导者,你的成就来自于你的领导能力,也来自于雇员们的能力的发挥,我相信你该知道怎么做。

爱你的父亲

第26封信

财富是种责任

我没有将自己视为拯救者,更没有自命不凡、不可一世,只有傻瓜才会因为有钱而自命不凡,因为我是公民。我知道,我拥有巨大财富,我也因它而承担着巨大的公共责任,比拥有巨大财富更崇高的是,按照国家的需要为国家服务。

亲爱的约翰:

非常高兴,一场险些酿成毁灭性灾难的金融危机终于过去了!

现在,我想我们那位美利坚合众国总统西奥多·罗斯福先生,可以继续到路易斯安纳心安理得地打猎了,尽管在这场危机中,他表现出了令人吃惊的无能。当然,总统先生并非什么都没有做,他用"担忧"支持了华尔街。

坦率地说,一提到西奥多·罗斯福的名字,以及他对标准石油公司所做的一切,就令我感到愤懑。他用手中的大权策动一场不公平的竞争,并让自己成为了胜者。他让联邦法院开出了那张美国历史上前所未有的巨额罚单,并下令解散我们的公司。看看这个人都对我们做了什么!

然而，我相信，他所谓的惩戒终归不会得逞，反倒会使他感到大为懊丧，因为我相信我们公司所有的人不是毫无能力的垃圾。我们有杰出的管理队伍、有充足的资金，我们可以抵御任何风险与打击，公司的健壮体质依然能为我们带来源源不断的财富。等着瞧吧！

但是，我们的确受到了伤害，受到了极不公正的对待。我们每一分钱都渗透着我们的智慧，我们每前进一步都付出了辛勤的汗水，我们事业大厦的基石是我们用生命作奠基的。但他们不听，却要像偏执狂一样，只相信他们自己的判断，带有侮辱性地贬低我们的经商才能，更无视这样一个事实，是我们用最廉价、最优质的煤油照亮了整个美国。

我无所畏惧，因为我问心无愧，而最坏的结果也只不过是我们辉煌而快乐的大家庭不得不遭到拆散。但快乐不会停止，辉煌也不会消失，建立在现实基础上的未来将证明这一切。

但是，我们不能感情用事，不能让愤怒闭塞了心智，当危机来临时我们永远不能袖手旁观，那会让我们感到耻辱和良心不安，我们应该挺身而出。因为我们是美利坚合众国的公民，我们有使国家和同胞免于灾难的职责。而作为富人，我知道，巨大的财富也是巨大的责任，我肩负着造福人类的使命。

这次金融危机席卷华尔街，处于恐慌之中的存款人排起长队要从银行取走存款。一场将导致美国经济再次进入大萧条的危机来临的时候，我预感到国家已陷入双重危机：政府缺乏资金，民众缺乏信心。此时此刻，"钱袋先生"必须要为此做些什么，我打电话给斯通先生，请美联社引用我的话，告诉美国民众：我们的国家从不缺少信用，金融界的有识之士更视信用为生命，如果有必要，我情愿拿出一半的证券来帮助国家维持信用。请相信我，金融地震不会发生。

幸运的是，危机已经过去，华尔街已经走出困境。

而我为这一刻的到来,做了我该做的事情,就像《华尔街日报》评论的那样,"洛克菲勒先生用他的声音和巨额资金帮助了华尔街"。只是,有一点永远都不会让他们知道,在克服这次恐慌中,我是掏钱最多的人,这令我非常自豪。

当然,华尔街能成功渡过此次信用危机,摩根先生可谓功勋卓著,他是这场战争中不折不扣的指挥官,他将一群商界名士聚集起来共同应对危机,用他不可替代的金融才能和果敢的个性拯救了华尔街。所以我说,美国人民应该感谢他,华尔街的人应该感谢他,西奥多·罗斯福更应该感谢他,因为摩根他做了本该他的事。

如今,很多人,当然还有报纸,都对慷慨解囊的人们大加赞誉,但在我这里它一文不值。良心的平静才是唯一可靠的报酬,国难当头,我们本该当仁不让、勇于承担。我想那些真诚伸出援手的人们同我一样,我们只是想用自己的力量、信仰与忠诚照耀我们的祖国。

但我并非没有可耻的记录。在46年前,当许许多多的美国青年听从祖国召唤,忠诚奔赴前线,为解放黑奴、维护联邦统一而战的时候,同样作为青年,我却以公司刚刚开业、我的家人要靠它养活为由,未去参战。

这似乎是一个让人心安理得的理由,但那时国家需要我们,需要我们流血。这件事一直让我良心不安,直到十几年前那场经济危机的到来,我才得有救赎的机会。当时,联邦政府无力保证黄金储备,华盛顿转而向摩根先生求助,但摩根无能为力,是我拿出巨款资助政府一臂之力才平息了那场金融恐慌。这让我非常高兴,比赚到巨额资金都让我高兴。

但我没有将自己视为拯救者,更没有自命不凡、不可一世,只有傻瓜才会因为有钱而自命不凡,因为我是公民。我知道,我拥有巨大财富,我也因它而承担着巨大的公共责任,比拥有巨大财富更崇高的是,按照国家的需要为国家服务。

约翰，我们是有钱，但在任何时候，我们都不该恣意花钱，我们的钱只用在给人类创造价值的地方，而绝不能给任何有私心的人。

名誉和美德是心灵的装饰，如果没有它们，即使肉体再美，也不应该称为美。

爱你的父亲

第27封信

充实你的心灵

引领人们爬向高峰的动力，是一种定期滋润与强化心灵，因而日趋旺盛的驱动力。那些拥有成功人生的人，无疑都能体认到，高峰有很多空间，但是没有足够的空间供人坐下停留。他们了解，心灵像身体一样，必须定期供给营养才行，身体、心理与精神方面的营养，都要分别照顾到。

亲爱的约翰：

就像我们有身体上的食欲一样，我们也有精神上的食欲。但许多人却常常以没有时间为借口，忍心让自己的心灵忍受饥饿的痛苦。他们只在意外或偶然的情况下才去充实一下自己的头脑，但却时刻不忘满足他们脖子以下的需求。

也许我的看法有些悲观，我们所处的时代，人人都在无限制地满足脖子以下却忽视脖子以上的需求。事实上，你会经常听到有人说：漏吃一顿午餐是件大事，却听不到这样一种声音：最后一次满足心灵饥渴是在什么时候？难道我们每个人都精神富足吗？当然不是。

在我们这个世界上，精神匮乏的人随处可见，那些生活在沮丧、消极、失败、忧郁中的人，他们都迫切需要精神的滋养和灵感的召唤，但他们几乎全都排斥充实他们心灵的机会，任由心灵黯淡无光。

如果空虚的头脑能像空虚的肚子一样，要填满一些东西才能让主人满足的话，那该有多好。可惜，没有这么好的事情，人们反要接受心灵空虚的惩罚。

心灵是我们每个人真正的家园，我们是好是坏都取决于它的抚育。因为进入这个家园的每一件东西都有一种效用，都会有所创造，为你的未来做准备，或者会有所毁灭，降低你未来可能的生命成就。例如积极。

每一个达到高峰或快达高峰的一流人物都是积极的，他们所以积极，是因为他们定期地以好、清洁、有力、积极的精神思想充实心灵。就像食物成为身体的营养一般，他们不忘每天为心灵提供精神食粮。他们知道如果能充实颈部以上的部分，就永远不愁填饱颈部以下的部分，甚至不必忧愁老年的财务问题。

一个人必须找到自己的家，才不至于去流浪或沦为乞丐。首要的，即使你要出卖心灵，也要卖给自己。我们要接纳自己。其次我们要有积极的态度。

两年前，卡尔·荣格先生与我不期而遇，这位心理学家给我讲过一个故事：

有一个人被洪水困住了，他只得爬到屋顶上避难。邻居中有人漂浮过来说道："约翰，这次大水真是可怕，难道不是吗？"

约翰回答道："不，它并不怎么坏。"

邻居有点吃惊，就反驳说："你怎么说不怎么坏？你的鸡舍已经被冲走了。"

约翰说："是的，我知道，但是6个月以前我已经开始养鸭了，现在它们都在附近游泳。每一件事情都还好。"

"但是，约翰，这次的水毁了你的庄稼。"邻居坚持说。

约翰回答说："不，并没有。我种的庄稼因为缺水而受损，就在上周，还有人告诉我，我的土地需要更多的水，所以这下就解决了。"

那位悲观的邻居再次对满脸微笑的约翰说："但是你看，约翰，大水还在上涨，就要涨到你的窗户上了。"

乐观的约翰笑得更开心了，说道："我希望如此，这些窗户实在太脏，需要清洗一下。"

这听起来像个玩笑，但显然这是一种境界——决定以积极的态度来应对这个纷繁复杂、顺逆起伏的世界。一旦达到这种境界，即使遇到消极的情况，我们也能使心灵自动地做出积极的反应。为达到这种境界，我们只有充实、洁净我们的心灵。

每个人都能改变或被改变。荣格先生说，只要改变一个人的词汇，就能增加他的收入并改善他的生活，乃至改变他的人生。例如"恨"字，要把它从你的字典中除去，不要想它，而是以代表感觉与梦想的"爱"字来代替它。显然，除去与取代的文字，几乎是永无止境的，但心灵却会在除取中变得更加纯净、积极。

我们心灵的行为，以供应它的事物为根据。我相信，放进心灵中的事物对我的未来非常重要。所以问题显然是：我们要怎样喂养我们的心灵——找什么时间去补充什么精神食粮。

你是否听到过这样一件事情，伐木者的产量会下降，那是因为他没有抽出时间来磨利他和他的斧头？我们花钱以及大量时间，修饰我们的外表，刮胡须、理头发，我们有没有必要花同样的时间和金钱，来对我们脑袋的内部进行装饰呢？答案是肯定的，而且可以做到。

事实上，精神食粮随处可得，例如阅读书籍就是一个很好的途径。由伟大的心灵撞击而写成的书籍，没有一本不是洗涤并充实我们心灵的食粮，它们早已为后人指明了方向，而我们可以任意挑选其中我们想要的。伟大的书籍就是伟大的智慧树，是伟大的心灵之树，我们将在其中得以重塑，学会谦逊，变得聪明。

当然，我们不能读那些文字商人的书，他们的书就像瘟疫一般，散布无耻的邪念、讹误的消息和自负的愚蠢，他们的书只配捧在那些浅薄、庸俗的人的手里。我们需要的是能给我们带来行动的信心与力量，能够将我们的人生推到一个新高度，和引导我们行善的书，例如《奋力向前》。

它是一部激荡我们灵魂、激发我们生命热情的伟大著作，我相信美国人民都将因它的问世而备受惠泽，并在它的指引下，以最积极的方式运用自身的力量，抵达梦想的生命之境。我甚至相信，谁错过读它的机会，谁就很可能错过伟大的人生。我希望我的子孙都去读这本书，它能为所有的人开启幸福快乐之门。

引领人们爬向高峰的动力，是一种定期滋润与强化心灵，因而日趋旺盛的驱动力。那些拥有成功人生的人，无疑都能体认到，高峰有很多空间，但是没有足够的空间供人坐下停留。他们了解，心灵像身体一样，必须定期供给营养才行，身体、心理与精神方面的营养，都要分别照顾到。

约翰，没有谁可以阻挡我们回家的路，除非我们不想回来。让心灵之光照耀我们前进的路。

爱你的父亲

■第28封信

谁都有机会成为大人物

思考最多、感觉最高贵、行为也最正当的人，生活也过得最充实！

亲爱的约翰：

在《马太福音》中有一句圣言："你们是世上的盐。"

这个比喻平凡而又发人深省。盐食之有味，又能洁物、防腐。人们来到世上来就是要净化、美化他们所在的世界，他们要让这个世界免于腐败，并给予世人更新鲜、更健康的生活气息。

盐的首要责任是有盐味，盐的盐味象征着高尚、有力、真正虔诚的宗教生活。那么，我们应该用我们的财富、原则和信仰做什么呢？无疑，我们要做世上的盐，去积极地服务社会，使世人得福。这是我们每个人的社会责任。

我们现在的责任，就是完全献身于周围的世界和众人，专心致志于我们的艺术。我想没有比这个更伟大的了。

谈到伟大，我想起了一篇伟大的演讲词，那是我一生中不多见的伟大的演讲词。它告诉我，人没有什么了不起，但没有什么比人更了不起的了，这要看你为你的同胞和国家做了什么。

现在，我就把这篇伟大的演讲词抄录给你，希望它能对你大有裨益。

女士们，先生们：

今天我很荣幸能在这里会晤一些大人物。尽管你们会说这个城市没有什么大人物，大人物都出生在伦敦、旧金山、罗马或其他大城市，就是不会出自本地，他们都来自这个城市以外的地方，如果是这样，你们就大错特错了。事实是我们这里的大人物和其他城市一样多。在座的听众里面就有许多大人物，有男也有女。

现在，请允许我大胆放言，在判断一个人是不是大人物时，我们常常犯的最大错误就是，我们总是认为大人物都有一间宽敞的办公室。但是，我要告诉你们，这个世界根本不知道什么样的人是世上最伟大的人物。

那么，谁才是世界上的伟大人物呢？青年人或许会急于提出这样的问题。我告诉你们，大人物不一定就是在高楼大厦里设有办公室的人，人之所以伟大是在于他本身的价值，与他获得的职位无关，谁能说一个靠吃粮食才能生存的君王比一个辛勤耕作的农夫更伟大呢？不过，请不要责备那些位居某种公职便以为自己将成为大人物的年轻人。

现在，我想请问在座的各位，你们有谁打算做个伟大的人物？

那个戴西部牛仔帽的小伙子，你说你总有一天要成为这个城市的大人物。真的吗？

你打算在什么时候实现这个心愿呢？

你说在发生另一场战争的时候，你会在枪林弹雨中冲锋陷阵，从旗杆上扯下敌人的旗帜，你将在胸前挂满勋章，光荣归国，担任政府褒奖给你的公职，你将成为大人物！

不，不会的！年轻人，你这样做并不是真正的伟大，但我们不应该责备你的想法，你在上学时就受到这样的教导，那些担任官职的人都曾经英勇地参战。

我记得，美国与西班牙的战争刚结束时，我们这个城市有过一次和平大游行。人们告诉我，游行队伍走上布洛大街时，有辆四轮马车在我家大门口停下来，坐在马车上的是霍普森先生，所有人都把帽子抛向天空，挥舞着手帕，大声地叫："霍普森万岁！"如果我当时在场，也会这样叫喊，因为他应该获得这份伟大的荣誉。

但是，假设明天我到大学讲坛上问大家："小伙子们，是谁击沉了'梅里马克'号？"如果他们回答："是霍普森。"那么他们的回答是 7/8 的谎言，因为击沉"梅里马克"号的总共有 8 个人，另外 7 个人因为职位的关系，一直暴露在西班牙人的炮火攻击之下，而霍普森先生身为指挥官，很可能置身于炮火之外。

我的朋友们，今晚在座的听众都是知识分子，但我敢说，你们当中没有一个人能说得出与霍普森先生在一起战斗的那 7 个人是谁。

我们为什么要用这种方式来教授历史呢？我们必须教导学生，不管一个人的职位多么低微，只要善尽职责，美国人民颁给他的荣耀，应该和颁给一个国王的一样多。

一般人教导孩子的方式都是这样的，她的小儿子问："妈妈，那栋高高的建筑物是什么？"

"那是格兰特将军的坟墓。"

"格兰特将军是什么人？"

"他是平定叛乱的人。"

历史怎么可以这么教授呢？各位想一想，如果我们只有一名格兰特将军，战争打得赢吗？哦，不会的。那么为什么要在哈德逊河上造一座坟墓呢？那不是因为格兰特将军本人是个伟大人物，坟墓之所以建在那里是因为他是代表人物，代表了20万名为国捐躯的英勇将士，而其中许多人和格兰特将军一样伟大。这就是那座美丽的坟墓耸立在哈德逊河岸边的真正原因。

我记得一件事，可以用来说明这种情况，这也是我今晚所能想到的唯一一个例子。这件事令我很惭愧，无法将其忘掉。我现在把眼睛闭上，回溯到1863年，我可以看到位于伯克郡山的老家，看到牛市上挤满了人，当地的教堂和市政厅也都挤满了人。

我听到乐队的演奏声，看到国旗在飞扬，手帕在迎风招展。我对当天的情景记忆犹新。人群是来迎接一连士兵的，而那连士兵也正在列队前来。他们在内战中服完一期兵役，又要再延长一期，现在正受到家乡父老的欢迎。我当时只是个年轻小伙子，但我是那个连的连长。在那一天，我洋洋得意，像个吹足了气的气球——只要一根细细的针，就可以将我扎破。我走在队伍前列，我比世上任何一个人都骄傲。

我们列队走入市政厅，他们安排我的士兵坐在大厅中央，我则在前排就座，接着镇上的官员列队从拥挤的人群中走出来，他们走到台上，围成半圆形坐下，市长随后在那个半圆形的位子中央坐下来。他是个老人，头发灰白，以前从未担任过公职。他认为，既然他担任公职，他就是一个伟大的人物。当他站起来的时候，他首先调整了一下他那副很有分量的眼镜，然后以无比威严的架势环视台下的民众。突然，他的目光落在我的身上，接着这个好心的老人走向我，邀请我上台和那些镇上的官员坐在一起。

邀请我上台！在我从军之前，没有一个市府官员注意到我。我坐在台前，让我的佩剑垂在地板上。我双手抱胸，等待接受欢迎，觉得自己就像是拿破仑五世！骄傲总在毁灭与失败之前出现。

这时市长代表民众发表演说，欢迎我们这批凯旋的军人，他从口袋里拿出演讲稿，小心翼翼地在讲桌上摊开，然后又调整了一下眼镜。他先从讲坛后面退了几步，然后再走向前。他一定很用心地研究过演讲稿，因为他采取了演说家的姿态，将身体重心放在左脚，右脚轻轻向前移，两肩往后缩，然后张开嘴，以45度的角度伸出手。

"各位亲爱的市民，"他开口说，"我们很高兴欢迎这些英勇参战的……不畏流血的……战士回到他们的故乡。我们尤其高兴，在今天看到跟我们在一起的，还有一位年轻的英雄（指的就是我）……这位年轻的英雄，在想象中，我们曾经看到他率领部队与敌人进行殊死搏击。我们看到他那把闪亮的佩剑……在阳光下发出耀眼的光芒，他对着他的部队大叫，'冲锋'。"

这位好心的老头子对战争一无所知。只要他懂一点战争，就会知道一个事实：步兵军官在危险关头跑到部属前面是极大的错误。我竟然拿着在阳光下闪闪发光的指挥刀，对部下大喊：冲锋！我从来没有这样做过。

你们想一想，我会跑到最前面，被前面的敌人和后面己方部队夹击吗？军官是不应该跑到那个地方去的。在实际的战斗中，军官的位置就在士兵身后。因为是参谋，所以当叛军从树林中冲出,从四面八方向我方攻来时,我总是要骑着马对我方军队一路叫喊:"军官退后!军官退后!"然后,每个军官都会退到战斗区后面,而且军阶愈高的人退得愈远。这不是因为他没有勇气,而是因为作战的规则就是这样。如果将军跑到前线,而且被打死了,这仗也就必输无疑,因为整个作战计划都在他的脑子里,他必须处在绝对安全的地方。

我居然会拿着"那把在阳光下闪闪发光的佩剑"。啊!那天坐在市政大厅的士兵当中,有人曾以死来保护我这名半大不小的军官,有人背着我横渡极深的河流。还有些人并不在场,因为他们为国捐躯了。讲演的人也曾提到他们,但他们并未受到注意。是的,真正为国捐躯的人却没有受到注意,我这个小男孩却被说成当时的英雄。

我为什么被当作英雄?很简单,因为那位演讲者也掉进同样的陷阱。这个小男孩是军官,其他的人只是士兵。我从这里得到了一个终生难忘的教训。一个人之所以伟大,并不是因为他拥有某种官衔。他之所以伟大,是因为他以些微的工具创下大业,以默默无闻的平民身份完成了人生目标。这才是真正的伟大。

一个人只要能向大众提供宽敞的街道、舒适的住宅、优雅的学校、庄严的教堂、真诚的训诫、真心的幸福,只要他能得到当地居民的感谢,无论他到哪里,都是伟大的。但如果他不被当地居民所感谢,那么不管他到地球的哪个角落,都不会是个伟大的人物。

我希望在座的各位都知道,我们是在有意义的行动中活着,而不是在无聊的岁月里;我们是在感觉中活着,而不是电话按键上的数字中;我们是在思想中活着,而不是空气里;我们应该在正确的目标下,以心脏的跳动来计算时间。

如果你忘记我今晚所说的话,请不要忘记我下面的话:思考最多、感觉最高贵、行为也最正当的人,生活也过得最充实!

爱你的父亲

摩根给儿子的 23 封信

约翰·皮尔庞特·摩根简介

摩根财团是美国最负盛名的财团之一,其缔造者是美国最后的金融巨头约翰·皮尔庞特·摩根。他被誉为"华尔街的拿破仑",曾两度使美国经济起死回生,是银行家的银行家。约翰·皮尔庞特·摩根手中控制了很多公司,其中的美国钢铁公司的原始资本是美国联邦政府一年开销的4倍。约翰·皮尔庞特·摩根并不是白手起家,他继承了家族的事业并将其推向辉煌。

1835年,美国商人乔治·皮博迪来到伦敦。那时的英国,乃至全世界都在经历"新经济泡沫"带来的危机,人们依靠贷款,疯狂地修建铁路、运河、公路。乔治·皮博迪认为金融行业是一个很有前景的行业,于是就在伦敦和一些商人一起做起承兑银行的生意。不久,他就凭借着自己的才能进入了优秀银行家的圈子。这些人既做织物生意,也为生意人提供融资。这时,他们的商号已变成了商人银行,并且创立了金融批发业务,而不是普通银行储蓄、转账的一般业务。

不久之后,一件事让乔治·皮博迪的事业有了一个飞跃性的发展。他意外地收到内森·罗斯柴尔德男爵的邀请,这让乔治·皮博迪受宠若惊。内森提出,让乔治·皮博迪做罗斯柴尔德家族的秘密公关代理人。内森看中乔治·皮博迪的原因是伦敦的贵族阶级拒绝邀请,另外就是乔治·皮博迪颇有人缘而且又是美国人,日后可以派上大用场。

乔治·皮博迪对内森的提议自然是欣然领命,很快,乔治·皮博迪的公司就成为伦敦著名的社交中心。直到1854年,乔治·皮博迪还只是一个百万英镑级别的银行家,在罗斯柴尔德家族的帮助下,短短的6年之内,他狂赚近2000万英镑,一跃成为美国重量级的银行家。

乔治·皮博迪一生没有子嗣,庞大的产业无人继承,他为此煞费苦心,终于决定邀请年轻的朱尼厄斯·摩根入伙。在乔治·皮博迪退休以后,朱尼厄斯·摩根接管了全部生意,并将公司改名为朱尼厄斯·摩根公司,仍然设在伦敦。

朱尼厄斯·摩根,即约翰·皮尔庞特·摩根的父亲,16岁就开始闯荡波士顿的商行,23岁时经营着一家资产为5万美元的干菜店,并在这一年娶了金融家皮尔庞特之女为妻。后来,朱尼厄斯·摩根接管乔治·皮博迪的事业,坐镇伦敦。1837年4月17日,对世界经济史和金融史具有划时代意义的约翰·皮尔庞特·摩根诞生。

约翰·皮尔庞特·摩根年轻时就富有冒险精神,认定了的事情就放手大胆地干,毫不犹豫。摩根大学毕业后,父亲介绍他到纽约的邓肯商行去学做生意,为的是锻炼他的商业才能。

一次,摩根被邓肯商行派去古巴采购货物。当轮船停靠在新奥尔良时,他信步走在充满了巴黎浪漫气息的街道上,就在这时,一个陌生人拍了拍他的肩膀,于是一个赚钱的机会就找上了摩根。

陌生人问道:"先生,想买咖啡吗?"随后,这个陌生人作了一番自我介绍,他说自己是一艘运送咖啡的货船船长,来往于巴西和美国之间。此次受委托到巴西运回了一船咖啡,不料美国的买主正值破产,于是货船船长只能由自己来推销这些咖啡。为了尽快将货物出售,他表示愿意以半价出售。这位船长看到摩根穿戴很是讲究,于是就找上了摩根。

两人经过一番详谈后,摩根又随船长看了看货,认为这是一桩值得一试的生意,于是就决定买下所有咖啡。摩根立即电告邓肯商行,但是得到的答复却令他非常失望,邓肯商行在回电中指责他擅做主张,命令他停止交易。此时的摩根已经有了自己的判断,而且他认为这位船长是非常可靠的人。所以在遭到邓肯商行的拒绝后,摩根转向父亲求援。对于摩根的决定,父亲毫不犹豫地全力支持,老摩根当即偿还了摩根挪用的邓肯公司的款项。得到父亲支持的摩根,不仅买下了那位船长的咖啡,还在该船长的介绍下收购了其他船上的咖啡。

最终事实证明,摩根的判断没错,舱内全是质量上等的咖啡。就在他买下这批货不久,巴西咖啡因受寒减产,咖啡的价格一下猛涨2~3倍,摩根从中获得的利润非常可观!摩根在邓肯商行工作总是处处掣肘,以致无法施展拳脚。向父亲反应情况后,摩根被父亲调到了在华尔街纽约证券交易所对面的一幢建筑里,摩根在那经营起一个新的商行——摩根商行。

美国南北战争爆发后,华尔街的证券交易迅速红火起来。在华尔街,摩根认识了克查姆。一天,克查姆来与摩根闲聊,无意中对摩根说起:"我父亲在华盛顿打听到,最近一段时间北军的伤亡惨重。"这句话立即触动了摩根的敏感神经,他说:"如果有人大量买进黄金,然后汇到伦敦去,那么金价势必狂涨!"克查姆对摩根的敏锐佩服不已,于是两人立即着手。他们最后决定,先暗地里买下400万~500万美元的黄金,并将其中一半汇往伦敦,另一半则留下,然后再把往伦敦汇去黄金的事情泄露出去。等到大家得知北军新近战败的消息,金价必涨无疑,这时再把手中的一半黄金抛售。果然,事情如摩根所料。黄金价格立即飞涨,不仅纽约的金价,就连伦敦的金价也在这种势头下开始攀升。摩根与克查姆在这次黄金收购中,大获全胜。

1871年,摩根的合伙人查尔斯·达布尼退休,他们之间的合作关系也随之解除。在父亲的撮合下,摩根与德雷克赛尔家族合作,合伙开办了德雷克赛尔-摩根公司,即J.P.摩根公司的前身。

德雷克赛尔-摩根合并后不久发生的一件大事,使得年仅36岁的摩根一跃跻身于美国金融界的最高层。1873年,库克、华尔街的塞利格曼财团以及欧洲的罗斯柴尔德财团联手,以获取3亿美元的偿债融资债券的发行,对抗来自德雷克塞尔-摩根公司、J.S.摩根公司、莫顿-布利斯公司和巴林兄弟公司的强大挑战。在这个极度激烈的市场,摩根财团一跃占据了联邦融资中的主导地位。在这次,摩根赚了100多万美元,他向父亲自夸说:"我相信这个国家再没有其他事情能带来这样的结果了。"

随着战争的推进,美国联邦政府出现了严重的财政危机。联邦政府为了稳定日趋恶化的经济和支付购买武器的费用,决定发行4亿美元的公债。摩根用敏锐的嗅觉再一次预感到这是一个发财的机会,于是信心十足的摩根答应承担2亿美元国债的发行。

承担国债的发行后,摩根并不急于发行,而是先做了一些准备工作。他在各种场合频频露面,对美国经济的发展趋势以及战局的变化发表看法,为的是想通过新闻界让大众明白购买国债的利益所在。由于摩根高超的演说才能,精辟入微的分析和严谨的逻辑推理,让新闻界刮目相看,于是摩根的许多言论也频频见诸报端。

条件逐渐成熟起来,摩根方才采取行动。他奔波于各州,一路慷慨陈词,高呼爱国主义,呼吁每个人都应该为民族和国家的命运贡献力量。这次活动非常顺利,摩根奇迹般地完成了2亿美元国债的发行。因此,摩根在得到丰厚的利润的同时,还成了拯救美国经济的英雄。

美国铁路系统错综复杂,存在许多复线,在纽约的奥尔巴尼和五大湖畔的水牛城之间，这短短的32公里就存在4条并行铁路。由此导致的不良竞争使得许多公司陷于恶性循环中，它们只得依靠削减运费和工资来应付债务。

摩根决定对铁路加以整合，于是他不断地购买铁路。摩根这次采取的策略是"高价买下"，不管是西部铁路，还是那些早已不符合当今发展要求的铁路，摩根统统予以买下，以便能迅速整顿美国铁路，从而实现对美国铁路业的彻底垄断。

到1900年，在摩根直接或间接控制下的铁路长达10.8万公里，将近占当时全美铁路总长度的2/3。形势的发展愈来愈清晰地表明，"铁路大王"非摩根莫属。自此之后，美国铁路界和金融界的经营都带上了浓重的"摩根化"色彩，也就是所谓的"美国经营摩根化"。

对于垄断美国的铁路这一想法，"石油大王"洛克菲勒此前也有过，但是并没有成功，原因不是他没有摩根那样雄厚的财力。事实上，摩根的财力较洛克菲勒还要略逊一筹，但是摩根却做到了洛克菲勒没有做到的事，原因就在于摩根能调动高达他所掌控的几十倍甚至是百倍的资金。如果没有十分高明的手段，是不可能办到的。后来洛克菲勒也承认，摩根调集资金的能力是自己所不能企及的。

与此同时，摩根开始向钢铁业出击。他创办的联邦钢铁公司几经发展，在钢铁业界占有一定的地位，但是还不足以撼动"钢铁大王"卡内基的霸主地位，而"石油大王"洛克菲勒的钢铁公司也紧追不舍。

摩根与卡内基两人一向交恶，彼此冲突不断。摩根有着全面控制钢铁业的野心，所以他更觉得"钢铁大王"的面目可憎，终于一个让摩根取而代之的机会出现了。由于母亲、弟弟以及得力助手的相继去世，卡内基渐感心灰意冷，于是产生了退隐的念头，他决定以3.2亿美元的价格出售自己全部的事业。起初，卡内基找到了莫尔兄弟,但是凭莫尔兄弟的财力不足以接下卡内基的事业。之后,卡内基又找到了洛克菲勒。

得知卡内基找到洛克菲勒时,心急如焚的摩根立即派人与卡内基进行协商。此时的卡内基又将价格上调到 4 亿美元,摩根却毫不犹豫地说:"我们用高于 4 亿美元的价格买下。"结果,最后的交易价格定在了 5 亿美元。

1901 年 4 月 1 日,摩根的 US 钢铁企业正式成立。摩根向外界宣布,US 钢铁企业拥有 10.18 亿美元资金,发行 3.01 亿美元新公司债券。为了使公司加速运转,摩根一方面制定高额产品价格,以挤压中小钢铁公司的方式抬升了行业门槛;另一方面,趁这些中小公司财务吃紧时,继续收购——US 钢铁公司一举吞并了 700 多家相关钢铁企业。此后,摩根的 US 钢铁公司立刻采取降价策略。这一策略相当奏效,公司鼎盛时期,董事会控制了全美 3/5 的钢铁生产,可以决定近 17 万钢铁工人的命运。

随着事业的日益壮大,摩根在发展和巩固本土事业的同时,将目光投到了世界经济市场。早在 1871 年,刚成立的法国政府找到摩根的父亲,想让他来承购 2.5 亿法郎(约合 5000 万美元)的国债。5000 万美元,在当时几乎是一个天文数字。美国从法国手里买下的大路易斯安娜,整整 214 万平方公里,也只不过花了 1500 万美元。老摩根决定承购这笔法国国债,他指示在纽约的摩根接受一半的国债让其在美国消化掉。但是这笔数要一人承受,无疑是一个极大的负担。于是老摩根想到一个新点子——"联合募购",也就是把华尔街上大规模的投资金融公司集合起来,成立一个国债承购组织,共同承购国债。

摩根认为父亲的想法是一个好点子,立刻着手实施。事实证明,"联合募购"是一个行之有效的方法,摩根成功地消化掉了 5000 万美元的法国国债。如此一来,摩根声名鹊起,并确立了在这一领域的领袖地位。

1898年，有消息透露，墨西哥政府由于无力偿还西班牙政府的旧债，已经濒临破产的边缘。回天乏术的墨西哥政府只好死马当作活马医，拆了东墙补西墙，希望通过发行公债来还债。墨西哥政府发行公债计划金额为1.1亿美元，以此渡过时下的难关。

对于这种借债还债的做法，通常一般人都会敬而远之，不会去购买公债。但是摩根却不这么认为，他想，如果在墨西哥政府处境艰难的时候施以援手，不仅可以得到美誉，为以后的合作打下良好的基础；还可以借此提高自己的条件。在摩根看来，这是一件一举两得的好事，而并非什么坏事，况且墨西哥的政局处于相对稳定的状态。

基于这些想法，摩根立即和德国银行联合承担墨西哥发行的公债。此次承担墨西哥公债，其条件是墨西哥政府必须要以墨西哥油矿及铁路作为担保，这一条件对摩根来说无疑是十分优惠的。这次认购墨西哥公债，不管从短期还是长期来说，都为摩根带来了极大的收益。

事后，此前对此望而生畏的投资者、商人在后悔自己没有承担发行的同时，无不对摩根敏锐的意识、准确的判断以及长远的眼光佩服不已，且自叹不如。

在阿根廷，摩根以一个救世主的形象出现，并给那里的经济带来了生机。从1864年到1870年，与巴拉圭的战争让阿根廷元气大伤，阿根廷的经济一度到了行将崩溃的程度，阿根廷人也陷入一片恐慌之中。

以阿根廷国土为抵押，伦敦的哈林公司购买了大量的阿根廷发行的公债，其中渔利非常可观。但是因为其本身的财力有限，哈林公司无力全部承担阿根廷政府发行的公债，这给其他人就留下了机会。看到并且有能力把握这个机会的人当中，有一个就是摩根。

摩根认识到，一方面，阿根廷的铁路非常有潜力，其奶酪产品也驰名世界；另一方面，阿根廷政府对从国外进入的资本总是来者不拒。如果购买了阿根廷政府发行的公债，不但可以从中获利，而且还可以维持现有的政府，对自己往后的开拓是非常有利的。经过一番利弊权衡之后，摩根决定出资 7500 万美元购买了阿根廷政府发行的公债。经过这一举动，摩根的势力、影响和财富又有了一定程度的提升。

做多个国家的债主使得摩根志得意满，而最让他感到风光的莫过于大英帝国的求助。在拿破仑时代结束之后，南非成了英国的殖民地。不久之后，勘探家们在这里发现了大量的钻石矿藏和金矿。为了将所有的钻石和黄金全部占为己有，英国制定了残酷而苛刻的殖民政策，如此一来就进一步加深了与原本居住在那的布尔人的矛盾。矛盾冲突不断加剧，随之爆发了第一次布尔战争。在此次战争中，拥有绝对优势的英国人取得了胜利，他们将布尔人统统驱逐到了北方，拥有大量矿藏的南方土地则被英国人据为己有。

英国人与布尔人的矛盾进一步加深，不久就爆发了第二次布尔战争。在这次战争中，布尔人吸取了上次战争失利的教训，采用灵活而顽强的游击战与英军周旋。英国的军队遭到顽强的阻击，他们动辄得咎、势成骑虎，由于战争的旷日持久，英国的战争费用远远超出了原先估计的数目。正在英国军队受到牵制的时候，向来与英国水火不容的德意志皇帝正野心勃勃地建造一支舰队，想将英国的海上霸主地位取而代之。但英国又岂能将此拱手让人？于是英国积极扩充海上军事设备。在腹背受敌的情况下，疲于应付的英国财政顿时陷入困境，因此不得不向外求助。

英国政府首先想到的就是摩根，于是立即派人去纽约与摩根进行交涉。在得知英方意图后，摩根毫不推辞地应承下来。摩根首先购买了价值 1500 万美元的英国公债，然后又反复地进行认购。最后，摩根购买的英国政府发行的公债，总价值达 1.8 亿美元。

因此,可以毫不夸张地说,摩根已经成了当时世界的债主。

1907年的经济恐慌,成就了摩根最后的辉煌。当时美国尚无中央银行,没有稳定市场的强大力量。纽约有半数银行贷款都被信托投资公司投注在高风险的股市和债券上,他们从中获取高回报率,整个金融市场处于一个极度的投机状态。因为信托投资公司的草率行事,引起华尔街的大恐慌,信托投资公司即将破产的言论甚嚣尘上。银行家们纷纷收回贷款,股市一落千丈,许多银行濒临倒闭,金融危机由此而生。

纽约证交所主席来到摩根的办公室求救时,他惶恐地表示,如果不能在下午3点之前筹集到2500万美元,至少有50家交易商将会破产,他除了关闭股票市场别无选择。下午2点,摩根紧急召开银行家会议,在16分钟里,银行家们筹足了钱。摩根立即派人到证交所宣布借款利息将以10%敞开供应,交易所里立即一片欢呼。

11月2日,摩根开始了他蓄谋已久的计划,"拯救"仍在风雨飘摇之中的摩尔斯莱公司。该公司身负2500万美元的债务,已经濒临破产的边缘。如果摩尔斯莱被迫破产偿还债务,纽约股市将完全崩溃,后果不堪设想。摩尔斯莱是田纳西矿业和制铁公司的主要债权人,摩根深知田纳西矿业和制铁公司拥有田纳西州、亚拉巴马州和佐治亚州的铁矿和煤矿资源。如果能并购摩尔斯莱公司,那么这些资源将大大增强US钢铁公司的垄断地位。但是在反垄断法的制约之下,摩根始终不能对它下手,而这次危机给他创造了一个难得的机会。

要兼并摩尔斯莱公司,就必须首先对付"反垄断斗士"老罗斯福总统。在11月3日星期天的晚上,摩根派人赶往华盛顿,让其务必在星期一股票市场开盘之前拿到总统的批准。摩根对此非常有信心,如果这次危机使得大批企业倒闭,那么就将有成千上万的人在一夜之间一贫如洗,这股怒潮足以形成巨大的政权危机。

因此,老罗斯福不得不借助摩根的力量来稳定大局,他在最后时刻被迫签下城下之盟。此时距星期一股市开盘仅剩 5 分钟!于是,摩根以 4500 万美元的超低价买下了田纳西矿业和制铁公司,而该公司的潜在价值按照约翰·穆迪的评估,至少在 10 亿美元左右。

在这次危机中,摩根再次以英雄的形象出现。虽然其中有个人营利的目的,但是摩根在平复这场经济危机中的所起的作用举足轻重。有人称摩根这一行为是"营利性的爱国精神"。

1913 年 3 月 31 日,"华尔街的拿破仑"约翰·皮尔庞特·摩根在去埃及开罗旅行的途中突然去世,终年 76 岁。

从 1861 年创立摩根商行,经过半个世纪的经营,摩根创建了一个庞大的帝国。摩根家族包括银行家信托公司、保证信托公司、第一国家银行,总资产 34 亿美元。摩根同盟总资本约 48 亿美元,整个"摩根体系",总值竟有 200 亿美元!另外还有 125 亿美元保险资本。整个摩根体系总资产相当于美国企业资产的 1/34。在摩根体系中,167 名摩根董事控制着整个摩根体系,贯彻着摩根从华尔街发出的指令,摩根是名副其实的华尔街的神经中枢。

摩根之后,华尔街再没有出现具有如此强大力量的统治者,正如《华尔街日报》所说:"摩根的死标志着华尔街一个时代的消逝,摩根不会有后来人,新的华尔街时代由一人统治已经变得难以实现。"

第1封信

迎接挑战

一年之后,我希望你用最好的成绩向我汇报。成绩的反馈作用不容忽视,任何事情都是复杂的,我不排除得到失败的反馈。是的,失败会让人沮丧,但对一个信念坚定的人来说,失败往往能激起更大的斗志。所以,勇敢地去迎接挑战吧!

亲爱的小约翰:

听着,孩子,我有很多话想对你说。而且从现在开始,我要对你说的会和以往的教育有所不同。因为,从现在开始,你已经不再是小孩子了。你即将踏入这个纷繁复杂的社会,这是一个没有硝烟的战场,在这里,你将与我并肩迎接挑战。从这种意义上讲,你的角色不只是我的孩子,你更要肩负起成为我的同事、战友的角色。所以对你来说,今天是你一生中重要的一天。

此时,你已经结束 20 年的学校生活。我相信你在这期间已经学到了不少的理论知识,此时正可以将其运用到现实的工作中去,你应该为此感到高兴。显然在现实中,有许多人对工作没有好感,因为工作会给他们带来一些痛苦的联想:每天早晨必须早点起床,反复做些无聊的工作,娱乐时间大大减少,甚至于给他们的身体带来很多疾病;可也有另外一些人,他们迫不及待地投身于工作当中,因为工作可以帮助他们实现自己的理想和抱负,他们希望通过努力工作,让自己的才能得以发挥。我希望你属于后者,更希望你不单继承我们家族富可敌国的财富,并且可以创造出更多的财富。

孩子,在你进入社会之前,我对你的教育也许过于严厉,剥夺了你大部分的娱乐时间。可是,正如你所知道的,我那么做是为了让你接受更多的正式教育。现在,你的精神骨架已经构造成熟,这是你以后赖以生存的条件,是你地位和取得进一步发展的保障,你必须将过去努力的成果运用到竞争激烈的现实社会中去。关于这一点,可以说,你已经处于相当有利的地位。因为你对即将接触的事务已经有了很好的理解,并且你渴望成为一名优秀的企业家。

有许多和你一样的年轻人,但他们却没有你幸运。他们为了生存而苦苦挣扎,以致迷失了方向;也有的人虽然选择了方向,可是却无法进入追求目标的行列中。这一点你和他们不同,因为你有一个我这样的父亲。我可以把我多年在企业界的经验和心得无私地告诉你,把我们祖先历代的成功经验全部传授给你,希望你继承我们摩根家族的传统和事业,并发扬光大。你想,你是否比他们幸运得多?你有目标,也有工作,这就是好的开始。

继承我们家族的事业并且做得出色,这要求从你正式踏入公司的第一天开始,就必须每天准时上班,勤恳工作,通过在基层的磨炼使自己学习并掌握企业运转的每一个环节。保持工作的纪律性非常重要,试想一个连准时上班都无法做到的人,又怎么能担负重任呢?

在工作中,你应该常常接触那些长年为公司发展尽心尽力的同事们。我想你一定很乐意从他们那里得到经验与管理知识!如果你想对企业机制进行改革的话,记住不能操之过急,因为在这个阶段,时机还未成熟。如果你对目前的做法确实有一些改善的意见,那么尽管提出来也无妨。成功者不是守株待兔的人,成功者往往是一面学习思考一面等待时机的人。但是,你必须注意,在行动时不要太过激烈。尽管有时候,一个企业的决策者需要具备雷厉风行、速战速决的办事作风,但是,要根据情况而定,尚未尝试过的生意,还是必须要经过一段时间的仔细探索,如此才能稳固基础。所以在你事业的初始阶段,你需要不停地学习和思考,给自己打下一个坚实的基础。

在学校里学到的理论知识可以当作工作上的指导,但真正的工作要靠实践。在进入公司后的工作过程中,只要你抱有谦虚学习的态度,就一定能接受到优秀的指导。我想,刚开始工作的你应该从销售部门开始学习,等你对业务有了相当的了解之后,我会安排你和客户见面,让你了解自己并且发挥推销能力。而这些客户与公司交往的时间都比你的年龄还要长,从他们那里你可以知道一些他们对公司的看法和观点,增加你对公司的认识。还要提醒你的是,在你跟客户握手之前,必须尽可能地事先了解对方,从客户的立场来说,第一印象非常重要,他只会给你一次机会。否则,往后你得花费一两年或更多的时间才能重新抓住客户的心,那么你出发的脚步就不得不慢下来了。

你初入公司,必须记住多听少说。如果你想成为一个善谈的人,要从学做一个善于倾听的人开始。你要学会鼓励别人多谈他们自己,听取他们的建议,从而才能更客观地看待问题,做出正确的决策。过去,如果我要录用一个推销员,我会把两三个客户的反馈意见当作参考。如果有客户批评谁"话太多",那么我就绝对不会录用他。理由很简单:言多必失。

在你与客户接洽时,要有万全的准备,必须携带公司完备的资料,同时,在心中不断地告诉自己,我们公司更优秀,更能为客户提供满意的服务。这就要求你具有充分的勇气和自信,这样,你就能在客户面前娓娓而谈,赢得他们的好感,更能顺利地完成工作。但是,你必须注意的是:不要夸大其词,不要和别人抢着说话。要尊重对方,等他把话说完,你再提出自己的观点。推销服务固然是工作的重点,但切不可忘记,留住客户的关键是实实在在的售后服务。如果因为服务不周,而使得客户对我们不满并因此弃我们而去,那么我们的损失将是莫大的。因为我们不得不去寻找新客户,这样一来,便毫无效率可言了。虽然寻找新客户也是我们不可或缺的行动,但是以牺牲老顾客为前提,我们最终将会失去所有顾客。所以在开发新客户的同时,也必须注重售后服务,只有做到这两点,公司的稳健发展才能得到保障。

服务是企业的生命,只有良好的服务才能保证企业的优势竞争力。所以要尽力做好售后服务,同时,你也必须与原料供应商维持良好的关系。当然,我也希望客户以同样的态度支持我们。你要把刚开始工作的阶段作为锻炼和实习的机会,不可妄自行事。你必须注意自己的言行举止,因为你一个小小的过失都将会给人深刻的印象,你要尽量小心,但也不要紧张到草木皆兵的地步。我写这封信的目的,就是给你个建议。另外,对于工作兴趣的问题,也简单叙述一下。

从你所受到的教育看来,可以很清楚地知道你的目标是成为一名优秀的企业家。换句话说,你对本公司的工作具有相当的适应性。在你过去20年的成长过程中,我观察到,你凡事不会太过强求,是个有弹性的人。但是,你是否能够发现工作的乐趣,就要看你自己了。人在不断地学习中进步,你拥有理想、自主精神以及责任感,这会让工作成为你生活中的快乐。

最后,我还想再说一句,未来企业界的巨人,绝不会在退出后,便不再鞭策自己努力用功。他们只不过是有所改变,在平常生活中加入适当的娱乐调剂,而夜晚及周末则成了他们用功的时间,就是这样。因为在公司里,我必须事必躬亲,所以我没有更多的时间陪你,你需要靠自己去不断学习积累。每个父亲都希望自己的儿子能成大事,我也一样。

一年之后,我希望你用最好的成绩向我汇报。成绩反馈的作用不容忽视，任何事情都是复杂的，我不排除得到失败的反馈。是的，失败会让人沮丧，但对一个信念坚定的人来说，失败往往能激起更大的斗志。所以，勇敢地去迎接挑战吧！

你的父亲

约翰·皮尔庞特·摩根

■第 2 封信

做一个积极行动的人

我最欣赏那些即使上司不在，依然勤恳工作的人。这种人大可以放心地委以重任，因为只有这种人才乐于接受任务，而不是提出一些愚蠢的问题。这种人不但不会被解雇，相反会有更好的发展，同时他也不会趁机要求加薪，文明正是这种人创造的。

亲爱的小约翰：

读书是为了从书中汲取营养，书籍凝结了无数先人的智慧，它可以使你少走弯路。眼下有一本书我很喜欢，我想把它介绍给你，即《致加西亚的信》。这本书虽然字数不多，但里面却包含了许多发人深省的启示，给人以力量，因此它曾在军队中广泛流传。到目前为止，这本书已经拥有多种文字的版本。

我相信这本书对你会有很大的启发作用。每次提起这本书，总会让我想到书中的那位了不起的人物——罗文。

书中记载了这样一个故事：

当美西战争爆发时，联邦政府总统必须立刻与古巴革命的领导者——加西亚取得联系。但是他藏身在古巴山区的某个要塞里，没有人知道正确的地点,也不可能用邮件或者电报传达消息,但总统需要得到他的协助,而且是十万火急。

在这种紧急情况下,要怎样做呢?有个人告诉总统:"如果说还有人能够找到加西亚的话,那么一定是罗文!"

于是,罗文被召唤来,总统交付给他一封致加西亚的信函。那个名叫罗文的男人接过那封信,用油布袋封好,然后塞进上衣左胸的里侧,自始至终没有说一句话。4天后,他趁着夜色乘小船抵达古巴海岸,消失在丛林里。他徒步穿越敌国,成功地完成了送信任务,3星期后他又在海岸的另一边出现。

这个故事无须我做过多的叙述,我要强调的是,当总统把那封信交给罗文时,罗文便欣然领命,毫无疑虑,甚至没有问一句"他在哪里"。

我希望你向优秀的榜样学习,你要学习罗文坚忍不拔的精神,为了实现自己的目标,不惧一切阻挠,勇往直前。只有拥有这种精神的人最终才能获得成功的果实,得到别人的尊重与爱戴。我们应该为罗文塑造铜像,放置在每一所大学的校园里,让他成为学子们的榜样。对于一个年轻人而言,除了必备的课本知识,他还应当具备勇往直前的精神和责任感。唯有如此,他才能像罗文一样迅速地行动起来,成功地把信送到加西亚的手中。

只要你拥有最起码的想象力,能清晰地描绘出自己的未来,并且甜蜜地憧憬它,一旦这样一幅美丽生动的蓝图,被你当作向往的目标,并像罗文一样为之不懈奋斗,那么,结果将出乎你的想象。

在生活中,很多人粗心、散漫,除非用强迫或者金钱收买的方式,否则他们不会愿意为你做任何事情。你不妨试试看,你现在去办公室找来几位职员,随便指定一位,拜托他:"麻烦你去查一下百科全书,给我一份有关科尔顿的简单介绍。"你认为那位职员会回答"好的",然后就开始行动吗?我想一定不是这样,他肯定会一脸疑惑地提出一两个诸如此类的问题:

科尔顿是谁？

您说的是哪一种百科全书？

百科全书放在哪里？

这种事让查理去做就可以了！

他是什么时代的人呀？

这件事很着急吗？

我找到那本书，你自己看好吗？

你想知道他哪些方面的情况呢？

当你回答完这些问题后，那个职员十有八九会去请求别人的帮助，让别人替他寻找科尔顿。要不然就是回来告诉你，他找不到那个科尔顿。或许我的预料有错，不过依照经验看来，这种错误的概率微乎其微。

如果你还算明智的话，你就会知道，与其告诉他科尔顿的首字母是 K 而不是 C，倒不如直接跟他说："算了，我自己来找吧！"由于这种普遍缺乏自主精神的人，常常表现得被动接受，所以真正的"罗文"迟迟没有出现。一个自私自利的人，你能奢望他为全体员工的福利，付出更多努力吗？

或者，受老天爷的眷顾，他得到一个莫大的恩赐，让一个天使做他的助手，否则谁都没有成功的希望。如果谁需要众多的帮手才能完成大事，那么他的无能一定会让人感到惊愕，因为他的帮手总是不能同心同德，也没有完成大事的能力和希望。你从小表现出来的独立精神让我有理由相信，你绝对不会是这样的人，并且我相信，通过以后生活和工作的磨炼，你将变得更加出色。

当你面对繁重的工作时，也许你需要一位得力的助手来协助你。比如在周末加班时，你那位助手手上的木棍不仅能起到驱除睡魔的作用，还能让你的员工老老实实地加班。现在，到处都充满了庸庸碌碌、被动消极的人。如果你登出一则征求打字员的广告，十个应征者中会有八九个不知道如何分段，也不会打上句点，而且他们还根本不觉得那有什么重要。

有位工厂的厂长告诉我:"你的那位出纳员呀……"

"他怎么了?"

"他是蛮有才能的,只是他总是待在公司里不去熟悉环境,因此他需要4次跑进咖啡厅问路才能走到工厂。但是他光注意找街名,却忘了因为什么事情而来。"

对于这样的人,你还指望他能做些什么呢?一个人如果对自己所期望得到的东西,能够有意识地做出反应的话,通过环境暗示、自我暗示或自动暗示使他激发下意识的心理力量,内在驱动力会促使他采取行动,积极地去面对工作。

有一个人,他具备非常优秀的资质,但他没有为自己创造事业的强烈意愿,而且也不愿意帮助别人,这种人通常是自私的。他疑心重,总以为老板在给他施加或者正要施加压迫。他虽然不会向别人发出指令,但也不准备接受别人的命令,如果你托他"送信给加西亚",那么你得到的答复很可能会是:"你自己去吧!"

当时,这个人四处求职,却屡屡碰壁。因为对他有所了解的人都知道,这个家伙常常会煽动其他职员的不满情绪,所以没有哪位老板愿意雇用他。更为恶劣的是,他蛮横偏执,你永远不要试图去和他讲道理。如果要让他对你有印象,最好的办法就是用高跟的马靴,狠狠地踢他一脚。对于这种性格怪异、不合群的人,我们应该怜悯他吗?我想我们更应该同情那些努力经营大事业、即使下班铃响了却还迟迟不肯休息的人。而且这些积极经营大事业的人还必须领导一群无所事事、一无是处、不知感恩图报的员工。如果没有他们的事业,这些员工也将会忍饥挨饿,流离失所!

成功不会是偶然的,积极向上的人最值得赞赏。也许你会认为我的话太偏激了,也许你是对的!但是面对平庸化的大众,我只想表达对成功者的同情。他们勇敢无畏、知难而上,督促每一个人付出自己的努力,尽管取得成功,得到的回报也只不过是房子和衣服而已。

像我就每天带着便当上班,尽心尽责做好分内之职。我认为创造财富是这个世界上最光荣和最有意义的事。贫穷这个东西不值得称赞,我们更不应该把所有贫困的人说成是高风亮节,所有的老板也不全都唯利是图。贫困不但让我们无法解决生活上的需要,无法帮助我们的亲人和朋友离开苦难,还剥夺了我们乐善好施的品质。

所以,我最欣赏那些即使上司不在,依然勤恳工作的人。这种人大可以放心地委以重任,因为只有这种人才乐于接受任务,而不是提出一些愚蠢的问题。这种人不但不会被解雇,相反会有更好的发展,同时他也不会趁机要求加薪,文明正是这种人创造的。

这种人的愿望都会被人接受,无论在都市、在乡村,他都是被需要的人。也不论是哪一家公司、商店或工厂,他们永远不会将这种人拒之门外。我希望你发挥自己的才能,积极行动起来,成为被需要的人。

你的父亲
约翰·皮尔庞特·摩根

第3封信

敢于尝试新事物

无惧失败,敢于尝试新鲜事物是成为企业家的优秀品质。如果凡事都只想到失败,或只想到必须成功,做起事来就缩手缩脚,缺乏正确的思想准备是不会成就大事业的。在这个世界上,比我们聪明、比我们优秀的人比比皆是。如果总是担心技不如人,而失去了竞争的勇气,那么这个世界就不会如此丰富多彩了。

亲爱的小约翰：

  前不久我们曾有过一次极有趣的谈话，也就是上个星期，在我们起身去纽约参加丹尼尔的宴会之前，即使现在回想起来，也觉得意犹未尽。当时你向我提出关于企业家的种种疑问，这些疑问非常有趣而且也很合理，但是却很难给出一个适当的答复。到此时，我还是非常乐意和你再探讨一下这个问题。对于企业家的问题，我想把我一个已经成为企业家的朋友的故事告诉你。

  说起我和他的接触，要追溯到很久以前。在我辞去普莱斯·瓦特豪斯公司会计师一职的前几年，我就和他有过来往。当时是通过我的妻子作为媒介，我才认识了约翰·伯特先生，那时他已经50岁了，而我只有28岁。在尚未结识他之前，我就早已在几次社交场合中，被他个人的魅力所吸引，因为他具有企业家的头脑。

  有些人只在他们需要钱的时候才进行工作，约翰·伯特便是其中一个。但是，他却又与众不同。他拥有丰富的知识和智慧，他通过对脑力的不断挖掘能创造出合乎时代的新产品，并且相应地提出与之相配合的新的广告宣传方式。当我与他认识时，他正好处在一生中某个蛰伏的阶段，那时候他手上的资金已经略显不足。

  当我决定见识企业界另一个鲜为人知的面貌时，并不只是看其结果，更要以行销的眼光来观察整个过程。所以在我认识他的时候，我便抓住机会打听出他下次出击的时机，并要求进一步地参与，而他也答应了。或许是我茶褐色的眼睛以及吸引人的笑脸让他对我青睐有加！否则我实在找不出其他原因，让他接受一个经验不足的年轻人作为他的合作伙伴。因为当时围绕在他身边的，尚有许多才智不错的年轻人。也许他认为我更适合他，所以选择了我。

  约翰就具备这种能力，他不会疏忽任何一件事情，他对一切都了如指掌。我第一次见识到他罕有匹敌的洞察力，是在某天的早晨。我与他在蒙特利尔繁华区的一家餐厅里共进早餐时，窗外的人们正赶着上班，有的人大步流星，有的则挤在小小的公车上。约翰总是善于观察，这一切都没有逃过他的眼睛，看到拥挤的上班族，他对我说："人们总是一边忙着工作，等到发薪水时，一边又会为找寻花钱的场所而到处奔波。假如我们能为他们提供更舒适的服务或改良的产品，我们就会做出一定的事业。也就是说，我们必须发明金钱的另一种用途。"他的这些话对我影响很大。事业成功之门，是为那些努力提供更好的商品以及服务的人们敞开的，哪怕它是一件极小的事情。

正因为如此，我正式进入一个"创造财富"的世界——企业界。几年以后，我的伙伴约翰去世了。在与他合作期间，我不但得到锻炼而逐渐成熟起来，而且我具备了一个企业家所必须拥有的基本条件。我与他一同开创的企业，在他去世后，便由他的继承人接手，而当时的我已有能力将这个企业完全买下，并且继续经营。我并不是个反应快速的人，也不是在同年龄企业家当中最出类拔萃的人。但是，从约翰那儿，经过他独特的脑力启发，加上我自己的努力，我最终拥有了这个小小的企业。

我为了取得会计师的执照，努力了 10 年，但最后还是选择放弃了成功在望的会计师执照，转而投向当时年收入仅有 14 万美元的约翰·伯特公司。在当时，有许多人对我这项决定表示怀疑，此时我仍然可以看到他们当时频频摇头的情景。尤其是在我拒绝当时几家大规模公司的聘请时，在他们看来，拒绝担任会计审查的工作无疑是个疯狂的举动。如今，伯特公司的年营业额已经达到 2500 万美元。由此看来，我当年的选择并没有错。

你知道吗？"企业家（entrepreneur）"，有着"企图完成某些"的意味，是由法文的"enrteprendre"演变而来的。在牛津辞典中则指明其为"劳动阶层与资本阶层的中介者"。

在我看来，一个具有伟大想象力的企业家才能真正被称为企业家。对于任何事情，他都能找出合理的答案，在他的字典中没有不能解决的问题，也没有无法完成的事业。他的思考结果往往别出心裁，即使是面对相同的事情，也总能避免落入俗套而显得独树一帜。他对于事物深入思考，往往能另辟蹊径，在困境中找到一条出路。这种避免落入企业界标准思考模式的本质，就是成功的主要因素。

无惧失败，敢于尝试新事物是成为企业家的优秀品质。如果凡事都只想到失败，或只想到必须成功，做起事来就缩手缩脚，缺乏正确的思想准备是不会成就大事业的。在这个世界上，比我们聪明、比我们优秀的人比比皆是。如果总是担心技不如人，而失去了竞争的勇气，那么这个世界就不会如此丰富多彩了。

不要害怕在尝试中失败，不去做新的尝试才是最大的失败。亚里士多德说："失败之路比比皆是，成功之道却只有一条。"那条成功之道绝对不会是固守原状。你需要自己动脑以及参考别人的思想，企业家所运用的策略，有许多并不是他本身的构想。在这个世界上，聪明的人不少，拥有绝妙点子的人大有人在，但能将这些好主意商品化的人却少之又少。有很大原因就在于他们不敢去尝试他们的好主意。所以，从某种意义上讲，企业家就是不断去创造的人。

当然，不怕面对失败，并不意味着让你有意制造失败。你必须要具备衡量风险的能力，去判断自己的新尝试是否值得，很多生意在拥有高回报的同时，往往也伴随着高度的风险性。事实上，无论经过如何精密的算计，有时失败也是不可避免的。但是你不能完全被这种风险吓倒，因此裹足不前，你要鼓起你的勇气继续进行探索和试验。

你要不断地做可行计划，"不为打翻的牛奶哭泣"，你会发现在失败之外，总会有更多的地方可以去奋斗、去尝试。我们要为事情的发展准备多种计划，一旦这个计划失败了，你马上可以进行另一个新计划,这样就不会有断炊之忧,也可确保资金的安全。

　　克劳多·霍布金斯在他的一生中,几次伟大的行动都是在众亲友的嘲笑和反对声中完成的。诗人威尔基鲁斯曾说:"命运帮助勇敢者。"但是你要注意,人人都希望自己拥有财富和勇气,其中,财富可以任意使用,但勇气却不能,因为英雄式的投资者往往会招致失败的下场。

　　还记得下面这首诗吗?在这首诗中充满了企业家所应具备的勇气,是几年前收藏起来的。

人们都在埋头奋斗
而我仰望天空
那里有我的憧憬和梦想
目标仿佛遥不可及
但是我相信
总有一天我会到达理想的殿堂
我为我的目标努力和思考
并积极行动
再寒冷的冬天
也无法阻止梅花的开放
因为我坚信
人生要面对众多的困难
我会一一化解
再大的艰难
我也毫不退缩、颓废
我要创造不可能的奇迹
我要超越我伟大的先辈
在思想的王国我是如此的高大
可是我会脚踏实地地行走

　　很熟悉吧!也许你已经忘了,这是你中学时代写的。12岁时的你就具备了独立的精神和乐观的个性,即使被人打倒在地,你也必然会勇敢地站起来再次战斗。对此我深感欣慰。

你的父亲
约翰·皮尔庞特·摩根

第4封信

只有相信成功才能得到成功

为什么在同一个地方,同样的人,其他的人没有成功,而我却成功了呢?实际上,除去一些别的东西外,他们没有成功的原因和我成功的原因是相同的。一位行销员说他不可能售给他们保险单,因为他们是荷兰人,并且有宗派观念。他们是用消极的态度办事,而我则不然。我知道他们会和我合作,因为他们是荷兰人,并且有宗派观念。

亲爱的小约翰:

我们在马萨诸塞州的公司有一些非常优秀的员工,有一次我去检查工作,一位行销人员向我抱怨说,他在西奥克斯中心已经工作了两天,但是一份合约也没有签到。对此,他的看法是在西奥克斯中心进行销售是不可能的,因为那儿大部分都是荷兰人。他们有宗派观念,不想买生人的东西,并且,这片土地歉收已经长达好几年了。

尽管他这样说,但我还是建议他第二天和我一起到那儿去试试看。第二天,我们驱车前往西奥克斯中心。在车上,我闭着眼睛,让自己的身体状态以及精神状态都得到很好的放松。我持续地思考我怎样才能同这些人做成生意,而不是去考虑我不能同他们做成生意的因素。

当时我是这样考虑的:那位员工说当地大部分都是荷兰人,因为讲宗派,所以他们不愿买我们的东西。这有什么关系?倘若我能将东西卖给这一群人中的某一个,特别是一个领袖人物,那么就意味着我可以将东西卖给他们所有的人。此刻,我必须做的就是要把第一笔生意做成,就算要花费再长的时间和再多的精力也是值得的。

另外,那位员工还说这片土地歉收。在我看来这也是件好事,因为荷兰人是非常优秀的,他们十分注重节约,做事认真负责,他们需要保护他们的家庭和财产。他们很可能没有从事过其他金融业务,因为别的行销员也许和我们那位行销人员同样具有消极心理,因而从没有向他们交涉过金融业务。要知道,我是向他们提供一种低风险的赚钱门路。

当我们到达西奥克斯中心时,我首先进了一家银行,找到他们的经理,对各方面的情况都做了一定程度的了解。然后我很真诚地找到荷兰人中很有威望的迈克尔先生,顺利地把事情办妥了。为什么在同一个地方,同样的人,其他的人没有成功,而我却成功了呢?实际上,除去一些别的东西外,他们没有成功的原因和我成功的原因是相同的。那位行销员说他不可能售给他们保险单,因为他们是荷兰人,并且有宗派观念。他们是用消极的态度办事,而我则不然。我知道他们会和我合作,因为他们是荷兰人,并且有宗派观念。

还有,他说他不可能售给他们保险单,因为他们已歉收长达好几年,而我却知道他们肯定买保险单,因为他们已歉收长达好几年。我们之间的不同就在于他相信不能,而我相信能,这直接导致了最终结果的不同。

我告诉你这件事,是为了让你知道,无论做什么事,都要有迎难而上的勇气，并且要有相信能够做的信念，学会用积极的态度从事工作。我在那位行销员失败的地方成功了，可以说我用榜样激励了他们。

企业家创造财富，从很大程度上说是凭借他们充满创意的点子。但现实中，有许多人拥有不错的点子，但却无法使之成为赚钱的事业。下面这个故事我常说给别人听，这也是一个很好的例子，相信你一定很有兴趣。

有个老人在纽约的郊区经营一家热狗店。生意出奇地好，老人热狗的名声早已传到很远的地方。老人竖立"全国第一热狗"的广告牌，远在几里外便能看到，因而吸引了来往车辆的注意，纷纷来到这儿，想要尝尝"全国第一"的热狗。当顾客来到时，这位老人必然站在门口迎接他们，老人微笑的脸庞，热情的招呼："不要说你只要一个，尝尝两个吧！这真是相当可口美味的食物噢！"往往使顾客食指大动，不得不赞同老人的意见。

刚出炉的金黄色面包，加入香脆的泡菜，风味绝妙的芥末，煮得恰到好处的洋葱，再由满脸亲切笑容的服务生奉上，顾客们每每舔着嘴唇说："我从来不知道热狗竟会这么好吃！"当顾客离开时，老人又送他们到车前，并向他们挥手致意："请你们再度光临，我的热狗需要你们的支持，在店内服务的年轻人也必须赚取他们的大学学费。"如此亲切的服务，使得顾客频频光临，并介绍许多顾客前来品尝。

老人有一个在哈佛大学学习管理学的儿子，有一天，他儿子以经济学博士的身份回来看望父亲。儿子看了父亲的经营方式后，便提出他的意见："父亲，这是怎么回事？难道您不知道现在正值经济衰退时期吗？现在我们要做的是削减成本，不必再竖立广告牌了，可以节省宣传费用。雇用两个人就可以了，如此便减少了4个人的开销。爸爸您也不要再站在道路两旁浪费时间，应该在后头调理作料。

"另外,请供应商供应我们便宜的面包和热狗就好了,泡菜也不需要用这么好的原料制作,至于洋葱则可以不要。您知道吗?为了渡过这段不景气的时期,就必须削减一些经费。"

这位父亲相当感谢儿子的建议,因为有个学历这么高的儿子着实不容易,对他的意见也丝毫不曾怀疑过。广告牌被卸下来了,老人也一直在厨房中料理那些便宜的作料,只留下一个服务生在外头招呼。

几个月后,儿子再次回来,并询问生意如何。父亲望望以往络绎不绝停下车的前庭,再看看道路上疾驶而过的车辆,以及空旷的店面,对儿子说:"你说得对,现在经济真是不景气!"

通过上面的故事,不知道你是否领悟到了什么?

弗兰西斯·培根曾说:"人的命运,操纵在自己的手里。"一个人的成功与否与他的信念有极大关联。如果你要成为成功者,那么你必须有一个健全的人格以及健康的积极的心态,相信自己能够取得成功。

你要走的道路、要完成的事业,只能依靠你自己。

你的父亲
约翰·皮尔庞特·摩根

第5封信

看重读书的经济价值

通过读书,你可以汲取别人的经验,这对你定会大有启发。读书的意义就在于学习,这个世界日新月异,每时每刻都在前进和发展。但是,关于企业的经营管理以及种种决策,这些内容几乎是一成不变的,因此你完全可以通过书本就能学习到。当然,脱离实践的书本知识和经验是毫无意义的，但是如果你在读书方面花费的时间和精力多过别人，那么相比起来，你就拥有一个更有利的出发点。

亲爱的小约翰：

有句话说："从别人的错误中学习，因为你没有时间去体会所有的过失。"从失败中学到的永远比其他任何地方都要多，但是正如上面所说的，你没有时间亲身体验所有的失败。因此你必须求助于别人的经验，在别人的经验中总结出各种可能出现的情况和应对的办法。如果你做到这些，那么在以后出现类似的情况时，你就有办法从容应对。

要做到这些，有一个非常有用的工具可以帮到你——书籍。通过它，你可以汲取别人的经验，这对你定会大有启发。读书的意义就在于学习，这个世界日新月异，每时每刻都在前进和发展。但是，关于企业的经营管理以及种种决策，这些内容几乎是一成不变的，因此你完全可以通过书本就能学习到。当然，脱离实践的书本知识和经验是毫无意义的，但是如果你在读书方面花费的时间和精力多过别人，那么相比起来，你就拥有一个更有利的出发点。

我们每天仿佛都在和新事物打交道，其实本质上，那些所谓新事物只不过是改头换面，以另一种形式出现而已。我已经反复强调过，在这个世界上，新鲜事物其实并不多。我总有这样一个认识，人的一生中大部分时间都在重复。有一本书能很好地证明这个观点，它就是《巴德雷特的常用引句集》，一本汇聚了有关人生考察的至理名言的书，它网罗了世界各地、从古至今的所有优秀思想。在众多的名言里，你一定听过霍美罗斯在公元前700年左右说过的一句话："儿子很少和父亲一样，几乎都比父亲差，青胜于蓝者是极少数。"中国的孔子在公元前500年也说过："不要和比自己差的人交朋友。"希腊的伊索在公元前550年也曾说："不知道自己无知的人,比无知者更可悲。"经过好几个世纪的更迭,巴德雷特这本手记一直流传到现在,它向我们传达了先贤们的思想和看法。我们都生活在历史的某一个时期,每个人按自己的意志或方式生活着,这些名人也一样。如果能知道这些思想家曾经有过的想法和苦恼,我们的问题就会变得微不足道。至少,借助过来人的经验,我们的问题会变得易于解决。

读书对我的一生有着深远的影响,我甚至觉得自己好像活了几十次。这样说的原因,并不是优越感在作祟,而是我感觉到自己更能有效地利用时间。我们生活在闭塞的社会,不能期望太高也不可放弃希望。读书的真正意义就在于,让我们去亲身体验这个现实社会以外的空间与时间,借着书本让自己的头脑充满智慧。为那些无缘阅读的人感到难过吧!对于人生我们能了解多少?又有多少人怀着这种懵懂悄然而逝?

虽然广泛阅读是一件好事,但是读书必须要有选择性。有的人看的书不少,但他接触的书本几乎全是小说,如果只读小说显然对他的帮助并不大。小说轻松有趣,可以在闲暇时候聊以消遣,但是对于一个积极追求成功的人来说,他的闲暇时间显然是不富裕的。而其中也有很多人把读书当作一件工作,奇怪的是,我在阅读专业以及有相关知识的书籍时,同样可以感觉到轻松。这个世界上,有很多事情值得我们去学习和掌握,我认为有许多事情比看小说更有意义,我不愿意把自己宝贵的时间浪费在欣赏别人的白日梦上。

约翰·罗克说过这样一句话:"到目前为止,人类的知识并没有超出人类的经验领域。"对此我深表赞同,同时我还有其他看法,我以为,吸收别人的经验能扩大自己的视野。亚伯拉罕·林肯竞选总统时,遭到了许多人的异议,他们认为林肯不适合做总统。但是,林肯却不在乎自己贫乏的经验,最终成为了一位伟大而坚强的总统。林肯愿意付出努力,所以成功也就是理所当然的事情。我还知道这样一个事实:当林肯只有 14 岁的时候,他就把图书馆的藏书全部看完了。可以说，是书籍赋予了林肯睿智的洞察力，让他能够从容面对从未经历过的各种世界性问题。

历史是一本最刺激、最让人快乐的故事书，最重要的是你能从中得到收获。它可以让我们感受到富兰克林、华盛顿等人的睿智，同样也可以让你了解《圣经》里的故事、中国的孔子有关社会和"仁"的思想，而那些克服无数苦难、最后走向成功的英雄人物在历史中也有完美的展现。和前人相比，我们大多数人的努力远远不够，甚至微不足道。但是，若想继续我们的人生之旅，就得先从跨出第一步开始。通过看一本有价值的书，你自然会选择有价值的方向迈步向前。

别人为了解决问题如何煞费苦心，我们只能凭借着想象加以猜测，想要去实际体验几乎不可能，但是书籍却可以办得到。书籍可以开阔我们的视野、我们的心胸，促使我们思考自身存在的价值和理由，鼓励我们憧憬美好的生活。如果稍有懈怠，它便会给予我们提醒，让我们体悟到，浪费时间是一种多么重大的损失啊！

企业家就是要在如出一辙的环境中独树一帜，可以说，敢于尝试"和别人不同"、去做平常人不敢做的事情，是成功者的共同特征之一。

没有人能做到尽善尽美，即使圣人也有犯错的时候，更何况我们这些凡夫俗子呢？我当初做出的许多重大决定，其中大部分受到了亲友们的批评。我知道他们是出于善意才给我提出警告和批评，这些对我大有裨益，而且我也乐于接受。当然，对于别人给出的建议和警告，你不能毫无条件地全盘接受，有时候我会对自己充满信心的决定保持坚持的态度。我记得这样一件事：在取得会计师资格后，我为了进入一家小公司而辞去了大企业的职位。这个决定在当时受到了同事们的普遍嘲讽，但是现在看来，今天我们所取得的成就，正可以表明我当初的决定是正确的。当我40岁开始学习驾驶滑翔机的时候，很多人也对此颇有异议，因为当时我的孩子们还小。但也正是由于我这个决定,让我们全家人度过了许多欢乐的时光。

  要想通过读书来提高自己的经营水平,那么你应该尽量涉猎多个领域的好书。历史是人创造的,人是历史的主题,不仅如此,医学、投资、饮食疗法、运动,等等,每一本书都代表了人的思想和行为。所以,从现在开始,你应该广泛阅读好书,这对你的事业将会大有帮助。

  如果你想提高经营水平,你唯一的途径还是读书,寻找书籍中的智慧以此来帮助你。关于经营方面的书籍,你不妨去请教你的大学教授。他们手上有最新的信息,譬如谁出了什么好书,或者谁写了精彩论文等,他们会是你最好的顾问。根据我的经验,我相信他们会乐于给你提供帮助的,你去试试吧!

  最后,记住圣汤玛士·阿奎那斯的名言:"小心只看一本书的人。"我想,大概是因为这类人思想比较狭隘吧!我也相信你绝不会是这样的人。

你的父亲
约翰·皮尔庞特·摩根

■第6封信

用心经营友谊

  真正的朋友能够做到互相帮助,当朋友有烦恼时,能适时地给予同情;当朋友犯错误时,能给予适当的规劝;此外亦能在适当的时机,给予朋友鼓励和称赞。如果能做到互帮互助,即使有一方喜欢古典音乐,而另一方却喜好爵士音乐这种情况存在,也不会对他们的友谊有任何的影响。

亲爱的小约翰：

在交友方面，我有很多话想对你说，因为朋友给你带来的影响非常巨大，甚至关系到你事业的成就。从偶然的相遇到结成正式的友谊，在此过程中，我们之所以想要与对方成为朋友是因为被对方的某种特质所吸引，这是人的特性。与毫无吸引力的人培养友谊，天下再没有比这更无聊乏味的事情，懊恼的挫折感也必定会随之而来。最麻烦的是，一个毫无吸引力的人想要和你交朋友，尽管你对他毫无兴趣，但是你又不能不用友好的态度去对待他。如果他真挚地想和你做朋友，这表示他可能被你身上的某些特质所吸引，因此想亲近你。所以你千万不要责怪那个真心想和你成为朋友的人，也别责怪他的行为不够高明或者毫无趣味，其实他只不过是试图成为你亲密的朋友而已。

友谊从互相了解开始。人与人之间有三大关系：第一是夫妻关系；第二是与子女的关系。与自己的子女和谐相处是非常重要的，我希望你将来能处理好和子女的友谊，我相信你也应该能做好。第三是你和父母以及你的姻亲之间的关系。这个世界上，有许多人丧失了由血缘关系或者婚姻关系建立的友谊，这是极大的悲剧。这种最亲密、最宝贵的友谊是需要经常培养的，对家人以外的友谊更需如此。

从某一个角度看，友谊和事业两者之间密不可分，相互影响，但是换一个角度看，可能两者毫无瓜葛。因为友谊往往隐藏在"金钱"中而使得关系复杂。在企业界，你会遇到各式各样的人，换句话说，你将会接触到属于你那个圈子中具有代表性的人：职员、客户、进货商、交易对象、政府官员，还有其他工作范围以外的人，如邻居、教友、店员、俱乐部的会员、汽车修理人员，以及钓鱼时的伙伴等。你将和无数人打交道，虽然其中大部分不一定会成为你的密友，但是在某种程度上，大家仍然算是朋友。

有人说："一天不结交新朋友，就等于减少了一天的生命。"我认为这句话很有道理。建立友谊的方式有很多。假设我们和某人第一次见面，经过打招呼、聊天后产生友谊，从"我们哪天一起吃午饭好吗"的话语中开始互相交往。如果你缺少与之交往的诚意，那么就不要随便打招呼你的朋友，因为如果你不付诸实际行动，你将会被视为肤浅和虚伪的人。交朋友是一件非常有益的事情，圣人对此具有独特的见解。中国的孔子曾说："无友不如己者。"他主要是想说明，我们应当去结交那些思想和道德水平与我们相近甚至是超过我们的人，与这种人成为朋友才能让我们得到进步。因为这种道德高尚的朋友，他们的言行举止会对我们起到引导作用，通过潜移默化，我们会向真善美的方向发展，因而逐渐摒弃人类自身具有的自私、粗鄙、胆怯等弱点。

如果你能得到自己所仰慕和尊敬的人的善意接受，他给予你同样的尊敬和喜爱并引为知己，这无疑会增强你的自信心，增加生活的趣味。世界上最令人感到高兴的事情莫过于三五个知心好友欢聚一堂。

在日常生活里，我们经常运用到的智慧仅占所有智慧的一小部分，而大部分潜在能力仍在休眠状态等待开发。唯有与才气焕发的友人互相交谈，才能刺激我们的智慧，从而使我们的人生更加光辉灿烂。你也可以尝试着开发自己的内在潜力，通过多读书、多交朋友，你可以达到你想要的目的。

在人生中，你遭遇到的事情有值得高兴的，而可悲之事也在所难免。我们周围有很多人，但是能够与之分享喜悦、分担痛苦的人却少之又少，能够与之坦诚分享与分担的人也就只有我们最亲密的朋友。威廉·欧斯拉特有一句至理名言，他说："青年人在追求幸福的历程中，友谊的帮助是不可缺少的一环。"

根据我个人多年的观察，对于朋友，我有一个看法：可与之共患难的朋友不少，但能与之共享成功的朋友却不多。所以，我认为知己就是为你的成功感到由衷高兴的人，并且能够时常鼓励你：你做得太棒了！再尝试一次吧！只要你有决心就一定会成功的！人与人在交往过程中，真正的友谊往往在一方成功而另一方失败的情况下得以真实体现。无论是多么亲密的友谊，哪怕是婚姻关系，也常常因为无法忍受一方成功而另一方失败的考验而导致崩溃，更别说那些泛泛之交了。

选择作为朋友的最佳对象，往往是那些有良好的性格、良好的伦理道德观念、廉耻心、幽默感、勇气和自信心的人。这种人是大家竞相追逐想要引为知己的人，但是成功的概率却非常渺茫。知己难寻，如果在一生能遇到四五个知己，那么你无疑是得到了老天的垂爱，即使这五个知己当中，你失去了一两位，仍算是非常幸运的。

怎样才能维持长久而稳固的友谊呢？其实这并没有一个绝对正确的答案，但是按照我个人的经验来说，大部分的所谓知己朋友，他们都有相似的好恶，在性格方面具有诚实、忠诚、讲求信用、重视社会生活的基础等共通性。我认为真正稳固的友谊是建立在宽阔的心胸之上，能诚恳地依赖、分享、施与、接受彼此的喜怒哀乐。真正的朋友能够做到互相帮助，当朋友有烦恼时，能适时地给予同情；当朋友犯错误时，能给予适当的规劝；此外亦能在适当的时机，给予朋友鼓励和称赞。如果能做到互帮互助，即使有一方喜欢古典音乐而另一方却喜好爵士音乐这种情况存在，也不会对他们的友谊有任何的影响。总之，知己难求，应该好好珍惜。

就像鲜花需要雨露的滋润一样，友谊也需要用真情去灌溉。为了维持良好的友谊，你需要抽出一些时间，伸出温暖的双手给你的朋友以体贴和关心。只要你充满真情，即便是一个非常小的举动也能表达你无限的关怀，哪怕是一个简单的电话问候，或者是一次短暂的交谈。为了避免友谊变质、变坏，你需要用心呵护。

总之，友谊需要维护，就像牧场的栅栏需要时常留心一样，否则珍贵的友谊将会因为你的疏忽而丧失殆尽。

在这个复杂纷繁的世界，你不可能一个人孤立无助地生活下去。这个世界也到处充满了机智幽默、令人愉快的家伙，是值得你去寻找的伙伴。你要清楚，只有不断去结交优秀的朋友，你的人生才能丰富多彩。

中国的孔子有一句话："君子和而不同。"朋友之间，不一定非要保持观点一致，好朋友也往往出现思想分歧，即便是同一个人他也有思想矛盾的时候。在我和朋友们谈到有关人生的问题之时，我们之间常常是观点相左，但是这丝毫不会影响我们的情绪，我们从来就不会因此感到不愉快。这样看来，在结交朋友时，观点是否一致并不是重要因素，关键在于你是否尊重对方的想法。此外，你也可以在结交新朋友的时候和他们讨论并交换心得，从而激活你的思想，提高你的人生价值观，丰富你的人生。

在人的一生中，必定会遇到几位令我们终生难忘的知己。在你得意的时候，你可以向他们炫耀你的成功；在你失意的时候，你可以向他们倾诉你的烦恼；当然你需要他们时，他们会适时地出现在你身边。我希望你尽可能地珍惜这份友谊，虽然你已经有工作伙伴、家人以及自己的嗜好。但是当你在落魄沮丧时，只有朋友才可以安慰你；当你在做重大决定时，唯有朋友可以适时地给你鼓励。

在家里，我虽然是你的父亲，但在工作和学习中，我希望你能够把我当作你的知己、同事，你会得意地向我炫耀你的成绩，也会向我倾诉失意时的烦恼。

你的父亲
约翰·皮尔庞特·摩根

第7封信

释放压力,储蓄健康之本

让自己松弛下来,让自己的头脑冷静下来,用平静的心态循序解决问题,你会收到惊喜的效果。像钓鱼时,往往要离开人群去一个宁静的湖边。

亲爱的小约翰:

对于自身的身体状况,也许每个人都会犯这种毛病:在拥有健康时不知道珍惜,而当疾病缠身时却又悔之不及。人们总认为,拥有健康的身体是再平常不过的事情。因此忽略了对自己身体的珍视,许多人过度挥霍自己的健康,让自己的身体过度忙碌和疲乏,甚至受到伤害。我们虽然了解造物者赋予我们健全的身躯是为了给予我们灵便,但是我们却没有真正重视它。

给我们的身体造成危害的,有多方面的行为,我们先讨论其中几个一般性的行为。身体面临的一些重大危害中,抽烟行为对身体健康的影响是主要的。如果你在一个小时之内,有两到三次抽烟行为,那么尼古丁、焦油等有害物质就会很有规则地充塞到你的肺里和血管里,同时在城市生活中,你的肺还要忍受汽车的废气以及其他刺鼻污染性气体。在消化系统方面,进食过多如汉堡、点心、砂糖等高热量食物,就会引发健康状况。这些食物虽然可口,但是贪食过多,就会对身体形成负担。

我们担负了多余的20磅体重,以心脏为主的循环系统,每天要分解香烟、洋芋片等食物,还要分解一打或半打的啤酒,甚至威士忌。同时，很多人的生活是这样：到了晚上，为了放松自己，往往还要抽上更多的香烟。虽然大多数人的生活习惯，并不像我说的那么极端。但服食过多的烟草、酒、大麻和咖啡因，无异于慢性自杀。据我个人观察，虽不是每个人都如此，但大多数人却有着前面几个项目中的三四种。

请耐心地听我说，虽然我们面临着生活带来的众多压力，但是自有人类以来压力就存在于人们的日常生活中，构成了生活的要素。压力并不是一种新鲜事物，早在洞穴里居住的原始人就面临着生存的压力，他们为了生存必须要用棍棒驱逐猛兽，而且他们许多人都会面临一个更加严峻的考验——饿死。现在，科学家把压力当作是一种疾病来加以系统研究，这一研究的确立者是汉斯·西里佛斯博士。他认为人的疾病大多是由压力引起的，固然适当的压力对身心机能有着不可或缺的作用，但更大程度上，压力是我们身体健康的最大威胁。

在普遍为大家接受的现实社会中，追求健康的确是一件不容易的事情。维持健康的生活习惯必须具有强大的自制能力，这就是要加强自己的思想意识，杜绝不良习惯。我希望你在年轻时就能重视这件事。据说，某一保险公司在探索长寿的原因（为调整保险费支付计划而做的调查）时，对多个百岁以上的老人进行调查，他们发现一个基本的原则：工作游戏都适可而止。这些老人长寿的原因在于他们很清楚这一点，做任何事都不能过度。每个人都要面对不同程度的压力，重要的是靠自己去抵抗，甚至将它加以引导从而转化成动力。如果你也有这样的想法，可以尝试每天坚持做几分钟的基本练习动作，来放松自己。当然，寻求专门解决压力问题的心理学者的帮助，也不失为减轻压力的好方法。

对于一个问题，如果能调动休眠的脑力，你自然容易找到轻松解决问题的办法。要达到这种效果，你必须让自己处于一个松弛的状态。你必须摒除杂念,让自己的头脑恢复稳定性,然后再去处理问题,并且一次只处理一个问题。也就是说,你必须以一个平静的状态去处理问题,随时让头脑保持冷静。与肝脏、心脏、肺等器官过度工作不同,我们的大脑总是很少有保持运作的工作状态。在这种情形下,大脑的功能逐渐退化。但是如果脑细胞不断被运用,不但脑力可以因此增强,而且在缓和紧张的情绪压力方面,你也会得到强有力的支援。

松弛可以让自己进入冷静而又充满活力的状态,沉思、冥想、肌肉松弛、自我催眠等几种方法就是很好的证明。找出最适合自己的方法加以练习,并长期坚持。以一种沉着的、有冥想的感觉,发现能使你的头脑保持宁静的最好方法。如果能做到这些,不论有多少的问题,你都可以应对。

对于个人的精神倾向,每个人都有自由选择的权利。你要用怎样一种态度去度过你的人生,用何种方式去生活,这完全由你自己决定。我想你有3种选择:

(1)无视自己的精神压力。

(2)面对压力空自叹息。

(3)面对压力做出适当的决策。

具体要如何选择,这是你的自由。

你不但有自我决定的自由,从责任方面讲,你还有自我决定的义务。是接受还是回避,你都有权自我决定。但是,我想给你提一些建议作为参考。按照我以往的经验,在这个世界上,愿意接受责任的人比不肯接受责任的人过得幸福。与其说不肯接受责任的人在过自己的生活,倒不如说他们是在生活中艰难地蹒跚。

为什么我会产生这样一种想法呢?随着年龄的增长以及经验积累到一定的程度,到那个时候你自然会明白这一点,人不能只为了自己活着。班杰门·迪士利曾说:"国民的健康才是国民幸福及一切力量的基础。"我个人认为健康是一切幸福的基础。职员要在我们的事业中发挥他们的能力，他必须先具备健康的身体。

基于上述理由，我劝你多参加关于压力的研究会，如果你听从了我的建议而采取行动，说不定可以节省你20年的身体损耗！麦那兹斯说过："健康和知识是我们在这世上得到的两种恩惠。"你能像麦那兹斯那样关心自己的健康，或者对自己的健康有那种意识吗？

缓解压力，简单有效的办法就是，你把自认为比较理想的特质写下来，然后每天去读它，去研究如何让自己拥有那些特质。我想，你所写出来的特质应该包括幽默、忍耐、挑战性、自信、品行高洁、有责任感、挺身而出的勇气、精神食粮丰富，因为这些特质能够深深地吸引住我。

紧张是一种习惯，放松也是一种习惯，我们要的就是克服坏习惯、养成好习惯。如何才能做到放松呢？并不是说从意识开始，真正的放松应该从你的肌肉开始，这是我在有关专著里了解到的。具体该怎么做呢？我告诉你：先从眼睛开始，把头向后靠，闭上你的眼睛，然后默默对自己说：放松、放松、不要紧张、不要皱眉头，放松、放松……如此重复，再重复。

让自己松弛下来，让自己的头脑冷静下来，用平静的心态循序解决问题，你会收到惊喜的效果。像钓鱼时，往往要离开人群去一个宁静的湖边。在最后，我还有一个减压的好办法，就是限制自己的工作时间和数量，同样你也能收到很好的效果。

过健康和自由的生活，你会觉得称王的快乐也不过如此。

你的父亲
约翰·皮尔庞特·摩根

第8封信

不断汲取新经验

尽管我今年已经60多岁,在企业界也已立足几十年,但是我每天仍在不断地汲取新的经验。企业界的更新速度非常快,新鲜事物层出不穷,所以我必须时刻学习新事物、积累新经验。我也从来不避讳自己存在某种工作经验的不足,承认这方面的不足,并不会损害我的自尊心,但是却对公司的发展大有裨益,其直接表现在公司的损益计算表上。

亲爱的小约翰:

孩子,你最近一段时间的出色表现让我感到非常高兴。我看得出,你在工作中非常努力,完全没有纨绔子弟的不良习气。鉴于你取得的出色成绩,我决定提升你为销售部长。这个更高的平台,可提供给你充分施展才华的机会,我希望你能不负所托,干得更漂亮。许多人在取得一定成绩后便故步自封,自傲自满。这是我不愿意在你身上看到的。

你在学校以及公司的表现,足以说明你出色的能力,这让我异常欣慰。同时,你具备了热忱、负责的工作态度并且还拥有客观的见解和丰富的知识。这些优点无疑会帮助你在今后的事业上取得好的结果,但是你还欠缺一项最基本的成事要素——经验。在学生时代,你能以一种充满自信的态度,用在日常生活中积累下来的经验去处理接触的新鲜事物,而且每次都取得了令人满意的成果。现在,你得到了一个新的工作岗位,这是你过去从未经历过的，你必须严阵以待。一个可以让你胜任新工作的办法就是，向前辈们学习、多汲取经验。

当你感觉自身的经验不足以从容应付问题时，那你应该如何去弥补这一缺点呢？我认为，无论如何你得保持自信。你必须明确这一点，即便是经验不足，那也不能成为你达到目标的阻碍。在面对问题时，你先要冷静分析其症结所在，然后就是收集相关资料，接着你要做的就是不厌其烦地进行稽核工作。

在搞清状况之前，千万不可鲁莽行事，你必须做到胸有成竹，在心里对情况有个整体把握。自己手边的资料有多少，是否有不完整的地方？是应该立即行动，还是等到收齐了资料才去拟订行动方案？你必须对这一类问题进行充分的考虑。许多人不愿意花工夫去思考自己已有或将有的行为，以致陷身于失败的境地。花时间去做好准备是成事的必要条件，你要知道罗马不是一天建成的。在收集资料的过程中，你若能做得确实、完备，那么成功就指日可待。不知道你是否还记得发生在你小时候的一件事：当我们一家人出去旅游，在森林中露营时，第一步要做的工作，便是选定一处平坦、坚固的地面。否则，付出再大的努力也将是徒劳无功。

在你获得可靠的信息之前，你可以选择对资料进行充分分析，也可以选择立即采取行动。这两种不同行为所导致的差异是非常巨大的。我认为，你必须压抑立即进行工作的冲动，把这项活力储存起来。这就好像，当我们全家外出旅行时，每个人都兴致盎然地想要早点儿出门，谁都没有耐心仔细检查必须携带的装备。但是我会对照着旅游指南，一一检视，以免遗忘重要的物品。我之所以这样做，并不是因为我的经验不足，我只是想谨慎地把事情办得妥当。

资料收集工作完成以后，接下来你要仔细思量，你从身边的人那里得到的信息是否值得信任。资料收集好并进行充分思考，那么工作起来就会顺利得多，因为经验是迈向成功的重要一环。

关于这点，你将来一定会有所体会。有时候，失败的原因，并非全然是资料不足，因为缺乏经验而导致错误判断也是重要原因。在这里我想告诉你的就是，大量收集资料并加以分析。前一个过程需要你的耐心和细心，后面的工作则依赖于你的经验。

　　具体点说，你应该怎样做到熟练地分析资料呢？方法很简单，也就是多方面去接触。在这过程中，我必须强调一点：与其凭你的直觉妄自揣测，倒不如在深思熟虑中循序而进。这样做也许会导致进展缓慢，但这却是稳当、不容易出现偏差的做法。

　　在资料收集和分析完毕以后，再进入实际操作阶段。我相信，在这个阶段你能做到得心应手。你已经充分具备实务的经验，这在你学生时代就已经显露无遗。现在，你只要按照自己的决定彻底执行就行了。

　　我想提醒你，尽管我今年已经60多岁，在企业界也已立足几十年，但是我每天仍在不断地汲取新的经验。企业界的更新速度非常快，新鲜事物层出不穷，所以我必须时刻学习新事物、积累新经验。我也从来不避讳自己存在某种工作经验的不足，承认这方面的不足，并不会损害我的自尊心，但是却对公司的发展大有裨益，其直接表现在公司的损益计算表上。

　　由于你本身所具备的条件以及丰富的经验，我相信你会成为一个卓越的经营者。经验无法靠别人传授，也不能在学校中学到。经验的获得只有一条道，即亲身体验、日积月累。无论累积的经验有多少，你都不能停止学习，要学会从失败中汲取更深一层的经验，以免重蹈覆辙。

　　我们可以充满自信地认为，"当音色曼妙的小鸟要一展歌喉时，整个森林都会静静地聆听"。

你的父亲
约翰·皮尔庞特·摩根

第9封信

说"谢谢"越频繁,越容易成功

恰当地运用礼貌,可以大大提高员工的工作士气,以及公司的营运效率。用客气的方式要求别人做事,比以命令的方式,更容易使人接受。

亲爱的小约翰:

在这封信里,我想和你谈一谈有关礼貌和爱的话题。礼貌和说话艺术具有强大实用性,学习这些知识只需一两周的时间,但是它们在你生活和事业上给予的帮助却是重要而久远的。然而一个令人遗憾的事实是,大多数人都缺乏这两种东西。

听说你要为公司聘请一位销售员,不知道你现在有没有确定合适的人选?我知道,你对选拔人才一向颇为严格,我也是如此,对别人我不会轻易产生好感,所以我能理解你的想法。不过我想,生活中平常很少有人会刻意研究要如何给别人留下好印象,因为他们并不知道它的重要性。

在我看来,成功人士除了具备学识以外,礼貌也是必不可少的。礼貌的重要性仅次于学识,但是企业界的大部分人士只重视学识。威坎侯先生创立了两所大学,即艾切斯特大学和新大学,他们以"礼貌造就崇高的品格"作为宗旨。我认为这个口号对教育界非常适合,学识和品行对一个人是同等重要的,二者缺一不可。遗憾的是,即使教育界也很少有人认识到这一点。

礼貌是什么呢?说到底,礼貌就是对你周围的人多付出一些关爱。首先是要常常记得说"谢谢"。现在有一种这样的说法，即"说'谢谢'越频繁的人，越容易成功"，这句话虽说不是十分科学，但也是颇有几分道理的。"谢谢"这两个字是世界上运用最广泛的礼貌用语，对它的答语经常是"不必客气"，然而这些谦辞，在商场上的对话里常被忽略。你如果对下属、店员的请求协助都加上一句"对不起"，那么，你在一天中使用这句话的次数一定相当可观。你不妨试试看，在你要求别人做某件事时，如果先说"请"或者"麻烦你"，你会很诧异地发现，那些受托之人，都会欣然接受，并且很迅速地完成你交办的任务。

恰当地运用礼貌，可以大大提高员工的工作士气，以及公司的营运效率。用客气的方式要求别人做事，比以命令的方式，更容易使人接受。为女士或男士开门，或是当女士进入室内时，为她们脱下（或穿上）外套等礼貌的举动，都会得到她们同等善意的回报。这些是日常生活中最基本的礼貌，你无须花费分文就可容易学到。将这些礼貌运用到签订合同、建立客户关系、结交朋友等各个方面，你都会收到意想不到的效果。

在别人话还没说完的时候就将别人打断，这是一种最不礼貌的行为。打断别人说话、无视对方的见解，却总喜欢滔滔不绝地发表自己的看法。这种往往以自我为中心的人，自然不会给人留下什么好印象，更别说是能吸引住别人！对于被打断陈述观点的人来说，他们会因为受到这种轻视甚至是侮辱而深感不悦，那么对方的形象自然是一落千丈。打断别人说话，不仅意味着你明显地表示出对他的话不感兴趣，而且也是对他本人的不尊重。所以你要记住，专注倾听别人的陈述是对对方表示敬意的方式，同时也是人际交往的一大秘诀。

生活中也不乏这种人，他们的话题始终围绕着"我"。他们充满倾泻欲望，对于自己的事情，即使是再琐碎的东西也一股脑地倾泻给别人，实际上这也是不礼貌的表现之一。相反地，如果时常询问一下对方的家庭及近况，表示自己对他的关心，这样会让对方乐于接受你。但是你要注意的是，询问对方时不要太过细致，否则就会有窥测隐私之嫌。适度的寒暄与问候，是对人表示亲切的方式，能给对方留下一个深刻而美好的印象。

在交谈中，幽默诙谐的话语也是吸引对方的关键。"冰冻三尺，非一日之寒。"要想掌握各种谈话礼貌，你要学习的还有很多。世界上可供笑谈的题材数不胜数，简单的问候除了天气外也有成千上万种。诸如"你是在这个镇上长大的吗？""你住在什么地方？""那是一个很繁华的城镇吗？""你们城镇的橄榄球队今年的战绩如何？""你现在哪里高就？"，等等，这些寒暄都可以在初次见面中派上用场。

在任何场合，你都要注意给人好的第一印象，尤其是在找工作时。许多场合下，你跟别人只有一面之缘，但也许就是这一面之缘为你以后带来不可预料的结果。初次见面，如何抓住对方的心，决定了你给对方的第一印象的好坏，这至关重要。我认为，你需要注意3种身体语言：第一，你握手时的力道如何；第二，你和上司说话时，是目不转睛地看着他，还是左顾右盼，偷瞄他身旁的女秘书；第三，你的姿势是否端正优雅。

据说，菲利普亲王在面对2000多名听众发表演讲时，听众会觉得在场的只有亲王和他两个人。我想这就是和人谈话的最高境界，即将进入社会的年轻人，应该谨记这一点。如果你能让听者对你的谈话产生反应，让他们提出问题，那么整个气氛就会变得轻松，那么整个交谈也将是成功的。我想修得学士学位的人，一定要达到这种境界，具备这种能力。阿尔福瑞特·泰尼逊曾说："越是伟大的人物，越懂得礼貌。"

礼貌是表现自己良好形象的最好方法，具体来说，你应该如何提高自己的形象呢？这包括很多内容，在这里我仅就服装方面，简单略述一二。

从因纽特人的衣着到非洲人的装扮，服装的样式形形色色、各不相同，每个人都有选择服装样式的自由（你可以发现，我周末上午的穿着都是简单随便的）。但是当你面试员工，或是接洽生意，或是拜访客户，那么你一定要身着一套笔挺的西装以示庄重。如果你不修边幅、衣冠不整的话，你就很难博得对方的好感。你现在的穿着，不能只考虑你自身的喜好，而是要尽量迎合对方的要求。当然，如果你只想待在仓库工作，你完全可以任由你的皮鞋染上一层灰。如果你想赢得别人的好感，获得更高的评价，那么你就必须让你的皮鞋保持锃光瓦亮，衣裤笔挺。

尽管服装不能代表一个人的能力，但它却能代替主人说话。请你仔细想想下面的情景：你接受别人的邀请，女主人为此郑重其事地忙了一天，她为你准备了最好的银器以供使用，并请人精心烹调出上好的佳肴，男女主人穿上正式的晚宴服，在门口迎接你的到来。如果你以穿着发皱的上衣、泛白的牛仔裤这样一种形象出现的话，那么他们一定会大失所望。他们会觉得自己白忙了一天，因为他们从你的着装上看出你对这个邀请并不看重。为了避免这种尴尬的情况发生，当你接受邀请时，最好穿上西装并系好领带。倘若到了宴会上，你的服装显得太正式了，你可以随时取下领带。无论如何，你慎重的穿着，也是表示对女主人的一种礼貌，用装束来代替表达对别人盛情邀请的谢意。服装整洁、得体的人，会使人乐于接近。若是你的生活比较充裕，那么你可以买一套质地优良的晚礼服，参加周末晚上的派对。坐上餐桌时，将面前的餐巾摊开在膝上，眼前多种银器的使用方法，你也必须了如指掌。我们老一辈的人，对餐桌上的礼貌尤为重视。以前曾出现过这样的事情，有些董事被邀请到董事长家中，但因为不知道刀、叉、汤匙的使用方法，而使他们与升职机会失之交臂。

当企业家要在众多候选人中选出一位管理者时，一定会先请他们吃饭。由此可见，餐桌礼仪在工作中，也有着至关重要的作用。

我曾听说过，有一个企业家将餐桌礼仪，作为最后决定职员晋升的标准。那位上司将两位高级职员带到大饭店，从职员们点菜的态度去判断他们处理事情是否有主见，是否能够有条不紊。当侍者递上菜单时，他会让职员们先后点一些菜，倘若他们点菜时犹豫不决，甚至征询侍者的意见，或是不照菜单排列的次序点（大饭店出菜的次序，在菜单上按照先后排列，假如顾客先点中间的菜，则会令厨师们混淆）。上司本来可以先点好主菜，如此也能使服务生松一口气。但是，这样他就无法观察出职员的决断能力了。

如果两位候选者的条件相当，成绩、经验都相似，那么要分出一个高下，则需从他们的礼貌是否适当、服装是否合宜、姿势是否优雅、谈吐是否得体、是否充满自信等方面来观察比较了。

爱德华·路卡斯曾说过："任何坚盾都抵挡不住'礼貌'之矛。"这句话颇耐人寻味，在他眼中礼貌是无坚不摧的利器。对于踌躇满志、准备在企业界一试身手的你来说，这句话值得你铭记在心。

你的父亲
约翰·皮尔庞特·摩根

第10封信

激发员工的热情

高层次的需求以低层次需求为基础。低层次需求满足以后，它便不再成为激励的方式。在众多需求中又以最主要的需求为最有效的激励因素。人的各种需求同时存在，缺了任何一种则无法构成激励因素。

亲爱的小约翰：

　　用有效的方法去激励员工的工作热情，是作为企业家必须掌握的基本管理手段，也是你生活中的重要组成部分。你在整个一生中都扮演着双重角色，你不仅是你自己，同时还是你眼中的他人。在你激励自己和别人时，别人也在给你同样的激励。

　　激励就是鼓舞人们做出抉择并开始行动。它能给自己和别人提供成功的动力，是我们的内在动力，比如积极、热情、习惯、态度、愿望、信任等，它们能激励你积极行动起来。激励自己和别人的重要方法就是"暗示"，它是成功激励自己和别人积极进取的秘诀所在，这是人类的一项巨大的发现。假如你愿意不计任何代价，用积极的态度去争取一切机会，那么你最终能成为你自己想要成为的人。无论你过去的经历如何、才智几许或者所处的环境怎样，最终的结果一定会是这样的，因为这种因果关系是真实存在的。

　　以一种什么样的方式去生活，你有绝对自由的选择权利。但是你要记住，如果想要取得伟大的成就，那你就有必要去研究学会如何激励自己与别人。我想你应该从学会如何激励自己开始，这一点确实是有必要的，因为当你知道什么方法能激励自己的时候，你也可以用它来激励别人。

　　有一种简单有效的方法能够帮助你达到这种激励目的，那就是暗示。倘若一位销售员的性格过于胆怯羞涩，但是他的工作又要求他大胆主动。激励这类员工，你要这样做：找到这位销售员，消除他的顾虑，让他明白胆怯和羞涩是自然现象，告诉他别人克服胆怯羞涩的方法，接着给他一些建议：经常对自己说几句类似"我能行！我能行"这样鼓励性的话。倘若他处在需要立即采取行动的特殊环境中而他又感到胆怯时，他更需要这样做。在这种情况下，你必须让他在自己的"立即行动"的暗示下，立即行动起来。

另外，当你发现你的销售员存在欺骗行为，你应当找他进行一次谈话。如果在谈话中，这位销售员表达了积极悔改的意愿，那么你应该给他一次机会。首先，你告诉他别人是怎样克服这种毛病的，并介绍一些励志方面的书籍给他；其次，你要让他在销售中反复地给自己暗示："要诚实！要诚实！"我相信你应该能轻松理解我说的这个方法，这会给你在管理公司方面提供有效的帮助。

当然，给予下属充分的信任，也是激励他们积极工作的有效方法之一。如果你对你认为优秀的员工抱有信心并表达信任时，那么他将会迸发出极大的工作热情，最终的结果也将会是令人满意的。但是你要正确地理解什么是真正的信任，真正的信任是积极的，而不是消极的。消极的信任没有力量，就像毫无视力的眼睛无法观察事物一样。你必须运用积极的信任，必须将你的信任明白无误地传达给你所信任的人："我知道你可以完全胜任这个工作，因此我对别人做出了保证你出色完成的承诺。我们都在这儿期待你的成功。"

就像我常常给你写信一样，信也可以表达信任和鼓励，你也可以用一封信去表达你对别人的信任。我相信，信件是表达个人思想和激励别人热情的有效工具。所以，我希望你能多写信，不只给我或其他亲人，还包括我们的员工。我们公司的员工遍布全国各地，甚至世界上其他很多地方也有我们员工的身影，你不可能经常到每一个分公司、每一个部门去和他们交谈，所以，写信是很有必要的。

任何人写信提出建议，都会对收信人产生影响。当然，这种建议的力量取决于几种因素。当你多年后成为父亲、而我的孙子或孙女远在外地求学时，你就会发现，信件所能收到的效用远非其他方法能够比拟。因为，在信中你能够做到：第一，塑造孩子的性格；第二，讨论一些问题，这些问题在面对面的谈话中也许难以启齿，或者即便涉及，也不会花费时间去讨论；第三，表达你内心的思想。现在的孩子也许不大喜欢接受别人口头上提出的劝告，因为当时的环境以及情绪不利于他们这样做。但是，对于在书写端正、语调亲切的书信中所提出的劝告，也许他们会是另外一种态度。如果你的信措辞得当，它就很可能成为孩子们经常阅读、研究并加以消化的东西。

现在你在公司已经可以独当一面，作为公司的决策者之一，你给员工或者部门管理者写封用词得当、符合身份的信，就能激励他们打破以前的销售记录。同理，一位销售员一旦写信给他的经理，他也会从这种激励的方式中受益匪浅。你常常和我通信，你肯定会有体会：一个人要写信，就不得不进行思考，让自己的思想真切地反映到纸上。在指导员工或对某件事情做出答复时，你不妨以写信的方式提出问题。

世间的父母总希望自己的孩子成为人中龙凤。拿小时候的托马斯来说，当这个孩子感觉到自己完全沉浸在温暖而可靠的信任中时，他就会干得很出色。他不会绞尽脑汁地去思考如何避免遭受失败的伤害，而是全力以赴地探索成功的可能性，他做得积极而又轻松。这就是信任对他的巨大影响，使他把自己内在的最美好的东西发挥得酣畅淋漓，这种信任就包含了一种无形的激励。是托马斯的母亲造就了托马斯，她深厚的爱和不可动摇的信心激励着托马斯，使之努力成为她相信能够成为的那种孩子，这就是激励的作用。所以，在激励员工时，你不妨考虑借用这种完全信任的方式。

我还想补充说明一点，如果设置合理的职位、确定适当的人选、授予必要的权限等调动积极性的前提条件，那么激励下属则是调动积极性的具体手段。激励的方式复杂多样，出色的领导者应当做到因人而异、因地制宜。现在有必要说明两点。

一般认为，高层次的需求以低层次需求为基础。低层次需求满足以后，它便不再成为激励的方式。在众多需求中又以最主要的需求为最有效的激励因素。人的各种需求同时存在，缺一则无法构成激励因素。而且各种需求往往形成一个有机的整体，很难将其归于某一层次。在生活条件普遍提高的情况下，人们考虑更多的是精神方面的满足。我和你讨论激励问题，目的是想要你养成坚强的个性和积极的态度，让你找到一种力量驱使你向前，从而让自己获得更大的成功。如果你知道某些方法可以激励你自己，那么你也就能发现激励员工的方法。同理，为了激励自己，你要努力了解激励别人的方法；为了激励别人，你又要努力了解激励自己的方法。

　　孩子，之所以要对你说那么多，不只是希望你能成功接手我们家族的事业，我更希望你能成长、强大起来。为了获得成功，你要努力去寻找让自己强大起来的东西，比如智慧、品质、幸福、健康这些甚至比我们家族财富更珍贵的东西。

你的父亲
约翰·皮尔庞特·摩根

■第11封信

谨防冒险的诱惑

　　当有一个赚钱的点子摆在我们面前时，我们往往可以在30分钟内详细列出所有的有利因素，而完全忽视那些不利因素。这样做的最终结果只有一个，即长久的遗憾和悔恨。

亲爱的小约翰：

　　当有一个赚钱的点子摆在我们面前时，我们往往可以在30分钟内详细列出所有的有利因素，而完全忽视那些不利因素。这样做的最终结果只有一个，即长久的遗憾和悔恨。我不知道你对这件事的想法如何，我很担心你在这样的机会面前，会因为禁不住诱惑而以身犯险。

就拿你的朋友哈罗特为你提供的那个"美好"的赚钱机会来说，哈罗特和那几位朋友兴致勃勃地憧憬着赚钱的前景。他们"深思熟虑"，确信这项事业不管从哪一个角度来看，都一定能够获得成功。换句话说，他们认为那是一个万无一失的赚钱计划。据我所知，他之所以邀请你做他的生意合作伙伴，好像是因为看中了我们已经有所成就这一点。

在你高兴地计算投资这项事业将能获取数百万的暴利之前，让父亲先告诉你几件事，这也许可以帮助你避免造成难以计数的损失。

我并不想限制你充分发挥自己的才干，但是我不得不承认，一听到这件事，在我的脑海中最先浮现的，就是我们家的财产。因为，当一个人在盘算新事业的阶段，往往都能够灵活地解决制造及销售方面的问题，但是到了筹措资金将计划付诸实施的时候，就伤透脑筋了。最后，还是得承认这是一个金钱万能的世界。

就算这项计划非常稳妥，有成功的把握，那么，如果要以灵魂去抵押数百万的资金，谁去经营这个事业呢？显然一定不是你，因为你并不具备经营那项特殊事业的技术和资格。况且，你如果把相当的精力和时间投注在其他的事业上，那么要提升我们公司的效率和扩大公司的利益就势必非常困难了。事实上，以你目前在企业界的经验来说，如果想脚踏两只船尚显不足，到那时我们公司的效率及利益恐怕有可能会降低了。

于是，在你们那家刚成立的公司尚无力雇佣干练的职业经理人的情况下，必然会由哈罗特掌权，你是怎么认为的呢？我想，哈罗特会利用你的金钱，而让你站在远处。假如哈罗特做任何事都毫无差错的话，这倒不失为一个很好的安排。只是，我并不认为会这样。

或许你投资10个像这样的事业，会有一个成功。然而，在你投资9项事业而倾家荡产之前，确定能找到一项成功的投资事业吗？

除了他们要你参加一项我们外行的事业外，哈罗特与那些工程学系出身的朋友们完全没有一点经营企业的经验。在这种事实下必须有第一次的合伙经验才能了解彼此的另一方面，这种代价也未免太大了。

人总是健忘的，他们永远也不会心存感激地想起你贡献的资金。

也许，你将成为4位共同经营者之一吧！那么你是出资人，哈罗特是董事长，查理负责销售，富莱特则负责生产。最初，4个人可能会奉献性地努力、全力以赴。只是，时日一久，4个人当中或许会有两个人于半途失去了奉献的意愿。即使是一项成功的事业，也可能会不可避免地发生这种情况。于是工作变得非常辛苦，每周忙碌七八十个小时的重担一旦压垮了某人或某人的妻子，结局的阴影便悄然而至了。

"查理那家伙每天花3小时享受200美元午餐之际，我还在此埋头苦干呢！"

"我今晚为什么要加班，他们不是在饮酒作乐吗？我所赚的每一块美金中，倒有3/4跑进了他们的腰包！"

紧接着，他们也开始对你不满："为什么我们赚的一块美金要分他两毛五呢？他不是什么都没做吗？"

人总是健忘的。当初你为了使这家公司成立而贡献的资金，他们永远也不会心存感激地想起这档子事。因此，你将会很快地被合伙人问及"你现在到底为我们做了些什么"。

如果你执意参加他们这项合伙事业，我想我们必须按照程序做几件有助于减轻将来痛苦的事。目前，对你最为有利的，就是你了解他们诚实、聪明、勤勉的程度。依我之见，你最好与他们详谈前述所列举的否定因素。关于你所投资的经费、所做的牺牲，以及必须长期忍受的无聊工作等现实问题，还要有心理准备遭受困难。

此外，对于共同事业股份的分配问题，也要认真地考虑。据我分析，哈罗特跟你平起平坐，至于查理和富莱特虽然有其重要性，毕竟不是扮演领导者的角色。而每一个人都希望自己能拥有或多或少的事业所有权，所以倒是有若干个使大家都称心如意的方法。哈罗特可能会赞成由你们两人拥有大多数股份的想法。比方说，与你平分 80% 的股份。到此为止，一切还不成问题，这时你应发挥一向的稳健作风，以免将来后悔莫及。你也必须告诉查理与富莱特，他们俩所持有的股份将各占 10%，在这个时候，绝没有谈论交情的余地。因为交情对于事业而言，无疑是一种破坏性的、不理智的因素。然后，将税前一年总盈余的 30% 分配给他们 3 人，换句话说，即一人得 10%，这将对每一位合伙人产生两种刺激：一为持股；二为每年所支付的利益分配。

为了尽可能避免将来发生纠纷，你最好召集你的 3 位合伙人、会计师及律师，共同评估你每年所持有的股份。一旦将来有人对其他合伙人主张他所持的股份应具有更大的价值时，那么与此人解除合伙关系，将会与离婚一样麻烦。因此，为了预防将来有人卖掉自己的持股，必须规定每年都要进行例行的持股评估。这样，即使想要抽身而退，也能确知自己的财产状况。

关于这一点，我绝非信口开河，因为我很清楚，支撑那项事业的是你的资金，所以务必要选定会计师和律师为你主张。如此，你对于自己的资金及合伙人的资金，就能够作某种程度的掌控了。

你我共同经营的事业，目前正在勤勉和友爱中欣欣向荣地成长。最后，我想对你说"不入虎穴，焉得虎子"。

你的父亲

约翰·皮尔庞特·摩根

■第 12 封信

正确使用金钱

　　我想你需要将几件事铭记在心：即使是 1 美分，你也不能对它有轻视的态度。你要将它当成一颗种子，播种后并辛勤地耕耘。到了第二年这 1 美分就变成了 2 美元，我相信你懂得这个积少成多的道理。当然，要等到它成长至 10 万美元，甚至 200 万美元，还有漫长而崎岖的道路要走。

亲爱的小约翰：

　　我一向很少批评你，也不曾在哪些方面限制过你，因为我不想把你束缚在我的模式之下。但是，最近发生的一些事让我颇为担心，我觉得有必要给你写这封信，就金钱方面的问题跟你交流一下。

　　两三张清单是这件事的起因。你那一笔巨额招待费，像是花在了招待王公贵族上，然而在我印象中，我们似乎没有这样的客户。这让我深感疑惑，是客人要求你这么隆重地招待他们，还是你自己染上了奢靡浪费的恶习？在顾客或是朋友们的眼里，你是一个出手大方的人。适度的大方是非常合理的，我并不认为这有何不妥。但是，太过浪费，就有故意摆阔的意味，我不认为这是一件好事。

　　金钱有两种用途：一是用来投资，赚取利润；一是用于享受生活。我最担心的事情就是：你不知道钱的正确用途，以为出手大方就能博得他人的好感。你一定知道第一印象的重要性。去豪华饭店招待新客户固然体面,但却不一定能给客户留下好印象。对于这一点,你是否认真考虑过呢?事实上,客户已经亲自参观了我们公司,也接受了 100 美元的用餐招待。他们作何选择,心中早已决定,你实在没必要为此掏空自己的钱包(实际上也是我的钱包)。你要做的就是充满自信地和他们谈生意。

另外,你是否明白,奢侈的作风很可能导致客户对你敬而远之。因为他们会想,你手中的钱正是从他们身上赚来的,甚至会怀疑你出价过高。如此一来,他们不免要考虑以后的合作关系。让客户明白我们公司的财务实力雄厚固然重要,但是浪费金钱,却会被人认为是愚蠢的行为。企业家的工作就是利用现有的资金去创造更大的财富,而绝不是把财富无度地挥霍掉。一个奢靡挥霍的人,非但不会得到受益者的尊敬,反而会被讥笑为傻瓜。

从某种意义上讲,贫穷也可以成为人的一项资本,对此我深有体会。你一定无法想象,我小时过着怎样清贫的日子,有时甚至食不果腹。那时在我的故乡有一位富翁,他生活富裕,生活器具一应俱全而且品质一流。每当给慈善机构募捐时,他捐出的财富也是最多的。当时我想成为和他一样的人,我决定仔细观察他的赚钱方式,于是我从多方面打听到关于他的传闻:他是一个苛刻、唯利是图的老板,被许多人称为"顽固而吝啬的富翁"。如今我回想起来,事实并非如此,那完全是因为别人嫉妒的心理在作祟。他们幻想自己有一天能够富有起来,一定不会为富不仁,所以就随便给人冠上那些恶意的评语。

在小镇上,那个富翁犹如生活在玻璃缸里的金鱼,他的一举一动都是大家瞩目的焦点,而稍微和他有所牵连的事情也成了大家茶余饭后的谈资。我曾经见过那些阳奉阴违的人,他们在背后诋毁富翁,却又在他面前阿谀奉承,"气色很好""是一个成功的企业家""待人和蔼可亲"之类的献媚之词不绝于耳。但是,富翁从来不被这些虚伪的赞美所蒙蔽,他会以亲切的言辞,同样赞美他们的帽子、胡子或准备的茶点。

  他很清楚这些人的真实面目,但是他完全不把这些事情放在心上。他要做的就是,在与他们分开后,回到自己的工厂里让转动的机器给他带来源源不断的财富。

  我的母亲常常用这样一句话告诫我:"任意让小钱从身边溜走的人,一定留不住大钱。"现在想来,她的话是非常有道理的。我想对你说的是,金钱可能为你带来虚伪的朋友,他们围绕在你身边的目的不是真心想和你交朋友,而是觊觎你身上的财富。我的那些朋友是我从小就结识的,我们的交情绝对不是建立在金钱上的,况且他们本身也小有资产,所以你不必怀疑他们的动机。你要提防的恰恰是你身边的朋友,你从小生活在富裕的家庭里,哪些人是真心对你,你必须仔细观察。

  大家都喜欢和富人交往,也许是因为这可以让他们享受到不曾享受过的东西。你的朋友当中,这种人应该不占少数吧!对于这种只是因为你富有而接近你的人,你必须予以高度警惕。另一方面,有些正直的人因为想免受怀疑而故意与你保持距离,只想和你以纯粹的友谊来交往。对于这种人,你千万不可忽视,他们才是值得你用心去结交的朋友。为了避免嫌疑,这种人通常不会主动发请帖邀请你出席某次宴会,但是当他们看到你出现在宴会上时,他们总会喜出望外地和你寒暄问候。这种心理很微妙,也许他们是不愿意让别人产生误会:和你接近,只是有意和你攀亲带故。

  得到一个真正的朋友不容易,而想要失去一个朋友却非常简单,最有效的方式便是借钱给他。不过你千万不要去验证这句话的正确性,记住,切莫答应朋友的借钱请求。如果他真需要借钱救急,银行是最好的选择。

  我们必须知道这样一个亘古不变的事实,借钱给朋友或者向朋友借钱,并不能代表你们的友谊深厚。相反,如果你的朋友遭遇困难时，你主动施以援手的话，不但不会损害你们的友谊，而且会让你的朋友心存感激。当他有能力偿还欠款时，必定会竭尽全力，而你们的友谊也会历久弥坚。

我经历过穷人和富人两种极端的身份，因此可以很明确地告诉你，做一个富有的人，当然是比较好，但他们通常会感觉孤独。因为当你拥有大批财产以后，要寻找一位正直、忠诚的朋友，将会非常困难。

我想你需要将几件事铭记在心：即使是1美分，你也不能对它有轻视的态度。你要将它当成一颗种子，播种后并辛勤地耕耘。到了第二年这1美分就变成了2美元，我相信你懂得这个积少成多的道理。当然，要等到它成长至10万美元，甚至200万美元，还有漫长、崎岖的道路要走。金钱像种子一样，能够成长繁殖。而你的信用也会因资金充裕而得以巩固，为了及早实施计划，你必须有良好的信用作为凭借。倘若你一文不名，那么要向别人借钱，将会是一件难如登天的事；反之，如果你自己已经拥有100万美元，再要向别人借100万美元便易如反掌。公司员工待遇的改善、工厂设备的改良，这些都需要资金，所以，切莫轻易让一分一毫从你手上流失。

财富有时等同幸福，处理得当的话，你将从金钱上获得莫大的幸福：人一生的喜怒哀乐，几乎都围绕着钱打转。如若你不爱惜金钱，任意让它从身边溜走，那么我要告诫你，在这个世界上，需要我们伸出援手的人将不计其数。从你上个月的清单来看，你交际费用数目之大让人吃惊，你似乎快要沉沦于金钱的大海中了。

《圣经·新约·提摩书》中说："金钱是万恶的根源。"传道书中也载有："酒肉、聚会令你欢笑，但是金钱带给你更大的满足。"对于这两种说法，我都不能苟同。我认为金钱和常识、亲切、勤勉、愉快、欢乐都有关系，也希望你能依照我们家的传统，谨慎考虑钱的用途。如果你能正确使用你的财富，那么你将受用无穷。

你的父亲
约翰·皮尔庞特·摩根

■第13封信

扩大事业的野心

大规模扩展事业，你几乎得从头做起。因此，为了让规模扩大后的事业步入正轨，还必须要开拓新客户。而为了支付扩充的费用，以及应对伴随而来的种种问题，势必要保证扩大规模的事业能赚取高额的利润，这种风险是非常巨大的。

亲爱的小约翰：

任何一个有进取心的人都希望能不断扩大他的事业，像你这样的雄心勃勃的青年人更是如此。你希望扩大自己的事业，我能理解这种想法，对你表现出的胆量和勇气也十分赞赏。不过我觉得，在作任何决定之前，都应该制订一个妥善的行动方案。你的计划必须切合实际，凡事量力而行。

不久前，你制订了一个如何将事业扩大75%的方案。说实话，在我看完这个大手笔的方案后，我心里非常激动。想想看，你在这个行业只有3年的资历，凭这点来看，这无疑是一项极具魄力的大计划。你用你的创造力为这个公司的发展设计了一个极富野心的计划，但是非常遗憾的是，我从中无法了解这项计划的依据以及你做出如此展望的动机。我们公司目前的业务并未100%地发展,只是以80%~90%的能力去工作。事实上,我们的事业并未到达非扩大不可的地步。虽然我们公司有办法将生产力提高到平时的120%,可是假如我没有记错的话,即使你过去付出最大的努力去销售产品,也只出现过两次让公司的生产力提高到这种程度的情况。

按照你的观点,之所以我们的竞争对手能够接到大量的订单,是因为他们拥有我们没有的生产设备。对于这件事,我不想和你有过多的争论。不过,基于我对那家竞争公司或多或少的认识,我有我的看法。该公司提供我们所没有的若干服务,这一点的差别主要是因为彼此的经营策略大相径庭。我们之所以不提供某些服务,是因为我们不愿意去尝试某种包装。想要接收大量的订单,必须首先开发大量的产品,否则就很不合算。因此,对于那种特制品,我并不羡慕竞争同行对它做出的投资。因为即使对方能够将销售量维持在目前的水平,但以后却不会取得任何突破。毕竟,顾客对于新产品的包装种类有了更加清醒的认识。目前所能够生产的产品有3/4,而不能生产的产品有1/4,这种生产比率在业界已经很不错了。

近几年,我们公司业绩的年平均增长率大约为30%。我想,在这过去几年我们已经竭尽所能了。限制企业家施展抱负和才华固然是不明智的,某种程度的野心也是刺激企业家发挥潜能的必要。但是人一旦掉入贪婪的陷阱,那将是一件十分悲惨的事!

由于种种条件的限制,目前我们仍然无法以更迅捷的速度扩展事业。即使你断言我是一位能够站在一名董事长的立场(暂且脱离销售的立场)看问题的人,能够设身处地地去检讨当前的问题。即使在目前的乐观的成长率之下,添置新设备及扩充工厂仍然会用到银行最大限度贷款额,这样会消耗税后的利润甚至折损殆尽。想想我们与年俱增的负债款额,你还能说我们在商场中已经站稳脚跟了吗?而偿还借贷和支付利息,也还需要数年的时间吧！所以，我期待你在销售部门中，不停地划动你手中的桨，务必努力前进。

即使我们能够克服这方面的障碍，借到充足的资金，而为了确保产品的质量能维持过去一贯的高水平，势必又会面临着又一个问题——培训新职员。你一定还记得，你在第一天进入公司时，我们之间的谈话吧。我曾向你强调，公司成功的背后，隐藏着若干因素。其中最大的因素，就是必须具备工作调度者、机械工、领班，以及干练的一般职员。如果欠缺了其中的任何一项，你将会使我们在半年内变得一贫如洗。

我们公司在去年增加了15%的员工，而这些新进员工多半没有从业经验。由于我们这一行有经验的员工并不多见，因此对于那些以各种理由辞去其他工作而转投我们的人，不得不提高警觉以防其图谋不轨。如果他们是因为不满竞争同业剥削劳动，才到我们公司来工作的话，应该不会只有一两人吧！依我看来，他们极可能是由于某些原因，而无法在原来公司中继续待下去了。总之，进入本公司的职员，最好自一开始就以我们的方式去训练。要知道，让一条老狗学习新把式是相当困难的，而所需的费用也相当可观。

当今的社会正在不断地发展与进步，然而，有些企业家却比较消极。他们认为，只要他们开发的新项目取得了实际利润之后，那么最艰苦、最危险的创业时期就算过去了，偿还债务以及创业时所带来的一切烦恼也被抛至九霄云外，即使失去了大量的订单和重要职员或者整批产品都被退回，也不会给他们造成致命的打击。他们认为自己到这个地步已经是稳如泰山了，也无须扩展，因为即便是遭遇了上述的一两个危机，公司也不会一蹶不振，所以他们只管放心、安稳、舒适地坐着就好了。

大规模扩展事业，你几乎得从头做起。因此，为了让扩大规模后的事业步入正轨，还必须要开拓新客户。而为了支付扩充的费用,以及应对伴随而来的种种问题,势必要保证扩大规模的事业能赚取高额的利润,这种风险是非常巨大的。为了不让公司承担高风险,有些企业家采取稳步发展的做法。为了达到这一目的,必须要有抑制野心的严格自制力,以及遵从我所崇尚的"勿贪得无厌"的原则。很不幸的是,现实中有些企业家正是因为盲目地扩大事业而导致一败涂地。你也许对此感到意外,但毕竟,具有魄力、耐力以及财力的人不多。

我的观点很明确,按照公司一贯的经营方针,在银行放心贷款以及不勉强的情况下,追求稳步发展才是明智之举。如果只是为了与竞争对手一较高下而盲目扩展事业,这种意气用事的做法似乎有点太冒险(你也知道我并不是一个很容易畏惧的人)。如果我们用相同的产品去力抗竞争对手的特制品,自然无法占得优势。我们应该将自己的特制品当作从同行竞争对手手中夺回订单的武器,事实上,我们公司有办法及时应对这种情况。

所以,约翰,将你的销售创意朝我说的这个方向发展如何?如果能这样,那么我将满心欢喜地加班,为你拉来的所有订单而努力,以保证在合同规定的期限内完成交货。同时我保证,生产部门必定一如既往地生产高质量的产品,使你的新客户继续与我们合作。这样的话,我们只需用目前80%～90%的能力去工作就能够应付自如了。

年轻人应该有创意,我期待能够再次听到你充满创意的建议。将公司这班列车以超出原来20%的速度急驶,对于你这种想法我不表示任何异议。我只祈求前途一路顺畅,因为一旦脱轨,后果将不堪设想。

你的父亲
约翰·皮尔庞特·摩根

第14封信

成为最优秀的领导者

一个领导者的成功与失败,往往取决于一点——遇到困难是否有坚持下去的勇气。遭遇失败时,你首先要分析失败的原因,对事实加以说明。其次勇敢地担负起责任,绝不能藏头露尾,更不可让自己消沉下去。

亲爱的小约翰:

恭喜你被同行团体推荐为会长。能从众多优秀的会员中脱颖而出,就你现在的年龄来说,这是一件极为不易的事。这足以表明你有出众的才干,对此我由衷地为你感到骄傲。这是一件很荣耀的事,本应该高兴的你此刻却表现得忧虑重重。

你还年轻,要领导这样一个杰出的团体,难免会感到局促不安,这很正常。我想告诉你的是,尽管你比前任会长年轻许多,但这并不意味着你不能成为一名优秀的领导者。在我看来,在过去的会长中有些人根本不具备领导者的条件,他们之所以担任领导职位完全是因为业界朋友的捧场。在任期中,他们难免做出一些对业界发展不利的决定。以你目前在公司的地位,身上担负的责任巨大,对公司里的工作务必认真谨慎。虽然工作不能马虎,但也没必要为自己的年龄而感到不安,更何况你还能够从这一职位中得到别处得不到的经验。实际上,越年轻,越能把工作做好。因为,年轻就是力量,年轻就是本钱。你有比别人更充沛的精力以及更坚强的意志,现在大量的工作正是你接受巨大考验的最好时机。有人认为，领导者的领导才能是与生俱来的，这样的情形的确有很多。可是你要记住，通过学习不断积累经验而成为出色领导者的人绝不占少数。只要你肯学习，你就能成为会计师、医生、护士或印第安酋长，只要你想。

一名优秀的领导者，首先要让人们的意见畅达，需要和每个人都保持亲密的关系，让他们联合起来并主动配合自己的工作；一个卓越的领导者还要用卓越的思考力，想出切实可行的办法。挑选可靠而有革新想法的人作为自己的帮手，也是很重要的。

其次，处理问题时要抓住问题的核心。你可以先把遇到的问题全部写出来，并附记所有的背景。在一两天之内，把相关者集中起来，对问题进行深入全面的讨论。经过这次讨论会后，原本对问题的模糊认识就会逐渐清晰起来，随后就可整理出一种战略和想法，再过两三日便可以整理出处理事情的先后顺序了。

接下来，领导者要以果敢的态度，站在同事们的前头。在实施计划时，按照顺序去分配工作，并由公司选出最适合的人来担任合适的职务。制订一个计划，成立一个特别委员会是非常必要的。如果有哪位领导者疏忽了，那么他将遭受最终的失败。

委员会里最重要的人自然是委员长。委员长这个职位人人都喜欢，可是很多人却不能真正完成使命。无论多么优秀的领导者都有可能犯下错误，但我们不能像避免疾病一样去逃避它。当你意识到自己犯了错误时，你要做的就是立即改正。如果有人以忙碌为借口，而疏忽了自己在团体中担任的工作，那么你就应该明白地告诉他，并且巧妙地辞去他的职务（如果他能自动引咎辞职，当然更好）。你在选择委员时，对方的经验是你值得重视的。如果你幸运地聘请到那些经验丰富的人，并且将他们安置在这个重要的位置上，那么，你的每一项工作都会完成得很顺利。同时，在遇到逆境时，他们也会用他们的经验对你加以引导。我希望你说出的话，都经过了深思熟虑（话不要说得太多）；该做的事情，一定切实执行。如此你不但不会输给别人，而且还会树立新的典范。我以做父亲的偏爱，认为你一定会成为一名优秀的领导者。

将来遇到的难题肯定会是多重的，你可能会想这些问题可以叫查理去做，也可以叫弗里特处理，或者让乔治做，我劝你千万不要存有这种想法，必须经过大家一起商议后再去寻找妥善解决问题的办法。你还必须划清每个人的责任范围，不管遇到任何困难都要果敢决绝，绝不可姑息推诿，将事情推到特别委员会的委员长身上。前面我已经说过，遇到问题必须先抓住问题的核心，从多个方面对问题进行充分了解，而且不管哪一件事情的决定，都要由你最后进行裁决（或经由你同意）。有时你必须做出违背他人意见的决定，但是如果你想做一位负责任的领导者的话，那么这种尴尬的场面就不可避免。

不是我不够乐观，今后你一定会遭遇难以想象的惨败。但是失败并不可怕，因为在失败中可以快速地累积宝贵的经验，这在成功的过程中是无法体验到的。也许你会认为在众目之下，失败是一件非常可耻的事，从而想到下台恢复到没有责任的岗位。一个领导者的成功与失败，往往取决于这一点——遇到困难是否有坚持下去的勇气。遭遇失败时，你首先要分析失败的原因，对事实加以说明。其次勇敢地担负起责任，绝不能藏头露尾，更不可让自己消沉下去（向别人要求同情不是一个领导者应该做的事）。面对失败，鼓足干劲，认真采取弥补措施，这才是一个合格而且优秀的领导者。

你如果希望别人将你视为领导者，就一定要让你的团队按照你的意志行动。但是你要切记，领导者想要领导别人行动，自己先要做出表率，一旦你停止行动，手下的人也会跟着停下来。领导者本身的行为，决定着全体员工能力的发挥。

任何问题都具有两面性，所以必须用双耳去倾听。如果把耳朵或思想堵塞起来，那么对问题的看法就只有一个先入为主的观念,这种人注定不可能成为优秀的领导者。作为会长,对每一个提案都要予以认真公平的处理。这就要求你必须把握全部的事实,在全盘了解之后,你才能果断从容地处理好它。领导者对各项会议应该要保持耐心,而且在会议上做到细心发问,这样你自然就能做出非常妥当的决策。遇到困难时你要鼓起勇气,全力以赴,当成功得到决定时,你就会有一种成就感。如果情况发生突变,你也要坚决果敢地改变原来的决定以应对变化。这就是优秀领导者的特质。

当了会长之后,你大部分的时间将被用来工作。这不可避免地会对你的家人产生影响,我建议你不妨带你的太太出去吃顿晚餐,然后对她说明情况。的确,来自朋友的称赞会让人感到骄傲,但最让人觉得自豪的,莫过于勇敢向困难发起挑战并凭着毅力将其制服后所得到的成就感。

是否成功扮演会长这一角色,可以从一件事上体现出来,那就是在你任期结束之后,你的继任者是不是将你制订和正在实施的计划继续进行下去。另外,如果同事们极力夸奖你的努力表现,你这时要谦虚地对他们的夸奖表示感谢。人真正的性格,往往能在别人的赞美中体现出来。

现在,你把大部分的时间都花在公司里,而且还要分身在没有报酬的工作中。在你卸任会长的那一天,我敢说回到董事长职位的你即便是薪水提升了20%,你终究还是会感到有一些失落,多多少少吧!因为,你所学到的经验、获取与处理信息的能力、人际关系以及对行业的整体认识,这些都是你担任会长工作时所得到的报酬,这些人生财富具有薪水无法替代的价值。作为优秀会长所带来的成就感也是董事长的职位所无法提供的。

你的父亲
约翰·皮尔庞特·摩根

第 15 封信

企业精神的精髓

企业就好比是一串念珠,串联念珠的绳索就是企业精神,也是为社会创造财富的精神,如果念珠缺乏这条绳索,珠子就是一盘散沙。企业的运作中如果缺乏这种的精神,就不能带给企业以长久发展的生命力。企业的责任既然是生产产品,那么就必须造出最优秀的产品,满足社会的需要,消除国家和人民的贫困,使每个人生活得更丰富、更快乐,这才能算是完成了企业的目的与使命。

亲爱的小约翰:

我发现你和竞争对手之间的怨恨情绪似乎更加高涨了。在残酷的商场上,打击你的对手是无可厚非的,这是适者生存的竞争法则。可是,有时候也不能做得太过分,不留余地。尽管商业竞争往往不择手段,但是打击对手还是要做到合情、合理、合法。如果你想使企业具有长久的生命力,我想你还是应该要坚持某些原则。

如果在商场上树敌太多,被对手群起而攻,任你本事再大,终究也是双拳难敌四手,难免会因此陷入困境。如何在商场上做到避免树敌,以免招致报复,这是我想在这封信里谈的问题。以我多年的经验看来,我认为首先要保持谦虚和自信。也就是说,避免树敌的第一要点是"虚心",如中国的名言:"虚怀若谷,方能容纳百川。"

我知道你有很多值得骄傲的地方,这对树立自信固然重要,但必须建立在谦虚的态度上。你在执行自己的任务时,一定要有信心,但唯有建立在谦虚上的信心,才能变成卓越的信念,把你导向成功。

许多陷入失败境地的人，往往是因为其自大自傲的态度所致，这种目中无物的人会在不知不觉中陷入固执己见、故步自封的境地。

对于这种情形的发生，越是位居高职的人，越要严加提防。因为身为高层管理者，就意味着很少有人直接去纠正你的错误。这时你只有自我反省，经常自问是否保持谦虚的心态。如此你才会明白，职位比别人高并不意味着能力比别人强。如果你觉得自己的部属能力不济，这说明你没有谦虚的心态。即使你发现你的部属什么都不如你，但只要你用谦虚的眼光去看他，你就会慢慢发掘到他的长处。这样，一旦部属有什么适当的提案，你也能欣然接受。广开言路、集思广益才会有利于企业的发展。

作为领导，你要善于听取意见。如果你把员工的话当作"废话"，那么你们之间的谈话只会不愉快，可是你认为员工的话有道理，得到鼓励的员工就会发挥热情，你也可以从中得到自我纠正的机会。因为即使是再普通的员工，也会有因灵感迸发而产生了一个好念头的时候，这对你的帮助是不言而喻的。尽管这是一件小事，但有时候就是小事决定了你事业成败的关键。

作为一个经营企业的领导者，在看到别人把企业经营得风生水起之时，你能由衷地赞叹别人经营得不错的话，也许你就能用一个好的心态去学习别人的经营方法并用在经营自己的企业中去。当然你要是能诚恳地前去讨教那就好了，对虚心求教的人，对方一般都会坦诚相见，除非是特别机密。

虚心做事会让你受益匪浅，虚心请教、集思广益远比你一个人在黑暗中独自摸索要好得多。但你要注意，虚心并不是要你毫无主见，一味接受别人的想法。你要在虚心接受他人意见的同时，还要坚持主体性和自主性原则。只有在这两方面做好协调，你才更容易走向成功。对于刚开始做生意的人，因为经验的缺乏，几乎什么都不懂。开发了一件新产品，往往不知道该如何定价。这时，他的办法就是向其他零售商请教，因为他知道那些经常与消费者接触的零售商应该清楚如何制定合适的价格,错不了。于是他求助于零售商,出示新产品,问他们:"像这样的东西可以卖多少钱?"这种情况下,那些零售商都会坦诚地告诉对方行情,照他们的话去做就不容易犯错误。而且不必付学费,也不用伤脑筋,天下没有比这个更划算的了。但愿你能培养这种"虚心"的精神,只有怀着虚心的态度去向有经验的人请教,接受他们的好意见,你就会越来越接近成功。

对于一个企业家来说,管理手段固然重要,但比这更重要的是高尚无私的人格。这是在这封信里,我想和你谈的第二个重点。知识和手腕固然重要,但你要清楚地知道什么才是人生正确的立足点——高尚的人品。因为高尚的人品,会使得员工在对你的尊敬和感激中毫无保留地奉献自己的力量。这就是"爱心"的力量。

谁都认为只有自己才是这个世界上最重要的,这是非常自然的想法。但如果被私心蒙蔽,让自己被个人的利害或感情左右,那么他的理智就会大打折扣以致无法做出正确的判断,自然也无法产生坚强的信念。如果你能做到不被情绪影响,理智地考虑事情的对错,如此你才能做出正确的决定。

因此,我希望你要对自己严格要求,并且毫无私心地考虑事情以磨炼自己的人格,这才是你要达到的目标。企业家应该怀有爱心,并以正义为前提,如此不仅能尽到企业对社会的责任,也能使自己的员工们心悦诚服。

企业就好比是一串念珠,串联念珠的绳索就是企业精神,也是为社会创造财富的精神,如果念珠缺乏这条绳索,珠子就是一盘散沙。企业的运作中如果缺乏这种精神,就不能带给企业长久的生命力。企业的责任既然是生产产品,那么就必须造出最优秀的产品,满足社会的需要,消除国家和人民的贫困,使每个人生活更丰富、更快乐,这才能算是完成了企业的目的与使命。企业以经营谋取利润和为社会创造财富虽然有物质和精神的差别,但对于改善人类生活品质的目标应该是一致的。

同时，企业家为了完成企业的使命，往往要命令很多员工工作，这些人也有权利要求从工作中感受到幸福和快乐。因此，企业家除了担起促使社会繁荣的责任以外，还需要让自己的员工得到工作的乐趣。如果没有这种觉悟，只凭着手中的职权去命令员工，那么必将人心尽失。

企业家优待员工，并不是毫无原则的。一旦你发现谁有不正当的举动时，那么你必须予以严厉纠正。如果只是因为讲私情而秘而不宣，这不但误解了宽厚待人的真谛，反而会因此害了你的员工，这就是没有原则的优待方式。因此，你需要做到在不违背基本道义的原则下，尽量给员工以宽容和友善，这才算真正地领悟了宽厚待人的意义。懂得宽厚待人的管理者通常都会得到部属的全力拥戴。因为在了解上司的心意后，即便是因为错误而遭受惩罚的部属也会心甘情愿，并在惩罚中学习到为人处世的正确方式。所以，要想成为受部属尊重的企业家，这是不可缺少的重要条件。

我真切地希望你能成为一个拥有谦虚态度和宽厚品质的出色企业家，我相信你不会让我失望的！

你的父亲
约翰·皮尔庞特·摩根

■第16封信

<h1 style="text-align:center">有价值的"批评"</h1>

运用巧妙的方法提出建设性的批评，会使被批评者毫无意识地接纳，当然这种"毫无意识"是指没有抵触意识。这种巧妙的批评，

就是引人向善的智慧箴言。而没有经过深思熟虑就脱口而出的批评，自然无法达到预期的效果。

亲爱的小约翰：

讨厌令人不快的批评，世上所有的人概莫能外。从古至今皆是如此，因此我们不用去回避这个事实，也回避不了。

我知道在上周，哈里批评了你，从你满脸的愤懑表情上就可以看出，也许到现你还为此心怀不满吧！对你而言，这个打击一定难以接受，对你此时的心情我能够理解。且不去管哈里对你提出的批评是否完全正确，但我明白，他一定强烈地伤害了你的自尊。你一定明白，对你横加指责的人不一定是就事论事，也有可能是想借此宣泄对你的不满或者是企图达到某种目的。因此，在你愤愤不平时，应当冷静下来想想，对你施以指责的人究竟是什么样的人。

不管他是谁，即便是大家眼中的强者也有一定的性格缺陷。通常来说，心胸狭窄的人不会对周围的人或物给予爱心和关心，他们鼠目寸光，只纠缠于些许关乎自身眼前利益的琐事。以我多年的经验来看，大约只有10%的"批评"才是有价值的，其他的90%都掺杂了嫉妒、恶意、愚笨，甚至无礼。赶紧将那90%的不正确评语抛诸脑后，不合理的批评或恶意中伤的指责只会给你带来无谓的烦恼！如果你不能洞察秋毫而一味地耿耿于怀，你将会与许多使自己进步的机会失之交臂。因此，衡量"批评"的价值就变得尤为重要。

批评的杀伤力，往往更甚于武器。因此，你对别人施以的批评要有纯熟和准确的判断力，否则你将会陷入对方设置的陷阱里而遭受别人的恶意攻击，对你造成的精神伤害将会是巨大的。在这里，我并不是将所有的"批评"一概否定。在我看来，善意而巧妙的批评会让人受益匪浅，甚至可能改变人的一生！

运用巧妙的方法提出建设性的批评,会使被批评者毫无意识地接纳,当然这种"毫无意识"是指没有抵触意识。这种巧妙的批评,就是引人向善的智慧箴言。而没有经过深思熟虑就脱口而出的批评,自然无法达到预期的效果。作为管理者,你一定也会对你的员工进行过"批评",如何运用它是你必须掌握的。你的批评是具有建设性还是破坏性,能不能让对方乐意接受并决心改正错误,有没有伤害别人的自尊?这些问题,你都应该在批评别人之前做认真的自我检讨!如果你对下属的批评伤害了他的自尊,那么你不但不会收到预期的效果,反而会因为这次不得当的批评失去本不会失去的东西。所以,掌握巧妙的批评方法,是管理者需要注意的。

人们常会忘记,人的心态与习性各不相同。可以将有些人比喻为蒲公英,有些人的特质就像是玫瑰,你不能对他们做同样的要求。譬如在同一个办公室里的人,他们习性与个性全然不同。有的积极主动,有的消极被动;有的人擅长某一领域,而有的人则在其他领略才能施展才华。对于这些不同的人,你用同一种方法、同一个标准去要求他们,团队效率肯定会大打折扣。同样在对他们做出批评时,你的方式必须因人而异。

尽管批评者在提出批评时始终保持着友善和中肯的态度,但是被批评的人未必有广阔的胸襟去接纳别人的忠告。如果他只介意别人的"评语",即使是恳切的忠告也会将他刺痛。这样的人不但无法得到进步的机会,而他的一生也将生活在沮丧与痛苦中。

在企业的经营管理方面,时下流行一种所谓"职务评价"的方法,即把公司所有职员一一叫到跟前,然后细数他们在一年工作中的优劣得失。我本人非常反对这种管理方式,这不仅牵涉人类心理的问题,而且那样做就是违反人性的。为什么这样说?因为除了极少数的人能够接受之外,一般人都很难接受,特别是在很短的时间内,突然承受一箩筐的赞美或者一大堆的批评。

我认为，最好的方法是每天都应该进行"职务评价"。对于公司的主要干部，你要每天考核他们的效率如何，以便时时予以鼓励或者指正。一年一度的大量奖惩，就好像是学校期末考试的成绩单，我认为那太过于公式化了，没有实质的意义，我也不赞成这种做法。如果对某些事物存在疑惑的下属需要得到你及时的教导与指正，你为什么非等到3个月后的"评价日"呢？所以我要再提醒你，千万不要让可能避免的错误拖延到第二天。况且，我深信，一时蜂拥而至的大量批评绝对比不上平时程度缓和的批评。唯有缓和的批评，才能让员工卸下心头的压力和负担，朝更有效率的生产目标靠近。当然，你任何时候都不要忘了，注意批评的技巧。

让我们暂时放下这些一般性的问题，现在来分析你最近的情况吧！你有没有冷静地考虑过那位批评你的人呢？他提出的批评是否属于根本不值得在意的90%范围内，还是他并不是在吹毛求疵，确实是针对你的毛病所提出的建设性意见？你必须对此加以思考，如果最后得到的答案是否定的，那么你就必须找到他再做沟通。但是你一定要保证自己不能丧失自制力，否则结果会变得更糟糕。

亨利·汤姆林斯曾忠告人们："切莫被批评之风击倒！"的确，没有经过深思熟虑的批评就像城市里未经保养的下水道一样，随时都可能爆发危险！我们一定要仔细思考别人提出的所有批评，并且要进行恰当的处理。对于别人中肯的批评，你一定要虚心接受，以帮助自己改进，而对于那些妄加指责的人，你可以选择忽视或者直接驳回，千万不可让那些心怀叵测的人施以的恶语中伤。

人的一生中，总免不了遭受批评或者向人提出批评，尤其是当你想创造一番事业的时候，接受或提出批评更是不可避免。因此，还年轻的你趁着这大好时光，好好学习如何应对这不可避免的批评吧！这一定会让你受益无穷。

你的父亲

约翰·皮尔庞特·摩根

■第 17 封信

效率化管理

  所谓的效率化管理,就是最大限度地激发员工们的头脑,激发他们用智慧和经验为公司的发展提供有效的帮助。其实,这也就是团队精神的作用。为了提高效率,让员工参与管理也不失为一种明智的做法。

亲爱的小约翰:

  你决定将公司的设备更新现代化并为此忙碌奔波,对此我欣慰至极。从中,我已经看到了你的态度。你已经明白行动是证明一切的最好理由,并在实施计划之前做到谋事在胸,同时我还看到,你已经可以灵活运用你在学校所学到的知识以及这些年来在社会上累积的经验。这些让我欣慰的进步,在这个决策的制定以及实施中显露无遗。这些能力可以帮助你在以后的工作中一展身手,跻身成功者之列。

  成功或者失败都不足为奇,但无论结局是什么你都必须勇敢面对,从中汲取经验和教训。毫无疑问,谁想要成为一个伟大人物,他必须具备勇于承认失败的特质。让人尤其感到遗憾的是,你至今尚未具备这种特质。我知道你一定不服气,想必你会反驳我:"当我失败时,我一定会承认!"我也希望如此。但愿我能在我有生之年看到你的这种表现,如果真能如我所愿,那也就不枉费我对你的一片苦心了。

  效率和利润关乎公司的生存和发展。在把这个问题告诉你之前,你确实已经浪费了许多宝贵的时间,也许是几天,也许是几个礼拜(而且还浪费了许多钱)。对时间的浪费,其中巨大的损失不可想象。针对这种问题,我们必须采取相应的措施。我想,提高公司效率和利润,除了依赖整个团队之外别无选择。虽然这些都是老生常谈,但是这对于公司的发展是绝对有必要的。

在处理效率管理这个问题上,一个好的对策对公司的发展是有巨大作用的。比如,采用何种设备可以节省大量人力,在确定这个问题后你还要做出考虑,我们是不是有足够的资金购买这些设备。如果你得到的答案是否定的,那么你必须以会计师的身份,用你在经营中学到的技巧去说服银行同意贷款给我们。之后,你要做的就是好好利用这笔资金。

社会不断向前发展,在不远的将来,员工的工资会随着产品价格的提升而增加的,这是可以预见的。如果你使用现代化的设备,那么这些也就不再是难题,因此你有必要为此付出一笔固定的费用。但是,这样做是有前提的,那就是我们的生意能够持续下去。在追求效益和利润的时代,一味地追求技术上的改良,势必会造成企业财务上的紧张,这会给企业带来极大的风险。如果遭遇经济萧条或者企业经营出现困难,那么我们就会被逼近失败的死角(关于这点,我已经向你提出了326次的警告,而且在今后的日子,我还会不厌其烦地继续提醒你1000次,直到你完全赞同为止)。

毫无疑问,完成任何事情都会遇到困难。经营一个企业更是如此,根本不可能一蹴而就。在你走上管理岗位之初,在进行决策和日常事务管理上遇到棘手问题是再正常不过的了,因为你对你的工作缺乏经验。尽管你有时犹豫不决,但是在潜意识中,你对于什么部门应该购买或者不必购买什么样的设备这一问题还是有明确的想法的,因为这些都是想当然的。或许,你还可以考虑一下解决问题的最佳途径——团队合作。

成本核算在效率管理中起着举足轻重的作用，很多公司的破产都与成本管理不善有着很大的关系，也常常容易被公司领导忽视。因而需要提醒你，在管理那些需要大量人力的部门时，你可以求助负责成本核算的员工，让他们把设备半自动化所需的成本与生产线成本做一个比较，然后得出一个合理的解决方案，这样有助于更好地管理公司。在这方面，如果你还存在其他疑问，那么你应该和厂长坐下来好好商量。从厂长那里，你可以得知哪个部门实行自动化效果最好、哪种程度的生产量最具效率。其实，你最好是找那些直接负责人，因为他们比厂长了解得更深入，所以他们能够提供给你更详细而值得参考的信息。另外，质管部门的意见也会对你大有裨益。当你分析过各方面资料后，弄清楚每一个步骤，对事情做到了然于胸。如果还存在疑问的话，那么你可以到基层去走走，听听比任何人都了解机械的技工们的意见。哪种机械优良以及什么公司制造优良机械，在这些方面，他们会给你提供非常宝贵的意见。

关于效率化管理的建议并不是固定的，更不是放之四海而皆准的金科玉律。所谓的效率化管理，就是最大限度地激发员工们的头脑，激发他们用智慧和经验为公司的发展提供有效的帮助。其实，这也就是团队精神的作用。为了提高效率，让员工参与管理也不失为一种明智的做法。被别人要求提出意见，在这世界上没有比这更让人值得骄傲的了，所以员工也一定乐意参与。尤其是当他知道自己的意见得到尊重时，那么其激发出的热情更是异常高涨。员工是构成公司的重要支柱，在任何时候都不能对他们有半点疏忽，要随时找机会向他们表达你的诚意和敬意。

先进的管理方式不是死板的教条，只有合理地加以利用才能发挥它的价值。想要收集对公司发展有建设意义的意见，这要求你必须具备敏锐的洞察力和谨小慎微的意识。在得到别人提出的意见后，你应该铭记在心，以免下次再遇到类似的问题时束手无策。你不妨对那些敢于提出意见的员工予以一定的奖励，以表示对他们敢于提出意见的行为的肯定，这样会让他们消除后顾之忧。比如，你的员工也许会因为这次购买设备而猜测你的真实意图是削减他们的薪水还是裁减员工。这种猜测并不是毫无根据的，你在计划进行之前就应该澄清一切。

以领导者的立场来说，最关心的自然是公司的利润和效率。依我所见，在保持现有成长率的情况下尽量裁减员工，想要做到这些，你首先要减少新聘员工的人数，然后调整员工的职务以实现现有资源的最大化。然而，因为最近的通货膨胀而导致的费用增加，以及员工因为开支增大而产生的加薪意愿会让公司增加负担。如果我们能提高生产效率，市场占有率自然也就随之提升，而员工的加薪愿望自然也能得以满足。

分歧是不可避免的。当公司内部发生意见分歧时，你必须保持沉着冷静并理智地解决问题。如果你希望通过一项决议，决定采用技工而不采用监工，那么作为上司的你就必须给监工一个圆满的答复，只有让所有人满意了才能提高员工的积极性。

资金的使用是效率化管理的重要因素之一。资金的使用直接关系着公司规模扩大的成功与否，因为流动资金是影响公司规模扩大的决定因素。因此，你对资金的使用态度必须是慎之又慎。在购买设备扩大公司的生产时，你更需要特别注意。在决定购买之前，你应该对多个生产机器的公司进行参考比较，然后选出最合适的一家公司以及该公司最适合生产力的型号，这就是所谓的"效率管理最大化"。请注意"适合"这个词语，比如我们的装罐机和贴标签机，1分钟只能完成200个，如果你能买了1分钟完成300个的封罐机就是资源浪费了。所以，均衡生产线对效率的影响是极为重大的，希望你能够使生产线保持雪佛兰的流线型，而不是林肯牌的线条。

先进的设备是提高效率的前提条件，当你要购买某种机器的时候,最好先参观生产这些机器的工厂。你可以和技工、厂长一起参观,只有当你们所有的疑问全部得到解决了才能做出购买的决定。购买设备时,设备的折旧期限、零件购买的难易程度、经销商是否提供售后服务这些都是你要详细了解的。在这期间,你应该和有关人员再三商量。他们的智慧和经验是不可忽视的,因为他们是这方面的行家。当然,在举行庆功宴的时候,他们也应当是座上客。

我知道,一个决策的好坏对公司效率的影响是显而易见的。新配设备试用之初,是见证你的决定是否正确的关键时刻。在这段时间内,你可以和全体员工一起对效果进行"评估"。当他们知道选择是对的,一定会为你做出的正确决策喝彩;相反,当他们听到我对你的责备时,也能猜得到其中的理由。毫无疑问,你应该为新添设备负起所有的责任,尽管员工们参与了你的决策。人都有一定的责任心,他们会主动感到内疚,我无须责怪他们。这样做有一个好处,在下一次购买设备时,他们一定会提供给你最完善的资料。因为他们自己会想:"被董事长当作傻瓜,一定要雪洗这种耻辱。"

团队协作也是影响效率管理的一个因素。如何让员工积极地把智慧充分地发挥出来,这种团队精神也是企业经营者经常考虑的问题。公司就好像球场上的一支球队,无论个人的表现多么优秀都不会是影响比赛结果的最大因素。比赛的最后结果到底鹿死谁手,其最大的影响因素看谁充分发挥了团队精神使整个团队士气高昂。经营企业也是如此。

最后,我还想啰唆几句,效率管理不是呆板的教条,依葫芦画瓢是不会有任何效果的,你必须掌握并加以灵活运用。要让周围所有人(包括我在内)全都感到满意,这几乎是不可能的事情。所以,只要在大方向上没有出现问题,你就可以放手一搏。

你的父亲

约翰·皮尔庞特·摩根

第18封信

创新是突破困境的利器

　　创新思维不局限于某个固定的程式和方法，它是独立的思维框架，并且是一种具有创造性的、灵活多变的思维活动，并伴随着"想象""直觉""灵感"等非规范性的思维活动。所以，它具有很大的灵活性、随机性，它会由于时间、地点等因素的不同而发生变化。你只要注意发现和深入思考，你就不难发现。

亲爱的小约翰：

　　在上次的来信中，你和我谈到了有关思考方式的问题。我知道，像我这样的"老古董"所表现出来的精神面貌已经无法和你们这群朝气蓬勃的年轻人相比。关于创造性的思维能力，我相信你应该比你的父亲更强。至于什么是创造性的思维，我想我们首先要明白这一点：创造性思维是以一定条件为基础的，是客观可行的，而不是凭空臆造。

　　对于"创造性思考"的认识，你应该要明白它的含义。往往很多人认为，电或者小儿麻痹症疫苗的发现或者是小说创作抑或是其他什么发明创造，类似这种思考才能算得上是创造性思维。当然，这无可厚非。然而，创新并不是某些行业特有的，也不是具有超常智慧的人才能具备的。只要你善于发现和思考，我们每个人都可以拥有。

　　那么创新思维的具体含义究竟是什么呢？我可以做一个简单的说明：一个低收入的家庭制订出一个计划，并按照计划让孩子顺利进入一流大学就读，这也可以称为创造性思维；一个家庭想出办法，成功将附近脏乱的街道变成了附近最美的地方，这也可以称为创新。也许你对我的说法不表示赞同，但是你要知道生活是多方面的。在以后的生活中，慢慢地你就会有所发现。另外，想方设法简化资料的保存或者向"非准顾客"行销产品或者让孩子去做有建设性的活动或让员工能够真心热爱他们的工作或阻止一场口角的发生，对于这些每天都会发生的事情，如果你能找到更有效的处理方式来解决这些问题，那么可以说你的新方法就是创造性思维的产物。

《伊索寓言》里有这样一个小故事，也许能说明一些问题。

在一个风雨交加的日子，有一个穷人去富人家行乞。

"滚开！"富人家的仆人对穷人说，"不要来打搅我们。"

穷人很可怜地哀求："让我进去吧！我只在你们的火炉上烤干我的衣服就行了。"

仆人认为这不需要花费他们什么，就让他进去了。到了屋里，穷人请求厨娘给他一口小锅，这样他就可以煮点"石头汤"喝了。

"石头汤？"厨娘很奇怪地问道，"我很想看看你如何用石头做汤。"于是她同意了穷人的请求，给了他一口锅。穷人于是到路上，找了一些石头洗净后放在锅里煮。

"可是，你总得放些盐进去吧。"厨娘说，于是她给了他一些盐。后来又给了豌豆、薄荷、香菜。最后，又把收拾到的所有碎肉末都放进了汤里。

这个故事说完，你也许已经猜到，这个可怜的穷人最后把石头从锅里捞出来扔到路上，美美地喝了一锅肉汤。

倘若这个可怜的穷人对仆人说："行行好吧！请给我一锅肉汤喝吧！"结果又会如何呢？所以，作者在故事的结尾处总结道："坚持下去，只要方法没有错误，你就不会失败。"这就是说，很多事情的成功，其实是一个方法的问题。掌握了方法，事情就容易圆满地完成，方法不正确，不但不能把事情办好，往往还增加更多的麻烦。怎么样才能让自己找到好的正确的方法呢？这就是我在这封信里想对你说的创造性思维。

创造性并不满足已经拥有的知识经验，它努力探索着客观世界中尚未被认知的事物的规律，从而为人类的实践活动开辟新领域。人类一旦失去创新性思维、缺乏探索精神，那么人类所有的实践只能原地踏步，人类社会也不会再有发展和进步，甚至会陷入倒退的局面。

创造性思维其实正是人的长处，只是很多人没有开发利用而已，否则人人都可以成为出色的成功人士。人若想要有所作为，那么就必须通过发挥自己的聪明才智去不断创造，只有这样才能体会到人生的真正意义和价值。创新思维在实践中的成功应用，不但能给人类带来无法估量的益处，还会鼓舞人类用更多的热情进行创造，实现更大的人生价值。

创新的意义在于找出新的改进方法，这并不要求你必须具备非凡的智慧。任何事情成功的原因，都在于找到更新的解决问题的方法。所以，在遇到问题时，你需要多开动脑筋，加强锻炼创造性的思维能力。创新思维就是在传统思路的基础上再做进一步的探索。对于一般人而言，通常都是用常规思维方式思考问题，也就是在遵循现存思路和方法时进行的一种思维。重复前人，这就容易步后尘。对于企业来说，因循守旧就不可能取得超越别人的发展，只能跟在别人的后面。别人过去已经进行的思维过程和结论属于现成的知识范围，在书本里就可以找得到。真正的创造是要靠自己去拓展的。人的创造性思维要解决的是实践中出现的新问题，而常规性思维解决的大多是重复出现的问题。

培养创造性思考的关键在于要相信自己能把事情做成，只有这种信念，才能使你的大脑运转，去寻求做好这种事情的方法，这是成为企业家所应必须具备的素质。我相信只要平时注意观察，你就能够发现周围的人分两种类型：一种人是对现有的知识和观念全盘接受，这种人总是思想保守、安于现状，他们对生活毫无热情更谈不上创新；与此相反，另一种人注意观察和研究新事物，勇于突破传统观念的束缚，这种人常常不满于现状，敢于向新鲜事物发起挑战，积极探索更好的解决方法。后一种人是你学习的榜样，这才是企业家的精神。

创新思维不局限于某个固定的程式和方法，它是独立的思维框架，并且是一种具有创造性的、灵活多变的思维活动，并伴随着"想象""直觉""灵感"等非规范性的思维活动。所以，它具有很大的灵活性、随机性，它会由于时间地点等因素的不同而发生变化。你只要注意发现和深入思考，你就不难发现。

创新性思维的核心是创新突破，而不是对过去的一再重复。它是史无前例的，没有任何成功的经验可以借鉴。你要在没有前人足迹的道路上去实现它。因此，创造性思维不能保证每次结果都让人满意，有时它可能会毫无成效，甚至会得出错误的结论。这就是它的风险性，但无论结果怎样，它都具有重要的意义。因为就算它的结果不成功，它也能为自己和后人在以后的探索过程中提供教训，让人少走弯路。就像你第一次没谈成合约一样，虽然没有取得什么成绩，但它给你提供了反思的内容，从中你也学到了不少。常规性思维似乎很稳妥，但它存在着根本的缺陷，那便是不能帮助人们提供新的启示，所以你要善于突破自己固有的思维模式去创造新的东西。

作为企业家，为了对未知事物有一个清晰的认知，他应当要时常去探索前人没有过的思维方式，寻找从来没有出现过的新方法去剖析事物。这样他才能获得新的认识和方法，从而提高自己解决问题的能力。我希望你在现实生活中，经常开动自己的大脑，用一种新的思维提出一些新的观点，并逐渐形成种种新的理论，随后做出的一次次新发明，为企业的发展做出成绩。

谈到创新，许多人望而却步，他们认为那只有极少数人才能办得到。然而事实并非如此，创新有大小之分，并且内容可以更丰富多彩。创新活动并不是只有科学家才能从事的，任何人都有机会接触它，只要他积极思考。目前有很多人都在进行创新活动，不管是在生活中还是在事业上，随处都可见到创新思维所迸出的火花。人们的理想是不断往前发展的，其中自然会遭遇到新事物以及伴随的新问题，这就要求人们在奋斗的过程中积极发挥创造性思维。创新无止境，人类的幸福也没有终点，其实人类的幸福就是一个不断创新的过程。

正如英国著名哲学家罗素所说"创新是快乐的生活"，创新能给生活带来无穷的乐趣，幸福也是在创新中诞生的。生活的乐趣是什么？我认为，它寓于与艺术相似的创造性劳动之中，寓于高超的技艺之中。孩子，如果你热爱自己的事业，那么你就肯定会从你的事业中得到很多美好的回报，生活的伟大也正在于此。我说这么多，主要是想告诉你创新与幸福的内在联系，让你明白创新是幸福生活的原动力。

我为什么敢下此断言呢？因为每个人都知道，幸福来自于物质生产和精神生产的实践中。在孜孜以求的目标实现后，人们便会感到精神上的满足。但是怎样才能实现这样的满足呢？只有通过劳动和创造。

你的父亲
约翰·皮尔庞特·摩根

第 19 封信

规避投资的风险

根据我以前的经验,胜利女神经常会从这个公司走到那个公司。如果你拥有好几家公司,这意味着你得到机会的概率就相对要多。就目前情况来看,事实证明了我的看法是正确的。由于获得成功的机会大,就算是其他公司在经营上略有亏损,也可以保持总体上的盈余。

亲爱的小约翰:

你对我们企业的经营方式提出了许多具有建设性的建议,特别是在投资领域做出了更深层的分析与评价,并且就规避投资风险提出了有效的具体做法,这些都让我欣慰至极。自从我进入工商界以后,一直致力于如何确保财物的安全,我把多元化经营看作是我们企业战略的基本方针。

如今,你同样也考虑到了企业的安全性问题。但是你的想法是把我们公司的全部资源集中在一个区域内,这样会使我们企业得到更好的发展。有很多人支持你的看法,因为在他们看来,这个办法可以让公司快速成长,但是我却对此有几个不同的看法。

多元化经营能够降低投资风险,就好像"不要把所有的鸡蛋放在一个篮子里"的道理一样。因为篮子总会有不安全的时候,如果把鸡蛋分散在几个篮子里,总会有避免被摔坏的鸡蛋。我想你比我更明白这个道理。每当我们的事业出现投资机会时,我马上会考虑两点:第一,是否有足够充裕的资金去尝试新的事业;

第二，是否确定有具备相关能力和经验的人才来经营这个新事业？对于后者，公司应该以人为中心，而不是以公司为中心来集合人，这是真理。如果得到的回答是肯定的，我才会考虑后续问题。

经营企业需要有灵活的脑子，不只是在企业内部管理方面，在企业扩大规模时更应该有所体现。如果新的投资项目和我们目前所经营的企业，其业务有许多共通之处，那么我便不会把这看作是赌博，而是企业业务的延伸或者说纵横向的发展。

多元化经营能够促进企业的发展和壮大，同时能为企业的稳健发展提供保障。这不仅能使我们避免造成重大的财产损失，还能发展多项业务不至于因为某方面的失败而招致全盘皆输。这些好处，正是我主张多元化经营的原因所在。曾经经历过贫穷的人，为了不再重复体验那种穷困的生活，便会自然而然地尽力保住自己的企业。特别是在最初的事业中遭受过失败的人，更希望全力保住自己的第二个事业。

其实，在进一步发展企业的规模上，我已经花了很多的时间和精力。科学地经营和管理一个公司，也许其他人一天只需要尽全力工作两三个小时就足够了，而我却要为此付出八到十个小时的工作时间。因此，我的工作大部分都在重复。如果我能雇用具有出色才能的人来代替我，那么我就有时间去发展其他的事业。

前面我讲过"不要把所有的鸡蛋放在一个篮子里"。这个道理更能说明企业实行多元化战略的种种好处。

根据我以前的经验，胜利女神经常会从这个公司走到那个公司。如果你拥有好几家公司，这意味着你得到机会的概率就相对要多。

就目前情况来看，事实证明了我的看法是正确的。由于获得成功的机会大，就算是其他公司在经营上略有亏损，也可以保持总体上的盈余。

如果你打算始终屹立在工商界，那么你就不要过于盲目自信，更不要认为自己有能力经营任何事业。这就是拥有多家公司的企业家招致失败的重要原因。以我的年龄和经历来看，我敢断言，你最先应该学习的经营的基本原则就是谦虚地学习别人的先进管理，把别人的先进的管理经验用在自己的企业管理中，不要盲目地追求某种事业的成功，这样你才能够在其他的事业中获得成功，此外别无选择。

想做一个称职的管理者，你必须要具备应付各种紧急情况的应变能力，还有你必须对很多不确定因素做出客观的评估，以便随时做出应对对策。

对于我来说，我特别厌恶因为自己管理上的疏忽而使企业遭受重大损失，你或许会觉得我的想法有一些古怪。但是，在公司经营管理的过程中，公司一旦出现亏损情况就立即采取削减经费的措施，这是非常幼稚的做法。事实上，损益表上的数字并不能明确地表明盈利的项目，许多有机会盈利的项目也有可能会因为你采取削减经费的措施而遭到删除。

要经营好一个公司，特别是有一定成就的公司，必须特别注意资金和人力资源的管理。很多优秀企业的最终倒闭，就是因为公司领导急于取得更大更快的发展。在此过程中，他们忽视对企业资金和人力资源的管理，以致欲速则不达，许多企业的失败往往是由此造成的。在这个世界上想要建筑起有价值的东西，就必须要有坚固的地基，公司的成长也是如此。

管理一个企业当然有一定难度，经营好一个公司更是如此，全心全意地工作确实能够促进公司的成长。除非那个公司需要你所有的时间管理才能成长，否则没有必要那样做。因为你由此而失去的成功机会也将是巨大的。因此，你可以换一种思维、换一种角度思考问题，然后再去尝试其他的事业，相信你会成功。当然你的成功必须有充裕的资金和周全的计划，否则莽撞行事只会对我们的财富造成巨大浪费。

企业应有一套科学合理的资金管理体系，公司的发展才能得到最基本的保障，否则，公司的最后结局就只有倒闭。这种情形在美国的石油工业界屡见不鲜，如此巨大的企业同样有可能出现濒临破产的危机，更不用说我们的小企业。解决这种危机的办法就是时时保持警惕，而且要加强资金管理。但是，任何企业不论大小，都不会持续到永远。因为，企业经常性地变动以及配合计划所需要供给能力，这些都要仰仗经营者的超人智慧，然而具备此条件的经营者是少之又少。

多元化经营不是盲目地扩大再生产，也不是彻底改变企业的经营理念，而应该是在企业原有的基础上科学地、有计划地扩大公司的业务。事实上，很多公司采取多元化经营，就是在脱离自己原有的基础或者是收购其他公司或原料供应商，生产具有更高附加值的同一系列产品。如果我们要生产收音机、镜框、家具、汽车用品，这无疑是一种轻率的行为。因为那和我们以前所做的事情完全没有瓜葛。

当然，一个企业要有自己的一套管理理论，如果企业实行多元化经营战略，还必须遵守一个重要的原则：与其买下一个公司，倒不如买来那个公司的顶尖人才。我曾经在某个公司里，3年内换了3名常务。事态曾一度发展到近乎疯狂的地步，我甚至险些将公司卖掉，我为自己当时的拙见感到沮丧。最后，我开始尝试用这种方法（如果一开始就想到这个方法，其效果一定会更好）。这个方法很容易办到，就是给这个公司的老职员提供一个施展才能的机会。如果每个人都表示不愿意在手下工作，那么我就任用他，结果出奇地好。这个方法给我带来的另一个惊喜是，职员的离职率降低了3%。

企业是否实行多元化战略，应该根据企业的实际情况而定。因此，管理好企业不仅是你的义务，更多的是一种责任。就像安德鲁·卡内基常常说的："一家人不会三代都穿工作服。"我现在的工作只不过是努力掌好船舵，避免让我这一代回到穿工作服的年代。当我放下手边的事业时，希望你不要为了证明卡内基是错的而去一试你的运气。我已经指出了一条路，希望你稳稳当当地走下去。

你的父亲
约翰·皮尔庞特·摩根

第 20 封信

与银行愉快地合作

银行家有他们自己的投资方法，如果你想要得到投资的贷款，那么你必须拟订出切实可行的项目计划书。或许你的想法和我完全相同，但具体做法就很难说了。你应该充分发挥你的能力和人际关系，尤其要运用自身的资本和时间，和银行建立起密切的关系。这样才能够与银行家愉快地合作。

亲爱的小约翰：

我不会对你这次的失败加以指责。我知道，你一直专注于公司的生意，从而低估了银行的重要性。由于平时忽视与银行之间的往来，尽管最近你尽自己最大努力去争取银行贷款，但最终还是不能如愿以偿。也许你很疑惑，其实，这其中自有它的道理。因为我觉得你在企业界已经累积了不少经验，所以把这次申请贷款的事完全委托给你，我相信这可以让你在实际过程中学到有关金融方面的知识。

和你一样的企业管理者非常多，平时总是忘了与银行搞好关系，等到贷款申请遭到回绝，才想起银行的种种好处来。在企业界普遍存在的这种情况，着实让我感到奇怪。他们忘了在工厂、设备、库存、员工、顾客之外，还有一个他们无时无刻都应该牢记在心的重要对象，那就是银行。

　　我是白手起家的，而你是在我们和银行确定合作关系后才进入公司的，所以难免漏失了这个学习的机会（幸好一直到现在，我们和银行的关系还算密切）。其实在以前，我们的贷款请求从来没有遭到过银行的拒绝。也许你太依赖这份成绩，所以你认为这一次银行同样会答应我们的贷款请求，我说得对吗？如果你真是抱着这种想法和银行打交道，那么你注定会失败。相信你现在的心情一定非常糟糕，这我能理解。特别是当你的贷款申请遭到拒绝时，你的第一个反应是："我被耍了！"或是"我真笨！他们根本不知道我的本意！搞错了！"但是，你有没有想过，银行家也是人，难免有犯错的时候。需要提醒你的是，请你不要光顾着发牢骚，你再仔细看看你的贷款申请书，再想想你的付出和贷款的理由，就不会认为他们是有意刁难你了。

　　也许你认为银行家就是那种晴天借伞、雨天收伞的人。当然，你的看法有一定道理，不过银行家也有他们自己的想法。他们也要保证他们的贷款成功收回，所以银行家非常注意选择他的客户，常常把没有把握的对象排出考虑范围。因此并不是谁都能轻易获得银行的贷款的，要想得到贷款，客户一定得提出某些条件来证明自己有能力归还贷款（当然也有些人，只要坐着不动，贷款资金会自动送进口袋）。这一点，无可厚非。

　　要想顺利获得贷款，贷款申请书是一个很关键的因素。在这方面你有所疏忽，对贷款申请书的书写不够完善，再加上你当时确信收购那家公司对我们将大有裨益以及你过于自信的态度，才导致了这次失败。

　　与银行家打交道是为了得到贷款帮助，因此为了赢得银行家的同意，在拟定申请书时，你必须在贷款申请书上表明你的贷款意图，一定要让银行家绝对感兴趣。当然，银行本身自有一定的审核程序，不久后你就会明白，他们强行要求你再次检讨这份贷款申请书是出自真心。那时候你会发现，你的申请书只是一味地强调你需要多少资金来收购某家公司，却忽略了强调扩大公司的初衷。因此，现在你最好冷静客观地分析一下你的贷款申请书，否则因为犯下大错而遭受的巨大损失将不堪设想，你不仅会因此失去这次本应得到的利益，而且会导致你缺乏资金去购买扩充新项目时所必需的设备。

　　在收购其他公司的时候，你应当三思而后行，对扩充公司的规模不可操之过急，更不可盲目并购。你收购公司的意愿，就好像对某位可爱的小姐发生兴趣一样。即使她从头到脚都让你感到满意，但如果思想不合也是枉然。当然，你对她的兴趣不会到达那种程度，对其他公司也是一样。你最初没有注意的地方，和你一目了然的地方，都应该受到相同程度的重视。别忘了，看上去让人满意的不一定值得购买。

　　银行经理对你意欲收购的公司做过一番调查，他认为你的目的是利用他的钱去购买该公司的债权，因此他感到十分不满。对于银行家来说，他非常在意库存的商品以及资金的周转率，贷款到期时，是否有能力还债更是他考虑的重要因素。

　　从你计划书中收购的价格来看，你本身的资金相当有限，这也是银行家拒绝给你贷款的重要原因之一。对于这份共同投资的事业，你最起码要负担20%～30%的风险资本。如此银行家们方可高枕无忧，不用去担心自己的资金有去无回。退一步讲，如果你能确定自己的投资没有任何风险，你本人也会感到更轻松吧，更不用说是银行家了，你说对吗？

　　银行家有他们自己的投资方法，如果你想要得到投资的贷款，那么你必须拟订出切实可行的项目计划书。或许你的想法和我完全相同，但具体做法就很难说了。你应该充分利用你的能力和人际关系，尤其要运用自身的资本和时间，和银行建立起密切的关系。这样才能够与银行家愉快地合作。

与银行家融洽相处，不是一朝一夕就能做到的事情。在开始接触时，你可以邀请有关的银行经理吃顿午餐。据我所知，你从来没有这么做过。不过，你应该改变过去那种与人打交道的方法。和人交谈时，与其隔着又冷又硬的办公桌相对而坐，倒不如利用愉快的午餐时间让彼此更轻松一些。如果他予以回绝，你也不要失去耐心，而是再接再厉提出邀请，直到他答应赴约为止。这个时候，他不仅会感谢你的午餐，对你的请求也会多加留意。如果在一年当中，和他共进午餐一两次，而且在提出贷款请求之前就做好事业计划，这样会增进彼此间的沟通（但是，你切不可抱太大希望，因为和你一样想获得贷款的人，其中有90%都将采取同样的行动）。

与银行家谈贷款，当然需要技巧。到底需要贷多少资金，在饭后吃点心的时候，你不妨把自己的这个想法明确地告诉对方。这时，圆滑的银行经理会对你的想法再三斟酌，或者让你对贷款一事彻底死心，因为最近几笔相同的交易让他失眠了好几天。所以，你必须抓紧时间向他表明你的还债能力。在这个紧要的时刻，时间是个问题，申请贷款的时机也非常重要，你必须抓住这个机会。比如，请银行副经理吃顿午餐，联络一下感情，他最了解上司的工作情况，所以什么时候最适合请经理吃饭，他将给你很好的建议。这些，说不定对于你的计划会大有帮助。

无论如何，天下都不会有免费的午餐，"吃人嘴软"也就是这个道理。他们会仔细审查你的计划，当你得到的答复是拒绝时，也许他正在阻止你犯下重大错误。计划案的审查，是他们日常的工作，对你我却是一年仅此一次。投资项目的贷款申请不被接受或许令人苦恼，但是因为买进无可救药的企业而事后悔恨，这岂不是更糟糕吗？所以，冷静客观地思考银行家给你的忠告吧！然后，再试试看。

你的父亲
约翰·皮尔庞特·摩根

第21封信

战胜你的恐惧心理

正义就是力量，只要你是在法律的范围内经营，即使是面对检查人员的刁难也无须惶恐。只要认为自己一定能获胜，那么最后的胜利一定站在你这边。记住前提是要战斗，不去战斗是绝不会获得胜利的。

亲爱的小约翰：

在我们这个极具民主和法制的国家，你必须让你的经营合乎法律，这也是企业生存和发展的前提条件。从最近的公司安全检查一事来看，你所表现的担心和态度，明确显示出你令人满意的优点——守法精神。对此我深感安慰。

当然，我也希望你能够守法经营。不过随着年岁的增长，我逐渐明白法律的条文与它的解释存在个别独立的情况。灵活运用法律为公司带来经济效益，这才是经营管理者守法经营的精髓。很遗憾，在面对检查人员时，尽管你好言陈述我们的立场，以及用确凿的证据详细说明了我们的观点，但对方似乎并没有改变想法。尽管如你所说，我也认为检察官的观察和判断有失偏颇，但无论如何你还是一个失败者。要想在这里成为一个胜利者，你必须学会灵活运用法律条文来维护公司的利益。

的确，让检察官完全相信你的陈述当然是很难的。如果遇到这种情形，你应该重新设想并调查实际情况，再一次确认我们的观点是否正确。如果你得到的答案是不存在任何疑问的肯定，那么我们就要有相当确切的反击证据。然后再考虑向对检察人员进行监督的机关提起诉讼。

对于这种行为，你也许会感到惶恐不安。可我要告诉你，这并不是一件坏事，相反是一件好事。我非常理解你的惶恐心理，你是担心因为招致检查人员的反感而导致他们不得不采取强硬手段！你要知道，不管是联邦政府还是地方政府，我们对于"公仆"应该有一个正确的认识，那就是他们基本上都是正直的，他们绝不会心怀恶意地故意给人民找麻烦。像你一样，有许多企业家不敢把自己的不满向上级行政机关反映，我觉得非常惊讶。大体而言，在一个组织内，通常处在更高层的人都拥有更高的智慧和见识。然而，大多数经营者，为了避免冲突，对于检查人员的结果报告是否属实，不予以证明。他们总是半信半疑地接受，以为这样就万无一失，事实上并不是那么回事。下面是我个人的一些经验，我想有一定的参考价值。

与税务监察员之间的一次斗争，是我用法律维护公司利益获得的最大的一次胜利。这场斗争是由包装材料的课税问题引发的。根据税务监察员的检查报告，我们必须缴纳拖欠的10万美元，以及每年必须再缴纳7.5万美元。对于这一不公平的裁决，我们计划从两方面展开反击。首先，依照相关法律采取不服申告，同时拜访当地的国会议员，告诉他们因为监察人员的愚昧决定，我们将受到多大的损失。由于这位当地选出的议员（属执政党）在政府里面拥有相当的权力，因此，政治方面的压力格外大。我们接着聘请国内顶尖的会计事务所出面，显示我们有充足的证据应付第二次调查，并准备1万美元作为诉讼费。这是过去50年来，类似诉讼案件给予我们的常识。

这时候，政府左右为难了，一方是民意代表和法律专家，另一方是国税局的官员。最后的结果是经过再次检查，他们决定将课税定在1603美元。这与原来10万美元的拖欠税和每年7.5万美元的课税相比，简直是天壤之别。其实，和人们一般的观念恰恰相反，政府也是通情达理的。而且靠政治家的努力就能表达我们的主张，根本没必要牵扯法律顾问。不过话说回来，我们之所以取得这次胜利，究竟是因为我们为出庭对质做好了充分的准备，还是因为只是监察人员误解了规则？真正的原因，我也不知道。

虽然我们花费了1万美元的诉讼费，但是成功是需要成本的，万全的准备正是制胜的关键。为了赢得成功，我们必须利用所有可用的资源。另外还有许多有输有赢的事情，所得税、贩卖税、食品、药物检查人员、动物检查员，一些让人意想不到的问题。但是，根据我的经验，如果你能够耐心、详尽地分析实际情况，对自己的判断充满信心，那么你就只管为你遭遇的不公待遇向上级机关提起诉讼。只要准备充分、证据确凿，那么你终将获得胜利。

在经营中，如果出现检查者和你的看法相左的情况，只要你确信自己是守法经营，那么你完全可以摒弃人们世俗的观念和检查者理论，拿出你的证据向上一级提起诉讼。如果他们不称职，那么我们可以状告政府毫无作为。因为政府的公务员是人民的"公仆"，他们的薪水是我们纳税人的钱，所以，他们必须为人民做事。所以，你不必担心有谁会对你的行动进行报复。假如你感觉某位检查人员不怀好意，你不妨给他的监督打个电话，要求派其他检查人员来。只要你有理由，对方一般都不会予以拒绝的。就算被拒绝也没关系，因为政府每次派出的检查人员都不会是同一个人。

正义就是力量，只要你是在法律的范围内经营，即使是面对检查人员的刁难也无须惶恐。只要认为自己一定能获胜，那么最后的胜利一定站在你这边。记住前提是要战斗，不去战斗是绝不会获得胜利的。

我们在管理公司时，除了注重先进的管理方式和良好的企业文化外，与政府处理好关系也是很重要的。在对待政府问题上，你不能有畏惧心理，应当客观地评价政府给予我们的支持。弗兰西斯·培根曾经说过："最难战胜的，就是恐惧心理。"不要畏惧政府，我们选举出贤能者是为了让他们做我们的喉舌，政府的存在正是为了给我们提供实质性帮助。错了要勇于承认，如果坚信自己是对的，就要坚持战斗到底。

你的父亲
约翰·皮尔庞特·摩根

第22封信

掌握用人之道

一个企业家，要从总体上去识别人才，万不可被流言蜚语所蒙蔽。否则，许多具有真才实学和远大志向的人会遭到埋没，而作为领导者的你也将被讥笑为平庸。在你给一个职位挑选人才之前，你应当对该职位的性质、责任、权限等认真加以分析，然后考虑候选人员所具备的素质是否符合该职位。

亲爱的小约翰：

如果说管理是一门艺术的话，那么管理人便是这门艺术中最为复杂的部分，同时也是企业管理者能够充分施展才干的领域。

简单来说，管理艺术的要旨就是理顺复杂的人事关系。企业的发展需要依靠集体的力量，然而合理调配人员以及调动员工的积极性是一件非常复杂的工作。

知人善任是你掌握管理艺术的重要前提，也是必经之路。在企业中，对人才的培养和使用方面，其道德品质应当是你重要的考查因素。一旦人事任用有失妥当，那么公司的经营就将受到影响。特别是像我们这样的大企业，对于每个人的调度和任用都要慎重考虑，决不能仅凭自己的喜恶来决定人员的去留。任何因为感情用事而导致调度失当的行为，都会给公司造成不可估量的损失。

对员工特别是领导层，你必须做到有所了解。因为对人的选择和任用，都需根据其自身特点作为判断标准，如此才能做到让合适的人出现在合适的岗位上。知人善任，认真考察各层领导者并确切加以了解，务必把他们都安排在适当的岗位上，让他们充分发挥自己的才干，为公司尽可能地创造价值。这是企业经营者的根本任务之一。

企业好比一部机器，有了先进的设计、合理的结构和科学易行的操作流程，但是没有高素质的操作人员一切都是枉然。通常来说，战略方针确定后，各层领导者就成了决定因素。对重要骨干的调度是否得当，决定了企业的经营状况。所以你有必要花40%甚至更多的时间用在选才用才的工作上。

我们的一个竞争对手，为了选一名车间主任，工厂的领导者先后同20多名刚从大学毕业的候选人进行谈话。他们对这些候选者反复考察和比较，做出决定后又将选定的人员分配去科技或销售等第一线部门工作，以作进一步的观察。在所有过程中表现均合格者，最后才予以聘用。可见他们对于考察和聘用人才的重视程度，这是值得你学习和借鉴的地方。

在我们的企业里，就具体某个人来看，德才的发展可能会出现不平衡。有些人德行比较好，才能差些；有些人虽然有才干，但德行却稍逊一筹。两者相比,我想我们应当更加注重一个人的德行。一个人的品质不好,不容易培养和改变,但才能却可以逐步提升。很多工作并不是高难度的技术活,一般人只要发挥自己的工作热情,谁都有机会取得好成绩,但品德差的人却不然,有时候还会造成破坏。正直的品德,其本身并不一定足以成事,但在品德方面存在缺陷的话,那就足以败事。因此我认为,选人应以德为首,这是基本要求。

一个企业家,要从总体上去识别人才,万不可被流言蜚语所蒙蔽。否则,许多具有真才实学和远大志向的人会遭到埋没,而作为领导者的你也将被讥笑为平庸。在你给一个职位挑选人才之前,你应当对该职位的性质、责任、权限等认真加以分析,然后考虑候选人员所具备的素质是否符合该职位。只有你在得到肯定答案后,方能予以任命。假如不把人才放到合适的地方,不仅会给公司造成损失,对人才也是一种极大的浪费。

每个人都有其特定的才能,在综合、技术、管理、财务、交际等不同领域都各有所长。你的任务就是要让每个人特定的才能与他的工作相适应,授以最能让他们发挥自己优势的职位。用人所长,管理效率必然得以提高。

谁都有自信心和自尊心,也都有做出一番成就的美好愿望。在对员工委任职位的同时,你大可给以充分的信任。你应当授予充分的职权,让他们能够在职权范围内自由独立地处理事务,而不要过分牵制。你只需从宏观上对他们的工作做一些领导和检查,至于"事必躬亲"则大可不必。无数事实证明,这是一项用人要诀和领导艺术。

信任和尊重能给人以巨大的精神鼓舞,激发其进取心和责任感。而且只有上级信任下级,下级才会信任上级,并产生一种向心力,使领导者和被领导者和谐一致地工作。给予信任的一个好方法就是充分授权,让他们在自己的职权范围内自主决断。如果你要越俎代庖的话，那么对方便会觉得自己形同虚设，对他们的士气和积极性是一个极大的打击，这对公司创造性的发展是极为不利的。

你必须要有这样一条准则：不论采取什么样的管理手段，都必须以调动人的积极性为目的。当职位设置合理（即员工的特定才能与职务的性质相称），而且员工被予以充分的授权，才能产生较高的积极性。你只有完全授以相关的权利，才有可能去期望他们用自己最大的热情把事情做好。如果在多方面，你总是予以掣肘，那么他们就会逐渐失去积极性，也就无法发挥自己的才智。从某种意义上讲，充分授权是调动积极性的最有效方式之一。当然，授权并不像人们想象的那样，一旦交出权柄就会出现尾大不掉的情况。但是只要没有出现这种状况，你就应该尽力支持他们的工作，肯定他们提出的设想和计划，而不是经常去关照他们"这件事应该如何去做"。要知道，很可能他们的想法要比你高明，这样说丝毫没有贬低你的意思，因为他是你发现并予以重用的。

必胜的信念是任何事业成功的保障。优秀的管理者必须要让他的属下相信，他们能够完全胜任自己所从事的工作，而且毫无疑问。这一点是非常重要的，因为并不是所有的下属都具有这种非常宝贵的自信心。成功的管理者总是千方百计地让他的下属相信，以他们的才能，出色地完成任务是绰绰有余的。

要充分调动属下的积极性和创造性，除了要充分授权，让属下在职权范围内自主决断，还要设身处地地为属下着想。人都不免犯错，得到你充分信任的员工在出现失误后，一定会认为辜负了你的信任而心存愧疚。这时候，作为领导的你就要勇于承担他们在工作中出现的失误，和他们一起寻求弥补措施。绝不能有功就是你的，有过就是属下的。你还需要做到赏罚分明，只有这样才能令行禁止。

另外，要求一个下属做好一件工作，必须给他一个实实在在的目标。当然，这个目标必须是切实可行的，如果属下一听到这个目标任务就摇头摆手、对自己是否具有完成任务的能力感到怀疑,这样哪里还谈得上积极性。但也绝对不能排除一切具有困难的宏伟目标,因为具有一定挑战性的目标拥有强烈的吸引力,可以激发极大的热情和战胜困难的斗志。

不论哪一类目标:具体的、笼统的、现实的、还是宏伟的,首先都必须是明确的。笼统并不是含含糊糊,宏伟的也须明明白白。含混不清的目标会使下属在关键时刻无所适从,这样的管理是必定要失败的。

你的父亲
约翰·皮尔庞特·摩根

■第23封信

全看你的了

在经营管理中,千万不要盲目自信,但也不能一直畏畏缩缩。当公司上下需要你的自信来鼓舞士气时,你一定要巧妙而恰当地展示你的自信,而且你还要让你的经营方式灵活化,不能让你的客户以及竞争对手一眼就洞穿你的经营策略。

亲爱的小约翰:

谢谢你对我的挽留,但是我很遗憾地告诉你,我是时候该退休了,现在是你在全面管理企业上大展拳脚的时候了。谁都有自尊心,我也不能例外,因此你的挽留让我感到非常高兴。我今后将以职员的身份留在公司,表面上仍然参与公司一些管理。我知道你挽留我是出于好意,但是就目前的长期计划来看,我认为你的挽留并不是一个好主意。

公司完全交给你来打理,这对你来说,无疑是巨大的压力和责任。在如何让公司继续稳步发展这个问题上,不能有半点掉以轻心。有许多继承家族事业的人在经营过程中,因为他们某些愚笨的决策,让他们的企业陷入穷途末路。之所把企业带入绝境,是因为他们通常会犯两个致命的错误。

第一个致命的错误:他们骄横跋扈,总是目空一切,或者好高骛远,总以为自己的企业能够长生不死。人最悲惨的情景莫过于拄着拐杖蹒跚而行,连今天是星期几都不知道,却还自以为是最有才能的人。

家族企业的创始人因为对继承人的管理能力放心不下,所以一直把持着手中的权杖,迟迟不肯交给他的继承人。对于继承人所做出的决策,他也总是指手画脚,原本一个好的计划也很可能因为他的一番纠缠而弄得一塌糊涂。两个人不可能有相同的思想,一旦两人争夺领导权,下场将惨不忍睹。这是他们通常犯的第二个致命的错误。

其实,很多家族企业确实选出了极具才华的继承人,但是却没有给他们成长的机会。最终家族企业陷入困境,甚至完全毁败,其原因跟这有极大的关联。我现在卸下全部权利,由你全权管理企业,目的就在于避免重蹈他们的覆辙。我们必须努力把辛苦建立起来的基业留给下一代,接着是第三代、第四代⋯⋯

关于我退休一事,这完全是出于对我们企业前途的考虑。企业的发展必须依靠先进的管理理念以及创新手段来实现,也只有这样才能够更稳定地推动企业的发展和壮大。你是我的继承人,这个地位的获得,虽然多少得到一点亲友的扶持,但更大程度上是靠你自己的努力争取到的。

我不打算对你的工作再妄加评论(我也不希望这种记载出现在我的墓碑上。随着退休日子的临近,我更在乎这点),你在每一方面都是第一流人物。现在该是你多年努力后，收获成果的日子。这些年来，我费心尽力地让你养成独立自主的个性，现在看来它已经成为了你生活的一部分。如果现在我还在你的身边一再监督催促并指手画脚，那么你就没有一显身手的机会了，这岂不是枉费了我这么些年来的心血吗？

在我退休之前，我已经在你身边安置了一些有关金融、法律和财政的专门人才来做你的左右手。当你陷入困境时，他们在每个领域以收费的方式给你提供一些建设性的意见，或者当你需要做出更好的成绩时，你也可以向他们请教一些相关看法。他们对你施以援手，并不是为了确保收入，而是为公司的成长献出个人的一片关心。

因此，你必须协调好与他们之间的关系，因为他们关系着公司的发展。如果你真的在乎他们和几位外援董事，他们将成为你的保护者甚至是监护人。

我确信，只要你能调动他们的积极性，不管在什么糟糕的情况下，他们都会用自己卓越的才能、丰富的经验指导帮助你渡过难关。而如何运用这个无价的支援团队，就全看你自己的了。如果得不到他们的帮助，不必去问水晶球你也要有这种警惕：小心财务方面的损失！因失去他们的援助而产生的损失，可能比我预料的还要惨重。

我之所以要把领导权交付给你，理由其实很简单：在不久之后的某个早晨，你醒来后发现我已长眠不起。从那天起，你不仅要照顾好自己的家庭，还要立即挑起整个公司的重担。比起等到那一天，还不如现在就有所准备。因此，现在你就必须做好心理准备去承担来自各方面的压力。比如，在最初的一年，公司就会面临危机。那时每个人都会猜想："大老板死了，公司未来会变成什么样呢？"而且那些与我们有往来的银行家、客户、你的朋友，甚至是敌人，都会擦亮眼睛等着看你的举动。我们的公司，结合了各种利害关系：银行担心它们的贷款，职员关心他们的工作，客户重视商品及服务的品质等。这个关键时刻，你只要稍有疏忽就可能导致公司的重要干部另谋新职。银行家们也会变得神经敏感，虽然不至于因为我的死而收回贷款，但绝对有可能降低贷款金额。

在经营管理中，千万不要盲目自信，但也不能一直畏畏缩缩。当公司上下需要你的自信来鼓舞士气时，你一定要巧妙而恰当地展示你的自信。而且你还要让你的经营方式灵活化，不能让你的客户以及竞争对手一眼就洞穿你的经营策略。如果在我死后，你能向关注你的人说出这样的话，那么我将感到十分欣慰："父亲的离开，是我个人最悲哀的事（你会这么说吧），但是对公司的事业不会有任何影响，公司还是会一如既往地稳步发展下去。父亲在这10年来（如果我够幸运，或许你能说近20年来），很少过问公司的事情，一直在打理公司的人是我。当各位听到家父逝世的消息时，在表示沉痛哀悼的同时，对于企业发展也大可放心了。"

至于如何管理我们的公司，我已经讲了很多。我只是希望你能够靠自己的幽默和勤奋来经营公司，让它更茁壮。我们以后还会有私下交谈的机会，话题大概无外乎宗教、政治等方面的问题，至于如何经营和管理，我想我绝不会再有所谈及。另外，在今后的社交场合上，我总会碰到认识你的朋友，他们一定会详细地告诉我有关你的工作情况。已经有许多亲戚朋友对你说过："你很像你父亲！"或许有一天，他们会引用艾德蒙·巴克的话："不仅是像父亲，简直是一模一样！"我不知道你听了会有何感受，但我可一定会乐坏了。

为什么现在我就要把奋斗多年的事业全部转交给你呢？

第一个原因，你的母亲在这20年里只享受过两次寒假，而我正打算改写这个纪录！第二个原因，那个几乎快被遗忘的花圃需要我更多的照料，一个园艺家也得经常表现一下他不凡的眼光！第三个原因，北边的湖里有许多鱼儿游来游去，正等着我去把它们钓上来；天上则有好几只雷鸟，正盘旋着寻找合适的窝！感到庆幸的是我的旅行生涯还没有结束，这个美丽的国家正等着我去一睹风采。别担心！我会带一位副驾驶一起去，不过这位副手为了不希望失去客户，只好让位给我了。

最后，还有52本我一直想看，却没有腾出时间去看的书，其中还不包括一套十册的《文明的故事》。我一定要利用以后的闲暇时间，把它们全部读完。以前没有研究过的有关历史及哲学的重要问题，现在开始着手还不算太迟。如此一来，我就能够好好享受人生了。

还有一件事，希望是最后要说的话。我曾经说过非常多的格言，现在已记不清即将说的这条算是第几条："就像遵守宴会礼节一样，可别忘了也要遵守人生的礼节。当佳肴传到你面前时，伸出手，好好等待它的到来。佳肴如此，对于孩子、妻子、地位、财富也是一样。"

写下这些话的人是艾皮梯多斯，他是公元120年左右的人。或许他70年的生涯都花在做学问和教育上，而70年沉淀出来的几句完美表达人生的话，怎能不发人深省呢？

我不相信灵魂转世。但是，如果真有这回事，我希望把我送回来做你的小约翰。有你这样的父亲，一定会有精彩的人生（可以在我的墓碑上刻下这些）。

给你全部的爱！

你的父亲

约翰·皮尔庞特·摩根

查斯特菲尔德给儿子的 32 封信

查斯特菲尔德简介

查斯特菲尔德勋爵生于1694年，卒于1773年，是英国著名的政治家、外交家、文人。他出身贵族世家，青年时代在剑桥大学三一学院就读，毕业以后游历欧洲大陆，回国后成为英国下议院议员，从此踏上仕途。32岁时继承了父亲的爵位，36岁进入枢密院工作，并且担任驻荷兰海牙大使。5年之后回国，此后曾相继担任爱尔兰总督、国务大臣等要职。因其待人谦逊有礼，处事细心周到，深受世人好评。

查斯特菲尔德勋爵本人取得了令人羡慕的成就，其教子方式也独树一帜。1732年，勋爵在海牙公干期间与一名家庭教师生下了私生子菲利普·斯坦霍普。这个孩子从小与母亲一起生活，难得与父亲见面。鉴于这种特殊的父子关系，勋爵从儿子未满6岁起，就开始坚持不懈地给他写信，教他为人处世之道，希望他成为尽善尽美的绅士。斯坦霍普的遗孀在勋爵去世后，将这些宝贵的信件公之于世，才使读者领略到勋爵的教子良方。

两个多世纪以来，查斯特菲尔德勋爵的教子信札风靡欧洲各国，成为西方贵族式教育的典范，被誉为"使人脱胎换骨的道德和礼仪全书"。可见，对孩子成长的教育越来越受到人们的重视，而查斯特菲尔德勋爵的教子信札正是理想的范本。

在崇尚绅士风度的英国，出身贵族的查斯特菲尔德极力推崇优雅。在写给儿子的信中，他认为美德和学识若是没有优雅相伴，便会黯然失色，"迷人的风度、得体的谈吐、优雅的举止有助于人们发现你身上更伟大的品质"。他对人性的理解和剖析极为深刻。比如，他承认虚荣心是人类的本性，时常诱使人们做出许多蠢事，甚至违法犯罪，可是更多时候，虚荣心能够激励人们奋发向上，指导人们正确行事。又如，对人的认识不能单看表面，应该从这个人身上的主导情感下手，并结合其他细微的表现对其进行全面的了解。谈到友谊的话题时，他认为真正的友谊需要慢慢培养，只有经过长时间的相互了解和彼此欣赏，友谊之花才能开放，"你怎么对待别人，别人也会以同样的方式对待你"。关于学习和娱乐，他一再提到年轻人应该在18岁以前奠定牢固的知识基础，选择适合自己的娱乐，不要盲目地模仿他人，合理分配学习和娱乐的时间，将会享受到更大的快乐。关于健康问题，他提醒儿子平时就应当保持有规律的生活，千万不要到了生病的时候才想起健康的宝贵。

然而，查斯特菲尔德勋爵在有生之年从未料想这些私人信件日后会公之于世。信中，他对儿子的谆谆教诲率直、真诚，但也有其局限性。比如，谈到交际时，有时候过分强调取悦他人，甚至丧失了自我。他教导儿子把贵妇人当作跻身上流社会的跳板，这是不对的。此外，他过分强调完美，要求儿子在品性上达到尽善尽美，这其实不太可能，也是现代教育所不推崇的。勋爵在信中的语气是命令式的、不容置疑的，而斯坦霍普最早收到父亲来信时年仅6岁，这或许在一定程度上减弱了教育的效果。苏格拉底曾经说过，自由的人不能像奴隶一样学习任何东西。在此，我们并非否定查斯特菲尔德勋爵对儿子的这些教诲，只是希望读者能够认识到，即便是最正确的教诲，若是没有亲身体验，总难以形成真正深刻的认识。

　　这些书信不仅仅对青少年有益，作为教子经典，对为人父母者也大有裨益。阅读过程中，孩子需要在父母的指导下，辩证地吸收其思想观点。马杭勋爵在编订这些信件时，认为有必要提醒读者，只有那些思维能力业已形成、信念准则业已成熟的人才能开卷有益，决不适合年幼者或没有辨别能力的人阅读。

第1封信

确定目标，合理分配时间和精力

一个才华出众、判断力优秀的人，知道究竟什么才是自己的目标，并根据目标的大小来分配时间和精力。

亲爱的孩子：

此时此刻，我正处于巨大的痛苦之中，因为我刚刚失去了一位最亲密的手足、最要好的朋友。他就是我的兄弟约翰。上个星期五晚上，他因为痛风过世。这种病折磨了他很久，刚开始1个月还在手部和脚部，最后发展到胃部和头部。在逐步迈向人生的最后旅程的过程中，他一直都昏睡着，并没有承受太大的痛苦。这件事发生的时候，你远在他乡，所以你不必再为此哀伤了，因为事情已经过去了。

我原本打算请艾略特先生给你捎去一些东西，但现在，只能通过这个星期开往汉堡的轮船给你捎去了。其中有一个小盒子，是你妈妈送给你的；一个更小的盒子，是给哈特先生的；一本洛克先生关于教育的著作，还有我曾经提到过的卡罗·马拉蒂的绘画作品；此外，有两封把你分别推荐给安德里先生和阿尔格洛蒂先生的信，他们都在柏林。我相信这两位先生将会非常乐意把你引荐给最好的社交圈，希望你不要错过这样绝好的机会（千万不要像其他英国人那样)。只有在最好的社交圈里面,你才能学到举止得体、姿态优雅。这些都是你走向成功所必需的,我已经反复强调过了。

哈特先生告诉我你在希腊语方面进步很多,而且还在钻研赫西俄德(古希腊诗人)的作品。听到这些,我非常高兴,但还想跟你强调一点,你现在已经克服语言这个大障碍了,剩下的任务就如同下山般轻松,所以,如果你不能坚持到底的话,那就不可宽恕了。

我也很高兴地听说你对一些稀奇的书籍和经文善本有所关注和研究。这方面的知识很容易让人显得学识渊博,但也会暴露出肤浅的一面。所以,你在阅读此类书籍的时候,首要目标是书中的内涵,其次才是它们的扉页、目录、文字和装帧。一个才华出众、判断力优秀的人,知道究竟什么才是自己的目标,并根据目标的大小来分配时间和精力。相反,平庸的人会误将小目标当成大目标,将大量本该属于后者的时间和精力都浪费在前者上面。犯这种错误的人很多,比如那些昆虫商、贝壳商、捕捉蝴蝶者和制蝴蝶标本者。思维清晰的人,不仅能够区分有用和无用之间的差别,也能够区分有用和新奇之间的差别。他会将自己的主要目标放在前者,而将后者作为自己的消遣。说到作为消遣的小知识,我倒是要推荐一本精致的法语书,名字叫《自然观察》。这本书的内容虽然浅显,但你可以从中得到需要了解的知识,对自然界的各个组成部分有一个充分的认识,我建议你在空闲的时候阅读它。不过,说到自然,哈特先生告诉我你已经师从尊贵的校长,学习天文学知识。这方面的知识当然更为重要,需要你花费更大的精力。在广袤无际的行星系里面,不计其数的天体在运行,它们之间的秩序性和规律性简直就是伟大的奇观,不但令人好奇,更让人惊叹万分。除此之外,这方面的学习还将使你对永恒的、无所不能的造物主有一个更系统、更合理的认识,正是他创造了宇宙万物，并使其维系至今。这方面的认识，比起只对我们居住着的地球（这个相对较小的天体）沉思冥想要来得全面。你可以读读冯特纳里先生的《宇宙的多元化》，从中获取知识，也可以把它作为一种消遣。

愿上帝保佑你！

查斯特菲尔德

第2封信

奠定一生的基石

你现在正在为你将来的品格和前途奠定基础，这个基础中缺少任何一块基石都要比将来上层建筑部分缺少50块石头所造成的后果更为严重，因为只要基础稳扎稳打了，上层建筑是可以进行修补和装饰的。

亲爱的孩子：

……

我发现爱因斯德伦伯爵非常关照你，在我一再追问之下，他才说出你不太讲德语，除非对方除德语外根本不会其他语言。果真如此的话，你就永远也不可能说好德语了。但是，我非常希望你能够说好德语，总有一天你会看到其中的好处。无论是谁，要是不能熟练地掌握一门语言，不能流利地运用这门语言，那么他在用这门语言跟人交谈的时候，就会处于下风，因为词汇和短语的匮乏总是令他言不尽意。既然你现在的德语水平可以勉强跟人交流，你就不要放过任何可以说德语的机会，这样一来，你很快就能够把它说得非常流利了。到了那时,你用德语跟别人交谈的时候肯定游刃有余。你有一个撒克逊仆人,还经常可以碰到很多德国人,完全有说德语的机会,甚至一天中的半天都可以用德语进行对话。我热切地希望你这么做,否则的话,你前面那么辛苦地学习德语,到头来却是竹篮子打水一场空。你也要记住,在你能够用意大利语给我写信之前,应经常用德语给我写信。

哈特先生对你所患疾病的推测看来很有道理,我也同意这样的推测(只要别人的推测有道理,我们就应该表示赞同,这是人之常情)。无论什么原因致使你患上风湿病,你都应该认真对待。现在,你的血液中肯定还残存着一些病毒,需要注意饮食,并经常服药,以便降低碱性,促进排汗。风湿病很有可能复发,在你这个年纪,又处于旅途中,复发是件令人懊恼的事情,而且非常伤身体。尤其是你现在的时间,极其宝贵,每1个小时的价值都比你20年后1年的价值还要大。你现在正在为你将来的品格和前途奠定基础,这个基础中缺少任何一块基石都要比将来上层建筑部分缺少50块石头所造成的后果更为严重,因为只要基础稳扎稳打了,上层建筑是可以进行修补和装饰的。我们继续用建筑来打比方吧。我希望你能够成为建立在托斯卡纳柱型上的一座科林斯式的大厦。托斯卡纳柱型是最坚实牢固、最有支撑力的基石,科林斯式建筑则富丽堂皇、美轮美奂。虽然托斯卡纳柱型外观粗糙、笨拙,没有人愿意多看几眼,但是,如果离开了这样坚实的基础,引人注目的科林斯式建筑也不会久长,必定很快就倒塌了。

查斯特菲尔德

第3封信

培养完美的品性

无论在哪个领域，尽善尽美都是人们极力推崇的目标。培养完美的品性对年轻人今后的发展相当重要。

亲爱的孩子：

无论在什么样的体系中——宗教、政府或是道德领域，尽善尽美都是人们极力推崇的目标。并不是每个人都能实现这个目标，更何况在实现过程中还要付出相当大的努力。毫无疑问，凡事力求尽善尽美之人，往往能够更加接近这个目标，可是，对那些悲观绝望、好逸恶劳之人来说，想达到尽善尽美的境界简直就是天方夜谭。

同样，日常生活中也是如此。那些以尽善尽美为目标的人往往更接近完美，而那些意志消沉、懒散放纵的人常常愚蠢地自欺欺人："世上没有一个人是完美的，所以想要达到完美的境界简直就是妄想。尽管如此，我还是会像其他人那样尽量做到很好，但是不会为了达到尽善尽美而自寻烦恼。"相信不需要我具体指明，你也看得出这番"推论"（如果我能用"推论"这个词的话）多么荒谬、多么愚蠢。信奉这番推理的人，往往在人生道路上表现得不那么积极进取，也无法施展自己的才干和抱负。

相反，明智之人和有勇气之人则会说："尽管做到尽善尽美（人类的本性就有缺陷）相当困难，可是我会全心全意、竭尽所能朝着这个目标努力。每天都离它更近一点，总有一天会触及这个目标。至少,相信凭我的能力,不会离这个目标太远。"

许多愚钝之人跟我说起你的时候,常常带着惊讶的口吻:"什么!你想让你儿子成为尽善尽美的人?"

我反问他:"为什么不可以呢?这对他、对我都没有坏处啊。"

他们马上说道:"可这是不可能的事啊!"

我回答道:"我也不是很确信能够做到。我承认,抽象意义上的完美是很难实现,可是具体到品性的完美,我希望他能做到,而且这也是力所能及的事。"

他们继续说:"你儿子头脑机灵、本性善良、学识渊博,而且他每天都在进步,那么你还奢望什么呢?"

我回答道:"为什么不呢?我希望他拥有最得体的举止、最迷人的谈吐和风度,浑身散发着优雅之气,做事全身心地投入,以此不断完善他的品性。这对他的头脑、本性和学问又有什么坏处呢?"

他们又说:"可是,认识他的人都很喜欢他啊。"

我感激地说:"很高兴听到你们这么说。不过我希望第一次见到他的人也能喜欢上他,并且深入交往之后会更喜欢他。"

他们反驳道:"其实,你没必要对这些没有意义的事情这么关注。"

我也反驳道:"如果你认为这些是没有意义的琐事,那么你就太不了解人性了。我们应该对这些细节给予更多的关注。只有具备这些品质才能使你赢得人心,而在这方面单靠理解力是远远不够的。我宁可他在语法、历史或哲学上出现小偏差,也不愿看到他的言谈举止有任何闪失。"

"可是你要知道,他还年轻,以后总会越来越完善的。"

"我也希望这样。可是年轻的时候不打好基础,将来怎么可能达到尽善尽美呢?"

"好啦,好啦,他一定会做到的。你可以一百个放心。"

"我相信他能做好,可是我希望他做得更好。我现在对他非常满意,不过我更希望他成为一个光彩夺目、出类拔萃的人物,今后能以他为荣。"

"你见过这种集所有优点和才干于一身的人吗?"

"是的,我见过。博林布鲁克爵士就是这种人。他身上融合了所有人的优点,既有朝臣的优雅得体、政治家的坚定果断,也有学者的渊博学识。就像你刚才说的,我的孩子也具备了许多品质,那么为什么他不能成为这样的人呢?没什么能够阻挡他成为尽善尽美之人,除非他完全漠视或者不关心那些对他而言意义重大的'琐事'。我无法想象他变成一个懒散疏忽或者意志消沉的人会是什么样。"

老实跟你说吧,这是昨天我和海文女士围绕你进行的一番对话,现在一字不差地传达给你,你可以自己判断。若是你认为我说得有理,就请付诸行动吧。下面我把上述对话做一番简要的概括:

不管你身在何方,请与各种上流社交圈保持往来,时刻注意观察他们的言谈举止,分别模仿那些你认为在某些方面特别突出的人,然后把他们身上的优点和长处综合起来,为你所用。如此,你才能更加接近完美。

查斯特菲尔德

第4封信

高尚的品格是你立足和腾飞的基础

每个地方的德高望重的人都是关键性的人物,他们的看法和评价总是具有决定性的意义,尽管他们本人或许从未深究某件事情的本质或某个人的本性,人们还是相信他们的言词。

亲爱的孩子：

  在哈特先生谈到的你的许多优点当中，有两点让我尤为高兴。第一点就是你极其关注自己品格的高尚，并且时刻保持着警惕。这是你得以立足和腾飞的坚实基础。一个男人的道德品质要比一个女人的贞洁名声更经受不起波折。男人的道德品质一旦受到玷污，就永远也不可能洗刷干净。我要说的第二点是你在外事方面掌握了正确而广泛的知识，比如，你对历史知识、条约知识和欧洲各国的政府都有所了解。英国人对这些知识并没有给予足够的重视，但只要你广泛摄取这些知识，就可以帮助你成为英国必不可少的栋梁之材，造就你的远大前程。哈特先生还告诉我，你从现在开始，想要阅读一些有关我们国家法律和宪法的书籍，以及有关我们的殖民地和贸易的书籍，因为相对而言，你觉得自己对欧洲其他国家这些方面的了解要比对英国的了解得更多一些。我会找来这些方面的书籍给你寄去，你可以借助它们对这些事情有一个大致的了解。不过，你目前没有足够的时间去深入钻研这些知识，你还有很多事情要做。等你回到伦敦以后，我们可以一起认真研究我们国家的体制，并且阅读一些相关的书籍。此刻，你应该继续汲取国外的知识，与每个国家的大臣和重要人物交往，看看每个宫廷是如何处理国家事务的，然后追根溯源，了解背后的真正动机。此外，你在巴黎期间，还要学习物理、几何知识，进行必要的技能锻炼，以及抽出相当一部分时间与上流社会的优秀人士交往，享受乐趣。走进上流社交圈，可以培养你的优雅的礼仪、举止和谈吐，让你风度翩翩，有助于你今后要从事的工作。等你将来和各国的大臣交往和谈判的时候，你要想赢得他们的信任并掌握他们的秘密，就必须首先取悦他们。

  我一有机会，就给你寄博林布鲁克伯爵以"约翰·奥尔德卡斯尔"这个笔名出版的一本薄薄的书，概述了英国的历史，并对我们的宪法有一个比较系统的描述。同时，就像博林布鲁克伯爵的其他著作一样，你能够从中领略到他那种极具说服力的文风和笔调。我也会给你寄去乔塞亚·齐尔德先生关于贸易的一本篇幅短小的书。在这本书中，乔塞亚·齐尔德先生给我们列述了商业中的真正规则，得出的结论也往往有理有据，在我看来，它或许可以被冠以"商业规则"这样的书名。

我很高兴地看到你对贸易和商业开始产生了一些兴趣，在此，我打算推荐一本法语书给你，在巴黎很容易买到，而且我把它视为商贸方面最杰出的著作，即《萨瓦里商业词典》。这是3卷的对开本，你从中可以找到任何有关贸易、商业、硬币、汇兑等的内容，非常清晰明确。它不仅涉及法国的商贸情况，还涉及世界各国的商贸情况。当然，你是知道的，我并不要求你立刻阅读这本书，我只是建议你应当买这样一套书放在身边，偶尔可以查阅上面的资料。

你已经拥有了充足的实用性知识和消遣性知识，只要你再接再厉，学以致用，你就可以积累更多的知识。这是一个打基础的过程，你的坚实的基础，再加上所有的社交礼仪和优雅风度，就可以成就未来的声誉和事业。我深信这些就是你的远大追求和深切企盼。你当前在巴黎期间，最重要的事情就是成为一个名副其实的上流社会的绅士，其他一切事情都可以置之度外。你要有良好的教养，但不墨守成规；平易近人，但不轻浮草率；沉稳端庄，但不刚愎自用；彬彬有礼，但不矫揉造作；取悦他人，但不曲意巴结；坦率开朗，但不喧闹聒噪；胸怀坦荡，但不轻举妄动；保守秘密，但不故作神秘；知道什么时候什么场合需要说什么话、做什么事情，而且言行举止优雅得体。所有这一切，并不是像人们以为的那样可以轻而易举地学到，它需要长时间的观察和磨炼。世界是就像是一本巨帙，需要花费大量的时间和精力仔细阅读，才能够真正理解和吸收。目前，你才仅仅阅读了其中的四五页，几乎没有时间去阅读那些不太重要的书籍。

据我所知，阿尔比马尔伯爵给他一位在伦敦的朋友写过信，他告诉他的朋友，他本来期望你到了巴黎以后会经常去拜访他，你却很少过去。他担心别人在你面前讲了他的坏话，让你对他有错误的认识。而我则认为，他真正担心的是自己在什么地方冷落了你，所以你不常去拜访他。不过，我对那位把这件事透露给我的人这样说，说你并没有对他产生不好的印象，恰恰相反，你在给我的来信中声称他是一个非常热情有礼的人，你对他的款待受宠若惊，但由于忙着攻读实证哲学，不得不放弃一些外出就餐的机会，因而去他家拜访的次数也比较少了。我猜想，你不常去拜访他的真正原因在于他们家很少有法国人光顾，所以你宁肯选择其他地方就餐，与更多的优秀人士交往。如果我猜测得没错的话，我想说，你这样的做法是非常正确的。尽管如此，你还是应该大方有礼地去拜会阿尔比马尔伯爵，尽可能地多与他共进晚餐，不要让他产生一种你在疏远他的感觉。要知道，他在伦敦是个极其有身份和地位的人，在你回来之前，如果有他先给你宣扬一番，那么，这对你今后的事业就非常有帮助了。人们往往乐于接受别人对某个人的品格的评价，就像接受他们对某件事情的看法一样，而不愿意费心去亲自观察和了解。每个地方的德高望重的人都是关键性的人物，他们的看法和评价总是具有决定性的意义，尽管他们本人或许从未深究某件事情的本质或某个人的本性，人们还是相信他们的言词。你接下来要尽可能多地去拜会阿尔比马尔伯爵，但千万不要让他知道我告诉你这件事情了。

我听说亨廷顿伯爵和斯托蒙特伯爵已经到了巴黎，我相信你已经见过他们了。尽管斯托蒙特伯爵在伦敦颇有声誉，但是，如果你要同他们深交的话，最好多跟亨廷顿伯爵接触，其中的原因你很容易猜到。

哈特先生本周前往康沃尔（英国城市）取回他的生活用品，

目前正住在温莎，大约一个月以后，他会回到伦敦，届时，你就可以和他照常通信了。你们在离别期间的相互关心对彼此来说都是很好的开始。

此刻，我收到了巴黎寄来的信，信中洋溢着对你的赞誉之词。继续"乘坐豪华的火车前进"吧！

再见！

查斯特菲尔德

第5封信

美德与学问缺一不可

美德和学问，就像是黄金，有其固有的价值，但如果不进行抛光，必将损失不少光泽，甚至连擦亮的黄铜都比粗糙的黄金更能引人注目。只要你想拥有美德，你就可以拥抱美德；美德在个人意念之间，失去意念就会失去美德；没有美德的人是可悲的人。

亲爱的孩子：

无论你做什么，总会这样那样地影响我。我现在正被两封来自洛桑的信深深地打动，一封是圣·杰曼夫人的来信，另一封是潘皮尼先生的来信，他们都谈到了你并对你赞赏有加。

我想有必要告诉你此事，这样对他们、对你都公平。品质高尚的人应该知道他们在这方面所取得的成绩，这既是一种褒奖，也是一种鼓励。他们在信中说，你不仅举止优雅，而且连许多英国人常有的那种忸怩不安、局促羞怯和粗鲁无礼（顺便提一下，你以前也有这些毛病）都克服了，我对此深为高兴。正如我以前时常跟你说的一样，那些不是最重要的品质，包括让人自在的礼貌、平易近人的修养、文雅的言谈举止，其意义远比一般人想象得更为重大，尤其是在英国。

美德和学问，就像是黄金，有其固有的价值，但如果不进行抛光，必将损失不少光泽，甚至连擦亮的黄铜都比粗糙的黄金更能引人注目。乐观开朗而又教养良好的法国人中，有许多缺少学问，但一般情况下，他们借助文雅的举止弥补了自身的缺陷。

我常常这样想，也这么说过，一个具备品德、学问和智慧的法国人，如果同时具备他们民族的优雅举止和良好修养，那将是这个世上最完美的人。如果你乐意为之的话，这种完美你也可以达到，而且我热切地希望你能够达到。你知道美德的真谛：只要你想拥有美德，你就可以拥抱美德；美德在个人意念之间，失去意念就会失去美德；没有美德的人是可悲的人。

上帝给了你智慧，学习给了你学问，只要你不懈努力，你将掌握一个人需要掌握的一切。凭借这些，你就能够能早早地踏入社会的舞台。如果你始终未能掌握这些，无法取得必要的成绩来完善自己，那只能是你自己的过错。

你应该向圣·杰曼夫人和潘皮尼先生致谢，告诉他们你深深地感谢他们对你的赞赏和偏爱。

就此搁笔。但愿你能一如既往地得到这样的赞美，也但愿你能因为我最诚挚的关爱而快乐。

再见！

查斯特菲尔德

■第6封信

勿染恶习,远离不良人士

要是你碰上不良建议或不良分子,并受其影响和诱惑,你就会从此堕落,前程尽毁。如果你染上恶习,你的品格、前途都会因此而烟消云散,你将一事无成,并且一无所有。

亲爱的孩子:

我将这封信寄给你在威尼斯的银行经纪人,这是最可靠的方法了。我估计,这封信要比你早些日子抵达威尼斯。你在沿途的每个地方都不会停留很长时间,这个季节的东风也不稳定,信的投递时间总是不太确定,所以,我就不再往维也纳寄信了。但是,我之前分别给你和哈特先生写了一封信,寄往维也纳了,希望你们到了以后能够顺利看到。其中给你的那封信里,还附了一封把你推荐给威尼斯的卡佩洛先生的信。我还揣测,欧洲大陆的邮局可能不太厚道,因为你在柏林停留期间,我只收到你的一封来信和哈特先生的一封来信。可是自那时起,我就迫切想要了解你的一切情况啊。

我相信,你在威尼斯停留期间,会充分利用你的时间,参观这个不同凡响的地方的所有值得一看的地方,与所有能够给你启迪的人交谈。你应该不会关注那些城镇里的街头表演,而是将时间花在学习当地政府的体制上吧。为此,我在这封信中还附了一封詹姆斯·格雷先生给你写的推荐信。他是英国派驻威尼斯的大使,不过目前在国内。有了这封推荐信,再加上我把你推荐给卡佩洛先生的信，你就可以在威尼斯结识众多优秀人士了。

但是，最重要的一站还是都灵。我希望你在那里多停留一段时间，抓紧学习，多多锻炼，完善修养。我承认，我迫切地希望看到你在那里待上一段时间后会有什么样的效果，肯定不外乎这两种情况：良好的结果或是糟糕的结局。但是无论如何，那里对你来说都是一个全新的舞台。在此之前，你每到一个地方，都主要和那些比你明智、比你谨慎的人交往，而尽量避开了那些不良建议和不良分子。不过，等你到了都灵学院，你很可能两类人都会遇上。那儿都是些与你年龄相仿的年轻人，肯定会有人懒惰散漫、道德败坏或者放浪形骸。我相信，你在那种良莠不齐的环境里，能够明辨好坏，而且，你良好的见识和品德足以使你避开不良分子，结识优秀分子。即便如此，为了更加安全起见，也为了你自己，我嘱咐哈特先生小心看着你，一旦发现任何酗酒、赌博、偷懒或者不听从他劝告的事情发生，就把你带往一个我指示给他的地方。这样一来，无论哈特先生有没有告诉我你在都灵的情况，我都可以根据你在那里的停留时间来判定你的表现。如果你在那里的停留时间非常短暂，我会知道为什么会出现这种状况。我可以向你保证，我肯定会知道，你事后也会发现我所言非虚。但如果哈特先生让你在那里的停留时间跟我预期的一致的话，我就会知道你合理地利用了时间，而这也是我对你的唯一要求。我希望你在都灵至多停留一年。如果你能够充分利用这一年的时间，就一定可以完善自己。在哈特先生的帮助下，你将完成古典文学的课程，学会举止优雅，并在当地的宫廷里有出色的表现。要是你在都灵的这一年时间能够像在莱比锡期间那样好学上进，那么最终的成果必定鼓舞人心；要是你碰上不良建议或不良分子，并受其影响和诱惑，你就会从此堕落，前程尽毁。我把你在都灵的一年视作你人生中至关重要的一年，它将是一块试金石：如果你充分利用，学有所成，我将永远爱你；如果你染上恶习，你的品格、前途以及我对你的希望、关爱都会因此而烟消云散，你将一事无成，并且一无所有。我对你的爱来自对你的好评，一旦你让我失望，我就会因此而改变对你的态度。我现在越是关爱你，我今后可能出现的愤怒也就越激烈。迄今为止，你一直表现很好，值得我这么爱你，万一哪一天你辜负了我的期望，我只会怨恨你。为了公平起见，我得事先告诉你，哈特先生对你在都灵的各项情况的陈述是我评判你的依据。我确信他对你所做的一切都是出于一片真心，我也相信你会承认他的判断力要比年纪轻轻地你来得强。只要他对你的表现满意，我就会满意，而如果他对你的表现有不满的话，我就会更加不满；如果他抱怨你，那就表明你肯定有犯错的地方，我根本不会考虑你对自己的辩护。

现在，我来告诉你，你在都灵应该如何度过：首先，每天早上都要在哈特先生的陪伴下，研读古典著作和学习其他学科，哈特先生要求你学习多长时间和以什么方式学习，你都要服从；其次，你要坚持练习骑马、跳舞和击剑；再者，学好意大利语；最后，同优秀人士度过晚上的时间。此外，我还希望你能够严格遵守学院的作息时间和规章制度。如果你照这样的要求在都灵度过一年，我对你就别无他求了，而且无论你想要从我这里得到什么东西，我都会乐意给你。此后，你将完全主宰自己的命运，我只会在一旁关心着你，你和我之间的唯一纽带就是友谊。请仔细思量我的这些话，并牢记它们。如果你在都灵的一年时间里能够按照我的要求度过，那么你将得到的丰厚回报和极大自由。我相信你的理智会毫不犹豫地为你做出正确的选择。

愿上帝保佑你！再见！

查斯特菲尔德

第7封信

切莫自以为是,要不断完善自己

明智的人对自己有充分的认识,他竭尽所能发挥自己的各项长处,让自己成为更有优势的人,但同时,绝不招摇。大多数情况下,他都宁肯稍稍低估自己,而不是高估自己,尽管他对于自己的真正优势有清醒的认识。

亲爱的孩子:

我从巴黎的朋友那儿了解到的有关你的情况,真是越来越让我满意了。阿尔伯马尔伯爵在他的信中,对你大为赞赏。这里的许多人都看过这封信了,可谓"不见其人先闻其声"。无论在什么地方,一个人的好名声都具有至关重要的意义。对你来说,在回国之前就能够美名远扬,其中的重要性更是非同小可了,这等于说你在成功的道路上已经顺利地走完了一半。我深信,在今后的岁月里,你不可能会有表现不尽如人意而让大家对你好感大减的时候,也不会因为大家的赞美而变得得意忘形,成为一个自以为是的人。相反,你会时刻意识到自己还有待完善,并且不会为此感到懊恼,而是激励自己孜孜不倦,继续求索。考虑到这点,我将从一位不存偏见且洞察敏锐的朋友的来信中摘录一段给你:

"先生,请容许我向你保证,斯坦霍普先生将来一定会有所作为。他知识丰富,记忆力惊人,而与此同时,他从不向人炫耀自己的这两点长处。他渴望能够取悦他人,并且一定能取悦他人。他富有表现力,身材匀称,仪表堂堂,虽然稍稍矮了些。他的言行举止从未出现不雅的情况，尽管他还没有掌握所有必需的礼仪。当然，马塞尔夫妇会教给他这些礼仪，他应该很快就能学会了。总之，除了像他这个年纪的人通常都会欠缺的风度和礼仪以外，他已经没有任何的缺陷了。至于风度和礼仪，需要在今后的日子里，多多和上流社会的优秀人士交往，接受熏陶，逐渐获得。他有这样的天分，更何况已经在接触这些优秀人士了，应该很快就能够取得成绩。"

关于这段摘录，我深信这是他对你做出的实事求是的评价。你和我都可以欣慰地发现，你已经取得了很多成绩，也存在一定的不足。如果可能的话，你取得的成绩越多，就越给人一种谦虚谨慎的感觉，同时，内心要更加坚定、更加自信。你自己也明白，只要你加倍努力，目前欠缺的方面就很容易得到弥补。事实上，你可以通过享受生活的乐趣来弥补这些缺陷，比如在参加社交活动、与人共进晚餐、参加舞会、游览名胜等过程中，你一定会碰到一些很好的榜样，认真效仿，取得进步。有关待人接物的方式、地方的风俗习惯以及随机应变的能力，你都要细心观察，仔细揣摩。总之，社交场所是你弥补这些缺陷的唯一学校，年轻的绅士和优雅的女士都是你最好的教师。

杜·博卡日先生是你的另一位赞扬者。他告诉我，博卡日夫人认为你既是一位好朋友，又是一位好帮手。我想，你知道这些，肯定会非常高兴。你已经走在正确的道路上，并且不断地完善自己。请继续用这样的方式同每一位女士交往，除非你碰到一位品格低下的女士。老实说，我碰到这样的女士也无可奈何，如果你不幸碰到了，我非常赞同你不去取悦她。

我这次有机会拜托信使波洛克，也就是我曾经的仆人，给你捎去两个小包裹，里面是希腊书和英语书。随后，约克先生也会帮忙捎去两个小包裹。但是，给你捎去这些书籍的同时，我又担心你没有太多时间阅读所有的书籍，因此，你应该首先阅读最重要的书籍。对你来说，这样的书籍无疑就是有关现代史、地理、年代学以及政治知识的书籍,此外还有一些关于当代欧洲几个主要国家的政体、基本准则、军事、财富、贸易、商业、杰出人物、政党以及政治上的一些阴谋集团的书籍。人们眼中的许多优秀的学者,尽管对雅典和罗马的政府体制了如指掌,却对欧洲当前的任何一个国家的政体乃至他们自己国家的政体都一无所知。你在阅读拉丁语著作和希腊语著作的时候,只需要浅尝辄止,保证你获得必要的古典知识即可,真正有用的知识是上述的现代知识。只要你掌握了这些知识,你在处理国内事务和外交事务的时候就能游刃有余。所以,你应该把自己的主要时间和精力花在这些知识上面。我知道,我也很欣慰,你必定会这么做。对于一个自我管理能力差的人来说,如果让他掌管自己的时间和活动,必定会有很多的负面影响,但我相信你与那些人不一样,所以放心地让你分配自己的时间和安排自己的活动。你绝对不是一个爱慕虚荣的纨绔子弟,不会自鸣得意,也不会因为自己的某些优势而冒犯别人。我深信一个明智的人意识到自身的某些优点的时候,他会表现得更加谦逊有礼,而在内心,他将更加坚定和自信。那些喜欢到处炫耀的人事实上就是纨绔子弟。明智的人对自己有充分的认识,他竭尽所能发挥自己的各项长处,让自己成为更有优势的人,但同时,绝不招摇。大多数情况下,他都宁肯稍稍低估自己,而不是高估自己,尽管他对于自己的真正优势有清醒的认识。布鲁耶赫先生(他的书值得一读)有一句名言说的就是这个道理,"一个想要获得他人尊敬的人,千万不能过于招摇"。当然,如果一个人真的缺乏信心,畏首畏尾、唯唯诺诺的话,那么,即便他再有才华,也不可能在这个世界上出人头地。他的懦弱阻碍了他前进的步伐,相反,那些信心百倍者则会勇往直前,远远将他抛在身后。

一个人的品行修养往往起着决定性的作用,直接影响着最终的成败。一个明智并且具备充分的社会知识的人,能够捍卫自己的权利,朝着心中的目标孜孜求索,虽然一个行事鲁莽的人也会义无反顾地追寻自己的目标，甚至表现得更加坚定和无畏，但前者掌握了为人处世的艺术，在追求目标的过程中温文尔雅、谦恭有礼。所以，在追寻求索的道路上，前者会是最终的成功者，后者却会沦为失败者。正确的态度，应该像这句名言所说，保持"态度温和，意志坚定"。

如果你想了解上个时代后半个时期的重要人物、生活方式和风俗习惯的话，你可以阅读布鲁耶赫先生的作品。事实上，那个时期跟我们现在的生活区别不大。但如果你仅仅要了解那些重要人物的话，你可以阅读罗彻弗柯先生的作品，他对那些人物的描绘可谓栩栩如生。

请把我信中附加的内容转交给瓜斯柯神父，他这个人对你大有帮助。你可以在他的陪同下，四处看看，参观游览。他虽然才智平平，但知识渊博。正所谓尺有所短，寸有所长，每个人都有一定的长处。在你所结识的人当中，孟德斯鸠先生无疑是对你最有帮助的人，他既才华横溢，又学识渊博。你应该多多跟他交往，接受熏陶。

但愿优雅与你同在！离开了它们，你将一事无成。所以，如果它们不愿与你同行，你就想方设法让它们与你结伴，在你思索的时候、谈话的时候和做事的时候，都与你形影不离。再见！

查斯特菲尔德

■第 8 封信

学习切忌一知半解

一知半解是件危险的事情，离开了锲而不舍，就永远无法品尝缪斯女神的甘露。

亲爱的孩子：

  我一直等待着到能够将你的朋友艾略特先生的行程告诉你的时候才动笔写信，所以这封信有所耽搁。我知道，你和艾略特先生是非常要好的朋友，你对他的情况非常关注。两个星期前，他的父亲和他一道乘坐驿马车过来，其他家人都还留在康沃尔郡。不幸的是，尽管他的父亲经受住了旅途劳累，却在上个星期天的晚上7点钟离开了人世。两天前，我见到了你的这位朋友，他显得有点憔悴、神情庄重。他已经做出了慎重的决定，再一次出国，但什么时候出发还未定，因为他必须首先处理这边的私人事务。我想，他很有可能在都灵（意大利城市）与你相会，不过，不会那么快。

  我很遗憾，你将要在相当长的时间里，没有像他这样的好伙伴陪在身边，做你的楷模了。所以，我希望远在他乡的你能够牢记他的一切，尽量效仿。在学习上，他具有刨根问底的精神，能够透彻地掌握各种知识。他从来不满足于泛泛地了解一些内容，总是喜欢在知识的海洋里刻苦钻研。蒲柏曾经在《批评随笔》中非常中肯地告诉我们：

  "一知半解是件危险的事情，离开了锲而不舍，就永远无法品尝缪斯女神的甘露。"

  我本来打算让艾略特先生给你捎去一些东西，还有送给哈特先生的一个小盒子。不过现在，我只能通过下个星期去汉堡的轮船给你们捎去这些东西（我知道，霍金斯先生就靠这种船运的方式给哈特先生捎去了他写信索要的东西）。其中有两封推荐信，一封是把你推荐给安德里先生，一封是推荐给阿尔格洛蒂先生，他们都在柏林。届时，你要把自己打扮得大方得体，拿着我的推荐信去拜访他们。他们会把你带入最好的社交圈，而且我也希望你凭借自己良好的判断力，避开其中的不良分子。无论你在哪里结交了狐朋狗友,你的人生都将不可避免地陷入泥沼。相反,如果你结交了良师益友,你的品格修养就会有所提升,你的人生也将前途无量。

我马上就要去参加议会召开的会议了,所以没有时间多写下去,就写这么多吧。实际上,在给你写了那么多长信之后,我已经没有什么补充的必要了。然而,过不了多久,我大概就会再犯那种啰唆的毛病,你也将会从我这儿得到更多的忠告。

查斯特菲尔德

第9封信

学习时要全神贯注

获得知识唯一的途径就是,无论学什么都要全神贯注、孜孜不倦。不论具备多大的决心和意志,一个人都不可能同时做两件事情或思考两个问题。如果有谁这么做,结果必然是两件事情都以失败告终。

亲爱的孩子:

我经常在信中与你开玩笑,因为我觉得偶尔开开玩笑并没有什么害处。但是每件事情都有它的限度,当我考虑到你的年龄时,我认为有时候应该表现得严肃点。

你知道我非常爱你,你是个天资聪慧的男孩,拥有匀称的身体和超强的记忆力。现在让我们来谈论一下你的不足,其实你只要运用良好的判断力,就可以轻易加以纠正,可是令我诧异的是,你居然没有这么做。你向我坦白,说这是由于你的轻率和漫不经心所造成的。

要知道，作为一个人，你如果不具备丰富的知识，永远也无法被上流社交圈接纳。获得知识唯一的途径就是，无论学什么都要全神贯注、孜孜不倦。不论具备多大的决心和意志，一个人都不可能同时做两件事情或思考两个问题。如果有谁这么做，结果必然是两件事情都以失败告终。在做一件事情的同时考虑另一件事情，是不会成功的。

你能想象我让你一天到晚都超负荷地学习吗？

不，把这个留给那些拙笨的男孩子吧。与之相反，我会让你愉悦自己，成为一个为你自己喜欢的人。学习的时候，请你全神贯注，千万不要一心二用。人们讲到裘利斯·恺撒的时候，说他可以同时向6个秘书口述并处理不同的事情。我认为这是根本不可能的事，因为恺撒不可能具备如此强的判断力，能够同时处理两件以上的事情。

我确信，你会把自己全部精力都投入到事业中去，理由有二：其一，你在11岁的时候就拥有了良好的判断力，它告诉你学习不仅是有用的，同时也是必需的；其二，如果你能像我所期盼的那样来爱我，你就可以愉快地去做一些事情，那是一些我热切希望你去做并对你自己有益的事情。

距离我们下次见面的日子应该不会太远了，最令我开心的事是，博士能够给我一个关于你近期表现的好评价。

晚安！

查斯特菲尔德

第 10 封信

切勿卖弄学问

　　每一个优点,每一种美德,都与恶习或缺点有着密切的关系。假如优点或美德超越了某个界限,就会沦为缺点或恶习。因此,越是学识渊博之人,就越该表现得谦虚有加;千万不要卖弄自己的学问。

亲爱的孩子:

　　每一个优点,每一种美德,都与恶习或缺点有着密切的关系。假如优点或美德超越了某个界限,就会沦为缺点或恶习。比如说,过分慷慨大方会显得你奢侈浪费,过分勤俭节约又显得你贪得无厌,行事过于大胆会显得你轻率冒险,太过谨慎又显得你怯懦无能,诸如此类。

　　所以我认为,实践美德比避免恶习要求人们具备更多的判断力。恶习,其本来面目非常丑陋,我们第一眼看见就会被吓倒,要不是一开始它带着美德的面具,我们就不会被它引诱。而美德,其内在非常美丽,我们第一眼就会被它吸引住,并且随着认识的深入我们会对它越来越着迷。与其他美好的事物相比,没什么能够超越美德。正因为此,判断才显得更为必要,它能引导、调节美德中积极的因素。眼下我并不是将其运用到某种特殊的美德上,而是运用到任何一种优点上。因为若是缺少判断的话,优点也会引起可笑的行为和过失。

　　比如,学识渊博的人,若是没有正确的判断,就会走上错误、傲慢和卖弄学问的歧途。我希望你尽可能发挥自己的长处，千万不要沾染上人们常有的恶习，而我的亲身经历将会对你有所帮助。有些以自己的学识为傲的"饱学之士"，时常谈论一些陈词滥调，全无新意。结果激起民愤，人民不堪忍受，起来反抗暴政。

你知道得越多，就该表现得越谦虚。这是满足你虚荣心的最有效的方法。即使你对某件事非常确信，也要表现得不太有把握；你只需陈述自己的观点，而不要做出断言；要是你能说服其他人，那么对他们的观点也要表现得宽容、豁达。

还有些卖弄学问的人（其实他们往往受学校教育的影响），总是以古代的话题为谈资，仿佛古代的东西比现代的东西、比人类更重要。他们出门时口袋里总是放着一两本经典名著；他们死抓住古代的东西不放，从来不读"无聊"的现代作品，还会非常直率地告诉你，1700年来人们在艺术和科学上根本没取得任何进步。我绝不是希望你不重视古代知识，只希望你少吹嘘一点古代的事物有多好。你讲到现代社会的时候，不要带着鄙视的态度；提到古代社会时，也不要一味地盲目崇拜。你要根据它们自身具备的优点进行判断，不要根据年代的久远来评判。要是碰巧口袋里有一本埃尔塞维尔版的经典名著，你不要拿出来炫耀，也别对人提起它。

有些杰出的学者，所说的涉及公众和私人生活的名言警句全都是从古代作家那些相似的例子中提取出来的，这么做非常荒唐。首先，他们压根没有想过，自创世纪以来，从来就没有出现过两个非常相似的例子；其次，从来都没有哪个实例，就连历史学家也不是非常清楚它的细节。可是，为了引用的时候令人信服，这些应该事先搞清楚。

我们应该从实例本身进行推论，致力于发掘它的具体细节，而不是盲从古代的诗人或是历史学家的权威。你要仔细考虑清楚，几个例子可能非常相似，但也只是仅供参考，不能用来做教科书。

我们自身所受的教育带给我们许多偏见，就像古人神化了他们的英雄。

还有些学者，虽然不那么教条，也不太傲慢，可是相当鲁莽。他们是一群喜欢通过聊天炫耀自己的书呆子，即使与妇女聊天都喜欢引用古希腊古罗马的例子以显示自己博学。为显示他们与古希腊古罗马作家的亲密关系，他们常在谈话中用特定的名字或绰号来称呼他们。比如，他们会在荷马前面加个"老"字，称贺拉斯为"狡猾的流氓"，把维吉尔叫作"马罗"，称奥维德为"纳叟"。这种行为常被现在的纨绔子弟模仿，其实他们根本没有真才实学。他们熟记古代作家的名字以及一些琐碎的花边新闻，然后在各种社交场合极不恰当地胡乱发挥，希望被人看作有学问之人。

因此，要是你既不想被人责难，也不想让人以为自己无知，那么最好不要卖弄学问。尽量纯正地使用你所在群体的特定语言，避免大量地引用其他话语。千万不要卖弄学问。你的学识就像自己的怀表，只需放在口袋里，不必拿出来炫耀，只要让人知道你有表就行了。要是别人问你时间，你就拿出来看看，然后告诉他；要是没有人问起，你就不要像个卖表人那样不断拿出来报时。

以上我所提到的，你要记住，学识（我是指古希腊古罗马的学问）是非常有用和必要的，缺少它你就该感到羞耻。然而，与此同时，你也要小心谨慎地避免上面提到的错误和恶习。尽管我希望你对现代和古代的知识都要有所了解，可是你得记住，现代的知识远比古代的更实用，你最好能够更详细地了解现代的知识，而不是古代的状况。

……

查斯特菲尔德

■第11封信

学习时不忘关心政治

在学习和娱乐的过程中,你千万不要疏忽自己的最终目的,即关注欧洲的政治事务。在阅读报纸的过程中,你可以了解到各个时期、各个区域发生的各种事件,而且还要透过这些事件看到它们的本质,理清来龙去脉。

亲爱的孩子:

我收到了你2月24日的来信。你在信中提到了地震,事实上,我们这里也发生了地震,甚至比我们以前共同经历过的那些地震都要厉害。在短短的十几天时间之内,先后发生了两场地震,着实让我们心有余悸。而在你那里,天气暖和多了,温暖的阳光多多少少能够抚慰心灵,这是我们享受不到的。

我并不认为现今的教皇是那种以拆毁竞技场这般宏大的古代遗址为代价而去建造7座现代小教堂的人。不过,无论他的艺术品位有多糟糕,你在离开罗马之前,都要想方设法找人引见。当你有机会拜访他的时候,一定要履行任何所需的宫廷礼节。我希望你能够见识到所有这些方面的礼仪,而且我相信,你现在的意大利语水平已经足以听得懂"这位是我们伟大的圣父"之类的简单用语,并能稍微进行应答了。我也希望你跟其他人用意大利语交流的时候,能够做到流畅自如。当然,我并不奢望你一下子就能够驾轻就熟,但是通过日积月累,你肯定可以做到。我常常告诉你,世上无难事,只怕有心人。你已经掌握了足够多的知识,它们是"开端和源泉"(语出古罗马大诗人贺拉斯——译者注),而到了现在,你则要关注各种各样次要的事情,它们可以成就伟大的目标。说到这儿,你肯定已经猜出,我指的是礼仪、举止和谈吐,也就是一个上流社会的绅士应该具备的优雅的风度。一个人的优雅风度往往体现在一些小事上,单个看来微不足道,聚合在一起的时候就非同小可了。比如,在就餐的时候,你是否非常娴熟优雅地切肉、吃喝?你行走和坐立的姿态是否风度翩翩?你是否时刻警惕那些粗鄙笨拙、缺乏教养的习惯,不会在身上乱骚乱抓,也不会将手指伸进嘴巴、鼻孔和耳朵里?一个人还没出校门的时候,很容易因为疏忽而养成一些令人厌恶的怪癖,后来想改也改不掉了。而对我来说,我绝对无法想象一个人在群体里面显得那么粗俗卑陋。你穿戴得体吗,有没有想想如何使自己光彩照人?这也是非常重要的方面,可以取悦于人。你参加聚会的时候,是不是表现得从容大方、优雅动人?所有这些方面都是身为绅士必须具备的,我无法一一描述清楚,但是,你可以在那些上流人士身上得到启发。你目前应该操心的事情(为你今后的职业着想),就是如何使自己成为一名优雅的绅士,光彩照人。

你回到伦敦的时候,我认为你可以做许多比光顾奥斯伯尼先生的餐厅更有意义的事情,比如阅读。你可以买一些好书,然后认真读。最好的书籍往往是那些最为通俗的书籍,最近的一个版本又往往是其中最好的,因为编辑们不是傻子,他们可以总结之前各个版本的经验教训而出版最新的版本。但是,千万不要费力去琢磨各个版本和扉页的区别,这里面没有什么真知灼见。我有一些好书,虽然不是很多,但对你来说是足够了。比如老版本的《柯拉纳》,还有1550年版的《马基雅维利》。你瞧,我也有藏书癖。

在学习和娱乐的过程中,你千万不要疏忽自己的最终目的,即关注欧洲的政治事务。在阅读报纸的过程中,你可以了解到各个时期、各个区域发生的各种事件,而且还要透过这些事件看到它们的本质，理清来龙去脉。比如，你可以在当年发行的报纸上查一查有关《尼斯塔德条约》（1721年）和《图尔库条约》（1743年）的资料，了解一下俄罗斯和瑞典两国之间的争端。据现在的报纸报道，意大利事务是目前各项谈判的主要目标，而且一次次地牵扯到1718年的四国同盟，以及之后不断演变，直到1748年签订的《艾克斯拉沙佩勒条约》。

顺便提一下，你从中可以了解到与你同名的小唐·菲利普对帕尔马和布雷森狄亚完全不同的占有过程。你还可以了解一下查尔斯国王关于割让那不勒斯和西西里地区的《第六次议案》。只要现在的西班牙国王一死，这两个地区又将成为一个争端。你在了解这些事件的时候，千万不要遗漏任何的线索，它们都极其简单地相互关联在一起，一旦哪个地方出错了，要再想顺藤摸瓜就困难了。

请告诉哈特先生，我已经拜托爱因斯德伦伯爵把包裹捎给菲尔曼男爵了。爱因斯德伦伯爵今天从伦敦出发前往德国，途中经过维也纳，再到意大利。他希望能够在意大利见到你。

再见，我的朋友！

查斯特菲尔德

第12封信

良好的外在素养让你在社交和事业上脱颖而出

一个人凭借内心的善良和头脑的智慧可能会受到敬重和爱戴，但是，如果他不具备优雅的风度、谈吐、举止和礼仪，就不可能取悦他人。

亲爱的孩子：

  风度、谈吐、举止和优雅，谁具备了它们，谁就能受用无穷，而对你来说，它们尤为重要。现在，随着我们会面的时间的日益临近，我对你是否具备这些素养的疑虑也越来越重。坦白告诉你吧，我担心你并没有充分意识到它们的重要性。比如说，你的好朋友 H 先生，虽然品德高尚、学识渊博、才华横溢，却永远也不可能在社会上大有作为。为什么呢？因为他缺少这些能够展现自己的素养。他步入社会太晚，而且他的处事态度比较达观，认为这些素养不值一提，所以，他最终未能具备这些素养。我相信他很有可能会在文学的舞台上脱颖而出，但是，要是能够在社会和事业的舞台上有所作为的话，那就更完美了。可惜，我认为他有生之年不会有这样的机会了。

  我现在就来谈谈我的经历吧。你是知道的，无论什么时候，只要我觉得通过讲述我的亲身经历能够对你有所裨益的话，我肯定会毫无保留地告诉你一切。我在你这个年龄的时候，刚刚步入社会，所以，你差不多比我早两三年接触社会的大舞台。19 岁那一年，我从剑桥大学毕业。事实上，我在剑桥大学的时候，是个十足的学究式的人物。当我谈论严肃的话题的时候，我喜欢引用贺拉斯的诗句；当我想要表现自己的幽默的时候，我就引用马提雅尔的诗句；当我想要表现翩翩绅士的风度的时候，我就谈论奥维德。我那时候满脑子都是古人的处世哲学，只相信他们的智慧，认为对男士来说必需的、有用的或者能够增光添彩的一切知识都蕴藏在古典作品之中。我甚至产生过宁肯穿古罗马人宽松的托加袍，而不要穿现代服装的念头，觉得现代的服装粗鄙庸俗。带着这些想法，我首先去了荷兰的海牙。在那儿，借助几封推荐信，我很快结识了当地最优秀的人士。跟他们交往没多久，我就发现自己以前的观念和看法几乎都错了。幸运的是，我对于取悦他人有着强烈的渴念（这是品性纯良和无可厚非的虚荣心共同作用的结果），并且也意识到除了取悦他人，我不能仰仗其他任何东西了。于是，我便下定决心，尽可能全面地掌握取悦他人的艺术。我细致入微地观察上流社交圈中那些善于取悦他人的优秀人士的风度、举止、谈吐和礼仪，并且积极效仿。如果大家公认某个人风度翩翩，我就会仔细观察他的衣着、举止和姿态，然后以他为目标来严格要求自己。如果大家公认某个人谈吐优雅，我就会认真聆听他的谈话，注意他的语调和停顿的方式，随后，我就会按照这个方式同上流社会高雅的女士们交谈。在她们面前，我会主动坦诚和嘲弄自己缺乏优雅、没有经验，而且还会请求她们竭尽所能把我塑造成一个兼备礼仪和教养的人。通过这些方式，以及在取悦他人的强烈意念的支持下，我逐渐掌握了取悦的艺术。我可以明白无误地告诉你，我在这个社会上取得的所有成绩都要更多地归功于那种取悦于人的强烈意念，而不是我原先具备的那些内在的品德和知识。坦白说吧，我如此渴望取悦于人（我为自己拥有这样的意念而感到高兴），以至于我希望所遇的每一位女性都能够喜欢我，每一位男性都能敬佩我。要是没有这样的意念，我就不会这么在意取悦的艺术了。事实上，在我看来，任何一个品性纯良、明白事理的人，如果没有取悦于人的愿望，那么他肯定不会有所成绩。难道品性纯良不会促使我们去取悦每一个谈话对象，而不必计较他们的身份和地位？难道明白事理和日常经验不会给我们指出取悦于人的无限用途？可能有人会说，一个人即便没有那些华而不实的风度、谈吐、举止和礼仪，也能够凭借内心的善良和头脑的智慧来取悦于人。但是，我恰恰反对这种看法。一个人凭借内心的善良和头脑的智慧可能会受到敬重和爱戴，但是，如果他不具备优雅的风度、谈吐、举止和礼仪，就不可能取悦他人。此外，我在你这个年龄的时候，并不仅仅为了取悦于人而去取悦他人，相反，我希望自己成为一个风度翩翩、彬彬有礼的人，以此在社交圈和事业上脱颖而出。你把我的这种念头称为抱负也好，称为虚荣心也罢，我都认为自己这么想是非常正确的。它不会伤害任何人，却能够为自己提供一个展示的机会。

  前些天，我同你的一位好友谈到了你。无论是在意大利，还是在巴黎，他都经常和你待在一块儿。你可以想象，我自然问了他很多关于你的问题。当我碰巧问到你的衣着的时候（老实说，我认为他最有发言权的就是衣着了），他说你在巴黎的衣着打扮非常好，但在意大利的时候就比较差劲了。在意大利的时候，他就常常拿你的着装开玩笑，甚至动手去扯你身上的衣服。我必须告诉你，你这个年龄的人如果穿着打扮不得体的话，就像我这个年龄的人还要戴羽毛饰物和穿红色后跟的鞋一样滑稽可笑。衣着打扮是取悦于人这个包罗万象的艺术中的重要组成部分，它能够让人赏心悦目，尤其能够博得女人的欢心。优雅的谈吐也是取悦于人的重要组成部分，你在这方面也要加倍注意了。总之，你要以外在的素养吸引别人的眼球，以优雅的谈吐抚慰他们的耳朵，然后打动他们的心灵，让他们完完全全站在你这边。无论何时，只要你发现自己在不知不觉中被一个品德不出众、才华也不惊人的人深深吸引的时候，你就应该认真思量，看看他到底是凭借什么给你留下如此深刻的印象。事实上，你将会发现，这其中的奥秘就在于我经常提及的优雅的风度、谈吐、举止和礼仪。这样一来，你就会知道，他能够取悦于你的那些素养，只要认真加以学习和效仿，你就可以取悦他人了。我们都是同样的肉体凡胎，尽管有些人生来高贵一些，有些人生来粗鄙一些，但一般而言，想要了解他人就要先透彻地了解自己，以己推人。等到我们会面的时候，我会帮助你剖析自我。在这个自我剖析的过程中，每个人都需要借助他人的力量来克服自恋的毛病，以此达到最确切的认识。再见！

查斯特菲尔德

■第13封信

优雅的风度礼仪蕴含着巨大的力量

优雅的风度、得体的举止、迷人的谈吐,可以让一个人在同女士们、男士们交往的时候,甚至在追求事业的过程中获得巨大的优势!它们能够帮助一个人赢得对方的欢心和偏爱,甚至让对方完全站到自己这边。

亲爱的孩子:

你的3位女士这么晚才做出决定!你们要购买的那款马海毛布料现在已经销售一空了。幸好,为了不至于再有什么迟滞(等到女士们终于弄清楚自己想要什么的时候,她们往往又会变得非常不耐烦),我之前根据你的大致描述,先从蒙肯塞尔夫人那儿要了一些相近的3款布料。只要有机会,我一定尽快把它们捎来。

为了博得"小伯劳特"的欢心,你肯定有很多的机会练习措辞吧。此外,赫维女士在给我的信中对你大加赞赏。她写道,前不久看到你在一个舞会上大展舞姿,跳得非常优雅动人。看了这些内容,我非常欣慰,因为如果你的舞跳得这么优雅的话,你的坐、立、行的姿态肯定也会非常优雅。

在日常生活中,坐、立、行这些基本的动作,虽然比起跳舞要简单得多,但也更加重要。我认识许多上流社会的绅士,他们坐、立、行都风度翩翩,但他们的舞技并不好;然而,我从来没有看到过有哪个人舞技很好,在其他方面的动作却不雅观。你在参加王公大臣们举行的宴会的时候,肯定有很多时候需要站着,这个时候，你就要注意自己的站姿了，两只脚既不能合得太拢，也不能分得太开。还有很多人，他们的站姿和走姿都不错，但坐姿就没那么优雅了。缺乏教养、笨手笨脚的人常常比较自卑，他们会直挺挺地坐在那里。此外，还有些人则表现得非常随便，毫无坐姿可言。如果大家的关系非常亲密，那么，坐姿随便一点也是无可厚非的事情，但在通常的情况下，这也是缺乏教养的表现。

一个真正有教养的绅士会非常优雅大方地坐在椅子上，而不是整个人松垮垮地倚靠在椅背上；同时，他也会随着形势和场合的变化改变坐姿，变得庄重，而不会像个木偶一般，从头到尾直挺挺地坐在那里。你现在还不明白，我也无法完全描绘出优雅的风度、得体的举止、迷人的谈吐，可以让一个人在同女士们、男士们交往的时候，甚至在追求事业的过程中获得多么大的优势！它们能够帮助一个人赢得对方的欢心和偏爱，甚至让对方完全站到自己这边。

我认识一个人，而且你也认识这个人，他在品德、学问和才能方面都非常平庸，但他仅仅凭借优雅的风度和迷人的举止就飞黄腾达了。那位如此提拔他的君主竟然还称呼他为"我亲爱的流氓"，这个人就是李希留元帅。不过，你心里知道就行了，千万不要说出去。我之所以告诉你这个秘密，就是想给你一个实例，让你知道优雅的风度和礼仪事实上蕴含着难以想象的强大力量。

哈特先生，另外一个对你赞不绝口的人，为了能够及时回来见到你，现在就已经动身去了温莎，然后再去目的地康沃尔。我确信他跟我一样，都迫不及待地想要见到你。即便如此，要是你不舍得这么快离开巴黎的话，我允许你推迟回来的时间，而且你可以像非斯都对保罗说的那样，也对我说，"你暂且去吧！等我得便再叫你来"（《新约·使徒行传》——译者注）。

由此可见，为了你，我宁愿牺牲自己对你的思念，这可不是一般的父爱啊！如果你确实想要回来一趟的话，那么，你只要带上贴身侍从克里斯汀和你自己的男仆就可以了，至于你在那里雇佣的仆人和教练就不必带过来了，因为你迟早要解雇他们。不过，你在旅馆里租的房间最好保留着，这点房租不算什么，而且你还可以把自己的书籍和行李留在那儿。衣服方面，只要够旅途期间穿行了，比如，一套黑色的衣服，以便参加王子的悼念活动；一套漂亮的外衣，两三件有花边的衬衣，几件普通的衣服。至于其他诸如包啊、装饰用的羽毛啊之类的东西，你觉得合适就带上好了。除了两三本路上消遣用的书籍，就不要带其他的书籍了。你回来的这段时间，要充分利用时间巩固英语，我这儿收藏的英语书籍足够你看了。我打算让你在这儿一直待到大约10月中旬，而且肯定不会再让你多待下去了，因为接下来的冬天，你很有必要在巴黎度过。

如此一来，当你准备回这儿小住一段时间，巴黎的朋友们跟你挥泪道别的时候，你就可以颇有风度地安慰他们，并向他们承诺你两个月后就会重返巴黎了。

你找到教授几何学的老师了吗？如果那儿的天气非常炎热，你可以暂时停止骑术的训练，等你回到巴黎的时候再继续这项训练。

不过，如果你觉得骑术的训练可以给你带来的好处远远大于炎热的天气对你造成的不便的话，你也可以不用中断这项训练。即便如此，我也不希望你中断马塞尔先生的课程。

至于剑术，我想你在这个夏天可以先告一个段落，等到冬天来临的时候，你再继续这项训练，可能效果会更好一些。

当然，我让你练习剑术，并不是为了让你进攻，而是为了在必要的时刻能够自卫。晚安！

查斯特菲尔德

第14封信

凭借良好的教养出人头地

我可以把你比作这样一幢宏大的建筑,你在装修的过程中,要注意融入亲切随和的为人、卓尔不群的教养、取悦于人的谈吐、风度翩翩的举止、大方得体的服饰以及年轻人应该必备的所有其他优点,只有这样,你才能焕然一新、大放光彩。

亲爱的孩子:

我在上一封信中跟你谈了良好教养这个话题。我想,你除了应该了解良好教养的实用性和必要性以外,还应该知道没有教养带来的不利和不便。良好教养可以产生积极的影响,没有教养只能产生消极的影响。因此,我需要继续跟你解释,告诉你培养良好教养的重要性,让你凭借自身的教养来出人头地。

你可以时刻审视自己的处境,看看是不是自己身上的良好教养为你赢得了他人的礼遇。我可以明确地告诉你,事实就是这样,正如俗话所说,礼尚往来。一个人如何对待别人,别人就会以同样的或者更强烈的方式回报。如果他对别人漠不关心,别人就会对他漠不关心;如果他对别人疏忽怠慢,别人也会对他疏忽怠慢;如果他对别人不以礼相待,别人就可能非常无礼地回敬他。总之,没有教养的行为很容易让人深陷泥潭。换一个角度来讲,你将来要从事的职业对良好教养的要求比其他任何职业都来得严格。当你跟人谈判的时候,如果你不具备良好的教养,没有让你的谈判对手对你产生好感,那么你最终取得谈判成功的概率也会非常小。

同样，当你有机会走近宫廷的时候，如果你没有这些能够取悦他人的教养，你就无法取得他们的信任，也无法探知其中的任何秘密。所以，我一再向你强调，良好的教养、取悦于人的举止和优雅的谈吐是你事业成功的一半。

　　如果你缺乏良好的教养，让别人对你心存芥蒂，那么，他们肯定不愿意理会你。而如果你能够通过良好的教养赢得他们的好感的话，你就会轻而易举地赢得他们的理解与附和。然而，仅仅具备那些非常普遍的教养和礼节是不足以征服别人的心灵的。当别人给你行鞠躬之礼的时候，你也简单地回鞠躬之礼；别人跟你攀谈的时候，你枯燥无味地应答，不会说出什么无礼的话来。这些行为只是最基本的教养和礼节，虽然不会冒犯别人，但也不能取悦别人。一个人只有做到积极热情、乐于助人、充满魅力和涵养，才能够赢得男士们的友谊和女士们的青睐。与人交往的时候，一方面，你要留意对方的情绪、品位、小幽默或某些缺陷，另一方面，你要表现得爽朗大方、热情洋溢，绝对不能让对方产生一种你是在拿他的缺陷开玩笑的感觉。比如，你邀请某人与你共进晚餐，这个时候，你就要回忆他们是否有什么偏爱的菜肴，如果有的话，你就要为他点上这道菜。当菜上来的时候，你应该这样对他说，"我以前在……场合，看到你喜欢吃这道菜，所以我就为你点了这份菜；另外，我看到你比较喜欢这种酒，所以想法子弄来一瓶了"。这类事情看起来越微不足道，就越能够体现出你对他细致的关照，因而能够赢得他的好感。你可以扪心自问，当别人如此关照你的时候，你的自尊心和虚荣心是不是得到了很大的满足。事实上，生活在这个世界上的每一个人都或多或少有这样的感受。你还可以想想，对于给你这些关照的人，你会不会心生好感，并觉得他们的一言一行都非常讨人喜欢。如果你也能够这样关照和礼遇他人，他们也会对你心存好感。

　　从某种程度上来说，女人的力量不可小觑，要么为你传播美名,要么诋毁你的名誉。所以,你与女士们交往的时候,一定要表示出你对她们的尊重和关注。与此同时,你要表现得完全发自肺腑,而不是曲意奉承,这也是必要的。在公共场合,你要对她们彬彬有礼,尽量给她提供方便,比如从她们下马车开始,一直到坐到位子上这一系列的过程中,你都要表现得殷勤,但不要沦为献媚。不该看的东西,你不要去看;实在躲避不开的时候,你也要佯装没有看见。总之,你会有很多的机会为女士们效力,即使没有,你也要创造机会。不过,当一位男士陪同他的夫人观看马戏团表演的时候,你千万不要在她面前提起他的情人,而应该小心地去擦拭她衣领上的灰尘,即便那里根本没有什么灰尘。跟女士们谈话的时候,你一定表现得谦恭有礼,也要尽量满足她们的虚荣心。你要使她们相信,你对她们说的每一句话,或者为她们做的每一件事情,都是出于对她们的美貌、智慧和品德的仰慕。

　　事实上,男人跟女人一样虚荣,只是表现的地方不一样而已。只要你具备良好的教养并且掌握了取悦他人的艺术,你就能够通过言语和行动来满足他们的虚荣心,博取他们的好感。等你回到英国的时候,我或许会安排你跟某个王族的人聚在一起(我完全有可能这么做),在这种情境下,良好的教养、优雅的谈吐以及你学到的宫廷礼仪将会为你赢得他的好感,甚至为你赢得大使的职位。这些东西绝对不可能仅仅凭借学识就能够争取来,因为王公贵族们很少关注事物的内涵,他们关心的只是事物的表面。我从不会建议你与他们探讨深奥的话题,这只会自找麻烦。一般而言,王公贵族们(我是指那些出生在帝王家的人)的教育水准、谈吐和礼仪都跟女士们相差不远,见识比较广,却不太深思。你可以首先凭借自己的外在素质来赢得他们的好感和赏识,然后再凭借自己的内在素质巩固这些所得。至于那些泛泛之辈(毫无疑问,这种人占了人类总数的四分之三),良好的教养、谈吐和举止完全可以征服他们了。而如果你不能给他们一种良好的感觉,恐怕就得不到他们的好感了。无论我这样说是否正确,至少从我个人的角度而言,我就是以这些标准来审视别人的。我对一个没有教养、毫不优雅的人是绝对不会有好印象,也不愿意去深思他是否具备良好的品德,甚至会武断地认为他的品德也不会好到哪里去。假如他真的具备好的品德的话,我大概也不会因为自己的武断而惭愧。我时常在自己的脑海里勾勒你目前的形象,当我根据你掌握的古代的知识、现代的知识、实用的知识和趣味性的知识来审视你的时候,我情不自禁地为你的大好前程而欢呼雀跃;但倘若我看到的是一个缺乏教养、毫不优雅、没有风度,而且对我心不在焉的你的时候,我的心情简直差到极点,只能像曾经一位技艺精湛的画家给一位父亲画上面纱一样,也给自己愤怒的面容遮上一块纱布。

  我相信你已经掌握足够多的建筑学知识了。你一定知道托斯卡纳建筑风格在所有建筑风格中最为坚固,也最有支撑力,但与此同时,它又最粗糙和笨拙。在为宏大建筑做地基和底层的时候,可以采用托斯卡纳建筑风格,这样一来,谁也看不到它粗糙的一面,又能很好地发挥它的支撑作用。然而,如果整幢建筑都采用托斯卡纳建筑风格的话,那么它的粗糙肯定不会吸引路人的眼球,更没有人会想到要走进里面参观。人们会理所当然地揣测,既然它的外表如此不堪入目,它的内部装修也不会好到哪里去。可是,如果我们只在构建宏大建筑的地基时采用托斯卡纳建筑风格,其余的上层部分则充分利用多利安式建筑风格、爱奥尼亚式建筑风格和科林斯式建筑风格的秀美的特点,那么整幢建筑物的比例就会更加协调、装修更加引人注目,即便是最粗心大意的路人也会驻足欣赏。要是这幢建筑打算出售的话,我相信人们肯定会竞相购买。我可以把你比作这样一座宏大的建筑,你目前的大部分地方采用的是托斯卡纳建筑风格,而非科林斯式建筑风格,所以,你必须对你的外观进行彻底的装修,否则,根本不会有人来叩响你的大门。你在装修的过程中,要注意融入亲切随和的为人、卓尔不群的教养、取悦于人的谈吐、风度翩翩的举止、大方得体的服饰以及年轻人应该必备的所有其他优点,只有这样,你才能焕然一新、大放光彩。

我想,你会看在我的分儿上朝着这个方向努力发展。等你回到伦敦,如果我无法放心地委托你去招待我们的客人,并觉得把你介绍给他们是一件令人尴尬的事情,而且你在就餐时举止笨拙、心不在焉的样子又恰巧被其中的一位朋友看到,那么,这些将是多么严重的后果啊!果真如此的话,我会深深地失望,宁肯你切肉的时候割到自己的双手,喝热汤的时候噎着,也不要你出来丢人现眼。

这的确是一个冗长的话题,不管是正儿八经地谈,还是插科打诨地聊,都可以说上很久,而我也不可能将良好教养的好处一一陈列给你。在这个世界上,没有哪种关系是那么亲密或者那么疏远,以至于一点儿都不需要礼貌和教养。你是个明辨是非的人,肯定明白这一点;你也是一个禀性纯良的人,有良好教养的潜质;而且你的未来与此息息相关,促使你竭尽所能去培养这种教养;通过细致的观察和多次的磨炼,你最终一定能成为一个风度翩翩、优雅得体的绅士。

你到了罗马以后,才会收到这封信。我希望你在那里停留的6个月时间里,方方面面都有长足的进展。在白天,我希望你听从哈特先生的教诲,跟着他安排的教师学习知识;到了晚上,我则希望你会拜会罗马的女士们。这两点你都要给予充分的重视。但是,我还必须告诉你,罗马的女士们并非博学多才之辈,你不要跟她们谈论希腊的古典知识,而应该尽量凭借你的良好教养和优雅风度来取悦她们。

我常常告诉你,最渊博的知识和最文雅的举止是相辅相成的,尽管我们很少看到一个人兼备这两者。我尽量做到两者的融会贯通，向你展现活生生的例子，万一你发现我有做得不好的地方，那么，感到忧虑的肯定是我，但遭受损失的肯定是你。不过，博林布鲁克子爵（原名亨利·圣约翰，1678～1751）是一个很好的实例。他博学多才、文雅大方、教养极好，几乎是这个世界上最完美无缺的人了。教皇曾经针对他的博学和礼仪，非常中肯地评价他为"全能的圣约翰"。他以前确实因为内心狂野的抱负和激情而存在一些缺点，不过，随着年龄的增长和阅历的加深，逐渐改掉了这些缺点。现在，他的谈吐引人注目，他的雄辩深入人心，他的学识让所有前去讨教的人大有收获。我只希望你能够向目前的他靠拢，而非曾经的他。从晚饭后到睡觉的这段时间里，你唯一要做的就是想方设法培养自己的教养、谈吐和举止。离开了它们，你将一事无成；拥有了它们，你便可以功成名就。

代我向哈特先生问好，我亲爱的孩子！再见！

查斯特菲尔德

第15封信

培养你的口才

每一次大型会议都会有很多人参加，你要让每一个人都满意，就要抓住他们的热情、脾性、感观和兴趣。要做到这点，你就必须依靠雄辩的口才、铿锵的语调、优雅的姿势等演说技巧。

亲爱的孩子：

我在前不久给你的信中提到过，我给上议院提交了一项议案，建议修改我国现行的历法，把恺撒历改成格利高里历。现在，我想给你详细地讲讲这件事情，你自然能够从我的叙述中获得一些启发，因为我估计你对此还不是很了解。

众所周知，恺撒历存在错误，它比一个回归年多了11天。教皇格利高里十三世纠正了这个错误，他修订的新历法很快被欧洲各个天主教国家采用，随后，除了俄罗斯、瑞典和英国以外，所有的新教国家也采用了这个历法。在我看来，英国仍然保留着存在严重错误的恺撒历并不光彩，尤其是在如今这个社会，给政治上和商业上的通信造成了不便。因此，我决定建议改用新历。我咨询了最好的律师和天文学家，共同起草了一份议案。但我的麻烦也接踵而来了。

议案中不可避免地会出现一些法律和天文学术语，我对这两个方面的知识都非常有限，可谓门外汉，然而，我又必须让上议院的人认为我是在行的，并且要让他们认为他们自己也是有些在行的，尽管在事实上，他们对此一窍不通。对我来说，我跟他们讲天文学，就像是在用凯尔特语或者斯拉夫语讲话一样，都是外行，但他们却会表现出能够理解的样子。最终，我觉得最好还是让他们听得有趣味一些，而不仅仅是给他们灌输科学知识。因此，我讲了历法的历史，从古埃及的历法一直讲到格利高里历，不时穿插一些趣闻轶事。

在这个过程中，我非常注意自己的遣词造句，力求语调和谐、发音清晰、姿势优雅。结果，我成功了，而且一定可以取得成功。他们认为我给他们传输了知识，事实上，我只是取悦了他们。他们中的大多数人认为我叙述清晰，但是，上帝知道，我可没想过要把问题本身叙述清楚。如今享誉欧洲的数学家和天文学家马科斯菲尔德伯爵，是这次议案的主要起草人之一，他继我的发言之后，介绍了大量的知识，把非常复杂的问题解释得清清楚楚，但是他在措辞、停顿、谈吐方面都不如我，所以议员们都对我的发言给予好评，而对他的发言就没有给予足够的好评。这当然是不公平的，但这就是现实。每一次大型会议都会有很多人参加，你要让每一个人都满意，这个时候，仅仅讲道理和学问是不管用的，而是要抓住他们的热情、脾性、感观和兴趣。你要明白，从整体上来说，他们只有耳朵和眼睛在参与会议，所以，你只要满足耳朵和眼睛的需求就行了。要做到这点，你就必须依靠雄辩的口才、铿锵的语调、优雅的姿势等演说技巧。

当你进入下议院的时候，如果你以为只需要凭借朴实无华的知识和推理就能够成功，那你就大错特错了。作为一个演说者，人们是根据你的口才而不是你演说的内容来评判你的才能。每个人知道的事情都大同小异，但只有少数人能够绘声绘色地讲出来。我很早认识到口才的重要性，并且身体力行。即使是在最为寻常的谈话中，我也力求用最有表现力、最为优雅的词句来表达我的观点，长此以往，我的口才已经成为习惯的一部分，一旦碰上没有很好地表达自己的时候，我就会不由自主地感到难受。虽然你现在还不足以相信口才的重要性，但我还是要向你灌输这条真理，并且希望你把培养自己的口才作为目前的唯一目标。你的任务不是"增重"，而是"发光"。没有光泽的金属只能是一块铅。你同实在的男人一起粗俗地谈论深奥的道理，还不如同无关紧要的女人优雅地闲谈；你笨拙地拿出1000英镑的钱给女人，还不如学会优雅地拾起她不慎掉落在地的扇子；你傻里傻气地接受别人的好意，还不如优雅地拒绝。言行举止的优雅最为重要，它体现在任何事情中。只有凭借优雅，你才能取悦他人，并且步步高升。你的希腊语不可能帮助你从秘书晋升到使节，也不可能从使节晋升到大使，但是你的谈吐、举止、风度却很有可能帮助你晋升。目前对你来说，马塞尔先生比亚里士多德重要很多。坦白说，我宁愿你将博林布鲁克伯爵的写作风格和谈话技巧学到手，也不要你掌握科学院、皇家学院甚至两所学院加在一起的所有知识。

既然提到博林布鲁克伯爵的风格，我就要再说几句了。他的风格自然是远远胜过其他人。你身边有他的书，我希望你反复地阅读他的作品，尤其注意他的写作风格，然后摘录其中的片段，尽可能地模仿他的风格。这是你今后在下议院、谈判桌上和日常交流中都真正大有裨益的技巧。凭借它，你可以取悦他人、说服他人。你在这方面有多大程度的欠缺，将来就会遭遇多大程度的失败。总之，你在巴黎的这一年，你不要去理会那些思想呆板、过于沉稳的人，多多结识上流社会出类拔萃的人，效仿他们。

在人们通常所谓的小事情中，有一件事情同样没有引起你的关注，那就是你的书写。你的字写得真是糟糕，既不像出自公务人员之手，也不像出自绅士之手，倒像是出自一个经常逃课的学生之手。你应该拜托诺莱神父尽快帮你物色一位书写优秀的教师（既然你觉得凭借个人的力量无法把字写好），让他教你把字写得优美、清晰、大方，同时也能够写得快速。当然，我并不是要求你的书写达到大师级的水准，而是希望你至少能够像外事部的高级职员那般，写一手好字。

坦白说吧，如果我是阿尔比马尔伯爵，我就不会让一个字写得跟你一样糟糕的年轻人留在自己的办公室。写字的时候，从手掌到手臂，都要活动自如，你的手臂是否如此呢？手臂的动作对于一个男人的风度十分重要，尤其在跳舞的时候，它们比双脚发挥的作用更大。如果一个男人腰部以上的动作得体，帽子戴得优雅，头部动作得当，那么，他的舞也必定跳得很好。女人们有夸赞你的穿着吗？这对于年轻男子来说同样重要。你有特别感兴趣的人吗？我并不需要知道这个人是谁，但有一点是可以确定的，那就是，如果有这样一个人存在的话，就会促使你学习和实践取悦他人的艺术。

大约两三个星期以后，查尔斯·霍瑟穆先生会抵达巴黎。他只是路过巴黎，真正的目的地是图卢兹（法国城市），并要在那里待上一两年。请你务必对他谦恭有礼，但除了阿尔比马尔伯爵以外，你就不必将他引见给谁了，因为他至多在巴黎停留一个星期，我们不希望让他体验到那种纵情欢乐的生活。你可以带他去戏剧院看戏，或者去歌剧院听歌剧。

再见，我亲爱的孩子！

查斯特菲尔德

第16封信

口才和雄辩

培养能言善辩的口才，注意表达方式的高雅。

亲爱的孩子：

克莱顿爵士在其历史著作中对约翰·汉普登先生做过如下评论："他有一颗创造性的头脑、一张能言善辩的嘴巴，还有一双制造不幸的手。"姑且不论这番评论是否公正，我只想修改其中的一个词，把"不幸"换做"好处"；如此，我便热切地期望你也能拥有改换之后评论中的这些才能。

其实在某种程度上，上帝已经决定了你的头脑是否具有创造性；但是，你可以通过自己的学习、观察和思考不断地加以改善和提高。至于能言善辩的嘴巴，则完全依赖于你的锻炼；若是你勤加练习，必能拥有这种才能；要知道没有它，再聪明的头脑也发挥不了作用。同样，在我看来，动手能力的强弱也主要取决于你自己。严肃、认真地思考会令你勇气倍增，助你事业有成；而这种勇气既不同于动物的野蛮，也不同于步兵的蛮横——前者坚如磐石、不可动摇，后者时常表现出残忍的一面。

接下来，我要谈的是"能言善辩的嘴巴"——就像牧师认为台下的听众最缺乏美德和明智，宫廷最缺乏真实和克制，城市最缺乏无私，国家最缺乏稳重——而你最缺乏口才。

在你有限的人生经历中，肯定已经意识到说话方式是否高雅会产生截然不同的效果。当与你搭话的人口吃，说话声音刺耳，中间没有停顿，而且语法错误、词语乱用，结果你听得云里雾里，完全摸不着头脑——难道你能容忍这一切吗？难道你不会对他们产生偏见，进而怀疑他们的人品？换作是我，肯定会的。另一方面，那些说话方式与此完全相反的人，难道你不会先入为主、自然而然地对他们产生好感？准确、清晰、稍加修饰的表达方式能令你的话语极具说服力。它们常常可以用来弥补内容上的不足，如此一来，在辩论中你就能所向披靡。法国人非常注重纯正、高雅的表达方式，即便在普通的谈话中也是如此。他们说法语时，总是注意这种语言表达的微妙性，时刻观察对方的反应。意大利人也是如此，我几乎没碰到过一个不会准确、高雅地说本国语言的意大利人。那么，对英国人来说，在公众集会上就国家制定的法律和宪法赋予的自由发表演说时，是否也有必要注意准确、纯正地使用英语呢？在这种情况下，仅仅追求准确、清晰已经无法满足听众的要求了。

你应该把古希腊著名演说家德摩斯梯尼当作自己学习的榜样。假如你在演说方面还有不足，那么请投入最大的热情、付出最大的努力去提高演说能力。不管与什么样的人说话，也不管说什么样的语言，千万不要忽视自己的表达方式。注意用词贴切，风格高雅；不仅仅满足于让别人理解你的意思，还要用语言装点你的思想。若是赤裸裸地表达自己的想法，不加任何语言上的修饰，那有失体面，甚至比不得体的穿着更糟糕。

我给你寄了一个包裹，里面是博林布鲁克勋爵写的一本书。我希望你能反复阅读这本书，尤其要注意他的文风以及演说技巧。

我也是读过这本书之后，才意识到自己远没有掌握英语语言的技巧和功用。博林布鲁克勋爵不仅巧舌如簧，而且笔头功夫了不得。他在日常谈话中的措辞就像他的著作一样风格高雅，不论说什么或写什么，他都是讲究辞藻的准确，并且通过流畅、愉悦的方式表达出来。这对他来说极为平常，甚至与最熟悉的人谈话也是如此。

你所从事的行业令你今后有许多机会在公众场合——或是面对国外的王子，或是在国内的下议院——发表演讲。在这种场合下，口才对你而言相当必要。你不仅得具备一定的演说能力，把意思表达清楚，而且还要具有最优秀、最耀眼的雄辩才能。看在上帝的分上，你要以此为目标，不断地提高自己。你的演说要极具有说服力，不能发出刺耳的声音和不和谐的语调；在任何场合都要注意使演讲充满感染力。雄辩的才能和良好的教养，加上卓越的才华和渊博的学识，必定能够带给你成功。

查斯特菲尔德

■第17封信

轻松自如地演讲

请牢记这3个要点：第一，在议会中学会说话技巧十分必要；第二，你只需要花点心思就能学会这种技巧，不需要超人的天赋；第三，你有充分的理由相信自己的演说是最棒的。

亲爱的孩子：

你年纪轻轻就立志进入议会，成为议员。要知道，这可是你出人头地、扬名立万的唯一途径。实际上，那些从事特殊行业的人，比如陆军、海军或律师，他们从小就朝着这个目标努力，并且凭着自身的才能确实到达了某种高度。你只要密切关注议会的日常事务，就能很快摸清议会工作的门道。懂得说话的技巧是成为一名出色演说家的必要条件。普通人把优秀的演说家看作超人，拥有上苍赐予的某些特殊才能。当这种人出现在公园里的时候，人们纷纷盯着他看，然后大叫："就是他！"其实在你看来，这种人只不过比一般人具备更好的判断力，懂得以优雅的演说和风度修饰自己的思想罢了——这时奇迹自然就消失了。你相信只要付出同样的努力，追求同一个目标，就有可能赶上甚至超过这种天才。W 爵士的才能不及你的四分之一，学识更比不上你的千分之一，可是却凭着三寸不烂之舌成为政界名流。他相继在海军部和财政部任职，出任过战务大臣，现荣升为爱尔兰副财务司。因此，你只要明确目标，充满信心，千方百计实现它，那么我也会全力以赴地支持你。当我还没你这么大的时候，就下决心无论如何都要成为议会中最出色的演说家。我从没放弃过这个目标，也不会忽视任何助我实现这一目标的方法。就某种程度而言，我确实成功了。年轻人通常高估那些他们尚未了解的人或事，等渐渐熟悉之后，又瞧不起他们。

……

请牢记这 3 个要点：第一，在议会中学会说话技巧十分必要；第二，你只需要花点心思就能学会这种技巧，不需要超人的天赋；第三，你有充分的理由相信自己的演说是最棒的。下次见面的时候，这将是我们的主要话题。如果你接受我的忠告，你就会成功。

……

希望你好好保护你的口腔和牙齿，每天早晨用海绵和温水洗刷牙齿，每次用餐结束都要漱口；千万别用火柴棒或者其他坚硬的东西剔牙齿，那会磨掉你的牙龈，损伤你的牙齿。在这方面我可是有惨痛的教训。那时的我比你现在还小，不太注意保护牙齿，结果我的牙齿越来越黄；后来，我用火柴棒、铁等摩擦牙齿，想让它们变得干净整洁，结果彻底地毁了它们。现在，我只剩下六七颗牙齿了。今天早上我又掉了1颗，这可是摆在你面前的活生生的例子啊！

……

希望你在柏林一切顺利。再见！

查斯特菲尔德

第18封信

靠自己的力量开辟道路

依靠你自己的力量去开辟道路。你要充分发掘自身的才能，使自己成长为不可或缺的人才，一分耕耘，一分收获，如果你期望得到更多的东西，那么就请把希望寄托在个人的努力上。

亲爱的孩子：

给你写这封信的人已经不再是一位国务大臣，而是一位普普通通的人了。到了我这个年纪，最适宜的生活莫过于安逸了，而工作和活动则是你们那样的年纪以及未来许许多多年内的事情。上个周六，我将国务大臣专用的印章递交给了国王，他非常亲切地同我话别，并对我的离去表示惋惜（我如此认为，是因为他小声这么说了）。我已经从日理万机的岗位上退了下来，开始享受平静舒适的私人生活和社交活动了。我将不必为公务操劳，而以"悠然自适"为目标，希望我的操守和品质能够帮我达成这一目标。简而言之，我觉得现在的自己非常幸福，而且这种幸福是以前公务缠身时期所体会不到的。

比起跟欧洲各国的王公大臣们通信，我更喜欢与你通信。现在，我有了空闲时间，可以经常给你写信了。我确信，我将带着喜悦的心情给你写信，你也会以同样的心情阅读我的来信，我们之间传递的这种喜悦很难发生在公务信件里。

不要把我的辞职看成是你今后大展宏图的一个障碍，恰恰相反，这将对你更加有利，因为我会不遗余力地帮助你。尽管如此，你还有一条更为坚实的成功之路，那就是依靠你自己的力量去开辟道路。你要充分发掘自身的才能，使自己成长为不可或缺的人才，这样就能够大展宏图了。在英国，大家对外交事务一般都所知甚少，也不太了解其他国家的观点、立场和政策等问题，因为我们没有这方面的教育，也不会主动去思考它们。在一些外交场合上，我们提出的合适的主题要比欧洲的其他国家少很多。而且在议会上讨论外交事务时，那些议员们所表现出的无知真是令人难以置信。外交事务的作用如此多，而我们国家在这方面的人才却如此之少，如果你成为处理外交事务的人才，那么你就会成为不可或缺的人才。你可以首先立志成为驻外大使，然后再努力成为外交大臣。

你在来信中跟我谈了你的时间安排情况，我非常满意。只要你在未来的两年时间里能够切实奉行这样的时间安排，我相信到那时我对你就没有再多的要求了。一分耕耘、一分收获，如果你期望得到更多的东西，那么就请把希望寄托在个人的努力上。

我很高兴你能够认识到那些讲脏话、爱赌博的同伴的品质是低劣的，而且我相信你也能够想象得到那些明辨是非的文雅之人是如何看待他们的。

请引以为戒。再见！

查斯特菲尔德

第19封信

学会独立思考

以你的理性作为判断一切的标准。只有经过思考、分析和检验，才能形成正确和成熟的判断。不要让任何事物（或权威）左右你的判断，误导你的行为，尽早学会独立思考。

亲爱的孩子：

你已经到了独立思考的年龄，而许多人像你这么大的时候还远没有学会。我希望你为了自己的将来尽力去追求真理和系统的知识。老实说（因为我愿意向你透露我的秘密），我也是在近几年才学会思考。早在十六七岁的时候，我还没有学会如何思考，所以许多年以来，我对自己掌握的东西都没有充分吸收、利用。我只是单纯地照搬书本上的概念，或者一味地附和周围伙伴们的想法，从来不会动脑筋想想这些东西是对还是错。当时想着与其费神刨根究底，还不如随大流来得省事。之所以不愿思考，一来觉得每件事都再三斟酌过于麻烦，二来由于我过于迷恋玩乐，根本没时间思考，而且对上流社会也没什么好感，多少有点叛逆情绪。很长时间，我都不用大脑思考，一直被偏见所迷惑。等我有所察觉时，发现自己已经对事物形成了错误的看法，并且放弃了对真理的追求。当我学会独立思考并且尝试用自己的大脑判断事物时，我对世界的看法有了惊人的转变。

我的第一个偏见是对古典主义的盲目崇拜。我阅读了大量的古典书籍，并且接受了导师传授的古典知识，渐渐地就形成了这种偏见。当时我深信,自古希腊古罗马帝国灭亡以来近1500年间,世上已经不存在理性和正义了。你可以想象这种看法是多么荒谬。我还认为,正因为荷马和维吉尔是古代人,所以他们没有任何缺陷;而弥尔顿和塔索是现代人,所以他们就没有优点可言。现在,我只要稍加判断就可以发现,3000年以前的自然界和现在完全一样,而3000年以前的古人跟现在也没什么差别。虽然时尚和习俗在不同的时代变化会比较大,可是人类的本性一直都没有改变。若说1500年前或3000年前的动植物与现在相比没怎么进化是荒谬的,那么认为1500年前或3000年前的古人比现代人更勇敢、更聪明、更可靠,也是毫无根据的。如今,我十分蔑视崇古派。另一方面,我想对那些极度崇拜现代的狂热分子说,按照德莱顿的观点,他认为弥尔顿诗歌中的恶魔形象其实是他诗歌中的英雄,诗人如此安排的用意是使其最终成为诗歌的主题。由此可见,古代的事物有其优点和缺点,古代的人也有其美德和恶习,就像现代的事和人一样。卖弄学问的人往往信奉古典,而空虚、无知的人则狂热地膜拜现代。

伴随着对古典的崇拜,我对宗教的偏见也根深蒂固。有段时间我一度坚信,要是不信奉英国国教,那么即便是这个世上最正直的人都无法得到拯救。当时我并不知道人们的想法是不太容易改变的,总想把自己的看法强加给别人。其实,我的观点跟别人不一样,正如别人的观点也跟我相左,这是很自然的现象。要是我们彼此都很真诚,那么就无可指责,反而应该互相容忍。

我的第二个偏见源于对"上流社会"的态度。当时我总认为要想出入上流社会,就得做出一副玩世不恭的模样。我发现这种人在社交圈中极易受到人们的追捧,于是不假思索地把他们当作模仿的对象。其实从当初的真实动机来看,是为了不想受到这些人的嘲笑。可是现在,我再也不会害怕这种事情了。可要是你盲目地仿效他们的玩世不恭,不仅不会赢得别人的重视,反而会遭人鄙视。

以你的理性作为判断一切的标准。只有经过思考、分析和检验，才能形成正确和成熟的判断。不要让任何事物左右你的判断、误导你的行为，尽早学会独立思考。我不是说这么做，你肯定就万无一失，因为人类的理性并不那么真实可靠。可是，这么做至少可以把错误减到最低限度。读书和交谈或许对此有所帮助，可是不要盲目地吸收别人的思想，试着用理性来指导自己，那是上帝赐予我们最好的天赋。你可不要像大多数人那样嫌思考太过麻烦，几乎未曾思考过，只会"抄袭"别人的想法和观点。

有种观点认为，艺术和科学在专制统治下不可能得到繁荣发展，而被剥夺了自由的天才必将受到压制。实际上，这种观点似是而非。因为像机械技术、农业等行业，即使在开明的政治体制下，若是其利益和财产得不到保障，也不会得到发展。那么为什么专制统治就会压制数学家、天文学家、诗人或是演说家呢？专制政府可能会剥夺诗人或演说家表达某个特定主题的自由，可是却留给他们足够的主题去发挥他们的天才。难道理智的作家会因为丧失发表亵渎、污秽或煽动性作品的自由而抱怨他的天赋受到了遏制吗？所有这些作品即使在最开明的政治体制下也会受到遏制。无怪乎法国人会说，英国培养了这么多天才，英国人可以自由地思考，还可以把自己的想法写下来，成书出版。确实如此！可又是什么阻止法国人自由思考呢？若是他们整天所想的就是怎么破坏宗教信仰、道德规范或良好的行为举止，怎么扰乱国家安定，那么任何一个政府都会采取有效的措施制止他们这种思想，或者对反映这种思想的作品给予惩罚。那么专制政府又是如何压制史诗诗人、戏剧家或是抒情诗人的天赋呢？或者它又是如何腐蚀演说家在布道坛上所做的精彩辩论呢？

法国的一些优秀作家，比如高乃依、拉辛、莫里哀、拉·封丹等人，都是在路易十六的专制统治下取得很高的文学成就。而奥古斯都时代的优秀作家，也是在这个惨无人道的君主统治下创作出流传后世的佳作。此外，书信也不是在自由、开明的政体下繁荣起来，而是在专制的教皇利奥十世以及独裁的弗朗西斯一世统治时期才风靡起来。请别误会，以为我在袒护专制统治。其实，我从骨子里厌恶独裁，它是违背人类自然权利的犯罪行为。

再见！

查斯特菲尔德

■第20封信

保持自信乐观的心态

没有什么比乐观的心态更易成就大事，尽管有时也需要韬光养晦、果断力和坚持不懈。一种方法失败了，就尝试另外一种，总能找到合适的办法解决问题。

亲爱的孩子：

我终于收到盼望已久的你的肖像画。就像大多数人那样，我急于想要看到你的面容。假如那位画师把你画的像哈特先生那么出色（他的画像是我有生以来最喜欢的），那么我会从你神采奕奕的面容中知道你近来过得不错。就总体而言，你比我上次见到的时候长高了不少。当然，个子还不够高，希望你快快地长高。我深信，你在巴黎的锻炼将有助于你很快长个子。人们都说，你的腿脚还很有希望再长一点。除了跳舞之外，大学教育是最健康的，也是最佳的方式。

我已经在德·拉·古瑞尼亚先生家为你准备好了房间，其他一切都会在你到达之前准备妥当。我相信你已经意识到，在学校住上半年时间肯定比住在酒馆更为有利。你也知道住酒馆的话，一旦天气变坏，你就不会去学校了，更不用说来回路上浪费了多少时间。此外，要是你吃住都在学校，就有机会接触到巴黎上流社会中近半数的时尚青年，而且用不了多久你就会为他们所接受，成为法国上流社交圈中的一员。就我所知，这在巴黎的英国人中还从来没有过。你为此付出的代价不会很大，没必要斤斤计较，而我也不会介意这笔开销，毕竟对你来说意义重大。更何况，你现在能说一口流利的法语，可以轻松自如地与当地人交流，并且很快就能学会法国人的仪表和风度。如此一来，你就能在巴黎过上舒适自在而又充实有趣的生活，这在你的英国同胞身上很少见到。他们身上缺少一种优雅从容的法国气度；无法流利地用法语跟当地人交谈，说话时也不注意技巧，显得笨嘴笨舌；无法得体地表现自己，所以常给人留下不好的印象，更不用说被法国上流社交圈接纳了。

没有什么比懦弱胆怯、缺乏自信更容易让青年男女堕入下等人的圈子里。他若是认定自己无法取悦别人，可能就真的不会受人欢迎；若是对自己有信心，或许还可以赢得别人的好感。你遇到过多少乐观向上、有进取心又不屈不挠的人？他们既不会否定男人也不会否定女人；不会被困难吓倒，就算受过多的挫折，也不会气馁，而是重整旗鼓，再次奔赴战场——最后十有八九都会胜利。同样的方法可以使你更快、更有效地获得知识，为自己树立名声。你有资本乐观，也不怕跌倒了重来。没有什么比乐观的心态更易成就大事，尽管有时也需要韬光养晦、果断力和坚持不懈。一种方法失败了，就尝试另外一种，总能找到合适的办法解决问题。你必须学会区分什么是不可能实现的事，什么是实现起来相当困难的事。每个男人都有这种或那种解决问题的办法，而每个女人也总能尝试用不同的方法解决问题。我不能遗漏最重要的一点,事实上,它对做任何事都非常重要,那就是"专心致志"。绝不要被过去或将来的事情所影响,而要将注意力投入到当前的目标上。注意力不集中的人也会观察,可是观察到的东西往往比较凌乱、不成体系。他们从来不会坚定不移地追求某个事物,因为注意力涣散令他丧失了自己的方法。若是你发现自己也有这种倾向,那么请仔细观察自己,或许可以及时制止它。你要是纵容它变成你的习惯,就会发现很难再纠正过来,这是一种我也很难解释清楚的糟糕病症。

前几天,我从一个刚去过罗马的人那里得知,你在罗马受到上流社交圈的盛情款待,没有人比你做得更好了。对此我非常满意,我敢说,同样的事也会在巴黎发生。因为巴黎人对于尊敬自己、友好对待自己的人特别友善。他们不但希望别人恭维自己,而且还希望别人赞美他们的国家、他们的言行举止和风俗习惯。这么做只需你付出微小的代价,就可以赢来美名。当初我在非洲公干的时候,就是这么友善地对待黑人的。

再见!

查斯特菲尔德

第21封信

培养坚定无畏的气魄

你要学习那些优秀人物的风度、谈吐和礼仪,只要你做到了这些,你就能获得一个男士应该具备的自信、坚定和沉稳的气魄,将胆怯、拘谨、自卑和没有主见抛到九霄云外。

亲爱的孩子：

  我昨天收到了哈特先生7日从那不勒斯寄来的信，并且获悉你已经非常细致地游览了那里的很多古代遗址。你这么做很对，那些东西，就值得你认真仔细地去观看，而且要比大多数人都更加深入、更加用心。当一个人观看了新奇之物以后，被人问起有什么感觉的时候，如果他说，"我虽然看过了，但当时没怎么在意"，那么，这只能是一个站不住脚的借口。要是他真的对它毫不在意的，他为什么还要去看？或者说他看的时候为什么要毫不在意？既然你在那不勒斯，你就应该经常抽出一些时间，融入宫廷和上流社交圈，跟一些优秀人士交往。我听说，即便是陌生人，在王子的宫廷也会受到热情接待，王子为人随和，王妃也非常平易近人。如果这是真的，你倒是应该前去拜访。

  哈特先生告诉我，你衣着非常考究。年轻人理应如此，尤其是在国外。你的衣着除了质地要好以外，还要剪裁得体，这样穿起来才轻松自在。如果一个人穿上好衣服，却无法像平时穿普通衣服那般自然的话，那么就显得拘谨呆板了。

  谢谢你寄给我的画，我现在就迫不及待地想看到它，而且打算把它挂在我目前正在筹建的位于布莱克西斯的新画廊里，可以经常欣赏它。我更迫不及待地想看到另外一幅画，也就是你的全身画像，不过，我到现在都还没有收到。我觉得，即便它是按照你的实际身高去画的，它的长度也远远小于你说的2.4米吧。我把你和我都视为匹克洛米尼家族的后代，所以听到巴瑟斯特先生说你以后会长得比我高后，我就在想，你至少会长到1.72米。如果你真的长到这个高度，我也满足了，虽然我还期望着你长到1.77米呢！老实说，我怎么会不朝思暮想你在各个方面都趋向完美呢？这里，我用了"趋向"这个词，因为一个人很难达到绝对完美的境界，谁要是想拥有绝对的完美，那还真是痴心妄想。但是，我依然希望你比大多数同龄人更加接近完美。我这样说并不是在恭维你，而是觉得你有这样的条件和能力做到这些。哈特先生断言（按照他的性格来说，这实际上已经是他的誓言了），你的内在品质绝无任何瑕疵。此外，你无疑是博古通今的，我敢说你的同龄人当中绝对不可能有人像你那样掌握了这么丰富的知识，更何况你仍在日积月累之中，必定有所进步。那么，你走向我所希望你达到的那种近乎完美的境界还欠缺什么呢？我想，还需要继续积累知识、培养良好的习惯和优雅的礼仪，也就是说，让自己成为高雅的人。以你现在的年龄来说，在这些方面肯定有所欠缺，因为它们并不是上天赋予你的，而你必须通过后天的努力才能获得。只要一个人有心要获得它们，他就会跟那些优秀人士交往，留意他们的品格和礼仪，长此以往，便可受到潜移默化的影响。

俗话说："近朱者赤，近墨者黑。"周围的人的风度、礼仪甚至思维方式都会在一个人身上留下深刻的影响，如果这个人善于观察，那么这种影响就会来得迅速，而如果他比较迟钝，那么这种影响就真的是用潜移默化来形容了。据我所知，在这个世界上，只有诗才是不可能通过练习和模仿就能获得的。所以，只要你愿意努力并且细心观察，你如今欠缺的所有东西都能够最终获得。我首先祝贺一下你现在已经取得的成就，事实上，这也是我非常欣慰的一点，剩下的事情就是再接再厉了。每到一个地方，你都要和那些上流社会的佼佼者们交往（我相信你一定会这么做）。到了巴黎以后，你也要如此，而且还要注意各项技能的练习。你肯定不会忽略这些技能（骑马、击剑、跳舞等）的练习吧，它们既可以强身健体，又可以塑造你的仪态。你要融入那里的上流社交圈，处处留心，学习那些优秀人物的风度、谈吐和礼仪，也就是说，你要博采众长。这些都是我对你的忠告，你一定要牢记在心。只要你做到了这些，你就能获得一个男士应该具备的自信、坚定和沉稳的气魄，将胆怯、拘谨、自卑和没有主见抛到九霄云外。

而离开了这些气魄，一个男士就会显得缺乏教养，或者庸庸碌碌。正如布律耶赫曾经所说，人生在世，应该有所作为。你应该继续发愤图强，杜绝任何自负的心理。此外，你将来能取得怎样的成就还取决于你如今的交往对象，基于这点，我已经为你的巴黎之行做好了充分的准备。我打算让你拜访和结识那里形形色色的优秀人士，只要你到了巴黎，你就会看到我给你寄去了一大堆的推荐信，有的是把你推荐给那里的博学多才的人，有的是推荐给见多识广的人，有的是推荐给贵妇名媛。我在这些信中，恳请他们能够言传身教，指出你的不足之处和改进的方向，让你日臻完善。只要你经常去拜访他们，就一定能弥补自身的缺陷，取得进步。

请你告诉我，你已经阅读了哪些意大利书籍，以及你现在是否熟练掌握了意大利语。

请你系统地阅读阿里奥斯托和塔索的作品，然后再阅读我推荐给你的那些意大利诗人的作品。无论如何，等你到了巴黎，你一定要找一位意大利语教师，让他每周教你3次意大利语。这样做不仅是帮你巩固已经掌握的意大利语，以免荒废，也是让你日渐精通这门语言。能够用各国的语言非常流利地与各国的人交流，这既是一种乐趣，也是巨大的优势。你做每件事情，都要抱着尽善尽美的心态。虽然在大多数情况下，我们不可能做到尽善尽美，但是那些锲而不舍地朝着这个目标前进的人，总是比那些觉得这个目标遥不可及就半途而废的人更加接近完美。我们经常用"勇往直前"这样的词语来修饰那些为了心中崇高的目标而不怕艰难险阻、一往无前的人，这种劲头在年轻人身上经常可以看到。这样做，当然比那些畏首畏尾的人好多了。我们每个人生来就面对重重的阻碍，只有义无反顾地去追求才能冲破这些阻碍。

一个步入社会的人，如果内心胆怯、局促不安，那么他肯定会与机会失之交臂，因为人们看不起这样的人，也不会把机会给他们。一个人，尤其是年轻人，如果想要功成名就，就必须同时拥有内在的自信、坚定、无畏和外在的谦恭有礼。他一定要谦逊地捍卫自己的权利，表面上看起来虚怀若谷，坦然大方，但实际上缜密行藏，绝不含糊。你只要经常接触和效仿那些好榜样，就能够做到这些了。我这里所说的好榜样，就是指在当地广受好评的人。等到你在这些方面都取得成绩以后，我们就会见面。到那时，我们可以促膝而谈，把我无法通过书面形式写下来的人生经验都一一传授给你。

请告诉哈特先生，我已经收到他2日和8日的两封来信。等到我再收到他的一封信，我就会回信。

我对你的未来充满信心！再见，我亲爱的孩子！

查斯特菲尔德

第 22 封信

挫折是前进的动力

你只需把这次挫折当作一种动力，激励自己朝着更高的目标前进；切莫把它想成是你的绊脚石，从此一蹶不振。只要你坚持不懈，再接再厉，那么胜利终究是属于你的。

亲爱的孩子：

据说近来你工作不大顺利，那么请原谅，我要向你表示热烈的祝贺，恭喜你成功地经受住了第一次挫折。听说你的工作一度毫无进展，后来渐渐有了起色，现在已经完成得差不多了。对你这次工作上出现的意外状况，我一点都不觉得惊讶；说实话，甚至不太在意。因为我也遇到过类似的事情，那种可怕的感觉至今记忆犹新。

通常在这种情况下,需要付出极大的努力才能忘却由此造成的挫折感。对你此番遭遇,我不知道是为你高兴,还是为你悲伤。

目前,你需要考虑的问题是,如何使自己变得更坚强,让自己的话语更有分量,并且在工作上做到从容不迫、游刃有余。而磨炼你的最佳方式莫过于参加晚间的选举委员会工作,然后第二天上午起草非官方的议案。你可以向来访的证人简短地提问,或者实地走访考证,这些有助于你早日在下议院树立良好的形象,帮助你恢复自信。

我听说你为这次意外苦恼万分,这实在不足取。你只需把这次挫折当作一种动力,激励自己朝着更高的目标前进;切莫把它想成是你的绊脚石,从此一蹶不振。只要你坚持不懈,再接再厉,那么胜利终究是属于你的。我所说的"坚持不懈",并非希望你每天喋喋不休或者热烈参与每场辩论,更不希望看到你在某个时期(一两个月之内)就某个公众话题不断发表高见。当然,这并不意味着你可以漠视公共事务;相反,我希望你带着极大的热情,密切地关注公众问题,并对其发表独到的见解。

我时常跟你提到,在公开场合演讲需要一定的技巧,那些最充分发挥演说技巧的人往往能抓住听众的心。这次有两位资深议员——也是很有洞察力的人——向我道贺,说你在下议院的演说相当精彩,尽管在他们看来还存在一些小毛病,比如,你有时候没有把话说完,有时候表意不清。

总而言之,你的工作起步相当顺利,又有那么多人支持你。所以,你更要兢兢业业,密切关注下议院的动向,这对演说家来说是唯一的实战经验。若是你觉得这番话还不足以让你的心平复下来,那么我希望你能从某位夫人处得到安慰。在我看来,女性的安慰总是非常有效。与女性说话,就像在议会中发表演说一样,只要坚持不懈,胜利迟早会来临。

在这里,我常跟人玩惠斯特牌,只是并不像你听说的那样,每天上午都沉迷于玩牌,还赢了不少钱。要知道,我玩牌不过是为了解闷,让自己的眼睛每天放松3个小时,避免它们老是盯着书本而产生疲劳。我打算再过两周回伦敦,希望到时我的身体能有所好转。

再见!

查斯特菲尔德

第23封信

懒散的头脑和关注琐事的头脑

懒惰的头脑是指对任何问题都不追根究底,一旦遇到困难就畏首畏尾(任何值得我们了解、掌握的东西都要付出一定的代价),仅仅满足已有的现状,浮于表面,因此获得的知识也极为肤浅、有限。千万不要沾染懒散的恶习,否则会阻碍你深入思考,探索事物的本质;也不要过分关注鸡毛蒜皮的事情,反而忽视重大的事情。

亲爱的孩子:

我可不希望你的大脑染上这两种毛病:第一种是懒散,阻止人们深入思考;第二种是过分关注鸡毛蒜皮的事,使人显得荒谬可笑。

懒惰的头脑是指对任何问题都不追根究底,一旦遇到困难就畏首畏尾(任何值得我们了解、掌握的东西都要付出一定的代价),仅仅满足已有的现状,浮于表面,因此获得的知识也极为肤浅、有限。这种人认为世上绝大多数事情都不可能实现,几乎没什么事情值得他们付出努力。他们时常为自己的懒惰找这样那样的借口,以为遇到的困难都难以克服,或者至少假装无法克服。

若是让他们在某个对象上集中精神1个小时，那简直太费力了。他们看待任何问题都只停留在表面，绝不会尝试从各种角度去思考。一句话，他们从来不会彻底思考问题。结果，当他们跟善于思考的人交谈时，对他们的话常常不知所云，这才发现自己多么无知、多么懒散。

你千万不要被眼前的困难吓倒，应该像个真正的绅士那样，有决心对任何问题都刨根究底。对人文社科或自然科学中某些比较专业的科目——像筑城术或航海术之类——就没有深入研究的必要，只需了解大概状况，能在日常交谈中应付几句就行了。

顺便说一下，考虑到你所从事的工作，多了解筑城术对你还是很有用处的。因为在你这一行里，人们聊天的时候经常提及历史上的攻城战役，其中会出现许多筑城方面的术语，若是你有丰富的筑城知识，那么就能博得人们的青睐。不管从事何种职业的绅士，必须熟知某些必要的知识，形成自己的知识体系，而且还应该深入研究下去，比如，各国语言、古代史、现代史、地理、哲学、推理逻辑学、修辞学等；对你而言，尤其要关注欧洲各国的宪法以及民事和军事状况。我承认，这确实是一个庞大的知识体系，完全掌握它要遇到不少困难，而且还要付出大量心血。可是，积极、勤奋的人会克服所有困难，迎难而上，并且最终获得相应的回报，所谓"种瓜得瓜，种豆得豆"就是此理。

过分关注鸡毛蒜皮的事跟懒散的头脑刚好相反，这种人总是显得十分忙碌，可是却忙得毫无意义。他们往往忽视重大的问题，却把大量的时间都花费在鸡毛蒜皮的事上。他们喜欢一些小装饰品，比如蝴蝶、贝壳、昆虫之类，这是他们最喜欢研究的对象；他们热衷于研究交往之人的穿着打扮，却不会留心观察他们的个性；他们更关注游戏的细枝末节而不是游戏的真正意义；他们更感兴趣的是宫廷礼仪而不是各种政治观点。这种人简直是在虚度人生！

正如我以前所言,你至多还有 3 年时间可以利用,而这关键的 3 年将决定你是否能成就一番事业。看在上帝的分上,好好思量一下吧!难道你想把时间都浪费在毫无意义的琐事上,整日里浑浑噩噩?或者你并不想珍惜现在的每时每刻——本可以为你带来欢乐、声誉和良好品性?我相信你会做出明智的选择。

请认真阅读有益的书籍,探索书中的真谛,在没有完全读懂之前绝不要放弃。与人交谈时,请选择一些有意义的话题,比如重大的历史事件、著名的作家作品、各国的风俗习惯和爵士——比如日耳曼人或马耳他人,等等;千万不要谈论天气,评论他人的穿着,或讲些白痴的故事,这些话题没有任何意义。积极主动的交谈能带给你欢乐和必要的信息;同时,你也能借机观察各式各样的人对某些问题的不同看法。千万不要羞于甚至害怕提问。若是你提出的问题有价值,而且理由充分,那别人绝不会把你当成鲁莽之人。

查斯特菲尔德

第 24 封信

细节决定你的成败

不优雅的谈吐、生硬的举止、令人嫌恶的措辞,是一个有才华的人在前进道路上的巨大障碍;而与之相反的那些良好素养却是他的无限优势。

亲爱的孩子:

你在上封信中曾答应我,要对骑士的发展史做一个准确的论述，我已经迫不及待地想要阅读它了。我明白，要囊括欧洲全部的宗教制度和军事制度，工作量必定非常大，因为我曾经就做过这样的尝试。

但是，坦白来说，这些从古至今的制度，不但经常出现在我们的日常谈话中，也与那些时代的历史息息相关，如果你能有所了解的话，将会获益匪浅。

……

我建议你每到一个国家，就去了解一下这个国家的骑士制度、勋位，并一一做好笔记。比如，你到了撒克逊，就要了解那里的白鹰勋位，以及其他属于撒克逊或者属于波兰的勋位；如果你到了柏林，就要了解黑鹰勋位、崇高勋位和品德勋位，我目前只知道这3种。

你在德国经常会碰到佩戴绶带和勋章的人，这个时候，你就得问问他们的勋位，并迅速记在本子上。这样的知识很容易掌握，也很有用处。不过，年轻人总是对这些事情漠不关心，他们要么本身比较懒惰，要么对此类话题不屑一顾，直到日后才体会到"书到用时方恨少"的深刻含义。

如果你能够利用好跟别人交谈的机会，你就会获得很多的知识，而且这样做比纯粹谈论一些没有意义的话题要强很多。人们总是擅长谈论自己熟悉的话题，所以你跟他们谈论这些话题，既可以让他们感到高兴，又可以从中获取知识。当你跟特定行业的某人交谈，或者跟特定知识领域的某个杰出人物交谈时，你肯定收益良多。但跟那些上流社会的男士女士们交谈时，你就要尽量避免深奥的话题，而选择家庭情况和宫廷轶事等话题来谈论。尤其是跟女士谈话的时候，你得注意，她们的知识深度不如男士，如果你跟她们谈得过于深奥，她们只会迷惑不解，完全不明白你的意思；如果你谈得过于肤浅，她们又会觉得你小瞧了她们，对你心生不满。所以，你要谨慎对待跟她们的谈话，尽量像法国人那样,要善于"周旋"。只有做到这些,你才能成为杰出的"化学家",才可以从任何谈话里面提炼出精华。

我必须再一次跟你强调,在和上流人士交往的时候,一定要注意言行举止的优雅。在这个圈子里面,离开了优雅,一切都无从谈起。但是,如果你能够给大家留下一个举止优雅的印象的话,那么就等于你向前迈出了重要的一步,为成就将来的事业奠定了坚实的基础。不优雅的谈吐、生硬的举止、令人嫌恶的措辞,是一个有才华的人的前进道路上的巨大障碍;而与之相反的那些良好素养却是他的无限优势。

我听说莱比锡有一个舞蹈大师,你有空的时候,应该向他请教,让自己跳起舞来也能够优雅大方。这倒不全是为了舞蹈本身(尽管在一定意义上说,既然跳舞了,就要跳得出色),而是为了让你能够自然而然地展现出上流人士的优雅姿态和绅士风范。

我这次都在跟你谈论一些细节问题,最后还想再提醒你一件小事。这件事情虽然细微,但每天都至少会发生一次,所以你应该注意了。我要说的这件小事就是用餐的时候,如何用刀切盘子里的肉。你能够非常熟练和优雅地切肉,而不会花很长时间在应付肉里的骨头吗?不会将调味料粗心地溅到周边的人身上吗?也不会误将酒杯打翻,弄得场面乱七八糟吗?这些笨拙的行为十分令人生厌,如果一而再、再而三地发生,肯定会给人留下滑稽可笑的印象。但是,只要你稍加注意,适当练习一下,就可以避免类似的情况了。

尽管上面所说的这些事情看起来微不足道,但是一旦你在这些方面出错,人们就不会这么想了。所以,你要认真对待我所指出的一切,花时间学习,直到令人满意。

20年来,我并没有要求过你什么,只希望你好好听从我的劝告。而且我相信,只要你在未来的两三年时间里能够做到这些,你就会省去不计其数的麻烦和随之而来的无穷无尽的悔恨。但愿你在自己漫长的人生旅途中不会留下任何的遗憾!

我已经收到你寄来的德累斯顿瓷器,并且把它送给了你的母亲。

再见!

查斯特菲尔德

■第25封信

真正的智慧

大智大慧的人懂得在适当的场合表现自己的智慧,绝不会将智慧用于讽刺他人。所有的人都畏惧智慧,因此越是聪慧,越该表现得温文尔雅。

亲爱的孩子:

若是上帝赐予你智慧(我还不能确信),那么我希望他同时也赐予你良好的判断力,使你懂得在适当的时候表现智慧。正如你有把佩剑,平时只需插在剑鞘里,不必拿出来在人前挥舞,吓唬别人。假如你真的是个聪慧之人,那么你的聪明才智会自然而然地流露出来,不需要你刻意去表现;否则,只会适得其反。

智慧是如此耀眼的才能,每个人都称颂它,大多数人都想得到它,所有人都畏惧它,只有少数大智大慧的人才真正喜欢它。每个人都有自己的聪慧之处,不过千万不要自以为是,还要看到他人身上的闪光点。

若是将智慧用于讽刺他人,就会变成恶意的中伤。讽刺他人的时候,或许能表现出一定的智慧,可是只有傻瓜才会把讽刺当作智慧。大智大慧的人会寻找各种良机表现自己的才智，而不会通过讽刺他人来显示自己的小聪明。尽管讽刺并不是针对社交圈中的某个人，可是却能让所有人对你产生厌恶情绪，进而感到胆战心惊。他们想着自己会不会是下一个被讽刺的对象，于是开始憎恨你。相反，他们也不会因为你什么都不说就心存感激。害怕和憎恨是一对亲密的邻居。因此，你越是聪慧，就越该表现得温文尔雅，以此赢得人们对你聪慧的宽恕。这可不是件容易的事。

大智大慧之人的品格是如此耀眼，以至于每个人都想拥有，即便是最呆板无趣的市议员也不例外。他们常常讲些呆板、无趣的笑话，自以为这就是聪明才智的表现；可是，这种所谓的智慧只是徒有虚名，荒谬至极。

或许，你会问我，既然没有一个人是绝对自由的，那么该如何公正地看待自恋和虚荣带来的假象，如何才知道自己是不是真的具备聪明才智呢？我能为你提供的最好的答案就是，不要轻信自己的判断力，它常常会欺骗你；也不要相信自己的耳朵，它总是贪婪地听别人的奉承（要是你值得别人奉承的话）；只能相信自己的眼睛，观察上流人士的神情，看他们对你是认可还是厌恶。这需要你仔细观察，判断自己是不是跟他们志同道合。然而，这还不足以判断你是否具备聪明才智。聪明的人会小心谨慎地隐藏智慧的锋芒，就像人们从不轻易透露自己的收入。只有凭借自己的理智，才能赢得别人对你长久的喜爱。

牢记这些真理，也许你会因为自己的聪明才智而被人羡慕；而唯有伴之以理智和优秀的品质，才能使你真正受人喜爱。

……

查斯特菲尔德

第26封信

积累社会经验，提高社会认识

> 在所有的学问中，对社会的认识是最必要的，也是最管用的。年轻人往往忽视这门学问，不屑于掌握它，结果在社会交往中往往吃亏。你可以通过自身的阅历增长对社会的认识，改善人际关系。

亲爱的孩子：

在你所有的学业中，有一项最必要，也是最管用的学问，那就是对社会的认识，不知你学得怎么样。你认为自己掌握这门学问了吗？日复一日的生活经历是否有助于你提高对社会的了解？若是你还没有答案，可以向我咨询这方面的问题，我会告诉你一种行之有效的方法，以此判断你是否掌握了这门学问。

你可以根据自己的人生经历，认真反思你对社会的看法是否有所变化，是否跟两年前只停留在理论上的观念有所出入。若果真如此，那就证明你在这方面取得了可喜的进步。像你这样的年轻人，由于缺乏正确的模仿对象，容易对社会形成错误的印象。年轻人认为，世间万物都是在精神和活力的推动下运转，不需要人为的驱动；因而，讲究为人处世之道是卑劣的行径，而温文尔雅也不过是为了掩盖自身的缺点和不足。基于这种错误的认识，年轻人在社交生活中不修边幅，言行粗鲁无礼。那些傻瓜从来都没有意识到这种想法完全错误，于是一辈子就这么浑浑噩噩地过下去。然而，头脑清醒的人会结合实际的社会经验，融入自己的一番思考，很快就认识到原来的想法多么荒谬。等他们对自己、对人类有了深入的了解之后，就会发现这种想法十有八九束缚了自己，在社交圈中难以赢得他人的好感；而且与人交谈时，由于缺乏文雅迷人的举止，多半使自己处于下风，难以占据上风。你是否注意到，所有的妇女都喜欢男人向自己大献殷勤，而所有的男人也喜欢别人对自己恭维有加？你有没有察觉到，若是注重这些细微之处，那么对赢得人心有多大的帮助？若是你在社交场合文雅知礼，懂得取悦他人，那么必然会有所长进。人们不需要多少社会经验就能一眼判断各种令人目眩、高贵可敬的品质。然而，隐藏在相似外表下的美德和恶习、理智和愚笨、力量和懦弱，就需要一定的社会经验和敏锐的洞察力才能识别。

同一件事情，不同的人会采用不同的方式，而且结果也会大相径庭。有着丰富社会经验的人知道该在什么时候、什么场合下取悦他人；为此他早就做足了功课，认真研究不同人的个性，再辅以得体的言谈举止，很容易就能赢得他人的好感。而智力平平的人只懂得成套的理论，却没有实际经验；与人交往的时候，不合时宜地说错话或做错事，结果四处碰壁，弄得灰头土脸。

在一般的社交生活中，为了不得罪他人，甚至为了博取他人的好感，明智的人就会了解一些基本的社交礼仪；若他确实具备内在的优点，那就会被上流社交圈接纳。可是，只懂得基本的社交礼仪还远远不够。尽管他会被人们所接纳，可是绝不会受人追捧；尽管他不会得罪别人，可是绝不会受人爱戴；与周围的优秀人物相比，这种人显得无关紧要。

各种必要的品质齐集一身极易获得人们的尊重和喜爱。哪怕是最微不足道的品质，若是组合起来就是最伟大的品格。没有前者，后者无从谈起；而没有后者，前者显得过于琐细。从书本上获取各种知识固然十分重要，可是对社会的认识，需要我们从每个人身上学得，研究不同的个体，直到读懂他们为止。在各种语言中，有许多单词被认为是同义词；可是进一步研究，就会发现根本不是这么回事；许多笼统地称作同义词的单词，它们之间还存在细微的差异：这个单词可能比那个单词表意更细致，或者适用面更广。人也是如此，表面上所有人看起来都是一个样子，可是仔细观察就会发现，没有两个人是完全一模一样的。有些人不经过观察，始终认为人与人之间没有什么差别；他们不关心看似相同的个性背后明显的差异。

与不同的社交圈往来有助于你掌握这门学问。现在，你应该升入"第三类"学校求学，在那里进一步完善自己。记住，千万不要只局限于一两个社交圈子而沉溺于懒散和安逸之中。

……

查斯特菲尔德

第27封信

抛弃教条主义，增长社会阅历

绝不要做教条主义者！适度的学问会给你一定的指导，而学识浅薄的人只要具备丰富的社会经验，深谙人类的品性、情感和习俗，也可能成为优秀的外交官。

亲爱的孩子：

历史上著名的外交官很少以渊博的学识著称。

大多数法国外交官出身行伍，例如德·哈考特先生、德·埃斯特拉兹伯爵等人。马尔伯勒公爵几乎是个文盲，可这并不妨碍他成为最有才干的外交官兼将军，因为他深谙人性；相反，格柔梯斯学识渊博，在瑞典和法国任职，却是个糟糕的外交官。由此可见，学识渊博的人必定将大量的时间花在啃读书本上，而技巧娴熟的外交官必须将大部分时间花在与人打交道上。

学富五车的老学究走出满是尘埃的书房进行外交谈判，必然抛不开书本上的条条框框。

与人打交道的时候，他并不是根据实际经验来判断，而是以书中的斯巴达人和罗马人为榜样，错误地以为与现实情况相同，于是照搬照抄他们的行事方式。可是，自创世纪以来，还没有出现过一模一样的事例。若是他认为值得投入大量的精力笼络谈判的另一方，那么他可能会在对方的周围画上一个圆圈，无条件地支持他们。之所以采取这种方式，是因为他们在罗马史中读到过，很久以前罗马大使也曾这么做过。

我想对你说，绝不要做教条主义者！适度的学问会给你一定的指导，而学识浅薄的人只要具备丰富的社会经验，深谙人类的品性、情感和习俗，也可能成为优秀的外交官。

军人几乎都是文盲，他们没有机会接受正规的学校教育，可是社会阅历丰富，这一点足以弥补学识上的欠缺。他们很小的时候就踏足社会，熟悉各个民族的风俗习惯，见识过形形色色的人。从中他们很快就发现，想要往上升（这是所有军人的目标）首先就得学会取悦别人。

正是通过社会的磨炼，他们才养成了得体的行为举止，成为各国宫廷中炙手可热的人物，受到妇女的青睐。我真希望你在这个年龄已经志愿参加过一两次战役了。如此一来，就能培养你做事投入的品质，而这正是你所欠缺的。

外交官不必整天忙于处理各项事务，所以谈判方面的知识和技巧就无法得到经常性的考验。可是，这种技巧必须时时刻刻加以磨炼，为以后的谈判做好准备。也就是说，培养在家庭谈话中的技巧，而且还要增强在公众面前演讲的自信。深谙个中奥妙的外交官知道该如何为长官尽心尽力地做事，即便如筹办舞会或宴会这样的事情,也能像在书房中起草文件一样,做到从容自然。

……

前几天,我跟一个了解并且深爱着你的人聊天,不由得流露出对你的担忧。身为时尚人士,至少你的外在品质应当与自身的价值相匹配吧。

……

我迫不及待地想要收到你从曼海姆、波恩、汉诺威等地寄来的信。希望这些信件只写给我一个人,没有其他人与我分享你的经历。

再见!

查斯特菲尔德

■第28封信

掌握为人处世的艺术

为了能够从那些优秀人士身上学到优雅的礼仪和风度,你必须保持愉快的心情,轻松自在地和他们交往。如果你能够让他们感到愉快的话,他们就会自然而然地流露出自己的个性,并且向你敞开心扉。有能力的谈判者会抓住这个千载难逢的好机会,充分利用。

亲爱的孩子:

你人生的这个阶段,是一个多么快乐的时期啊!追求生活的快乐是你目前关注的事情,这确实无可厚非。你还比较年幼的时候,枯燥的规则和难记的词句,是不能给你带来快乐的。等你将来年龄渐长,你要在公务上花费大量的时间和精力,那些焦虑、烦恼、失望等情绪就会相继而来,挥之不去。届时,追求生活的快乐将会有助于你的事业,而事业上取得的成绩又会反过来增加你的快乐,但即便如此,你的时间至少还是要被一分为二。而现在这个阶段却不同,因为你的时间全都属于你自己。对你来说,把时间用在追求高雅的生活乐趣上是再好不过了。你现在所需要的一本书就是"社会",这本重要的书,只有在与朋友交往的过程中、在公众场合、在餐桌上、在街道上才能读懂。为了能够从那些优秀人士身上学到优雅的礼仪和风度,你必须保持愉快的心情,轻松自在地和他们交往。当人们在深思熟虑某个计划或者进行公务往来的时候,他们往往会隐藏自己的个性,至少力图这么做,这个时候,如果你能够让他们感到愉快的话,他们就会自然而然地流露出自己的个性,并且向你敞开心扉。有能力的谈判者会抓住这个千载难逢的好机会,充分利用。尤其在你将来从事的职业当中,具备这样的能力真是受用无穷啊。谈判桌上,既表现得大方得体,又与对方谈笑风生,这是一位外事大臣理应具备的素质。当碰到不适当的话题或者过于严肃的话题的时候,你应该随机应变,恰如其分地转变话题,这些本领只有通过和上流人士交往才能够掌握。当然,这些本领看起来可能微不足道,但一个有才华、有见识的人不会因为它们的微不足道而对它们置之不理,更何况取悦的艺术绝对不是微不足道的东西。

优雅的谈吐、彬彬有礼的态度,对一个外事大臣来说非常重要。在大多数宫廷里,女士们往往具有直接或者间接的影响力。经常同那些处于上流社会顶端的女士们交往,便可以从她们优雅迷人的口中获取重要的信息。把其他书籍都暂放一边吧,你现在应该阅读的是"社会"这部最伟大、最重要的书籍。它的涉及面是如此之广,需要你花费大量的时间和精力才能透彻理解。与阅读其他书籍不同的是,你需要走出家门,甚至需要走到国外去阅读它。当你在国外阅读它的时候,你将发现,它并不存在于书店的架子上,而存在于各国的宫廷、旅店、舞会、集会、剧院等地方。你应该从容大方、亲切随和并且彬彬有礼地出入已经获得引见的一些法国名门贵族的宅邸,努力同他们成为朋友,让他们知道你是多么希望成为他们的座上客。你也应该尽可能多地出入巴黎的宫廷,结交那里的优秀人士,仔细观察他们,看看他们是如何礼貌地对待彼此间出现的分歧,是如何谦恭有礼地对待内心憎恨的人,在公务缠身的时候如何表现得轻松自在、游刃有余,在娱乐消遣的时候又是如何恰如其分地处理正事。只有在宫廷里面,你才能学到八面玲珑的处世哲学,因为没有这些,你就无法在那里立足。我听说阿尔比马尔伯爵已经把你托付给德·比西先生,这个消息让我很高兴。你一定要充分利用这个机会,请求他们把你介绍到凡尔赛和巴黎的上流社交圈,你在其中的某个社交圈,肯定会有幸结识德·拉·瓦利奥瑞斯夫人,以及盖丽特女士(她是巴黎著名的歌剧演员),她们对你培养这些才能会有很大的帮助。你未来的职业有其特殊性,需要通过取悦他人、让他人感觉到快乐来获得成功。只有在这样一个过程中,充分的社会知识、彬彬有礼的态度、优雅动人的谈吐才变得必不可少。一个精通法律的律师,一个熟悉神学的牧师,一个善于计算的金融家,即便他们不懂得人情世故,也不具备绅士风度,他们一样可以成为各自职业领域中的佼佼者,功成名就。然而,你将来要从事的职业却迫使你去了解宫廷中各种各样的事情,你必须面对其中的阴谋诡计和钩心斗角,也要面对他们表面上的纵情欢乐。在这种错综复杂的迷宫般的局面中,圆融处世、洞悉人性、足智多谋、优雅得体都是你立于不败之地的法宝。你不仅要懂得如何去安抚卫金羊毛的怪兽,还要懂得如何与持有金羊毛的仙女周旋,赢得她的信任,最终获取金羊毛(这里,查斯特菲尔德爵士套用了希腊神话中英雄伊阿宋在巫女美狄亚的帮助下夺取金羊毛的故事——译者注)。这些正是一位外事大臣应该掌握的艺术和手段，可惜我们英国的外事大臣并没有很好地做到这些，比欧洲其他国家的外事大臣逊色不少。在同等条件下，法国的外事大臣，在欧洲除英法两国之外的任何第三个国家，都比英国的外事大臣表现得出色很多，他们更有"弹性"，懂得取悦他人，博得对方的欢心。一位英国的外事大臣，哪怕他在一个国家常驻了7年之久，也很有可能没有和当地的名门贵族建立私交，或者没有成为哪一个家庭的座上客。他只能永远做一位英国的外事大臣，而不能够入乡随俗。他接到国内的指令以后，就去觐见当地的君主，回来后写一份奏折，事情也就办完了。而一位法国的外事大臣呢，哪怕被派驻到某个国家才6个月，他便通过种种努力，在一定程度上赢得王子、王妃以及王子身边的人和朝臣们的欢心。他经常去当地的名门贵族家里拜访，与他们相交甚欢。他入乡随俗，成为他们的座上客，他们也将他引为知己。通过这些方法，他逐渐了解了当地宫廷的内幕，并能凭借对王公大臣们的性格、脾气、才能以及弱点的洞察，非常准确地预测那儿将会发生的种种情况。奥萨特红衣主教被派驻到罗马不久，便被当地人视为意大利人，而非法国的红衣主教；阿瓦克斯先生无论走到哪里，人们都不觉得他是一位外事大臣，而将他视作当地人，并同他有了私交。一个人，如果仅仅凭借丰富的知识和敏锐的见识是无法在宫廷里面扎稳脚跟的，他还需要借助为人处世的艺术和取悦他人的手段。他要尽可能地让对方感到轻松愉快，以胸怀坦荡来博得对方的信任，在不知不觉中获取自己想要的东西。总之，最为关键的地方就是取悦他们的心灵。

威尔士储君（英国储君的称号）生前，并不是因为沉稳坚毅与行为操守而得到大家的尊敬，倒是因为亲切随和与品性纯良而深受爱戴。他的逝世，引起广泛的关注，也让人们对国家的命运忧心忡忡，因为现任国王与下一位继承者乔治王子之间年龄相差很大。这样的情况,对任何一个国家来说,都是很大的缺憾。现在,人们普遍希望国王能够活到孙儿长大成人的时候。既然国王病愈如初了,这样的希望也并不是全无可能。同威尔士王子一样,乔治王子也是一个亲切随和、品性纯良的人,将来必成气候。此外,威尔士王子的早逝,一时间成为街头巷尾议论的焦点,很多人开始钻研起历史和政治来了。在我们国家的历史上,自从征服者威廉以来,在亨利三世、爱德华三世、理查德二世、亨利六世、爱德华五世和爱德华六世的统治时期都是多事之秋,你可以很容易想象得到,各种各样的推测、猜想、臆说和预言在大街小巷沸沸扬扬,甚至连普通的看门人都变成了老练的政治家。斯威夫特先生非常幽默地说:"每个人都认为自己懂得宗教和政治,尽管他们从未学过;与此同时,许多人能够意识到自己并不懂得其他的学科,因为他们觉得自己从未学过。"

再见!

查斯特菲尔德

第29封信

广结善友,不要处处树敌

真正有才华的人选择能够提升自身见识和才智的娱乐活动。我希望你每一天都不会白白浪费掉一分钟的时间,懒惰懈怠在你这个年龄是不可原谅的。

亲爱的孩子:

你的同学普尔特尼阁下(尊敬的巴斯伯爵威廉·普尔特尼阁

下的独生子）上个星期动身前往荷兰，而且我相信在你收到这封信后不久，他就会抵达莱比锡，你要非常礼貌地接待他。此外，你在莱比锡期间，还要尽心尽力照顾他。不要忘了告诉他是我写信让你这么做的。他年龄稍长，应该比你见多识广吧。果真如此的话，你就要奋起直追了；然而，如果他并非如此，你也尽量不要让他产生自卑感。不用你费心，他自己就会发现他不如你，这是没有办法的事情。不过，如果一个人摆明了要让他人觉得在知识、地位、财富等方面大不如人的话，那就更具侮辱性，更加不可原谅了。后两项，地位的高低和财富的多寡，并不完全由个人决定，但第一项，知识的广度，则体现了一个人的教养和品性。良好的教养和品性会促使我们帮助他人赶超自己，而不是去挖苦和打击别人。事实上，这样做也是在帮助我们自己，广结善友，避免处处树敌。法国人所谓的"关注他人"，在取悦他人的艺术中非常重要，可以满足被关注者的自尊心，效果非凡。每个人都有责任去履行自身的义务，但关注他人是一种自发的行为，自然而然地展现出个人的良好教养和品性。人们会接受你的关注，记住你的关注，并且回报你的关注。女人尤其需要被关注，任何人在这方面表现得漫不经心都是缺乏教养的表现。

　　你是否用最有效的方式利用时间？我并不是在问，你是否一天到晚学习，恰恰相反，我并不希望你如此。我想问的是，你是否将自己分配好的各个时间段都充分加以利用？你学习的时候，是否专心致志？你消遣的时候，是否身心舒畅？如果你愿意的话，你可以将消遣活动变得非常有意义，这取决于它们的性质。如果它们琐碎无聊，那么我宁肯你将这些时间白白浪费掉，因为长此以往，你的性格也会变得轻浮。真正有才华的人选择能够提升自身见识和才智的娱乐活动。我希望你每一天都不会白白浪费掉一分钟的时间，懒惰懈怠在你这个年龄是不可原谅的。

　　告诉我，你现在可以轻松阅读什么样的希腊语和拉丁语书籍。

你有胆量翻阅古希腊雄辩家德摩斯梯尼的作品,并且读懂它吗?你能毫不费力地读完西塞罗的《论演说家》和贺拉斯的《讽刺诗集》吗?为了提高自己的德语水平,你读了哪些德语作品?又读了哪些法语作品以供消遣?请老实告诉我,并且尽可能详细。

我对于任何有关你的事情都无法做到不闻不问。比如说吧,我希望你注意自己的外表,尤其要保证嘴部的整洁,因为整洁是基本的行为准则,也有益于健康。但是,如果你每天早上起来和每餐饭后,没有好好刷牙,这不但不利于你的牙齿,让牙齿变得脆弱或者容易疼痛,而且还容易散发不文雅的、令人作呕的异味,实在是一大缺憾。你这个年龄,也要开始注意穿着了。衣着上马马虎虎的话,就表示你对于个人的形象漠不关心,这不符合一个年轻人的风范。你现在要以得体的穿戴为目标,能达到的话,自然很好;即使不能达到,也比不做任何努力来得强。

跟任何人交谈都要吐字清晰、谈吐优雅。

再见!

查斯特菲尔德

第30封信

取信于人的艺术

温文尔雅、大方得体、风度翩翩,这些在常人眼里只是微不足道的素质,却恰恰能够成就一个人,让他成为颇有交际能力的人。女人可以让男人的品德得到升华。当然,女人无法给男人的内在素质增添"重量",但她们可以给男人的外在素质增添"亮度"。

亲爱的孩子：

温文尔雅、大方得体、风度翩翩，这些在常人眼里只是微不足道的素质，却恰恰能够成就一个人，让他成为颇有交际能力的人。你是否具备了这些素质？你在这些方面有什么进步？事实上，其中的奥秘就是取悦的艺术，任何一个稍有常识的人都能够掌握这门艺术。如果有人取悦了你，你就应该仔细探究他是如何做到的，然后效仿他的所作所为，这样一来，你也就能够取信于他人了。你要想赢得女人的青睐，你就应该首先赢得男人的敬重；而为了取信于男人，你就必须首先掌握受到女人欢迎的窍门。虚荣心，毫无疑问在女人们心中占有很大的比重，而当女人得到一个在男人们中间颇受敬重的男人的关注的时候，她的虚荣心也得到了极大的满足；当这个男人的品德得到女人们的认可之后，她们会继续将它发扬光大，也就是，她们会帮助他走到时尚的前沿。

两性之间的合作既是我们赖以存在的基础，也是我们走向完美的必要途径。请你以最佳的状态走向女人这个群体，同她们交往，只有这样，你才能从她们身上学习到温文尔雅和优雅得体。有了这些，原先敬重你的男人，此刻就会更加喜欢你。女人可以让男人的品德得到升华。当然，女人无法给男人的内在素质增添"重量"，但她们可以给男人的外在素质增添"亮度"。顺便说一下，尽管伯劳特夫人的五官并不匀称，但她还是非常漂亮的女人。她同伯劳特先生已经结婚一年多了，始终保持着忠贞不渝的态度。显然，她并没有考虑到，女人也需要经过"打磨"才能成为熠熠发光的珍宝。所以，我希望你们能够一起完成这个过程。从你的角度来说，说服力、坚持不懈的态度、体贴的表情、充满热情的言语，至少可以对她产生一点作用。一旦她的信念有所动摇，那么，接下来的事情就水到渠成了。

我希望你对德国的律法和重要的政治家有充分的了解，在此推荐你阅读普鲁士国王在罗马帝国选举新任国王期间,为推荐美因兹候选人而写的一封信,此外,你还可以阅读一封名为《关于罗马帝国选举国王的客观评述》的信。前者写得很好,尽管并没有完全依照罗马的律法和风俗。后者写得很糟糕(至少其中的法语部分不行),但是论据充分,我估计是一个自以为精通法语的德国人写的。我相信会有三分之二以上的民众被普鲁士国王字里行间透露出的优雅和精致而倾倒,却对那封有理有据的信件无动于衷。这就是优雅精致的风格所带来的巨大的影响力。

请你在以后的信中详细地跟我谈谈你在巴黎是如何安排自己的时间的。

比如,每个星期五,你在那位可亲可敬的年长者丰特奈勒先生的陪同下,都会去哪儿用晚餐?去拜访谁的时候,你会觉得轻松自在?每个人都会有一个特别喜欢拜访的地方,到了那里,他会觉得比到其他地方更加轻松自在。你同哪些法国年轻人相交甚好?你经常去拜访荷兰驻法国的大使吗?你去拜访过康特·考尼茨吗?德·皮纳特里先生有为你效力吗?罗马教廷大使有邀请你出席天主教大赦年的庆典吗?请你也跟我谈谈你同亨廷顿伯爵的交往情况吧。你经常见到他吗?你和他经常联络吗?你在下次给我写信的时候,请一一回答我的这些问题。

我听说,杜·克劳斯的书现在在巴黎已经不流行了,而且还遭到猛烈的批评。我想这可能是因为大家觉得它太通俗易懂了,在现今的社会,通俗易懂已经不再是潮流。尽管我尊重潮流,但我对这本书还是非常看重的。这本书的内容真实可靠,闪烁着智慧的光芒,还有一些名言警句。人们还指望从书中读到什么更多的东西呢?

我估计某某先生此刻已经离开巴黎,去图卢兹居住了。我希望他能够在那儿学到一个人必须具备的礼仪。他目前在这些方面存在缺陷,言行举止不优雅,常常沉默寡言,开口说话的时候也不讨人喜欢。

总之，他缺乏能够让自己在事业上和上流社交圈中出类拔萃的素质和能力。一个人如果无法在事业上有所作为，那么他在上流社会的社交舞台上也无法脱颖而出，这两个方面有着密切的联系。所以，一个人要想在一个方面崭露头角，就要在另一个方面表现出色。

但愿你能够做到，我亲爱的孩子！晚安！

查斯特菲尔德

第31封信

谨防年轻时的诱惑

维系好你在上流社交圈的地位，从而成为其中一位受关注的人物。不要胆怯，因为胆怯只能将年轻人排斥在上流社交圈之外，令他们误入歧途，将他们带入低级和糟糕的社交圈中。

亲爱的孩子：

从当你的庇护人那一刻开始，我已深深地喜欢上了你。我尊重并赞美你。因为在你身上我看到了一颗美好而仁慈的心。于是，我盼望你的才干也能与之媲美。事实也证明它们果真如此。这一切不仅实现了我的愿望，更应验了我最乐观的向往。

在现在的小交际圈中，其他人都很尊重、喜欢你。但我越是爱你，就越是为你担心，害怕预见到在你接下来的六七年里，等待着你的那些诱惑和危险，会使你遭受任何不测。要知道，这些诱惑和危险来自糟糕的社交圈和你身边一些不好的例子。

亲爱的孩子，你如果被这些诱惑所腐蚀，被那些坏孩子带坏，那将会是多么令人遗憾的事情啊！到那时，你会像升起的星辰一样,一旦坠落就很难再冉冉升起。不久的将来,你会看见你以往的那些同伴们,无论他们的地位如何,很多人会愚蠢而顽劣地发誓诅咒、醉酒,甚至会为打群架而吵闹不休。你要像躲避瘟神一样地避开他们。经常同他们混在一起,你只会得到不幸和耻辱。

不要认为这些劝说是一个啰唆的老家伙在说教,相反,这是我对你强烈的爱的最佳证明。我想要让你度过一段美好的青春时光。正是为了这个原因,我要给你的青春点缀上高雅的快乐,使你成为一位有思想的人,一位彬彬有礼、讨人喜欢的绅士,而所有的这些,绝不会玷污或贬低你的性格。

维系好你在上流社交圈的地位,从而成为其中一位受关注的人物。不要胆怯,因为胆怯只能将年轻人排斥在上流社交圈之外,令他们误入歧途,将他们带入低级和糟糕的社交圈中。虽然我相信这些忠告,对你来说是没必要的。但从现在社会上许多年轻人的状况来看,因涉世不深而变坏的危险性很大,以至于我不得不唠叨一番,一再地重申我的各种预防措施。

听说万能解毒药能够解除掉很多的毒性,就算它希望自己中毒,任何毒药也无法把它毒倒。亲爱的孩子,我如此深爱你,为了给你找到这样一支万能解毒药,我还有什么不愿牺牲的呢?

查斯特菲尔德

第32封信

经营好你的婚姻

婚姻是一种慎重的选择。选择一辈子的伴侣,不能仅仅以感情的好恶为标准,也不能仅从纯精神的层面来判断,更不能凭外表来选择。婚姻的选择是为了要实践承诺,与对方相守一生的。

亲爱的孩子：

结婚是件庄重而严肃的事业。我认为，只有建立在理性基础上的婚姻，才能成为幸福的婚姻。约翰逊说过："只为金钱而结婚的人其恶无比；只为恋爱而结婚的人其愚无比。"

是的，婚姻并不是可以随便在任何地方都可以从事的事业。如果你想结婚，在这之前我希望你们双方，对对方都有一个全面和清醒的了解和认识，并对你们双方爱的深度与持久性有一个全面的把握。

亲爱的孩子，你不要太敏感，我并没有一点责备你的意思，我一心想让你获得真正幸福的爱情，想让你获得人生全部的幸福。正因为这样爱你，所以在影响你一生幸福的关键时刻，我不想让你出现任何的失误和遗憾。

出于一些错误的原因，而盲目奔向婚姻殿堂的年轻人实在太多了。有的人仅因贪恋对方的青春美貌，而匆忙地结了婚；有的人却是因为太过于向往幻想中的二人世界的幸福美满，而抱着无限向往地结了婚；有的人仅为了逃离父母的束缚，而胜利大逃亡似的结了婚……更有甚者，迫于家庭的压力，而无奈地结了婚；有的人是因为看上了对方的财富，而贪婪地结了婚；有的人是因为看上了对方的权势，而攀高枝似的结了婚……

婚姻的生活其实并不像充满幻想、初尝爱情甜蜜的年轻人所想象的那样晴空万里、一片明朗。生活也不可能总一帆风顺，现实的婚姻生活，会不可避免地面临挫折和困难的考验。婚姻是一种慎重的选择。选择一辈子的伴侣，不能仅仅以感情的好恶为标准，也不能仅从纯精神的层面来判断，更不能凭外表来选择。婚姻的选择是为了要实践承诺，与对方相守一生的。

爱情和婚姻同地球上的生命体一样，需要不断地浇灌和维护。真正的爱情是永远不会枯萎死亡的。许多人婚后感情破裂，往往是因为他们没有用心去经营自己的感情。他们的感情本来就是盲目的，或许根本就没有理解爱的真正含义。他们的心灵淡漠，也没有用心去感悟自己与对方最细致的感情的需要。爱情和婚姻关系的发展，不是取决于命运，而是由相爱的双方不断地维护和经营来控制的。开始相爱时，一切都是美好的，不会出现什么危机。尽管人们抱有美好的愿望，但随着时间的推移，还是会有不少人会慢慢变得懒惰，他们对自己的行为、对爱情都不再那么敏感了。实际上，爱情是不会一成不变的，它不是朝着加深的方向发展，就会朝着破灭的方向发展。

人们在爱情和婚姻中所负的责任是连续的，因为爱情就是一种感觉，一种连续不断、温暖的、充满活力的感觉。你应该采取主动有效的措施，促使爱情的命运向良好的方向发展，这样，你就不再是一个爱情行为中的被动者，而是一个主动追求爱情幸福的人。

亲爱的孩子，你一定要记住：用心寻找你的爱情，精心呵护你的婚姻。对自己负责，对爱人负责，对家庭负责！这样，你会收获一生的幸福。

查斯特菲尔德

巴菲特给年轻人的 23 个忠告

巴菲特简介

沃伦·巴菲特是美国著名的投资家和企业家,他以"例无虚发"的投资手段著称于世,被人尊称为"股神"或者是"奥马哈的先知"。巴菲特的投资战绩恐怕只能用"前无古人"来形容,他是有史以来最伟大的投资家。通过对股票和外汇市场的投资,巴菲特站在了世界的财富巅峰。2008年以620亿美元的净资产超过卡洛斯·斯利姆·埃卢和比尔·盖茨成为全球首富。

1930年8月30日,沃伦·巴菲特出生于美国内布拉斯加州的奥马哈市。小时候的沃伦·巴菲特就具备了极强的投资意识,他对数字的敏感程度是家族中其他任何人都不能比拟的。做数学计算题,特别是用快捷的方式计算复利利息,是巴菲特从儿童时期就非常喜欢而且全心投入的一种消遣娱乐方式。对拥有金钱的感觉,巴菲特也是非常地着迷。

五六岁大的巴菲特满脑子都是赚钱的想法,他曾摆地摊出售口香糖,还做过贩卖可乐的小商贩。等到年龄稍长一些,他便带领小伙伴到球场捡用过的高尔夫球,然后转手倒卖。

1941年,刚满11周岁的巴菲特就决定在股票市场试一试水,购买了平生第一只股票。他以每股38美元的价格买进了一种公用事业股票,不久后股票价格上涨到40美元,巴菲特马上将它们全部抛出。虽然首次投资赚钱不多,但还是让巴菲特欣喜不已,这坚定了在投资界大展身手的决心。

13岁那年,巴菲特找了一份沿固定路线投递《华盛顿邮报》和《时代先驱报》的工作。小有积蓄后,巴菲特买了几台单价为25美元的弹球游戏机,投放在当地的赌场。不久,巴菲特就拥有了7台游戏机并且每周能给家里带回50美元。后来,巴菲特与一位高中好友合资350美元,购买了一辆劳斯莱斯轿车,之后又以每天35美元的价格出租。这样,巴菲特16岁高中毕业时,已经积攒了6000美元。

1947年,巴菲特进入宾夕法尼亚大学攻读财务和商业管理专业。但是教授们的空洞理论无法满足巴菲特的求知欲,两年后巴菲特便转学到尼布拉斯加大学林肯分校就读,并在一年内获得了经济学学士学位。

1950年,巴菲特申请就读哈佛大学被拒之门外,转而考入哥伦比亚大学商学院。在商学院,巴菲特师从著名投资学理论学家本杰明·格雷厄姆,向其学习投资理论。格雷厄姆反对投机,主张通过分析企业的盈利情况、资产情况及未来前景等因素来评价股票的价值。在格雷厄姆的指导下,巴菲特形成并发展了自己的投资理论,这对巴菲特此后的投资事业有着极为深远的影响。

1951年,21岁的巴菲特以唯一一个最高的成绩A+完成学业,获得了哥伦比亚大学经济学硕士学位。

1952年,巴菲特和苏珊·汤普森结婚。

1954年,巴菲特在格雷厄姆的邀请下来到纽约,加盟格雷厄姆-纽曼公司。在格雷厄姆-纽曼公司任职期间,对格雷厄姆的投资方法,巴菲特非常着迷并有了进一步了解。

1956年,格雷厄姆-纽曼公司解散,61岁的格雷厄姆决定退休。重新回到家乡奥马哈的巴菲特着手开办了一家合伙投资公司。

1957年，巴菲特掌管的资金达到30万美元，年末则升至50万美元。

1962年，巴菲特合伙人公司的资本达到了720万美元，其中有100万是属于巴菲特个人的。当时他将几个合伙人企业合并成一个"巴菲特合伙人有限公司"。最小投资额扩大到10万美元。

1964年，巴菲特的个人财富达到400万美元。而此时他掌管的资金已高达2200万美元，到1965年这一数字上升到2600万美元。

1966年春，美国股市牛气冲天，但巴菲特却坐立不安。尽管他所持有的股票价格在上涨，但是却发现很难再找到符合他标准的廉价股票了。虽然股市上疯狂的资本给投机家带来了横财，但巴菲特却不为所动，因为他认为股票的价格应建立在企业业绩成长而不是投机的基础之上。

1967年10月，巴菲特掌管的资金达到6500万美元。

1968年，巴菲特公司的股票取得了它历史上最好的成绩——增长了46%，而道琼斯指数只有9%。巴菲特掌管的资金上升至1.4亿美元，其中属于巴菲特个人的资金有2500万美元。

1969年，巴菲特决定结束投资合伙关系。他认为股票市场正处于高度投机的氛围之中，真正的价值在投资分析与决策中所起的作用越来越小。20世纪60年代后期，股票市场由高估的股票统治，"漂亮50股"则成了众多投资者津津乐道的话题。像宝丽来、施乐等公司的股票市盈率高达50倍甚至100倍。巴菲特给他的合伙人寄去一封信，表示自己已跟不上现今市场的步伐。巴菲特表示："我不会放弃先前那种我已深谙其内在逻辑的方法，尽管我知道它应用起来很困难，并且很可能导致相当大的资本损失，但另一方面，这种方法意味着巨大而且显而易见的收益。"

合伙公司解散后，巴菲特把资产转至伯克希尔—哈撒韦公司，形成了新的合伙关系。巴菲特在新的合伙公司中的股权增至2500

万美元,足以控制伯克希尔—哈撒韦公司。

1970年到1974年,美国股市一派死寂,持续的通货膨胀和低增长使美国经济进入了"滞涨"时期。然而,一度失落的巴菲特此时却欣喜异常,因为他在这一派死寂中看到了财富的生机。他发现在这样的经济境况下,有许多符合自己标准的廉价股票。

1972年,巴菲特开始关注报刊业。他发现拥有一家名牌报刊,就好似拥有一座收费的桥梁,任何过客都必须留下买路钱。1973年开始,巴菲特在暗中收购《波士顿环球》和《华盛顿邮报》的股票。由于巴菲特的介入,《华盛顿邮报》利润大增,每年平均增长35%。10年之后,巴菲特投入的1000万美元升值为2个亿。

1978年,当零售控股公司并入伯克希尔—哈撒韦公司时,巴菲特与他的黄金搭档查理·芒格的合作关系正式确定下来。在蓝齿票据公司并入伯克希尔—哈撒韦公司后,查理升任伯克希尔—哈撒韦公司的副董事长。

1980年,他用1.2亿美元、以每股10.96美元的单价,买进可口可乐7%的股份。到1985年,可口可乐改变了经营策略,开始抽回资金,投入饮料生产。其股票单价已涨至51.5美元,翻了5倍。

1992年,巴菲特以74美元一股购买了435万股美国高技术国防工业公司——通用动力公司的股票,到年底股价上升到113美元。巴菲特在半年前拥有的32200万美元的股票已值49100万美元了。

1994年底已发展成拥有230亿美元的哈撒韦工业王国,它早已不再是一家纺纱厂,它已变成巴菲特的庞大的投资金融集团。从1965到1998年,巴菲特的股票平均每年增值20.2%,高出道琼斯指数10.1个百分点。如果谁在1965年投资巴菲特的公司10000美元的话,到1998年,他就能得到433万美元的回报,也就是说,谁若在33年前选择了巴菲特,谁就坐上了发财的火箭。

2000年3月11日，巴菲特在伯克希尔—哈撒韦公司的网站上公开了当年的年度信件。数字显示，伯克希尔—哈撒韦公司的纯收益较去年下降了45%，从28.3亿美元下降到15.57亿美元。伯克希尔—哈撒韦公司的A股价格去年下跌20%，是90年代的唯一一次下跌；同时哈撒韦的账面利润只增长0.5%，远远低于同期标准普尔21%的增长，是1980年以来的首次落后。

2007年3月1日晚间，"股神"沃伦·巴菲特麾下的投资旗舰公司——伯克希尔—哈撒韦公司公布了其2006财政年度的业绩，数据显示，得益于飓风"爽约"，公司主营的保险业务获利颇丰。伯克希尔—哈撒韦公司在2006年利润增长了29.2%，盈利达110.2亿美元（高于2005年同期的85.3亿美元）；每股盈利7144美元（2005年为5338美元）。

1965年到2006年的42年间，伯克希尔—哈撒韦公司净资产的年均增长率达21.46%，累计增长361156%；同期标准普尔500指数成分公司的年均增长率为10.4%，累计增长幅为6479%。

巴菲特对中国企业的投资业有极大斩获。2003年4月，正值中国股市低迷徘徊的时期，巴菲特以每股1.6～1.7港元的价格大举买入中石油H股23.4亿股，这是他所购买的第一只中国股票。在卖出股票后，巴菲特净赚7倍。

2008年9月28日，巴菲特投资2.3亿美元买下了在香港上市的比亚迪公司2.25亿股的股票，约占整个公司10%的股份。此后比亚迪股价翻涨近7倍，使得巴菲特一年间就有13亿美元的账面获利。

拥有巨额财富的巴菲特非常热衷于公益事业。2006年6月25日，巴菲特宣布将总价达375亿美元的私人财富捐给慈善事业，占个人总财富的85%。这笔巨额善款捐给了由比尔·盖茨夫妇创立的慈善基金会，对此比尔·盖茨基金会发表声明说："我们对我们的朋友沃伦·巴菲特的决定受宠若惊。他选择了向比尔与美琳达·盖茨基金会捐出他的大部分财富,来解决这个世界最具挑战性的不平等问题。"此外,巴菲特还向已故妻子创立的慈善基金捐出100万股股票,同时向他3个孩子的慈善基金分别捐赠35万股的股票。

想要恰如其分地描绘出巴菲特的形象并非易事。从外表来看,简朴、坦诚的巴菲特貌不惊人,具有祖父般和蔼慈祥的面容和天才般的智慧。超凡的智慧和幽默,让巴菲特具有一种独特的魅力,令人为之吸引。正如巴菲特的好友比尔·盖茨在文中写道:"他的笑话令人捧腹,他的饮食——一大堆汉堡和可乐——妙不可言。简而言之,我是个巴菲特迷。"

据统计,在长达40多年的时间里,巴菲特的年度复合收益保持在20%以上。在统计的24个年份中,他的股票组合在20个年份中打败了标准普尔500指数,而且两者的差距非常大,以至于分析师惊叹地说,即便是运气超人也难以做到如此出色。巴菲特倡导的价值投资理论风靡世界,他被称为是这个世界上"除了父亲之外最值得尊敬的男人"。

与"股神"巴菲特共进午餐的机会,从2000年起开始每年进行一次拍卖,所得善款全部捐给美国慈善机构。2010年6月12日上午,经过9位出价人77次激烈角逐,2010年度巴菲特午餐价格最终落槌在2626311美元,超过2008年创造的211万美元的最高拍卖纪录。花如此巨资买得一次与巴菲特共进午餐的机会,无非是想一睹"股神"的风采以及向"股神"取经。在"股神"巴菲特给出的忠告中,我们不需花费一毛钱就可以领略投资大师的风采和人格魅力,而且还能从中收获成功的智慧。

■第1个忠告

个人最大的成功是靠自己努力的成功

  亿万财富并不能给人带来多少能力和成长，反而会消磨人的激情和理想。从一定意义上讲，金钱只不过是一串毫无意义的数字罢了，只有乐观、自信、勇敢、勤于思考的性格才能收获快乐而丰富人生。

  2006年6月，时位居全球富豪榜第二的巴菲特做出了一个让所有人吃惊而又敬佩的决定，他宣布将多达370亿美元捐给比尔·盖茨创办的基金会用作慈善事业，这些财富约占其私人财富的85%。

  曾经美国《纽约时报》的一位记者采访巴菲特时问："您把大部分财富都捐了出去，您会给您的孩子留下什么呢？"巴菲特的回答是："我已经把最珍贵的财富给了我的子女。"他坦言道："亿万财富并不能给人带来多少能力和成长，反而会消磨人的激情和理想。从一定意义上讲，金钱只不过是一串毫无意义的数字罢了，只有乐观、自信、勇敢、勤于思考的性格才能收获快乐而丰富人生。因此，可以说，我已经把我最珍贵的财富都赠送给了我的孩子们了。"

  所以巴菲特在教育自己的孩子时，不是无微不至地宠溺，而更多的是注重培养孩子们自立自强的能力。巴菲特的小儿子彼得无不感激地说:"我父亲的一个信条就是——个人的最大成功是通过个人努力的成功。我庆幸父亲对我的生活没有过多地干预,我完全有权利自由选择。因此我发挥自己的优势,走了与父亲完全不一样的道路。"

彼得是自学成才的音乐家、作曲家和制作人,他从小就表现出对音乐的浓厚兴趣。在1979年,年满20岁的彼得就独立到旧金山开创自己的音乐事业。刚到旧金山时,他住在一所小公寓里,买下一辆二手车,过着简朴的生活。他购买了一些设备,建立了一个自己的音乐工作室。彼得每天埋头钻研,做着有偿或无偿的工作。

彼得事业的转折点出现在1981年。他的一个邻居的女婿从事动画制作,急需音乐作品。这名制作人聘请彼得为一条10秒钟的广告配乐。从此,彼得的音乐事业不断发展。20世纪80年代末期,彼得凭借自己的努力过上了富裕的生活。他与一家名为"奈良田"的唱片公司签约,计划出音乐专辑。

后来,彼得卖掉洛杉矶的公寓,在密歇根湖畔买了一座别墅,新房子的面积是小公寓的5倍。彼得有了足够的空间录制音乐和接待同行。他的第一张曲集《等待》在业内颇受好评,也很畅销,但彼得一直希望电影制片人能注意到自己。后来,一个朋友送给他一本埃文·康奈尔的小说《晨星之子》,书中描写了美国印第安人和美国政府军作战的故事。彼得读完后很受震动,这种感情直接影响到他1989年发行的第二张专辑《一个接一个》。

与此同时,他听说好莱坞名导凯文·科斯特纳正在筹拍一部有关印第安人的电影。彼得将《一个接一个》寄给科斯特纳。科斯特纳邀请他为电影写配乐。彼得接受后发现自己根本不会写配乐,只能作罢。不过,彼得通过这次机会获得科斯特纳的认可,后来又争取到为电视连续短剧《500国家》配乐的机会,并因此获得艾美奖。对此,巴菲特深感欣慰,他很自豪地说:"他们都走出了自己的道路，而且收获颇丰。他们是富有创造性的，他们并不希望自己的身份仅仅是某个有钱人的孩子。"

彼得的音乐工作室成立之初，资金短缺，此时的彼得想到了父亲，于是向他求救。可没想到的是，彼得得到的答复竟然是拒绝，尽管此时的巴菲特资产已经过亿。巴菲特告诉彼得，要想借贷，跟银行取得联系是唯一的途径。寻求无果的彼得最终选择了银行。这个跟他没有任何关系的银行，竟然在他最需要的时候，代替父亲帮助自己实现了愿望。也许正是这个原因，彼得对银行一直有着浓厚的感情。他从此一直坚持做一名诚信的客户，没拖欠过银行一分钱。

巴菲特竟然在儿子最需要支持的时候，不但不鼎力相助，反而让儿子求助于银行。这种行为在旁人看来是无法理解的，然而巴菲特的理由是"钱会让我们单纯的父子关系变得复杂"，更主要的是，巴菲特明白让儿子独立，能让他得到更多。此后，彼得也对父亲的这一做法表示感激，因为通过这次借贷，彼得学到了借贷以外的更多东西，他说："我学到的远比从父亲那里接受无息贷款要多得多。"

有一家美国周刊曾经作过一个调查，邀请世界500强企业退休的CEO们填写一份问卷，其中前10名大企业的老板对其中一个问题都做出了相同的回答。这个问题是：如果人生可以重来，你认为什么是你绝对不能错过的？这10位老板都表达了同一个意愿——如果人生可以重新来过的话，一定不会放弃陪伴孩子一起成长的机会。

可以想象，这些富翁在苦心经营自己的事业时，很少有时间去关注子女的成长。他们只知道用富裕的物质生活弥补匮乏的精神教育，然而这样根本不是一种弥补，而是一种毁灭，物质满足而精神匮乏的富家子弟只会沦为毫无能力的纨绔子弟。

在卡内基基金会的一份调查报告中，继承10万美元以上财产的子女中，有 20%～30% 的人放弃了工作，有的整天沉溺于吃喝玩乐中，直到倾家荡产；有的则一生孤独，出现精神问题，或是做出违法乱纪的事情。富翁罗斯柴德在临终前，把所有的财产都留给了儿子拉斐尔，但儿子在继承财产的第二年，就被人发现死于纽约一处人行道上，死因是吸食毒品过量。此时拉斐尔只有 23 岁。

没经过付出而得到的财富就好比是毒药。巴菲特在教育子女时，并不是任他们欲求欲取，而是与之相反，让他们在磨难中坚强。巴菲特说："他们（巴菲特的子女们）每个人都获得了遗产继承权，这些钱足够使他们做一些想做的事情，但绝不足以让他们无所事事地过着超级富翁的生活。"

没有让巴菲特失望，他的子女们做得很好，为此，巴菲特非常自豪。他说："我认为他们应该会感激我对他们的教育。他们做得很好，也都很独立，因为他们并不认为要对我俯首帖耳。"

■第 2 个忠告

思考永远是行动的前锋

思考是没有任何坏处的，任何行动（除了突发事件）在进行之前，首先进行前期的准备和分析，对寻求更好的结果是非常有利的。千万别小看这思考，多数成功人士从来都不会盲目行事，没有周密的计划、合理的安排，他们不会仅凭一时的热情去做任何事情。

当巴菲特有很多想法时，他的人生便处于活跃期，此时的他会有很多投资上的动作，当然他在很长的一段时间里，想法枯竭，这时候的他便处在休眠期。如果巴菲特脑子里有一个好的想法，他会立刻付诸行动，否则，巴菲特是不会贸然行事的。所以巴菲特说："想法永远是行动的前锋，在行动之前，最重要的就是思考。"

作为世界迄今为止最为成功的投资大师，巴菲特不仅继承了恩师格雷厄姆的价值投资思想，而且又将费舍的投资理念融会贯通，使其在投资领域所向披靡。在大师的投资哲学中，其将阅读习惯与独立思考的思维方式放在了至高的地位。纵观大师迄今为止的投资历程，每笔投资案例无不渗透着其大量阅读与独立思考的作风，这也成为其取得举世瞩目的成就的一项重要特质。

与之形成鲜明对比的是，现在市场上人们盲目跟从，在股市追涨杀跌，在楼市跟风哄抬，到处都充斥着浮躁、贪婪的心理，大多缺乏对信息的耐心解读与独立思考，结果总是会为这样的盲目草率而懊恼不已，这也许就是成大事者与普通人的最大差别！

"想法永远是行动的前锋，在行动之前，最重要的就是思考。"这句话也是巴菲特给正成为一名共和党人的儿子霍华德的告诫。巴菲特认为，既然霍华德跟政治打交道，那么他的所作所为就应当更加谨慎。与政治打交道需要考虑多方面的事情，比如当地的经济情况、治安情况和选民生存状态等一系列问题。作为一个出色的政治家，这些能力是应当要具备的，巴菲特希望霍华德能做到最好，因为这是他自己选择的路，他要为自己负责。

要很合乎情理地处理好这些事情，让自己的所作所为看起来既符合身份又非常完美，巴菲特给霍华德的告诫就是：在行动之前，先思考一下！在行动之前一定要深思熟虑，然后再做出一个合理的安排，否则，如果莽撞行事的话，事情只会弄得一团糟。

在巴菲特自己看来，他之所以取得如今这些成就，很大程度上是因为自己勤于思考，并由此总结出了一些规律。在做出任何投资行为之前，巴菲特都会进行独立思考，而不是盲目跟风，或者因为周围人的意见和想法而改变自己的看法。

巴菲特第一个证券股票 GEICO 的投资行为就充分体现了其在经过独立思考后再付诸行动的坚决态度。当时这只股票并不被人看好，但是巴菲特非常崇拜本杰明·格雷厄姆，而他正是这家公司的财政主席。不要以为巴菲特做出这个投资决定仅仅是因为巴菲特崇拜本杰明·格雷厄姆，最主要的原因是本杰明·格雷厄姆在投资领域的观点和自己在很大程度上是一致的。但即便如此，也并不意味着巴菲特就会无条件地支持这只股票。在购买 GEICO 之前，巴菲特用了很长一段时间来思考他这个将来要做的决定，他把任何可能出现的状况都一一列在纸上，然后运用所学到的一切知识，来寻找各种状况可能导致的最终结果，并思考补救措施。在做完所有这些步骤之后，巴菲特最后决定购买 GECIO。

事实证明，巴菲特的这次决定是对的，他成功了。他第一次在证券领域出师大捷成为今天许多人的谈资。但是人们只看到他的辉煌，却不会想到巴菲特为此付出的大量思考。

鉴于自己的经验，巴菲特从小就告诫他的孩子们，要养成思考的习惯，并在勤于思考中学会善于思考。铭记父亲教诲的霍华德也颇让巴菲特放心，几年前，霍华德在农场站住脚后，不断地捕捉市场信息并思考总结，生意也因此越做越好。在霍华德投身政治后，巴菲特对他的告诫更多的还是要冷静思考，明白自己身上所背负的责任和义务。任何事情在处理时不能让其他人有诋毁自己的可能。因此，要避免众人的诋毁，只有自己把一切做好，而这必须靠自己行动之前的缜密思考，从而做出最妥当的行动。

思考是没有任何坏处的，任何行动（除了突发事件）在进行之前，首先进行前期的准备和分析，对寻求更好的结果是非常有利的。千万别小看这思考，多数成功人士从来都不会盲目行事，没有周密的计划、合理的安排，他们不会仅凭一时的热情去做任何事情。因为他们非常明确地知道，这样做最终导致的结果只有失败。

经过缜密的思考，接下来要做的就是将思考转化为行动。经过思考后的行动，相对就有了竞争力。在完成既定的目标和计划时，经过思考的行动不仅会有与合作者之间清晰而完整的沟通，更具备了对目标的正确认识。这样在完成任务的时候，行动才有更准确的方向。

巴菲特说："思考是我生活的重心，我是一个相当喜欢思考的人。尽管我知道有些事情并无答案，但我认为，思考可以为这个世界带来一些真知灼见，这就是它的魅力。"思考不但可以带来真知灼见，更是影响人一生成败的关键所在。古希腊伟大的思想家柏拉图说："思考的危机决定了一个人一生的危机。"思考是人一生当中最为关键的事情，一个不善于思考的人，会遇到许多取舍不定的问题，行动也极具盲目性；而冷静缜密的思考对行动有效性有着巨大的影响。

导致成败的关键往往是事前和事时是否准备好了，而准备时要做的重要的事情就是思考。是否想过事情发展过程中可能出现的情况，针对这些可能出现的情况是否思考过应对的策略。这些直接影响着行动的有效性，从而影响成败。

巴菲特说："如果你能从根本上把问题弄清楚并思考它，你就永远也不会把事情搞得一团糟。"对还有很多路要走的年轻人，巴菲特真诚地告诫：思考永远是行动的前锋。

■第3个忠告

别把简单的事情复杂化

巴菲特："人性中总是有某种不良成分，它喜欢将简单的事情复杂化。"

1985年，有一家非常大的投资银行受委托负责出售史考特·飞兹公司，然而在经过多方的推销后却仍无功而返。在得知这样的情况后，巴菲特立即写信给史考特·飞兹公司当时的总裁拉尔夫·斯切表达买下该公司的意愿。在这之前巴菲特从来没有与拉尔夫见过面，不过在一个礼拜之内他们便达成协议，可令人遗憾的是，在该公司与投资银行所签订的意向书中注明，一旦公司顺利找到买主便须支付250万美元给银行，即便最后的买主与该银行无关也要照付。事后巴菲特猜想，或许是该银行认为既然拿了钱，多少都应该办点事，所以他们好心地将先前准备的财务资料提供一份给他。收到这样的礼物时，搭档查理冷冷地响应说："我宁愿再多付250万美元也不要看这些垃圾。"他们最后采取的策略就是等待电话铃响，就这么简单。可喜的是，这还真管用。

　　有时候做生意很简单，巴菲特说："真正的投资策略就像生活常识一样非常简单，简单得不能再简单。要想成功地进行投资，你不需要懂得什么贝塔值、有效市场、现代投资组合理论、期权定价或是新兴市场。事实上大家最好对这些东西一无所知。当然我的这种看法与大多数商学院的主流观点有着根本的不同，这些商学院的金融课程主要就是那些东西。我们认为，学习投资的学生们只需要接受两门课程的良好教育就足够了，一门是如何评估企业的价值，另一门是如何思考市场价格。"

　　巴菲特始终寻找的是那些业务清晰易懂、业绩持续优异、能力非凡并且为股东着想的大企业。要充分保证投资盈利，巴菲特不仅要在合理的价格上买入，而且该企业的未来业绩还要与巴菲特的估计相符。一个具有持续竞争优势并且由一群既能干又全心全意为股东服务的人来管理的企业，当发现具备这些特征的企业而且又能以合理的价格购买时，这样的投资几乎不可能出现失误。这种投资方式看起来似乎不易，但是巴菲特却找到了他的途径，那就是寻找超级明星企业。

我们不难发现，巴菲特的投资始终集中于很少几只股票，这符合巴菲特的简单投资概念。他说："虽然我不拥有口香糖公司，但是我知道10年后它们的发展会怎样。互联网是不会改变我们嚼口香糖的方式的，事实上，没什么能改变我们嚼口香糖的方式。会有很多的（口香糖）新产品不断进入试验期，一些以失败告终。这是事物发展的规律。如果你给我10个亿，让我做口香糖的生意，打开一个缺口，我无法做到。这就是我考量一个生意的基本原则。给我10个亿，我能对竞争对手有多少打击？给我100个亿，我对全世界的可口可乐的损失会有多大？我做不到，因为，它的生意稳如磐石。给我些钱，让我去占领其他领域，我却总能找出办法把事情做到。"

这种业绩稳定的企业就是巴菲特所中意的对象，因为这样，他就能看清这个企业10年的大方向。如果做不到这点，他是绝不会贸然行事的。

在巴菲特看来，投资的另一个特点就是先前的投资技巧和知识不会过时。他说："做投资的好处是你不用学习日新月异的知识和技能，40年前你了解的口香糖的生意，现如今依旧适用，没有什么变化。"

巴菲特认识一个人，此人的岳父去世了，留下一间他创建的制鞋公司。这个人托高盛来卖掉这家公司，他和巴菲特的一个朋友在佛罗里达打高尔夫时提到了这件事。于是巴菲特的朋友建议他给巴菲特打电话。那人接受了建议，结果他和巴菲特仅用5分钟便谈成了这桩生意。巴菲特认识这个人并且基本了解制鞋生意，质化的方面定了后，就是价格了。巴菲特的答案只有是或者不是，很简单，谈判的时候没什么圈子可兜。

是的，就这么简单，投资的概念也不难懂，就是低价买入高价卖出。虽然不难理解，但是人们却很难真正这样实践，因为他与人性中的某些惯性作用是相抵触的，即便是巴菲特也因为这"人性中的某种惯性"而失败过。

巴菲特在给股东的信中记述了这样一个故事："2003年美中能源打消掉一项锌金属回收的重大投资案，该计划在1998年开始，并于2002年正式营运。由于地热发电产生的卤水含有大量的锌，而我们相信回收这些金属应该有利可图，近几个月来，回收运用在商业上似乎可行，但冶矿这行，就像是石油勘探一样，希望往往一再戏弄开发商，每当一个问题解决了，另一个问题马上又浮现，就这样一直拖到9月，我们最终举白旗投降。

"我们的失败再度突显了一项原则的重要性，那就是别把事情搞得太复杂，尽量让事情简单化。这项原则广泛运用于我们的投资以及事业经营，如果某项决策只有一个变量，而这变量有9成的成功概率，那么很显然你就会有9成的胜算；但如果你必须克服10项变量才能达到目标，那么最后成功的概率将只有35%。在锌金属回收的这项合作案中，我们几乎克服了所有的问题，但一项无法解决的难题却让我们吃不了兜着走。套句矛盾的修饰语句，这是单一环结的连锁。"

投资者习惯了"旅鼠式"的行动，如果让他们脱离原有的群体，是非常不容易的。就像巴菲特所指出的那样："在我进入投资领域30多年的亲身经历中，还没有发现应用价值投资原则的趋势。看来，人性中总是有某种不良成分，它喜欢将简单的事情复杂化。"

很多人在处理事情时，不分主次，舍本逐末地在繁枝末节上大下修饰功夫，却忽视了对核心问题的深入探究，把事情复杂化。结果该做的没做好，不该做的全被打乱了，直接导致时间愈来愈不够用，事情变得愈来愈复杂。

我国古代伟大的思想家老子在《道德经》中提出："是以圣人去甚、去大、去奢。"去繁就简，重点思考，才是一击即中的高效之道。

■第 4 个忠告

极尽所能地选出自己的英雄

巴菲特告诫世人说:"在生活中,如果你正确选择了你的英雄,你就是幸运的。我建议所有人,尽你所能地挑选出几个英雄。"

在事业上,能找到一个志同道合、相互扶持和相互信赖的搭档无疑是幸运的,这比起在单打独斗的困顿中艰难跋涉要轻松得多,而且取得的成功也将是更大的。巴菲特很庆幸自己就有这样一个值得信赖的搭档——查理·芒格,他甚至将这个搭档看作自己的英雄。

在投资圈里,专业人士非常愿意将巴菲特的话当作金科玉律,而把芒格的发言视作"备选"。但是,必须承认的事实是,只要芒格一开口,巴菲特就会认真倾听。正如巴菲特的长子评价芒格时所说:"我爸爸是我所知道的'世界上第二聪明的人',第一是谁?查理·芒格。"芒格在巴菲特的投资事业上起了至关重要的作用,巴菲特创造的许多经典投资案例,以及他买入的种种牛股,其实有相当一部分是芒格帮他物色的。

1924 年 1 月 1 日,查理·芒格出生于美国内布拉斯加州的奥马哈市,1948 年以优异的成绩毕业于哈佛大学法学院,直接进入加州法院当了一名律师,并开始投资于证券以及联合朋友和客户进行商业活动,其中一些案例已被编入商学院的研究生课程。经历一次成功买断后,芒格渐渐意识到收购高品质企业的巨大获利空间,一家资质良好的企业与一家苟延残喘的企业的区别在于,前者一个接一个地轻松做出决定，后者则每每遭遇痛苦抉择。

芒格此后开始涉足房地产投资，并在一个名为"自治社区工程"的项目中赚到人生的第一个百万美元。1959年的时候，经过医生戴维斯的引荐，芒格与巴菲特相遇了。那个时候巴菲特才29岁，芒格34岁。两人见面之初，并没有立即携手合作。

1962年，芒格与一个扑克牌友合伙成立了一家证券公司——惠勒·芒格公司，一向节俭的芒格甚至坚持在杂物间里办公。从公司成立到1972年的11年间，年均收益率达到28.3%，业绩证明了芒格的投资天赋。

体会到"钱生钱"快感后的芒格，不久就完全从律师行业和建筑行业退出，以专心从事投资业务。然而，美国股市在20世纪70年代陷入狂热，这一时期，芒格和巴菲特在投资上的表现也大相径庭：巴菲特在自己的股票还在上涨的情况下忍痛解散了全部合伙公司，进而逃脱了那场全球股灾。而芒格的公司却没能幸免，1973年~1974年，连续两年出现接近31%的亏损，将公司前11年一半多的盈利亏损掉了。所幸的是芒格顶住了压力，坚持持股不动，终于在1975年迎来75%的盈利反弹。

看着自己的财富坐了趟"过山车"之后，芒格意识到自己没有必要再单打独斗。于是，他在1975年清算了自己的合伙公司，将资金投入到了巴菲特的伯克希尔—哈撒韦公司中。这一举动让他们给彼此带来了希望和生活的转机。

巴菲特这样评价搭档芒格："查理把我推向了另一个方向，而不是像格雷厄姆那样只建议购买便宜货，这是他思想的力量，他拓展了我的视野。我以非同寻常的速度从猩猩进化到人类，否则我会比现在贫穷得多。"的确，芒格在巴菲特财富实业腾飞的过程中起着巨大作用。

1970年，加州数十家小型零售商联合状告蓝筹印花公司垄断市场，美国司法部于是对其做出了出售55%股份的裁决。看准了时机的芒格连夜赶回奥马哈，当面力劝巴菲特进行收购。最终，巴菲特夫妇及其伯克希尔—哈撒韦公司出资收购了蓝筹印花公司45%的股份，芒格的公司收购了8%的股份。据悉，巴菲特和芒格在这项收购中共斥资4000万美元，但仅过了3年，这部分财富便膨胀到了10亿美元。

不过，芒格对巴菲特影响最大的，应当是对其投资理念的更新与改造。格雷厄姆曾经教导巴菲特，最好的赚钱办法是投资"廉价股"。巴菲特也一直遵从老师的教诲，在早年低价收购美国运通和《华盛顿邮报》等公司的交易中赚到大钱。但是，芒格认为，类似格雷厄姆标准的"廉价股"已基本消失，如果一家公司的盈利足够好，即便股价高一点，也是值得购买的。

也是在芒格的敦促下，巴菲特从买"便宜货"的老路迈向买优质企业的新途。2008年，巴菲特斥资2.3亿美元买入中国比亚迪10%股份一事，就是巴菲特"转型"最典型的例子。

持股比亚迪是芒格的主意，起初，芒格通过一个朋友偶然认识了比亚迪总裁王传福，通过接触，芒格在他身上看到了"爱迪生和杰克·韦尔奇的影子"。激动不已的芒格随即将这家公司介绍给了巴菲特。最终，芒格的热情使得巴菲特打破自己"不碰科技型公司"的原则，用高价对比亚迪提出收购。现实没有辜负芒格，按照目前比亚迪在香港的股价，巴菲特所持有的股份账面获利已经超过了500%。

不仅如此，芒格还认为，巴菲特的老师在投资时，不太重视公司管理者素质，这种做法是不明智的。对于芒格倡导的与老师完全背道而驰的投资理念，巴菲特做出了肯定的评价，此后，企业管理者的素质也成了巴菲特投资的重要考察因素。他说："查理·芒格很早就明白了这个道理，然而我的反应则比较慢，但是现在当我们进行投资时，我们不只是选择最好的公司，与此同时这些公司还需要有好的经理人。"

两人双剑合璧,创造了一连串经典的投资案例,先后购买了联合棉花商店、伊利诺伊国民银行、茜氏糖果公司、维科斯金融公司、《布法罗新闻晚报》,投资《华盛顿邮报》,并创立新美国基金。在两人精诚合作的30多年里,伯克希尔—哈撒韦股票以年均24%的增速突飞猛进,目前市值已接近1300亿美元,拥有并运营着超过65家企业,创造了有史以来最优秀的投资记录。

取得如此辉煌的成就,与巴菲特和芒格的精诚合作是分不开的。两人英雄重英雄,巴菲特给搭档的评价是"芒格把商业法律的视角带到了投资这一金融领域,他懂得内在规律,能比常人更迅速准确地分析和评价任何一桩买卖,是一个完美的合作者",而芒格这样评价搭档——"在过去近50年的投资长跑中,他始终表现出超人的聪颖和年轻人般且与日俱增的活力"。他们经常互通电话,彻夜分析商讨投资机会,他们之间有着许多相似的地方。他们有着共同的价值观,芒格对此曾说过:"我们都讨厌那种不假思索的承诺,我们需要时间坐下来认真思考,阅读相关资料,这一点与这个行当中的大多数人不同。我们喜欢这种'怪僻',事实上它带来了可观的回报。"有一位合伙人如此感叹道:"芒格和巴菲特比你想象的还要相像,巴菲特的长处是说'不',但芒格比他做得更好,巴菲特把他当作最后的秘密武器。"

巴菲特看重这位搭档,不仅仅是因为芒格出色的投资智慧,人格品质也是很重要的一方面。从两人最初合作,到后来一起经营公司,他们之间从未提过要求,也从未将合作条件列成书面合约,凭的仅是相互信任。

芒格在投资界向来有"幕后智囊"和"最后的秘密武器"之称,在外界的知名度、透明度一直很低,其智慧、价值和贡献也被世人严重低估。没有芒格的帮助,巴菲特的财富将大大降低,正如巴菲特的好友比尔·盖茨说的"如果没有芒格的辅助,巴菲特恐怕很难做得这么好",这话是很公允的。

因此，巴菲特告诫世人说："在生活中，如果你正确选择了你的英雄，你就是幸运的。我建议所有人，尽你所能地挑选出几个英雄。"在奋斗中，找到共同进退、相互信赖的伙伴无疑是非常幸运的。

■第 5 个忠告

把阅读当成工作

巴菲特称："我在 10 岁的时候就把我在奥马哈公立图书馆里能找到的投资方面的书都读完了，很多书我读了两遍。你要把各种思想装进你的脑子里，随着时间的推移，分辨出哪些是合理的。一旦你做到这样了，你就该下水（尝试了）……越早开始阅读越好。我在 19 岁的时候读了一本书，形成了我基本的投资思维方式。"

早期合作者彼得森曾见过巴菲特在宾夕法尼亚大学读书时所表现出的非同一般的才能。他描述道："到 9 月底巴菲特已经阅读了和课程相关的所有的教科书，从头到尾，一页一页，阅读得非常仔细。然后他把书本丢到一边直到学期末，一个字没看，但所有的课程依旧得 A。"

几年后在奥马哈，彼得森和他原来的大学同学共进午餐。他问巴菲特，宾夕法尼亚大学的一个教授就合同法的某一个条款是怎么说的。"巴菲特说：'喔，在 221 页，第三段。'接着他开始背诵那本书。"彼得森核对了一下教科书，发现巴菲特背得一字不差。"那气势有些咄咄逼人。"彼得森说。

如今的巴菲特把他的工作概括成两个字——阅读，他说："我的工作是阅读,没有大量的广泛阅读,你根本不可能成为一个真正的成功投资者。"巴菲特所关注的公司年报和竞争对手的年报,这些是他最主要的阅读材料。在发现对哪家公司有兴趣后,他会找到这家公司的大量年报,以及最近5~10年间所有关于这家公司的文章,深入钻研,让自己沉浸其中。当读完这些材料之后,他便会问问自己:还有什么地方不知道却必须知道的东西?如果有的话,他会四处奔走,与这家公司的竞争对手、雇员等相关方面进行访谈,然后再做出是否进行投资的决定。

搭档芒格说:"我想我和巴菲特从一些好的商业杂志中得到的比从其他地方多,阅读每一期各类的企业报道,便能轻松且快速地获得各种企业经验,而且如果你能养成一种思考习惯,将所读到的内容与这些想法的基本架构结合在一起,你可以逐渐累积一些投资智慧,在这浩瀚领域中,若没做过扎实的阅读功夫,我不认为你可以成为真正优秀的投资人,而我也不认为有哪一本书可以为你做到这些。"

在投资领域,扎实的阅读功夫是至关重要的。巴菲特从小就有着良好的阅读习惯,有人曾这样描述小时候巴菲特对阅读的喜好,"巴菲特也想和其他年轻人聚在一起,和他们一起玩会儿篮球。但是,在其他人继续打篮球的这段时间,他可能已读完了《华尔街时报》。对此,人们总是说'这就是沃伦',他会和别人玩一会儿篮球,接着就走到一边读他的《华尔街时报》了,然后再和大家一起玩会儿。"

16岁那一年,巴菲特和一位比他大一岁的同学唐·丹利共同出资350美元购买了一辆劳斯莱斯轿车,并对外出租,租金为一天35美元。丹利回忆道:"我们把这辆车放在沃伦的车库。我愿意打理它,我是技术能手而他是财务行家。有些人说我们共同打理它,其实,沃伦不善于拧螺丝帽,也不会做任何技术性工作。他只是站在一边,读商业方面的书给我听。中学毕业前,他就阅读了100本商业方面的书。"

巴菲特称:"我在10岁的时候就把我在奥马哈公立图书馆里能找到的投资方面的书都读完了,很多书我读了两遍。你要把各种思想装进你的脑子里,随着时间的推移,分辨出哪些是合理的。一旦你做到这样了,你就该下水(尝试了)……越早开始阅读越好。我在19岁的时候读了一本书,形成了我基本的投资思维方式。"

在哥伦比亚大学读书时,巴菲特就注意到他崇拜的老师本·格雷厄姆是GEICO的董事长,这激发了巴菲特对这家公司的好奇心。巴菲特首次对GEICO保险公司产生投资兴趣时,就阅读了许多资料,在图书馆待到关门才离开,他从BESTS开始阅读了许多保险公司的资料,还阅读了一些相关的书籍和公司年度报告,巴菲特一有机会就与保险业专家以及保险公司经理们进行沟通。1950~1951年间巴菲特在哥伦比亚商学院读研究生,但他并非想获得一个学位,而是为了能够有机会得到当时在该校任教的本·格雷厄姆的教诲。听格雷厄姆讲课实在是一种美妙的享受,很快就使他开始设法了解一切与他心目中的英雄相关的事情。

当然巴菲特阅读的不仅仅是格雷厄姆一个人的著作,他自己也曾说过:"如果我只学习格雷厄姆一个人的思想,就不会像今天这么富有。"为了让投资者在阅读中提高自己的投资素养,巴菲特特意为投资者们推荐了如下的书籍:

(1)《证券分析》(格雷厄姆等著)。格雷厄姆的经典名著,专业投资者必读之书,巴菲特认为每一个投资者都应该阅读此书10遍以上。

(2)《聪明的投资者》(格雷厄姆著)。格雷厄姆专门为业余投资者所著,巴菲特称之为"有史以来最伟大的投资著作"。

(3)《怎样选择成长股》(费舍著)。巴菲特称自己的投资策略是"85%的格雷厄姆和15%的费舍"。他说:"运用费舍的技巧,可以了解这一行……有助于做出一个聪明的投资决定。"

(4)《巴菲特致股东的信：股份公司教程》。本书搜集整理了20多年巴菲特致股东的信中的精华段落，巴菲特认为此书是整理其投资哲学的一流工作。

(5)《杰克·韦尔奇自传》(杰克·韦尔奇著)。世界第一CEO自传。本书英文版2001年9月11日出版，立即在亚马逊销售排行榜上名列第五。这本书稿酬高达700万美元，被全球翘首以待的经理人奉为"CEO的圣经"。韦尔奇是管理界中的"老虎"伍兹，在本书中首次透露管理秘诀：在短短20年间如何将通用电气从世界第十位提升到第二位，市场资本增长30多倍，达到4500亿美元，以及他的成长岁月、成功经历和经营理念。这本自传是他退休前的最后一个大动作。巴菲特是这样推荐这本书的："杰克是管理界的'老虎'伍兹，所有CEO都想效仿他。他们虽然赶不上他，但是如果仔细聆听他所说的话，就能更接近他一些。"

(6)《赢》(杰克·韦尔奇著)。巴菲特曾说，"有了《赢》，再也不需要其他管理著作了"，这种说法虽然有些夸张，但是也证明了本书的分量。《赢》这本书，以及《女总裁告诉你》《影响力》都是以观点结合实例的方法叙述，如果你想在短时间内掌握其中的技巧，那么你只需要抄写下书中所有粗体标题，因为那些都是作者对各种事例的总结，所以厚厚的一本书，也不过是围绕这些内容展开。但如果你认为这便是本书精华，那么你就错了，书中那些真实的实例以及作者的人生经验才是这类图书的卖点。技巧谁都可以掌握，但是经历却人人不同，如果你愿意花时间阅读书中的每一个例子，相信你会得到更多宝贵的东西。

巴菲特大量阅读与上市公司业务与财务相关的书籍和资料，在此基础上才非常审慎地做出投资判断。这是他成功的秘诀，大量阅读是掌握大量相关信息，调查研究是实事求是，而大量阅读是基础和前提。这也是巴菲特成功的关键所在："比其他人拥有更多信息——然后正确地分析，合理地运用。"

从小就大量阅读商业投资类书籍，丰富了巴菲特的理论知识。对于投资目标信息的搜集并阅读，是巴菲特作投资决策的依据，如果没有扎实的阅读功底，是很难想象巴菲特如何能从这些海量信息中获取投资机遇的信息。巴菲特曾说："我现在76岁了，做的事情就是基于我19岁时从那本书得来的同样的思维方式。阅读，然后小规模地亲身实践。"

第6个忠告

工作需要激情

巴菲特对于投资领域的兴趣是常人难以想象的，也正是这股热情，让他在年少时期就打下了深厚的投资功底，以至于对后来的投资事业乐此不疲。

有一位裁缝，他是天主教徒。裁缝省吃俭用了好几年，辛辛苦苦攒够一笔钱，终于可以去梵蒂冈朝圣。当他回来后，教友们特地聚集在他的周围，争相想要了解他对教宗的第一手描述，他们急迫地催促："赶快告诉我们，教宗到底是个怎样的人？"只见这位裁缝师淡淡地说："44的腰，中等身材。"

这是典型的职业病。现在的巴菲特已经是誉满全球、富甲天下，但这丝毫不影响他继续保持旺盛的工作热情。之所以满怀激情地投入工作，是因为乐在其中，而且为此着迷。

苏珊在进入波仙珠宝公司之前，只是一个时薪4美元的女售货员。尽管她缺乏管理经验，但巴菲特在1994年毫不犹豫地让她担任CEO。因为她聪明、热爱这项事业，也热爱她的员工。在巴菲特看来，这些在任何时候，足可以超过拥有一个工商管理硕士学位。

另一个超级经理卡西·巴伦·塔拉兹，在2006年初收购的电线业务，也取得瞩目的增长业绩。现在卡西也成长为每个企业梦寐以求的那种经理人，然而卡西在进入巴菲特公司之前的职业是出租车司机。

巴菲特说："查理跟我都知道，只要找到好球员，任何球队经理人都可以做得不错，就像是奥美广告创办人大卫·奥格威曾说的那样。'若我们雇用比我们矮小的人，那么我们会变成一群侏儒；相反，若我们能找到一群比我们更高大的人，我们就是一群巨人。'"巴菲特和芒格用人唯才是举，他们都不是严重的"履历迷"，不会因为简历的漂亮与否而决定求职者的去留，他们只把目光聚焦于智力、激情和诚实正直，他最希望从雇员求职简历中发现的不是"你的智商是多少"而是"你是一个工作狂吗"。由此可见，巴菲特是对工作激情极为看重的，不管是在用人还是在寻找投资对象，巴菲特都是如此，他在2007年写给股东的信中表达了对充满激情的理查德·圣图利的高度赞赏：

"网络喷射机公司的'Net Jets'这个品牌，随着它对飞行安全、机上服务和人身安全方面的承诺，业务每年都有很强劲的增长势头。它的背后是一个充满激情的人——理查德·圣图利。如果你需要挑选一个人，和你待在一个散兵坑里，没有比理查德更好的了。不管前面有什么障碍，都不能让他停止。

"欧洲是一个很好的例子，证明理查德的坚持不懈怎样让他走向成功。最初10年里，在那里我们只取得微不足道的财务进步，却竟然积累了2.12亿美元的运营亏损。自从理查德把马克·布思'拉上船'，负责欧洲的业务后，我们有了增长牵引机，现在我们的发展真是势不可挡，去年的收入增加了3倍。

"在11月，我们的主管们在网络喷射公司位于哥伦布市的总部碰头，顺便看了一下他们那儿复杂的操作部门。它担负着每天大约1000架次全天候的飞行任务，客户总是期待着顶尖的服务。我们的主管们离开时，对他们的设备和承载能力印象深刻，不过理查德和他的员工给大家留下了更为深刻的印象。"

成功的人总是不缺乏激情，大家印象中的巴菲特似乎总是一个睿智、理性，并能时刻保持冷静的人。其实并不完全这样，不管是对待生活还是工作，巴菲特总是充满活力与激情。

在生活中，大多数夜晚，巴菲特都在家和阿斯特丽德（他的第二任妻子）共进晚餐，吃的是猪排汉堡之类。几个小时后，他开始上网玩桥牌游戏，这是他每晚热衷的项目，一星期要占用他12个小时。他似乎毫不介意屏幕的背景噪音，阿斯特丽德任由他玩游戏，偶尔他会喊她："阿斯特丽德，给我拿罐可乐！"在厄尼斯特（巴菲特的祖父）家，那有一个书架，收藏了《进杂货店老板》杂志的每一期，沃伦总是读得津津有味。"怎样为一个肉店进货"之类的话题令他着迷。巴菲特非常喜欢《华尔街日报》，于是他和当地的报纸经销商做了个特殊的交易。每天晚上《华尔街日报》一到奥马哈，就会有一份报纸被拿出，在午夜前放在巴菲特的车道上，他喜欢坐等第二天的报纸，在大家都还没有拿到报纸前先睹为快。微软总裁比尔·盖茨初次与巴菲特见面，巴菲特跳过了无谓的寒暄，直接问比尔IBM的将来会怎样，是否会成为微软的竞争对手……盖茨悉心解释……两分钟后，二人聊得非常投机……他们继续聊着，无视周围西雅图的社会名流……

在投资上，巴菲特同样如此。在1987年，巴菲特品尝了一些可口可乐，这也多少弥补了他在所罗门投资案中所遭遇的不快。之前在白宫的一次晚宴，他遇到了老朋友唐·基奥——当时可口可乐公司的总裁。巴菲特当时喜欢樱桃糖浆配方的百事可乐，基奥劝说他尝试新出品的樱桃可口可乐，巴菲特尝了尝，从此爱上了那种味道，并于1988年投资5.93亿美元买入可口可乐股票。

巴菲特对于投资领域的兴趣是常人难以想象的，也正是这股热情，让他在年少时期就打下了深厚的投资功底，以至于对后来的投资事业乐此不疲。可见，成功需要全力以赴，全力以赴需要你对它有极大的热情与兴趣，这个过程中一定会遇到挫折。如果你现在做的事业不是你的兴趣所在，你不喜爱它，是很难坚持到底的。

巴菲特说："我们必须要有激情。我们所做的事情是因为我们喜欢，而不是为了致富。当然，事情做好了，可能会变富。但是，并不是因为某些诱惑而做事。我认为，激情极为重要。"

■第 7 个忠告

研究失败比研究成功更有价值

"过去的成功是我们的财富，过去的失败也是我们的财富。"事实上，失败本身并不是财富，失败能不能成为财富，在于你能不能在失败中反思。

"用合理的价格买下一家好公司比用便宜的价格买下一家普通的公司要强得多"，这是巴菲特的经验之谈，他的这个经验来自于他的一次失败投资。

巴菲特在1989年的信里写道："前25年犯下的第一个错误，就是买下了哈撒韦纺织的控制权，即使清楚地知道纺织这个产业前景并不光明，却因为受到价格极其便宜的引诱而购买。这种投资方法在早期投资中获利颇丰，但在1965年投资哈撒韦后，我就开始发现这并不是个理想的投资模式。

"假如你以非常低的价格买进一只股票,以不错的获利出脱了结是一件很容易的事,即使从长期来看这家公司的经营结果可能会糟糕。这种投资方法是'雪茄烟蒂'投资法,即在路边随便捡起一个香烟头,这可能让你吸一口过一过烟瘾,对于瘾君子来说,这不过是举手之劳。要么你是清算专家,否则买下这类公司实在属于傻瓜行为。"

即便是对股市洞若神明的"股神"巴菲特也有如此重大失误,然而巴菲特的投资失误远不止这一个,另外还有 1964 年巴菲特以 1300 美元购入当时陷入丑闻的美国运通 5% 的股权,后来急于出手以 2000 万美元抛售,但如果他能坚持到今天,其价值会高达 20 多亿美元;1989 年巴菲特以 3.58 亿美元投资美国航空公司优先股,结果由于航空业低迷,导致公司业绩出现大幅下滑;1993 年底,巴菲特将 1000 万股资本城股份以每股 63 美元卖出,不幸的是,到了 1994 年底,该公司股价变成 85.25 美元,这意味着,巴菲特的这次举动遭受了 2.225 亿美元差价的损失;巴菲特承认他虽然看好零售业前景,但是却没有加码投资沃尔玛,他此错误使得柏克夏海瑟威公司的股东平均一年损失 80 亿美元,而在 2008 年的信中巴菲特称:

"2008 年本公司的净值减少了 115 亿美元,这使得公司 A 股及 B 股的每股账面净值下跌 9.6%。过去 44 年以来(也就是现有管理层接手公司以来),每股账面净值由最初的 19 美元增长至现在的 70530 美元,年复合增长率为 20.3%。

"前一页的表格记录了巴郡的每股净值与标准普尔 500 指数的绩效表现,2008 年对两者来说都是最糟糕的年份。这期间,对于公司债、市政债、房地产和大宗商品,也是极具破坏力的。到年底,所有各类投资者都倍感困惑,如同误入羽毛球比赛的迷路小鸟一般。

"随着时间的推移,全球许多大型金融机构隐含的致命性问题逐渐暴露,这导致运转失灵的信贷市场问题很快蔓延至其他领

域。如今举国上下的口号,变成了我年轻时在饭店墙上看到的格言——'我们信仰上帝,交易一概现金!'

"到了第四季度,信贷危机加上房价和股价下跌造成了全国陷入一片恐慌。商业活动如自由落体直线下降,其速度之快是我前所未见的。美国和世界大部分地区消极反馈的恶性循环困境,恐慌造成商业活动萎缩,而萎缩又反过来导致更大的恐慌。"

人都不可避免地会犯错误,尤其在情况瞬息万变的股市,对投资者更不能求全责备,出现几个投资失误是再正常不过的了,也许以后巴菲特还会出现失误。我们举出这些"不光彩"的事例只是想说明一个问题——成功的道路上总有一段失败的路要走。

对于失败,很多人认为是不光彩的事情,都避而不谈。如果对失败的经历视而不见的话,那么就意味着失去了一次让自己变强的机会,因为研究错误比研究成功更有价值。

巴菲特说:"我总觉得研究公司失败要比研究公司成功能让我学到更多的东西。商学院通常研究公司的成功,但我的合伙人查理·芒格却说他希望知道哪里是自己的死穴,这样他就不会犯下致命的错误。"

失败并不意味着永远失败,在善于自我反省和总结经验教训的人面前,失败只是成功路上的基石。因为害怕出错、害怕失败而裹足,失去前进的信心才是最大的失败。

巴菲特曾回忆说:"我以前特别不敢在公众场合讲话,不敢表达自己,我一直觉得这是个问题。高中毕业后,我曾经去卡耐基的 Public Speaking 训练班,我都已经写好了一个 100 美元的 check(缴费),但到门口时又害怕,没有去成。后来我回家左思右想,觉得如果我不能克服的话,这将成为我人生中的一大障碍。后来,我就又去把这个班报了。

"我想,人不要怕犯错。我人生中犯过的错,最后没有一个不成为实际上好的东西的。比如,当时我不敢在公众场合讲话,反倒让我自己能对这个事特别重视,我就真的去报班,并刻意训练自己。现在,这反倒成了我的一个长项。

"要是我没有在这个方面训练好的话,我想,我都不敢去向我的妻子求婚,让她嫁给我。所以,所有所谓坏的或失败的事背后其实都有一些好的东西在里面。你一定要相信,'信仰'是很重要的,你要相信某个东西,到时候,这些坏的事情或暂时失败的事最后都会自己化解,变成好事。"

所以巴菲特总结说:"在投资中,不会出现类似于棒球比赛中打击手未挥棒却被主审判定为好球这样的好事,即主审认为你可以站在那儿一动不动,而投手恰好会把球投到正中。但在投资中,如果通用汽车合适的买进价位是47美元,而你由于对该公司了解不足,没有在这个价位买进,便错失了投资良机,没有人会判定这是一个好球。你唯一获得好球的机会就是不断地挥棒、不断地失误。"

是的,有这样一句话,说的是"过去的成功是我们的财富,过去的失败也是我们的财富"。失败本身并不是财富,失败能不能成为财富,在于你能不能在失败中反思。巴菲特每次失败后,都会主动担起责任,积极主动地反思,而不是选择推卸责任而为自己开脱。这次失败的程度达到多少?为什么会失败?如何才能防止以后再发生类似的错误……遇到挫折时,他不仅不会灰心,反而是越战越勇。这种理性、冷静、坚韧的乐观心态,也成为大师人生中的一个耀眼的标志!

法国牧师兰塞姆的墓碑上刻着自己的手迹:"假如时光可以倒流,世界上将有一半的人可以成为伟人。"一位智者在解读兰塞姆手迹时说:"如果每个人都能把反省提前几十年,便有50%的人可能让自己成为一个了不起的人。"对失败进行反省无疑要比研究成功更有价值。

第 8 个忠告

没有调查就没有发言权

不相信任何股评、不受外来信息的干扰、不迷信理论，因为在巴菲特看来，任何股票操作的理论，都不可能十全十美，在它的优点背后一定有其缺点。一个成功的投资人，重要的一点就是去深刻了解"市场情报"。

我们先来看看巴菲特在大量购买股票之前通常都会做些什么，"你可以选择一些尽管你对其财务状况并非十分了解但你对其产品非常熟悉的公司。然后找到这家公司的大量年报，以及最近5～10年间所有关于这家公司的文章，深入钻研，让你自己沉浸于其中。当你读完这些材料之后，问问自己：我还有什么地方不知道却必须知道的东西？很多年前，我经常四处奔走，与这家公司的竞争对手、雇员等相关方面进行访谈……我一直不停地询问有关情况。这是一个调查的过程，就像一个新闻记者采访那样。最后你想写出一个故事。一些公司故事容易写出来，但一些公司的故事很难写出来，我们在投资中寻找的是那些故事容易写出来的公司。"

在投资与经营决策的过程中，巴菲特总是能够做出正确的分析判断，这与他善于亲自调查、凡事亲力亲为的投资习惯是分不开的。巴菲特一直有收集年报的习惯。在他的办公室里没有报价机，但档案室的很多抽屉里装满了年报，所以，在巴菲特的脑海里，存有许多人想象不到的关于美国大企业的信息，并且他还用最新的年报一直更新着这些信息。

1985年巴菲特致股东的信中写道:"我和芒格都对世界百科全书非常感兴趣。事实上,我读他们的书已有25年历史,现在连我的孙子也拥有一套。所有的老师、图书馆与读者都称赞它为最有用的百科全书,而且它比同类型的其他书卖得便宜。这种质优价廉的产品,促使我们愿意以按照该公司提出的价格进行收购,即使近几年直销业的表现并不太好。"

巴菲特向来都是亲自考察所投资的企业。既然已决定对斯科特公司投资,那么他就会全面地了解斯科特公司的经营状况。

在进行收购之前,巴菲特认真了解了斯科特公司的业务。斯科特公司最主要的业务就是世界百科全书。而世界百科全书对于巴菲特和芒格来说,再熟悉不过了。因为他和搭档芒格平常就对世界百科全书特别感兴趣。在阅读世界百科全书的过程中,他发现世界百科全书的的内容和编排的质量非常高。当然也不仅仅他这么认为,这本世界百科全书被所有的读者评选为最有用的百科全书。由此可见,这本书的声誉很好。而且难能可贵的是,这本书卖的价格比其他同类书的价格还低。高质又低价的产品,自然人人都喜欢。世界百科全书的销售额比其他4家同行加起来总的销售额还要多,大约占斯科特公司总销售额的40%。

当然,巴菲特也没有忽视斯科特公司的其他业务。除了世界百科全书外,斯科特公司还经营着克比家护系统、空气压缩机、瓦斯炉等16项业务。而这些业务在其行业中也大多处于佼佼者的地位,能够获得很高的投资回报率。这些业务年销售额在7亿美元。

另外巴菲特也没有忘记考察斯科特公司的管理层。毕竟,巴菲特是想收购一家企业加一个优秀的管理层。虽然在决定收购前,巴菲特并没有见过斯科特的总裁拉尔夫舒伊。但是拉尔夫舒伊已经在该公司当了9年的总裁。巴菲特从斯科特9年的经营业绩中就慢慢了解到拉尔夫舒伊是个非常出色的管理者。

正因为巴菲特对斯科特公司的一切都非常满意,所以他按照斯科特公司提出3.2亿美元的价格收购了斯科特公司。事实证明巴菲特的投资眼光没有错。斯科特公司后来屡创佳绩,为巴菲特赚取了丰厚的利润。

巴菲特在作股票分析、投资决策时,从来不会不加证实就全盘接受,一切投资策略都要经过自己的调查后才做出决定。作为专业投资者,每天都有人向他推荐各种各样的股票,他收到的材料更是不计其数,可是他基本上对此置之不理,婉言拒绝这些材料。通过亲自调查,巴菲特能够了解到一些只有该企业内部才清楚的信息,这也是巴菲特每次能够充满信心地投资于自己选中的公司的原因。

巴菲特这种凡事亲力亲为的习惯,使得他能够获得别人难以知晓的信息,也能够清晰正确地解释那些他能看见的东西,这是每个投资者都应该学习的。不相信任何股评、不受外来信息的干扰、不迷信理论,因为在巴菲特看来,任何股票操作的理论,都不可能十全十美,在它的优点背后一定有其缺点。迷信内部消息,容易吃亏上当。股票市场的相关消息,每天都会有很多,有实也有虚,有影响深远的也有作用甚微的。因此,他认为作为一个成功的投资人,重要的一点就是去深刻了解"市场情报"。

巴菲特说:"你必须做到亲自调查并且认真思考,但令我惊讶的是高智商的人总是倾向于盲目地听从别人的意见,而我从未从和别人的交谈中获得好的投资想法。如果联邦储备委员会的前主席艾伦·格林斯潘私底下对我说未来两年里他的货币政策将会是怎样的,即便如此,也不会改变我所要做的事情。"巴菲特只相信自己的调查研究。

然而大多数的投资人对投资对象的了解不多,也无法评估其价值,经常受到别人的影响而抢进杀出,没有经过亲自调查和独立的思考判断。这种盲目的投资是极容易失败的,巴菲特曾说:"一个百万富翁破产的最好的方法之一,就是听小道消息并据此买卖股票。"

"投资方法和投资策略是很相似的,因为你要尽可能多地去收集信息,接下来,随着事态的发展,在原来信息的基础上,不断添加新的信息。不论什么事情,只要根据当时你所拥有的信息,你认为自己有可能成功的机会,就去做它,但是,当你获得新的信息后,你应随时调整你的行为方式或你的做事。"巴菲特认为,亲自调查掌握大量的信息并合理地调整运用才是投资取胜的关键。

第9个忠告

理性是稳定的保障

"我做事很理性。在投资市场上,情绪的力量往往比理性的力量更为强大。你必须能够控制自己,不要让情感左右你的理智。"巴菲特曾表示,有很多人比他智商高,很多人的工作时间也比他更长,工作更努力。但是在投资这一行,巴菲特无疑是最出色的,原因就在于他面对投资市场更加理性。

一个投资者应该对自己所有的购买行为负责,他必须时刻充满理性。如果理由不够充分或者不能使自己感到满意,他只有放弃,不能因为一次成交量或技术指标看上去不错就进行交易。

巴菲特曾表示,有很多人比他智商高,很多人的工作时间也比他更长,工作也更努力。但是在投资这一行,巴菲特无疑是最出色的,原因就在于他面对投资市场更加理性。巴菲特说:"我做事很理性。在投资市场上,情绪的力量往往比理性的力量更为强大。你必须能够控制自己,不要让情感左右你的理智。"

巴菲特表示,那种根本不需要怎么管理就能挣很多钱的行业才是他中意的行业。在投资市场,要将这种"好逸恶劳"的想法转变为现实，你必须保持理性。巴菲特在寻找新的投资目标之前，总是会首先考虑增加对原有股票的投资，这也是他稳定投资的一贯理念。但是在经过仔细研究后，发现新的投资企业非常具有吸引力，而且投资的理由足够充分，那么巴菲特会隔离外界一切的影响，毫无顾忌地大量买进。其得意之作——投资可口可乐，就是很好的典型。

1989年3月15日，道琼斯新闻上的一条简讯震惊了投资界："伯克希尔—哈撒韦公司购买了可口可乐公司6.3%的股票，比基金业所拥有的可口可乐股票总数的两倍还要多。这是巴菲特投资史上的又一次大手笔！"如果算上可口可乐公司自身的股票回购，巴菲特已经拥有了可口可乐公司这家在全球市场产品分布最广的饮料公司的7%的股份，2.9亿多股的股票总价值高达10亿美元，如此大规模地投资可口可乐公司股票，在美国股票史上还是第一次。巴菲特为什么下如此大的赌注去投资可口可乐公司呢？

一向谨慎的巴菲特做出这样的举动的确让很多人感到震惊，正如布赖恩特夫人说的："他是一个非常谨慎的人，但是，他却能够做出让人瞠目结舌的事情来……这的确是一个很大的变化。"然而巴菲特却不认为这是冒险，因为一切都在掌握之中。

如此大规模地投资可口可乐是因为可口可乐是完全符合巴菲特全部要求的超级明星企业——业务清晰易懂、业绩持续优异、具有持续竞争优势并且由一群既能干又全心全意为股东服务的人来管理的企业。

可口可乐公司被巴菲特看上也在于它自身的优势，财富上的积累是不可掩盖的重要的一方面。这就是实力的象征。关于可口可乐公司的财富，是巴菲特选择它的一个参考标准。

可口可乐的财富有着很古老的历史，它的秘方是约翰·潘伯顿于1886年发明的，经过3年，转手给药商艾萨·康德勒，只值1200美元（虽然那时也算是一大笔钱）；康德勒家族经营了31年，以2500万美元的"天价"让给伍德鲁夫家族;伍德鲁夫家族经营至今已超过80年,可口可乐公司的市值已超过1730亿美元。

在美国和西方国家,饮料是一个长期的稳定性产业。可口可乐从创建至今,数百年来一直稳执美国乃至世界软饮料界之牛耳,霸主地位无人可撼动。众所周知,可口可乐的配方,始终是世界上最昂贵的商业机密之一,而可口可乐的品牌,也始终是最具商业价值的世界品牌之一。世界上一半的碳酸饮料都是由可口可乐公司销售的,这一销量是它的劲敌百事可乐公司的3倍;在美国,碳酸饮料销售额一年可达500亿美元,而可口可乐公司和百事可乐公司就占据了3/4;可口可乐公司向全球近200个国家约1000家加盟者提供其糖浆和浓缩液,这200个国家同时也销售其他230种品牌的饮料,可在这些国家中,可口可乐很少遇到对手。

可见,巴菲特投资可口可乐是早有打算的,他要做的就是等待一个时机,一个能够以低价买入的机会。而1987年的股市大动荡给了他机会,让他能以在自己能力范围的价格来加入可口可乐公司。受1987年华尔街股灾的影响,1988年初,可口可乐公司的股价下跌了25%。这时,巴菲特立即出手,陆续购买了7%的可口可乐公司股票,每股平均价格为10.96美元,投资总额达到10亿美元。当时可口可乐公司的高层还不知道是谁在购买股票,于是,对此作了详细分析,最后得出结论:应该是一位来自中西部的不知姓名的证券经纪商在陆续购买股票。

1988年秋的某一天,当时可口可乐公司董事会主席罗伯托·高泽塔和公司总裁唐·基奥正在研究公司股票走势,突然间,基奥恍然大悟。他告诉高泽塔说:"你知道吗,买股票的人很可能就是奥马哈的沃伦·巴菲特。"

于是,基奥马上给巴菲特打了一个电话,直截了当地问他:"你好,沃伦,我是可口可乐的唐·基奥,你有没有买可口可乐股票?"巴菲特满怀激情地做了肯定回答。

巴菲特购买可口可乐公司的股票的消息一经公开，可口可乐公司与伯克希尔—哈撒韦公司的股票便急剧上涨。

1989年初，巴菲特再次用伯克希尔—哈撒韦公司市场价值的25%的价格购买了可口可乐公司2335万股的股票，这样可口可乐的股票在伯克希尔—哈撒韦公司的投资组合中占35%，巴菲特就此一度成为可口可乐公司最大的股东。而可口可乐也因巴菲特的加入，进入高速发展时期。

可口可乐是巴菲特看中的投资目标，因此不管遇到多大的风波，他也不会放弃对可口可乐股票的持有。

1988～2009年，21年间巴菲特持有可口可乐股票从未动摇过，投资收益率高达681.37%。尽管这期间可口可乐也一度出现过业绩下滑，但巴菲特坚持相信对其强大长期竞争优势的判断，而绝不把股价的一时涨跌作为持有还是卖出的标准。1997年可口可乐的股票资产回报率为56.6%，1998年下滑到42%，1999年更跌至35%。许多投资者纷纷抛售可口可乐的股票，但巴菲特不为所动。他坚决持有可口可乐公司股票，并与董事会一起解雇了可口可乐原CEO艾维斯特，聘任达夫为新CEO。果然，不久之后可口可乐就重振雄风，为巴菲特继续创造高额投资回报。

可口可乐的百年辉煌业绩，使它成为一个不败的股票传奇。媒体从20世纪30年代就开始感慨："尽管对其过去的业绩记录表示敬意，但我们也只能得出非常遗憾的结论：现在关注可口可乐公司已为时太晚了。"而事实却是，即使对于1938年才新加入的投资者，可口可乐的投资盛宴也只是刚刚开始：如果你在1938年以区区40美元投资可口可乐公司股票，到1993年底就已经增值到25000美元了，整整600倍的回报率！

在谈论可口可乐公司的真正价值时，巴菲特概括说："如果你给我1000亿美元，让我放弃对可口可乐的投资，我会把钱还给你说，不可能！"巴菲特不肯将可口可乐股票转手的原因主要在于他认为可口可乐企业是最适合投资的企业。

如果一个投资者不能准确预测企业未来25年之内的现金流量，他也就不可能知道该企业的价值，那么他做的不是投资而是瞎猜。巴菲特大规模投资可口可乐，因为他可以理性地预期可口可乐公司的现金流量。因此，在巴菲特看来，这是很稳重的举动。

巴菲特说："事实上，我们从来就不知道股市接下来到底是会涨还是会跌，不过我们确知的是贪婪与恐惧这两种传染病在股市投资世界里，会不断地上演，只是发生的时点很难准确预计，而市场波动程度与状况也一样不可捉摸。所以我们要做的事很简单，当众人都贪心大作时，尽量试着让自己觉得害怕；反之，当众人感到害怕时，尽量让自己贪心一点。"

在投资市场上，股票价格高于或者低于企业股票的内在价值，这往往是由人的贪婪和恐惧造成的。一个投资者必须既具备良好的企业分析能力，同时又必须具备把他的思想和行为同在市场中肆虐的极易传染的情绪隔绝开来的能力，这样才有可能取得成功。一句话，在投资市场上，理性才是稳定的保障。

■第10个忠告

不轻易负债

负债率低还有一个好处，就是利息支出也低。利息支出指的是公司在当期为债务所支付的利息。由于它与公司的生产和销售过程没有直接联系，所以它被称为财务成本，而不是运营成本。利息支出通常可以反映公司负债的多少，负债越多的公司，其利息支出越多。

巴菲特在 1987 年给股东的信中写道:"在年度结束后不久,伯克希尔发行了两期的债券,总共的金额是 2.5 亿美元,到期日皆为 2018 年并且会从 1999 年开始慢慢分期由偿债基金赎回,包含发行成本在内,平均的资金成本约在 10% 上下,负责这次发行债券的投资银行就是所罗门,它提供了绝佳的服务。

"尽管我们对于通货膨胀持悲观的看法,我们对于举债的兴趣还是相当有限,虽然可以肯定的是伯克希尔可以靠提高举债来增加投资报酬,即使这样做我们的负债比例还是相当的保守,就算如此我们很有信心应该可以应付比 1930 年经济大萧条更坏的经济环境。

"但我们还是不愿意这种大概没有问题的做法,我们要的是百分之百的确定,因此我们坚持一项政策,那就是不管是举债或是其他任何方面,我们希望能够在最坏的情况下得到合理的结果,而不是预期在乐观的情况下,得到很好的利益。

"只要是好公司或是好的投资决策,不靠投资杠杆,最后还是能够得到令人满意的结果,因此我们认为为了一点额外的报酬,将重要的东西(也包含政策制定者与员工福利)暴露在不必要的风险之下是相当愚蠢且不适当的。"

格雷厄姆认为,意图比外在表现更能确定购买证券是投资还是投机。借钱去买证券并希望快速挣钱的决策不管他买的是债券还是股票都是投机。所以即使在通货膨胀的情况下,巴菲特还是尽量避免负债。因为巴菲特认为,一个真正优秀的公司是不需要借钱的。

1987 年,美国《财富》杂志的研究结果证明了这一观点的正确性。研究结果表明,从 1977 年到 1986 年这 10 年时间里,在美国总计 1000 家的上市企业中,只有 25 家公司在这 10 年间平均股东权益报酬率达到了 20%,并且没有一年低于 15%。这些优秀企业的股票表现也同样出色,其中有 24 家股票指数都超过了普尔

500指数。《财富》杂志里列出的500强企业都有一个共同点：它们运用的财务杠杆非常小，这和它们雄厚的支付能力相比显得非常微不足道。而且在这些优秀企业中，除了有少数几家是高科技公司和制药公司外，大多数公司的产业都非常普通，目前它们销售的产品和10年前并无两样。

在巴菲特看来，负债率低还有一个好处，就是利息支出也低。利息支出指的是公司在当期为债务所支付的利息。由于它与公司的生产和销售过程没有直接联系，所以它被称为财务成本，而不是运营成本。利息支出通常可以反映公司负债的多少。负债越多的公司，其利息支出越多。

对于大多数制造业和零售企业来说，想要得到丰厚的利润，利息支出越少越好。利息支出过多，会直接吞噬公司的净利润，直接损害企业所有者的利益。尽管有些公司赚取的利息可能比其支付的利息要多，如银行，但对于大多数制造商和零售企业而言，利息支出远远大于其利息所得。

1987年，伯克希尔—哈撒韦公司当年的净值增加了46400万美元，较去年增加了19.5%。而费区海默西服、水牛城报纸、内布拉斯加家具、寇比吸尘器、史考特飞兹集团、时思糖果公司与世界百科全书公司这7家公司在1987年的税前利润高达18000万美元。如果单独看这个利润，你会觉得没有什么了不起。但如果你知道它们是利用多少资金就达到这么好的业绩时，你就会对它们佩服得五体投地了。这7家公司的负债比例都非常低。上一年的利息费用一共只有200万美元，所以合计税前获利17800百万美元。若把这7家公司视作是一个公司，则税后净利润约为1亿美元。股东权益投资报酬率将高达57%。这是一个非常令人惊羡的成绩。即使在那些财务杠杆很高的公司，你也找不到这么高的股东权益投资报酬率。在全美500大制造业与500大服务业中，只有6家公司过去10年的股东权益报酬率超过30%，最高的一家也不过只有40.2%。正是由于这些公司极低的负债率，才使得它们的业绩如此诱人。

在寻找新的投资项目时，巴菲特发现，越是具有持续竞争优势的公司，其利息支出所占营业收入的比例反而越小。像可口可乐公司每年的利息支出仅占营业收入的8%；箭牌公司的利息支出仅占7%；波仙珠宝公司没有负债，利息支出为零。

因此，巴菲特再次总结出一个经验，利息支出比例可以当作衡量同一行业内公司的竞争优势的标准。通常利息支出越少的公司，其经营状况越好。就航空业来说，西南航空公司一直处于盈利状态，其利息支出为营业收入的9%，而濒临破产的联合航空公司，其利息支出占营业收入的61%；而另一个经营困难的美国航空公司（巴菲特在1995年致股东函里提到的信誉不好的公司），其利息支出占营业收入的比例竟然高达92%。

很多人觉得运用财务杠杆是谋求公司长远发展的必经之路，即使付出较多利息也是在所难免的。但巴菲特不这么觉得。巴菲特认为，如果利息支出比例过高，就很有可能导致一个公司破产或者倒闭。

贝尔斯登银行就是一个例子。2006年，贝尔斯登银行的资产负债表显示该年利息支出占营业收入的70%，但到了2007年末，其利息支出已经高达营业收入的230%。即便贝尔斯登把公司所有的营业收入都用来支付利息，也不足以填补这么大的缺口。最终这个曾经辉煌一时，股价高达170美元的银行在2008年被摩根银行以每股10美元的价格收购。

还有个特别典型的例子。美国有家电视台使用很高的财务杠杆，每年需要支付的利息高达其年平均利润的5倍。也就是说，排除电视台运营需要花费的人工、资金和服务等一切成本，那家电视台营运5年才能够支付1年的利息。试想想，如果企业走到了这步田地，除了倒闭还有什么办法呢？

1998年巴菲特在佛罗里达大学商学院演讲时说："我们是从来不借钱的，即使有保险作为担保。即使在只有1美元的时候，我也不去借钱。借钱能够带来什么不同吗？我只凭借我自己的力量，也能够其乐无穷。"

■第11个忠告

不盲目跟风

我可以理性地预计投资可口可乐公司的现金流量，但是谁能够准确预计十大网络公司未来25年里的现金流量呢？对于网络，我们知道自己不太了解，一旦我们不能了解，我们就不会随便投资。

巴菲特曾在一次演讲中，向人展示了一份名册，上面列有37家投资失败的银行机构。尽管纽约股票市场的交易量增长了15倍，但这些机构还是失败了。这些机构的主管都拥有强烈的成功欲望，他们智商高，而且努力工作。可最终却还是得到这样的结果，在巴菲特看来，其原因就在于不经大脑的效仿行为。

在投资市场，情绪的力量往往更强于理性的力量。许多投资者的行为就如同旅鼠一样盲目，他们自然而然地模仿其他投资者的行为，不管那些行为有多么愚蠢、有多么违反理性。我们相信，这些投资者都有自己的想法，但是盲从一旦出现，他们的理性就会大打折扣。

1994年，随着Mosaic浏览器及World Wide Web的出现，互联网开始进入公众视线，许多年轻人更是为之着迷。人们逐渐适应网上的双向通讯，并开启了以互联网为媒介的直接商务（电子商务)及全球性的即时群组通讯。此时大家都认为,互联网即将成为一种新的最佳媒介,它可以即时把买家与卖家、宣传商与顾客以低成本联系起来。互联网带来了以往不可能存在的新的商业模式,并引来风险基金的投资。

投资者在这个时候亲眼目睹了互联网公司股价连续地创纪录上涨,因此很多人都抵制不住诱惑,不再谨小慎微地进行投资,而是义无反顾地投身于股市。所有人都希望在互联网的投资中大赚一笔,尽管很多公司都面临着亏损的局面。在亏损期间,公司依赖于风险资本,尤其是首发股票(所募集的资金)来支付开销。这些股票的新奇性,加上公司难以估价,把许多股票推上了令人瞠目结舌的高度,并令公司的原始控股股东纸上富贵。

那时各行各业的美国人,无论是理发师、出租车司机、酒店和餐馆的服务生还是空管员都笃信炒网络股能让自己迅速发家致富。

就在人人都想在网络领域分一杯羹的时候,巴菲特却与众不同地选择了沉默。在伯克希尔—哈撒韦公司股东大会上,有人问及是否也有投资的打算,巴菲特回答说:"这也许很不幸,但答案是不。我很崇拜安迪·格鲁夫和比尔·盖茨,我也希望能通过投资于他们,将这种崇拜转化为行动。但当涉及微软和英特尔股票时,我不知道10年后世界会是什么样子。我不想玩这种别人拥有优势的游戏。我可以用所有的时间思考下一年的科技发展,但不会成为分析这类企业的专家,第一百位、第一千位、第一万位专家都轮不上我。许多人都会分析科技公司,但我不行。"对网络科技股敬而远之的态度使得巴菲特在当前面临重大压力,因为投资者大多是势力和短视的,即便是伯克希尔的长期投资人以及巴菲特投资理念的坚定认同者,也抵制不住科技股强大的诱惑。面对伯克希尔—哈撒韦公司几十万计的投资人,他为自己辩解,极力捍卫自己矢志不移的投资理念。

然而，这次网络泡沫经济又一次验证了巴菲特的眼光。

1999年至2000年早期，利率被美联储提高了6倍，出轨的经济开始失去了速度。网络经济泡沫于2000年3月10日开始破裂，该日纳斯达克综合指数到达了5048.62，比仅仅一年前的数翻了一番还多。至此，网络公司开始崩溃。市场高峰过后，股票市场损失逾4万亿美元。网络公司的失业人数至少达112000人。同时，幸存的互联网公司也进入了青春期。有人非常肯定地推测，巴菲特不会再认为网络股依然被高估。人们希望巴菲特不像以前那样悲观，可以变得宽容一点。尽管纳斯达克交易量跌了超过一半，然而巴菲特的态度还是不会买进。

关于互联网泡沫中网络公司崩溃的原因，分析家认为主要来自以下几个方面：

第一，导致纳斯达克和所有网络公司崩溃的可能原因之一，是大量对高科技股的领头羊如思科、微软、戴尔等数十亿美元的卖单碰巧同时在3月10号周末之后的第一个交易日（星期一）早晨出现。卖出的结果导致纳斯达克3月13日一开盘就从5038跌到4879，大规模的初始批量卖单的处理引发了抛售的连锁反应——投资者、基金和机构纷纷开始清盘。仅仅6天时间，纳斯达克综合指数就损失了将近470个点，从3月10日的5050掉到了3月15日的4580。

第二，企业的支出加重。科技公司有可能是为了应对Y2K问题而加剧了企业的支出。一旦新年安然度过，企业会发现所有的设备他们只需要一段时间，之后开支就迅速下降了。这与美国股市有着很强的相关性。

第三，与1999年圣诞期间互联网零售商的不佳业绩有关。这是"变大优先"的互联网战略对大部分企业错误的第一个明确和公开的证据。零售商的业绩在3月份上市公司进行年报和季报时被公之于众。

到了2001年，泡沫全速消退。大多数网络公司在把风险投资金烧光后停止了交易，其中许多公司甚至还没有盈利过。

2010年3月10日，是美股科网股泡沫达至顶峰并大破裂10周年的日子。《华尔街日报》在盘点10年来科技网络股的走势与成绩时，发现当年的十大互联网公司中，有两家已经完全消失。在留下来的公司中，总市值平均也缩水88%。10年前那些名头响亮的美股互联网公司中绝大部分已经销声匿迹了。

巴菲特认为，虽然有人说企业发展要与时俱进，要根据宏观环境的改变迅速转变产业，可是他认为，这种做法排除了他寻找长期投资对象的确定性。事实上，他经过长期观察和研究发现，如果上市公司经常发生重大变化，那么就很可能会因此造成重大损失，而这和他的长期投资理念是不符合的。正因如此，所以他经常说："我们偏爱那些不太可能发生重大变化的公司和产业。"

时间会验证一切，10年后人们再反观互联网泡沫中巴菲特的理性的投资，很多人都会对巴菲特竖起大拇指。当年巴菲特坚持认为，创新也许能使世界脱离贫困。但历史显示，投资创新事物的投资人，后期都没有以高兴收场。互联网并不是历史上第一次出现改变世界的新科技，铁道、电报、电话、汽车、飞机和电视，它们都曾使事物的连接变得更快速，但其中又有多少新科技令投资人致富呢？

巴菲特说："我可以理性地预期投资可口可乐公司的现金流量，但是谁能够准确预期十大网络公司未来25年里的现金流量呢？对于网络，我们知道自己不太了解，一旦我们不能了解，我们就不会随便投资。"巴菲特认为，长期投资必须非常重视企业良好的发展前景，因为你购买该公司的股票就是因为看中了它的未来发展；如果你看不出该公司的未来或者该公司没有未来，那为什么还要进行投资呢？

■第 12 个忠告

价格与价值的差异是盈利的来源

从长期来看,尽管价格与价值之间存在差异,但是两者之间有着完美的对应关系。任何资产的价格最终都能找到其真实的内在价值基础。

对于投资,巴菲特曾说:"付出的是价格,得到的是价值。"尽管公司股票的市场价格会涨落不定,但这些公司股票都具有相对稳定的内在价值,其股票价格也是在这内在价值的基础上上下波动。股票的内在价值与当前交易的价格通常是不相等的,两者之间的差异就是投资者盈利的来源。

在股市中,如果没有找到价格与价值的差异,投资者就无法确定以什么价位买入股票才算合适。内在价值是一家企业在其存续期间可以产生的现金流量的贴现值。但是内在价值的计算并非如此简单。正如我们定义的那样,内在价值是估计值,而不是精确值,而且它还是在利率变化或者对未来现金流的预测修正时必须相应改变的估计值。此外,两个人根据完全相同的一组事实进行估值,几乎总是不可避免地得出至少是略有不同的内在价值的估计值。

1984 年,巴菲特在哥伦比亚大学纪念格雷厄姆与多德合著的《证券分析》出版 50 周年的庆祝活动中发表演讲时指出:"人们在投资领域会发现绝大多数的'掷硬币赢家'都来自于一个极小的智力部落,我称之为'格雷厄姆与多德部落',这个特殊智力部落存在着许多持续战胜市场的投资大赢家,这种非常集中的现象绝非'巧合'二字可以解释。来自'格雷厄姆与多德部落'的投资者共同拥有的智力核心是:寻找企业整体的价值与代表该企业一小部分权益的股票市场价格之间的差异,实质上,他们利用两者之间的差异。"

巴菲特承认:"我们只是对于估计一小部分股票的内在价值还有点自信,但这也只限于一个价值区间,而绝非那些貌似精确实为谬误的数字。"投资者要做的也正是找出企业的内在价值与代表该企业一小部分权益的股票市场价格之间的差异,实质上,投资者就是利用它们两者之间的差异来盈利。巴菲特认为,投资者要想科学评估一个企业的内在价值,为自己的投资做出正确的判断提供依据,必须注意以下几个方面:

第一,现金流量贴现模型。

巴菲特认为,唯一正确的内在价值评估模型是1942年约翰·伯尔·威廉斯提出的现金流量贴现模型理论。约翰·伯尔·威廉斯在《投资价值理论》中提出了价值计算的数学公式,我们可以将其提炼浓缩成:今天任何股票、债券或公司的价值,取决于在资产的整个剩余使用寿命期间,预期能够产生的以适当的利率贴现的现金流入和流出。请注意,这个公式对股票和债券来说完全相同。尽管如此,两者之间有一个非常重要的,而且非常难以应对的差别:债券有一个息票和到期日,可以确定未来的现金流,而对于股票投资,投资分析师则必须自己估计未来的"息票"。另外,管理人员的能力和水平对于债券息票的影响甚少,一般只有在管理人员极其无能或不诚实的情况下,才可能导致在暂停支付债券利息的时候产生影响。与之相反,股份公司管理人员的能力却对股权的"息票"有着巨大的影响。

第二,正确的现金流量预测。

巴菲特曾经告诫投资者:"投资者应该明白会计上的每股收益

只是判断企业内在价值的起点,而非终点。"在许多企业里,尤其是那些有高资产利润比的企业里,通货膨胀使部分或全部利润徒有虚名。如果公司想维持其经济地位,就不能把这些"利润"作为股利派发。否则,企业就会在维持销量的能力、长期竞争地位和财务实力等一个或多个方面失去商业竞争的根基。因此,只有当投资者了解自由现金流时,会计上的利润在估值中才有意义。巴菲特指出,按照会计准则计算的现金流量并不能反映真实的长期自由现金流量,所有者收益才是计算自由现金流量的正确方法。所有者收益,包括报告收益,加上折旧费用、折耗费用、摊销费用和其他非现金费用,减去企业为维护其长期竞争地位和单位产量而用于厂房和设备的年平均资本性支出,等等。巴菲特提出的所有者收益,与现金流量表中根据会计准则计算的现金流量最大的不同是,它包括了企业为维护长期竞争优势地位的资本性支出。巴菲特提醒投资者,会计师的工作是记录,而不是估值,估值是投资者和经理人的工作。"会计数据当然是企业的语言,而且为任何评估企业价值并跟踪其发展的人提供了巨大的帮助。没有这些数字,查理和我就会迷失方向,对我们来说,它们永远是对我们自己的企业和其他企业进行估值的出发点,但是经理人和所有者要记住,会计数据仅仅有助于经营思考,而永远不能代替经营思考。"

第三,合适的贴现率。

确定了公司未来的现金流量之后,接下来就要选用相应的贴现率。让很多人感到惊奇的是,巴菲特所选用的贴现率,就是美国政府长期国债的利率或到期收益率,这是任何人都可以获得的无风险收益率。一些投资理论家认为,对股权现金流量进行贴现的贴现率,应该是无风险收益率(长期国债利率)加上股权投资风险补偿,这样才能反映公司未来现金流量的不确定性。但巴菲特从来不进行风险补偿,因为他尽量避免涉及风险。首先,巴菲特不购买有较高债务的公司股票,这样就明显减少了与之关联的财务风险。其次,巴菲特集中考虑利润稳定并且可预计的公司,这样经营方面的风险即使不能完全消除,也可以大大减少。对此,他表示:"我非常强调确定性。如果你这么做了,那么风险因子的问题就与你毫不相关。只有在你不了解自己所做的事情的时候,才会有风险。"如果说公司的内在价值就是未来现金流量的贴现,那么恰当的贴现率究竟应该是多少呢?巴菲特选择了最简单的解决办法:"无风险利率是多少?我们认为应以美国长期国债利率为准。"基于以下3个方面的理由,巴菲特的选择是非常有效的:第一个方面,巴菲特把一切股票投资都放在与债券收益的相互关系之中。如果他在股票上无法得到超过债券的潜在收益率,那么他会选择购买债券。因此,他的公司定价的第一层筛选方法就是,设定一个门槛收益率,即公司权益投资收益率必须能够达到政府债券的收益率。第二个方面,巴菲特并没有费过多的精力为他所研究的股票分别设定一个合适的、唯一的贴现率。每个企业的贴现率都是动态的,它们随着利率、利润估计、股票的稳定性以及公司财务结构的变化而不断变动。对一只股票的定价结果,与其做出分析时的各种条件密切相关。两天之后,可能就会出现新的情况,迫使一个分析家改变贴现率,并对公司做出不同的定价。为了避免不断地修改模型,巴菲特总是很严格地保持他的定价参数的一致性。第三个方面,如果一个企业没有任何商业风险,那么它的未来盈利就是完全可以预测的。在巴菲特眼里,可口可乐、吉列等优秀公司的股票就如同政府债券一样没有风险,所以应该采用一个与国债利率相同的贴现率。

第四,经济商誉。

事实上,根据债券价值评估模型在进行企业股权价值评估时,企业的有形资产相当于债券的本金,未来的现金流量相当于债券的利息。和债券一样，本金在总价值中占的比例越大，受未来通货膨胀的影响就越大。现金流量越大，公司的价值越高。持续竞争优势越突出的企业，有形资产在价值创造中的作用越小，而企业声誉、技术等无形资产的作用越大，超额回报率越高，经济商誉也就越庞大。因此，巴菲特最喜欢选择的企业一般都拥有巨大的无形资产，而对有形资产需求却相对较小，能够产生远远超过产业平均水平的投资回报率。简而言之，巴菲特最喜欢的优秀企业的内在价值只有一小部分是有形资产，而其余大部分都是无形资产创造的超额盈利能力。

从长期来看，尽管价格与价值之间存在差异，但是两者之间有着完美的对应关系。任何资产的价格最终都能找到其真实的内在价值基础。

价格和价值之间的关系适用于股票、债券、房地产、艺术品、货币、贵金属甚至整个美国经济——事实上所有资产的价值波动都取决于买卖双方对该资产的估价。一旦你理解了这一对应关系，你就具有了超越大多数个人投资者的优势，因为投资者们常常忽略价格与价值之间的差异。

第13个忠告

模糊的正确胜过精确的错误

投资者不需要很精确地评估价值，只要他能够大致准确地评估企业的内在价值，在这个模糊的价值区间的投资是毫无风险的。

巴菲特说："我宁要模糊的正确，也不要精确的错误。"现实世界存在着事物状态和类属的模糊性，你很难用一个精确的数字或概念去总结它。如果我们企图把这些本身不存在明确界限的事物，人为的用所谓精确性的办法加以规制，实际上，这是对事物本质的一种歪曲。

在股市中更是如此，股票价格在短期内会有所涨跌，这种涨跌交替可以说是瞬息万变。市场短期走势受各种不可测因素及不可抗力影响，具有极大的可变性，因此弹无虚发的精准预测根本是天方夜谭。因此你很难找到价格的最高点和最低点。

所谓"模糊的正确"，强调的是一个正确的范围，而不是精确到某一个数值，其实质是着重于对某一时期大方向的把握，而忽略对行情性质的判断及短期数据的出入。

早在2003年4月，正值中国股市低迷徘徊的时期，巴菲特以约每股1.6~1.7港元的价格大举买入中石油H股23.4亿股，这是他所购买的第一只中国股票。但是令人不解的是，在油价连续创出新高并且中石油马上就要增发A股的大好背景下，巴菲特持有的11亿股中石油H股，在15港元左右的价格几乎全部出尽。而后中石油在即将回归A股上市等利好憧憬下继续冲高至20港元。因此众多市场专业人士认为巴菲特不了解中国股票，未能演绎投资传奇。

既然巴菲特认为中石油是家好公司，为什么要把股票卖掉呢？首先，石油的价格是重要的依据，因为石油企业的利润主要依赖于油价，如果石油在30美元一桶时，情况很乐观；如果油价到了75美元，不是说它一定就会下跌，但至少情况并没有那么乐观了。

巴菲特买入中石油和卖出中石油，一个很重要的原因是油价。当石油价格较低的时候，他认为石油价格将会上升，石油公司自然会从中受益，所以他买入了中石油；而当石油价格很高的时候，他认为油价继续上涨的可能性较小，那么，石油公司的利润再要大幅增长将会很困难，他所以选择了卖出股票。

巴菲特不断用他投资时所使用的标准来衡量他已经入股的企

业的质量。

如果他的一只股票不再符合他的某个投资标准，他就会把它卖掉，并不会考虑其他因素。巴菲特认为，中国股市的涨幅已经很大，而人们还在不顾风险争相入市。正因如此，他卖出中石油股票时没有丝毫犹豫。

一年的时间里，"市场先生"情绪骤变，A股从6000多点高位一路下跌，后知后觉的我们才意识到巴菲特的先见之明。尽管巴菲特在抛售中石油之处也错失了之后的50%涨幅，而正如他在1996年致伯克希尔股东的信中所说的："我们只是对于估计一小部分股票的内在价值还有点自信，但也只限于一个价值区间，而绝非那些貌似精确实为谬误的数字。"

巴菲特认为，投资者不需要很精确地评估价值，只要他能够大致准确地评估企业的内在价值，在这个模糊的价值区间的投资是毫无风险的。

巴菲特之所以取得成功，很大程度上是因为他能够在看到不确定的风险时，及时撤身，从而避免犯下愚蠢的错误。一旦事情的发展偏离了他估计的价值区间，他就会立即采取行动售出手中持有的股票，而不是要等到某个数值。

2009年7月25日，数位英国顶尖经济学家联名致信英国女王伊丽莎白二世，就没有预测到金融危机的时间、幅度及严重性做出诚恳道歉，称这是许多"智慧人士的集体失察"。

类似的情况还有。巴菲特在信中提到："整个长期资金管理基金的历史，我不知道在座的各位对它有多熟悉，其实是波澜壮阔的。如果你把那16个人，像约翰·梅里韦瑟、埃里克·罗森菲尔德、拉里·西里布兰德、格雷格·霍金斯，维克托·哈格哈尼还有两个诺贝尔经济学奖的获得者——迈伦·斯科尔斯和罗伯特·默顿放在一起，你很难再从其他公司（包括微软公司）中找出这样一个拥有如此高智商的16人团队。

"那真的是一个有着难以置信的高智商团队,而且他们所有人在业界都有着大量的实践经验。他们可不是一帮在男装领域赚了钱,然后突然转向证券的人。这16个人加起来的经验可能有350~400年,而且是一直专精于他们目前所做的。他们还有一个极为有利的因素,他们所有人在金融界都有着极广的人际关系,数以亿计的资金也来自于此,其实就是他们自己的资金。超级智商,在他们内行的领域里,结果他们破产了。"

这些聪明人关注股指的任何细微变化,希望精确地计算出最高点或者最低点的数值。他们最完美的投资理念,追求的是100%精确的最低点和最高点——在最低点买入,在最高点卖出。这就是巴菲特所说的,"聪明人干的蠢事"。

可惜很多投资者总在孜孜不倦地试图找到那个"精确的最低点或顶点"。

资本市场具有不可准确预测性,错的往往是这个市场的大多数,很多理由只是出于人的本性事后编造并欣然接受的。包括"华尔街天才"彼得·林奇也未能预测到1987年的股灾,但这并不妨碍他取得年均29%的投资回报率,成为美国有史以来最成功的基金经理。他选择的就是趁大跌买入好公司股票的"模糊的正确"。

巴菲特认为,只要能够尽量避免犯重大的错误,投资者只需做对很少几件正确的事情就足可以成功了。如果是在错误的路上,奔跑也没有用。重整旗鼓的首要步骤是停止做那些已经做错了的事。现在远离麻烦,要比后来摆脱麻烦容易得多。模糊的正确胜过精确的错误。

就中长线而言,不论逃顶还是抄底,资本市场根本不存在也不需要百发百中的"狙击手",做一个"模糊正确"的保持稳定投资回报的"机枪手"足够了。

第14个忠告

足够的耐心是成功必不可少的

如果你今天买下一只股票，希望明天把它卖出去，那么你就步入了风险交易。预测股价在短期内攀升或下跌的概率就如同预测抛出的硬币的正反面的概率一样，你将会损失一半的机会。如果你把自己的投资时间延长到几年，你的交易转变成风险交易的可能性就会大大下降。

巴菲特曾说："一个成功的传教士不在于他的教堂中座位每周的上座率，而在于听他传教人的持久性。我们的目标是使我们的股东合伙人从公司业绩中获利。要记住，人们常常忽视的致命危险，即是从总体上看投资者不可能产生超过公司收益的回报。"

在股票交易所，常常会见到这样一种景象：股民们紧攥着手里的股票，神情紧张地盯着计分板，随着计分器上数字的上下浮动，脸上的表情也在喜悲之间变幻无常。这绝不是一个出色投资者所应有的表现。

巴菲特认为，其实一名投资者要做的事情非常简单，就是以合理的价格买进一些业务简单易懂又能够在 5～10 年内持续发展的公司股票。因此与大多数投资者不同的是，巴菲特从不浪费时间和精力去分析经济形势，也从不担心股票价格的涨跌。他告诫投资者："不要浪费你的时间和精力去分析什么经济形势，去看每日股票的涨跌，你花的时间越多，你就越容易陷入思想的混乱并难以自拔。"

投资者利用价格与价值的偏离，以低价买入目标股票，以更高的价格卖出。那么，价值投资原理为什么有效呢？也就是说，股票市场中价格与价值为什么会这样波动呢？在股票市场中，价格为什么会经常偏离价值，而且在价格偏离价值后，经过相当长的时间后，价格会向价值回归呢？这是所有价值投资人都必须思考的最重要的问题。因为认识市场的波动规律，对于投资人战胜市场具有非常重大的意义。

实际上，价值投资能持续战胜市场的关键在于股市波动，合理利用价值规律。巴菲特回忆在为格雷厄姆—纽曼公司工作时，他问他的老板格雷厄姆："一位投资者如何才能确定，当一家股票的价值被市场低估时，它最终将升值呢？"格雷厄姆只是耸耸肩，回答说："市场最终总是这么做的……从短期来看，市场是一台投票机，但从长期来看，它是一台称重机。"

巴菲特认为投资的精髓就在于，买的不是股票，而是企业的一部分生意。巴菲特六七岁就开始对股票感兴趣，在11岁时买了第一只股票。这时候的巴菲特同常人一样，也沉迷于对图线、成交量等各种技术指标的研究。然后在巴菲特19岁的时候，他从格雷厄姆的书中得到启示。"你买的不是那整日里上下起伏的股票标记，你买的是公司的一部分生意。"这是书里最基本的核心策略。自此以后，巴菲特就以这个观点来考虑问题，结果发现一切都豁然开朗。因此作为一般投资者，在这期间，要尽可能避免自己受到外界诱惑而放弃这个准则，需要耐心地持有他们手中的投资组合，不被别人的短线获利所诱惑。

而普通股民购买股票，然后根据第二天早上股票价格的涨跌，判断他们的投资是否正确。这在巴菲特看来，简直是不可理解的行为。股民买的是企业的一部分生意，而不是股票。只要企业优秀，而股票的价格也不是太离谱的话，那么这样的购买是会得到很好的回报的，前提是必须要有足够的耐心，因为做生意是一件长远的事情。巴菲特说："如果你不打算持有一家公司股票10年以上，那就最好连10分钟都不要拥有它。"

巴菲特认为，投资时间持久可以降低投资风险。他解释说："如果你今天买下一只股票，希望明天把它卖出去，那么你就步入了风险交易。预测股价在短期内攀升或下跌的概率就如同预测抛出的硬币的正反面的概率一样，你将会损失一半的机会。如果你把自己的投资时间延长到几年，你的交易转变成风险交易的可能性就会大大下降。当然，你购买的必须是优势股。例如，如果你今天早上购买了可口可乐的股票，明天早上要把它卖出去，那么它是一笔风险非常大的交易。但是，如果你今天早上购买了可口可乐的股票，然后持有10年，这样，就把风险降到了零。"

巴菲特曾说："考虑到我们庞大的资金规模，我和查理还没有聪明到通过频繁买进卖出来取得非凡投资业绩的程度。我们也并不认为其他人能够这样像蜜蜂一样从一朵小花飞到另一朵花来取得长期的投资成功。

所以投资者最需要做的就是寻找一个优秀的企业，这也符合巴菲特一贯的投资原则。但是符合巴菲特购买标准的公司也许并不多，这时候巴菲特做的只是静观其变，等待一只最理想的"球"。

巴菲特在给股东的信中写道："我们试着学习棒球传奇明星特德·威廉姆斯的做法，他在他的《打击的科学》一书中解释道，他把打击区域划分为77个框框，每个框框就相当于一个棒球的大小，只有当球进入最理想的框框时，他才挥棒打击，因为他深深知道只有这样做，他才能维持四成的超高打击率；反之要是勉强去挥击较差的框框，将会使得他的打击率骤降到二成以下。换句话说，只有耐心等待好球，才是通往名人堂的大道；好坏球照单全收的人，迟早会面临被降到小联盟的命运。

"目前迎面朝我们而来的投资机会大多只在好球带边缘，如果我们选择挥棒，则得到的成绩可能会不太理想。但要是我们选择放弃不打，则没有人敢跟你保证下一球会更好，或许过去那种吸引人的超低价格已不复存在。所幸我们不必像特德·威廉姆斯一样，可能因为连续3次不挥棒而遭3振出局，只是光扛着棒子站在那里，日复一日，也不是一件令人愉快的事。"

每个投资人的目标，应该是要建立一个投资组合（类似于一家投资公司），这个组合在从现在开始的10年左右将为他带来最高的预计透明盈利。这样的方式将会迫使投资人思考企业真正的远景而不是短期的股价表现，这种长期的思考角度有助于改善其投资绩效。当然无可否认就长期而言，投资决策的计分板还是股票市值。但股价将取决于公司未来的获利能力。投资就像是打棒球一样，想要得分大家必须将注意力集中到球场上，而不是紧盯着计分板。如果企业的获利能力短期发生暂时性变化，但并不影响其长期获利能力，投资者应继续长期持有。但如果公司长期获利能力发生根本性变化，投资者就应毫不迟疑地卖出。

市场与预测是两码事，市场是在变化的，而预测是固定不变的，预测的固定不变只会给分析市场的人以错觉感。所以，下次当你被诱惑相信你已最终找到一种可实现利润而且可以被重复使用的格局时，当你被市场的不可预测性惊得目瞪口呆时，记住巴菲特说的话："面对两种不愉快的事实吧。未来是永不明朗的，而且在股市上要达到令人愉快的共识，代价是巨大的。不确定性是长期价值购买者的朋友。"

■第15个忠告

胆大心细是做成所有事情的法宝

胆大心细是做成所有事情的法宝，投资当然也一样。我们不要想着去预测或者控制投资的结果。

巴菲特说:"胆大心细是做成所有事情的法宝,投资当然也一样。我们不要想着去预测或者控制投资的结果。"的确,在做任何事情的时候,人都不能因为太过顾虑不可控制的结果而在机会面前缩手缩脚,犹豫不决只会贻误良机。

自美国次级房屋信贷危机(次贷危机)爆发后,投资者开始对按揭证券的价值失去信心,从而引发流动性危机。尽管多国中央银行多次向金融市场注入巨额资金,但还是无法阻止一场金融危机的爆发。到2008年,这场危机开始失控,并演变成全球性的金融海啸。这场金融海啸导致许多大型金融机构倒闭或被政府接管,这其中就包括赫赫有名的花旗银行。

巴菲特对此次全球金融海啸评价说:"目前的局面比二战以来所有的金融危机都要严重。"2008年初,股市剧烈下挫,美联储连续6次降息,希望能够拯救投资者最后的一丝信心。但这几次降息使花旗、美林、法国兴业等金融机构遭受了巨额的亏损,以致倒闭或者被政府接管。市场开始对美联储降息产生依赖,这意味着,市场随时有可能陷入疲弱状态。针对这一情况,美国布什政府宣布动用1450亿美元来振兴经济,但金融市场的紧张气氛并没有因此得到缓和。巴菲特认为,过去几年中的一些政策的制定,是以错误的"市场主义"观念为基础的。这种观念认为,从长期来看,金融市场最终会趋向平衡。金融海啸的爆发证明了这种观念的荒谬,这时政府再出台缓和的措施已经起不到任何实质性的作用了。

这场金融危机使得全球无数富豪资产严重缩水,巴菲特也不能例外。权威调查显示,巴菲特在这场金融危机中并没有幸免,在完成一系列投资前,他的损失高达163亿美元,名列美国股市十大输家排行榜第三位。

但巴菲特并没有因此瞻前顾后,在别的企业出现财政危机的时候,也正是巴菲特投资的好时机。尽管这次金融海啸异常严重,但巴菲特没有动摇投资信心，在这次机会中，他创造了 33 天逆市赚得 80 亿美元的投资神话。

在发生次贷危机时，华尔街上就有传言，说巴菲特将要投资一些资金吃紧的金融机构，比如美国最大的抵押贷款提供商 Countrywide Financial、全球最大的债券保险商 MBIA 以及即将倒闭的贝尔斯登（Bear Streams）。然而巴菲特却一直没有采取行动，表现出了一贯的耐心和冷静，也许这还不是一个最佳的盈利时机。

2008 年年初，摩根士丹利的 CDS 价格仅为 100 基点左右，高盛第三季度的报表也出现了亏损。巴菲特决定斥资 50 亿美元投资高盛，以每股 115 美元左右的价格收购 4350 万股的优先股和认购权证。高盛集团董事长贝兰克梵宣布，巴菲特 50 亿美元的投资将是最有力的信任票之一。当然，这就意味着巴菲特的投资将给高盛的重振带来希望。

实际上，巴菲特对华尔街上的每一家投资企业的情况都了如指掌。他之所以选择投资高盛，不仅仅是看到了高盛在次贷危机中幸免于难，而且他对高盛内部运行机制有了更进一步的了解。虽然高盛比摩根士丹利及美林发展要慢，股本基础在投资行业中也相对较小，但高盛行政总裁柯赛却认为这不是一件坏事。他认为较少的资本能帮助公司更好地决策，竞争对手也认为高盛并不会因为资本缺乏而受到限制。巴菲特也说："我希望能找到由于资本不足而使高盛不利的业务，然而没有，高盛的资本运作一直很好。"

在投资高盛公司之后，巴菲特又选择了继续增持美国第二大房贷银行富国银行的股票，当时巴菲特已经持有该银行的大量股票，成为富国银行的第一大股东。这次次贷危机爆发后，巴菲特集中购买了部分"质优"金融股，持有的富国银行股票进一步攀升。这一举动是有原因的，投资那些盈利及管理方面表现优异但整体被低估的公司是巴菲特一贯的投资理念。在这场全球金融海啸中，银行股就是被严重低估的股票，许多投资者在危机面前选择观望，而巴菲特则展现出了自己独特的投资理念和思考方式。

除了对本土企业的投资，巴菲特还把眼光投向了国外市场。2008年9月28日，巴菲特投资2.3亿美元买下了在香港上市的比亚迪公司2.25亿股的股票，约占整个公司10%的股份，当时正值雷曼兄弟银行倒闭后一周，此后比亚迪股价上涨近7倍，使得巴菲特一年间就有13亿美元的账面获利。

在这场全球金融危机中，巴菲特抓住机会，赚得80亿美元。巴菲特这次创造的投资神话，有人归结为以下几个原因：

第一，敢于反常规进行投资。当其他人都感到害怕的时候，那么巴菲特的机会就来了。巴菲特在评论这场金融危机时说："当前的形势是——恐惧正在蔓延，甚至吓住了经验丰富的投资者。当然，对于竞争力较弱的企业，投资人保持谨慎无可非议。但对于竞争力强的企业，没有必要担心他们的长期前景。这些企业的利润也会时好时坏，但大多数都会在未来5～10年或20年内创下新的盈利纪录。"

第二，巴菲特喜欢购买在任何经济形势中都有机会获益的企业。如果投资者选择的股票会在某一特定的经济环境里获益，那么他就不可避免地会面临变动与投机。不管是否能正确预知经济形势，他的投资组合获得的报酬如何，那要看下一波经济的状况如何。

第三，经济形势是没有人可以准确预测的，但投资人不能因此缩头缩尾。巴菲特这样说："我无法预计股市的短期波动，对于股票在1个月或1年内的涨跌我不敢妄言。但有一种可能，即在市场恢复信心或经济复苏前，股市会上涨，而且可能是大涨。因此，如果你想等到知更鸟报春，那春天就快结束了。"

第四，巴菲特信奉长期投资策略，只要这次金融危机顺利解决，股票市场恢复正常，巴菲特一定会赚到更多的钱，赚的一定会比赔的多，这是一定的，而这也是他会在金融危机中大量买进的原因。

在这场全球金融危机中,几乎所有的投资者都在为损失而懊恼,对萧条的投资市场望而却步。然而巴菲特艺高人胆大,在众人恐惧时抓住时机,在逆市中创造奇迹。

第16个忠告

出手要快,收手要更快

长时间持有一只股票不失为一个明智的选择,但是并不是说要无条件地长期持有,比如,当公司内部发生了经营方式的变化或是公司所在行业的发展前景发生了重大变化的时候,都可以改变自己的持股策略,果断地抛售自己的股票。

巴菲特注重长期持有股票的策略,如果一家公司持续拥有竞争优势,那么就不应该减持手中的股票。道理很简单,对于一家效益良好的公司股票,持有的时间越长,得到的回报也就越多。但是在3种情况下,卖出手中股票是更为明智的做法。第一种情况是,当你需要更充足的资金用于投资一个更优秀、价格更便宜的公司;第二种情况是,当你所持有的公司股票,其公司持续竞争优势地位逐渐消失;第三种情况则是,在牛市期间股价远远高于其长期的内在价值。

对于前两种情况,也许普通投资者能够容易做到。但是第三种情况,许多投资者往往因为恐惧或是担心错过更大利益的心理,而丧失了对出售时机的把握,这也使许多投资者在牛市过后遭受严重损失甚至是一贫如洗。正如巴菲特在2005年致股东信中自责说:"从我们最早买进这些股票后,随着市盈率的增加,对这些公司的估值增长超过了它们收益的增长。有时这种分歧相当大,在互联网泡沫时期,市值的增长远远超过了业务的增长。在泡沫期间我对令人头晕目眩的价格啧啧称奇,却没有付诸行动。尽管我当时声称我们有些股票的价格超过了价值,却低估了过度估值的程度——在该行动的时候我却只是夸夸其谈。"许多人都具有这种心理,担心自己在出售股票后会迎来新的高点,以致造成利益损失,股神巴菲特也不能例外。

巴菲特认为,一个简单的原则可以判断什么时候是出手的好时机:当优秀公司达到40倍甚至更高的市盈率时,这就是应该出手的时机了。

1999年巴菲特在《财富》杂志撰文道:"投资者不要被股市飙涨冲昏了头,股市整体水平偏离内在价值太远了。"巴菲特在文中预测,美国股市不久就将大幅下跌,重新向价值回归。他提醒投资者,在股市处于全盛时期,一定要保持清醒的头脑,看清楚市场的状态。在股价上涨的同时,市场的风险性也越来越高,当市场膨胀到一定的程度,股价势必急转下跌。一旦股市大幅下跌,其下跌至什么程度也不好预测,而等到股市回升需要一段调整时间,并存在潜在的风险。所以,当投资者手中持有的股票无法体现出它的内在价值时,与其长期持有,倒不如立即出售。

1969年,随着20世纪60年代美国股市的狂飙突进,巴菲特解散了合伙人企业。1972年,伯克希尔的保险公司的证券组合价值1.01亿美元,其中只有1700万美元用于投资股票。1987年,道琼斯指数飙升到令人吃惊的2258点,股市正值全盛时期。就在这时,巴菲特判断当前的股市是个危险地带,所以立即将手中大部分股票予以抛售。

在牛市的全盛时期,股市上的股票价格大都在上涨,此时股票价格偏离价值越来越远。

尽管这种状态符合了投资者想要获取利润的心理。但是，股市整体水平会与其内在价值严重脱节。而这种股市行情，也容易导致很多人看不清楚公司股票的真正价值，在这个时期，受利益驱使的投资者大多数都会存在跟风心理。这就进一步加剧了市场的盲目性，当达到一定程度时，整个股票市场出现急速降温的状态也就不可避免。

那么，股票的价格就会受到严重的影响，有时候就算是优秀公司的股票价格都不能幸免，那么投资者的利益必然受到损害。在这种情况下，为了避免造成重大的损失，在鼎盛的牛市卖出一部分股票自然是非常明智的。

巴菲特曾在谈到投资的时候说道："当人们对一些大环境时间的忧虑达到最高点的时候，事实上也就是我们做成交易的时候。恐惧是追赶潮流者的大敌，却是注重基本面的财经分析者的密友。"这段话很能说明一个问题：在股市中，每个人都在追求着一个最高点，试图把自己的股票卖一个好的价钱，以赚取更大的利润。但是人内心的恐惧往往会阻碍自己将股票抛在合适的价位，要做到这些是要具备一定魄力的。人都有不可避免的恐惧心理，如果投资者能够对股市进行成功的基本面分析的话，把股票卖在一个波峰的时期并不是一件不可能的事。

1987年10月18日清晨，美国财政部长在全国电视节目中说的话让人震惊：如果联邦德国不降低利率以刺激经济发展，美国将考虑让美元继续下跌。结果，就在第二天，华尔街掀起了一场震惊西方世界的经济风暴：纽约股票交易所的道琼斯工业平均指数狂跌508点，6个半小时之内，5000亿美元的财富烟消云散！第三天，美国各类报纸上那黑压压的通栏标题压得人喘不过气来：《10月大屠杀》《血染华尔街》《黑色星期一》《道琼斯大崩溃》……华尔街笼罩在阴霾之中。这时，巴菲特在投资人疯狂抛售持股的时候开始出动了，他以极低的价格买进他中意的股票，并以一个理想的价位吃进10多亿美元的可口可乐公司的股票。不久，股市回升，巴菲特见机抛售手中的股票，其获得的巨大利润让人咋舌。

理智的投资者一定要和市场保持一定的距离。因为市场是变幻莫测的，若你想靠市场上的股价变化来投资，那将十分冒险。绝对不能盲目地跟着市场亦步亦趋，尤其是在市场发展到全盛期，股市出现了泡沫时，你的投资必须更加理智。往往这个时候的卖出决定比买入的决定更为明智。否则，当你发现你买入的是个随时存在风险的不定时炸弹时，那么你的财产早就已经保不住了。

任何一种成功的投资策略中都要有一个明确的"抛出时机"。每个人都在为自己的股票寻找一个好的卖出时机，即寻找一个波峰。但是，并不是每个人都能够如愿以偿，这在具体操作的过程中，是需要掌握一定的技巧和方法的。

股市的走势呈波浪式前进，正如大海的波浪一样，大市和个股的走势也有底部和顶部之分。因此，你要找到这两个点。当然，如果你能准确分析，找到确切的最高或最低的点，那是最好不过的事。不过大多数人在绝大多数时间内是不可能做到这点的，就连巴菲特也没有这个把握，巴菲特曾不止一次地予以强调。所以他总是这样认为，自己不一定能找到极致点，也不需要找到，只要能找到区域值并施以行动就可以了，而这两个区域值是常人都可以把握的。一般，当大市和个股在一段时间里有较大升幅时，就算没有政策的干预或其他重大利空，技术上的调整也是必要的。通常而言，升幅越大，其调整的幅度也就越大。当大市和个股上升到顶部时，及时抛出股票，就可以避免大市和个股见顶回调的风险，而当大市和个股调整比较充分之后入市，风险也就降低了。

长时间持有一只股票不失为一个明智的选择，但是并不是说要无条件地长期持有，比如，当公司内部发生了经营方式的变化或是公司所在行业的发展前景发生了重大变化的时候，都可以改变自己的持股策略，果断地抛售自己的股票。如果发现一个行业的发展前景没有一开始那么好了,巴菲特一定会毫不犹豫地卖出。因为没有了良好的发展前途,就根本不可能有良好的利润增值空间,那么也就不可能有较高的回报率。

股市中流传着这样一句话:会买是徒弟,会卖是师傅,要保住胜利果实,应该选准卖出的时机。在股市中,不但要出手快,而且收手要更快。

第 17 个忠告

筹码集中在一起才更有优势

由于大多数投资者根据现代投资组合理论选择分散投资策略,采用集中投资的持续价值策略就具有一定的竞争优势。正如巴菲特所说:"我们宁愿得到波浪起伏的 15% 的回报率,也不要四平八稳的 12% 的回报率。"

现在大家的风险意识越来越强,"不要把所有鸡蛋放在同一个篮子里"也被广大股民奉为至理名言。分散投资能分散风险,这样即使某种金融资产发生较大风险,也不至于全军覆没。然而巴菲特认为:"这种分散投资是无知者的自我保护,对于那些明白自己在干什么的人来说,分散投资是没什么意思的。"巴菲特认为,投资者应该像马克·吐温建议的那样,把所有鸡蛋放在同一个篮子里,然后小心地看好它。

普通投资者由于自身精力和知识的局限,很难对投资对象有专业深入的研究,此时分散投资不失为明智之举,这也是巴菲特说"多元化投资是无知者的自我保护"的原因。事实上,投资组合越分散，股价变动的激烈性在对账单上的反应就越不明显。对于大多数投资人来说，分散投资的方法的确很安全，因为所有的波动都被分散投资抵消了，但是这样做永远只能获得一般的利润。

巴菲特认为，分散投资在分散风险的同时也会分散收益，集中投资才是获得超额收益的良好途径。对于普通投资者而言，也许会认为集中投资等于把风险也集中起来了。巴菲特不会做没有把握的事，这种集中投资策略是建立在精心选股的基础上的。

1. 寻找超级明星企业

我们曾不止一次地说过，巴菲特选择投资的对象是那些业务清晰易懂、业绩持续优异、由能力非凡并且为股东着想的管理层来经营的优秀公司。他不仅要在合理的价格上买入，而且该公司的未来业绩还要与估算相符，所以寻找超级明星企业成为了必要的途径。

这种超级明星企业业绩持续稳健、具有强大的竞争优势，而且通常有出色而诚信的管理层。巴菲特以合理的价格买进后，投资损失的概率通常非常小。在管理伯克希尔—哈撒韦公司股票投资的38年间（扣除通用再保与政府雇员保险公司的投资），股票投资获利与投资亏损的比例大约为100∶1。

巴菲特表示："只有很少的公司是我们非常确信值得长期投资的。因此，当我们找到这样的公司时，我们就应该持有相当大的份额，集中投资。"

2. 集中投资最熟悉的公司

投资者为了真正规避风险，在投资时必须遵循一个原则，那就是要清楚自己的能力范围。作为一个投资者，他并不需要成为一个通晓所有或者多家公司的专家。他只需要能够评估在自己能力范围之内的几家公司就足够了。能力范围的大小并不重要，重要的是他要很清楚自己能力圈的边界。

如果一位投资者在他的能力范围内，大致掌握了企业的情况，并且发现5～10家具有长期竞争优势的价格合理的公司，那么传统的分散投资对他来说就毫无意义，那样做反而会损害他的投资成果并增加投资风险。有的投资者经过一些调查会发现有20家这样的公司，然后对这20家公司分散投资，巴菲特认为这完全没有必要，他要做的只是很简单地集中投资他最喜欢的公司——风险最小并且利润潜力最大的公司。

1993年，巴菲特在致股东的信中说："查理和我在很早之前就明白了一个道理，在一个人的投资活动中，做出上百个小一点的投资决策并不是一件很容易的事，这样的念头随着伯克希尔的资金规模的日益扩大而显得更加的明显。事实上在投资的世界里，对公司的成效有很大影响，因此我们对自己的要求只是在少数的情况下够聪明就好了，而不是要每回都非常聪明。我们现在的要求只是出现一次令人满意的投机机会就好了。"他在解释分散投资带来的困难时，引用了百老汇主持人比利·罗斯的一句话："如果你娶了40个妻子，那么你会对她们中的任何一个都无法了解得清楚。"

"我不能同时投资于50或75只股票，那是挪亚方舟式的投资方式——你的投资以组建一座动物园而告终。我喜欢把相当数量的钱投资于少数几只股票上。"巴菲特之所以采用集中投资策略，是因为集中投资于投资者非常了解的优秀企业股票，投资风险远远小于分散投资于许多投资者根本不太了解的企业股票。

巴菲特是一个集中投资者，投资只集中在少数几家杰出的公司上。他在选择股票时，会尽量避免只是因为对企业或其股价略有兴趣，就采取这种股票买一点、那种股票买一点的分散投资做法。当他确信某一家公司的股票具有投资吸引力时，他同时也相信这只股票值得大规模投资。这种集中持股的投资方式有一个重大的优势：具有竞争优势，而且还能做到利润最大化。

由于大多数投资者根据现代投资组合理论选择分散投资策略，采用集中投资的持续价值策略就具有一定的竞争优势。正如巴菲特所说："我们宁愿得到波浪起伏的 15% 的回报率，也不要四平八稳的 12% 的回报率。"

如果巴菲特没有将大部分资金集中在可口可乐等几只股票上，而是将资金平均分配在每只股票上，那么同等加权平均收益率将为 27%，比集中投资 29.4% 的收益率要降低 2.4%，使其相对于标准普尔 500 指数的优势减少了近 44%。如果巴菲特不进行集中投资，而采用流行的分散投资策略，持有包括 50 种股票在内的多元化股票组合，那么即便伯克希尔—哈撒韦公司持有的每种股票占 2% 权重，其分散投资的加权收益率也仅有 20.1%。

巴菲特认为必须集中投资于投资人能力圈范围之内、业务应该简单且稳定、未来现金流能够可靠地预测的优秀企业："我们努力固守于相信我们可以了解的公司。这意味着它们本身通常具有相当简单且稳定的特点，如果企业很复杂而产业环境也不断在变化，那么我们就实在是没有足够的聪明才智去预测其未来现金流量，然而实际的情况是，这个缺点一点也不会让我们感到困扰。对于大多数投资者而言，重要的不是他们到底了解什么，而是他们真正明白自己到底不知道什么。只要能够尽量避免犯重大的错误，投资人只需要做很少几件正确的事情就足可以保证盈利了。"

■第 18 个忠告

财富只钟情于专注的人

"财富只钟情于执着追求它的人。"人不可能面面俱到，只要专注于自己熟悉的领域，精益求精，这就足够导致成功。

在卡尔·赖卡德来到富国银行之前，富国银行一直企图模仿花旗银行发展成为一家全球性银行。经过慎重反思，卡尔·赖卡德向公司管理团队提出了一连串重新思考公司定位的问题：我们能比其他任何银行都做得好的是什么？同样重要的是，我们比不过其他银行的是什么？如果我们不能做得更好，那么我们有必要继续做下去吗？

在卡尔·赖卡德的引导下，富国银行管理层逐步认识到他们在全球银行业务上无法超过花旗银行，于是停止了绝大部分的国际业务，把全部精力和资源集中在自己能够做得最好的业务上，像经营企业一样经营银行，把精力集中于美国西部地区。

卡尔·赖卡德不断提醒员工坚持不懈地专注于能够做得最好的业务："在美国西部莫德斯托赚的钱比在日本东京赚得更多。"他领导富国银行员工始终保持专注："我们只是坚定不移地从事我们的工作，并且决心完全专注于做好那些我们能够超过别人的事情，而不是为了满足虚荣心就分散精力去做那些我们并不擅长的事情。"正是通过专注于最擅长的业务，卡尔·赖卡德领导富国银行从一个平庸的花旗银行追随者转变为世界上运营最优秀的银行之一。

巴菲特表示，银行企业并非他所喜欢的持股对象。银行业常见的资产与权益比率为20倍，因此很小比例的资产决策错误就可能造成股东权益大比例损失。所以巴菲特一直对银行敬而远之，但是他唯一感兴趣的就是以合理的价格买进管理非常优秀的富国银行。巴菲特认为一个优秀的企业应当有优秀的领导来带领其发展，他认为卡尔·赖卡德是银行业最优秀、最专注的管理人。

世界上每年剃须刀片消费量为200～210亿个，其中30%是吉列生产的，但按市场份额计算，吉列在全球刀片销售额中占了60%。

吉列公司使用世界上最先进的成像、冶金和设计技术来开发最平常无奇的东西——不锈钢剃须刀片。大概许多人都想象不到这种简单产品背后却是如此不简单的故事。实际上，把平凡的东西做得不平凡,这也正是吉列能够凭剃须刀这种毫不起眼的小玩意历经百年而不倒的秘密之一。由于吉列不断创新并加强专利权保护,使公司一直处于市场领导地位直到现在。

巴菲特于1990年4月1日将吉列公司可转换优先股转换为普通股后,他在伯克希尔—哈撒韦公司1990年的年报中再次对吉列的产品大加赞扬:"《福布斯》杂志在封面故事中对吉列公司大加赞扬,文章主题非常简单。这家公司在剃须刀产业的成功,不是由于其超级营销能力(虽然它一再展示出这方面的能力),而是来自于其对于品质的无限追求,这种专注使得吉列持续不断地全力以赴推出更新更好的产品,尽管其现有产品已经是市场上的经典。"

巴菲特在1989年致股东的信中说:"时思杰出的表现好像变得很自然,但查克·哈金斯(时思CEO)的管理却绝对不是侥幸,每天他都全心全意专注于生产与销售各个环节,将品质与服务的观念传达给公司上上下下几千位员工。每年销售超过2700万磅的糖果,拥有225家店面,再加上一个邮购与电话中心,要让每个客户都能够满心欢喜地离去,实在不是一件简单的事,不过这差事到了查克的手上,总是让人感觉轻松自在。"

巴菲特在1995年致股东的信中说:"52岁的托尼在政府雇员保险公司任职已有34年了,兼具智能、精力、品格与专注力,他是我心目中经营政府雇员保险部门的不二人选,如果我们够幸运的话,托尼应该还能再为我们经营政府雇员保险公司34年以上。"

从上面一系列的话中,我们可以清楚地发现,巴菲特非常注重人的专注精神。巴菲特取得的惊人财富,与他自己的专注精神是分不开的。一直以来,巴菲特都专注于对完美的追求和对专业的精益求精。正是专注让他裹紧自己所有能粘住的雪,疯狂地吸收。

在期待致富的热情驱使之下,他研究了大量股票,曾经在图书室和地下室认真研究别人动都不想再动的陈旧的股票记录。他每天早晨要认真阅读几份报纸,如饥似渴地阅读《华尔街日报》,

甚至要求送报人等在他回家的路上，以便自己在午夜时分看到最新的报纸，而当第二天早上报纸开始发售的时候，巴菲特已经把当天报纸里面的内容全部吸收了。

巴菲特几乎不关注商业以外的任何事情——艺术、文学、科技、旅游、建筑——因此可以完全专注于自己的所爱，他有30年时间偶尔住在好友凯瑟琳·格雷厄姆的客房里，但是却从未注意到浴室中有一幅毕加索的真迹，他说："我只知道那儿有免费的洗发水。"

作家爱丽丝·施罗德（《滚雪球》作者）在接受记者采访时，是这样评价巴菲特的："在我的印象里，巴菲特是个非常专注的人，不管做什么事情，他会排除干扰把自己全身心地投入在这件事情上，无论是做生意还是和别人交谈，他都非常专注。我在华尔街工作过很久，从来没有看到任何一个人像他这么专注。当他买美国运通股票的时候，当他在投资一个房地产股票的时候，当他在买韩国股票的时候，都很难描述他的专注程度。因为他早上来上班，然后晚上睡觉之前都在想这些东西。我认为像他这么关注的人，如果把这些精力用于唯一的任务再不成功是不可能的。他有一次跟我说，'强度'是卓越的代价。你的专注不是为了获得财富、名声，如果你是碰运气，如果偶尔一次碰对那是有用的。但这是没有用的，你要变富，要成为行业里面的第一名，你要通过专注才可以完成。"

巴菲特和比尔·盖茨的第一次见面在1991年美国独立日那个周末。晚饭的时候，盖茨的父亲问了大家一个问题：人一生中最重要的是什么？巴菲特的答案是"专注"，而比尔给出的答案和他的一样！伟大的人总是具有某些相似之处。他们是同一类人，他们的出生和经历有着相似之处，都出身于中产阶级家庭，受过良好的教育，少年成名，在商场上如鱼得水，充满自信，对工作无比专注。

人的精力是有限的，不可能面面俱到。巴菲特说，自己不可能对每个行业或领域都精通，甚至只能精通很小的一部分行业，但如果能在那些自己熟悉的领域里吃透，这就足够助你成功。正如一句犹太谚语所说："财富只钟情于执着追求它的人。"

第 19 个忠告

假定自己只有一次机遇

投资的最佳时机，往往是具有持续竞争优势的企业出现暂时性重大问题的时候。尽管这类企业遭遇重大问题，但是对公司的竞争力不会有毁灭性的打击，这只是对其实力和应对意外能力的一种考验。所以投资者如果证实某家公司具有营运良好或者消费独占的特性，甚或两者兼具，就可以预期该公司一定可以在经济不景气的状况下生存下去，一旦渡过这个时期，将来的营运表现一定比现在更好。

当有机会出现时，巴菲特在投资上才会有很多动作，否则，他做的只是做好准备，耐心等待机会出现。

巴菲特本身的投资，次数的确是很少的，但一旦投资了，就会是大手笔。从他的所有投资实践中，我们就可以看到。巴菲特堪称是不受市场短期波动起伏影响的具有极好心理状态的典范，他很少在意股票价格的一时波动。巴菲特建议投资人要想象自己握着一张只能使用 20 格的"终身投资决策卡"，规定自己的一生只能做 20 次投资抉择，每次投资后此卡就被剪掉一格，剩下的投资机会也就越来越少，如此，他才可能慎选每一次的投资机会和投资时机。

巴菲特作过类似的比喻,说选股就像打猎。大象可能一直不出现,但即使这样也别失去耐心。不要把子弹用在射击松鼠、小兔子等小动物上,否则,等到大象出现时,子弹也已经所剩无几了。很多投资者就有这种情况,他们这里尝试买进一些股票,那里也购入一些,手上持有多种股票,等到优秀企业可以低价购入的最佳时机出现时,手中的资金已所剩不多,只能望洋兴叹了。

大象虽然不常常出现,而且也跑得不快,但如果等到它出现后才去找枪就来不及了。所以为了等到和及时抓住这个机会,任何时刻都要准备好装有足够子弹的枪。打猎时,大象一眼就能看出来,那么在选股时,怎么去判断出现的机会是不是"大象"。

巴菲特说:"巨大的投资机会来自于优秀的公司被不寻常的环境所困,这时这些公司的股票被错误地低估。当它们需要进行手术治疗时,我们就买入,这是投资者进行长期投资的最好时机。"巴菲特认为,优秀公司的暂时性问题是上天给予该公司的一个小小的考验,同时也是给予投资者的大好机遇。因为他牢记格雷厄姆所说的,市场上充斥着抢短线进出的投资人,而他们为的是眼前的利益。这是说,如果某公司正处于经营的困境,那么在市场上,这家公司的股价就会下跌。这是投资人进场做长期投资的好时机。具体来说,巴菲特认为,对于优秀公司来说,这只是它成长壮大过程中的一个挫折,是对其实力和应对意外风险能力的考验,并不是毁灭性的打击。

1963年,美国运通在新泽西州巴约纳的一家仓库的一场非常普通的日常交易中,接收了由当时规模庞大的联合原油精炼公司提供的一批据称是色拉油的罐装货物,仓库给联合公司开出了收据作为这批所谓色拉油的凭证,联合公司用此收据作为抵押来取得贷款。

1963年11月,美国运通发现油罐中只装有少量的色拉油,大部分是海水。美国运通的仓库遭受了巨大的欺骗,其损失估计达

1.5 亿美元。美国运通总裁霍华德·克拉克决定承担下这批债务，这意味着母公司将面对各种索赔，而且包括没有法律依据的索赔，潜在的损失是巨大的。实际上，他说公司已经"资不抵债"。

巴菲特专门走访了奥马哈罗斯的牛排屋、银行和旅行社、超级市场和药店，发现人们仍旧用美国运通的旅行者支票来做日常的生意。他根据调查得出的结论与当时公众的普遍观点大相径庭：美国运通并没有走下坡路，美国运通的商标仍是世界上畅行标志之一。

巴菲特认识到美国运通这个名字的特许权价值，特许权意味着独占市场的权力。在全国范围内，它拥有旅行者支票市场80%的份额，还在付费卡上占有主要的市场份额。巴菲特认为，没有任何东西动摇过美国运通的市场优势地位，也不可能有什么能动摇它。

股票市场对这个公司股票的估价却是基于这样一个观点，即它的顾客已经抛弃了它。华尔街的证券商一窝蜂地疯狂抛售。1963年11月22日，公司的股票从消息传出以前的60美元/股跌到了56.5美元/股，到1964年初，股价跌至每股35美元。

巴菲特等待的最佳时机出现了，于是他决定大笔买入。1964年他将巴菲特合伙公司40%的资产，约1300万美元买入美国运通公司5%的股票。在接下来的两年时间里美国运通的股价上涨了3倍，在5年的时间内股价上涨了5倍，从35美元上涨到189美元。这只是巴菲特与运通合作的开始。

1991年巴菲特买入美国运通公司3亿美元的可转换优先股。

1994年巴菲特将这部分可转换优先股转换成了1400万股普通股，同年巴菲特又投资4.24亿美元买入1.38亿股普通股。

1995年巴菲特投资6.69亿美元买入2.17亿股普通股，总持股数达到4945.69万股。

1998年巴菲特又小幅增持108万股，总持股数达到5053.69万股。

2000年由于美国运通公司进行股票分割，巴菲特所持股份总数变为 15161.07 万股。

至 2004 年底巴菲特所持股份总数为 15161.07 股，买入成本为 14.70 亿美元，总市值为 85.46 亿美元。巴菲特在此 11 年间，对运通投资的总盈利为 70.76 亿美元，投资收益率高达 4.81 倍以上。

投资的最佳时机，往往是具有持续竞争优势的企业出现暂时性的重大问题的时候。尽管这类企业遭遇重大问题，但是对公司的竞争力不会有毁灭性的打击，这只是对其实力和应对意外能力的一种考验。所以投资者如果证实某家公司具有营运良好或者消费独占的特性，甚或两者兼具，就可以预期该公司一定可以在经济不景气的状况下生存下去，一旦渡过这个时期，将来的营运表现一定比现在更好。

巴菲特说："作为一名投资者，你的目标应当仅仅是以理性的价格买入你很容易就能够理解其业务的一家公司的部分股权，而且你可以确定在从现在开始的 5 年、10 年、20 年内，这家公司的收益实际上肯定可以大幅度增长。在相当长的时间里，你会发现仅仅有几家公司符合这些标准，所以，一旦你看到一家符合以上标准的公司，你就应当买进相当数量的股票。"所以出色的投资者应当任何时候都准备好现金等待大好机会的来临。

第 20 个忠告

策略因实情而变

如果我发现可口可乐在白水饮料方面还未有积极发展，因此会写一封信给可口可乐公司总部，希望能做出这种改革。如果这个建议在未来几年内未被接受，而世界人口又渐渐喝矿泉水而不再喝可乐的时候，即使有百年历史的可口可乐股票也应该卖出。

巴菲特说:"我从不认为长期投资非常困难,你持有一只股票,而且从不卖出,这就是长期投资。我和查理都希望长期持有我们的股票。事实上,我们希望与我们持有的股票'白头偕老'。我们喜欢购买企业。我们不喜欢出售,我们希望与企业终生相伴。"我们都知道,巴菲特的主要投资策略就是长期持有。

他鼓励长期投资,但绝不接受风险,只有在有极大把握的情况下才进行投资。如果一项投资极具风险的话,再高的回报率也是没有意义的,风险并不会因此而降低。他明确说过:"我不会拿你们所拥有和所需要的资金,冒险去追求你们所没有和不需要的金钱。"巴菲特长期投资的对象都是业绩持续稳健、具有强大的竞争优势的明星企业。

这种具有持续竞争力的明星企业,短期的市场变化一般不会影响其长期盈利的能力,那么巴菲特便会继续长期持有。但即便是这种超级明星企业,如果其盈利能力发生了本质的变化,巴菲特则会毫不迟疑地将其出售。正如他自己所说的:"如果我发现可口可乐在白水饮料方面还未有积极发展,因此会写一封信给可口可乐公司总部,希望能做出这种改革。如果这个建议在未来几年内未被接受,而世界人口又渐渐喝矿泉水而不再喝可乐的时候,即使有百年历史的可口可乐股票也应该卖出。"巴菲特常常告诫投资者,当公司的业绩表现不佳时,最好卖掉全部持有的股票,转移到新的投资机会上。如果投资标的有强大持久的竞争优势,管理阶层也很值得信任,那么你可以继续持有,直到有人用天价向你买时为止。别担心股价的短期波动,因为好公司不在乎。

巴菲特说:"我们提倡长期投资的理念,不轻易出脱手中的任何股票,然而这并不是说要死守长线不知变通,一旦股价够高,或是有更好的投资机会出现,抑或当企业的基本面发生变化,我们就应该出脱持股。"

就算一家公司的竞争优势还存在,但如果发现还有一家竞争者也同样拥有这个优势,但股价只是它的一半时,则可以卖掉前者而买入后者。巴菲特于 1997 年卖出大部分麦当劳股票,买入另一家快餐业公司的例子就是明证。

由此,我们可以看出,巴菲特提倡的长期持有是有一定条件而且是具有可变性的。作为备受瞩目的"股神",巴菲特在股市中进退有度、从容潇洒,其灵活的应变和先知先觉的能力让许多财富追求者为之倾倒。

1969 年巴菲特以至少 50 倍的本益比(某种股票普通股每股市价与每股盈利的比率。也称股价收益比率或市价盈利比率,即市盈率。英文用 P E R 表示。其计算公式为:本益比＝股票市价／每股年纯利)将持有的股票全部售出,1973～1974 年,这些股票的本益比统统惨跌到个位数。巴菲特退场时向其他投资伙伴宣布,他作为价值投资人,目前却找不到任何有价值的投资标的,所以决定退出战局。股市泡沫已经形成,这意味着以价值为导向的投资人也应该退场,这是理智尚存的投资人们唯一一个全身而退的绝佳时机。

1998 年,巴菲特第一次将他的持股全部卖掉,在伯克希尔的投资组合中,很多档股票在当时已经暴涨到 50 倍市价盈利比率的历史新高,更有甚者已经突破了 50 大关。巴菲特及时地处理掉伯克希尔的大量持股,并用所得钱款买进资金雄厚的保险巨头通用再保险的全部股份,而且最让人拍案叫绝的是本次交易居然完全免税。

巴菲特认为当股票的市价盈利比率从平常的 10～25 倍涨到 40 几倍时,股市此时必定出现大规模投机,此刻也是投资者退场之时。推崇长期投资的巴菲特在股市大跌之前全身而退,充分表现了他的灵活应变能力。

再如,可口可乐在 1998 年的每股盈余为 1.42 美元,过去十几年来,其获利的成长率一直都保持在 12%。也就是说,任何人在 1998 年用随便哪个价钱买进一股可口可乐,持有至 2008 年,他将获利 24.88 美元。在 1998 年，如果用每股市价 88 美元用于投资年利率为 6% 的公司债券，每年的利息收入是 5.28 美元，持有 10 年将进账 52.8 美元。收益 24.88 美元的股票，获利 52.8 美元的债券，明智的选择必然是后者！

1998 年，巴菲特发现当时的可口可乐的股价高得离谱，应该选择逃脱。他出脱可口可乐的部分持股，但他并非以当时盈余的 62 倍出售，而是将近市场价值的 3 倍，以盈余的 167 倍卖出。这不能不说是巴菲特的明智之举。

而 20 世纪 90 年代末，股市看涨，伯克希尔持股价值也随之大幅上扬，其中几档股票更创历史新高，如可口可乐的市价盈利比率 62 倍，《华盛顿邮报》是 24 倍，美国运通是 20 倍，吉列是 40 倍，以及美国联邦住宅抵押贷款公司是 21 倍，就连伯克希尔本身的股价也剧烈扬升，1998 年每股高达 80900 美元，相当于账面价值的 27 倍。这意味着，当时股市对伯克希尔持股组合的评价已经达到这些股票真正市场价值的 27 倍。巴菲特深感股市末日即将来临，他想要出脱清光手中所有的持股，但如果将价值数十亿美元的伯克希尔股票在市场上进行抛售，必将导致股价狂泄谷底。

巴菲特想出了一个金蝉脱壳的办法，以股权换债券，这样不但能轻松将手中的持股出脱，还能从中狠赚一笔。巴菲特以这种方式出掉手中持股，以躲避股市泡沫风险，实在令人叹为观止，在投资史上实为罕见。

巴菲特在别人裹足不前的时候看到了投资机会，在别人贪婪时立即全身而退，无论是优秀投资者的直觉还是经过了深思熟虑，巴菲特无疑是最机敏的市场预测者。

很多投资者投机心理比较严重，所以股市中活跃的大部分是短线进出者，希望通过频繁转手以获取暴利。其实，这种短线投资根本就是一场没有胜算的游戏。即便是有些投资者接受了巴菲特长线投资的理念，但却仍然没有理解其真正含义，将其单纯地理解为买进后就长捂不放，即便当初买进的理由早已不复存在，公司基本面早已破坏也死守不脱手，这种做法并非真正意义上的长线投资，它也根本不会降低风险、提高收益，而只会起到相反的作用。长线投资理念在股市中运用没有错，然而，长线投资是有条件的，长线投资的时机通常应该选择在一个大的底部区域，并选择成长性良好或有潜在题材的股票。

有些投资者将巴菲特的长线投资理论牢记在心，选择了一只股票后长期持有，对股价的波动也不闻不理，因为他始终牢记巴菲特的教导，短期股价波动不足以介怀。看着每况愈下的股价，仍然盲目刻板地守着股票。在被套牢后，惨痛的损失终于让他回过神来，于是悲伤地从心底里开始质疑心中的"股神"，这时巴菲特跳出来辩解说："谁说我只做长期投资，战术应按实情灵活调整。"

■第21个忠告

避免陷入分析的沼泽

"技术分析有多么流行，就有多么错误。"巴菲特不相信任何股市预测专家，他根本不看那些股票分析师做出的各种选股资料，也不在电脑里安装股票终端每日查看股票价格，更不愿浪费时间分析股票的价格走势。在巴菲特看来，没有任何人，也没有任何方法能够准确预测出股价的涨跌。

数据在人类的生活中扮演着很重要的角色。缺少了这种数学上精确的数据，我们的生活将会变得比较模糊。如果我们不先用天气模型去分析以前的天气变化数据，我们就无法预测未来天气的变化；如果我们不按照可乐的配方来配制可乐，我们就配不出好喝的可乐……

在投资市场，数据同样也有着重要作用。巴菲特说："股票投资从本质上来说，就是一个冒险的游戏。一个投资者想要降低投资的风险，就需要数据的帮助。"伯恩斯坦也曾经表示："在没有机会和可能性的前提下，应对风险的唯一办法就是求助于上帝和运气。没有数据的支持，冒险完全就是一种莽夫的行为。"

如果没有数据，投资者就根本无法了解公司的经营状况，缺少数据分析的投资行为就像掷色子一样充满了不可预测性。出色的投资者通常都会根据公司提供的数据，了解一下公司的经营业绩，然后估计公司的内在价值，再和股票的价格进行对比，计算可能获得的收益，然后综合考虑这些分析出来的数据再进行投资。经过数据分析的好处就是尽可能多地减去了那些不确定因素。巴菲特说："通过对某一份材料的数据进行分析，我们发现每当利率下调0.1%，某一公司的销售额就会增长3%，那么我们就得到了一些对投资有利的信息。有了这些信息，我们就比那些缺少这份材料的人更有机会寻找到好的投资机会和预测未来收益。"

认真分析企业的相关数据对于投资者来说非常重要，但是很多人沉迷于分析数据，因此陷入沼泽。有许多人研究某只股票在过去5年或10年内的价格走势，仔细分析它在成交量上的细微变化和每日的变化，试图从股票的价格变化中推断出股票的价格模型，预测自己的股票收益。巴菲特的观点是，数据分析并不是万能的。它可以替投资者排除一些不确定性因素，但它却不能总结出股票投资的模型。目前市场上有很多选股方法，但大多难以付诸实施，被证明是无用的。

像在前面提到的，约翰·梅里韦瑟、埃里克·罗森菲尔德、拉里·西里布兰德、格雷格·霍金斯、维克托·哈格哈尼还有两个诺贝尔经济学奖的获得者——迈伦·斯科尔斯和罗伯特·默顿——组成的超级高智商的16人团队。

其最后的结果是破产。巴菲特认为,很大程度上是因为,他们的决定基本上都依赖于一些事情。他们都有着所罗门兄弟公司的背景,他们说一个六西格马或七西格马的事件(指金融市场的波动幅度)是伤不着他们的。他们错了,历史是不会告诉你将来某一金融事件发生的概率的。他们很大程度上依赖于数学统计,他们认为关于股票的(历史)数据揭示了股票的风险。巴菲特认为那些数据根本就不会告诉投资者股票的风险,也不能揭示其破产的风险。

投资人都习惯于以一个经济上的假设作为起点,然后在这完美的设计里选择股票来巧妙地配合它。这种想法是错误的,同样基于历史数据来说明未来市场的发展趋势也不可靠。首先,没有人能够真正具备准确预测经济形势和股票市场走势的能力。巴菲特表示:"分析市场的运作与试图预测市场是两码事,了解这点很重要。我们已经接近了解市场行为的边缘了,但我们还不具备任何预测市场的能力。复杂适应性系统带给我们的教训是市场是在不断变化的,它顽固地拒绝被预测。"其次,如果投资者选择的股票会在某一特定的经济环境里获益,投资者就不可避免地会面临变动与投机。不管投资者是否能够正确预知经济形势,其投资组合所能获得的报酬,将由下一波的经济状况决定。

股票市场非常动荡,原因在于许多闲散资金掌握在所谓的专业主力机构的手中。他们掌握着数以万计的资金,然而这些主力机构的主要精力并不是去研究上市公司的下一步的发展状况,而是把主要的精力用在研究同行下一步如何操作的动向上。因此散户投资者常常抱怨说,自己一点机会都没有,因为市场完全由这些机构控制了,研究它们才是研究了市场的动向。

巴菲特认为这种观点是相当错误的,因为不管你有多少资金,在股市面前都是平等的,反而是在市场越是波动的情况下,对于理性投资者来说就越是有利的,用巴菲特老朋友许洛斯的操作情况为例来说:早在50年多前,当时有一个圣路易斯家族希望巴菲特为他们推荐几位既诚实又能干的投资经理人,当时巴菲特给他们推荐的唯一人选就是许洛斯。

许洛斯没有接受过大学商学院的教育,甚至从来没有读过相关专业,但是从1956年到2006年他却一直掌管着一项十分成功的投资合伙事业。他的投资原则就是一定要让投资合伙人赚到钱,否则自己不向他们收取一分钱。

许洛斯一直都没有聘请过秘书、会计或其他人员,他仅有的一个员工就是他的儿子爱德文,一位大学艺术硕士。许洛斯和儿子从来不相信内幕消息,甚至连公开消息也很少关心,他完全采用在与本杰明·格雷厄姆共事时的一些统计方法,归纳起来就是简简单单的一句话——"努力买便宜的股票。"因为按照他们的投资原则,现代投资组合理论、技术分析、总体经济学派及其他复杂的运算方法,这一切都是多余的。然而值得注意的是,在许洛斯长达47年的投资生涯中,他所选中的大多数都是冷门的股票,但是这些股票的业绩表现却大大超过了同期标准普尔500指数。

格雷厄姆曾告诉巴菲特说:"技术分析有多么流行,就有多么错误。"这话当然不是否定分析数据的重要性,只是针对那种陷入分析沼泽的人说的。巴菲特从不迷信数据分析,他的投资手段非常简单。他现在已经80岁了,做了一辈子投资,他根本不相信任何人能够预测股市,他说:"我从来没有见过一个能够预测市场走势的人。"

巴菲特不相信任何股市预测专家,他根本不看那些股票分析师做出的各种选股资料,也不在电脑里安装股票终端每日查看股票价格,更不愿浪费时间分析股票的价格走势。在巴菲特看来,没有任何人,也没有任何方法能够准确预测出股价涨跌。既然预测不了,最好的做法就是不预测。巴菲特在1988年伯克希尔股东大会上说:"对于未来一年后的股市走势、利率以及经济动态,我们不作任何预测。我们过去不会预测,现在不会预测,未来也不会预测……我对预测股市的短期波动一无所长,我对未来6个月、未来一年或未来两年内的股票市场的走势一无所知。"

有的人失败的原因是因为他懂得太多,正如亨利·古特曼所说的:"破产的多是两类人,一是一窍不通者,一是学富五车者。"

■第22个忠告

志在必得的决心

很大程度上,只有战胜许多诱惑和挫折才能通往成功,没有一个对成功追求的坚决态度,很容易就被外物左右,或耽于声色,或慑于苦难。只有具备志在必得的决心,才能一步步靠近成功。

任何事情都不会是一帆风顺的,投资更是如此。一个优秀的投资人向来具备志在必得的决心,不畏艰难阻挠、勇于向前,只有这样才能一步步向财富靠近。

1971年,巴菲特决定进军报业。他锁定的第一个目标是《华盛顿邮报》,一家在他童年时期就与之结下不解之缘的报纸。《华盛顿邮报》是美国华盛顿哥伦比亚特区最大、最老的报纸,它创建于1877年,在很长的一段时期内经营惨淡。1933年,当凯瑟琳·格雷厄姆的父亲尤金·梅耶以82.5万美元的价格买下这家濒临破产的报纸时,它在一个拥有5家报纸的城市中排名最末。在尤金的带领下,经过10年的努力,《华盛顿邮报》扭亏为盈,而后经过凯瑟琳夫妇的用心经营,邮报取得了巨大的成功。20世纪80年代,《华盛顿邮报》在美国的影响力越来越大,不仅经济收益不菲,它的报道也频频获得普利策奖,在新闻界地位相当高。

1971年6月,华盛顿邮报公司发行了1354000股B种股票,

1972年其股价强劲攀升,从 1 月份的每股 24.75 美元上升到 12 月份的 38 美元。1973 年报业不断发展,但是道琼斯指数却持续下跌,因为美国股市的崩溃,华盛顿邮报公司虽然收益率达到 19%,增加趋势也很好,但是股价下跌了 50%。公司的每股价格从最初的 6.50 美元的发行价格下降至每股 4 美元。

在这种情形下,巴菲特看到了机遇,在和搭档芒格进行了一番商议之后,他们马上就收集关于《华盛顿邮报》的股票信息,经过一番调查,巴菲特更加认定这是一次千载难逢的好机会,于是开始涉足报纸行业。

巴菲特投资《华盛顿邮报》之后,又于 1977 年收购了布法罗市的《新闻晚报》。当时巴菲特想让凯瑟琳收购这家报纸,但是凯瑟琳正在为工人罢工的事情忙得焦头烂额,表示不想冒这个风险,况且《新闻晚报》的抛售价在凯瑟琳的预料之外。在这种情况下,巴菲特考虑买下这家报纸。

1976 年《新闻晚报》的销量尽管不错,但是税前收益只有区区的 170 万美元,如果按照这种收益,巴菲特至少需要用 15 年的时间才能收回投资成本。一向精明的巴菲特的这次举动,让许多业内人士感到吃惊。

可巴菲特从来不做没有把握的事情,在收购之前,他对《新闻晚报》的经营状况作了极为细致的调查研究。他发现《新闻晚报》在当地的群众基础比其他所有的全国性报纸还要好,完全有机会发展成为主流报纸。他还发现,法布罗的大部分人口都是本地人,《新闻晚报》伴随着他们长大,很难改掉读《新闻晚报》的习惯。尽管这个城市正在走向衰弱,但稳定的人口是一个很大优势,况且它还拥有当地一家电台和一个印刷厂,并且拥有北美航空公司的部分股权。巴菲特认为只要对报社进行适当的调整,《新闻晚报》是值得投资的报纸。

1977 年,圣诞节刚过,巴菲特打电话找到《新闻晚报》的经济人文森特·麦奴谈收购一事。正在为此事头痛不已的麦奴听到这个消息，惊喜万分，于是双方约定时间就收购一事进行谈判。在具体协商收购事宜时，巴菲特提出3000万美元的收购价，这比麦奴的报价低了500万美元，所以，麦奴并没有痛快地答应。巴菲特又把价格提高到3200万美元，但麦奴依然不松口："3500万美元，少一美元也不卖！"

巴菲特还想再加价，这时，芒格适时地阻止了他，并对麦奴说："我们需要考虑一下。"之后，两人离开了麦奴的办公室。在经过一番商讨后，两人再次回到了麦奴的办公室，并把收购价提到了3250万美元，这个价虽然离麦奴希望的价格相差了250万美元，但是麦奴也知道，在整个美国，除了巴菲特之外，不会再有第二个人愿意出这个价格了，于是他决定在合同上签字。

巴菲特顺利取得了《新闻晚报》的经营权，但他却感到十分沉重，毕竟这是他迄今为止最大的一笔收购合同，也是自己第一次独立投资一家公司。尽管在收购《新闻晚报》之前，他就制定了一个战略，但是还是遇到了不少的困难。当莫里·莱特——这位出生于布鲁克林的烟不离嘴的执行主编作自我介绍时，巴菲特问他："你对周日报纸是怎么看的？"莱特说他几年来一直在劝发行商办周日报。巴菲特没有表态，但莱特明白他同意自己的观点。

收购合同签署后，莱特在家里为巴菲特办了一个欢迎会。一群喧闹的雇员在后院迎接他们的新老板。巴菲特说道："一天24小时，一星期7天，时时都有新闻。"明显地暗示他准备扩展周日版。

此后，布法罗城谣言四起，人们议论纷纷，都认为《新闻晚报》发行周日版是一件不厚道的事情，因为《新闻晚报》之前的东家布特勒家族曾经与竞争对手《信使快报》的主人康纳家族有一个心照不宣的协议：《新闻晚报》决不出周日报，《信使快报》的主要业务方向也仅仅是周日报。因为《信使快报》以周日报为自己的生命线，而《新闻晚报》则是以工作日出报为自己的主要盈利模式,所以两家报纸决定保持战略平衡,互不侵犯对方的市场。于是这种战略方针直接决定了两家报纸的发行量。周一至周六,《新闻晚报》的日发行量是268000份,而《信使快报》是123000份,但是《信使快报》周日报纸的发行量则是270000份。而这两家报纸的广告收益正好与发行量成正比,并且在广告市场上的占有率是4∶1。

但是巴菲特为了企业的盈利,打破了这种均衡,势必引来《信使快报》经营者的不满,于是《信使快报》向当地的法院提起了诉讼,理由是《新闻晚报》违反了《反垄断法》,并要求取消《新闻晚报》周日发行权。

经过一番艰难的法庭较量,最后的结果终于出来了,法官宣布允许《新闻晚报》周日报的发行,但是却对周日报的推销工作、广告版面等做了具体的限制。

巴菲特和《新闻晚报》取得了胜利,但代价惨重,而《信使快报》虽然没有得到想要的结果,却对判决结果相当满意,因为其认为,这足以对《新闻晚报》周日版造成毁灭性的打击。另一方面,巴菲特的信心并没有动摇,他决定与对方打一场市场争夺战,要让《新闻晚报》在内容和可读性方面战胜对手,以此挤占《信使快报》的市场份额并最终击垮对方,毕竟只有质量上去了才能真正吸引读者。

巴菲特刚刚解决了这一危机,新的挑战又接踵而至。巴菲特收购《新闻晚报》之前,报纸的13家工会每年都会得到"跳山羊般的利润",而巴菲特接受《新闻晚报》以后,打破了这种格局,引来了工会的不满。

1980年底,布鲁根领导工会的一些司机要求《新闻晚报》增加人手,还要求在不工作时也要发工资。显然,这对报社是不公平的,于是巴菲特断然拒绝了司机们的要求,并且郑重声明:"如果发生罢工事件,就将解雇全部的司机。"

当时，布鲁根认为巴菲特不敢在与《信使快报》竞争的紧要关头冒险。于是，第二天清晨，他让司机们罢工，并且在主要街道进行游行。罢工事件越闹越大，并最终导致了报社不得不暂时停业。在这场罢工中，最大受益者，当然是《信使快报》，它鼓励工人们为了取得更高的薪水而罢工。

就在此千钧一发之际，巴菲特使出杀手锏，他果断地宣布：如果第二天报纸不能正常出版，他就不会发工资，并将解雇全体员工。此外，如果因为司机们的罢工影响了周日报的发行，他将取消周日报。

在巴菲特毅然决然的态度下，其他工会也开始给布鲁根施加压力，因为一旦报社倒闭对谁都没有好处。在强大的压力下，布鲁根最终选择了妥协，司机们也体面地结束了罢工，第二天的下午，《新闻晚报》周日版正常出版，并且准时送到了消费者手中。至此，《新闻晚报》在巴菲特的经营中渐渐走上了正轨，以后每年的盈利都会达到4000万美元。

很多时候，要经过许多阻挠才能通往成功，没有一个对成功追求的坚决态度，很容易就被外物左右。巴菲特投资《新闻晚报》的胜利，是决心和魄力的胜利。

第23个忠告

多投资自己

习惯的力量是非常惊人的，在习惯面前，理性往往不堪一击。习惯对人有着巨大的影响。因为它是一贯的，在不知不觉中，经年累月地影响着人的行为，从而影响着工作的效率，左右着最终的成败。

巴菲特的人品一直颇受人称赞,巴菲特的母亲说:"小时候的巴菲特是个好孩子,不抽烟不喝酒,很容易管教,一点也不用我操心。"当她被问及是否预见自己的儿子能积累如此巨额的财富时,她回答说:"哦,不,我做梦都没有想到过这一切。但一直以来,巴菲特都对与赚钱有关的数字非常着迷。""我为他的人品而骄傲,他是个非常棒的人。"在巴菲特母亲眼中,他的品格而非财富才是令他母亲最骄傲的。

巴菲特取得如此让人瞩目的成就,除了个人非凡的才能外,品质性格也是重要的原因之一。可以说,和巴菲特拥有同样才华甚至才华比巴菲特还出色的人车载斗量,品质和性格造就了巴菲特的与众不同。

2006年3月1日,已经76岁高龄的"股神"沃伦·巴菲特在每年一度的致旗下"投资旗舰"——伯克希尔—哈撒韦公司股东的信中,首次披露了公司挑选继任者的计划。非常罕见的是,巴菲特花了大量篇幅来谈论继承人的问题。于是,谁将掌管伯克希尔—哈撒韦公司高达1350亿美元的资产,谁能扛起"全球最伟大投资者"沃伦·巴菲特的大旗这一问题成为了人们的热点话题。

巴菲特在信中说道:"我得告诉诸位,目前伯克希尔—哈撒韦公司的董事会已经选出了3个候选人来继承我目前担任的工作。如果我今晚就过世了,这3个人当中就会有人短时间之内顶替我。这3个人每一个人都比我年轻。董事会认为,最重要的是,这个继承人一定要有出众的工作能力和优秀的职业素养,能够胜任这个位子。"

巴菲特认为伯克希尔—哈撒韦公司现有管理架构中能继承他位子而且相当突出的合适人选并不明显,他承认:"坦率地说,我们对于伯克希尔—哈撒韦公司现在的投资业务并不能做充分预备,这是有历史原因的。曾经有一段时间查理·芒格是投资业务部门最有潜力的继承人,可是后来还是罗·辛普森成了负责人,但辛普森仅比我年轻6岁，如果我马上过世，他当然能顶替我，可是从长期考虑，必须要有更加合适的选择。"

在投资市场，一着不慎就可能导致满盘皆输。一个严重的错误或许就会导致经过几十年积累成就的伯克希尔—哈撒韦公司毁于一旦。因此巴菲特要求继承人必须对风险有足够的敏感，这种风险也许是当事人此前从未经历的，但天生的职业敏感要求他必须足够谨慎。当事人如果机械教条地套用某些金融机构使用的那些数理分析模式，往往就会忽略投资战略中隐藏的危险错误。

除了基本的素质要求外，继承人的品质和性格也是巴菲特最重要的考核对象，因为独立的思考能力、情绪与感情的稳定性、对投资者个人行为和金融机构集体行为的深刻理解，也是在资本市场获胜的重要原因之一。巴菲特表示："选择符合我们要求的这么一个人并不容易。我认为很多出色的年轻人很有潜力，可惜就是缺乏担任团队领导的基本素质。当然，从几个有过成功投资记录的人当中选出一个最聪明的人，也算不上比登天还难，因为一个人的智力水平和短期之内的经营业绩，一般经过考核总能得到答案，可是判断一个人长期的品质，特别是他如何驾驭风云突变的投资市场，才是最大的难题。"

人的品质和性格对于成功的重要性毋庸赘言。一个人是否脱颖而出，并不在于他的智商是否达到200，而是在于他的行为举止是否恰当。伟大的哲学家亚里士多德说："卓越不是单一的举动，而是一种习惯。因为人的行为总是一再重复的。"

也就是说，我们的举止行为可以使我们达到卓越。而行为心理学的研究结果表明，一个人一天的行为中大约只有5%是属于非习惯性的，而剩下的95%的行为都是习惯性的。因此要取得卓越的成就，养成良好的习惯是最重要的。

有一次，巴菲特到西雅图华盛顿大学作演讲，当有学生请他谈谈致富之道时，巴菲特说："习惯就是力量。"巴菲特曾经对"习惯"作过非常恰当的论述。他说:"习惯的链条在重到断裂之前,它轻得难以察觉。"他还说:"在公司中,令我最惊讶的发现是一种我们称之为'习惯的需要'——这种压倒一切的、看不见的力量的存在。在商学院里,我从不知道这种东西的存在,而且在我进入商界时,我还不能直观地理解它。那时候我想,正派的、聪明的而且富有经验的管理人员会自动地做出理性的业务决策。但是,长期以来我意识到事实并非如此。相反,当'习惯的需要'起作用时,理性之花屡屡枯萎凋谢。"

比尔·盖茨给年轻人的 24 个忠告

比尔·盖茨简介

比尔·盖茨这个名字,几乎无人不知。被视为财富偶像的比尔·盖茨39岁就成为了世界首富,并曾经连续13年稳居这个冠军位置,他用短短二十几年的时间迅速积累起来的财富比一百多个中小国家的年国民生产总值还高。而由他一手创办的微软公司在计算机软件行业取得的霸主地位,无人能够撼动。微软在Internet技术、商用软件以及计算机的生命——操作系统等领域内,一直是这个世界上的领导者。微软在全球78个国家与地区都有分公司,其雇员总数超过了91000人,年盈利额超过600亿美元。比尔·盖茨缔造了一个令世人瞩目的财富神话。

1955年,比尔·盖茨出生于美国西北角的西雅图市。他从小就精力旺盛,尤其热爱思考,一旦对某事产生兴趣后就会全身心投入。小时候的比尔·盖茨在游戏和阅读中就表现出了思维和记忆方面的巨大潜力,总能找到新的办法或者形成自己独到的见解。

从西雅图的里奇景小学毕业后,比尔·盖茨被送进了湖滨中学。在湖滨中学就读时,比尔·盖茨常按自己的兴趣爱好来安排学习。1969年,比尔·盖茨所就读的湖滨中学成了全美国最早开设电脑课程的学校。从此,为之痴迷的比尔·盖茨将毕生的精力用在了和计算机打交道上。

在湖滨中学,比尔·盖茨结识了他的搭档保罗·艾伦。每天一有时间,他们便钻研计算机,几乎到了废寝忘食的地步。13岁时,比尔·盖茨就独立编出了第一个电脑程序。这个程序是一个可以在电脑屏幕上玩月球软着陆的游戏。因为就在这一年的7月20日,美国宇航员阿姆斯特朗和奥尔德林乘登月舱,代表人类第一次踏上了月球表面。比尔·盖茨心里想:我不能坐宇宙飞船去月球,那么让我用电脑来实现我的登月梦吧!

1970年,年仅15岁的比尔·盖茨就以出色的电脑才能闻名遐迩。当时一家名叫信息科学的公司找到比尔·盖茨,希望通过向比尔·盖茨和保罗·艾伦他们提供PDP-10电脑的使用时间,来交换他们的软件技术。因为按美国法律规定,不能给未成年人支付工资,所以该公司决定,以价值一万美元的电脑时间作为酬劳,要求他们为公司设计工资管理软件。比尔·盖茨和保罗·艾伦因此获得了足够一学年的电脑使用时间,这对他们编程能力的进一步提高无疑有着巨大的帮助。

1971年,湖滨中学找到比尔·盖茨,让他为学校设计一套安排课表的电脑软件。当时的排课表全靠人工完成,由于学生人数多,课程又复杂多样,排课常常分配不均,造成某些课程学生过度拥挤的现象。比尔·盖茨很成功地完成了学校交给他的任务,因此使用电脑的时间又得以延长。

1973年,美国国防项目承包商TRW公司要开发一套用于管理水库的电脑监督控制系统,可是总无法全部清除各种电脑臭虫,以致进度缓慢。臭虫是计算机行业里用来程序软件错误或漏洞的代名词,即bug。因为程序中存在臭虫,就会导致计算机在运行时得出错误的结果或出现死机的情况。

TRW公司的程序设计进展缓慢,如果得不到改善就会超出规定时间,那么其就会为此付出高额的违约金。在这紧急关头,

TRW公司得知比尔·盖茨和保罗·艾伦曾经从事过这方面的工作，于是向他们请求帮助。由于比尔·盖茨和保罗·艾伦的加入，TRW公司终于得以按时完成项目，从而免遭巨额赔偿。

1973年，比尔·盖茨考进了哈佛大学。在哈佛，比尔·盖茨结识了现任微软首席执行官的史蒂夫·鲍尔默。在哈佛的时候，比尔·盖茨为第一台微型计算机——MITS Altair开发了BASIC编程语言的一个版本。

在大学三年级的时候，比尔·盖茨做出了令很多人震惊的决定。他决定离开哈佛，把全部精力集中投入到计算机软件行业中去。此时年仅19岁的比尔·盖茨就预言："我们意识到软件时代到来了，并且对于芯片的长期潜能我们有足够的洞察力，这意味着什么？我现在不去抓住机会反而去完成我的哈佛学业，软件工业绝对不会原地踏步等着我。"在离开哈佛之后不久，比尔·盖茨就和他的好友搭档保罗·艾伦创建了世界上最成功的企业之一——微软公司。

20世纪70年代末，在看到个人电脑的前景后，已是晚人一步的IBM电脑公司也试图进军个人电脑市场，并在1981年正式推出了IBM个人电脑。IBM需要为自己的产品寻找合适的、基于英特尔X86系列处理器的操作系统。IBM在与另一家公司简短谈判后找到了微软，比尔·盖茨感觉到一个巨大的机遇找上了自己。于是，微软找到一家西雅图电脑公司，以5万美元的价格向该公司购买了他们所开发的操作系统QDOS，并对其加以改造后形成了自己的MS-DOS操作系统。于是，微软公司借助IBM个人电脑为载体，很快就在软件市场打开了新局面。IBM个人计算机的普及使MS-DOS取得了巨大的成功，因为其他PC制造者都希望与IBM兼容。MS-DOS在很多家公司被特许使用，因此在80年代，MS-DOS成了个人计算机的标准操作系统。

1983年，微软与IBM签订合同，为IBM个人计算机提供BASIC解释器，还有操作系统。

就在 1983 年，苹果电脑公司推出了新产品 Lisa。这是一个划时代的产品，具有 16 位 CPU、鼠标和硬盘，而且支持图形用户界面。这是个人计算机业的一场革命，比尔·盖茨意识到了友好的图形界面的重要性。

到 1984 年，微软公司的销售额超过 1 亿美元。

1986 年 3 月 3 日，微软正式上市。

1990 年，微软在 MS-DOS 的基础上推出 Windows 3.0。该操作系统在界面、人性化、内存管理多方面有了巨大改进，大受用户欢迎。微软由此走上了桌面操作系统的王者之路。

1995 年，微软推出了 Windows 95 操作系统。它带来了更强大、更稳定、更实用的桌面图形用户界面，同时也结束了桌面操作系统间的竞争。它让用户摆脱了烦琐枯燥的 DOS 命令，从而使个人计算机变得极其简单易用。这是一款真正意义上划时代软件。

微软的后续产品如 Windows 98、Windows 98 SE、Windows ME 以及后来陆续推出的操作系统如 Windows 2000、Windows XP、Windows Server 2003、Windows Vista、Windows7 等一直在计算机软件行业处于绝对统治的地位。

1995 年，比尔·盖茨出版的《The Road Ahead》(《未来之路》)，曾经连续 7 周名列《纽约时报》畅销书排行榜的榜首。书中的一些预言已经成为现实。而在 1999 年撰写的《未来时速》一书中，比尔·盖茨向人们展示了计算机技术是如何以崭新的方式来解决商业问题的。这本书在超过 60 个国家以 25 种语言出版。《未来时速》赢得了广泛的赞誉，并被《纽约时报》《今日美国》和《华尔街日报》列为畅销书。

2000 年，比尔·盖茨将微软公司首席执行官的职位移交给史蒂夫·鲍尔默。辞去管理等事务的比尔·盖茨则专心致力于技术开发工作，担任微软公司的"首席软件设计师"。

2006 年 6 月 15 日，比尔·盖茨宣布将于 2008 年 7 月隐退，届时将会辞去首席软件设计师一职,也不再参与微软的管理事务。

在以首席软件设计师的身份在微软做完最后一件大事——Windows Vista 操作系统的开发后,比尔·盖茨在 2008 年 7 月将这个职位移交给雷·奥茨,正式退出微软。他表示,离开微软并不表示今后对微软公司不闻不问,而是会继续关注微软的发展并在适当的时候提出一些意见。

比尔·盖茨曾说:"带着巨富而死,是一种耻辱。"退出微软的比尔·盖茨将集中全部精力投身于一向热衷的慈善事业。比尔·盖茨宣布,他将拿出他全部财富的 98%,捐给自己创办的、以他和妻子的名字命名的"比尔和梅琳达盖茨基金会",而留给子女的钱只有几百万美元。这笔慈善基金用于研究艾滋病和疟疾的疫苗,并为世界贫穷国家提供援助。微软的一名员工说:"毫无疑问,他的慷慨使得数十万人重获生命。"之后不久,在比尔·盖茨的影响下,"股神"巴菲特将 375 亿美元捐给了比尔·盖茨的基金会,前提是比尔·盖茨夫妇必须有一个致力于慈善事业。

比尔·盖茨 13 岁就能够进行编程,是一个技术上的天才。而在商业方面,比尔·盖茨同样也是一位罕见的奇才。"股神"巴菲特曾说,即使比尔·盖茨不去做技术,在商业界他也能取得大成就。早在 20 世纪的 70 年代早期,比尔·盖茨就写了著名的《致爱好者的公开信》,让计算机界为之一振。比尔·盖茨宣称计算机软件将会是一个巨大的商业市场,计算机爱好者们不应该在未获得原作者同意的情况下随意复制电脑程序。当时的计算机界受到黑客文化影响,认为创意与知识应该被共享。比尔·盖茨在对发展进行决策时,他总能用独到的眼光对计算机业的未来发展做出准确的判断;在管理方面,其独特的管理方式始终让微软公司保持着持续强大的竞争优势。

在比尔·盖茨迅速积累财富的过程中,其表现出的决策、谋略、管理才能以及性格特征一定会给我们提供鼓励和借鉴作用,让我们在为成功奋斗的路上走得更自信、更明智。

■第1个忠告

我应为王

有非凡志向,才有非凡成就。"我应为王"这句话在我的过去给了我极大的力量。今天,我不再这样说了,因为我已经做到了。

美国成功学家拿破仑·希尔说:"你过去或现在的情况并不重要,你将来想获得什么成就才最重要。除非你对未来没有理想,否则做不出什么大事来。有了目标,内心的力量才会找到方向。"

人应该敢于梦想。一个人若没有了梦想,就如同失去方向的行舟。在激流中毫无头绪、茫然失措,先是一番横冲直撞,当最初的锐气被消磨后,在筋疲力尽之后,很容易就会随波逐流,随众俗自然也就注定俗气。比尔·盖茨经常说:"有非凡志向,才有非凡成就。"伟大的人之所以伟大,是因为他有伟大的志向,正如苏东坡所说:"古之立大事者,不唯有超世之才,亦必有坚忍不拔之志。"

比尔·盖茨的格言是:"我应为王。"对他来说,即使是屈居第二,也是不可忍受的。他曾经对童年时代要好的朋友说:"与其做绿洲里的一株小草,还不如做秃丘中的一棵橡树,因为小草毫无个性,而橡树昂首天穹。"

从小学到大学都不做笔记的比尔·盖茨却抄写过洛克菲勒的一句名言:"即使你们把我身上的衣服剥得精光,一分钱也不剩,然后把我扔在一个孤岛上,但只要有两个条件——给我一点时间,并且让一支船队从岛边路过,那要不了多久,我就会成为一个新的亿万富翁……"

在比尔·盖茨11岁的时候,他的数学能力以及自然科学知识在同龄人中遥遥领先。他就读的那所学校显然已不能满足他的求知欲,他需要一所新的学校以适应他的智力发展。于是,比尔·盖茨的父母作了一个关键的决定,让比尔·盖茨在湖滨中学注册入学。

湖滨中学是一所专收男生的私立预科学校,该校学风浓厚,教学严谨,是西雅图收费最高的一所学校。从某种意义上可以说是一所贵族学校。每年大约有300名学生在湖滨中学就读,每期学费高达5000美元。正是这个决定,为比尔·盖茨"我应为王"的志向奠定了腾飞的基础,正是湖滨中学激发了比尔·盖茨天才的智慧和创造力。

湖滨中学就像一个熔炉,它铸造了比尔·盖茨未来的性格,也锤炼了他理智的素质。正是在这里,使得比尔·盖茨身上的一切禀赋——精力、热情、理智、坚韧、进取心、执着、竞争精神、渴求、经商才能、企业家风范等得以有效的提炼和融汇。也正是在这里,他做成了他的第一笔商业交易,创办了他第一家盈利的公司。他和湖滨中学里与他一样的计算机天才小子们结下了深厚的友谊。

湖滨中学非常重视在某个方面独树一帜、表现突出的学生,总是不遗余力地为这种学生提供空间和创造条件。它非常乐意给予这些学生更多的自由和随意活动的空间,允许他们发展自己的兴趣爱好,去做他们愿意做的任何事情。

在湖滨中学,比尔·盖茨表现非常突出,尤其在数学方面,更显示了他极高的天赋,湖滨中学的数学系主任弗雷福·赖特曾经这样谈他的学生:"他能用一种最简单的方法来解决某个代数或计算机问题,他可以用数学的方法来找到一条处理问题的捷径,我教了这么多年的书,没见过像他这样拥有天分的数学奇才。他甚至可以和我工作过多年的那些优秀数学家媲美。当然,比尔各方面表现得也都很优秀,不仅仅是数学,他的知识面非常广,数学仅是他众多特长之一。"

1968年,当比尔·盖茨在湖滨中学的第一年临近结束时,学校做出一个对比尔·盖茨的未来具有重大意义的决定。当时,美国正致力于将卫星送上月球,由于计算机的飞速发展使得一种科技的狂热浪潮成为可能。湖滨学校当局毅然决定,让学生去涉足这个崭新和令人兴奋的计算机世界。

湖滨中学成了当时美国最先开设计算机课程的学校,计算机产生的诱惑力对具有数学天赋的孩子是巨大的。因此,学校的计算机房成了最吸引比尔·盖茨和伊文斯的地方,计算机严正的逻辑和神奇的计算能力简直让这两个孩子着了魔。没有多久,这台机器就成了比尔·盖茨通向新世界的一条枢纽。比尔·盖茨的一生以这台机器为分界线,以前和以后迥然不同。

起初,数学教师保罗·斯托克林带着优等班的16个学生进入计算机房,用十几分钟按操作步骤进行一些讲解。他对计算机的知识也非常有限,那是他比孩子们懂得多的最后一次,因为不久后比尔·盖茨挤进了高年级学生的圈子。比尔·盖茨用一星期就掌握了比他的老师更多的计算机知识。

湖滨中学当时并没有正式的计算机课程,那些对计算机感兴趣的人只能从通用电气公司有关BASIC基础指南中得到知识。通用电气公司的BASIC以原始达特默斯版本为基础,本身尚未发展完全,它缺乏几乎最简单的数学功能,对控制字符串也束手无策,程序长度也受限制。但是,这些缺点对正在摸索学习的初学者来说,几乎没有影响。

比尔·盖茨把大量的时间花在了研究计算机上。不管什么时候,只要他有空闲时间,他总会往湖滨中学的计算机室跑,全身心投入到这台机器上,反复进行操作和练习。在湖滨中学,盖茨并不是唯一对计算机着迷的学生,他很快发现,还有其他一些人和他一样对计算机非常着迷,有事没事都往计算机房跑。他不得不和这些人一起共用这台计算机。在这些人当中,有一个高学部的学生叫保罗·艾伦,此人比盖茨大两岁,这个人后来也成了美国计算机界一个大名鼎鼎的人物。

保罗·艾伦和比尔·盖茨不仅花了大量的时间一起在计算机房操作计算机,而且也用大量的时间来探讨有关未来计算机技术的问题。后来,他们在计算机中心公司的计算机系统中发现了病毒,这对盖茨和他的伙伴们来说是一个极具刺激性的工作,同时也是一个广阔的探讨领域。他们把发现的问题逐一记录,汇编成册,命名为《问题报告书》。在6个月的时间中,这本《报告书》已增至300多页,其中大部分内容都是由比尔·盖茨和保罗·艾伦亲手记录的。

比尔·盖茨和保罗·艾伦不仅找到了"病毒",而且也得到了那些对他们进一步了解计算机操作系统和软件有帮助的第一手资料。艾伦也曾敦促过比尔·盖茨收集那些已经没有用的数据资料。这样,他就能够去琢磨那些由白天上班的人留下来的,也许是极重要的资料。

很快,比尔·盖茨和保罗·艾伦在计算机方面的名气已远远超过著名的计算机程序编制员史蒂文·拉塞尔了。

1972年初,湖滨中学程序编制小组得到了一项重要的业务,俄勒冈州波特兰市的信息科学公司想请一批人来为它的客户编写一份工资表程序。艾伦和查理·韦兰选定比他们小的学生,并邀请比尔·盖茨和伊文斯与他们一起来承担这个项目。

当程序完成时,比尔·盖茨、艾伦、伊文斯和韦兰乘车去波特兰与信息公司的董事们会面。在谈到钱的问题上,比尔·盖茨他们几个都不希望按时付费，而是提出按项目产品或版权协议的规定来支付他们酬金。最终，因为这一个程序，他们得到了信息科学公司所获利润的10%。

信息科学公司给了他们专门用于购置电脑的大约价值1万美元的支票，这是一笔不小的收入。比尔·盖茨在为自己获得这笔酬金高兴的同时，更主要的是为自己当初发明的点子而无比振奋。此后，比尔·盖茨把目光投向更远处——计算机行业的王者。

正是在这个远大志向的驱使下，比尔·盖茨一步步走向辉煌。现已功成名就的比尔·盖茨说："'我应为王'这句话在过去给了我极大的力量。今天，我不再这样说了，因为我已经做到了。"

■第2个忠告

跑在别人的前面

能否在竞争中占得先机，取决于他能否对市场做出快速反应。企业竞争的重点除了产品的质量，关键还在于产品到达最终顾客手中的速度，顺利地实现由商品资本向货币资本的转化。

1973年，一个来自英国利物浦叫科莱特的年轻人考入了美国哈佛大学，常和他坐在一起听课的，是一位18岁的美国小伙子。大学二年级那年，这位小伙子和科莱特商议，一起退学去开发32Bit财务软件，因为从新的教科书中，他们已经学会了如何解决进位制路径转换问题。

关于Bit系统，导师只教了一点皮毛，要开发Bit财务软件还为时过早。科莱特认为，那至少要等到大学以后才能做到，所以当他听到这个建议时，感到非常吃惊，不明白这小伙子到底是来求学的，还是来闹着玩的，故而婉言拒绝了他的邀请。

10年后，科莱特成为哈佛大学计算机Bit方面的博士研究生，而那位退学的小伙子也就是在这一年，进入了美国《福布斯》杂志亿万富豪排行榜；1992年，科莱特继续攻读学位，在拿到博士后学位时，那位退学小伙子的个人财产在这一年仅次于华尔街"股神"巴菲特，达到65亿美元，小伙子成为美国第二富豪；1995年科莱特认为自己已经具备了足够的学识，可以研究和开发32Bit财务软件了，而那位小伙子则已经绕过Bit系统，开发出Eip财务软件，其速度比Bit软件快1500倍，并且在两周内占领了全球市场，这一年他成了世界首富，一个代表着成功和财富的名字——比尔·盖茨也随之响彻世界。

在机遇面前，等到所有条件都成熟了再去行动，恐怕时间已经晚了。比尔·盖茨深知，跑在别人的前面，就有可能比别人更早遇到机会，胜败也许就在那一刻决定。现代企业的发展随着时代和社会的进步已经深深地打上了时间的烙印，对时间的有效利用渐渐成为衡量一个企业健康与否的重要标准。尤其是在技术日新月异的软件业界，企业的发展战略更讲究"兵贵神速"，能否在时间上赢得对手直接影响成败。

1983年9月，比尔·盖茨准备与Lotus1-2-3一决雌雄，便秘密安排了一次小范围的研讨会，把微软最高层的软件专家集中在西雅图的红狮宾馆里，开了整整三天"头脑风暴会"。比尔·盖茨宣布会议的宗旨只有一个，那就是尽快推出世界上最高速的电子表格软件。

微软公司不打算隐瞒设计这套电子表格软件的意图，他们就是要与Lotus 1-2-3一决高下，从这套软件的名称"Excel"中，谁都能够嗅出挑战者的气息。Excel的中文译意就是"超越"！

1984年，Lotus1-2-3依然在IBM PC世界稳坐头把交椅，莲花公司甚至还趁势推出另一套软件——Symphony，有人叫它

Lotus1-2-3-4-5。它在 1-2-3 的基础上又拼装了文字处理和通讯功能。表、库、图、文、通，五位一体，堪称集软件之大成，这款五位一体的超级软件被定名为 Jazz。然后，莲花公司在不明对手底细的情况下，也准备涉足"苹果—麦金塔"世界。

微软公司探知到 Jazz 的行动，决心加快 Excel 的研制步伐，如果研制成果能在 Jazz 之前出来，那么微软公司就能占得先机。1985 年 5 月，比尔·盖茨带着布鲁门索等技术骨干，千里迢迢来到纽约中央公园附近的一家宾馆，Excel 新闻发布会将在这里隆重举行。

微软公司以迅雷不及掩耳之势研制出 Excel，并以此第一次击败 Lotus，当然只限于麦金塔电脑的领地。"苹果园"的用户们对 Excel 表示好感，一位经理在为公司安装完一万套 Excel 后说："多年来我们一直是 Lotus1-2-3 的忠实用户，但现在全都换成 Excel。Excel 与麦金塔联姻真是天合之作！"赞美之辞，溢于言表。莲花公司彻底地感到震惊，Jazz 比 Excel 慢了 3 个星期，顿时感觉恍若隔世。到 1987 年初，市场报告表明，Excel 以 89% 比 6% 的悬殊比分，远远超越了 Jazz。

在麦金塔电脑领地的争夺战中，微软公司先得一城。但是，在 IBM PC 电脑世界，Lotus1-2-3 的地位依旧稳如泰山。微软要想战胜莲花，PC 电脑世界将不可避免地成为最重要的一个战场。在这个战场上，微软公司已占得天时地利，因为手中已经掌握着一件"法宝"——Windows。

"Excel for Windows"——Excel 的视窗版自然被微软视为第一颗"重磅炸弹"，比尔·盖茨命令原班开发人马重新集结，起用克朗德的助手哈伯斯等人为设计师，参加人员多达 50 名。这一次，他亲自担任"三军主帅"，"孩子董事长"对这一软件的成功怀着不可名状的期盼。

在众人的齐心协力下，微软得到了天时地利人和，Windows

版 Excel 于 1987 年 10 月横空出世。同行们大开眼界，一致认为它达到了软件技术的最佳专业水平。一家软件杂志经过比较测试后，用一系列醒目的照片为 Excel 义务宣传，声称 Excel 代表着人类计算工具史上的里程碑：从 IBM604 计算器始，其后"进化"为 APPLE II 与 Visi Calc，再就是 IBM PC 与 Lotus1-2-3，现如今将由 PC 386 与 Excel 共同担当。

比尔·盖茨亲自擂响战鼓，微软为宣传窗口版 Excel，投进数以百万计的广告费，创造了自公司建立以来的最高纪录。1988 年的市场反馈表明，"诺曼底登陆"PC 机领域的 Excel，已从 Lotus1-2-3 手里夺到 12% 的"疆土"，并且还在不断扩大战果。

几乎在窗口版 Excel 运交客户的同时，微软公司又抛出第二颗"重磅炸弹"——Works，"轰炸"的目标瞄准莲花的组件"交响乐"。

Works 是微软公司为普及型电脑精心策划的组合软件，它包括了电子表格、数据库、文字处理和通讯四大模块，最显著的特点是容易使用，并有联机学习功能。当然，它也带着 Windows 的外观，配备鼠标和下拉式菜单。由于所有的技术都已趋成熟，Works 的开发过程平静无波，水到渠成。

以比尔的本意，这套软件只是为了争取初学电脑的用户，是个"小儿科"产品。想不到 Works 后来会被专业人士看中，在市场上极为抢手。Excel 尚不能最终占领 Lotus1-2-3 的地盘，Works 居然像赛马场里突然蹿出的一匹"黑马"，抢先实现了微软多年的夙愿。1987 年 8 月，权威性专业杂志评比组合软件把 Works 推上了排行榜首。

比尔·盖茨统帅的 Microsoft，终于在 1987 年取代莲花公司成为全世界最大的软件厂商。

在微软与莲花的这场竞争中，微软首先赢在了时间和速度上，这为微软公司在赢得最后胜利奠定了基础。能否在竞争中占得先机，取决于能否对市场做出快速反应，比尔·盖茨也认为，速度是微软公司成功的关键。的确如此,企业竞争的重点除了产品的质量,关键还在于产品到达最终顾客手中的速度,顺利地实现由商品资本向货币资本的转化。

在激烈的市场竞争中,任何一个企业,要想生存和获胜,取得较大的市场占有率,必须具备时间和速度的竞争能力,否则就会处于被动的位子。

■第3个忠告

策划未来是最重要的事情

越成功,我就越发感觉到自己不堪一击,因为没有人知道明天将会发生什么,但领导者必须要静坐思考未来的事情。不能策划未来的公司,永远都无法成为市场竞争中的胜者,只能是任强手宰杀的羔羊。

"成功的轨迹作为一种策略路线,从一开始就应该走上正轨",幸运的是,如他自己所说,比尔·盖茨一开始就知道自己想要得到什么,并从一开始就走上了成功的正轨。比尔·盖茨本身和微软今日所取得的成功,很大程度上得益于比尔·盖茨正确的策略和准确的市场定位以及产品及时地推陈出新。

这么多年来,比尔·盖茨的远见和策略一次又一次地向人们表明,他是计算机信息产业中最具有洞察力的人。他对技术的深刻把握以及对信息的独特理解使他具有对未来特殊的前瞻能力和对微软策略的导向能力。

当业界公认全社会处于"主机"主宰的时候,比尔·盖茨敏锐地察觉到 PC 时代即将到来，并着手开发适用于 PC 机的操作系统来抢占市场先机；20 年前，业界认为没有必要也不可能给每个人都配备一台电脑，而比尔·盖茨则预言，世界上有桌子的地方就会有计算机，而现在他的预言正在逐步变为现实，计算机正在迅速改变我们的生活方式。比尔·盖茨已经认识到电脑具有"基本功能"。因此他将软件产业作为自己终生奋斗的目标。

比尔·盖茨是新式的工商业领袖，他集技术员、企业家和推销员于一身，他知道怎样去做生意，是一个非常值得研究的商业奇才。他说："经营最难做的事便是知道明天发生什么变化，今天要做些什么准备。解决好这个难题的人才是未来的领袖。"比尔·盖茨在计算机领域做出的一系列举动，足以证明他是杰出的领袖。

"主机"时代的霸主 IBM 肯定没有想到，1981 年，IBM 选择微软软件来运行 IBM 的 PC，是多么失策。这不仅促进了微软的成功，而且树立了一个未来最大的竞争对手。

1992 年，双方的合作在一片争吵中终结了，虽然 IBM 继续推广自己的 PC 操作系统，但是微软的 Windows 操作系统已经成为了业界标准，微软在 PC 时代的势力和 IBM 在主机时代的势力一样强大。当互联网在全球锋芒初露的时候，盖茨又不失时机地在 1995 年就抢先宣布微软将全力支持和发展互联网，从而在互联网时代的竞争中又占得良机。

1993 年，比尔·盖茨在谈到微软将来的发展方向时，说："我们正在探索新的领域。我们希望使电脑的基本功能以新的方式运作，从根本上来改进，使技术在公司和家庭里为我们的用户服务。微软的宗旨是保持在技术发展方面的领先地位——经常在这些技术还没有完全开发出来——就把这些技术出售给那些忠实的用户。"

20 世纪 90 年代初，当信息高速公路的字眼开始进入人们的视线之时，比尔·盖茨更是对此全神贯注。他时刻关注着发起这场划时代革命的数字新宠——多媒体和信息高速公路。比尔·盖茨知道要迎接这个世纪大变革，就必须开发出真正意义上的多媒体软件，投入信息高速公路的建设。

他的远见也为微软迎来一个又一个标志性的纪念日，经过漫长而又艰苦的研发，1995年8月微软公司的多媒体操作系统Windows 95问世，给全世界带来石破天惊的震撼，成为一道流行全球的最为壮观的信息革命风景线。这个创举让比尔·盖茨再次把握住了优势，在千变万化的市场中牢牢地抓住了发展的机遇。

由于市场的迅速发展，1994年，面对个人单机使用环境的市场已经饱和，微软公司凭借其独到的眼光开始大举进入网络操作系统与网络应用软件市场。比尔·盖茨早已预见到并且也为后来的事实证明，随着多媒体和信息高速公路的开发和投入使用，整个社会将发生深刻变化，而且也将导致一些新的问题出现。如果顺利地解决好这些问题，社会又将向前大大迈进一步。

因此微软在开发产品时毫不吝惜在网络操作系统方面的投入，通过推出NT Server、SQL Server、Exchange、Server等服务软件，微软公司成功切入由IBM公司、Sun、网威公司、Oracle、Informix、Sybase等软件大厂所把持的商用服务器软件市场，使得微软公司的营业额持续飙涨。远见再次成为微软的财富。

以Windows NT的研发过程为例，微软在研发Windows NT产品的最初几年中，并没有从该产品上赚到多少钱。但盖茨坚信，微软需要一个比Windows 3.1、Windows 95更为稳定和安全的操作系统，以进军企业计算市场。在这一策略的指导下，微软公司的技术人员通过不懈的努力，终于使Windows NT及其后续版本Windows 2000获得了巨大的成功。如果没有坚持"从长远出发"的原则，微软今天在全球服务器市场上就不会有任何收获。

在将公司日常运作的重任交给了鲍尔默后，比尔·盖茨集中精力抓技术创新。他已经整理出了被称为"The List"的约50项最重要的技术创新，其中包括安全软件、用户界面到Web搜索和电话技术。"The List"中的技术是非常重要的，每项技术都指定了一名高级官员专门负责在整个公司推广该技术。

微软公司每年的研发预算高达60亿美元，其中的绝大部分都被用于改进具有垄断优势的业务——Windows和Office。过去，微软公司曾开发了用于显示高清晰文本的Clear Type技术和识别书写错误的语法检查技术，现在比尔·盖茨重视的安全和搜索技术也将被集成到微软公司最普及的软件中。他称为"集成化创新"的这一技术是用户不断购买新版Windows的原因。

现在，微软公司正在积极拓展游戏机、手机操作系统、搜索引擎等多元业务，而当家电逐渐出现融合的浪潮之时，微软公司又顺应潮流地开发可在信息家电上运行的视窗操作系统。看来，这位软件巨人还将继续以Windows、Office及其他各种应用软件为核心业务，同时大举进入新一代的WWW开发、无线通信、仪器、游戏、服务器等正在成长的领域，顺利推行其企图雄霸天下的"Microsoft Net"战略。

整个微软上上下下的信息交流是频繁的、大量的、快速的，以致对市场的变化和发展有着非常敏锐的感觉。比尔·盖茨及其下属认真地根据需要设计、修正其战略模式并以此来指导决策，使公司更具备各种应变能力。

电子革命已经来临，它具有极强的冲击力。伴随这场革命，在如何工作、如何消遣、如何相互影响，甚至在如何去思考方面产生了巨大的变革。在这场变革中，比尔·盖茨对未来发展形势的准确分析和独到的战略眼光，起到了非常积极的作用。

微软的未来在哪里，对于这样一个问题，比尔·盖茨始终没有停止对它的思考和求索，他表示："越成功，我就越发感觉到自己不堪一击，因为没有人知道明天将会发生什么。但领导者必须要静坐思考未来的事情。不能策划未来的公司，永远都无法成为市场竞争中的胜者，只能是任强手宰杀的羔羊。"

第4个忠告

借助巨人的力量

我庆幸被 IBM 选中,这是我们的机会。否则,也许我们要在巨人的阴影下挣扎很长时间。

比尔·盖茨常常说,有远见的人常常首先发现谁会帮助自己。一旦发现就要积极地争取。看看当今的世界,任何企业,无论大小,总希望在别人的帮助下越做越强。与巨人合作,搭顺风车,在微软公司的初创阶段起到了极为重要的作用。

IBM 公司,1951 年起开始经营计算机。到 20 世纪 70 年代,IBM 已经控制了美国 60% 的计算机市场和大部分欧洲市场。据说,如果不是美国联邦政府在 1969 年对它的经营加以限制以保护自由竞争的话,它的发展将达到一个什么样的规模是无法预料的。

在个人计算机行业的发展初期,需求时常会大于供给,IBM 公司就像一个文雅的"蓝色巨人"家喻户晓。确立了微型计算机在行业内的正统地位,IBM 几乎已成为电脑的同义词。涌向 IBM 公司的订单铺天盖地,有时甚至出现排队的现象。有一句俗话说:"上涨的潮水可以浮起所有的船。"谁能搭上这条船,其成功自然指日可待。

当时,比尔·盖茨在计算机编程上大有名气。他购买了当时赫赫有名的西雅图电脑公司的 QDOS,并对其加以改造,形成了自己的 MS-DOS 操作系统。此时,他正缺少一家能联手的个人计算机生产商,而 IBM 的这次示好给比尔·盖茨带来了巨大的机遇。

1980年，比尔·盖茨只有24岁，他要与世界上最强大的计算机公司进行他生命中最重要的一次谈判。IBM对于与微软合作共同开发个人电脑十分感兴趣。IBM以"蓝色巨人"而著称，当时IBM的收益已达300亿美元，而微软当时只是个员工不足40名、销售额只有700万的小公司。毫无疑问，一旦谈判成功，比尔·盖茨将立刻拥抱一个前所未有的巨大市场。对微软来说，在创业初期赢得与IBM的合作对自己的生存是至关重要的。

在与IBM谈判前，比尔·盖茨就树立了目标，整理了自己的思路。IBM付给微软17.5万美元，以获得比尔·盖茨手中名叫MS-DOS的操作系统，该系统可在IBM的新的个人计算机上使用。但盖茨并不愿意以这个价格卖掉这个程序的源代码，因为他知道IBM想将这个源代码用到未来的多种计算机上。

比尔·盖茨明白谁控制了占支配地位的操作系统谁就控制了未来。没有操作系统的计算机是无法启动的，所以谁赢得这场控制主导系统的战争，谁就将控制计算机市场。

在与IBM谈判过程中，比尔·盖茨坚持他的计划。尽管他内心对于与IBM谈判比较紧张，但他还是平静地向IBM高级经理们做了有关微软将要供给IBM的操作系统的演示。IBM的代表提醒比尔·盖茨，他与IBM的关系是一个长期合作有巨大发展潜力的关系。

比尔·盖茨已经猜测到IBM愿意付许可收入来将微软的源代码使用到IBM的个人计算机上。作为对IBM公司付给许可收入的回报，微软决心制定时间紧凑的软件交付计划。

当微软公司和IBM公司最后签署了这项交易的协议时，微软公司要求IBM公司向它预先支付100万美元，其中40万美元是为MS-DOS操作系统而向微软公司支付的版权使用费；另外40万美元是为4种编程语言的汇编器（PASCAL、COBOL、FORTRAN、BASIC）付的报酬；还有20万美元是为在一年期限内为使系统能够在新机器上运行而支付的改编和编程的劳务费。作为交换，只要 Microsoft BASIC 还预装在机器的基本结构中，IBM 可以有限地使用 DOS 而不必再付费用。这就为微软公司出售用于这款新机器的编程工具提供了捷径。这项交易实际上使这两家公司联合了起来。

最终比尔·盖茨取得了与 IBM 合作的机会，而且在许可权收益的问题占了上风。他不但保持了 MS-DOS 的所有权，可以获得许可权收益，而且他还可以将软件的源代码许可给其他方使用。由于得到了 IBM 公司的认可，MS-DOS 操作系统很快就成为除苹果电脑以外所有微机的选择。IBM 销售的机器越多，MS-DOS 的影响就越大。

与 IBM 的这次合作，微软有了一个飞跃式的进步，正如比尔·盖茨所说："我庆幸被 IBM 选中，这是我们的机会。否则，也许我们要在巨人的阴影下挣扎很长时间。"在与 IBM 的合作中取得巨大成功后，苹果公司又成了微软实现腾飞的一个阶石。

苹果和微软的第一次合作开始于 1985 年 10 月 24 日，恰逢乔布斯被逐出苹果之后，两家正式签下合同：苹果同意如果微软继续为之生产软件（如电子表格软件等），就允许其使用部分苹果图形界面技术。不幸的是 3 年后这次合作结束，起因是微软在 Windows2.0.3 中使用了与苹果电脑相似的苹果图标，为此苹果公司向微软和惠普公司提出诉讼，控告它们侵犯了自己的版权，这场官司持续了 6 年，直到 1993 年 8 月 24 日，法庭才正式裁定 Windows2.0.3 不构成侵权。在这次合作后，微软拥有了图形化界面的操作系统 Windows，也正是因为这个操作系统，比尔·盖茨成为世界首富。

随后，微软与英特尔联手，结成扫遍天下的 Wintel 联盟，该联盟被称作"美元印刷机"，从软件和硬件上共同实现了垄断。微软与英特尔的战略联盟在 PC 业形成了坚不可摧的垄断，PC 机 20 年的发展历程，几乎就是这个联盟的产品不断升级、势力不断扩张的成长史。全世界热爱电脑的人所做的事只有两件，拼命地更新电脑与拼命地买新软件，作为 PC 的基石和产业标准，Wintel 联盟曾经左右了绝大部分厂商的战略,一度到了"顺者昌,逆者亡"的地步。

与成功者的合作让比尔·盖茨在创业的道路上少走了许多弯路,比尔·盖茨飞速地实现自己的财富梦想。

■第5个忠告

人才是企业的生命

比尔·盖茨预测,百年之后,在计算机网络走向衰落的时候,必将是生物工程兴起的年代。那时的微软,生物工程将是其主营业务。比尔·盖茨相信不管时代发生怎样的变迁,微软公司都能持续兴旺,因为重要的天然资源是人类的智慧、技巧及领导能力,微软只要坚持大力网罗一流人才的传统,就可以进军世界上任何一个领域或行业。

2008年2月,当媒体以"为什么雅虎值400亿美元"的问题询问想要收购雅虎的比尔·盖茨时,比尔·盖茨的回答令人惊讶:"我们看上的并非是该公司的产品、广告主或者市场占有率,而是雅虎的工程师。"他表示,这些人才是微软未来扳倒Google的关键。

"千万不要错过那些好小子,一旦发现必须下定决心,不然你会与他们失之交臂!"比尔·盖茨历来重视网罗人才。微软公司每年接到来自世界各地的求职申请达12万份。面对如此众多的求职者,比尔·盖茨仍不满足,他认为还有许多令人满意的人才没有注意到微软,因而会使微软漏掉一些优秀的人。

不论是在世界上哪个角落,只要有他中意的人才,比尔·盖茨都会不惜任何代价将其请到微软公司,如微软公司最重要的领导和产品研发大师吉姆·阿尔琴。当年，比尔·盖茨通过朋友多次联系他，请他加入微软，吉姆·阿尔琴都置之不理。可是最终经不住比尔·盖茨的再三邀请，吉姆·阿尔琴答应面谈。他一见到比尔·盖茨就毫不客气地说："微软的软件是世界上最烂的软件，实在不懂你们请我来做什么。"比尔·盖茨不但不介意，反而谦虚地对他说："正是因为微软的软件存在各种缺陷，微软才需要你这样的人才。"吉姆·阿尔琴被比尔·盖茨的诚心感动，终于答应到微软工作。在进入微软工作后，吉姆·阿尔琴成为了 Windows 系统开发的负责人，世界上最普遍的操作系统才得以诞生。

比尔·盖茨安排的很多"面试"，不是在考人家，而是在求人家。用微软研究院副院长杰克·巴利斯的话说，是"推销式面试"。在西方记者撰写的关于微软的书籍中，多次提到一件事情：加州"硅谷"的两位计算机奇才——吉姆·格雷和戈登·贝尔，在微软千方百计地说服下终于同意为微软工作，但他们不喜欢微软总部雷德蒙冬季的霏霏阴雨。比尔·盖茨听说后，马上在"硅谷"为他们建立了一个研究院。

"微软帝国"到现在已经走过了30年的历程。从最初的两个人发展到现在的3万多人，一跃成为软件行业的霸主，微软一直创造着知识和经济的奇迹，被称为"迄今为止致力于 PC 软件开发世界上最大最富有的公司"。微软公司之所以一路高歌猛进，与比尔·盖茨唯才是举、求贤若渴的态度是分不开的。

在盖茨的用人观念影响下，微软的首要任务成了寻找致力于通过软件的开发来改善人们生活的人才，不管这样的人生活在何处，微软都要将他们网罗至旗下。这也成为了微软在短短的时间内迅速崛起并保持独孤求败姿态的一个最好的注解。

比尔·盖茨对人才非常重视，对他而言，一个宝贵的人才甚至比一个客观的市场更具有吸引力，因为有了人才，什么样的市场都可以开发创造出来。

微软70%左右的工程师来自印度和中国,因此比尔·盖茨先后在印度和中国建立了微软研究分院。

1998年,微软在中国设立亚洲研究院。位于北京海淀区的微软亚洲研究院,方圆几公里内尽是北京大学、清华大学等名牌大学,微软亚洲研究院英才荟萃。比尔·盖茨找到的历任院长在图形、语音识别、多媒体、搜索等领域有着崇高的国际声誉。第一任院长是李开复,曾是苹果总裁乔布斯的爱将;第二任院长张亚勤,是12岁上大学的天才少年;第三任院长沈向洋,是美国电气电子工程协会(IEEE)及美国计算机协会(ACM)的双料院士;现任院长洪小文博士,同样是美国电气电子工程协会院士,并为国际公认的语音识别方面的技术专家。这些优秀的院长除了组织研究工作之外,还以他们的慧眼和魅力,发现并吸引优秀学生到微软实习。在研究院,微软为实习生们配备了导师,实习生可以放手做自己感兴趣的题目,遇到困难时,由导师指点迷津,最后大多数实习生能在国际期刊发表学术论文。研究院赋予的国际视野、学术指导、宽松友善的环境,乃至见盖茨时所经历的心潮澎湃,都给这些实习生留下了难以磨灭的印象。经过实习,所有实习生都被微软征服。微软还资助中国高校的研究计划,借助与高校的合作,把寻找人才的触角伸到中国的每所一流高校。除此之外,微软亚洲研究院还拥有高级软件工程师百余名,全部为计算机顶尖人才,其年薪居中国外企之首,上下班有专车接送,配有专人负责后勤生活,住专门的别墅。

微软还不断向海外扩张,公司在近60个国家设有办事处,国际员工达6200名。比尔·盖茨说:"我们借助外国技术员工的数学、科学和创意能力,以及他们的文化认识,来协助我们针对世界各地的市场推出本土化的产品。"据估计,每名外国员工为公司每年赚进100万美元。

比尔·盖茨预测,百年之后,在计算机网络走向衰落的时候,必将是生物工程兴起的年代。那时的微软,生物工程将是其主营业务。比尔·盖茨相信不管时代发生怎样的变迁,微软公司都能持续兴旺,因为重要的天然资源是人类的智慧、技巧及领导能力,微软只要坚持大力网罗一流人才的传统,就可以进军世界上任何一个领域或行业。

■第6个忠告

合作是生存的必要

"你可以不想成功,但你不能不要合作,否则连生存都有问题",在同一产业链里,彼此只是上游和下游的关系,有时候甚至是一荣俱荣、一损俱损。在商业世界里,没有纯粹的朋友,也不存在彻彻底底的敌人。只有善于合作的人才能站住脚,赢得利益。

在以往长达30年的发展历程中,微软公司树敌无数,原因就在于微软公司那种咄咄逼人的垄断竞争,微软也因此与许多公司对簿公堂。恃以其强大的实力和地位,微软的态度盛气凌人、手段蛮横而霸道,多为人所诟病。但微软似乎无所忌惮,原因就在于它的实力和地位。有人痛苦地表示:"最好的市场就是没有比尔·盖茨的市场。可惜,在信息产业界,他的阴影无处不在。"

然而这几年,微软公司的态度有所缓和。微软一改以前嚣张跋扈的态度,积极地寻求和解那些尚未了结的官司,并为此掏出了50多亿美元。"合作共赢"成了新时代微软的主旋律。

早在2001年年底,布拉德福德·史密斯竞聘微软公司法律事务总顾问的时候,"合作共赢"的基调就在微软公司开始弥漫。当他为公司高层经理做提案演示时,他只做了一页幻灯片。他的演示简明扼要但颇具说服力:现在是谋求和平的时候。这一提案得到了比尔·盖茨和鲍尔默的肯定。

从蛮横粗暴到友善温和,微软的转变大大出人意料,却也在情理之中。微软的这种转变,原因在于,微软在 PC 时代的风光已经逐渐消退,而在网络时代的转型中却面临处处吃力的状况。这固然与比尔·盖茨应对网络发展而采取的不利措施有关,微软太想守住桌面操作系统的独霸地位而未能及时顺应潮流也是重要的原因。

在如今的网络时代,讲究的是资源共享、合作双赢。微软那种凡事都想独霸的 PC 时代观念已经不合时宜,所以微软必须转变观念来顺应潮流。因此比尔·盖茨和鲍尔默对史密斯的"和平主义"表示肯定。

史密斯的"共赢"策略在微软与英特尔的分分合合中表现得尤为明显。20 世纪 80 年代,当"蓝色巨人"IBM 公司选中英特尔的芯片和微软的操作系统来发展自己公司的个人电脑时,英特尔和微软权衡利弊,决定联手,建立了横扫市场的 Wintel 联盟。这一联盟被称为"美元印刷机",微软主流产品光盘,成本不过十几美元,但却可以卖出 2000 ~ 5000 美元的天价。此后双方的合作形成了"双赢"的局面,英特尔和微软逐渐统治了整个 PC 产业。

几年前,双方的关系曾一度跌入低谷。当时,软件业巨头微软公司身陷联邦反垄断诉讼案,英特尔希望通过扶植微软对手的方式甩掉微软,独自主导市场,因此双方的关系是一落千丈。无法忍受别人欺负的微软岂有不还手的道理,于是微软决定以牙还牙,公开支持英特尔的竞争对手——芯片制造商美国 AMD 的 32 位与 64 位芯片架构。接下来,英特尔公司为了在无线领域中获得更强大的统治力,开始支持微软视窗操作系统的竞争对手 Linux 系统,此外它还在编写自己公司的 PC 软件。双方关系继续恶化。

缺乏合作的结果就是微软与英特尔两败俱伤。没有微软的配合,英特尔在多项业务经营上显得力不从心,随着新经济的突然停滞,英特尔的危机终于全面爆发——2001年,奔4在全球的出货情况很不理想,英特尔的利润下降了80%以上。而低端市场上,英特尔的最大对手AMD的份额在不断增加。微软的损失也十分巨大。在这种情况下,比尔·盖茨审时度势,认为重修旧好已势在必行。于是,两家公司重修旧好,战无不胜的Wintel联盟又重现江湖。

不仅是英特尔公司,其他许多公司也在微软"合作共赢"思想的导引下变成了朋友,甲骨文公司就是其中的一家。甲骨文公司的数据库产品是微软数据库产品SQL Server最为强大的竞争对手。它们摒弃前嫌、携手合作,在Windows操作系统上应用甲骨文数据库。

这种让人大跌眼镜的表现并不是仅有的现象。在此之前,IBM、SAP和Sun公司先后分别同微软签署了类似的合作协议。至此,微软的VSIP计划几乎囊括了所有著名的软件公司。这些软件公司所开发推广的软件正是微软的强劲对手:IBM和甲骨文的数据库产品是微软的SQL Server最为强大的敌人。这两种数据库在与微软合作之前,根本无法在Windows上运行。

同样,Sun公司的Java语言也是微软另一产品.NET的有力竞争者。近年来,.NET逐渐占据了一部分市场份额,但是其销售业绩的背后也是Windows巨大平台作的支持。微软此次主动把诸多对手邀请到家中同台竞争确实让人不解。以前大家不共戴天,现在忽然要共谋天下大事,其中微妙令人不解。微软奇迹般的转变让很多人不明所以。

人们无法猜透微软的这番化敌为友的举动到底意欲何为。Linux的异军突起,让微软感受到了切实的威胁。微软与竞争对手共舞的举动从某种意义上来讲是对客户的一种求和姿态。

而微软与新的合作伙伴索尼、摩托罗拉的合作更是"双赢"的典范。为了挑战数字音乐领域的"超级明星"——苹果公司,微软公司秘密与索尼公司合作。比尔·盖茨透露，微软和索尼公司有联合开发包括网络音乐服务和版权保护在内的数字音乐"基础架构"的意向。而在IT技术与通信融合的大趋势下，摩托罗拉和微软已经在"无缝"理念上取得了惊人的默契。集合了两家各自的技术优势的新机器在产品理念上实现了"无缝移动"与"无缝计算"的融合，结晶产品在性能和设计上的创新也是无处不在，足以让两家公司共同获利。

在这种通力合作的基调下，比尔·盖茨表示："我们可以一起来做更大的一些事情，比如说所有的软件企业对我们的行业在哪些方面有一些建议和想法，作为一个单个公司来讲，声音可能小了一点，但是我们大家团结起来，一起发出声音，我想这个声音可能会更大一点，可能会让我们的整个行业感觉到这不仅仅是来自一两个企业的呼唤，而是我们在座的许许多多的软件企业的共同的想法。"

在同一产业链里，彼此只是上游和下游的关系，有时候甚至是一荣俱荣、一损俱损。在商业世界里，没有纯粹的朋友，也不存在彻彻底底的敌人。只有善于合作的人才能站住脚，赢得利益。比尔·盖茨深刻地明白这一点，他说："你可以不想成功，但你不能不要合作，否则连生存都有问题。"

▉第7个忠告

勇于挑战"不可能"

即使在20年后，我仍然认为我拥有世上最棒的工作。我不断接受科技与业务变化速度的挑战，以及在微软和其他公司的那些绝顶聪明人的挑战。许多人喜欢从事对改造世界有建设性帮助的工作，而那也令我满意。

比尔·盖茨说："我所从事的事业是世界上最美妙的事情，我喜欢每天都去工作，在这个过程中，我每天都会遇到挑战，每天都可以学到新东西。如果你能像我这样对待工作，我保证你永远不会对工作感到懈怠。"在挑战中，比尔·盖茨充满了热情，这是走向卓越必不可少的。

30年前，比尔·盖茨的理想是"每张桌子上面都要有一台电脑"，这在当时绝大部分人的眼里是一件不可能的事情，而如今看来比尔·盖茨已经做到了，电脑就像电视机一样普及。比尔·盖茨与微软的成长和发展，就是面对种种的"不可能"，一路过关斩将而来，最终登上了软件王国的巅峰。

在这个极具挑战精神的核心的周围，聚集了一大批勇于挑战的优秀人才，这是成就微软卓越品质最关键的因素之一。其中有一个人叫查尔斯·西蒙伊，他被比尔·盖茨称为"微软的创收火山"。

有"电脑神童"之称的查尔斯·西蒙伊和比尔·盖茨除了彼此出身不同外，他们有着许多相似之处。

1980年，西蒙伊在一个电脑大会上同比尔·盖茨和史蒂夫·鲍尔默见了面。谈话只进行了5分钟，西蒙伊就决定到微软公司工作。

因为他发现比尔·盖茨所持的观点卓尔不凡。他预感在微软公司将大有作为。

当比尔·盖茨知道西蒙伊愿意到微软公司来效力时，喜悦之情溢于言表。在西蒙伊正式来微软公司上班的时候，他亲自迎接，并同西蒙伊仔细参观了整个微软公司，把公司的情况毫无保留地向西蒙伊作了介绍。

当西蒙伊进入微软公司后，才发现自己的工作空间居然没有任何的限制，他所选择的工作也成了最富有挑战性的工作。在1981年12月13日召开的微软公司年度总结动员会上，他成为了主角。

他在大会上陈述了开发应用软件对公司发展具有的战略意义，一一列举其他公司在软件开发上已经取得的成绩，并强调指出，必须将公司的奋斗目标集中在尽可能多地开发各种不同的应用软件上，以便为更多的电脑使用。以他为首的开发小组已完成了一种叫作"多计划"软件的设计，并投入试生产。

微软提供的舞台让西蒙伊找到了挑战自我，挑战极限的快感。在来到微软之前，西蒙伊所在的电脑研究中心与斯坦福大学合作，研究出了一种新工具——鼠标。西蒙伊研制的供施乐公司的阿尔托电脑使用的字处理程序，就是第一个使用鼠标的软件。

在应用软件方面开发的初战告捷让他意识到应用软件的巨大市场前景，并产生了一个愿望：要使应用软件对微软公司的贡献超过操作系统。

西蒙伊提出的"多计划"软件未能打动当时微软的合作方IBM公司，却引起了苹果公司的兴趣。苹果公司从微软与IBM的合作中，看到了这家年轻公司蕴藏的不可估量的潜力。因此，它很希望与微软结成"战略伙伴"关系。

1981年8月，苹果公司总裁史蒂夫·乔布斯亲率一批干将，访问微软公司。

此时，苹果公司正在研制麦金托什电脑，因此，希望与微软公司联手合作。西蒙伊给乔布斯等人演示了"多计划"，并谈了对多工具接口的全面看法。

1982年1月22日，微软公司与苹果公司正式签订了合同。苹果公司同意提供微软公司3台麦金托什电脑样机，微软公司将用这3个样机创作3个应用程序软件，即电子表格程序、贸易图形显示程序和数据库。

乔布斯可以选择把应用程序与机器包含在一起，付给微软公司每个程序费 5 万美元。限定每年每个程序 100 万美元，或分开卖，付给微软公司每份 10 万美元，或提取零售价格的 10%。苹果公司允诺签合同时预付 5 万美元，接受产品后再付 5 万美元。

而这所有的开发工作最终都落到了刚进入微软不久的西蒙伊的头上，其挑战性不言而喻，但正是这挑战性的工作，让西蒙伊迅速脱颖而出，使他成为微软公司的核心成员之一。在他亮相的这次年会上，西蒙伊的信心、凝聚力、战略眼光和雄才大略，给所有员工留下了深刻的印象。这次演讲被称为"微软的创收演讲"。

随着西蒙伊开发工作的展开，微软不仅拥有了日后得以称霸应用软件市场的 Office 系列软件，而且通过合作，从苹果的麦金托什电脑的图形化操作系统上学到经验，推出了具有竞争优势的操作系统 Windows，这两大法宝成为了微软日后源源不断财富的聚宝盆。

微软从 1981 年就开始开发 Windows 操作系统，欲以此与 IBM 的 OS/2 决一雌雄，但这个项目却迟迟无法完成。这时鲍尔默挺身而出，承担起开发的责任，全力监督，终于在 1985 年成功地把 Windows 3.0 推向市场。

当时，已经超出了原定的推出时间。1985 年春，微软没能在最后期限前研制出视窗软件，比尔·盖茨曾气愤地说，如果视窗软件不能在年底前上柜台销售，他就要鲍尔默走人。

这个挑战性的工作几乎是一个不可能完成的任务。尽管谁都认为比尔·盖茨只是一时气话，并不是真的要放弃鲍尔默。但鲍尔默最终也不负所望，于当年 11 月将 Windows 操作系统推向市场。

在微软公司，每个人都具有挑战精神，这不仅能激发他们的创造力，使微软不断向前，他们也能在挑战中找到快乐，正如比尔·盖茨所说："即使在 20 年后，我仍然认为我拥有世上最棒的工作。我不断接受科技与业务变化速度的挑战，以及在微软和其他公司的那些绝顶聪明人的挑战。许多人喜欢从事对改造世界有建设性帮助的工作，而那也令我满意。"

■第 8 个忠告

机遇不会自动变成财富

企业发展需要的是机会,而机会对于有眼光的领导人来说,一次也就够了。幸运之神对每个人都是公平的,许多人没有得到机会是因为他们在幸运之神光顾的时候没做好准备。

比尔·盖茨从一个程序员,一跃成为世界巨富,很多人认为一次绝佳的机遇——"一个世纪可能只会出现一次"的机遇,从而让他和他的微软公司有了巨大的飞跃。这话绝对正确,但是绝佳的机遇对于每个人都是公平的,是否能获得成功,其中还有很多关键因素。正如比尔·盖茨所说:"机会并不会自动地转化为钞票——其中还必须有其他因素。简单地说,你必须能够看到它,然后必须相信你能抓住它。"成功的关键,就是你能看到机遇并且抓住它。

这个"一个世纪可能只会出现一次"的机遇同样出现在另外一个人面前,但可惜的是,他没有珍惜,最后只能眼看着比尔·盖茨的财富一跃千里而追悔莫及。这个让幸运溜走,将数百亿美元生意拱手让给微软的人就是美国数字研究公司的老板格里·基德尔博士。

1977 年,苹果公司推出风靡一时的微型个人电脑。80 年代初,在看到市场前景后,一直对微型电脑不屑一顾的"蓝色巨人"IBM 终于如梦初醒,决心尽快进军个人电脑市场。可是,因多年来忽视了对微型电脑的关注,一时来不及研制微处理器和操作系统这两项核心技术,因此 IBM 决定暂时向技术领先的小公司购买微处理器和操作系统。

经过一番调查研究，IBM 公司决定采用英特尔公司的 8088 微处理器。而在操作系统方面，当时领导潮流的是数字研究公司的 CP/M 操作系统。为了尽快推出产品，IBM 登门商讨合作事宜。没想到的是，该公司的年轻老板基德尔博士表现出居高临下的姿态，一上来就开出了高价码，每台电脑按惯例收取授权费 200 美元，并附加其他条件。结果，基德尔博士与这个巨大机遇擦肩而过。

比尔·盖茨在回忆最初与 IBM 的合作时说道："当时有一位黑衣男子到来，我正好在公司，亲自接待，并进行了实质性会谈，而这个时间，基德尔不巧正搭乘私人飞机出外游玩，来客由他的妻子礼仪性接待。"心急如焚的 IBM 公司工作人员在基德尔那儿一无所获后，当然把合作的重心转移到了曾经为第一台微型计算机开发过 BASIC 程序的微软公司。

商谈中，IBM 公司需要微软为即将开发的新型个人电脑提交一份操作系统方案，这个巨大的机遇就落到了比尔·盖茨和微软的面前。然而事实上，微软当时既没有操作系统，也没有时间开发 IBM 所需的那种操作系统。但比尔·盖茨清楚地意识到，一个巨大的市场有可能即将出现，于是他毫不犹豫地答应了 IBM 负责人的要求。

比尔·盖茨考虑到：在市场开拓初期，技术水平一时的高低有时并不重要，具有决定性意义的是抢占市场份额并借此建立市场标准。如果能搭乘"蓝色巨人"便车捷足先登，抢先占领个人电脑操作系统市场制高点，微软有可能一步登天。为此，比尔·盖茨和他的伙伴开始全力以赴地开发新的适合 IBM 的操作系统。

"我们疯狂地编写程序、销售软件，我们几乎没有时间做其他的事。值得庆幸的是，我们的客户都是狂热的计算机爱好者，不会被功能的弱小、手册的简单和先进的用户界面所影响。这就是计算机软件当时的状况。

"一些公司把它们的软件装在一个塑料袋中销售，带有一张复印的使用说明和一个电话号码（你可以拨打这个电话寻求'技术支持'）。对微软公司来说，当有用户打电话要求定购一些软件时，谁接到电话谁就是'送货部'。他们要跑到办公室的后面拷贝一张磁盘，把它放在邮件中，随后回到自己的座位上继续编写代码。"比尔·盖茨这样描述自己最初创业的经历。

功夫不负有心人，经过 6 个月的奋战，比尔·盖茨终于让微软的 MS-DOS 搭上了 IBM 这一趟顺风车，微软把握住了这个机遇。当然，比尔·盖茨的年龄优势也在这次谈判中起了举足轻重的作用，年纪轻轻的他让许多人低估了他的经营头脑。导致了 IBM 做出了将操作系统外包给微软公司的错误决定，这让它付出了高昂的代价。

比尔·盖茨向 IBM 开出了看起来极有诱惑力的合作条件，即微软完全配合 IBM 和英特尔的硬件标准和规格，特别设计 PC-DOS 操作系统，每台电脑收授权费不到 50 美元。IBM 大喜过望，双方一拍即合。但是比尔·盖茨保留了 PC-DOS 的独占权，而且可以授权其他硬件厂商使用 PC-DOS 略为修改而成的 MS-DOS。

凭借"蓝色巨人"的赫赫威名和营销网络，IBM 个人电脑一时畅销全世界，全球电脑厂家争先恐后地为 IBM 电脑开发应用软件，使与应用软件紧密相关的 MS-DOS 不费吹灰之力便成为软件产业的行业标准。如今，全世界 80% 以上的电脑都是使用的微软产品，更有甚者，新出厂的个人电脑绝大部分都已经预装了微软的软件。因此，比起竞争对手，比尔·盖茨一起跑就领先了一大截。

将微软的成功归于这次与 IBM 的合作一点也不夸张。然而这其中不仅仅是幸运，还有比尔·盖茨的独到眼光，他深刻地明白这次与 IBM 合作的意义，他也清楚地知道先人一步占领市场份额并借此建立市场标准的重要性凌驾于技术水平的高低。他的这个决定最终迫使许多在技术上更加完善的操作系统黯然淡出历史舞台，而微软的操作系统从此一枝独秀。

"企业发展需要的是机会，而机会对于有眼光的领导人来说，一次也就够了",凭借这次机遇,比尔·盖茨和微软公司异军突起。当微软公司的股票上市公告宣布后,比尔·盖茨趁机而动。借着与 IBM 合作的便利,他又不断地辗转于向集团购买者推销股票的活动中。这一举动又为他和微软带来了巨大的经济效益。

在这次巡回推销活动中,比尔·盖茨代表公司在 10 天内到世界的 8 个城市进行推销,其中包括世界金融中心伦敦。虽然有些疲于奔命,但是为了让自己的股票有一个好的价格,比尔·盖茨非常愿意在这些城市逗留并且在每个城市发表演讲,每一次推销会场都搞得像节日舞会一样热闹。

当他乘坐的飞机在英国伦敦徐徐降落,比尔·盖茨一行受到了英国式的热烈欢迎。一个盛大的聚餐会在阿纳比举行,这是大英绅士们典型的聚会,温文尔雅而又不失热情,会后还举行了舞会。比尔·盖茨整个晚上都乐此不疲。

比尔·盖茨的辛苦劳作没有白费,这为他带来了大把的钞票。1986 年 3 月 13 日微软股票上市的第一天,共成交 360 万股,可谓取得了一个巨大的成功。中午时分,每分钟有大约几千股成交,如果谁以每股 21 美元的价位吃进,而在最高值抛出时,那么一天之内他将增值 40% 以上。

当天的股票交易市场上几乎就是微软的个人演出。几乎所有进出交易大厅的股民都买了微软的股票,而别的股票却无人问津。比尔·盖茨在此一役中就成为了身价上亿的世界顶极富翁。在世界各企业家的发财史上,能够在短期内赚取如此神话般利润的,恐怕只有比尔·盖茨一人。

回顾这次与 IBM 的合作,如果不是因基德尔博士的失误而留下的偶然机会,比尔·盖茨可能就不会像今天这么显赫,至少他的财富积累起来要慢许多。因此,或许我们会将微软公司这次异军突起并且在日后取得统治地位看作是幸运。但是这样的想法未免也太小看比尔·盖茨和他所带领的微软团队了。在对这次机遇的把握中，比尔·盖茨的智慧、眼光和热情是最关键的因素。

最有希望的成功者，并不是才华最出众的人，而是那些最善于利用每一时机发掘开拓的人，所以要想取得成功，必须要具备长远思考的能力，并且要随时做好准备。

第9个忠告

创新是活力之源

我们正在完成一些有史以来最杰出的工作。在过去几年里，我们的很多工作都不引人注目。有一股产品浪潮即将来临，它将显示，我们正站在一个新时代的前沿。

比尔·盖茨曾在一次演讲上说："在过去两个世纪里，许许多多的创新已经从根本上改变了人类的生活条件，例如寿命延长了一倍，能源更加便宜，食物更加充裕。如果我们假设在未来10年内，在健康、能源或者食品领域都没有任何创新，那么前景是非常的黑暗的。对于富人来说，健康的成本会不断攀升，因此将不得不做出令人头疼的选择；而对穷人来说，他们将不得不继续处于目前的糟糕境地。我们将不得不提高能源价格，以减少能源消费，穷人则不得不在承受高价的同时，还要承受气候变化带来的不利后果。我们还将面临食品大规模短缺的局面，因为世界人口不断增长，我们没有足够的土地来喂养他们们。"他认为避免这种糟糕后果的方法是创新，在创新领域里，微软大有用武之地。

在电脑世界，每一种产品的出现，都会经过一段激烈的竞争，然后由胜利者来颁布行业标准。在过去，IBM个人计算机确立了个人计算机标准,而微软公司的 MS-DOS 确立了操作系统的标准。如果一家公司确立了行业标准,就意味着获得了行业控制权和滚滚而来的巨大财富。比尔·盖茨也正是基于落伍者将被淘汰的想法追求创新,追求创立行业标准。

为了在竞争中取得优势,比尔·盖茨和微软一直强调做有用的研究,对于有用的研究,微软有 4 点定义:第一点是做一流的研究,要么不做,要做就要做世界上最好的研究;第二点是做主流的研究,或者是三五年之后能够变成主流的研究,而不能仅凭好奇心的驱使,特别是大项目,投么多钱,建立那么大一个团队,一定要是看得见、摸得着的,一定是有希望的、代表学术界主流的研究;第三点是有用的研究,而且是 5 年、10 年内有用的研究;第四点是最关键的,也是与其他公司最不相同的,那就是相关性,不仅有用,而且要对公司的发展有用。

总而言之,微软的研究思想就是紧跟科技发展的步伐,并不断尝试用这些前沿的成果来推动整个产业。这也是比尔·盖茨成立微软研究院的初衷。比尔·盖茨表示:"我们正在完成一些有史以来最杰出的工作。在过去几年里,我们的很多工作都不引人注目。有一股产品浪潮即将来临,它将显示,我们正站在一个新时代的前沿。"

比尔·盖茨历来重视创新能力,强调产品需要不断创新,因为创新是保持企业竞争优势的前提。他说过一句很著名的话:"成功的大公司在别人淘汰自己的产品之前,已经自行淘汰了它们。"微软的发展充分地体现了比尔·盖茨的这句话,从 Altair Basil 到 MS-DOS、Windows、Office 等产品的推出,微软公司一直处在时代的前沿。

微软公司不断自我突破的法宝就是微软研究院。微软充分认识到立足长远的基础科学研究的重要性,缺乏基础研究,产品就后续乏力,就没有创新和发展的基础,即使一时产品卖得很火,但终究不会维持太久。因此比尔·盖茨专门成立了微软研究院，让每位研究人员都与公司产品工程师密切合作，每项研究课题都涉及微软公司向市场交付的几乎每一种产品。

比尔·盖茨历来重视创新，他与许多出色的企业家一样，把创新看作是对生产要素的重新组合。不仅在产品的技术方面，在公司的管理和产品销售策略等方面，比尔·盖茨也处处体现了创新精神。

20世纪90年代早期，当微软的几大应用程序相应面市，微软开始了他的捆绑战术，将Word、Excel和Power Point等功能独立的软件捆绑在一起，打造出了至今仍畅销世界的Office办公软件。这一销售战略的出现是营销史上的一次大手笔，不仅成功塑造了微软在应用软件行业里的专业地位，也使得Office办公软件与Windows操作系统紧密结合成了微软公司的一台印钞机。

随后这种捆绑战略在微软的历史上不断出现，浏览器IE与Windows的捆绑更是终结了一个时代的神话。而捆绑杀毒软件等行为虽然没有成行，但是也反映出了微软对捆绑战略的青睐。

如今，微软公司经营Office办公软件已经有相当长的时间了。Office办公软件的年销售额约为90亿美元，其营业利润超过了40亿美元，它是公司最大的一棵摇钱树。目前该软件所面临的挑战正是微软所面临的挑战的缩影——需求增长的停滞。

为了改变这个现状，微软再次寻求解决的方案。微软把目光聚焦在了商业软件上。这个针对中小企业的市场虽然有着众多的竞争者，但却是一个巨大的尚未切分完的蛋糕。数年以来微软耗费了几十亿美元的巨资来打造商业应用软件部门，软件巨人还在不断加大对这个部门的投入力度，如今微软商业软件解决方案部门的1700名程序员中有2/3的程序员正在从事新商业软件系统的开发。

虽然到目前为止该部门依然处于亏损状态，但是微软对其商业应用软件解决方案部门依然充满了信心，因为不久之后，该部门就可以与Oracle、People Soft和SAP等大型的商业软件公司同台竞技了。

在微软的开发团队里,一些非技术出身的人也加入了进来。如微软亚洲研究员王坚是心理系的教授、博士生导师,但是在微软却摇身一变成了主任研究员。他关于"数字笔"的研究让比尔·盖茨欣喜若狂。

这种变化来源于微软对用户的尊重。微软认为 IT 企业必须让产品最大限度地人性化。像王坚这样的心理学家加盟微软,正是从心理学的角度辅助产品进步。据透露,今后,甚至文学家、社会学家等人文领域的专家都为微软服务。

如果讨论一个技术要不要产品化,微软内部有个专门的部门来模拟会有哪些人、在什么场合用这个产品。小说家要根据社会学家作的市场调查,虚构几个场景让不同的主人公使用产品,甚至可能最后拍成图片或是电视片。研发部门的人可以看到一个模拟的未来产品走向,他或许能看到,一个家庭主妇实际基本不可能用这个新产品;或是一个公司的经理他很喜欢这个产品,但还有很多功能学起来很费劲,最后他放弃了。

不断打破现状,寻求新的突破成了微软在开发过程中的惯例。在对 Office 办公软件的改进调查过程中,工作人员经过数月悉心调查带回了一张包含数以百计的项目的"市场遭遇图"。图上列出了该软件还可以突破的方向。

这些项目被分为写作、数字分析、绘图、制作多媒体讲稿、收发电子邮件、项目管理、培训、召开虚拟会议等 8 个门类。在这种突破性的工作下,Office 软件将被改造成一种工具,你可以通过它进入大型企业应用程序的数据库,你可以轻而易举地在台式机上驾驭这些数据,就像用浏览器阅读网上的内容一样简单,这个软件甚至都已经想好了名字:数字仪表盘。这使得 Office 软件不仅拥有了新的技术战略,而且还拥有了潜力巨大的市场。

比尔·盖茨表示,拿年营业额 320 亿美元的微软和规模小得多的公司相比是天真的。他说,如果说增长率是唯一的衡量尺度,我们的确做得不够好。微软的中心任务是创新,我们开发的新产品比其他任何公司都多。

创新成了微软公司不变的宗旨,不管是产品技术还是商业管理,比尔·盖茨说:"每家公司都得不断更新自己的产品。在知识的年代里,技术专家与有创造力的人是公司财富的来源。如果再加上商业管理才能与高度的竞争意识,那么公司就能在商业领域无往不胜了。"

■第10个忠告

思考是行动的灵魂

"微软公司不像昔日的IBM那样,在墙上挂着训斥员工要思考的牌子。在微软,思考已经彻彻底底地渗入了微软的血脉。"既要在企业中长期开展技术储备和基础研究工作,又要在市场发生变化时能在最短的时间内快速反应,解决难题。

微软开创之初,既没有大型厂房,也没有原料和产品库房,只有软盘和软盘中储存的知识。就是依靠着软盘和软盘中的知识,还有智慧,在短短的20年里创造了神话般的奇迹,到1997年底,微软公司拥有资产460亿美元,其市场价值已超过美国三大汽车公司的总和。微软之所以取得如此巨大的成就,也许下面的一段话说明了一些原因。

新闻记者史卓斯与微软公司近距离接触3个月后这样写道:"当我近距离检视微软公司的运作时,让我感到震撼的不是这家公司的市场占有率,而是该公司拟订决策时那种密集、务实的深思熟虑。据我观察，微软不像昔日的 IBM 那样，在墙上挂着训斥员工要思考的牌子。在微软，思考已经彻彻底底地渗入了微软的血脉。"

一个成功的软件企业不但应当有明确的目标和长期的发展规划，而且还应当有在特定时期、特定条件下适时调整战略的能力。这要求企业决策者必须具备足够的智慧和勇气，既要在企业中长期开展技术储备和基础研究工作，又要在市场发生变化时能在最短的时间内快速反应，解决难题。在危机中能够保持沉着冷静的比尔·盖茨，用他的智慧一次又一次进行化解。

因为疏忽网络的崛起，微软处在极为不利的境地。在短短两年时间内，以网景和太阳为首的一大批计算机公司将因特网变成事实上的信息高速公路，整个计算机行业甚至其他行业也发生巨大变化。

网景与太阳公司的实力相当惊人，曾一度使得微软公司的 Windows 操作系统的地位变得无足轻重。这使比尔·盖茨意识到未来的决战将在网络领域，于是在短短 9 个月内，微软完成了以网络为次要策略到以网络为焦点的巨大转变。对这一转变，比尔·盖茨作了深度的考虑，如果还坚持在操作系统和应用软件上而对网络无所涉及的话，那么微软将会被时代抛弃。微软想要重获霸主地位，必须有所改变。

比尔·盖茨的这种担心绝非多余，在信息时代，市场风云瞬息万变。即使是微软这样强大的公司也是身处危机四伏的环境中，它有许多具有相当实力的竞争对手对其虎视眈眈，稍有不慎，微软的结局可能会很悲惨。因此在每次决策中，比尔·盖茨都是谨小慎微，斟酌再三，每时每刻都在思考微软下一步的发展。

尽管比尔·盖茨认为娱乐事业将会有广阔的前景，进军新媒体市场将会比单纯发展软件业务更有利可图，但是在没有完全把握的情况下，他没有采取行动。

经过细致的调查和研究分析，比尔·盖茨确认了自己的观点。

于是他开始气势恢宏地向新媒体进军，其动作规模之大，令人瞠目。1996年，微软公司正式宣布以4.25亿美元的价格收购WebTV公司。借助WebTV公司原有的渠道，微软公司可将软件以及微软公司制作的信息内容，一并打入大众家庭，并且抢在电器商与电视台之前，部署大媒体时代的全方位策略。

要么按兵不动，一旦有所行动，比尔·盖茨的出击就会如雷霆万钧一般。事实上，这只是开始。紧接着，比尔·盖茨向全世界的客厅发起了攻势。在美国洛杉矶举行的发布会上，微软给Windows XP媒体中心2005年的定位是最好的家庭用户操作系统。如果你看一下消费者对音乐、照片、电视等数字娱乐内容的巨大兴趣和需求就会发现，这正是他们想要的Windows。微软宣布，该产品在当时已经售出超过100万份，并预计到2007年时销量将达到1900万份。

为了配合比尔·盖茨的策略，微软的宣传营销手段向来是不计花费的，金钱对于财大气粗的微软来说并不是最重要的。在任何新产品的推广活动中，微软都可能耗费数千万美元，而投入到研发过程中的资金往往达到数亿美元。在如此强大的阵势下，很少有对手能占到上风。全力以赴之后，微软乐观地认为，未来几年内，将有1/3的消费类PC采用媒体中心。

比尔·盖茨认为，电脑软件业未来仍有很大的发展空间，微软公司的事业尚有很多机会。他目前正不断吸收信息资源、电影、生活信息、百科全书、艺术精品无所不包，这些东西一旦经过数字处理之后，便会成为新媒体王国的重要资源，也就成为了微软搏击沙场的利器。而在微软的研究院里，那个微软希望用以改写PC时代的东西就安静地躺在一位研究人员办公桌上的乱纸堆里。它叫Tablet PC，翻译过来叫"平板电脑"。2000年11月，盖茨曾经发布过一个令PC业界心惊肉跳的预言，他说，Tablet PC将取代笔记本电脑，并将为PC带来一场新的革命。

对于比尔·盖茨而言，极为有利的是，所有的媒体科技都离不开电脑，而电脑软件正是微软公司的强项所在。由于微软公司占全球个人电脑操作系统八成以上的市场，这场信息革命令微软公司的规模更加扩大，其领导地位也更加坚固。微软正试图在新媒体领域搭建一个系统的平台，让所有的设备都统一在这个平台里运行。这个设想的提出一如当年的 Windows 操作系统。5~10 年后，人类社会的新的计算机和家庭电器的标准可能就会从微软诞生。

所有新的产品开发，都将在微软公司的专属领地当中角逐，因此，微软公司无疑已经抢占了一个居高临下的战略要点。但是，比尔·盖茨仍旧保持清醒的头脑，保持着他一贯稳健的经营作风，所有的行动都必须是深思熟虑后的结果。

不急不躁的比尔·盖茨，更像一位哲学家和思想家，不管在任何时候他总能使自己的心平静下来，在思索中找到解决问题的方法，使自己的企业得到进一步发展。他总是在风暴来临之前就带领公司走出沼泽地。不管是微软刚开始创业时，还是如今微软的地位已经很难动摇的情况下，比尔·盖茨始终保持着清醒的头脑，时刻准备着参与下一步的竞争。

■第 11 个忠告

有效的竞争管理

没有哪一个老板会喜欢任用一个办事拖拉、草率行事的人。我们随处可以看见这样一些人，他们之所以不能进步，往往都坏在一个更小的毛病之上——草率多误。任何事情，一经过他们的手，别人就再也不能放心，不得不再去复核一次，因为他们做事情永远是漏洞百出。换句话说，这样的人就是没有竞争能力，而微软是不能容忍这样的人存在的。

美国密歇根大学的研究人员进行过一些实验，他们安排一个工作小组的人员在一个专门设计的"竞争房间"内一起工作了几个月，结果发现，工作人员在这种新型办公室内的工作效率，比在传统的办公室内的工作效率提高了很多。

该项目小组对6组软件开发人员进行了测试，这些工作人员几乎没有在"竞争房间"工作过的经验，利用软件开发业通常采用的考核方法，研究人员对员工的劳动生产率进行评价，然后，将在"竞争房间"内工作的员工的工作效率数据与传统情况下的工作效率进行比较。

试验表明，在"竞争房间"中，员工的工作效率是以往的两倍多，而且，在后续的11次试验中，研究人员得到了几乎相同的结果，有的甚至把工作效率提高了4倍！

像竞争激烈的软件市场一样，微软内部人才的竞争也十分激烈，加之微软扩张得异常迅速，每隔几个月就得重新组合一次，使内部人才的竞争愈演愈烈，甚至充满了火药的味道。微软公司内部也实行独树一帜的达尔文式管理风格——"适者生存，不适者淘汰"。不断地裁掉最差的员工，是微软的一贯原则。这样，微软公司便能够不断纳优排差，以保持整个企业的正常的"新陈代谢"状态，让企业保持弹性。

在30年的发展中，微软公司一直在寻求技术产品的推陈出新，但微软整体的企业文化的核心理念一直没有改变——"激发每个员工的潜能"。

比尔·盖茨非常清楚，对工作充满激情的人才有更高的工作效率。因此比尔·盖茨非常注重激发员工的潜能，当你有100%的能力的时候，希望你能做到120%。

比尔·盖茨说:"没有哪一个老板会喜欢任用一个办事拖拉,草率行事的人。我们随处可以看见这样一些人,他们之所以不能进步,往往都坏在一个更小的毛病之上——草率多误。任何事情,一经过他们的手,别人就再也不能放心,不得不再去复核一次,因为他们做事情永远是漏洞百出。换句话说,这样的人就是没有竞争能力,而微软是不能容忍这样的人存在的。"

为了激发员工的潜力,公司采取了行之有效的办法——业绩考评和工作评估。微软公司采取定期淘汰的严酷制度,每年考核一次,然后将效率差的5%的员工淘汰出去。而且业绩考评和工作评估得出的结果,是员工晋升或者裁撤的唯一依据。所以在大多数的公司,某项成功可能会让你轻松10年、15年,但在微软,这样的成功只代表你下个工作可能会做得更好,微软绝不会让人员停留在过去的成就上。在微软,今天的绩效不代表一切,任何人想要停留在原地就会被别人超过,因此,在这种环境下,人人都要全力以赴,任何人都不许找理由或借口。

在微软,一个软件工程师的工资可以比副总裁高,这是其他公司没有的机制。有一个在微软做了12年的非常优秀的软件工程师,他有很多机会做管理,但他拒绝了。

他说:第一,我对管理没有兴趣,我管不好人;第二,我就想把我的所有时间都花在技术上。按照传统观念,你不做管理,你只是一个兵,不是将,你的工资肯定上不去,但微软的价值观是看贡献,而不是职位。这样的环境让员工可以在自己擅长的领域充分地展现自己的竞争力。

比尔·盖茨说:"我的员工会不满,但是他不会愿意和其他公司的员工交换工作。"事实上微软的工资并不高,但是充满挑战的环境、高额的目标完成奖励,都是对人才极大的吸引。微软公司不以论资排辈的方式来决定员工的职位及薪水;员工的提拔升迁取决于员工的个人成就,这一点营造起了公司的竞争氛围,给员工带来了压力，促使他们更加努力地工作。到1992年，依靠公司为奖励目标达成配送的股票，微软有近3000名员工成为百万富翁。

微软的这种办法是一个挖掘人才潜能的有效手段。在这种体制下，提高工作效率是员工唯一的生存途径。当然，其中我们还可以看出，在这种体制下还可以让员工创造自己的发展空间。微软的考核制度是寻求双方的认同，一方面，员工应看出自己的不足，加以改进；另一方面，如果评估结果显示，公司现有的管理制度确实阻碍了员工发挥自己的工作潜能，那么，公司就应该立刻改善自己的管理风格并调整计划。所以才会出现上述员工甘愿做技术而不去做管理的情况。

当然，微软的这种内部竞争机制是建立在竞争的基础上，而不是斗争，这种竞争是在理性的基础上。做到这一点，微软完全是靠制度来保障的。在微软，团队协作仍然是团队的核心，但是竞争环境下的合作被赋予了新的含义，微软通过无级别的员工平等意识来激发成员的竞争意识，用争论来激活团队的气氛。这样既满足了员工自身提高水平和技能的需要，也满足了团队目标的需要。

"我们公司与其他公司最本质的区别就在于所雇用的员工素质不同。公司整个系统的基础就是员工们敏锐的思维方式和惊人的工作效率。如果你的员工在几个小时内就完成别人需要花许多天的工作，你就会拥有更大的灵活性，就会觉得有更丰富的资源可以利用。"比尔·盖茨对此颇为自得。

在这种具有极大发展空间而又充满竞争的工作环境中，微软的员工具有强烈的工作热情和工作欲望。他们充满了竞争压力，而又具有雄心壮志，因此微软的员工都有着极佳的创造力，这保持了微软强大的市场竞争力。

对此，比尔·盖茨说道："只有在竞争中才能成长。这种竞争不仅指外部残酷的市场竞争，还包括内部无情的淘汰竞争。竞争使企业更强大，使员工更能创造业绩。一切人员的升迁只能取决于员工的个人成就。正因为如此,微软才能在市场竞争中始终保持领先于人的活力。"

第12个忠告

与人才共事是永远不变的

鼓励管理者雇用比自己更强的人才;使用严格的人才录用和评估过程;对所有员工一视同仁,领导坚持以身作则等。这些行之有效的用人制度切实保证了微软公司能够将全世界最优秀的IT人才汇聚在公司内,为公司的长远发展提供有力的支持。

"如果把我们公司顶尖的20个人才挖走,那么我告诉你,微软会变成一家无足轻重的公司。"微软员工也都素以才智、技能和商业头脑而闻名业界,因为他们都是被精心挑选进来的。比尔·盖茨雇用的员工必须是电脑行业中最出色的人才。所谓最出色的人才,就是他要具备较强的专业知识与技能,但是比这更重要的是,他必须是最聪明的。

比尔·盖茨认为,"聪明"就是能迅速地、有创见地理解并深入研究复杂的问题。具体地说,就是善于接受新事物,反应敏捷;能迅速地进入一个新领域,并对其做出合乎逻辑的解释;提出的问题往往一针见血,正中要害;能及时掌握所学知识,并且博闻强识;能把原来认为互不相干的领域联系在一起并使问题得到解决。

出于这样的要求,所以微软的招聘方式显得别具一格。在微软的招聘会上,微软最关心的不是应聘者所具备的知识,因为知识很容易获得,更不是应聘者在校时成绩的好坏,精明能干、勤于思考的应聘者才是微软青睐的对象。比尔·盖茨时常对软件开发人员说:"4～5年后,现在的每句程序指令都得淘汰。"这么快的更新速度,要求程序设计员必须有良好的创新能力和应对变化的能力。在他们看来,只有精明而又善于思考的人才会很快地改正错误,思考寻找各种改善工作的方法,为公司带来高效益。

根据微软考量人才的这一原则,在校成绩并不是衡量一个人的最重要的标准,一个人的成绩只要没有差到"平均线"以下,就有资格走进微软进行面试。在大学里分数第一却没能通过微软面试的也是大有人在。另外,学校导师极力推荐的学生不一定能为微软所接受,导师竭力说"不"的学生,也不一定会被微软拒绝。面试的目的,在于检验应试者的书本之外的能力。因此一些到微软进行过面试的人说,应聘者进入微软,就会觉得过去学过的书本上的知识全都用不上。

面试中,刚毕业的大学生通常会遇到一些稀奇古怪的问题,有媒体曾报道过微软公司研究院面试中的一些典型问题:为什么下水道的盖子是圆形的?你和你的导师发生分歧怎么办?两条不规则的绳子,每条绳子的燃烧时间1小时,请在45分钟烧完两条绳子。还有一个最常问的问题是:全美有多少加油站?

主考官全是各个方面的专家,每个人都有一套问题,并有不同的侧重,考题通常并未经过集体商量,但有4个问题是考官们共同关心的:是否足够聪明?是否有创新的激情?是否有团队精神?专业基础怎么样?

微软面试时还常在上午给应聘者一些新的知识,下午则提出相关的问题,看应聘者究竟掌握了多少。在招聘人才时微软较注重人才的综合素质,即除了考虑人才的专业背景外,还要考查其心理和情感因素,其中包括应变能力、适应能力、再学习能力、竞争能力和承受压力的能力等。

像上面的这些问题,答案正确与否并不重要,如果应聘者连想都不想就说不知道,这个人马上就会被判出局,因为面试者想要知道的是应聘者如何思考和解决问题。微软公司认为对面试问题的回答会透露出应聘者的心理特征和思维模式,两个学历背景非常相似的人,往往会因其不同的性格和心理特点做出迥异的工作成绩,因此考查一个人,学历固然重要,但学历背后的综合素质也是十分关键的。虽然应聘人员是由人力资源部门统筹,人员的面试和决定却是由应聘者将要加入的部门负责。如果应聘者通过层层面试,之后通常还会由4~5位未来可能一起工作的人员作一对一并长达1个小时的考查,然后再由部门主管决定是否雇用。

为了招聘到世界上最顶尖的人才,很多时候,所有的高级管理人员甚至是比尔·盖茨和副总裁都要亲自参与招聘,足以体现微软公司对招聘人才的重视。在面试时,一个应聘者面对的是一个考官;而在录用员工时,比尔·盖茨永远只聘用少数人,原因并不是为了减少成本开支,而是为了保证他们所挑选的人才是足够优秀的。

尽管微软公司每年会收到数以万计的求职简历,但它只雇用5%最顶尖的人才。为了挑选人才,微软公司现有220多名专职招聘人员,他们每年要访问130多所大学,举行7400多次面谈,而这一切仅仅是为了招聘2000名新雇员。微软公司还为此编了一个专用程序,用来统计出用户所使用的关键词。从统计的结果可分析出此人是否具有较高的计算机技能,并将其列为招聘对象。

微软招募英才最多的沃土自然是名列世界前茅的那几所大学:哈佛大学、耶鲁大学、麻省理工学院、卡耐基·梅隆大学,当然也包括其他一些大学如华特鲁大学,这个大学以其数学闻名于世。

为了保持不同凡响的增长率,微软还不断通过员工推荐、报纸及行业广告、贸易展和会议、校园招聘会、网上设置公司起始页、实习计划及猎头公司等活动积极聘用高素质员工。但微软之所以能独步业内,并不是因为有这些活动。更准确地说,靠的是蕴含在这些活动中的聘人哲学。它的招聘不是针对某个职位或群体，而是着眼于整个企业。

在此方面，微软的成功经验包括：鼓励管理者雇用比自己更强的人才；使用严格的人才录用和评估过程；对所有员工一视同仁，领导坚持以身作则等。这些行之有效的用人制度切实保证了微软能够将全世界最优秀的IT人才汇聚在公司内，为公司的长远发展提供有力的支持。

微软成立之初，就对招聘超常地重视。时至今日，微软的人力资源负责人还是以能够配合好比尔·盖茨等创始人作为选人的标准之一："我们的做法还是像只有10个人的公司在聘用第11个人一样。"

应聘者需要经过重重选拔才能进入微软，当新人们如愿以偿地加入微软之后，就会发现公司上下到处都是优秀人才，在这个公司里人们都感到精神抖擞，因而对未来充满信心。

比尔·盖茨在清华大学演讲时曾说，虽然自己并不是每天都痛快，但他不愿与别人交换这个工作。他觉得自己能够与一群充满智慧的人工作、交流，是一件十分幸福的事情。与一群智慧出众的人才一起工作，比尔·盖茨非常享受。

■第13个忠告

注重团队的协调

比尔·盖茨认为，一个成功的企业家要具备合理组织既定资源以及将企业带向正确的发展方向的能力，从某种意义上讲，他是一个思想家。微软公司上下的积极性以及表现出的高效竞争力，证明比尔·盖茨出色的管理能力。

一个和谐默契的优秀团队中会出现互帮互助的情况，然而团队合作本身，算不上是什么美德，而是一种战略选择。因为一个精诚合作的团队是强大有力的，远远胜过个人的单打独斗，这几乎也是所有人的共识。通用电气公司前 CEO 杰克·韦尔奇曾说："在一个公司或一个办公室里，几乎没有一件工作是个人能独立完成的，大多数人只是在高度分工中担任部分工作。只有依靠部门中全体员工的互相合作、互补不足，工作才能顺利进行，我们才能成就一番事业。"比尔·盖茨明白，团队是否优秀对一个企业有着至关重要的作用。

计算机行业是一个英雄辈出的行业，无数创业者用他们饱含个人英雄主义的智慧与魄力创造出了一片天地，并为这个行业打下了坚实的基础。但随着经济日益全球化，这个行业越来越理性，市场越来越规范，个人英雄主义愈显不支。在这种情况下，团队协作则被更多地被提倡，甚至有人说："单靠个人或者少数人的力量已经不行了，个人英雄的时代业已结束。"

聪明且又注重合作的比尔·盖茨不会不明白这点，在组建优秀团队的过程中，比尔·盖茨会"不择手段"地去搜寻和挽留人才。因此，在比尔·盖茨的周围，聚集了一大批计算机方面以及管理等方面的天才，这是微软公司始终在计算机行业保持竞争优势的保障。比尔·盖茨对身边的这支团队非常信赖，并为之自豪，他称道："微软公司在全球有 4 万多名员工，但是我只要带走 100 个人，又可以再搞出一个微软。"

微软的迅速发展，其成功之处不仅在于有一个出色的精英团队，比尔·盖茨的领导艺术也是极为重要的因素。比尔·盖茨认为，一个成功的企业家要具备合理组织既定资源以及将企业带向正确的发展方向的能力，从某种意义上讲，他是一个思想家。微软公司上下的积极性以及表现出的高效竞争力，证明比尔·盖茨出色的管理能力。

微软在研发 Office 2000 时，比尔·盖茨调动了全球 8000 名工程师，耗时 2 年，进行了多达 75 万人次的测试和修正。在此过程中，既要保证技术产品不外泄，又要保障这个大工程的顺利推进，这是系统管理的成功。微软现在的强大，不仅在于比尔·盖茨个人天赋的作用，更在于组织全球顶尖人物协同作战的能力，这才是微软真正核心竞争力的体现。企业领导力的提升一定是有形的流程和制度，以及文化的无形影响力共同作用的结果。

作为一名卓越的领导者，比尔·盖茨的个性极容易影响到手下的员工，微软的公司文化就时时处处体现了比尔·盖茨的个人特性：员工们工作努力，很多人每周自愿工作 60 小时以上、喜欢创新、爱争论、表现优异、喜欢阅读科幻科技书籍，乐于与人辩论，也接受别人提出不同意见。这些共同特性足以体现领导者比尔·盖茨的个人魅力。

为了保证微软公司这种优秀文化的持续，比尔·盖茨采用了扁平化的公司结构，没有设置中层经理。他按照不同的任务将员工组织起来，只有一个项目经理调节团队内的工作，但没有被授予凌驾于别人之上的权力。在微软，经理们必须知道每件事情，工作的各个环节。他们很少有说空话的余地。如果一个经理人每次说出来的都只是一些理论，不能赋予一些新的价值，他在微软就不可能得到尊重，因此在微软理论和实践的结合非常重要。微软没有高高在上的管理层级，不做具体事、只做纯管理的经理在微软几乎没有。

从公司招聘人员时的素质第一，到公司面试、选择雇用人员时的问题和程序，再到公司的待遇和福利，所有人力资源措施都帮助微软建立了一种日后对员工行为和公司业绩产生巨大影响的公司文化。这也巩固了比尔·盖茨作为领导者的精神地位。

当然，领导力并不只是领导的人格魅力，它还体现在处理事情的能力上，如面对难关，综观全局，调动资源，计划、协调、控制，以简驭繁的能力，同样也包括了解部属、用人之长、善用资源、坚定实施等特性，这些更偏向于领导者的情商。美国有一个著名的调查，调查者采访了188家公司的所有领导，测试了他们的情商和智商，然后跟踪并记录了他们在事业方面的成就。该调查发现，情商对一个人成功的影响力比智商重要9倍。这充分说明了情商对于领导人才的重要性。从这一点来说，比尔·盖茨也是做得相当出色。他给以员工自由的空间，允许保持个人的独立，让员工自由选择上下班时间，这一切都体现了比尔·盖茨人性化管理的特色。

更为难得的是，拥有如此霸业的比尔·盖茨还坚持亲身领导，与员工们共同战斗。沃顿商学院企管系一位教授指出，比尔·盖茨是少数能够提升自我能力，与企业同步成长的创业家。他说："企业规模已经这么大，却还能亲身领导的成功创业家，非常少见。"

微软从两个好朋友创业开始，一直发展到现在拥有4万多员工，比尔·盖茨的领导力在经营中发挥了重要的作用。独特的人格魅力、宽松融洽的工作氛围，吸引了全球软件行业的顶尖人物，他们纷至沓来。众多个性迥异的电脑高手们汇聚在一起，如果没有良好的情商，没有卓越的领导力，在30多年的创业历程中，微软将时刻面临着分崩离析的局面。

跟众多的成功者一样，比尔·盖茨拥有美好的愿景，他希望微软能持续强大下去，他明白这一切都要依靠出色的团队。比尔·盖茨无等级、人性化的管理，让更多的微软人找到归属感，让员工真正体会到微软不只是单纯地付钱让员工来工作，同样还关注员工未来的发展、关注他们的家庭、关注他们的职业生涯，使得员工在充满激情中继续为实现微软的霸业而孜孜不倦地工作。

第 14 个忠告

充分信任,给员工创造空间

如果只是用优厚的待遇去招揽人才,或许能吸引到一些人才的加入,但是一个让人感到舒适的工作环境更能吸引并且长期留住所有最佳的人才。

当今美国"硅谷"的科技人才流失率在 30% 以上,但在微软的研究院中,人才流失率不到 3%,其中亚洲研究院的流失率仅为 0.1%。人们在微软的最大感触是,每一个人都特别快乐,特别热爱和珍惜他的工作。在微软,每个员工都保持极高的工作热情以及对微软公司充满了热爱与归属感。这又再一次证明了比尔·盖茨出色的管理才能。

比尔·盖茨认为,如果只是用优厚的待遇去招揽人才,或许能吸引到一些人才的加入,但是一个让人感到舒适的工作环境更能吸引并且长期留住所有最佳的人才。微软就为它的员工们提供了一个令其着迷的工作环境,在这里,员工们可以充分保持个人的独立性。

微软总部设在风景秀丽的西雅图北区,四周都是葱郁的树木。比尔·盖茨希望微软的员工能因此而骄傲,并由这种骄傲产生依恋和归属感。1985 年,公司在讨论设计方案的时候,比尔·盖茨就明确指示,所有楼房都设计成 X 型,让每间房子透过窗外都可以看到郁郁葱葱的树木,每间房子只能住一个人。他在会上说:"我们的这些姑娘和小伙子,在进大学前,几乎足不出户。现在我们把他们带到这荒野外的地方,应该想方设法让他们觉得舒适。"

除了舒适的环境，微软的管理制度也让员工们感到随性而轻松。许多公司常常有一大堆的繁文缛节，把员工当成低能儿或准囚犯。这些公司似乎相信只要立下各种规范和条例，就可使最笨的人也不会犯错，同时使所有人都遵循，这种防弊重于兴利的方式处处可见。但比尔·盖茨从来不这样做，而是尽量把事情简单化，因为他认为自己的员工都很聪明，应该信任员工，让员工自行决策，如果有员工不守规则，他会单独针对这个员工处理，而不是把所有员工都一棒子打死。

在微软总部里，所有成员每人都享有同等的约 11 平方米的单间办公室，里面可以听音乐、调整灯光，做自己的工作，可以在墙壁上随意贴自己喜欢的海报或在桌上摆设自己喜欢的东西，让这间办公室像自己的一个家。X 型的双翼和各种各样的棱角使每个办公室的窗户增多，员工可以很好地欣赏附近的风景。

在微软，无论是开发人员、市场人员，还是管理人员都可以保持个人的独立性。不管你是新来的大学生，还是高级管理人员，或是老牌的微软人，大家全部一样。这种工作环境体现了微软崇尚高度独立的企业文化，且能做到对员工的挑战和考验。比尔·盖茨认为，只有在一个独立的富有个性的环境中，软件开发人员的智慧才有可能最大限度地发挥出来。

而最不可思议的就是，比尔·盖茨没有在公司里设定工作时间表，他让员工自己选择工作时间，结果大多数人为了完成工作，都比一般上下班的人工作的时间长，微软要求的是完成工作，而非工作时间的长短。

比尔·盖茨这样一个独到的管理风格给了员工们充分的信任和空间，让员工尽情地发挥他们的潜能和创造力。

在微软研究院，微软从不规定研究人员的研究期限，只是对开发产品的技术人员规定了期限。"真正的研究是无法限定期限的，因为都是一些未知的东西，但开发必须有期限，这是研究与开发的最根本的区别。但是，我如果花了两年时间还没有研究出结果的话，我就会认为这个题目可能不是一个非常好的题目，我往往会放弃它。"

担任微软首席技术官的巴特对比尔·盖茨在信任员工方面的做法颇有感触。52岁的他在比尔·盖茨亲自出马面试下进入微软公司。在微软，他得到了相当宽松的工作环境，除了比尔·盖茨有时向他请教一些问题外，几乎没有别的人来打扰他。他对此非常感激地说道："微软也不给我派什么任务，也不规定研究的期限，我可以一门心思地钻研一些我感兴趣的问题。有时，盖茨来问我一些很难解答的问题，比如大型存储量的服务器的整体架构应该是怎样的。像这一类的问题我一般都不能马上回答，而要在一两个月之后才能给答复，因为我要整理一下材料和思路。"

在这种充分的信任下，巴特既不需要从事繁重的产品开发工作，也不需要进行烦琐的行政管理工作，只是安安心心从事自己喜爱的科学研究就可以了。大多数时间他都待在微软研究院里，即使几个月、一两年都没有研究成果，但他的薪金和股份并不会受到影响。在这种轻松的工作氛围召唤下，谢利、鲍尔默、西蒙伊、莱特温等相当一批顶尖人才聚集到了微软的旗下。比尔·盖茨对此颇为自豪地说："这都是些重量级的思想家。"

当然，比尔·盖茨的苦心经营和充分信任换来的并不是员工们的碌碌无为，而是非常良好的效果。因为员工们有了足够的空间去发展自己的才能，追求自己的梦想。微软公司注重员工们的独立，但并不是放任自由。微软公司的企业文化强调"为结果、承诺和质量负责"。每个员工在工作中都应制定切实可行的目标，并为该目标负责，如果达到目标，就可以接受公司的褒奖，如果没能完成目标，就应当接受相应的惩罚。在微软，员工在开发产品上都有一种永不知足的精神，他们总是觉得产品还有可改进的地方，不能只满足于"足够好"，而必须达到"非常好"，这也是微软能始终保持成功的原因之一。

同时，比尔·盖茨还注重让员工参与管理，及时倾听一线员工的声音，使得企业一线的员工也能在微软的生产经营活动中提出意见，避免了由于决策的高度集权而造成对市场反应的迟钝。有了最先了解市场变化的一线员工的积极参与，即使在过度饱和的市场上，微软也能迅速做出反应。

当公司有重大的策略调整和重要事件发生时，比尔·盖茨和鲍尔默除了征求高级经理的意见外，还会通过电子邮件来和全体员工沟通，他们在总部举行的相关会议也会在网上直播，全球的员工可以通过这种方式参与和沟通。在这个过程中，微软的员工可以通过电子邮件或者网上会议的形式找到真正"主人翁"的感觉。所有与这些重大事件有关的人员，不论其职务高低，都会被列在电子邮件名单上，大家可以充分地发表自己的意见，即使没见过面，也相互知道各人的观点。如果有原因不能出席会议，也可以事先或会后以电子邮件的方式将自己的观点和决定通知大家，这样使得决策的程序加快，同时也可避免因会议的地点和规模对人员的限制，使得不同级别的人可以自由地、真实地发表自己的意见。

比尔·盖茨说："对人才的运用，仅仅限于收罗是远远不够的，重要的是对人才不仅要善于识别其长处，而且要敢于大胆地使用，让其充分显示自己的才能。"充分信任自己的员工，让员工站在正确的位置上，发挥自己的才能，使得比尔·盖茨在各种市场的转变中都非常成功地处于领先地位。

如果没有对员工的充分信任，影响了时代进程的操作系统Windows就可能胎死腹中。在20世纪80年代末，微软与IBM达成了共同开发OS/2的计划，但两位普通的工程师对此持有异议，他们直接给比尔·盖茨发电子邮件表达自己的意见，要求公司放弃OS/2，继续其Windows计划，这个意见最终得到了公司的支持，才有了今天的Windows操作系统。

在对微软应用部门进行的一次调查中,有 88% 的雇员认为微软是该行业的最佳工作场所之一。这再次印证了比尔·盖茨在管理方面的天才。他惊人的创造力和对市场的应变能力,让对手们十分敬佩,同时他在人员管理上最富人情味、最富人性化的举措让微软这个拥有众多员工的庞然大物充满了生机。

■第 15 个忠告

最宝贵的是适应变化的能力

"世界上唯一不变的就是变化,变化才是这个时代的永恒主题。变化无处不在,竞争随处可见。"只有让自己学会应变,才能在这个不断变化而又充满竞争的商业世界立足。

1995 年 11 月当比尔·盖茨第一本著作《拥抱未来》初版正式问世两个星期后,他当着各国记者和分析师郑重宣布微软公司在未来策略方向上所做的重大转变,他将把整个公司的未来重心定在"网际网络"上。不到一年,比尔·盖茨不仅将"国际网路版"的微软公司呈现在大家面前,同时也更新了他的畅销书《拥抱未来》绝大部分的篇幅。事实上,在 1993 年,当微软公司的视窗软体仍然控制着整个桌上型电脑的市场时,不仅 90% 的个人电脑都使用视窗操作系统,包括文字处理在内的大部分应用软体也都必须依靠视窗来启用。

而就在这时候,"网际网路"上场了,顿时成为聚光灯下的焦点,于是,微软公司以视窗为导向的未来不再那么被看好。因为,网际网路当时是在 UNIX 上操作,而不是视窗;连接全世界资讯库的工具是全球资讯网 World Wide Web，而不是视窗；而让电脑使用者能够轻易找寻及阅读网站文件的是新软体程式 Mosaic，而不是视窗。更重要的是，当时在国际网路市场上拔得头筹的正是与视窗关系不大的几家公司：网景、美国在线及太阳公司。

不过，4年之后，微软公司成功转型，其成功之彻底甚至令司法部对微软公司展开继美国电报电话公司之后规模最大的反垄断行动。虽然，转型的路程并非一帆风顺，但是最后的成功再次让比尔·盖茨稳住了江山，也让微软公司安全渡过了一大企业危机。

人们似乎从不担心微软会失去竞争优势，微软对市场的适应能力以及把握能力一直为人称赞。虽然有人说微软在未来网络时代的支配力量将逐渐减弱，但是我们回顾微软的成长史就不难发现，微软在每个领域的竞争最后总能异军突起。敏锐的市场意识和顺应市场变化的能力是微软实现异军突起的有力支持。

1982年，比尔·盖茨在参观计算机行业大会时，被一款软件震惊了。这款由当时世界上最强的微机应用软件公司 Visi Corp 展示的名为 Visi On 的产品，有3个完整的系列。它的功能类似于今天普遍使用的 Windows 与 Office 系列产品。比尔·盖茨看完后马上意识到这个产品将是微软的核心产品 MS-DOS 的克星，如果这款产品上市，微软通过 MS-DOS 建立行业标准的努力将付之东流。

针对这一市场变化，比尔·盖茨马上进入了进攻状态，他和他的微软公司迅速发起一场战役，大力向用户宣传还未面世的 Windows 操作系统。当时这套操作系统不仅还未面世，而且几乎还没开始设计。但这场战役力求从心理上和精神上赢得客户，目的在于瓦解竞争对手而不是促进销售。依靠先发制人的营销策略和与设备制造商的战略伙伴关系，比尔·盖茨对 Visi Corp 发动了致命的攻击。结果证明，他的战略是非常有效的。当 Visi On 在 Comdex 大会之后不久开始销售时，已经无法摆脱 Windows 的阴影。结果，Visi On 产品卖不出去，因为整个世界都在等待着 Windows。

微软通过制定行业标准而确立了自己在软件行业的霸主地位后,其经济实力和人力资源得到了最大程度的扩充。其庞大的资产价值和其他厂商难以攀比的科研投入使得微软成了全球顶极程序员的乐园。其开放性的信息反馈系统使得市场上的任何风吹草动都逃不过微软人的眼睛。微软对网络态度的转变则实现了其对市场变化的跟进。

微软在 1995 年开发出 IE 浏览器,开始向互联网进军时,还在把让"全世界每一台运转着的计算机都运行微软的 Windows 操作系统"作为自己的企业理想,以至于有的评论家说比尔·盖茨对互联网的认识慢了一拍,微软因此险些错过了一个时代。

当时微软确实只是站在自己的 IT 巨舰上,向互联网的广阔大陆迈出了一只脚;相比之下,如今微软推出 .NET 战略却是向互联网领域的全面推进,微软希望这是它创建 25 年来继以 DOS 操作系统、Windows 操作系统牵引世界计算机发展之后的第三个里程碑,而且,从 Windows 向 .NET 转变比 DOS 向 Windows 的转变要大得多,对业界的影响也广泛和深刻得多。

在整个网络空间里,微软一直保持着活跃的变化状态,市场上刚刚出现盈利的项目,微软就会迅速地跟进。微软实施丰富产品种类和 IT 市场的战略,已经进入新的领域,例如企业软件,通过 Xbox 视频游戏和其他媒体产品,已经打入家庭娱乐行业。现在微软正在咄咄逼人地向 PC 安全软件领域进军。

在看到门户网站的巨大盈利空间后,微软迅速建立了自己的门户网站以应对诸如美国在线等网站的艰难竞争,让微软可以更容易地接入面向基于网络的电子邮件和搜索等各种互联网门户服务。微软还宣布允许用户直接从微软的"我的 MSN"个性化页面上进入流行在线拍卖网站 eBay 上的账号。微软和 eBay 的合作也标志着 eBay 第一次以这种方式与网络门户结盟。

当搜索引擎提供商 Google 崭露头角时,微软再次顺时而动,把互联网搜索当作一项关键的投资领域，推出高模仿度的 MSN 搜索引擎，并自主开发第二代搜索软件，最后还花 400 亿美元收购雅虎用来对抗 Google。

在看到移动通信的飞速发展后，微软在有线和无线电通讯领域投资了几十亿美元，在很多领域投入了研发资源。采用微软的软件及 Windows 操作系统的摩托罗拉智能手机已上市发售。三星等品牌也表示有合作意向。微软自己估计，微软最多可能抢下 6 成的手机软件市场。

微软最突出的竞争优势就在于它在技术领域的强大竞争力。它所拥有最大的资本就是技术，它以技术占领市场，以技术制定了标准，以技术成为大家公认的品牌。正是因为微软在技术领域的无坚不摧，当市场发生变化时，微软总是以雄厚的技术背景后发制人，赢得最后的胜利。

再加上它是全球最大的电脑软件公司，在操作系统和办公软件方面扮演着事实上的垄断者角色。微软自己产品间的整合总是优于与其他厂商的产品的组合。因此微软的产品不仅仅具有技术优势，其最大的优势还在于与用户现有的操作系统和应用软件有着密切的关系。

出于对这个市场因素的考虑，现在的微软在鲍尔默的执掌下，重新把重点放到卖软件上。微软清晰地感觉到软件和芯片的"魔力"还在继续。他们一方面巩固其在传统强项中的优势地位，同 SUN、IBM 以及甲骨文等公司展开攻防战；另一方面积极拓展游戏机、MSN 网络服务、搜索引擎、手机操作系统等多元化的业务，几年前就开始倡导的 .NET 战略也成为其未来业务的核心。

对应变能力极为看重的比尔·盖茨表示："世界上唯一不变的就是变化，变化才是这个时代的永恒主题。变化无处不在，竞争随处可见。"只有让自己学会应变，才能在这个不断变化而又充满竞争的商业世界立足。

第16个忠告

客户的需求是市场的导向

在对待客户服务方面,微软今后更要强调"自我检讨,自我改进,不断追求完美,坦诚而负责",要给客户提供更多的价值。为此,微软内部制定了几个硬性指标,比如90％的客户反馈必须要两天之内回馈,3天以内要找到解决问题的方案。

从1994年10月起,微软公司每年举办一次征文比赛,对象限定在9～12岁的儿童,题目很简单:请描述你心目中最有魅力的电脑。这一别出心裁的设计体现了比尔·盖茨对市场的关注和深谋远虑。此举正是为了探知未来消费者的需求,了解潜在市场,为以后抢占市场先机做好准备。

以客户的需求为市场导向是绝大多商家共同的认识,微软公司也不例外,在这方面,微软公司也是不遗余力。1987年6月发表的福尔克纳市场研究总结报告指出,在美国的电子表格软件市场上,Lotus1-2-3软件的销售量占80％,而多计划软件只占6％。但是,多计划软件在其他国家却销售看好。它在德国市场上占软件总销售额的60％,领先于莲花1-2-3软件,在法国市场上更是遥遥领先,占总销售额的90％。

20世纪80年代末期,莲花1-2-3软件在法国的总销售量为15万套,而多计划软件在法国的销量达30万套。而对于东方,像中国这样的发展中国家,微软公司采取的是一种"培育市场"的长线式的战略发展方针。而且针对这些国家与美国本土的不同的特殊情况，微软公司采取了一系列有效措施。

微软公司实行开发本地化版本，尽管应用软件开发支持工作困难重重，但这些国家却也积累了相当的软件开发人才及丰富的本地化版本软件的开发经验，而且工程师们都熟悉当地的市场、文化、习俗。为了提高开拓市场的速度，微软公司采取的方法是与这些国家软件业的佼佼者联手开发其本地化的产品，例如，在中国，微软公司的合作开发单位便有清华软件中心、新天地、联想、先锋、晓军等数家国内知名厂商，并联合推出了中文版本的 Windows 系统、中文 Office 办公应用软件系统等产品。

在这方面，微软做得很出色。就拿 Windows 操作系统等重要软件来说，微软公司便能够提供美式英语、英式英语、俄语、西班牙语、德语等不同国家的版本，甚至还有阿拉伯语的 Windows 系统软件。微软公司面对收益极少的国家也不遗余力地开发当地语言的版本。因为比尔·盖茨知道，只有当用户了解了微软公司的产品后，才可能购买微软公司的软件，成为微软公司的客户。

开发多语言版本只是微软策略的一小部分。微软公司拥有大量的新奇产品，足以应对市场需求。在微软公司一大批研发项目中，比尔·盖茨最喜爱一件无线装置，名叫平板式电脑（Tablet PC）。平板式电脑便于携带，跟小号的标准便笺簿的尺寸相仿，而且随时与互联网相连接。用户只需一支特制的数字笔即可使用。如果要写一些长篇大作，用户还可以将它和键盘连接起来。

此外，微软公司还推出了蜂窝式电话 Stinger，这种蜂窝式电话融合了个人数字助理的功能——有地址簿、日历、音频视频功能，而且还能上网使用 Hail Storm 的服务，可以收发电子邮件和浏览网页。微软公司试图以此来战胜个人数字助理的领先生产商 Palm 公司，该公司要借助于合作伙伴将电话跟自己的产品结合起来。

随着信息高速公路的推进，比尔·盖茨清楚地知道，微软的前途在全球网络，他说："与个人电脑的情况相似，全球电脑通信网是已呈现的大潮流，它将冲击电脑业和其他许多行业，将那些不在大潮流中学会游泳的人淹没。不错，全球电脑通信网虽有不足，但是将会得到改善。"

全球网络是比尔·盖茨推崇备至并且身体力行的领域，全球网络计划远在其他发展项目之上。他在谈到产品开发时强调："每个产品的开发，从'视窗'版的文字处理软件'微软词'到'微软网络'，都把支援全球网络的功能放在首位，例如'微软词'开发小组负责改进这个产品，把它变成网页编写、阅览的最佳工具。

"在全球网络发展的前阶段，有些人尚未认识它的实用价值，用旧的观念去质疑它，例如不时有人问我全球网络使用的是长途电话线路，使用它时按时间和距离付钱，岂不是要付出昂贵的费用？虽然人们尚未见到电话通信价格大幅度下降的迹象，这是因为有世界各地政府特许的专营机构甚至政府的直接介入，可以任意抬高电话通信的价格。但是，随着越来越多的电话线路以竞投的方式出租，逐渐形成自由竞争，将使网络通信价格保持较低水平。"

在微软，雷克斯的部门还有一项意义更为深远的项目，你也许可以将它看作是商业领域中的"人类基因组计划"。曾经主管过微软计算机基础设施的副总裁诺姆·胡达（Norm Judah）目前正领导一支团队努力研制一个图表，该图表包括各类企业内部以及企业和客户、企业和供应商之间有可能发生的所有活动及互动行为。在个别企业中，上述许多活动已通过老式的数据处理系统实现了自动化，但是还没有人尝试过统筹规划这些活动，也没有为此制定出统一的标准。

胡达说："结果表明，数以千计的商业程序中有很大一部分可以合并为非常相似的文本和记录。"他绘制了一张70平方英尺（约6.5平方米）大小的"模式图纸"，用以勾勒交易及互动的流程。胡达补充道："一些商业交易的总分类账并非完全不同于其他类的商业交易。库存商品记录号以及通用商品记录号的数字都是标准化的,甚至连一份委托书文件也能简化成一个标准模式。"

整个计划的目的是一箭双雕。对公司而言,不论大小,简化电子记录的储存过程以及例行的商业活动,并且使它们实现标准化都是大有裨益的。而且,微软公司还可以因此更加轻而易举地将 OfficeXP 软件应用于更多商业流程的前端。另外,这个计划还为其他"商业情报"程序和服务大开方便之门,可以帮助它们追踪记录哪些软件卓有成效,而哪些软件却毫无用处。

尽管胡达要完成自己的计划尚需很长一段时间,可是他的顶头上司大卫·瓦斯凯维奇却将这项计划看作是微软公司领导下一代信息技术变革战略的关键。瓦斯凯维奇说:"当你认真考虑这项计划时,你会发现类似于 Office 这样的生产性程序已经彻底改变了人们用文件写作和交流的方式。如果我们能在这一点上取得成功,我们将根本改变人类的经济活动之间的互动行为。"

客户的需求是市场的导向,而满足客户的需求就是赢得和巩固市场的保证。当比尔·盖茨将大学同学鲍尔默请来做搭档时,鲍尔默也很好地领会和贯彻了比尔·盖茨注重客户的精神。在销售策略上,鲍尔默没有盲从于当时的电脑巨人 IBM 公司。他的努力不是去建立强大的直销和宣传咨询队伍,而是根据客户的需要,建立起了系统专销与顾问一体的销售网络,让用户在购买前后都能方便自如地学习掌握并很快使用计算机实用技术。这是 IBM 无法做到的。

如今,微软在内部已经树立了以客户为中心的企业文化。在对待客户服务方面,微软今后要更强调"自我检讨,自我改进,不断追求完美,坦诚而负责",要给客户提供更多的价值。为此,微软内部制定了几个硬性指标,比如 90% 的客户反馈必须要 2 天之内回馈,3 天以内要找到解决问题的方案。微软员工的年度奖金跟全球的客户满意度将直接挂钩,总裁也一样。

在开发软件的过程中,微软更是注重倾听客户的声音。比尔·盖茨不仅在产品研发方面投入巨资，同时还专门设立了倾听用户需求和提升用户体验的机构，微软企业工程中心就是其中的代表，目的就是为企业客户模拟一个真实的应用环境，让微软的客户同微软的产品组在一起讨论和测试，了解用户需求，解决企业用户的实际问题，使用户能顺利地实施应用方案。

■第17个忠告

坚持下去，成功在下一个转角

巨大的成功靠的不是力量是韧性。社会竞争常常是持久力的竞争，有恒心和毅力的成功者往往会成为笑到最后、笑得最好的人。

在美国，有一位穷困潦倒的年轻人，身上全部的钱加起来都不够买一件像样的衣服。因为喜爱电影，他在心中许下拍电影、当电影明星的梦想，穷困潦倒、其貌不扬的他似乎完全没有做这种明星梦的资本。但他全心全意忠于自己的梦想，并为此做了许多准备。他根据自己的形象气质、身材特点等多方面因素量身定做了一个剧本。

当时，好莱坞共有500家电影公司。他根据自己认真划定的路线与排列好的名单顺序，带着剧本前去逐一拜访。一遍下来，所有的500家电影公司没有一家愿意聘用他。面对百分之百的拒绝，这位年轻人没有灰心，从最后一家被拒绝的电影公司出来之后，他又从第一家开始，继续他的第二轮拜访与自我推荐。

在第二轮的拜访中，500家电影公司依然全部保持拒绝态度。年轻人又开始了第三轮的自我推荐，结果仍与第二轮相同。被拒绝了1500次，这个数字足以震惊每个人。不肯放下梦想的年轻人咬咬牙开始了他的第四轮拜访。拜访到第350家电影公司时，或许是出于感动，老板终于答应让他留下剧本，先看看再作定夺。

几天后，年轻人获得通知，就电影事宜双方进行详细商谈。于是在热烈而友好的气氛中，双方就大家关心的问题进行了广泛而深入的探讨，双方诚挚地交换了意见，并达成了共识。就在这次商谈中，这家公司决定投资开拍这部电影，并请这位年轻人担任男主角。这部电影名叫《洛奇》，上映后广受好评，此后系列电影达6部之多。也许大家都猜到了这个年轻人是谁，没错，西尔维斯特·史泰龙凭借《洛奇》一炮而红，此后一直以硬汉形象饮誉好莱坞。

比尔·盖茨曾说："巨大的成功靠的不是力量而是韧性。社会竞争常常是持久力的竞争，有恒心和毅力的成功者往往成为笑到最后、笑得最好的人。"他认为，只要有坚强的持久心，一个平凡的人也会有成功的一天，否则即使是一个才能卓越的人，也可能遭受失败的命运。

"我小时候选择的一个梦想是计算机，我想把它作为一种工具来使用。当时我选择这个梦想并不是说要挣多少钱、建立一家多么伟大的公司，我只是梦想能有这么一个非常出色的工具。现在，距离实现这个目标已经走完一半的路程，当然，这是我一生要做的工作。我希望我最终结束工作的时候，能够完全实现这样一个梦想。"这绝对不是一个轻松的过程，其中的残酷足以让一个意志不坚定的人心生畏惧而裹足不前。

在创业之初，市场上出现了大量的盗版BASIC编译器，比尔·盖茨认为这应该由罗伯茨负责并收回了BASIC的授权。然而罗伯茨手中持有一份协议，该协议允许罗伯茨在10年之内使用和转让BASIC程序和源代码，据此，比尔·盖茨被告上了法庭。

在惨淡经营的创业之初，高昂的律师费让比尔·盖茨左支右细,而法院的仲裁过程又进展缓慢,与此同时,刚刚得到版权转让的Perterc公司也拒绝支付微软版权费。收入的减少和巨大的开支几乎把微软逼进了濒临破产的境地,盖茨和艾伦面临着巨大的困境。此时,大量的律师费支出使他们身无分文,结果他们只得向自己手下的员工借2.5万美元度日。但盖茨和艾伦毕竟还是挺过来了,最终打赢了这场官司。

比尔·盖茨回忆起这次经历,仍然有点后怕,他说:"他们企图把我们饿死,我们甚至付不出律师费,所以当他们有意与我们和解时,我们几乎就范。事情到了那么糟糕的地步,仲裁者用了9个月才发布那该死的裁决……"

但这绝不是比尔·盖茨和微软唯一一次遇到的窘境,这仅仅只是开始。随着微软公司日益壮大,越来越多的软件公司对微软公司的诉讼也随之而来,比尔·盖茨和微软因此始终在法庭上与对手们周旋。比尔·盖茨在创业的道路上从来都没有失去过耐心,他一直在坚持着,即使被美国、欧盟等国家和组织裁定为垄断,被迫缴纳巨额的罚金、进行业务拆分等。对比尔·盖茨和微软来说,坚持就是最好的斗争。

在困难面前,比尔·盖茨始终相信,只有坚持不懈,才有可能成功。比尔·盖茨开发面向网络的操作系统Windows NT时,做出来的第一个版本并不成功,接着他尝试了第二个版本,可结果还是不尽如人意,接着第三个版本还是结局惨淡。当时就有员工问比尔·盖茨这个东西真的是否还有必要做下去,比尔·盖茨的回答非常干脆而坚定,他确信这个是对的,所以一定要坚持做下去。然后比尔·盖茨把理由解释给大家听,员工们在他智慧和执着的解释下也选择了坚持,结果研究出的Windows 2000成为风靡一时的操作系统软件。

在激烈竞争的市场上,有许许多多从事电脑产业的公司湮没无闻,而微软在风刀霜剑的软件业界四面楚歌,比尔·盖茨和微软不但没有失败，反而在困境中一步步壮大。这固然与比尔·盖茨非凡的远见和英明的决策有着极大的关系，同时比尔·盖茨在创业过程中表现出来的一往无前的勇气和坚定不移的耐力也是令人称道的。

除了在困难面前表现出坚韧不拔的意志，比尔·盖茨在他刚刚创立微软公司的时候，还坚持亲自去拜访大公司销售他的软件，6年后才慢慢将销售工作交给别人去做。即使现在微软有新产品发行，比尔·盖茨总是亲自巡回全世界进行销售。例如，当年的Windows 95，还有1999年他到中国深圳亲自推广他的"维纳斯计划"，媒体称他为全世界最有钱的推销员。

在比尔·盖茨的领导下，微软的使命是不断地提高和改进软件技术，并使人们更加轻松、更经济有效而且更有趣味地使用计算机。凭借着比尔·盖茨等人坚持不懈的努力，现在的微软已成为世界上最强大的高科技公司。

比尔·盖茨说："在这个世界上，没有人能使你倒下，如果你自己的信念还站立的话。"只有坚持下去，才有成功的可能。

■第18个忠告

多否定自我欲望

如果你已经习惯了享受，你将不能再像普通人那样生活，而我希望过普通人的生活，我害怕享受。

似乎达到财富巅峰的人对金钱都有一种漠视的态度，他们不会因为自己拥有巨大的财富而穷奢极欲，反而过着一种简朴无华的生活。巴菲特如此，比尔·盖茨也是如此。对于比尔·盖茨来说，创业是他的人生旅途，财富只是价值量化的标尺、只是自己追求人生事业的副产品。他曾经说过："我不是在为钱而工作，钱让我感到很累。"

他很少关心钱的问题，也不在意自己股票的涨跌。钱既不会改变他的生活，也不会使他从工作上分心。他曾向朋友们坦言道："当你有了1亿美元的时候，你就会明白钱只不过是一种符号而已，简直毫无意义。"

时常还有人提醒比尔·盖茨，说他是美国最富有的人。之所以如此，是因为比尔·盖茨看上去更像是一位普通人，他的一位朋友雷伯恩回忆起与他偶遇时的情景说："他哪里像美国最富有的人呀，竟然没有随从，好像是闲逛一样，并且对我说，'喂，你好，我们一起去吃热狗吧。'"

在生活中，比尔·盖茨从不用钱来摆阔。一次，他与一位朋友前往希尔顿饭店开会，因为他们迟到了几分钟，所以没有停车位可再容纳他们的汽车。于是他的朋友建议将车停放在饭店的贵客车位。比尔·盖茨表示反对，尽管朋友一再陈说，但比尔·盖茨的态度非常坚决，原因非常简单，就是贵客车位需要多支付12美元。比尔·盖茨认为这是不值得的，即使是几美元，也要让它们发挥出最大的效益。

婚后，比尔·盖茨与他的妻子很少去一些豪华的餐馆就餐，有时候是由于工作而不得不光顾一些高级餐厅。

一般情况下，他们会选择肯德基，或是到一些咖啡馆，有时还会一块儿光顾一些很有特色的小商店，在西雅图有法国、俄罗斯、日本，以及南美一些国家的人开设的商店，在那里可以找到这些国家的一些特色商品。

一次，比尔·盖茨夫妇慕名来到一家墨西哥人开设的食品店，这里被公认是西雅图最实惠的商店。刚一进店门，比尔·盖茨就被"50% 优惠"的广告词吸引了，在不远处的葡萄干麦片的大盒包装上的确写着这样几个字，比尔·盖茨似乎不敢相信这个标价。的确，同样的商品在本地的一些商店要比这里的原价高出一倍，比尔·盖茨有意想得知它的真伪，便上前仔细端详。当他确认货真价实时，便爽快地付了钱，并告诉妻子："看来这里的确如同人们所说的那样，我今天很高兴自己没有多掏腰包。"

对于自己的衣着，比尔·盖茨从不看重它们的牌子或者是价钱，只要穿起来感觉很舒适，他就会很喜欢。一次，比尔·盖茨应邀参加由世界32位顶级企业家举办的"夏日派对"，那次他穿了一身套装，这还是妻子先前在泰国给他买的用来拍照时穿的衣服，样子还不错，只是价格还不到歌星、影星一次洗衣服的钱。但他不在乎这些，很乐意地穿着这套衣服参加了这次会议。平日里，如果没有什么特别重要的会议，他会选择便裤、开领衫，以及他喜欢的运动鞋，但是这其中没有一件是名牌。他生活的教条就是："一个人只要用好了他的每一分钱，他才能做到事业有成、生活幸福。"

不论在生活中，还是在工作中，有问题出现时，比尔都不会首先想到用钱来化解一切。他甚至没有自己的私人司机，也从没有包机旅行过。

对他来说，钱失去了对常人那样的诱惑力，他始终保持一个清醒的头脑："我需要像普通人一样生活，我害怕因为过分享受而失去这种生活，这在许多人看来也并不是一个榜样。"

众所周知，比尔·盖茨与妻子都十分疼爱自己的孩子，但是在满足孩子们的一些要求上，他们绝对是一对吝啬鬼。他们认为，在钞票中长大的孩子，他们的无忧无虑终将会让他们一事无成。所以，比尔·盖茨夫妻二人宁愿将这些钱捐给最需要它们的人，也不随意交给孩子挥霍。比尔·盖茨甚至公开表示过："我不会将自己的所有财产留给自己的继承人，因为这样对他们没有一点好处。"

除了自己生活和工作上的节俭，比尔·盖茨还把这个节俭的传统带到了微软。在微软，人们运用金钱更是精打细算，花钱一定讲究实效。

微软刚刚创业时，兼任微软总裁的魏兰德将自己的办公室装饰得非常气派，比尔·盖茨看到后非常生气，认为魏兰德把钱花在这上面是完全没有必要的。他认为如果形成这种浪费的作风，不利于微软的进一步发展。

尽管微软今天已是一个雇用4万多人的公司，还是一直保持像刚创业的样子，一直保持"创业维艰"的心态。微软的员工都非常懂得节俭，一些人称这是微软的"饥饿哲学"。比尔告诉他的员工："我们赚的每一分钱都来之不易，是我们的血汗钱，所以不应该乱花，应花在刀刃上。"

在微软，没有主管特别保留停车位或休息室，没有员工有秘书或私人助理，每个人读自己的E-mail，接听自己的电话，写自己的备忘录。如果一个工作需要用5个人，微软只会指派4个人，因此，这些人就会集中时间和精力去做最重要的工作。

比尔·盖茨总是告诉妻子，自己努力工作并不只是为了钱。对待这笔巨大的财富，他从没有想过要如何享用它们，相反在使用这些钱时却很慎重，比尔·盖茨说："我只是这笔财富的看管人，我需要找到最好的方式来使用它，因为最终我会把我所有的财富都投入到基金会里。"如今他已兑现了他的承诺，将自己所有的财产投入到了慈善活动中。

比尔·盖茨公开在《花花公子》杂志上发表言论："如果你已经习惯了享受，你将不能再像普通人那样生活，而我希望过普通人的生活，我害怕享受。"他常对人说，与其说他有钱，还不如说他是"软件产业的卓越开拓者与领导者"更让他感到兴奋。

■第 19 个忠告

做力所能及的事

我们认为我们在软件领域有足够的发展机遇,你不会看到我们去收购一家咨询公司,我们也不会涉足芯片业务。

在比尔·盖茨的起步阶段,与信息科学公司的成功合作,使他信心大振。紧接着他又与搭档艾伦琢磨起了新的赚钱路子。

那时,市政部门都使用同一种装置来测量交通流量,这种装置是由一个金属盒子连接一条横跨路面的橡胶管组成的。金属盒中有一盘 16 轨纸质磁带,当有车从橡胶管上经过时,这台机器就会在磁带上打上 0 或 1 这两个二进制代码。这些数字反映出车辆经过的时间和流量。市政部门雇用私人公司将这些原始资料译成信息以供有关工程师们分析研究,以此来决定何时该亮红灯或绿灯。

提供服务的私人公司效率低,而且要价高。比尔·盖茨和艾伦根据这种情况,成立了交通数据公司。他们的具体操作方法是:用电脑来分析这些磁带,然后把结果卖给市政部门。他们比对手效率高,而且要价便宜。比尔·盖茨雇用湖滨中学几个七八年级的学生,把磁带上的数据写到电脑卡上,然后把它输入到电脑里。接下来,比尔·盖茨用自己设计的程序将这些数据转换成易读的交通流量表。

公司正常开展业务后,艾伦决定制造自己的电脑以便直接分析磁带,这样就可免去手工劳动了。他们聘请了一位波音公司的工程师来协助设计硬件。他们拿出 360 美元,购买了一个英特尔公司的新型微处理器芯片。他们将一台16轨纸质磁带阅读器连接到这台电脑上，然后把交通流量记录磁带直接输进去。

比尔·盖茨和艾伦因为交通数据公司赚了大约2万美元。但是市政公司并非天天需要进行交通流量分析，比尔·盖茨和艾伦知道所选择的项目不会给自己带来更大的效益，公司因此不会有太大的发展。在这种情况下他们不得不另寻出路。不久，他们又想到了新的赚钱计划。于是，盖茨与埃文斯合作成立了逻辑仿真公司。逻辑仿真公司的业务范围包括设计课程表、进行交通流量分析、出版烹饪全书等。盖茨和艾伦此时的生意经验毕竟还是很缺乏的，只能说处于摸索阶段。他的公司业务范围如此广，看起来赚钱的机会更多，其实不然。这样没有明确的业务范围，自然也没有固定的客户，赚钱必然有限。

1972年5月，在他们三年级结束前夕，湖滨中学校方授权他们设计全校400多名学生的课程表程序。校方希望这套电脑软件可以从秋季1972～1973学年开始启用。湖滨中学原本是让那位受雇于本校教授数学，并帮艾伦设计过电脑的前波音公司工程师从事这项工作，但不幸的是，此人死于一场坠机事故。于是，这个任务就落到了盖茨和埃文斯的肩上。

然而，比尔·盖茨万万没有想到的情况又发生了。就在他接受任务不到一周的时间里，肯特·埃文斯在一次登山事故中不幸遇难。悲痛的盖茨要求艾伦来帮助他完成这项工作，他们约定在当年夏天，艾伦暑假回来后，共同来完成这项任务。

夏天刚刚到来之时，比尔·盖茨去了华盛顿特区，当了一名众议院服务员。在夏季休会期间，他回到了西雅图，与艾伦一起进行设计课程表的工作。他们利用上次同信息科学公司的交易中得到的免费电脑机来进行这项程序设计。不久，课程表软件设计取得成功后，比尔·盖茨又揽到了一笔生意——为华盛顿大学实验学院设计一套学籍管理软件，他这笔生意是跟华盛顿大学学生管理协会洽谈的，正好他的姐姐克里斯蒂娜是该协会成员之一。当学校的报社了解到她的弟弟是该项设计的承接人后，便指责管理协会以权谋私，结果，比尔·盖茨只从这项设计中赚得很少的钱，大约只有 500 美元。

比尔·盖茨接手过许多项目，微软公司也在多个不同的市场上攻城略地，这些行动有一个共同的前提，就是以核心技术为基础。在微软发展的过程中，比尔·盖茨一直只是将软件作为自己主攻的方向，始终没有偏离这个方向。

在商战中，比尔·盖茨永远不会忘记一件事情：数年前日本电子业巨头索尼公司高调进军好莱坞，结果却惨淡收场。这对于商界人士是一个很好的教训，前景瑰丽的构想有时不见得是一个好生意。

就像当初日本富豪疯狂收购欧洲绘画瑰宝时一样，索尼公司对美国娱乐业的收购同样让人瞠目结舌。在 20 世纪 80 年代末期，曾赚得天文数字、稳居电子消费市场前列的索尼公司突发奇想，一度打算大举进军娱乐事业，希望将其电子产品的优势，配合娱乐事业，创造一个比迪士尼更大的集团。

尽管索尼公司做了十分细致的计划，但是，它忘记了管理娱乐事业不同于电子产品制造。同时它也忘记了日本人的管理模式，与美国的具有强烈个性的娱乐事业非常难以配合。最后，这次进军娱乐业的尝试令索尼公司惨遭失败。1994 年～1995 年，索尼出现严重亏损，这个昔日的电子巨人几乎因为横跨娱乐业而身陷泥沼不能自拔，直到 1997 年才摆脱窘境。

曾经凭借 Walkman 和 Play Station 等消费电子产品改变了一代人的生活方式的索尼公司一直以来以其独特的大胆与冒险的传统引领世界的潮流。在前总裁出井伸之的带领下，索尼曾连续 3 年不断改变自我定位，但是这种追求时代制高点的快速变化始终没有给索尼公司带来实质性的收益。

相反，由于索尼的冒险精神驱使着它在众多陌生的领域频频出击，反而使得索尼在多元化的发展战略下在所有领域都遭遇竞争，公司原来优势产业电子业务也在这种战略的影响下显露颓势。手机方面已落后于诺基亚、摩托罗拉和西门子，笔记本电脑方面逐渐败给 NEC 和富士通，DVD 方面则落后于松下。数码相机和彩电领域的情况也不容乐观。在一片颓势之中，出井伸之黯然离职。

索尼公司这次惨痛的教训，对比尔·盖茨有着很好的警示作用，不管在任何时候都不要因为看到美妙的前景而去做自己并不擅长的事情。没有经过仔细考虑的跨行业兼并，就如同不合胃口的菜肴一样，消化能力跟公司的规模乃至决心有时并不成正比。

发展核心业务，避免盲目多元化扩张在商业世界是非常重要的。微软的成功表明了这一点，在信息产业界，比尔·盖茨并不是专业技术的领先者，但是由于他执着于自己的领域，再辅以高人一筹的市场远见与不凡的经营策略，因此成功地占领了信息产业的制高点也是在情理之中的事情了。

比尔·盖茨说："我们认为我们在软件领域有足够的发展机遇，你不会看到我们去收购一家咨询公司……我们也不会涉足芯片业务。"他表示，即使是像微软这么大的公司，市场上有较大的饱和度，但仍然有足够的领域去开拓，而不用脱离自己的核心业务。

■第 20 个忠告

准备越足，效率越高

在决策中除了在本企业内建立有从决策研究到战略规划再到贯彻执行一整套完善的决策体系外，还要与多家专注于不同环节的相关咨询机构建立协作关系，拥有涉及公司经营领域各个方面的专家顾问团。

1985年，比尔·盖茨30岁生日的那天，在四轮室内溜冰场的硬木地板上，100余名微软雇员正准备为他们的老板庆祝生日，并请来摇滚乐队助兴。激情的音乐和快乐的游戏，并没有使比尔·盖茨的心绪完全将公司的事务上抛开，因为他心中正在盘算一个重大问题：公司董事会定于明天前来听取他关于微软股票上市的决定。

在几年前就有一部分电脑公司上市了，其中就有为人瞩目的苹果公司。1980年11月，苹果公司的股票第一次公开交易时，资产估价为18亿美元，斯蒂夫·乔布斯突然间竟拥有了2.3亿美元的个人资产。紧接着不久，微软的另一个竞争对手——莲花公司的股票也于1983年上市了。为了确保微软股票上市的成功，比尔·盖茨和公司决策层严肃地研究和讨论了上市方案。比尔·盖茨的意向是，等到两个主要产品，即Excel电子表格软件和Windows操作系统软件正式面向市场之后再作打算。

如今，这两大软件均已上市，股票上市便提上了日程。1985年10月28日，在公司董事会上，比尔·盖茨终于做出了同意股票上市的决定。经过严谨的考察和论证后，金人沙奇公司和另一家被选定为集团购买承销商。

由于微软公司巨大的影响力，此事引起了媒体的关注。比尔·盖茨答应《财富》杂志的主编，允许一名记者追踪报道股票上市的情况，并且还为此事与《财富》杂志签署了协议。1986年1月底，上市公告终于完成了。

1986年3月13日，微软股票正式在纽约股票交易所上市。开盘价为25.177美元。第一天收盘时，共成交360万股。收盘价为29.25美元。比尔·盖茨和他的微软公司取得了巨大的成功！接下来的一周，微软股票每股狂涨到35.50美元。1年后，微软股票冲至90.75美元,并继续向上攀升,使年仅31岁的比尔·盖茨成为世界上最年轻的身价超过10亿美元的富豪。

在商业世界,收益往往和风险紧密相连。但是比尔·盖茨和他的微软公司却始终游走在风险的边缘,履险如夷。这与比尔·盖茨的眼光和决策能力是分不开的,保证微软决策正确的前提就是充分的准备。在决策过程中,比尔·盖茨和微软总是不断地在思考,什么是用户需要的、什么能够让用户高兴、能够带给用户什么。因此微软才能在市场竞争中长盛不衰。这也就是微软之所以称得上奇迹的核心竞争力所在,使得它不仅在软件市场独占鳌头,在其他市场也可以迅速跨过起步期而加速发展。

比尔·盖茨非常注重利用信息做好决策,为此他会做出大量努力。在决策中除了在本企业内建立有从决策研究到战略规划再到贯彻执行一整套完善的决策体系外,还要与多家专注于不同环节的相关咨询机构建立协作关系,拥有涉及公司经营领域各个方面的专家顾问团。几乎做出每一项重大的决策,均建立在对相关因素的科学分析、判断的基础之上,并通过科学的决策体系,准确、快捷、果断地做出判断,及时采取果断的措施,在激烈的竞争中总能抓住稍纵即逝的一个个发展机遇。

重视决策、做好决策,这是所有优秀企业共同具备的特征。事实证明,比尔·盖茨和微软在这方面做得十分出色。1975年,微软公司创立之初,公司当时的决策者比尔·盖茨和艾伦就敏锐地洞察到PC机系统软件将会有巨大的市场发展空间,果断地将公司的主导业务定位于PC机系统软件的开发,并几乎倾其所有,从一位发明家那里买下了DOS操作系统软件的产权,微软公司也正是凭借对以这套DOS操作系统为基础的系列产品以及后来的Windows操作系统的开发,迅速发展成为全球最大、市值最高的软件公司。

在这个决策过程中,比尔·盖茨的远见发挥了很大的作用。微软公司为台式电脑设计的软件不但有助于扩大硬件的规模经济效应，而且还通过标准的 PC 规范降低了硬件的价格。而且，微软的收费从来都是低于其他持有专利权的同行。微软通过自己的行销和产品，在帮助用户将电脑纳入自己日常生活方面做出的贡献超过了其他公司。微软造就的经济价值远远高于它本身的净值。因此，微软公司也就敢于在各个领域与世上最强大的对手相抗衡。

比尔·盖茨认为，要做好一个决策，那就是做好信息利用。微软曾一度由于在网络浏览器产品定位方面的失误，致使竞争对手网景公司占领浏览器 80% 的市场份额。此后，微软及时调整企业战略，并充分发挥其竞争情报部门——战争室（War Room）的特长，每周定期监测网络浏览器市场占有率的变化，最终夺取了市场领导地位。

国际著名竞争情报专家普雷斯科特曾表示，竞争情报是一种监视竞争环境的持续过程。在此过程中，人们用合乎职业伦理的方式，收集有关竞争环境、竞争对手、竞争策略的信息，并根据客观事实对信息进行整理和分析，最后将具有可操作性的情报及时传递给企业决策者，为其做决策提供准确、可靠的依据。这个概念清晰而全面地总结了竞争情报的全部流程。到目前为止，其在国际上的应用已日渐普及，同时在国际企业竞争中的地位也不可小视。

在决策过程中，微软始终是通过所谓 SWOT 来分析竞争者，SWOT 就是评估竞争对手的实力（Strengths）、弱点（Weaknesses）、机会（Opportunities）和威胁（Threats）。"微软的员工到商业展览上去观察对手的产品是如何表现的。他们研究产品的广告和参数，"微软的一位员工透露道，"然后，他们就会假设自己是那家公司来写营销计划，开头一般是，'如果我们是那家公司，我们面对着什么样的机会？'"

比尔·盖茨和他的决策层早在多年前就已预测：微软一直赖以生存的核心产品——Windows 和 Office，因为市场占有率的逐渐饱和及价格竞争等因素，不再可能像以前那样给微软带来丰厚的利润。出于对整个市场的总体权衡，因此在互联网时代，微软公司在网络领域的投资决策频频出现，其中不乏点睛之笔。1997年微软公司更是果断地以3.5亿美元的天价，并购了"硅谷"一家成立不足两年、员工仅有26人、主导业务仅为提供免费邮件业务的小公司——Hotmail公司。

虽然对手仅仅是一个不过20余名员工的小公司，但是出于对这次并购的重视，比尔·盖茨决定亲自出马，坐在谈判桌前，与Hotmail公司年轻的创始人面对面对并购条款进行谈判。在谈判过程中，由于信息充分，沟通及时，双方从接触到最终签约时间还不足3个月。

这种科学而大胆的决策为微软带来了一个又一个关于风险投资与企业并购领域的经典案例，而微软公司也正是借助于Hotmail所带来的注册用户和迅猛增长的业务，使自己旗下的www.msn.com网站，一跃成为全球注册用户最多和访问量最大的三大网站之一。

"工欲善其事，必先利其器"，事前做好充分准备，往往能达到事半功倍、一击即中的效果。

■第21个忠告

专注是卓越的征兆

我们不一定非要找已经成为专家的人，因为电脑行业发展日新月异，需要不断地学习，关键是要找对软件行业特别感兴趣的、有一定的理解能力、乐意和其他探讨软件的人一起工作的人。如果你不喜欢努力工作，保持紧张并尽你最大的努力，那么，这里永远不是你工作的地方。

比尔·盖茨三四岁的时候，因为家里没有请保姆，他的母亲外出总是把他带在身边。当她在学校里向学生讲解西雅图的历史和博物馆的情况时，小比尔·盖茨总是坐在全班的最前面，尽管比尔·盖茨是个好动的孩子，但在教室里他表现得比其他学生都更专注、更认真，经常得到母亲的赞赏。小比尔·盖茨冥冥之中非常强烈地感觉到，文字和书本所代表的是一个神奇魔幻的世界，尽管它远离抽象的现实，但从另一方面说，也许是这种现实的某种更为精华的汲取和对某种自然现实的崇高愿望。当他才7岁的时候，他最喜欢读的就是那本《世界图书百科全书》，他经常几个小时地连续阅读这本几乎有他体重1/3的大书，一字一句地从头读到尾。据比尔·盖茨的父母后来说，就他们所认识的孩子而言，还没有见过哪位少年对《世界图书百科全书》有比尔·盖茨那么大的热情和偏爱。

比尔·盖茨看的书越来越多，想的问题也越来越多。他曾在一篇日记里写道："也许，人的生命是一场正在焚烧的'火灾'，一个人所能去做的，就是竭尽全力要从这场'火灾'中去抢救点什么东西出来。"这种"追赶生命"的意识，在同龄的孩子中是极少有的。

1968年秋天，在湖滨中学上学的比尔·盖茨第一次接触计算机。这个神奇的家伙便令比尔·盖茨着迷，他开始疯狂地痴迷上了计算机。很快，八年级学生比尔便挤进了高年级学生的圈子。他们的老师所知道的所有计算机知识，比尔一星期的时间就学会了。

在那个计算机刚起步的年代，上机编程太昂贵了，尽管它那么奇妙、那么吸引人。但聪明好学的比尔总在不断寻找甚至创造机会去上机编程序。那个时候，比尔常与伙伴们一起乘车到湖滨中学附近一家新办的计算机中心公司编写程序。他一直忙到累得无法继续下去才回家。他们常常是一边吃着从附近食品店买来的面包，一边忙着编程序工作。比尔在伙伴中表现得最顽强。在家里，他常常为了一个问题，费尽心机地苦苦思索。他的房间里到处都是电传纸和计算机纸，成卷成叠的。

晚饭后，兴趣高涨的比尔·盖茨常假装上床睡觉，然后偷溜出家门，坐十来分钟汽车去计算机中心公司继续他的编程工作，偶尔他回来得太晚了，汽车已经停运了，他只好走路回家，但他似乎乐此不疲。

当比尔·盖茨还在低年级的时候，从某种意义上讲，他就成了湖滨中学那些年龄比他大的计算机爱好者的老师。在那个时候，比尔·盖茨就对计算机充满热情，三句话不离计算机，滔滔不绝地谈论有关那些工业巨子和传奇人物的故事。布拉德·奥古斯丁是他最热心的听众之一，比他小4岁。

奥古斯丁回忆说："他对计算机迷恋到这种程度，可以说是同呼吸共命运，以致经常忘记修剪他的指甲，他的指甲有时达半英寸长。从一定意义上说，他完全是一个痴迷者，不管他做什么，他都是那么投入。"

进入哈佛大学学习后，学习计算机的条件较以前优越得多，比尔·盖茨简直如鱼得水，以极大的精力投入到计算机编程中。为了赶一个程序，他每次工作都在36个小时以上。有时困了，他就趴在桌子上睡着了，醒来后继续工作。忙完工作后，比尔·盖茨回到宿舍拉过毯子倒头便睡。有时太投入了，以致他在盖着毯子熟睡时，还梦着关于计算机编程的事情。一天凌晨的3点，比尔·盖茨开始说梦话，他一遍遍地说："一个句号，一个句号，一个句号，一个句号……"

比尔·盖茨说："孜孜以求进步的精神，是一个人优越的标记与胜利的征兆。"比尔·盖茨的成功是对他这句话最好的证明。取得如今成就的比尔·盖茨仍然表示，能让他感兴趣的不是赚钱，而是工作。如果在财富和工作中必须只能做出一个选择的话，他会毫不犹豫地选择工作，他认为领导一群聪明能干的人工作比在银行里拥有一大笔资金更让人激动。他非常享受那种专注于工作的状态，轻松而快乐。

比尔·盖茨对于微软的事业始终充满了激情,他说:"每天早晨醒来,一想到所从事的工作和所开发的技术将会给人类的生活带来巨大的影响和变化,我就会无比兴奋和激动。"在他看来,一个人要想成就一番事业,最重要的就是对工作充满激情,工作能力、责任或者其他都是次要的。

比尔·盖茨说:"我们不一定非要找已经成为专家的人,因为电脑行业发展日新月异,需要不断地学习,关键是要找对软件行业特别感兴趣的、有一定的理解能力、乐意和其他探讨软件的人一起工作的人。如果你不喜欢努力工作,保持紧张并尽你最大的努力,那么,这里永远不是你工作的地方。"从话中可以看出,比尔·盖茨对努力工作的重视。

一个人无论他在何处、做什么工作,若不能打起精神来,对工作付出热情,他永远都不可能有出路。对任何事情缺乏专注,对任何事物都丧失热情,遇事得过且过,自己的能力得不到任何提高,工作中的任何困难都会成为巨大的阻力。

爱默生说:"一个人,当他全身心地投入自己的工作之中,并取得成绩时,他将是快乐而放松的。但是,如果情况相反的话,他的生活则平凡无奇,且有可能不得安宁。"

■第22个忠告

伟大来自责任感的驱使

许多进入微软的员工在第一天上班时就会发现,想在微软如鱼得水,必须随时做好准备,遇事不能优柔寡断,搞清楚自己哪些方面需要学习,不懂的地方要勇于发问。在微软,员工必须对自己和自己的决定负责。

"1965年，我在西雅图景岭学校图书馆担任管理员。一天，一位同事推荐一个四年级的学生来图书馆帮忙，并说这个孩子聪颖好学。不久，一个瘦小的男孩来了，我先给他讲了图书分类法，然后让他把已归还却放错了位置的图书放回原处。小男孩问：'像侦探一样吗？'我回答说：'那当然。'接着，男孩不遗余力地在书架的迷宫中来回穿梭，小休时，他已经找出了3本放错地方的图书。第二天他来得更早，而且更加不遗余力。干完一天的活后，他正式请求我让他担任图书管理员。又过了两个星期，他突然邀请我上他家做客。吃晚餐时，孩子的母亲告诉我他们要搬家了，要去附近的一个住宅区。小男孩听说要转校，有些担心，他对我说：'我走了谁来整理那些站错队的书呢？'我一直记挂着他。但没过多久，他又在我的图书馆门口出现了，并欣喜地告诉我，那边的图书馆不让学生干，妈妈把他转回我们这边来上学，由他爸爸用车接送。他补充说：'如果爸爸不带我，我就走路来。'其实，我当时心里便应该有数，这小家伙决心如此坚定，又浑身充满责任感，这世上没有他做不成的事。不过，我可没想到他会成为信息时代的天才、微软电脑公司的创造者、美国首富——比尔·盖茨。"

这是卡菲瑞先生回忆起比尔·盖茨小的时候写下的文字。从中我们看出，许多伟大或杰出人物身上，总有优于常人之处或早或迟地显示出来。比尔·盖茨对待图书馆工作这样的小事，就已经表现出一种超乎同龄人的责任感，难怪他能在信息时代叱咤风云。一个人有没有责任感，并不仅仅体现在大是大非面前，而是大多体现于小事当中。一个连小事都不能负责任的人，又怎能在大事面前担当责任呢？

与比尔·盖茨的处事风格一样，在微软，所有的员工都必须具备责任感。比尔·盖茨认为，这是取得卓越成就的关键。微软公司管理的一个独到之处是充分授权，这与比尔·盖茨的个人观念和微软公司特殊的历史、文化有关。微软早期主要由软件开发人员组成，强调独立性和思想性。所谓充分授权是指领导让下属在管理权力许可的范围内自由发挥其主观能动性。这样的授权方式，虽然没有具体授权，但它几乎等于将权力大部分下放给下属。这种方式的优点在于能使下属在履行工作职责的同时，实现自我，充分发挥主观能动性和创造性。但是这种授权，需要具备一个前提，那就是授权对象必须具备较强的责任心和工作能力。

许多进入微软的员工在第一天上班时就会发现，想在微软如鱼得水，必须随时做好准备，遇事不能优柔寡断，搞清楚自己哪些方面需要学习，不懂的地方要勇于发问。在微软，员工必须对自己和自己的决定负责。

在微软（中国）公司的市场推广部，每一个产品项目下，都有一个产品经理。像负责桌面应用系统的罗经理，完全由其制定和完成在整个国内市场的产品定位和推广计划等一系列的工作。这就符合年轻人喜欢独当一面的特点，年轻人在微软工作觉得有足够的挑战性和吸引力。

公司一些高层人员在写工作报告时，常说一句比较中国化的词，叫"责任到人"。这表明公司非常重视人的作用，愿意给员工提供充分的空间，发挥他们最大的作用和潜能。事实上微软这种授权的行为已经被放大到了极点，员工有决定自己工作方式的自由，这确实令人振奋。

微软鼓励员工创新，继而对工作承担责任；充分授权，让员工把工作当成自己的企业去经营；主宰工作而非让工作主宰；非官僚的管理方式，让员工与管理阶层能够彼此合作、互相支持；一个以绝佳品质及最高客服水准为依归的企业；团队中的每个成员都同样重要，共同为一个卓越的目标全力以赴；重视维护员工的自尊并尊重他们的能力，让每个人对自己的工作产生热情及使命感，相信自己的产品及微软。

更重要的是，由于微软充分应用互联网，全球范围内每个竞争领域的成本和盈利等数据和信息变得透明,从而公司能够充分授权,员工可以快速决策,这些决策以前只有 CEO 或是财务总监才能做出。一线的经理能够在每个季度结束后的第一个星期就知道,为什么原订目标未能达到,是因为网络问题、零部件问题还是因为竞争加剧。这极大地提高了效率。

而在高层,这种情况更为明显。几年前,当比尔·盖茨生平第一次意识到自己的专长在于敏锐得近乎离奇的预见力时,他将 CEO 一职及公司所有员工都交给了鲍尔默。当然,放弃意味着更多的拥有,他担任了微软首席软件设计师,可以将绝大部分时间用于自己最挚爱的事业。他的亲友、同事甚至他自己都认为,这是以聪明著称的比尔·盖茨最明智的一次举动,甚至足以让所有竞争对手肃然起敬。

鲍尔默在担任微软的 CEO 之前像个果断的老板,凡事喜欢一手抓,而且总是在最前沿鼓舞士气。但是做了 CEO 后,他放权给公司 7 大部门的负责人,不再做每件大事的最后决定人,而更支持 7 个部门负责人的成长。他不再做一个最有煽动力的拉拉队员,而是一个幕后的教练。他把自己对竞争对手的研究转换成对人才的研究。

微软公司注重员工的分工合作,强调每一环节、每一个人所承担的责任是公司高效运转的保证。

第 23 个忠告

一劳永逸的想法只会导致灭亡

即使我们今天享有盛誉,无所不能,我们也无法保证明天能够继续获得成功,继续享受盛名。竞争者随时会在我们的身边出现,我们今天的位置随时都可能被取代。

"这个时代的发展确实令我们所有的人感到惊讶,每隔3~5年就会给每个公司的生存带来危机,但这也正是它的魅力所在——没有公司能故步自封。我们要不停地努力。加快速度,确保今天我们不会被时代抛弃,被抛弃则意味着死亡。"比尔·盖茨知道,在商业世界里,不存在一劳永逸的好事。只有不断进取,才能在充满竞争的商业世界生存下去,否则只会落得被时代抛弃的结局。所以微软公司有这样一句著名的口号,"不论你的产品多棒,你距离失败永远只有18个月",体现了比尔·盖茨和微软不断进取的精神。

作为全球最成功的企业家之一,有一句话也许能更准确地表达出比尔·盖茨心中的想法:"每天早晨醒来,想想王安电脑,想想数字设备公司,想想康柏,它们都曾经是叱咤风云的大公司,而如今它们也烟消云散了。一旦被收购,你就知道它们的路已经走完了。有了这些教训,我们就应常常告诫自己——我们必须要创新,必须要突破自我。我们必须开发出那种你认为值得出门花钱购买的Windows或Office。"这些话也是微软公司的企业文化。

比尔·盖茨一直保持着居安思危的心态,即使是在微软最鼎盛的时期,他也一再强调微软离破产只有18个月的时间。当微软利润超过20%的时候,他强调利润可能会下降;当利润达到22%时,他还是说会下降;到了今天,他仍然说会下降。比尔·盖茨的这种论调未免太过悲观,但正是这种危机意识为微软的发展提供了原动力。

比尔·盖茨和微软的危机感使得公司上下必须找到一条可持续发展的道路,他们在市场中不断开拓进取,唯有如此,才能保住他们的霸主地位。毫无疑问,微软公司的核心业务就是开发软件。但这家巨人公司不可能只满足于固守在操作系统及办公软件领域。由于担心这两个领域的毛利率及成长性下降,对于手握重金且富于进取心的微软而言,进军更多的业务领域是必然的选择。

事实上，比尔·盖茨一直没有停下开拓的脚步，无论在什么场合，只要是软件能发挥其效益的地方，就会有微软的影子。所以我们会看到，微软正在为手表开发软件，在为手机开发软件，而家用电器、电视机、汽车等领域也将有微软的产品面世。不过其中有些产品需要很长的时间才能被大众接受，例如微软公司为有线电视网络开发的软件直到最近几年才开始赢得了大量的客户，而其相应的开发工作所用时间已超过了10年。

因为要时刻保持领先的地位，所以关乎微软未来的决策，比尔·盖茨是不容有失的。害怕失败的比尔·盖茨时刻感受到竞争对手的逼迫，这也驱使着比尔·盖茨不断追求更高的成就。比尔·盖茨在1990年的一次访问中告诉记者说："我害怕失败，绝对如此，每天我进到这间办公室，都自问：我们是否仍然辛勤工作？有人超过我们吗？这种或那种产品真的很好吗？我们能不能再加点油，让东西更好呢？"

在比尔·盖茨的眼中，每一项新技术的发展对于微软来说都是福音。因为利用这些新技术、新产品，微软可以通过研发新软件的方式快速进入这些新的领域。比尔·盖茨说："微软的成功秘诀之一就是在条件允许的情况下提速，走到别人的前面去。"

2004年5月底，当病毒和信息安全问题一再困扰电脑用户时，微软公司宣布开始出售一种可由电脑制造商预装在服务器内的网络安全软件，从而正式进军网络安全的软件市场。出于对科技进步的关注，微软从来都不缺乏市场敏感。微软从2002年初开始不断提升操作系统的安全性与可靠性，并在2003年收购了一家罗马尼亚软件公司的反病毒技术，从此走上了开发杀毒软件的道路。

开发杀毒软件并不是微软的强项，但比尔·盖茨非常清楚地知道，技术是主导市场的主要因素之一。作为企业，技术创新永远是生存必不可少的手段。追逐潮流的结果就是促进企业不断设计、生产出市场需求的各种新产品。一个企业能否持续不断地进行技术创新、产品创新,开发出适合市场需求的新产品,成为决定该企业能否实现持续、稳定发展的重要因素。尤其是在科学技术发展日新月异、产品生命周期大大缩短的新经济时代,企业产品面临的挑战更加严峻,不及时更新产品,就可能导致企业灭亡。

我们来看看微软的新产品,如 Xbox、.NET、MSN、企业应用软件、手机及无线技术、电视等,它的触角已经遍布多个领域。微软的产品开发策略已经延伸为提供所有的通用软件,占领一切家电及 IT 产品终端的操作系统,让任何软件开发均在微软的平台上进行。

计算机领域有一个人所共知的"摩尔定律",它是由著名的芯片制造厂商——英特尔(Intel)公司创始人之一戈登·摩尔经过长期观察后,于 1965 年 4 月 19 日提出的。"摩尔定律"基本包括:第一,集成电路芯片上所集成的电路的数目每隔 18 个月就翻一番;第二,微处理器的性能每隔 18 个月提高一倍,而价格下降一半;第三,用一美元能买到的电脑性能,每隔 18 个月就翻两番。

"摩尔定律"所阐述的趋势一直延续至今,且仍然异常准确。它印证了英特尔公司高速成长的辉煌历程,同时,也是微软公司持续发展的秘诀之一。微软和英特尔两家计算机巨擘公司的成功经验表明,在瞬息万变的竞争时代,任何一个企业稍稍疏忽就将面临破产的可能。正如"硅谷"一家经营者说的:"你永远不能休息,否则,你将永远休息。"只有不断进取,企业才能与时代共同呼吸。

比尔·盖茨说:"即使我们今天享有盛誉,无所不能,我们也无法保证明天能够继续获得成功,继续享受盛名。竞争者随时会在我们的身边出现,我们今天的位置随时都可能被取代。"一劳永逸的想法只会招致灭亡。

■第 24 个忠告

不成功，决不罢休

　　这个世界不会在乎你的自尊，这个世界要求你先要有所成就，再去强调你的感受。从小，我干什么事情都一定要追求成功。没有这样的性格，也许就没有 Windows 操作系统的不断更新，就没有今天的微软。在追求成功中，我和我的伙伴们一起分享了成功所带来的快感和喜悦。

　　"这个世界不会在乎你的自尊，这个世界要求你先要有所成就，再去强调你的感受。从小，我干什么事情都一定要追求成功。没有这样的性格，也许就没有 Windows 操作系统的不断更新，就没有今天的微软。在追求成功中，我和我的伙伴们一起分享了成功所带来的快感和喜悦。"从比尔·盖茨的话中，我们能明白，他之所以取得如今的成就是来自他对成功的执着追求。比尔·盖茨的同学回忆说："比尔不管做什么事，他都要达到登峰造极的地步，不到极致，他决不甘心。"

　　但凡做大事的人，都有一颗执着的心，始终坚持不懈地向既定的目标前进。比尔·盖茨曾说："所谓的成功，就是不断向目标前进的过程。"制定一个目标是再容易不过的事情，而困难的事情就是实现目标的过程，聪明的人懂得用执着追求的态度去坚持它。追求大事业的人不会甘心以失败结束自己的征程，只有优秀才是他们所能接受的，这种人充满了竞争精神，不把事情做到极致是不会善罢甘休的。比尔·盖茨身上就具备了这种竞争精神，而且似乎与生俱来。在比尔·盖茨的童年时代，游戏和体育运动是不可缺失的活动。比尔·盖茨不管是在与姐姐克里斯蒂娜一起玩拼板游戏，还是在每年一度的家庭体育项目比赛上，或是与其他朋友在乡村俱乐部的游泳池里，他都会全力以赴，从不放过任何一次证明自己的机会。

一次，比尔·盖茨所在学校的牧师发现孩子们对《圣经》兴致全无，就找了《圣经》中最枯燥晦涩的一大段文章，对孩子们说："谁要能一字不差地背诵这篇文章，就可以免费参加在太空尖塔餐厅举行的就餐聚会。"在太空尖塔餐厅就餐，是所有孩子都想参加的事情。尽管比尔·盖茨的父母有经济能力带他登塔就餐，但好胜的比尔·盖茨决心要凭借自己的能力获得这样的机会。于是他参加了这次比赛，结果他用最短的时间，准确无误地背下了指定的内容，获得了那次登塔就餐的奖励。童年的小小胜利，使比尔·盖茨对自己的追求更加执着。他认识到，干什么事情，只要有信心，就一定能够取得成功。

事实上，比尔·盖茨一直是在竞争中长大的。他们全家都喜爱竞争。一位朋友回忆道："每天晚上他们都玩'罗圈搏'（一种石头、剪刀、布的游戏），以此决定谁来洗碗。"他的祖母曾经是大学篮球明星，还是一个牌迷。许多晚上，全家一起在晚饭后玩"刽子手"牌游戏。在哈佛读大学时，比尔·盖茨曾一度迷恋上了扑克赌博。虽说是玩扑克，但比尔·盖茨绝对不愿有半点落后。所以一旦投入其中，所表现出来的热情绝不亚于对计算机的热情。就好像他正在干一件他认为十分重要的事情一样。刚开始时，比尔·盖茨输得一塌糊涂。但他一点也不灰心丧气，坚信自己打得多了，一定可以玩好。果然，慢慢地，他变成了一位玩牌高手。

比尔·盖茨从来就不接受失败。在他中学时代，有一次，参加暑假童子军的80公里徒步行军，时间是一个星期。比尔·盖茨穿了一双崭新的高筒靴，显然新鞋不大合脚，每天13公里的徒步行军，又是爬山，又是穿越森林，使他吃尽苦头。第一天晚上，他的脚后跟磨破了皮，脚趾上起了许多水泡。他咬紧牙关，坚持走下去。第二天晚上，他的脚红肿得非常厉害，开裂的皮肤还流了血。同伴们都劝他停止前进，他却摇摇头，只是向随队医生要了点药棉和纱布包扎了一下，又要了些止痛片服用，继续上路了。就这样他一直坚持到一个途中检查站，当领队发现他的脚严重发炎，下令医治，他才中止了这次行军。比尔·盖茨的母亲从西雅图赶来，看到他双脚溃烂的样子时，难过地哭了，一直埋怨儿子为什么不早点停止行军。比尔·盖茨却淡淡地说："可惜我这次没有到达目的地。"

在生活中，有许多人都拥有自己的目标，然而到最后还是一事无成的却大有人在，原因就在于他们缺乏必胜的信念和执着追求的信念。而拥有执着的心的人不容忍失败，凡事都追求成功。因此即使在面对短暂的困难和失败时，心中所迸发的对成功的强烈欲望会给他们无穷的动力，排除万难，最终走向成功。

李嘉诚给年轻人的 26 个忠告

李嘉诚简介

　　李嘉诚于 1928 年生于广东潮州，童年时期生活清贫。为了躲避战火，李嘉诚一家于 1940 年辗转至香港谋生，当时李嘉诚只有 12 岁。初到香港时，李嘉诚一家投靠事业已有相当规模的舅父庄静庵。来港 3 年后，父亲就因病去世，年仅 15 岁的李嘉诚就担起了家庭的重担。他不得不辍学，为了养活母亲和弟弟妹妹，李嘉诚做起了茶楼的跑堂。

　　两年后，李嘉诚被调入高升街的一间钟表店当店员。在那里，李嘉诚学会了钟表装配修理技术。不想长期寄人篱下的李嘉诚在两年后，又离开钟表铺转到一家五金厂当推销员。李嘉诚推销铁桶很有一套，他为了避免激烈的竞争，选择的推销对象不是杂货店而是中下层家庭妇女。结果出人意料的好，那些闲时打打牌的妇女常在一块儿聊天，成了李嘉诚的义务推销员，于是声誉随之传播开来，五金厂的生意也因此门庭若市。

　　之后，李嘉诚转行推销塑胶水桶。他的推销手法与众人的夸夸其谈不同，而是让产品自己说话。有一次，他推销新型塑胶洒水器，主动替批发公司的清洁工人洒水，刚巧被负责日用品部的经理见到，于是使很爽快地答应经销他的塑胶洒水器。

因为聪明好学、精明能干,李嘉诚在 18 岁就升为工厂的部门经理,两年后又升为总经理,全权负责工厂的日常事务。

李嘉诚终究是要自己做一番大事业的人。在 1950 年,李嘉诚正式创业。李嘉诚抓住机会,以利中实业有限公司的名义,开办长江塑胶厂生产塑料制品。开业时所需的 5 万元资金,一部分是自己的积蓄,一部分则是向人借来的。公司取名"长江公司塑胶厂",意为"长江不择细流,故能浩荡万里"。

白手起家的李嘉诚,除了有幸运之神眷顾外,更重要的是李嘉诚善于动脑。刚开业不久,生产的塑料水壶利润差强人意,而附近生产塑料花的工厂却生意红火,香港第一个经营塑料花的唐鼎康因此发了大财。于是李嘉诚派遣女工到该厂上班偷艺,从而仿造生产。

工作之余,李嘉诚的最大爱好就是学习。与其他的厂长不同,李嘉诚时常把眼光投注到国际市场,所以他很早就自修英语,并且达到了一定水平。为了了解国际市场动向,李嘉诚大量订阅英文杂志。有一次,他在阅读英文版《塑料》杂志时,发现一家意大利公司开发了一种新的塑料原料生产塑料花,产品即将投入市场。李嘉诚敏锐地察觉到了什么,立即决定亲自飞往意大利,以进口商的身份与这家公司打交道,参观生产流程并仔细观察该厂生产的塑料花瓣,随后又到当地图书馆搜寻相关资料。在偷师学艺得成之后,李嘉诚返回香港,当即开设分厂研制塑料花。

因为李嘉诚的英语水平不错,所以接到了不少外国订单。也因为李嘉诚的重义气让他与外国人做成了生意。一位叫马素的美籍犹太人,早期向长江塑料厂订了一批货,但之后不久又突然取消了,可是李嘉诚当时并没有要求他做任何赔偿。出于对李嘉诚的感激,后来马素介绍美国厂家向长江订货,订单接踵而来,李嘉诚后来才得知受惠于这位大恩人,他说:"有时表面看来吃亏的事,以后往往变为有利。"

1957 年,李嘉诚在"塑胶花促销大战"中先人一步,占得先机,随后迅速占领香港塑胶花市场。到当年年底,李嘉诚的工厂迎来了一个崭新的日子——长江塑胶改名为长江工业有限公司,李嘉诚也成为"塑胶花大王"。

1963年,李嘉诚的公司年营业额逾千万。有了事业的李嘉诚,与表妹庄月明结婚。

李嘉诚以"塑胶花大王"的身份涉足地产界,并迅速成为地产界的新贵,这一转变既是李嘉诚的想法也是时势所造就。1951~1959年,由于时局动荡,香港人口由200万剧增至300万。大量的廉价劳动力,使得工厂的兴建速度远远赶不上需求,低价租金因而迅速上升,许多工厂都因为房地难找而大伤脑筋。在这种情势下,李嘉诚于1961年,向政府投得北角英皇道661号地皮,自建12层高的长江大厦。除了供自己使用外,其他的则用于出租以收取租金,李嘉诚涉足地产行业也就正式开始。

1965年~1967年,香港发生银行暴动事件,楼价因此一落千丈。不少地产商因此焦头烂额,被迫贱价出售未完工的地盘。李嘉诚此时"人弃我取",在观塘、柴湾、黄竹坑买地建工厦,取名"长德""长华""长汇"等,全部作收租用。

1970年,单单是每年的租金收入就有四五百万,再加上塑胶花的利润,李嘉诚已具备相当的实力,这为他由工业领域进军地产业奠定了基础。之后不久,李嘉诚的公司成功上市,迅速筹得充裕资金的李嘉诚在地产界大展拳脚,到20世纪70年代末,长江实业已经茁壮成长为一家颇具规模、雄心勃勃的华资地产商。

1973年,长江实业上市集得资金后不到一年,全球遭遇石油危机,而香港地产陷入低迷。地产界的低迷,却成了李嘉诚拓展业务的好时机。他见工业蓬勃令工人赚到钱而想置业,于是开始涉足住宅楼,且改变只租不卖的策略,以增加现金回笼。1975年,长江向太古以8500万港元的价格,购入未完成的北角半山塞西湖地盘,这是长江实业首个参建的大型楼盘,两年后完工出售时,获利6000万港元。食髓知味的长江实业，继而参与发展沙田第一城住宅项目。

　　李嘉诚的触角当然不仅仅局限于此，由于当时大批船坞的沿海优质地产，如太古、黄埔及九仓，均在英资手中，其中太古船坞重建大型住宅区，这让李嘉诚心动不已。若要做"地产大王"，就不可避免地要与英资正面交锋。

　　1977年，中环及金钟两项地铁上盖发展权招标，长江实业一举击败置地（英资）夺得发展权，爆了一个大冷门。第二年5月，中环地铁上盖（现环球大厦）卖楼花，29层商业单位，于8小时内全部卖清，账面收益五亿九千万港元，打破全港卖楼花记录。

　　李嘉诚能够一击即中，跟汇丰有很大关系。1976年，汇丰经理沈弼注意到李嘉诚这个半路杀出的"新贵"，对李嘉诚的行事能力颇为赞赏。于是与李嘉诚合作，以各占一半的比例，携手重建中区华人行。1978年，李嘉诚将长江实业总部，自北角长江大厦搬往华人行；也就是这一年，长江实业决定大举进入英资盘踞地，攀上华资龙头的宝座。

　　要在地产界称王，长江实业就必须正面迎战置地。李嘉诚首先选定的目标就是置地旗下的九龙仓。九龙仓是香港最大的货运港，香港大部分的货物装卸、储运及过海轮渡都在这里进行，九龙仓带来的经济效益不言而喻。由于经济低迷，九龙仓的股价长期不振，到1977年年末，每股只有十三四港元，大股东置地手持是有的股票不足两成。李嘉诚不动声色地收购九龙仓的股票，有所风闻的置地自然不愿拱手让人，对九龙仓的股票进行回购，在这种情形下，九龙仓的股票迅速被抬升至每股46港元。想要控制九龙仓，就必须拥有51%以上的股权。审慎的李嘉诚自知力不能及，加之汇丰银行大班沈弼从中斡旋，于是李嘉诚决定做一个人情，顺水推舟地将手中的股票转让给了包玉刚，帮助包玉刚成功夺得九龙仓。而李嘉诚从中得到的是通过转让股票获利数千万元，当然他得到的好处远不止这些。

20世纪70年代,和记黄埔主要从事码头仓储、贸易和零售业务,公司的掌舵者是英资四大家族之一的祁德尊爵士。由于和记黄埔的过度投资,再加上1973年的石油危机导致的股市低迷,和记黄埔陷入财政危机。到1975年,为了筹得救急资金,和记黄埔大股东只好出让33.5%的股权给大债主汇丰银行。为了给手中的和记黄埔股票找一个好买主,汇丰银行对与之有过几次来往的李嘉诚青睐有加。这个过程中就由曾受过李嘉诚人情的包玉刚从中搭桥。

在经过一番磋商之后,汇丰以每股7.1港元的价格将手中的和记黄埔股票转让给长江实业,而且只要求长江实业预先支付两成交易金额(即6亿4千万),余数则可以延缓两年再行支付。就这样,李嘉诚完成了惊天的蛇吞象,因为当时长江实业的全部资产才不过7亿港元。这么一个大便宜着实让人艳羡不已,同时许多人也纷纷表示质疑。但是李嘉诚用实力击碎了嘘声,在李嘉诚接管和记黄埔的几年后,其每年的年纯利润以倍数增长,李嘉诚为和记黄埔带来了丰厚的利润,和记黄埔的股价也迅速飙升。李嘉诚在1979年入主和记黄埔后,成了首个收购英资商行的华人。

1982年,香港楼市和股市出现低迷。许多财团因为担心香港的前途而纷纷宣布迁址或是变卖资产。对当时局势早已有所了解的李嘉诚则对香港的前途表现出了充分的信心,他抓住时机,趁着低价低廉大量发展大型住宅区。事实证明,李嘉诚是卓有远见的,此举为长江实业带来了上百亿的巨额利润。

1985年,置地以高于市价31%的代价顺利收购港灯。然而急速扩张的投资过分庞大,使得置地耗尽手中的现金,不仅如此,置地还因此欠下一笔高达160亿港元的巨额贷款,因此置地不得不出售港灯股权以偿还债务。盈利稳定的港灯在当时是香港第二大电力集团,港灯的盈利前景是完全可以预见的。李嘉诚对港灯的前景自然可以预见,他斥资39亿港元购入港灯34.6%的股权,不仅给港灯带来可观的利润,李嘉诚更看重电厂旧址的发展潜力。

1986年，蚬壳石油将茶果岭和鸭梨洲两块油库地皮换回青衣油库地皮。而港灯将毗邻蚬壳油库的鸭梨洲发电厂址移到南丫岛后，将两块地皮合并重建，成为今日的海怡半岛；而茶果岭油库地，则发展成为今天的丽港城。长江实业与和记黄埔现如今已拥有8万多个单位，共6000多万尺楼面，李嘉诚成为了香港名副其实的地产大王。

在香港取得巨大成功后，李嘉诚以此为基础，开始向海外市场拓展。1986年，李嘉诚进军加拿大，购入赫斯基石油超过半数的股权。1987年，又联合其他两位华资大亨李兆基和郑裕彤，成功夺得温哥华世界专览会旧址86年的发展权。

1987年，葵涌货柜码头处理货柜的数量在全世界首屈一指。已经用有4号和6号码头的和记黄埔在1988年以43亿港元的高价投得7号码头的发展权，一举奠定了香港货柜码头的霸主地位。为了发展事业，和记黄埔继续进军海外。1991年，和记黄埔收购了菲力杜斯码头，之后和记黄埔在世界范围内建立了多个货柜码头业务，如荷兰、斯里兰卡、美国、澳大利亚、巴哈马和巴拿马，等等。现在的和记黄埔在全球已拥有80多个泊位，占全世界货柜码头业务的10%。

此后，李嘉诚的生意遍及多个行业，其旗下拥有的企业有：长江实业有限公司，业务包括物业发展及投资、房地产代理及管理、港口及相关服务、电讯、酒店、零售及制造、能源、基建、财务及投资、电子商贸、建材、媒体及生命科技等；和记黄埔有限公司，其业务遍布全球，包括全球多个市场最大的零售连锁集团、地产发展与基建业务，以致技术最先进的电讯服务；长江基建集团有限公司，专注于发展、投资及经营澳大利亚、英国、加拿大、菲律宾以至全球的基建业务；香港电灯集团有限公司，包括香港电灯有限公司（港灯）、港灯国际有限公司（港灯国际）、港灯协联工程有限公司（港灯协联）及若干附属公司，并且与长江基建集团有限公司合作经营多项香港以外的电力相关业务。

■第1个忠告

眼界决定境界

目光短浅，急功近利地置身于"蝇头小利，蜗角虚名"的惨淡经营中，容易变得浮躁马虎，对自己的人生也是敷衍了事、得过且过；而一个有远见的人往往是态度沉着的，他会坚定不移地付出行动，这种人注定不凡。

李嘉诚说："眼睛仅盯着自己小口袋的是小商人，眼光放在世界大市场的是大商人。同样是商人，眼光不同，境界不同，结果也不同。"目光短浅，急功近利地置身于"蝇头小利，蜗角虚名"的惨淡经营中，容易变得浮躁马虎，对自己的人生也是敷衍了事、得过且过；而一个有远见的人往往是态度沉着的，他会坚定不移地付出行动，这种人注定不凡。

李嘉诚成为华人首富有很多因素，其中，成为富人的愿望是必不可少的。1940年初，12岁的李嘉诚随家人逃难到香港。在香港，李嘉诚接触到了完全不同的文化，粤语、英语等让他眩晕。窦应泰曾经鲜活地描述过这样一个场景："虽然那时香港尚不十分繁华，不过毕竟与广州大不相同。仅仅古怪的街名就让他难以理解了，什么铜锣湾、快活谷，什么旺角和尖沙咀。""香港那些狭窄街道上的路标几乎都是用英文书写的，而人与人之间的对话则是难懂的英文，即便偶尔遇上几个广东人，说起话来也都掺杂着难懂的英语。"

李嘉诚十分清醒，由于当时香港官方语言是英语，因此，英语是在香港生存必须要掌握的重要的语言工具，尤其是要进入上流社会，没有英语绝对不行。于是，没有选择逃避的李嘉诚为了能让自己懂得和被懂得，他尽最大努力去学习英文、适应新环境。为了更好更快地收到效果，他不怕被人笑话，总是用不太熟悉的英语大胆与人交流。此外，他还找表妹做英语辅导，日夜刻苦训练。终于，顺利克服了英语这一难关的李嘉诚才算在香港扎下根来。

然而此时，李嘉诚所要考虑的不仅仅是自己的生活状态，作为家中长子，李嘉诚还要一肩承担起整个家庭的生活重担，他要为自己、为弟弟妹妹和母亲能摆脱贫穷的生活而奋斗。当时香港的经济比现在落后得多，生活艰难、人浮于事，跟现在的香港不可同日而语。贫困使不少香港人衣不蔽体、食不果腹，不祈求富贵显达，能够保证温饱都让人心满意足。但是，李嘉诚的志向远不在此，纵然是在如此恶劣的环境之下，他依然决心要开创一番大业。

上海人姚贵20世纪90年代移民到香港，以外来人的身份说："在这个地方，如果你勤奋、努力，上天会很公平地让你一定能赚到钱，过上好的生活。"这句话适合于任何时代、任何地方，立下大志的李嘉诚勤勤恳恳地工作，别人干8个小时的活，而他干16个小时，勤奋努力的李嘉诚很快就在生活上有了较大改善。但是李嘉诚的目的不仅仅在于"过上好的生活"，他的视野在全世界。

当李嘉诚到塑胶厂的时候，他发现塑胶裤带公司有7名推销员，而自己最年轻、资历最浅。其他几位都是历次招聘中的佼佼者，经验都比自己丰富，已有固定的客户。但是李嘉诚并没有因此放弃，他迅速地给自己定下了一个短期目标——3个月内，干得和别的推销员一样出色；半年后，超过他们。

事实也正是如此，不久，李嘉诚便实现了他的预定目标：超越另外6个推销员。年终业绩统计时，连李嘉诚自己都大吃一惊，自己的销售额竟然是第二名的7倍！很快李嘉诚又被提拔为部门经理，两年后，他又被任命为总经理，全权负责公司日常事务。

成为总经理之后，李嘉诚依然没有放低对自己的要求，而是又为自己订立了新目标，那就是创立自己的公司。于是他愈加勤奋地积累自己的实力，坚定不移地往新定的目标前进。虽身为总经理，但他始终把自己当小学生，大部分时间蹲在工作现场，身穿工作服，同工人一道干活。每道工序他都会亲自尝试，李嘉诚希望自己能做到不但熟稔推销工作，并且对整个生产及管理环节都做到熟悉。他再一次做到了，于是请辞开始着手创建自己的公司。

辞去总经理职位的李嘉诚，用个人资金开创自己的事业，有了自己的"长江"。这时他的目标开始清晰了，就是首先要开办一所塑料花厂，作为事业展开的第一步。李嘉诚的塑料花厂办得非常成功，他也因此赢得了"塑料花大王"的称号。但对李嘉诚来说，塑料花厂只不过是起步而已，他下一个目标就是进军当时的地产界。事情也进展得很顺利，他成功地在地产行业中干出名堂，而且创建了香港最有实力的地产发展公司。

"我二十七八岁的时候，那个时候我可以说'贫穷，我永远不会再见你了'，也就是说以后都不需要做事了，可以退休了。但是骤然间你发现，财富在一路给你增加，可你有什么特别快乐的地方？没有。"

李嘉诚的事业已极具规模，但他并不由此而满足。此后，李嘉诚又通过一连串的收购活动，不断将自己的企业壮大。这仍然是他逐步实现个人理想的过程。每一个目标完成之后，他都会有更多的目标，而且通常都是更高的目标。他在实现自己的理想的过程中，不断定下不同的、较为具体的目标，然后一步一步地向这些具体目标进发。

纵观李嘉诚一生：做堂仔，他注重观察，揣摩人的心思，练就了扎实的经商基本功；做学徒，他暗自下苦功旁观学习，掌握了钟表技术，发现了自己的目标；做销售员，他磨炼了自己的耐性和思考力……无论走到哪一步，李嘉诚都在完成自己为自己设定的一次次挑战，在每次完成中都积累雄厚的人生与商业经验，无数次成为同事中的佼佼者。现已是华人首富的李嘉诚仍在不断追求，神话还将延续下去。每个阶段的李嘉诚都是坚定不移的，原因就在于他的远大追求，所以他总是可以忍受每一步的艰辛，依然在布满荆棘的路上披荆斩棘，每一步都走得踏实坚定。李嘉诚曾说："只要你愿做某件事情，就不会在乎其他的。"这便是最好的概括。

李嘉诚曾在汕头大学校友会成立典礼上激励学生说："曾国藩曾说，'士人第一要有志，第二要有识，第三要有恒，有志则断不甘为下流，有识则知学问无尽，不敢以一得自足，有恒则断无不成之事。'各位同学，成功的关键，在于我们能否凭我们的意志，凭我们的毅力，运用我们的知识、我们的原创力将之融入我们的生命，融入我们承传的强大文化，使之转化成为我们的智慧，使之转化成为我们的力量，为我们民族缔造更大的福祉、繁荣、非凡的成就和未来。"

这段话不仅是李嘉诚给学生的激励，也是对自己成功的一个概括。有了志向，才不至于在艰辛的奋斗道路上茫然失措，前进的脚步才踏实从容。目标之于事业，具有举足轻重的作用，苏东坡有言："古之立大事者，不唯有超世之才，亦必有坚韧不拔之志。"奋斗者一定要有梦想，梦想正是步入成功殿堂的源泉。一个人之所以伟大，首先在于他有一个伟大的目标，在于他非凡的眼界。

李嘉诚的眼界决定了李嘉诚成功的高度。

■第 2 个忠告

有变数的地方就有机会

"遇到不寻常的事发生时立即想到赚钱,这是生意人应该具备的素质。"很多成功的机遇往往就是隐藏在不寻常的事物之中。

"乱世出英雄"说明了一个道理:有变数的地方就有机会。李嘉诚也说:"遇到不寻常的事发生时立即想到赚钱,这是生意人应该具备的素质。"很多成功的机遇往往就是隐藏在不寻常的事物之中。

为了寻求新的发展和突破,李嘉诚并没有像有些商人那样,只是盲目地看重热点便趋之若鹜。他选择了观察,他要选择的行业并不一定是当时的热点,但一定是要有着发展潜力和适合自己的项目。很快,在李嘉诚的长期深思熟虑和周密部署下,他也决定挺进地产业。这是一个在当时很冒险和难以理解的举动。

在李嘉诚那个时代,房地产还远远没有发展壮大起来,许多富商都不看好这项事业。不过,李嘉诚却有自己独到的见解。他看到了当时的香港长期闹房子荒,房屋的增长数量远远跟不上需求量,这一点让李嘉诚坚信,房地产的前景是很客观的。

而最终的事实也证明了李嘉诚具备独到的市场眼光和商业手腕,他在1958年,在最繁华的工业区北角购买了一块地,修建了一幢12层的工业大厦,从此,李嘉诚进军地产业的锣鼓正式敲响了,并且一发不可收拾。

经过近一年的"疗伤期",银行及房地产业开始缓步回升。正当人们有所期待时,一场浩劫又悄无声息地袭来。

1966年,香港爆发了自第二次世界大战以来的第一次大规模移民浪潮。人心波动,抛售套现造成地产市场有价无市,狂跌不止。焦头烂额的房地产商们面对江河日下的局面一筹莫展。

在众多企业家、商号纷纷低价卖产,争相抛售,跑到外国另谋发展的时候,同样忧心忡忡的李嘉诚却并没有选择立即放弃,他以自己独到的眼光时刻关注着局势的发展。

他果断判断,香港的现状会趋向缓和,港人"弃楼而去",正是"人弃我取",发展事业的大好机会。

故而,在同行们面对局势还一筹莫展之际,李嘉诚镇定冒"有把握"之险,集中了主要资金和主要力量,做出惊人之举:采取"人弃我取,趁低吸纳"的策略,趁机抢占市场,低价大量收购廉价地皮、楼宇,并在观塘、柴湾等地兴建大厦,全部用来出租。积极积聚力量,等待发展时机。

众人冷眼旁观,以为李嘉诚毫无疑问会栽一个大跟头。然而,让众人瞠目结舌的是,李嘉诚的判断再一次准确。这次战后最大的地产危机,一直延续到了1969年。1969年,曙光突显,局势开始好转,危机平息,社会秩序恢复,经济开始复苏。当年离港人群再次回流,重新激刷地产、物业价格。香港百业复兴,地产更是炙手可热。

1971年,中国社会环境得到了极大的安定。此时,善于谋划的李嘉诚已拥有的收租物业,从12万平方英尺发展到630万平方英尺的规模,每年租金收入近400万港元,真正成就"一个跟头翻上天"的神话。

其时,香港民众已经开始恢复信心,政府也竭力发展新区,使之成为新兴工业区……李嘉诚认为,此刻无论是地盘、资金,抑或是环境、政策都十分成熟,他决定全面进军地产业。

1971年6月,李嘉诚成立了长江置业有限公司,集中物力、财力、精力发展房地产业。1972年7月31日,更名为长江实业

（集团）有限公司，李嘉诚任董事长兼总经理。自此，李嘉诚开始了其长达数十年的地产征程。

《全球商业》曾采访李嘉诚道："你相当强调风险，不过外人注意到的却是长江集团屡屡在危机入市，包含20世纪60年代后期掌握时机从塑料跨到地产……你的大胆之举为何都未招来致命风险？"在变数中寻求机会，风险性虽然高，然而机会却是巨大的，所以有时冒险是值得一做的。然而要规避风险，其根本就在于分析时势、谋划策略。

李嘉诚的成功就在于他能够看到别人看不到的机会。人人都看着那些热门，摆在明处的优势，却忽视了隐藏起来的商机。而恰恰是这些被人们忽视掉的商机，往往蕴含了巨大的商业利润。正是因为有着如此清醒的头脑，李嘉诚才可以在商界叱咤风云几十年，而一直不断开拓。

看清形势，等待时机，抓住合适的机遇是成功的关键，商人经商，也要讲究这样的计策，不然白白让机会溜掉，那就太可惜了。正如梭罗说过的那样："生命很快就过去了，一个时机从不会出现两次，必须当机立断，不然就永远别要。"

然而任何事物的发展都不是一条直线，聪明人能看到直中之曲和曲中之直，并不失时机地把握事物发展的规律。人都知道向直中求，而忽视了变数中的巨大商机。而李嘉诚则不同，对于不寻常的事情，李嘉诚的第一反应就是能不能从中赚钱。

李嘉诚一贯善于人弃我取，逆势而上。似乎他在无形中总能把握经济的动向，李嘉诚从来不盲目随大流，他一旦经过审慎分析之后做出决定，便会坚守到底，并不去理论别人的言论，在喧嚣之中有着自己的冷静定夺。比如投资地产、辗转电讯、投资石油，等等，在李嘉诚的这些早已堪称经典的成功案例，确实充分地显示了他精到的投资智慧，认准方向，绝不盲从。或许可以说这才是他能够从众多商人中脱颖而出的原因。

善于把握事态发展变化的局势,在变数中看到商机并牢牢抓住,是成事的必需条件。有变数的地方,机会往往越多、越大。

第3个忠告

积累不够,事情的发展必不宏大

"天下之事,其得之不难,则其失之必易;其积之不久,则其发之必不宏。"一切事情,如果不费心力就轻松获得,那么它也容易失去;如果没有长时间的积累,那么成功也不会宏大。

王阳明曾说:"天下之事,其得之不难,则其失之必易;其积之不久,则其发之必不宏。"一切事情,如果不费心力就轻松获得,那么它也容易失去;如果没有长时间的积累,那么成功也不会宏大。所以要取得大成功,必须要具有足够的耐心。

随着电信行业的竞争日益激烈,人类逐渐步入3G时代。3G是第三代移动通信的简称,相比第二代移动通信系统2G,3G克服了各种通信系统之间互不兼容的劣势,突出了融合的特征。李嘉诚曾经精辟地阐释了3G的理念,他认为:"我们并非从事手机销售业务。我们的使命是提升人类的生活品质,通过我们开创的服务,你只需一机在手,即可随时显示你在何地、需要何种服务及如何享用服务。我们相信3G将成为日常生活中不可或缺的一环。"

正是由于李嘉诚预测到了3G对人类生活的巨大影响,因此在3G业务的拓展上也显现出了"先知先觉"的睿智。早在1997年,李嘉诚就敏锐地意识到电讯业务的巨大潜力,当时就表示未来集团的主要盈利将依赖电讯业务。李嘉诚旗下有很多市值很高的2G

运营商都为 3G 业务的运营储备了力量。1999 年，和记黄埔蓄势待发，准备进军全球 3G 业务。

李嘉诚经过缜密的分析后，选择欧洲作为进军 3G 领域的主战场。欧洲市场具有超前的消费理念、稳定的政策等有利于 3G 开展业务的多种优势。此外，当时欧洲的 3G 业务正处于困境，被视为欧洲 3G 的泡沫时代。运营商们要么负债累累，要么无奈地中断对 3G 业务的投资。3G 领域一时成为绝大多数运营商噤若寒蝉的雷区，3G 牌照自然也不受欢迎。此时，和记黄埔却出人意料地要进军这块其他企业唯恐避之不及的领域。机遇与挑战并存，李嘉诚能否将以前成功的冒险经历复制到 3G 业务上呢？

在外界的质疑声中，2001 年 7 月，和记黄埔宣布将于 2002 年中期在欧洲推出 3G 业务。沃达丰等众多国际竞争对手恰好推迟了在欧洲推出 3G 服务，竞争对手的纷纷延迟为和记黄埔提供了有利的发展时机。当时，3G 服务的市场风险仍然充满了不确定性，诸如未经广泛试验的技术、昂贵的成本都加剧了商业风险。

一个新的业务领域能够提供施展拳脚的良机，同时也充满了难以预测的风险。李嘉诚的和记黄埔在满怀信心地进军欧洲市场的同时，也并非对可能存在的风险毫无戒备。李嘉诚通过慎重的分析，也预测到泡沫经济可能会殃及 3G 业务的发展，果断决定退出在当时前景堪忧的 3G 市场。2001 年以后，欧洲的 3G 牌照拍卖是热点，英国、德国、法国、波兰、瑞典等国都相继要拍卖 3G 牌照。和记黄埔当时积极拓展欧洲的 3G 业务，正热衷于拍 3G 牌照，而且也已经顺利取得英国的 3G 执照。就在包括和记黄埔等多家公司竞拍德国 3G 的 6 份营业执照的时候，李嘉诚果断决定退出德国的拍卖。此外，还将和记黄埔在德国电信执照中所持有的股份卖给了荷兰和日本。

对此，外界对于李嘉诚的突然退出议论纷纷，有人认为李嘉诚的退出，会丧失建立欧洲大陆 3G 业务的机会。有人则批评和记黄埔的投资政策，失去这次机会就很难在全球3G电信领域扮演重要角色。

后来的事实正如李嘉诚所料，3G业务的发展此后陷入了困境。李嘉诚及时、果断地退出竞投3G营业执照，也规避了有可能遭遇的巨额花费，是极其明智的。李嘉诚在意识到电信市场的股份已达顶峰之时，也果断决定出售在欧洲和美国的大部分资产来保全实力。但暂时性地退出3G营业执照的竞投，并不意味着李嘉诚就放弃了3G业务。

2003年3月10日，正当欧洲3G发展跌至低谷，和记黄埔反其道而行之声明注资6.5亿英镑继续发展欧洲3G业务。10月份，和记黄埔与英国电信签署了1亿欧元协议，和记黄埔的3G网络将在爱尔兰建立并运营。2004年初，和记黄埔在中国香港正式推出了3G服务。

2005年，和记黄埔已在全球范围内广泛推出了3G业务，诸如英国、意大利、香港地区、澳大利亚、奥地利、丹麦和瑞典等国都有和记黄埔的业务，共有逾103.8万的3G客户。同时，还平均以超过1万的用户增长。和记黄埔的盈利自然也非常可观，仅3G业务在英国、意大利的ARPU就分别为45英镑、42欧元，奠定了和记黄埔作为全球3G当之无愧的领导者地位。2006年，和记黄埔在越南也展开了电讯3G业务。

和记黄埔在3G业务上的全球扩张模式一路披荆斩棘、勇往直前。虽然和记黄埔在3G业务也曾经出现亏损，但其业绩也是可圈可点。2004年的净亏损达384.5亿港元。2005年，和记黄埔3G业务运营亏损下降为362.8亿港元，有所好转。2006年上半年，3G业务税前亏损为119.9亿港元，较2005年同期的200.2亿港元的亏损继续有所收窄，减幅达40%。

精诚所至，金石为开。2007年下半年，和记黄埔财报显示，3G业务EBITDA持续上升终于首次录得正数EBITDA的记录，同时达到现金流目标；收入总额上升18%，达到599.09亿元；客户也逾1760万名，人数增加20%。

2008年爆发金融危机以来，受其影响3G业务也面临困境。2009年全年和记黄埔3G业务不仅自身亏损52.81亿港元，还拖累和记黄埔在2009年期内净利润仅141.68亿港元，同比增长11.7%，增长缓慢，触及市场预期的底部。

不过，这个数据还是好于2009年年中的机构预测。花旗集团分析，和记黄埔2009年全年只会实现盈亏平衡，旗下和记电讯"3"公司当时2600亿港元的资产市值折现价值仅为900亿港元。

对此，李嘉诚在亏损之中仍然看到了3G业务的发展潜力巨大，对3G业务仍然投入巨额的成本。2009年，和记黄埔在3G项目上投入巨额资金，斥资数百亿美元，占其总资产将近30%。但是，巨额投入却没有得到盈利。其中，3G最典型的应用当属无线上网，从2008年就是各大市场的主打项目，然而，很难在短期内看到经济回报。这个项目，2008年亏损157.92亿港元，2009EBITDA亏损1.76亿港元，也仅仅是有所收窄。对此，李嘉诚仍然对3G业务的发展给予了积极的评价，曾经表示该业务2009年"实则进步不小"，3G业务由零开始，发展至今客户数量已逾2000万，实在很不容易。

3G业务作为一个新兴的领域，发展历程既充满了坎坷、曲折，也蕴藏着前所未有的机遇。李嘉诚独具慧眼，即使在困境中仍然不遗余力地拓展3G，富有极强的前瞻性，再次见证了其精于长线投资的谋略。他旗下的和记黄埔作为全球3G的急先锋，在未来的挑战中作为如何，我们不予妄测，但有一点可以肯定，李嘉诚同世界人民一同在期待此次危机的曙光，目前全球"3G"前景仍然看好，而和记黄埔3G的下一步行动无疑也将成为行业内人士引颈相望的标杆。

人都急功近利，对于暂时没有收到成效的行动，立刻会产生放弃的想法，而许多事情往往需要经过一段时间甚至是在最后才见分晓的。不可能事事开头就非常顺利，即便是李嘉诚的很多生意在前期也是亏本的，而每次能笑到最后的原因就在于耐得住性子，做长线投资。李嘉诚的每次投资都令人拍案叫绝，这次投资3G业务的最后结果如何，让我们拭目以待。

第4个忠告

小心驶得万年船

> 扩张中不忘谨慎，谨慎中不忘扩张。我求的是在稳健与进取中取得平衡。船要行得快，但面对风浪一定要挨得住。

"扩张中不忘谨慎，谨慎中不忘扩张。我求的是在稳健与进取中取得平衡。船要行得快，但面对风浪一定要挨得住。"从李嘉诚的这段话中，我们可以看出老持沉稳的李嘉诚，他的商业哲学更偏向于稳中进取，而他事业的发展也确实给人一种整体稳健的印象。

面对瞬息万变的市场行情，李嘉诚始终遵循"高现金、低负债"的策略以确保有足够的资金来灵活地应对。这一策略被证明是非常高明的，尽管李嘉诚旗下的企业资产庞大，横跨多个行业，他都能在危机中规避风险。因此"现金为王"一直被李嘉诚奉为准则。

李嘉诚的高明之处就在于以不变应万变，往往会在市场没有出现明显的下降趋势的时候就通过多种渠道快速回笼资金，尤其是对那些有可能贬值的资产要迅速清仓变为现金。一旦市场行情变坏，就不会为无法套现而陷入窘境。李嘉诚对现金流的高度重视,业内流传甚广。他经常说的一句话是:"一家公司即使有盈利,也可以破产,但一家公司的现金流是正数的话,便不容易倒闭。"

在李嘉诚提倡的"高现金、低负债"的财务政策下,他的企业资产负债率仅保持在12%左右。他的此项经营策略在长江实业的经营管理中也体现得淋漓尽致。

长江实业为防地产业务风险扩散,一直非常注重保持全部负债一定要小于流动资产,因此,长江实业的对外长期投资等非流动资产占有其总资产的75%以上。早先在1997年亚洲金融风暴之前,非流动资产的比例更高达85%以上。虽然李嘉诚实力雄厚、资产庞大,但是一直坚持保守的理念。李嘉诚曾经表明自己的投资理念:"在开拓业务方面,保持现金储备多于负债,要求收入与支出平衡,甚至要有盈利,我想求的是稳健与进取中取得平衡。"

1997年亚洲金融风暴爆发之前,香港经济出现多年连续高速增长,楼市价格也一路飙升。对此,香港也推出一系列抑制楼价攀升的措施,从1994年4月到1995年7~8月份期间,还受到美国连续7次调高息率等因素的影响,香港楼市价格有所下降,住宅楼的价格下跌三成左右,楼市进入调整阶段。李嘉诚旗下的长江实业主要从事的就是地产开发,为了应对外界的不利影响,在当年大幅降低了长期贷款,提高资产周转率,保证流动资产足以覆盖全部负债。1996年,香港经济形势好转,房价和股市行情都看好,长江实业的流动资产净值也随之大幅增长,而长期负债仍保持着先前的线性增长速度。1997年下半年亚洲金融危机爆发时,香港很多地产商身处困境,受困于现金流的断裂,动弹不得。而长江实业流动资产仍然大于全部负债,得以独善其身。

此外,在遭遇经济危机时,李嘉诚自己旗下的企业相互支持,共渡难关。1997年,正值地产业市场高涨时期,和记黄埔以现金55.68亿港元及发行2.54亿股普通股,获得了长江实业持有的70.66%的长江基建股权。对于长江实业来讲,和记黄埔此举无异于雪中送炭，得以摆脱在资金匮乏的困境中。当然，通过这次调整，长江实业持有和记黄埔的权益增加了大概3.6%。

从能用于地产开发的现金流上看，长江实业的现金流并不宽裕，甚至有些紧张。在两次金融危机的冲击下，长江实业持有的现金应对一年内到期的债务并非绰绰有余。因为如果扣除流动资产中物业存货的部分，长江实业的流动资产净值分别在1998年和2007年两个年份出现由正转负的拐点。

即使如此，长江实业仍然不愿意采取增加负债解决资金周转紧张的难题，其资产负债率一直没有超过15%。原因在于，李嘉诚对地产行业有着自己独到的分析，他认为香港的地产公司非常依赖于从快速的楼房成交中回笼资金。一旦楼市的成交量萎缩，企业不能快速地回收资金，企业就会处于被动的境地。因此，长江实业的运作也受到"现金流"的制约。也正是因为这个缘故，即使遇到楼市低迷的市场行情，长江实业也往往采取低于竞争对手价格的策略加快资金回笼。

此外，李嘉诚对债务的控制还坚持把握总负债仅与地产业务的流动资产相匹配的原则，以便在公司能力可控的情况下承担风险，规避风险扩散到其他业务。正是基于李嘉诚的资金使用理念，长江实业经受住了亚洲金融风暴的冲击，当时银行对一般客户收紧信贷，但是长江实业仍成功地筹措到银行贷款并发行被超额认购的票据，摆脱了资金困境。

2008年全球性金融危机再次来临，李嘉诚仍然是遵循他"现金为王"的投资理念。当他敏锐地意识到市场行情开始走下坡路时，便展开了一系列的冻结资产、抛售地产和股票等策略快速回笼资金。

和记黄埔应对经济危机的策略也非常谨慎、保守。提早偿还约142亿港元的债务，并在2009年6月底前，对其全部的投资项目进行审视，对于尚未落实的投资项目采取冻结的方法应对。

在冻结投资的同时，李嘉诚又采取大幅降价、抛售房产的方式来套现，以保证有稳健的财政状况。2007年就大幅度减持手中的股份，套现至少上百亿港元；2008年，在楼市低迷的市场行情下，李嘉诚旗下公司又几次密集抛售在上海、北京等地的地产，先是以44.38亿元价格出售了上海的世纪商贸广场的写字楼物业，之后又以均价下跌超万元的价格抛售御翠豪庭的高档公寓。同时在颇有些惋惜之声的情况下卖掉了位于黄金城道上的商铺；在2008年11月期间，李嘉诚在北京投资的首个别墅项目——"誉天下"，也采取实行"一口价"，以最低5.7折甩卖，加快套现。在2008年11月上旬李嘉诚又短期迅速抛掉了中国远洋、中海集运及南方航空等H股的股份，减持的3只H股，套现资金达40亿港元。

"现金为王"的理念是李嘉诚能够在经济危机时，保证资金流动和企业正常运转的有力保障。从某种程度上也可以说，是否持有现金是关乎企业在经济危机时的关键因素。因此，李嘉诚非常清楚、明智地意识到了这点，往往会采取多种方式加快套现。

虽然是迫于金融风暴而采取的抛售，但李嘉诚并没有亏本，只是利润空间缩小而已。以上海的两处楼盘为例，李嘉诚旗下的香港上市公司"和记港陆"在2008年5月，以44.38亿元人民币出售上海长乐路的"世纪商贸广场"写字楼物业给美国投资基金亚太置地，获利达21亿港元；御翠豪庭中地理位置欠佳的两栋楼房也仍是以3.5万元的单价出售。下半年，上海房地产市场的行情就开始下滑，李嘉诚在行情转折之前，成功地将丰厚的利润收入囊中。对于房地产这个特殊的行业来讲，在预测到行情即将开始出现转折的情况下，就应该果断抛掉，不仅能够赚取大量的价格剪刀差，实现利润最大化，同时也能通过套现增加抵御外部风险的能力，防御可能出现的来自其他企业的资金挤压风险。此外，通过套现还能够有足够的资金支持在以后为抢占更大的行业份额。

毕竟，一旦现金流被截断，其负面的影响就不仅仅是盈利减少，而是牵一发而动全身，甚至会影响到企业的生死存亡。

李嘉诚对旗下公司的经营理念也是坚持策略地保持稳健的财务状况，公司的负债率与业内其他公司相比，均处于低水平的负债状况。长江实业从1977年开始，非常注重降低企业的负债比率。经过多年努力，长江实业近年平稳地维持在0.2与0.3之间。与同行业相比，负债比率是比较低的。和记黄埔的负债比率稍高，处于0.4至0.6之间。而与同行相比，也是处于明显的低负债率状态。正是得益于稳健的财务状况，不仅使得李氏的集团各子公司能够从容应对经济危机的困境，而且保证有充足的资金提升市场的竞争力，占领市场先机。

李嘉诚对自己的秘诀并不避讳，曾经谈到，"用各种各样的办法创造稳定的现金流是一些企业多年积累的成功经验"。他旗下的公司一般都呈现出了稳健的财政状况以及低负债率的特点。

商海中存在无穷的变数，每一个变数都可能伴有风险。"变是一定要变的，这个世界本来就是丰富多彩的，千变万化的"，性格沉稳的李嘉诚总能在变化中笑看风云，在他看来，万变不离其宗，只要守住合乎实际情况、合乎道理的"宗"，那么"任尔东南西北风，我自岿然不动"。每次帮助李嘉诚履险如夷的准则便是"现金为王"。

第5个忠告

先人一步，胜人千里

今天在竞争激烈的世界中，你付出多一点，便可赢得多一点。好像奥运会一样，如果短跑赛，虽然是跑第一的那个赢，但比第二、第三的只胜出少许，只要快一点，便是赢。

李嘉诚说："随时留意身边有无生意可做，才会抓住时机把握升浪起点。着手越快越好。"先下手为强是商战中的定律，先人一步，抓住先机，往往能在整个竞争过程中占得优势，甚至对最后胜利的归属都有着决定性的作用。李嘉诚在香港发动的"塑胶花促销大战"就很好地诠释了"兵贵神速"的正确性。

1957年10月，为了让塑胶花占得先机，李嘉诚和塑料厂员工夜以继日地工作。他要在第一天便全面占领市场，造成盛大的轰动态势，同时，让其他企业没有喘息的时间跟风抢占市场。所以在此之前他和全厂员工都是共同遵守秘密，对外也一律守口如瓶。

然而就在长江厂塑胶花上市的前两天，李嘉诚忽然获悉一个让他胆战心惊的信息：香港最有名气的英资百货公司——莲卡佛国际有限公司已与意大利的维斯孔蒂塑胶厂签订了首销塑胶花5000束的协议，并且要在10月15日在该公司所有的连锁店里同时展销。

李嘉诚获悉此信息后，决定先下手为强，立即在香港提前进行盛大展销。李嘉诚想到了一点：价格。填补空白市场的产品很容易卖出高价，即便是意大利企业进军香港，同是高价位竞争，李嘉诚也不见得会输。但李嘉诚不是一个贪心的人，他认为，价格昂贵，必少有人问津，必然难以尽快打开市场。他希望以"物美价廉"立足香港。由于李嘉诚的塑胶厂是批量生产塑胶花，成本并不高，李嘉诚在经过成本预算后，大胆做了一个决定："低价位，多销点"的经商策略——卖得快，必产得多，"以销促产"比"居奇为贵"更符合商界规则。这一决定得到了厂内骨干的鼎力支持。

塑胶花以中低价格一面世，立刻便显现出了它特有的优势。当天，在李嘉诚暴风骤雨般的攻势前，香港几家媒体哗然。等到香港英资公司莲卡佛的连锁店推出意大利的原版塑胶花时，市场已经被长江厂占领了。两相对比，差异巨大：意大利塑胶花走的是高档路线，作为奢侈品价格不菲，只有少数洋人和华人富有家庭购买。而李嘉诚的塑料花则走的是大众路线，价格适中，成为大众蜂拥抢购的新货种。同时，意大利的塑胶花虽然质量较好，但因为花样口味并不适合香港文化；而李嘉诚的塑胶花却是尽显本地风光，故而一经推出，便博了个头彩。

这一次转型为长江带来了滚滚财源，全厂上下情绪高昂。客户蜂拥而至，为物美价廉的塑胶花更添一份喜庆。他们爽快地按李嘉诚的报价签订供销合约。有的为了买断权益，甚至主动提出预付50%订金。李嘉诚细致梳理了经销商的销售网络及销售情况，尽可能达到人货匹配供给最大化。很快塑胶花就风行香港了。老一辈港人记忆犹新，几乎是在数周之间，香港大街小巷的花卉店，摆满了长江出品的塑胶花。寻常百姓家、大小公司的写字楼，甚至汽车驾驶室，都能看到塑胶花。长江塑胶厂蜚声香港业界。

然而自古花开一家的好事都不会持续太久，等待长江厂的，是后来居上的同业公平而无情的竞争。李嘉诚并没有沉浸在首战告捷的喜庆中忘乎所以，他果断进行了市场加固和设施、资金、租赁厂房等更新。

在陈美华和辛磊的著作里，提到了李嘉诚的迅速成长与学习：他看好股份制企业，决定分两步走。第一步，组建合伙性的有限公司；第二步，发展到相当规模时，申请上市，成为公众性的有限公司。

但李嘉诚没有料到的是，对手这一次进攻塑胶厂，不是依靠市场产品，而是借媒体炒作。对手十分聪慧。这一天，李嘉诚的秘书将一份《商报》放到了他的办公桌前。李嘉诚一看不由心惊，原来有人发表文章攻击李嘉诚：且看长江公司的真面目！文章如此写道："休看李嘉诚现在呼风唤雨，到处以他的塑胶花哗众取宠，招摇过市。其实他并不是一个真正的企业家，也从来不是什么精通塑胶制品的技术权威。如果翻开他的历史就会让人大吃一惊……

"李嘉诚所谓的公司，其实不过就是一个大杂院。不但所有厂房都是破烂陈旧的,就是生产塑胶花的设备,也没有一台是货真价实的,都是一些塑胶厂淘汰下来的废旧机器,被他买到手以后,修修补补,勉强维持生产。我们真为那些购买长江公司产品的顾客捏一把冷汗,他们根本不知道,像李嘉诚那样破破烂烂的厂房和家当,又怎么能够生产出敢与意大利名牌产品相抗衡的塑胶花呢?"

这看似是一件小小的攻击事件,实则会给市场造成惊天大浪。李嘉诚即刻起身,亲自背上一口袋沉甸甸的塑胶花前往香港中环的这家报馆。接待他的,正是报纸主编。

李嘉诚虽然心底震怒,但还是温文尔雅地告知主编,在未经查证之前写出十分偏颇的稿件上报是十分不妥的。他诚挚邀请总编和各位编辑:"我很希望各位全面了解一下我的长江公司。"

面对那些五彩缤纷的塑胶花,总编羞愧了。他立刻派有关记者全方位进行了解,并且配发了一条全新醒目的通栏标题:请看李嘉诚创造的奇迹——简陋的厂房设备,优质超群的产品,当今香港工业之翘楚的诞生。

记者写道:"李嘉诚在筲箕湾的公司确实十分简陋,设备也无法与先进工厂的新式机器同日而语。可是,值得读者们先睹为快并为之敬佩的是,李嘉诚在这简陋的条件下生产的优质塑胶花,几乎可与国外最为先进的米兰塑胶产品媲美。这就是李嘉诚的奇迹,长江工业有限公司的奇迹,也是我们香港的奇迹!……"

这一役,李嘉诚同样打得漂亮利落。

而且,令人欣慰的是,《商报》上的图片和新闻,非但把第一次的恶意评说打压了下去,无疑也起到了普通商品广告难以达到的宣传作用。

李嘉诚说:"今天在竞争激烈的世界中,你付出多一点,便可赢得多一点。好像奥运会一样,如果短跑赛,虽然是跑第一的那个赢了,但比第二、第三的只胜出少许,只要快一点,便是赢。"

李嘉诚这次"塑胶花促销大战"赢在快人一步,占得先机。

李嘉诚说:"如果在竞争中,你输了,那么你输在时间;反之,你赢了,也赢在时间。"如果决定做某件自己认为正确的事情,那么立即行动吧!

■第6个忠告

谋虑周详才能做到"不疾而速"

商场讲究先下手为强,然而求快是以谋虑周详为基础的,否则一切行动都将是空中楼阁。事前不经过深思熟虑就轻率冒进,行动越快,失败也就来得越快。对事物没有一个周密细致的思考、谋划,就不会有一个清晰的方向和正确的方法,行动快速,失败的概率自然就大。这就好比一个盲人赶路,走得越快,跌得也就越重。

"兵贵神速"是商战中克敌制胜的一条通行准则,面对出现的机遇,当然是先下手为强。然而这求快,是以谋虑周详为基础的,否则一切行动都将是空中楼阁。事前不经过深思熟虑就轻率冒进,行动越快,失败也就来得越快。对事物没有一个周密细致的思考、谋划,就不会有一个清晰的方向和正确的方法,行动快速,失败的概率自然就大。这就好比一个盲人赶路,走得越快,跌得也就越重。

"好谋而成、分段治事、不疾而速、无为而治。若能拈出其中的精髓,生命是可以如此的好。'好谋而成'是凡事深思熟虑,谋定而后动。'分段治事'是洞悉事物的条理,按部就班进行。'不疾而速'就是你没做这个事之前,就老早想到假如碰到这个问题时你怎么办。由于已有充足的准备,故能胸有成竹,当机会来临时自能迅速把握,一击即中。'无为而治'则要有好的制度、好的管治系统来管理。兼具以上4种因素,成功的蓝图自然展现。"

从李嘉诚的这段话中,我们能看到其很强的哲学思想。不将心思放在求快上,而是把精力集中于思考谋划,最后往往能达到神速的效果。事情的确如此,在激烈的竞争中最后胜出者,往往是张弛有度的人。

在弥漫着求快气息的商界,"拖后"策略似乎与这种氛围格格不入,因此李嘉诚的经商策略显得极富个性。自1992年李嘉诚入主内地房地产业起,一直执行"拖后"政策。由于李嘉诚财大气粗,寻觅到的许多优质项目,往往要等上三四年才进入开发。而旗下许多成熟物业,也会采取租赁经营,以缓慢而稳定的方式回笼资金。寻求契机是李嘉诚一直追求的一个原则,李嘉诚有这样一段话,很好地表现了他"不疾而速"的为商哲学:

"20世纪90年代初,和记黄埔原来在英国投资的单向流动电话业务Rabbit,面对新技术的冲击,我们觉得业务前途不大,决定结束。这亦不是很大的投资,我当时的考虑是结束更为有利。

"与此同时,在通信技术很快地变化、市场不明朗的关键时刻,我们要考虑另一项刚刚在英国开始的电讯投资,究竟是要继续还是把它卖给对手?当然卖出的机会绝少,只是初步的探讨而已。我们和买家刚开始洽谈,对方的管理人员就用傲慢的态度跟我们的同事商谈,我知道后很反感,将办公室的锁按上了,把自己关在办公室15分钟,冷静地衡量着两个问题:再次小心检讨流动通信行业在当时的前途;和记黄埔的财力、人力、物力是否可以支持发展这项目?

"当我给这两个问题肯定的答案之后,我决定全力发展我们的网络,而且要比对手做得更快、更全面。Orange(橙)就在这样的环境下诞生,并全速发展。"

面对机会,人们常有许多不同的选择方式,但是每个人的机会是平等的。

有的人会单纯地接受；有的人保持怀疑的态度，站在一旁观望；有的人则顽固到底，不肯接受任何新的改变，于是各有各的结局。许多成功的契机，在萌芽之时便已经注定了结局，只有那些敏锐的、进退自如的人才能看得到它的雄厚潜力，在"行如风、坐如钟"中赚得盆满钵满。

"不疾而速"，其实是在风险管理、信息收集、财务准备齐备了，遇到机会，才能一击即中。做好谋划，做到成竹在胸，能快速抓住机遇；在遇到风险时，也能迅速地全身而退。

2008年初，全球性的金融危机临近。

嗅觉灵敏的李嘉诚很早便意识到这将是一场极大的灾难，他迅速做出应对：出售原有项目，出售上海世纪商贸广场和御翠豪庭两个重头项目，回笼资金超过50亿元，这遵循了李嘉诚应对风险的一贯准则——"现金为王"；不仅如此，他还密集启动长三角三大项目（上海周浦镇住宅项目、上海新闸路商业及办公综合项目、江苏常州天宁住宅项目），甚至提前将部分项目投入市场。这种果断的行为为其之后的路做了最大铺垫。因为敏锐，所以才能不疾而保持了速达。

事实很快验证了李嘉诚的判断。因为有这些准备，2008年和记黄埔年报显示，其以获得超过150亿港元的净利润水平，维持了500亿港元以上的现金水平，保住了李嘉诚不动如山的超人地位。

正如和记黄埔集团前董事总经理马世民形容的那样，"李嘉诚是一个玩循环的高手，但是别人玩循环是赌博，他玩循环是避险"。正因为他有周密的谋划，所以他有必胜的把握。

面对一个机遇，迅捷做出行动是非常有必要的。然而我们也应该明白，我们之所以要"抢"，为的是什么。若是对这个完全没有概念。那么，即便是抢过来也一无用处。李嘉诚正是由于对任何事情都看清楚再行动，所以每次都能有不错的结果。

■第7个忠告

欲擒故纵，让生意来找你

"逼则反兵，走则减势。紧随勿迫，累其气力，消其斗志，散而后擒，兵不血刃。"在与对手的竞争中，如果逼迫过甚，就容易遭到激烈的反抗；如果给出一些空间，对抗就会有所缓和。这时候要做的就是，紧随其后但不逼迫，等到对方气力全部消散的时候，胜利自然手到擒来。人要去求生意就比较难，生意跑来找你，你就容易做了。

《三十六计》中有"欲擒故纵"一计，讲的是："逼则反兵，走则减势。紧随勿迫，累其气力，消其斗志，散而后擒，兵不血刃。"在与对手的竞争中，如果逼迫过甚，就容易遭到激烈的反抗；如果放出一些空间，对抗就会有所缓和。这时候要做的就是，紧随其后但不逼迫，等到对方气力全部消散的时候，胜利自然手到擒来。

李嘉诚在收购战中，有几场漂亮的胜利战就淋漓尽致地体现了"欲擒故纵"的妙处，如收购"港灯"一战。

1889年1月24日，香港电灯有限公司成立，也就是我们熟知的"港灯"，在后来产生了巨大的影响。1890年12月起，该公司开始全面向港岛供电。但当时的港灯，是香港十大英资上市公司之一，也就是说，它的股东当属各英资洋行。在漫长的90多年间，港灯都一直是独立的公众持股公司。

直到1980年11月，长江实业与港灯集团合组上市，开始了对港灯位于港岛的电厂零散旧址地盘的开发。

港灯在那时当属众人觊觎的一大块肥肉。它盈利稳定，已成长为香港第二大电力集团。"鼓励用电"的收费制也即将出台，港灯的供电量大幅增长是完全可预见的，必然也少不了盈利的迅猛递增。供电这一业务，是地区发展不可或缺的要求，因而不管经济如何波动，电业始终会稳步发展。这对于投资家自然具有巨大的吸引力。

1981~1982年，怡和、长江、佳宁这些集团都对港灯产生了极大的兴趣，尤其是怡和，它因海外投资不顺而转回到香港，此时正大肆扩张业务，购入了港灯公司的公用股份。

李嘉诚自然也看到了港灯的价值和前景，同时各集团的争夺趋势他也都看在眼里，置地的举动引起了他的关注，但他并未采取任何举措，只是静观其变，这让他将局势分析得更加透彻。

1982年4月，市面上已开始流传置地即将拟定收购港灯计划的消息。4月26日开市时，上周收市时还是5.13港元价格的代表置地做经纪的怡富公司，就以高出1港元多的价格（时价每股6.3~6.35港元），收购了2.22亿股港灯股份，同时以9.40港元的价位买入港灯认股证1200万股，占认股证总发行量的20%。就这样，置地高于市价31%的条件，使它顺利收购了港灯。但同时它又让自己陷入了万难的尴尬境地——急速扩张的投资过分庞大，以至于除了耗尽现金之外，还欠下大笔贷款，负债高达160亿港元。

那时又恰逢局势动荡，香港庞大的移民浪潮撼动了整个市场，向外涌出的民众连同资金一同转出，疯狂抛出港币以套取外币，直接导致了汇率的大幅跌落。国际上，欧美以及日本的经济日渐衰退，使得香港的工商界遭遇了严峻的凄迷之势。随之而来的，便是地产市场的滑落。楼盘崛起却丝毫没有市场，高投资的兴建只如同海市蜃楼，大量的楼宇由销转滞，使得众多地产大户纷纷捶胸顿足悔不当初。置地的形势便可想而知——不仅欠款难还,更是有高额利息的亏空,足以令它陷入极其困难的境地。

于是,到1983年,随着地产的全面崩溃,置地的欠款已高达13个亿,这情况,已经足以将它的公司拖垮。果然,母公司怡和的同期财政年度盈利额立即暴跌80%,同时引得怡和内部人员马上有了巨大的变动。任职8年的置地大班纽璧坚在大股东凯瑟克家族的责备中默然离开了服务30年的怡和。

这样一来,置地的大班继承人成了西门·凯瑟克。对此,社会舆论颇多,各大媒体大幅报道和预测怡和未来的发展趋势。面对社会舆论,李嘉诚仔细研读各类报道,静坐分析怡和的情况。潜在的竞争会始终存在,作为有力的竞争对手,坐怀不乱着实是李嘉诚令人钦佩的素质。他了解了关于凯瑟克家族的大量信息,对于不久之后将和怡和展开的竞争的现况和未来发展,已早有盘算和定义。

当时李嘉诚已与尚未正式加盟和记黄埔的马世民有了密切的接触,在收购港灯问题上,两人不谋而合。正所谓英雄所见略同,在置地陷入困境时,两人都看到了从其手中夺过港灯的可能性。但此时的李嘉诚是清醒的,他知道可能性事件自然有其发展的必然性,主张以温和的谈判来取胜,毕竟已经可以预见,怡和出售港灯是早晚的事。加之,纽璧坚任大班时李嘉诚曾表过态有意收购港灯,剩下的就是等待时机成熟了。

李嘉诚在这一时期也针对凯瑟克反复研读了许多相关报道,初步构思已有所把握。但此时的李嘉诚仍旧不作任何表示,按兵不动,等待事态的发展。

到了1984年,和记黄埔收购了Davenham公司,李嘉诚委任马世民为董事行政总裁,即和记黄埔第二把手,马世民正式加盟长江实业。他的加入使得长江实业又进入一个空前辉煌的阶段。

这时,西门·凯瑟克为缓解怡和财务紧张的状况,出台了一系列计划,欲出售部分海外资产及在港非核心业务。而置地作为怡和的核心业务，其旗舰地位无论如何要保住。但在当时，汇丰银行已开始穷追不舍地向置地要债，使得西门手足无措，不得不舍弃港灯以减轻债务。

既有此打算，首先想到的出售对象就是财大气粗的李嘉诚。李嘉诚向纽壁坚表达对港灯的收购之意时，西门当时也在场，深知此人有能力出理想的价钱，也确信此人有意收购港灯。但令人费解的是，一年来李嘉诚没有任何举措，西门疑惑万分。前景十分看好的港灯，他岂会弃之不取？

然而李嘉诚仍旧静待时机，耐心坐观局势，西门最终按捺不住了，主动派人前往李嘉诚办公室讨论转让港灯股权的问题。约16个小时之后，和记黄埔正式决定斥资29亿元现金从置地收购34.6%的港灯股权，这成为中英会谈后港市首次大规模收购。同时，6.4亿元的折让价使这次收购为和记黄埔省下了4.5亿港元。和记黄埔全面掌控了港灯。一时全港哗然，有人分析，李嘉诚闪电完成收购，实则"蓄谋已久"。诚然，李嘉诚以静制动，看似不动声色，实际上他是做足了功课，对于港灯最终归入长江实业，李嘉诚早已胸有成竹，只是他比别人更善于忍耐，或者说更懂得欲擒故纵，所以他能够在最佳时机以最合理的代价完成收购。就如同李嘉诚自己所言："我们不像买古董，没有非买不可的心理。"当然，李嘉诚的每一次收购都没有"血战沙场"的味道，事实上他更奉行互惠原则。

同年3月，包玉刚完成对英资洋行会德丰的收购。至此，英资四大洋行中的和记黄埔和会德丰先后归入华资。包、李二人因此更是声名大振。

马世民就收购港灯一事对李嘉诚称赞道："一共花了16个小时，而其中8个小时是花在研究建议方面。"可见策略之于李嘉诚，才是取胜的关键。他自己也曾说："假如我不是很久以前存着这个意念和没有透彻研究港灯，试问又怎能在两次会议内达成一项总值达29亿港元的现金交易呢?"

在此次港灯的收购战中,李嘉诚对形势做出了细致的研究和精确的判断。也正基于此,欲擒故纵才得到了淋漓尽致的演绎。李嘉诚意欲港灯,但没有表现出急迫的念头,而是"紧随不迫",一直关注时势,并对其进行仔细研究,最后对手主动找到李嘉诚进行交易。李嘉诚说:"人要去求生意就比较难,生意跑来找你,你就容易做了。"

■第8个忠告

步步为营,稳扎稳打

李嘉诚事业的巨大扩张,很大程度上得益于李嘉诚谨慎稳重的行事风格。步步为营、稳扎稳打,在常人看来其发展程度缓慢而且幅度不大,但是李嘉诚的事业却有着极为迅速而大幅的扩张,这也是李嘉诚"不疾而速"的经商哲学。

李嘉诚做生意一贯谨小慎微,他时常说一句这样的话:"扩张中不忘谨慎,谨慎中不忘扩张。"从一无所有到富甲天下,李嘉诚事业的扩张程度之大不言而喻。

李嘉诚事业的巨大扩张,很大程度上得益于李嘉诚谨慎稳重的行事风格。步步为营、稳扎稳打,在常人看来其发展程度缓慢而且幅度不大,但是李嘉诚的事业却有着极为迅速而大幅的扩张,这也是李嘉诚"不疾而速"的经商哲学。长江实业上市,让李嘉诚的事业有了飞跃性的发展,其步步为营的经商风格在这段时期内有着极为显著的表现。

长江实业的上市，李嘉诚对于股市领域的关注也就随之频繁了。当时的股市处在一个极度疯狂的投机状态，股市一路飙升，许多人从中得到了暴利，因此就有更多的人在股市中"舍生忘死"。许多商人对本来行业置之不顾，纷纷将资金投入到股市，以牟取更大的利润；甚至于许多普通人也纷纷变卖家产，用有限的资金投入到"无限"的股市中去。当时的香港股市处于空前癫狂的状态，一片混乱。

1972年，汇丰银行大班桑达士就对这种极不正常的现象提出警告："目前股价已升到极不合理的地步，务请投资者持谨慎态度。"桑达士的警告，湮没在"要股票，不要钞票"的喧嚣之中，人们依旧在一路飙升的股市中忘我奋斗。1973年3月9日，恒生指数飚升到1774.96点的历史高峰，仅在一年之内，恒生指数升幅5.3倍。所谓盛极必衰，在一片混乱的股市中，有些人趁乱伪造股票，鱼目混珠。东窗事发后，股民纷纷抛售股票，股市一落千丈，大熊市随即出现。

当时远东会的证券分析员指出，假股事件只是导火线，牛退熊出的根本原因在于投资者盲目入市投机，公司盈利远远追不上股价的升幅，恒生指数攀升到脱离实际的高位。恒生指数由1973年3月9日的1774.96点，迅速滑落到4月底收市的816.39点的水平。下半年，又遭遇世界性石油危机，直接影响香港的加工贸易业。1973年年底，恒生指数一再跌至433.7点，到1974年12月10日，跌至1970年以来的新低点——150.11点。在这场股灾中，除了极少数及时脱身的人之外，大多数人都遭受了严重的损失，因此而一贫如洗的人也不在少数。

在长江实业上市之初，股市一路上升，但是李嘉诚却不为所动，其成熟而稳健的心理素质让人佩服不已。在这次股灾中，长江实业的损失仅仅是市值的下跌，其实际资产并未受损。更令人感到神奇的是，在此期间李嘉诚利用股市，让长江实业取得了长足的进步,甚至比预期的成绩更加出色。

长江实业上市之初,拥有收租物业约35万平方英尺,年租纯利390万港元,正兴建或拟建7项发展物业。刚上市时,李嘉诚将长江实业25%的股份公开发售,共筹得资金3150万港元,用以加速对长江实业的物业建设;一边联合其他地产商共同发展楼宇,予以出售;一边独资兴建楼宇,用以出租,从中收取租金。

1973年,长江实业发行新股110万股,筹得资金1590万港元,用以收购泰伟有限公司。该公司的主要资产是位于官塘的商业大厦——中汇大厦,此举为李嘉诚带来了每年120万~130万港元的租金收入(地产复苏后,年租迅速递增到500万港元以上)。

上市之时,李嘉诚预计第一个财政年度盈利为1250万港元,但结果却令李嘉诚喜出望外,长江实业的年纯利为4370万港元,是预计盈利额的3倍多。

当时房地产业界,把1972年上市的几家华资地产公司合称为"华资地产五虎将"。五虎将分别是新鸿基地产、合和实业、长江实业、恒隆地产、新世界发展。上市前后一段时间内,长江实业的实力及声誉在五虎将中并不突出,而是要相对逊色一些。新鸿基地产,由地产界3个大佬级人物郭得胜、冯景禧、李兆基所创;新世界,则是财大气粗的香港珠宝钻石大王郑裕彤的产业;而其他二虎的实力也不是长江实业所能比拟的。

尽管长江实业在起初阶段略逊于其他四虎将,但是从20世纪70年代后期起,长江实业迅速崛起,到80年代中期,一跃成为五虎将中的虎帅。时至今日,长江实业系仍是香港首席财阀。曾有记者问李嘉诚是否有与其他四虎一较高下的想法,李嘉诚的回答是:"我好像从未想过这个问题,我想的是与置地竞争,赶超置地。"到20世纪80年代,李嘉诚已实现赶超置地的目标。

李嘉诚对香港的经济兴衰规律已有较深的认识,经济总是呈波浪式发展,若干年为一周期。地产股市低潮,正是开拓疆场的有利时机，因为在低迷的经济状况下，地盘的价格以及物业的市值都相对偏低。1974年年底，长江实业发行1700万股新股票，用以筹得购买都市地产投资有限公司50%股权的资金。实际上，李嘉诚是用1700万股长江实业的新股，换得都市地产投资有限公司的励精大厦和环球大厦。这两座商业大厦，每年的租金收入高达800万~900万港元。如果不是地产低迷引发都市地产投资有限公司出现财政危机，李嘉诚绝对不可能做得这么顺利。

1974年5月，长江实业与兼具实力和信誉的加拿大帝国商业银行合作，成立怡东财务有限公司，合资5000万港元，双方各出2500万港元现金，各占50%的股权，并由李嘉诚任该公司的董事兼总经理。

这家合股公司的成立，不仅为长江实业引进外来资金，而且为以后长江实业拓展海外业务打下了良好的基础。同年6月，在加拿大帝国商业银行的极力促导下，长江实业股票在加拿大温哥华上市。长江实业能如此顺利地与加拿大银行界建立伙伴关系，得益于李嘉诚从事塑胶花产销时与北美贸易公司建立的信誉。

在1974年与1975年两年间，李嘉诚两次发行新股集资约1.8亿港元。另外，李嘉诚将个人手中持有的长江实业的股份中的2000万股出售给收益良好的公司，套得6800万港元现金。如此，李嘉诚的手头就聚集了大量的现金，在经济不景气的情况下大量收购价格偏低的地盘。为了加速资金回笼，李嘉诚一反过去只租不卖的做法，把重点放在发展物业上。这一时期，长江实业在地产业务方面做出了一系列动作。

李嘉诚先是斥资8500万港元，向"太古地产"购入北角半山赛西湖地盘，该地盘位处著名风景区，面积约86.4万平方英尺。李嘉诚划出其中的5.3万平方英尺的地皮，用来兴建10幢高级住宅楼宇，每幢24层，楼宇总面积达130万平方英尺，计划在2年内竣工。李嘉诚承诺，购楼的用户可获得一个车位，由于优美的周边环境和优越的购房条件,生意颇为红火。楼宇发展至中后期,正值地产复苏,成交量逐渐上升,李嘉诚发展的楼宇全部销售一空,获利6000万港元。

地盘剩余的94%的空地,李嘉诚用来建造了一个集娱乐、运动、休闲为一体的大型活动场所,与风景优美的赛西湖风景区连成一片。

此外,李嘉诚与南丰集团的陈廷骅联合,共同购入太古山谷第一号地盘,几个月后再行出售,获纯利1450万港元,超过1974年上半年的租金收入。

其后,李嘉诚又与新鸿基、恒隆、周大福等公司合作,集资购入湾仔海滨高士大道英美烟草公司原址,建造伊丽莎白大厦和洛克大厦。楼宇以平均每平方英尺400港元的价格出售,共盈利1亿港元。长江实业占其中35%的权益,获利3500万港元。

1976年,香港地产全面转旺。李嘉诚召开股东特别大会,大会通过了大规模集资的决议。这一年,长江实业发行新股5500万股,集资约1.1亿港元;另外,李嘉诚积极开拓筹集资金的新渠道,与世界著名的大通银行达成协议。按照协议,只要长江实业需要,李嘉诚可以向大通银行随时要求得到一笔约2亿港元、为期4年的贷款。单单这两项,李嘉诚能够自由调动的资金就高达3.1亿港元,再加上长江实业的盈利,李嘉诚可以在购地建楼这项业务上大有一番作为,长江实业的实力又得到极大程度的提升。

1976年,长江实业年纯利5997万港元,另有非经常性收入653万港元。这一年,仅租金收入一项就达2192万港元,约是上市前年租金收入的54倍。李嘉诚将长江实业上市,借助股市的作用,在短时间内筹得大量资金,使得自己的事业得到极大程度的扩张,到80年代成功超越置地。如果不是李嘉诚对股市的谨慎态度,要在短时间内超越置地,很难做到。

在这次股灾中,李嘉诚的事业不但没有受到损失,反而不可思议地取得了长足的进步,这与李嘉诚谨慎稳健的性格以及步步为营、稳扎稳打的办事理念分不开。

■第9个忠告

不入虎穴,焉得虎子

不必再有丝毫犹豫,竞争既是搏命,更是斗智斗勇。倘若连这点勇气都没有,谈何在商场立脚,超越置地?

商场如战场,风云变幻,其中都会伴有风险。一遇风险便裹足不前的人,逃避的不仅是风险,还有巨大的机遇。成大事者,有时就是要有放手一搏的勇气,在险中求胜。

对于李嘉诚来说,1977年是意义非凡的一年,可以说是他事业的分水岭。1977年以前,李嘉诚从白手起家,经过几年对长江实业地产公司的用心经营,也只是做了初步的资金储备和潜力预期,并没有能够声震地产界,不具备成为枭雄的实力。但李嘉诚绝不是一个甘于默默经营的普通商人,而就是1977这一年,成就了李嘉诚的威名,从此"李嘉诚"响彻港岛,出现在地产界实力派新星的名单里,长江实业亦成为足以撼动全港的诚信企业。从此以后,李嘉诚的事业步步稳健,最终发展成为王者企业。

这一年,李嘉诚在一场竞标中打败了坚不可破的地产业老大——置地。

1976年下半年,地产界名人的目光,都集中到了一则最新发布的招标消息上:香港地铁公司即将招标车站开发商。招标公告还未正式发布,媒体的炒作就掀起整个地产界的竞争浪潮,众人纷纷觊觎这如此激动人心的机会。当然，雄心勃勃的李嘉诚也不例外，他早已为长江实业奋斗、等待多年，做了资金和架构的准备，期待能够一鸣惊人，打入香港地产界高层，面对如此机遇当然是不愿拱手错失。为在此战中占得先机，李嘉诚做了大量工作。

1977年初，这个地铁工程项目终于正式明朗，这项自香港开埠以来规模最大的公共工程，立即引起全社会的广泛关注。地铁公司宣布，招标将于1月14日正式开始，拆建原邮政总局，兴建车站上盖物业。工程规模巨大，要拿下该项目必然要具备巨资，据估算整个过程将需资金约205亿港元。工程为期8年，首期，自九龙观塘至港岛中环，共15站，全长15.6公里，需要穿过海底隧道。首期工程的估计额就要达到56.5亿港元。地铁公司资金来源一是银行长期贷款，二是通过证券市场售股筹资，三是与地产公司联合发展，利润充股。

巨额资金让许多企业望而却步，李嘉诚亦并无十足把握能担负起如此巨资，但是他清楚地知道，中环站和金钟站是客流量最大、最关键的两站，建成之后，可以预见前景十分光明，全线物业的发展态势，必然不会让人失望。巨额利润近在咫尺，此时不拼更待何时？他虎视眈眈，知道要在商界立足，必须通过冷静周全的策略，首先打败权威的实力企业获得发展的机会。

既已决定放手一搏、李嘉诚马上投入到各方面的研究中。要想创造取胜的可能，必然需要取得足够的筹码。正所谓"知己知彼，百战百胜"，他准备了一手近年来地铁建设方面的研究文件和有关对手详细信息的各种报道资料。项目宏大，届时参与的必将都是有一定实力的企业，英资华资各大地产商一时蜂拥而至，必然会是一场激烈的争夺战。此时，媒体更是不会放过这盛大的场面，为了新闻炒作轮番轰炸，众人各自打着各自的如意算盘，都想在此狠赚一笔。

媒体的报道虽常有肆意炒作的成分，但也不乏可参考的价值。

李嘉诚通过各方声音了解到，最集众人期待于一身的，当属置地集团。这个集团拥有着10多座高楼的资产，足可见其实力之雄厚。因此，若将置地当作最大的竞争对手实可谓是力量悬殊，不得不再三考虑策略。加之有传言说，据测算，为置地拥有的遮打花园广场，恰于距离未来金钟站仅100多米处，置地势在必得的决心更是十分明显了。

但还未开始就放弃，未免显得太不够英雄。李嘉诚过去也曾多次得到中区官地拍卖的消息，但都因高额的资金要求而不得不放弃。港岛的地产已是寸土寸金，中区更是天价，但一旦得手，未来的发展不言而喻。此时，李嘉诚已伺机多时，要想在地产业功成名就、声震群雄，这次的机会绝不可轻易错失。做足准备，必须蓄势待发。

通过各种渠道消息的汇总以及严谨的局势分析，李嘉诚惊奇地发现，地铁公司招标的原因，竟是现金不足造成的窘境！香港工务局对此地的上盖工程进行估价之后，根据商场的通常法则，要求购地款必须全部现金支付，这着实让地铁公司不堪重负。对于有如此光明的发展前景的工程，地铁公司自然也同其他地产大亨一样，想要由此发家致富，但苦于作为公办公司，它的一切程序必须根据规则进行。这才走投无路，不得不招标以筹得现金。

这一重要的信息，无疑成为李嘉诚深入考虑的方面之一，若是拿捏得当，将其作为切入点，必能取得绝对的优势。了解局势之后李嘉诚马上将目光聚焦到对置地的研究上。

置地从属于怡和系，现任大班是同时兼任怡和大班的纽璧坚。此人20岁起正式加入怡和洋行工作，没有任何背景，全凭个人勤奋刻苦，一步一步以踏实的作风坐上董事局主席的位置，身兼两大班重任，已是焦头烂额，加上股东凯瑟克家族的制约，精力更是分散。李嘉诚又从心理上分析置地始终高高在上的优越地位，越来越觉得获胜的可能性相当大。置地的优越性决定了它的地位，也导致了它过度的自信，在满足合作方的要求上，未必能够屈尊配合，这对他的策略是十分有利的。

终于，详尽地分析了解得出这些结论之后，李嘉诚终于决定赌这一局，全力投标，力抗置地。长江实业通过发行新股、向大通银行贷款以及年盈利储备等各种渠道，终于筹得可调动现金约4亿港元。

1977年1月14日，香港地铁公司正式发布接受邮政总局原址发展权招标竞投的公告。

李嘉诚对之前搜集的资料进行汇总并做了一系列策划，在投标书中大胆提出，两个地盘可设计建成一流的综合性商业大厦。随即根据自己的研究结论，表达志在必得的决心：长江实业公司将首先满足地铁公司需求，提供现金作购地费。建设工程完工之后全部出售，利益所得为地铁公司51%，长江实业49%，打破了1∶1分享利息的惯例。

与此同时，人们的关注点仍旧集中在置地大班纽璧坚身上。有记者采访纽璧坚，打探投标内容，询问他对结果的预测，纽璧坚对此不予过多透露和评价，仅是满脸自信，说道："投标结果，就是最好的答案。"字字有力，俨然未战先胜的王者姿态。

最后，投标结果公布，众人哗然：长江实业胜出。

无疑，置地的地位让它犯了大意的低级错误，而李嘉诚的严谨精神和低调作风，使得他的研究分析全面透彻，所拟投标书正中地铁公司下怀，又别出心裁、考虑周到。

结果一揭晓，众媒体立即活跃起来，"长江实业击败置地"的醒目标题顿时在传媒界广为流传，李嘉诚立即成为闪亮的新星，的确让他达到了"一鸣惊人"的预计目标。4月4日，中环站上盖发展物业协议首先签订。首期工程于1979年9月底竣工后，两站获得的上盖物业发展利润，顺利缓解了地铁公司的财政困难。地铁公司主席唐信对此次合作十分欣喜，对外称赞："中环、金钟地铁车站上盖地产发展,将为本公司二期、三期工程的车站上盖合作,树立榜样"这一认可,无疑让长江实业在地产界获得了立足的坚实地位,成为其发展史上的一大里程碑。

同时,上盖物业带来的纯利近 0.7 亿港元,更是给长江实业的发展奠定了扎实的财政基础。这一战,不仅让长江实业有了飞天式的起步,更为它赢得了横跨地产界声望,取得了各大银行的信任,为它的持续发展创造了大大有利的条件。

当年班超投笔从戎,万里觅封侯,凭的就是他"不入虎穴,焉得虎子"的胆略和气魄。在与置地的正面对话中,李嘉诚同样表现出了惊人的魄力和胆略,李嘉诚就说:"不必再有丝毫犹豫,竞争既是搏命,更是斗智斗勇。倘若连这点勇气都没有,谈何在商场立脚,超越置地?"

富贵险中求,有胆有识的人才能把握得住。

第 10 个忠告

成功没有绝对公式,但有一定的原则

每个人一生中都要扮演很多不同的角色。最关键的成功方法就是寻找到导航人生的坐标。没有原则的人会飘浮不定。有正确的坐标,做什么角色都可以保持真我,会有不同程度的成就,并且生活得更快乐、更精彩。

很多人在追求成功的过程中,迫于旁人的非议或者外界压力而改变初衷,虽不甘心,却也只是无奈地叹息身不由己。李嘉诚曾如此告诫世人:"在事业上谋求成功,没有什么绝对的公式,但如果能依赖某些原则的话,能将成功的希望提高许多。"

1982年,世界经济衰退,香港出口量大幅减少,经济显示出其敏感而脆弱的一面。出口量下滑、企业开工不足、失业率不断攀升。

从官方的一些统计数据来看,在20世纪80年代期间,香港每年大概有2万~3万人移民国外;到90年代初期,移民潮加剧,大概每年以6万人的速度前往海外。从移民的职业来看,工商业人士和专业人才占了绝大部分的比例。

1984年3月28日怡和董事局对外声明:基于香港的前途问题考虑,该集团迁往百慕大;同时,要其股票在伦敦、新加坡、澳洲挂牌上市。此消息一经传出,便引发了香港工商界的地震,自此迁册风潮甚嚣尘上。

而身为香港首富的李嘉诚,此刻的行动成了众人瞩目的对象。李嘉诚的长江实业系集团在香港上市公司总市值超过10%,同时,长江实业系在加拿大等国也有大量投资。外界对此猜测纷纭,而李嘉诚根据自己的认识以及从当时国内外的舆论分析,于11月20日在香港报刊上发表声明,表示对香港未来的前途看好,其旗下的企业不打算迁册。李嘉诚这个举重若轻的商界巨子,他的言论对坚定港商的信心无疑起到了正面作用。

然而事态并不总是朝着人们期盼的那样发展。据香港《明报》《东方日报》在1990年12月18日的报道,截止到1990年11月,"香港已有77家上市公司迁册海外","占香港上市公司总数的1/3","现时在香港四大财团中,只有李嘉诚的长江实业系集团和施怀雅的太古洋行集团尚在香港注册"。

此时,香港最大财团汇丰银行也在考虑借助收购英国米特兰银行的契机迁册伦敦。汇丰在香港有着重要的地位,举手投足都受到社会公众的瞩目。李嘉诚再三建议汇丰银行打消迁册的念头,均未被采纳。汇丰的合并及迁册花费了两年的时间,1992年4月2日,汇丰对外宣布,李嘉诚将在5月份辞去汇丰控股及汇丰银行副主席一职。

消息一经公布,立即引来了外界的种种猜测。李嘉诚召开记者招待会,说明他离职的原因,是由于他希望能有更多的时间来发展个人的业务,而且自己早在两年前就提出了辞职的要求,只是拖了两年才被接受。但当时有舆论认为,李嘉诚的辞职是在汇丰完成迁册后不久对外宣布的,原因应该归结为他极力劝说汇丰取消迁册,但是没有得到董事局的采纳。

固然,李嘉诚以一己之力无法扭转风起云涌的迁册浪潮,并且李嘉诚留驻香港也是出于精明的商业运作的考虑。然而,不得不承认在迁册风席卷而来之时,李嘉诚镇定冷静,通过对局势发展的洞悉明解,坚定不迁册海外的立场。当然,这并不意味着他放弃对海外的投资,其卓越的商业头脑和大胆的投资意识促使其在20世纪80年代中期就开始了大举进军海外市场的步伐。其实,在李嘉诚更早些的经历中也可发现他在屈指可数的几年中,或以个人或以公司的名义,拥有了北美的28幢物业。

其中,1977年,李嘉诚初次在加拿大温哥华购置物业;1981年,李嘉诚豪掷2亿多港元在美国休斯敦收购商业大厦;也是在1981年他还以6亿多港元的数额收购加拿大多伦多希尔顿酒店。

加拿大记者杜蒙特与范劳尔曾经专程赴港实地走访,发现加拿大的商务官员和商人对李嘉诚的推崇程度异乎寻常,甚至将办公室也搬进了距离李嘉诚较近的华人行。杜蒙特与范劳尔在其著作中写道:"一位加拿大商务官对李嘉诚简直是着了迷。他有一幅李氏的肖像(杂志封面),挂在办事处内。此人提到李嘉诚便赞不绝口,说道:'那是我的英雄人物!'"

李嘉诚也确实为加拿大带来了丰厚的经济回报。不仅他个人为加拿大带来了巨额的资金,而且李嘉诚强大的社会影响力带动了诸如郑裕彤、李兆基等巨富也携带滚滚财源纷至沓来。加拿大从中获得了很大的经济收益,对香港的重要地位更加看重。

时任和记黄埔行政总裁的马世民也极力主张进行海外扩张，并为李嘉诚多方奔走，穿针引线。1986年，李嘉诚家族成功收购加拿大赫斯基石油公司52%股权。在之后经历数年不断地增购后，在1991年李嘉诚股权增至95%。同年，李嘉诚以6亿港元的价格购入英国皮尔逊公司近5%股权。之后，由于皮尔逊公司唯恐李嘉诚进一步加大对公司的控制，极力反对收购。

李嘉诚急流勇退，6个月后抛售股票，将1.2亿港元的收益收入囊中。1987年，李嘉诚斥资3.72亿美元，买进英国电报无线电公司5%的股权。公司高层出于防范的心理，阻碍其进入董事局。李嘉诚在1990年抛售股票，获得纯利润将近1亿美元。1989年，李嘉诚与马世民共同努力，顺利收购了英国Quadrant集团的蜂窝式流动电话业务，这就为和记黄埔通讯拓展欧美市场搭建了平台。

李嘉诚曾在美国有过一笔世人看来再划算不过的投资。北美地产大王李察明以4亿多港元的低价将纽约曼哈顿一座大厦49%的股权，拱手相让。原来，李嘉诚与北美地产大王李察明交情匪浅。当时李察明囿于资金困境，需要经济实力雄厚的商人来相助渡过难关。李嘉诚以共渡难关的诚意感动了李察明，并建立了长期合作伙伴关系。

在亚洲，李嘉诚应邀在新加坡万邦航运主席牵头成立的新达城市公司占有10%的股权。日本地产界也有李嘉诚的介入，李嘉诚与香港另一位商界巨头郭鹤年在八佰伴超市集团主席和田一夫的协助下，斥资60亿港元投资日本札幌地产领域。这一举动，曾引发了日本商界的一时热议。

当然，李嘉诚大举海外扩张的举动招来了许多非议，各种言论都有，李嘉诚也被冠以多种名号诸如隐形迁册，等等。对此，李嘉诚在接受记者采访时，阐明了自己的观点，说道："正像日本商人觉得本土太小，需要为资金寻找新出路一样，香港的商人也有这种感觉。一句大家都明白的道理，根据投资的法则，不要把所有的鸡蛋放在一只篮子里。"李嘉诚雄厚的经济实力、卓越的商业头脑,注定他不会仅抱着香港这块弹丸之地,海外投资是必然要走的道路。李嘉诚用实际行动向世人证明他的长江实业系的跨国化发展,是着眼全球的长线投资策略,而不是走资。

管他风雨如晦、雷电交加,走自己的路才是最重要的。每个人一生中都要扮演很多不同的角色。最关键的成功方法就是寻找到导航人生的坐标。没有原则的人会飘浮不定。有正确的坐标,做什么角色都可以保持真我,会有不同程度的成就,并且生活得更快乐更精彩。

■第11个忠告

进攻要快,退守要更快

很多人设计好一个不错的计划之后,一门心思放在按步骤进行上,反而忽略了身边的变化,到头来却是计划耽误了自己。一个精明的人,一定要懂得相时而动。

《孙子兵法》云:"水无常形,兵无常势。"商场如同战场,形势风云变幻,企业面临的市场环境不是固定不变的。"兵来将挡,水来土掩",这要求商人具备灵活的应变能力。但在金融投资领域更须时刻保持警惕,以便能及时做出应对,一个精明的投资人,一定要懂得相时而动,知道在什么时候应当买进、什么时候应当卖出。

2007年的香港股市可以用"疯狂牛市"来形容,一路高歌的迅猛涨势让股民们欢呼雀跃,至10月底,已经高达31638点。然而，大喜之后的大悲却让股民们措手不及。进入2008年，由于受金融海啸的袭击，股市开始狂跌。又是一年10月到，然而与2007年的火热相比，2008年的10月，香港股市逐渐与隆冬靠近，黑色风暴过后，港股已跌至13968点。

无论内地还是香港，腰缠万贯的富豪们都因不堪打击而大片倒地，而李嘉诚在这场股市灾难中一如既往地挺了过来。其实，李嘉诚从2007年开始就已经在告诫股民要谨慎炒股了，他说："作为中国人，我很为内地股市担心，现在内地市盈率竟达50~60倍，绝对是泡沫。内地经济发展无疑较香港更快速，但这样的市盈率仍过于惊人。香港股市的市盈率尚不算高，还在合理水平，QDII的投资额只占港股总市值的1%，影响不会太大。如果内地经济有什么波动，香港也会受到影响，希望大家可以量力而为。大家可以回头看历史，过去香港股市多次暴涨后大幅下跌，普通大众所受伤害最大。市民应汲取教训，量力而为，做好自己的业务，炒股票就要小心。香港的竞争力不能光靠炒股票，要实实在在去做事。"

的确，谨慎的李嘉诚在股市方面多采取保守策略，很多次，他都在新闻发布会中表明了自己的态度。李嘉诚对"股神"并不感兴趣，他多次申明自己是一个实业家，实实在在发展事业，做好企业管理工作，对未来经济形势高瞻远瞩，这些才是他主要应该做的。也许正是这种对股市的"淡漠"态度，才让李嘉诚与金融风暴擦肩而过，没有遭到重大损失。

李嘉诚多年来在商海叱咤风云，依靠其过人的胆识和谋略，取得了辉煌的战绩。而他处事谨慎保守、低调不张扬的作风更是广为传颂。在跌宕起伏的商场中，变化莫测，险象环生。而对于金融危机，所有投资人更是谈"金"色变。对此李嘉诚有自己的一套应对策略，那就是高沽低买，持减有道。

大手笔减持手中的股份，是李嘉诚能够成功与股市寒冬相抗衡的重要手段。前和记黄埔大班马世民称赞李嘉诚说："他的反应很快。正因为他有良好的判断力，亦即他的强项，他所做的决定通常是正确的。"李嘉诚近乎完美的减持套利让其获利匪浅。2007年A股市场一片热火朝天的景象，然而李嘉诚却只用"抛售"的方法来套利。他通过减持手中南航、中海集运以及中国远洋的股份，累计套现超过了90亿港元。

2007年2月，李嘉诚以111亿美元的价格抛售了印度电信公司的股份，可谓获益良多。之后李嘉诚还大幅减持了金匡企业和永安旅游等几只港股。2009年1月7日，李嘉诚基金会以每股1.98港元至2.03港元的价格抛售其持有的中国银行20亿股份，而基金会购买这批股票时的成本价却是1.13元港币。这样一来，李嘉诚减持套利所得的净收益就有18亿港元。2007年10月，香港恒生指数创下历史新高31638点，然而在李嘉诚大量减持后，恒生指数便持续下跌。2008年1月，恒生指数跌至25000点。

受到此次金融危机的冲击，很多商界大鳄旗下企业股价下跌，身家纷纷缩水。李嘉诚也不例外。据有关人士的估算，受到长江实业和记黄埔股价下跌高达40%的重挫，他的财产蒸发掉了一半。但是，事实证明，正是由于李嘉诚在动荡的股市中谨慎行事，最大限度地降低了损失。此次金融危机袭来，香港股市深幅下跌，李嘉诚在密集抛售套现的同时，多次大举增持"长和系"股份，此举一方面是李嘉诚一贯高沽低买投资原则的再次体现，表示股价已跌至具有足够吸引力的水平；另一方面，李嘉诚也是借增持自家股以增强市场的投资信心。

股市灾难让很多人遭受了痛苦的打击，然而要书写更多的辉煌就应该反过头来仔细分析失败的原因，毕竟未来有的是光明大道。反省虽然痛苦，但却必须要做，重新认识市场，每一个股民都要保持清醒的头脑，有时候痛苦实为一种美好的回忆。任何时候认清形势，理性进退，都是股市不变的生存法则。李嘉诚在股市中进退自如，从容而潇洒。

第 12 个忠告

苦难是最好的学校

一个人如果从未破产过,那他只是个小人物;如果破产过一次,他很可能是个失败者;如果破产过三次,那他就可以无往而不胜。

美国商界流传着这样一句话:"一个人如果从未破产过,那他只是个小人物;如果破产过一次,他很可能是个失败者;如果破产过三次,那他就可以无往而不胜。"如此看来,苦难与挫折并不是成功道路上的绊脚石,而是垫脚石。当然,这句话是针对强者来说的。

无往不胜的李嘉诚虽然没有遭遇过破产,但是大大小小的困局和挫折也遇到不少。如上面所说,这些危机、挫折、苦难都只不过是李嘉诚迈向辉煌顶峰的垫脚石。

在童年时期,为了避难,李嘉诚一家逃往香港,一路上风餐露宿,舟车劳顿。这对于此前一直在温室里生活的李嘉诚来说是一件吃力的事。然而面对苦难,李嘉诚必须忍受,并且尽自己的力量帮助父母照顾弟妹。

1943 年,李嘉诚的父亲因病不治去世,逝前把这个家托付给李嘉诚照顾。尚不满 15 岁的李嘉诚不得不辍学求职,扛起养家的重担。这一次苦难几乎是致命的,尤其在陌生的香港,而当时的李嘉诚又一无所有。即便是这样,李嘉诚独立、自信、倔强的秉性使他拒绝了舅父让他到其中南计表公司上班的好意。李嘉诚不愿受他人太多的荫庇和恩惠,哪怕是亲戚。李嘉诚秉承着父亲的遗训——"好汉不怕出身苦",勇敢地接受苦难的挑战,他夜以继日地工作,而工作之余则抓紧时间充实自己。

　　李嘉诚在起初做推销时,也是困难重重,但他咬着牙一步步挺过来了。李嘉诚在工作时,并没有放弃寻求新的机遇与发展的途径。他除了每天工作十多个小时外,还会自修功课。临睡前,作为最后一个功课——翻杂志,李嘉诚也认真到无以复加的程度。无数个夜晚,他从这些中英杂志中汲取了大量的知识。在取得佳绩后,面对询问,他的回答是:"推销其实没有什么秘诀,如果说有,那就是决不放弃、永不言败,只有这种精神,才能在不断地遭遇挫折、失败后崛起,即使百战百败,也仍百败百战,直至成功。"成功就是面对苦难,永不言败。

　　推销这几年,尽管他的成绩非常不错,但他总觉得有一种强烈的不安感。"难道我就这样继续生活吗?推销员的生涯能够保障我的未来吗?"这是对人生观、职业观的迷惘,是对未来的不安。于是,他总是为自己寻求更高的目标,选择跳槽是为了更好地成长。在此期间,他不是没有遇到困难,面临3个月不挣一分钱的困境,他咬牙坚持了下去,在永不言败中获得了最终的成功。正是出于这种对目标的自我激励和坚定不移的信念,让李嘉诚赚足了走向成功的资本。

　　这些历练在面对以后出现的危机时,成了最为有力的帮手。李嘉诚在创办长江实业不久就遇到了一次危机,出现大量退货现象,但是李嘉诚凭借着他坚韧的毅力挺过来了。在长江厂完全渡过危机之后,当初被裁减的员工又都被李嘉诚请了回来,还补发了这部分工人离厂阶段的工薪。这一举动令长江的所有员工从心底对这位老板充满了感激和敬佩。

　　当李嘉诚的长江厂可以继续生产的时候,李嘉诚很是感慨,他意识到,要想长久立足,诚信与质量保证必不可少。与此同时,只有改进才有机会与香港经济齐头并进,而不是举步不前。李嘉诚开始耐心考察香港市场的塑胶产品,他要设计出具有长江自己独特风格的新产品来。李嘉诚与工人们一起,把从前被客户退回的玩具进行了回炉,模具重新或局部修改,出品后进行细致打磨。经过他对旧产品的重新改造和再次投放市场,新机遇来临了。

由于当时李嘉诚选择的新市场是经济较为滞后的周边地区,譬如中国台湾地区当时尚未有塑胶产品面市,尤其是塑胶儿童玩具十分鲜见。李嘉诚亲自带人过去推销,并且主动把这批玩具的售价压低到最低,物美价廉的塑胶玩具让儿童们爱不释手,市场的销路十分看好,结算时竟然取得了意想不到的效益。

有了这些陆续回笼的钱款,到了1954年秋天,李嘉诚几乎还清了绝大多数从私人手中借的钱款,从前的声誉回来了,李嘉诚一度丧失的信心又重新确立起来,当初那些陈旧的机器经过几年的精心修理和更换零部件,如今可以达到先进水平了。新的产销局面鼓舞着他。

新型的塑胶模具是李嘉诚在两年中对比香港近300家塑胶公司最新上市产品所进行的全新设计,据行业人士观测,这些设计精美、格调清新的模具,明显要比香港市场上正在畅销的同类产品高出一筹。例如他设计的儿童手枪型玩具,不但样式独特,有右轮枪、驳壳枪、撸子枪,同时还有当时在香港极为少见的卡宾长枪、坦克车类玩具枪。

与此同时,教训依然在李嘉诚心里挥之不去,他诚心接受了前次失败和退货的惨痛教训,这一次做得谨慎而成熟:稳妥出击,少量生产,先行上市,造成影响。他明白,初创的企业必须保持稳健的经营态度,留有足够的现金盈余,保证自己不管面对多少风浪都能活下来。

宝贵的经验和用心血设计出来的新产品终于带来了新的丰收,长江的产品在香港市场上成了抢手货。1954年冬天到1955年秋天,是李嘉诚的长江厂冲出低谷的复苏时期。历经5年的磨砺,李嘉诚真正成熟起来。他的急功近利的心态已经消失得无影无踪,并且在日后60年的时间里都没有改变。

长江厂开始进入初创时的辉煌，产品由于物美价廉，很快就在300多家互相竞争的塑胶厂中脱颖而出，成为香港塑胶产品市场中的佼佼者，并且一路直上。

也是这一年冬天到来的时候，长江厂里洋溢着前所未有的欢庆气息。因为年终结账，李嘉诚不但偿还了包括香港两家银行在内的所有贷款，而且还有了可观的盈余，他终于变成了真正意义上的"老板"。转眼，勤奋便让李嘉诚与机遇迎头而遇了。

日夜祈祷的庄碧琴看到儿子多年紧锁的眉头终于舒展开来，心里有说不出的高兴。但多年的经验告诉庄碧琴，愈是成功，愈加要冷静。庄碧琴提醒李嘉诚："阿诚，你千万不要兴高采烈，更不要趾高气扬，要记住，你任何时候都是一个普通人。"

李嘉诚的舅舅庄静庵老人则大为不同。当他在旧历新年的傍晚与外甥同桌共饮时，脸上绽放出灿烂的笑容，庄静庵对李嘉诚说："阿诚，从前我小看你了。从今以后，我会把你当成一个大人看。你将来，会比我强啊！"

此时，李嘉诚心中感慨万千。舅舅的事业如日中天，他的中南表店已经开始自己研制新式手表，而钟表业经过几年的开发，也早已进入钟表工厂生产的正常轨道。当初他离开时的一句建议"舅舅为什么就不能自己生产钟表呢"终于没有白费，也算是报答了老人对他们家的一片恩情。

成功的路上总会布满荆棘，常人通常对此望而却步，只有意志坚强的人才会执著前往。"沉舟侧畔千帆过，病树前头万木春"，也只有意志坚强的人才能看到苦难后的成功。在苦难和困局中，往往隐藏着通往成功的机遇。是的，生活往往借失败之手，迫使人们进行一次次的探索和调整，从而走向成功。

所以李嘉诚有感于自己的经历，说道："苦难是最好的学校。"因此，在教育两个儿子时，拥有巨富的李嘉诚毫无娇惯之意，他总是尽量让他们明白苦难的意义。从小就让他们接受苦难教育，并且培养他们的理财意识，教导他们节俭。他用生活的道理教导儿子，温室里的幼苗不能茁壮成长，他带他们看外面的艰辛，比如，一同坐电车坐巴士，看路边报摊小女孩边卖报纸边温习功课的那种苦学态度。

每次给孩子零花钱时，先按10%的比例扣下一部分，名曰所得税。这样，小孩在花钱时不得不事前进行仔细盘算，做一个全盘和长久的考虑。

经过"苦难"教育，现在的李泽钜和李泽楷在商界已经具备独当一面的能力。

迈向成功的道路一定是非常艰苦的，如果顺顺当当地就达到预想的成功，这种缺乏挑战性的成功是没有多大意义的。对于一个人来说，苦难确实是残酷的，但如果你能充分利用苦难来磨炼自己，苦难会馈赠给你很多。要知道，勇气和毅力正是在这一次次的跌倒、爬起的过程中增长的。如李嘉诚所说："苦难的生活，是我人生的最好锻炼，尤其是做推销员，使我学会了不少的东西，明白了不少事理。所有这些，是我花10亿、100亿也买不到的。"

■第13个忠告

未雨绸缪，未买先想卖

做生意，一定要有周详的计划。危机感的体现，其中一点，就是在做生意之前，未投入资本之前，要考虑一下，投资失败可以到什么程度。"成功多几倍都没关系，我也曾有过赚十多倍的投资，有的生意也做得非常好，亏本的非常少，因为我不贪心。"这种不贪心实在是有计划的。

李嘉诚从22岁开始创业做生意，50多年来，李嘉诚的财富一直在逐年增加。事业的稳健发展与李嘉诚的商业观念"未买先想卖"有着极大的关系，正是这种高瞻远瞩、未雨绸缪的观念为其事业保驾护航。

纵观李嘉诚几十年来的商业生涯，商业环境的风云突变并不罕见。李嘉诚经历了两次石油危机、亚洲金融风暴和2008年的金融风暴等历史性的重大危机，但他却能够安然渡过危机，在长达50多年的经营中，使得自身财富逐年累加，直到最近几年仍能保持两位数的利润增长。所有这些，仅用"幸运"来解释显然是远远不够的。

《全球商业》曾对李嘉诚进行采访，其间李嘉诚的回答可以让我们管中窥豹。李嘉诚谈道："从前我们中国人有句做生意的话讲'未买先想卖'，你还没有买进来，你就先想怎么卖出去。"的确，成功并非一蹴而就，而是步步为营的结果。当别人看他是一飞冲天的"超人"，他自己却在沉思，要不要买，买了的话卖出去又是什么情况；要不要出手，出手后的结果是什么。

在顺境时居安思危，巧妙布局，在关键时刻突发奇兵，这在李嘉诚投资之中比比皆是。但是在逆境中呢？逆境中李嘉诚同样从容不迫，要么坚持，要么让步，要么完全撤出，李嘉诚的步调依然井井有条。

所以，李嘉诚告诉记者，做生意一定要有周详的计划。危机感的体现，其中一点，就是在做生意之前，未投入资本之前，要考虑一下："投资失败可以到什么程度。成功多几倍都没关系，我也曾有过赚十多倍的投资，有的生意也做得非常好，亏本的非常少，因为我不贪心。"这种不贪心实在是有计划的。

由于在华人世界的巨大影响，李嘉诚甚至被冠以了"华人巴菲特"的美誉。巴菲特的路子是稳健，李嘉诚也毫不逊色。他善于分配资本，厌恶负债，热爱现金流稳健的业务，并都将状况不佳的老牌公司重塑为一部"价值机器"。"公司是从来没亏过，个人的财产也是一直在增加"就是"未买先想卖"的明证。

上海海港工程是李嘉诚的一个大手笔。这一系列迅捷操作背后是什么在起作用？我们来看曾经在《中国企业家》上刊出的一段文字：

"20世纪80年代末，当大多数国际企业还在观望中国时，李嘉诚的身影已经频频出现在当时的上海市市长身旁。1993年8月，和记黄埔获得了在黄金港口上海合资兴建码头的机会，与上海港务局（后改制为上海港务集团公司，以下简称"上海港务"）旗下上港集箱（600018）投资上海集装箱码头（以下简称"SCT"），拥有7个集装箱专用泊位，总投资56亿人民币。作为对李嘉诚甘作开荒牛的"诚意"的回报，在炙手可热的SCT，和记黄埔被破天荒允许持有50%的股权。"

此后，李嘉诚开始了在中国南方的海港布局。1994年，由和记黄埔和深圳盐田港集团合资成立的盐田国际集装箱码头有限公司正式营运，注册资本24亿港元，其中和记黄埔占73%。其后，和记黄埔陆续获得盐田港区一、二和三期直至四期工程，囊括9个集装箱船泊位，股权都在65%以上。接着是厦门、宁波，到2001年，和记黄埔已经拥有了中国东海岸线1/4的港口资源，有了"定价的能力"。

李嘉诚充分认识到了计划的重要性。定价能力是李嘉诚最忠实的资本，而其之所以能够在第一时间大手笔"买"，正是基于对"卖"的认识展开的。李嘉诚在全球商界的口碑由此可见名副其实。

如果对当前形势有深刻认识，李嘉诚必然会进行一系列挖掘，为既得利益不懈努力，塑料花市场是这样，房地产市场也是这样。每一次投资都能在别人尚未看清之前，先一步看清"卖"的形势，从而从容不迫地在"买"处展开，这是李嘉诚"稳健与进取平衡"中的顶级智慧。

在中国房地产市场，李嘉诚可谓是一线、二线城市通吃。2007年4月，长江实业与和记黄埔以24亿元联合投得重庆市南岸区杨家山片区地块,该项目总建筑面积为410万平方米。规模之大,相当于再造一个新城,预计总投资将超过120亿元人民币。由于非常看好内地的房地产市场,李嘉诚不惜提早数年出手,以便完全占领市场。这种大气度,如果没有好的"卖价",李嘉诚决然不会冒进。有人评论说:"购下地块后储备待用,已是李嘉诚在内地进行房地产投资的公开秘密,有的地块甚至被雪藏了十多年之久。"足见李嘉诚的雄心。

李嘉诚投资收购的赫斯基能源公司如今已成为李嘉诚旗下和记黄埔最赚钱的"盈利老虎"。而在22年前谁会想到去收购一家资本支出与负债过高的中型石油公司呢?

李嘉诚想到了。他自信地宣布:"赫斯基能源在七八年前还被人批评说亏损,但是今年和记黄埔最大的盈利贡献就来自赫斯基。"

"未买先想卖",这一思想一次次让李嘉诚在危机中翻身,在翻身中超越,在超越中达到登峰造极。李嘉诚不是一个急功近利的目光短浅者,而是一个深谋远虑、高瞻远瞩、审时度势的战略家。他能从繁忙的日常工作中超脱出来,进行一种具有未来色彩的战略构思。

■第14个忠告

分散风险,投资多元化

不同的市场在经济周期影响、行业竞争程度、市场发展阶段都会存在很大的差异,全球化业务开展的优势,很大程度上就在于能够充分利用不同地域的差异来增加其投资的灵活性并降低所承受的风险。

李嘉诚从一无所有到富甲天下，其中充满了传奇，也充满了惊险。在金融风暴等危机的冲击下，李嘉诚每次总能化险为夷。李嘉诚每次能履险如夷，他一直奉行的一条策略至关重要。回顾李嘉诚的应对方案，我们可以发现目前和记黄埔所走的全球多元化道路，是李嘉诚有效防范金融风暴冲击的重要手段。在经历了商场上无数次的风雨洗礼之后，这条策略被证明是非常英明的。

首先，投资多元化的领域和行业能够有效地分散风险。不把所有的鸡蛋放在一个篮子里，是不变的投资法则。从李嘉诚旗下企业的发展轨迹来看，李氏的业务逐步跨越多个行业，业务也已扩展至全球。自20世纪80年代后期，李嘉诚旗下的长江实业系就开始将香港作为大本营，大举进军中国内地、亚太其他地区、北美、欧洲等市场。同时，李嘉诚还非常注重扩展包括能源、地产、电讯、零售和货柜码头等多元化的领域，逐渐形成了业务范围庞大、地区分布广泛的经营模式。长江实业系经营模式的优势不仅在于获取更多的经济利润，更重要的是大大增加了其经营的灵活性，更大程度上分散了其投资风险。

从李嘉诚的长江实业架构来看，李嘉诚在1997年亚洲金融风暴前就调整了长江实业的企业架构。1997年李嘉诚对"和记黄埔""长江基建"和"香港电灯"的重组，重新搭建调整企业的组织架构，以防范有可能发生的风险。重组前，以地产开发作为主要经济支柱的长江实业直接持有和记黄埔45.4%的股份和长江基建70.7%的股份。从事基础建设的长江基建，其核心业务是在内地投资注入道路、桥梁等基础设施建设，资金投入数额庞大，而回报周期又较长，盈利波动性较大。长江实业公司和长江基建在业务上存在较多的交叉，具有高度的相关性，容易影响到长江实业的盈利。重组前的和记黄埔持有香港电灯34.6%的股份。而和记黄埔自身的业务范围就比较多元化，又分布在分散的地区经营，其经济效益也较为稳定。港灯由于香港电力一直有稳定的需求，因此，经济回报也处于较为平稳的态势。

重组之后，各公司在架构上的风险得以分散，平滑盈利的效果明显。长江实业减少了持有的"长江基建"的股份，业绩大起大落的可能性大大降低；而长江实业、和记黄埔对于"香港电灯"持有的股份并没出现明显的减少；长江基建控股港灯。重组后，"长江基建"和"香港电灯"的新组合，优势就在于二者业务性质相关较低，相互牵制的可能性很低，能够分散风险，降低盈利波动幅度，防止市场大起大落造成的影响。同时长江基建本身的回报期长、盈利波动大的特点，则与港灯稳定经济收益的优势达到优势互补的效果。"长江基建"在1997年收购"香港电灯"后，经济盈利比以前有了大幅度的增加。仅1997年就比上年度增加16.35亿港元，此后每年都处于稳步增长。截至2001年底，"长江基建"最大的收入来源仍然是"香港电灯"。2002年上半年，"长江基建"52%的收入仍然是来自"香港电灯"。

李嘉诚抓住最佳切入点，把核心业务相关性不强的企业重组在一起，这是他应对风险的重要管理策略之一。不仅注重业务的低相关，还要从地域的分散分布来降低风险。重组后的优势非常明显，不同的业务回报期在投资量、回报周期、盈利的波动性等方面都存在很大的差异。重组后，不同业务的风险较为分散。

其次，就是注重整合差异化较大的全球市场。李嘉诚善于未雨绸缪、深思远虑，从长江和记黄埔进军海外以来，业务范围已经从香港延伸到中国内地、亚太其他地区、欧洲以及北美等地，几乎遍布全球各地，业务范围也得到极大拓展，目前已囊括能源、地产、电讯、零售和货柜码头等领域。将业务拓展至全球的优势就在于，市场的发展程度不可能是同步的，对产品的需求层次也存在很大的差异。因此，全球化市场能够充分整合资源，实现利益最大化。一旦遇到某一地区市场不好的情况，就可以转移到其他地区，以保证整体的市场不受影响。

和记黄埔一直是李嘉诚全球多元化经营的经典范本。和记黄埔成立于1977年,最初的运作是从该公司的旗舰公司"香港国际货柜码头"开始的。因此,和记黄埔成立后的很长一段时间主要从事货柜码头的业务。20世纪90年代后,货柜码头业务开始向海外进军,开启了全球化经营的新思路。全球化拓展的第一步便是在1991年收购菲力斯杜码头。此后,和记黄埔开始在东南亚,以及中东、非洲、欧洲和美洲的15个国家与地区大举收购港口。收购的策略之一就是注重其货柜码头业务在全球的地理位置。正是由于港口业务分布较为广泛,因此各港口在同一时期面临的经济形势等外在环境不尽相同,便于盈利好的港口能够支持盈利状况不良的港口,而整个和记黄埔的货柜码头业务的盈利基本不受或受很小的影响。和记黄埔的财务数据也显示,和记黄埔货柜码头业务1995~2001年的盈利处于稳步增长的态势。

和记黄埔的电讯业务也同样在沿用全球多元化的策略经营。当前,和记黄埔的电讯业务遍布中国香港、东南亚、中东、澳大利亚、欧洲、美洲等地区。在这些地方均拥有并经营电讯、互联网基建,提供的服务范围也是多元化的,诸如移动电话(话音及数据)、传呼服务、集群通讯服务、固网服务、互联网服务、光纤宽频网络及电台广播服务等。

和记黄埔电讯业务全球化的优势植根于电讯业务自身的发展特点。众所周知,由于信息技术的更新换代速度很快,只有不断创新,经常开发新产品、新技术才能在市场上占据优势。而研发新产品、新技术的时候,往往需要一些市场进行试运行。全球化的业务开展就可以有很大的市场选择空间。试验成功后,可以进行全球范围的推广。一旦实验不成功,其带来的负面影响也是局限在试验市场中。这样就可以降低风险。

研发出来的新产品的竞争异常激烈,经常出现斥巨资研发的新技术尚未收回成本,就很快被更先进的技术淘汰,这就为开发商带来了很大的压力。因此，和记黄埔把市场遍布世界各地，不同的国家和地区在经济、技术等方面的发展程度不可能处于同步阶段。即使一些新产品在发达国家被淘汰，但是在不发达的国家和地区市场的销量还很好。

利用这种区域差异，能够在更大范围内调整业务，而整体的盈利还能够保持可观的状态。

当和记黄埔的第二代移动电话技术 GSM 在中国香港、澳大利亚市场已经处于饱和状态，销量 5 年来呈持续下滑趋势的时候，与之形成对比的是，同样产品在印度、以色列的市场上却深受欢迎，销量猛增。不同地区对产品的需求程度存在很大的差异，能够消化、吸收不同水平的技术产品。

不同的市场在经济周期影响、行业竞争程度、市场发展阶段都会存在很大的差异，全球化业务开展的优势，很大程度上就在于能够充分利用不同地域的差异来增加其投资的灵活性并降低所承受的风险，确保整体回报的状况良好。

■第 15 个忠告

别人贪婪时恐惧，别人恐惧时贪婪

"日中则昃，月满则亏"，事物发展到一定程度就会往相反的方向发展，所谓物极必反。李嘉诚曾在长江商学院的一次课程上说："要永远相信，当所有人都冲进去的时候，赶紧出来，所有人都不玩了，再冲进去。"

"日中则昃，月满则亏"，事物发展到一定程度就会往相反的方向发展，所谓物极必反。拥有"儒商"称谓的李嘉诚深谙其中道理，而且"知行合一"，在以后的股市搏杀中挥洒自如。李嘉诚曾在长江商学院的一次课程上说："要永远相信，当所有人都冲进去的时候，赶紧出来，所有人都不玩了，再冲进去。"这与"股神"巴菲特的"别人恐惧时贪婪，别人贪婪时恐惧"的论调有着异曲同工之妙。李嘉诚所奉行的"人弃我取""及时抽身"策略清楚地表述了如何做才能在危机来临之时选择挺身而出，从而大赚；又如何在很多人跟风之时选择悄然退出，从而不被套牢。

进军房地产堪称李嘉诚及时抽身的绝妙案例。在塑胶花上市之初，李嘉诚的长江可谓前途无量。但是很快地，经过几年的发展李嘉诚便发现，这个市场已经接近饱和，跟风的小企业不计其数。于是，李嘉诚毅然决定，转投房地产，而不再加投塑胶业。由此我们得到启发，当我们正从事的行业前景注定不妙时，应及时抽身。日本商战圣手松下幸之助说过："高明的枪手，他的收枪动作往往比出枪还快。"李嘉诚懂得这一切，迅速在塑胶行业收手，果断地投入地产业。

2009年3月份，李嘉诚认为2009年4月份和5月份，中国及欧美的出入口将会好转，中国将会是全球经济体系中最快复苏的。因此，在经过2007年、2008年不断收缩投资后，2009年年初他就开始启动不少内地项目。2009年的中国经济，也基本印证了他的判断。事实上，没有永远的业务，只有盈利的业务，在该放弃的时候，就应该学会放弃，利用从事前一种业务所积蓄的力量，可以轻松地开展下一个业务。业务不断转移更换，但盈利的中心却不能变。

股市从来都不会平静，即便是偶遇平静那也是非常短暂的，因为风暴会随时来袭。股民们对牛市的来临欢欣鼓舞，其实这时候最需要的就是谨慎。正所谓，物极必反，这实属自然规律。

理论上讲，牛市分为3个阶段，这3个阶段的衔接又极为微妙。牛市是诸多因素共同作用的产儿,这个新生儿的免疫力其实是非常低下的,稍有不慎便有夭折的危险。可是人们大多只会沉浸在迎接新生儿的欢乐之中,然而这欢乐的背后隐藏的却是一声声不是生就是死的钟声。

人们对李嘉诚最近10年来的投资情况进行分析发现,当所有人涌向牛市的时候,李嘉诚却悄然地退出了。他会频繁地减持手中的股份,在股市迈向牛市的时候,他却已经急流勇退。金融危机的阴霾尚未见底,众多财富大亨在金融海啸里都未能幸免,大部分财富急剧缩水,有的甚至倒下,然而李嘉诚是少有的警觉者。回顾2007年,李嘉诚在媒体面前的一些言论我们可以知道,当时他就提醒广大投资者谨慎投资,不可跟风。

最鲜明的例子就是2007年5月份,他对中国A股市场的持续牛市表示担忧,就曾提醒投资者要特别注意股市泡沫,在当月就出现了"5·30"暴跌。还有一例就是同年8月,H股在"直通车"政策的刺激下,出现了异乎寻常的暴涨,当时他就向股民发出善意的劝告,提醒大家A股和H股都处在高位,而且当时就告诫人们要注意美国的次贷危机的影响。

2009年年初,李嘉诚在出席公司业绩发布会的时候就指出,次贷危机的影响还没有消失,提醒投资者切不可有投机心理,因为当时H股在经历了"3·17"股灾之后出现了回暖的迹象。

同年9月份,美国著名投资银行雷曼兄弟倒闭,黑色10月股灾席卷欧美,严重的次贷危机正式到来,人们又一次被这位"超人"的先知先觉所征服。在一次采访中,李嘉诚就已经察觉到了金融危机将会到来,他也提醒自己旗下公司的管理层及公众。正是怀着"牛市来临之时,就是警钟敲响之时"的想法,李嘉诚才在动荡的股市中,立于不败之地。

李嘉诚面对牛市常常说,股票太高了,他想买但是太贵。短时会赚钱,长期肯定要赔钱。他不想以这种方式来进行投资。事实证明,他的决策是非常正确的。面对牛市,他会选择退出股市,这就是李嘉诚,不贪则赚得更多。他也不贪高,不等股市涨到最高点才退出。在别人贪婪的时候,他却怀着一颗恐惧之心来应对投资赚钱的诱惑。耐心地等待机会,当股票大幅下跌,谁也不敢买,大部分投资者都在割肉抛售股票,这时候他却大量买入股票,不到两年工夫,这些股票迅速反弹,大盘涨了,李嘉诚又大有斩获。大牛市之后肯定有大熊市,肯定有大调整。李嘉诚在面对股票大跌的时候,显现出了其"泰山崩于前而色不改"的英雄气概。

李嘉诚的投资策略始终是谨慎的,他从不盲目地进行投资,即使出现牛市他也不贸然出击,相反他认为,牛市来的时候是最危险的时候,这个时候的警钟一定会提醒他或者在牛市来临之前,他已经做好了离开牛市的准备。

■第16个忠告

给机遇一些成长的时间

浮躁贪功者,缺乏自信和内心沉淀,具有极大的盲目性,容易受外界环境的影响,许多机遇往往在犹疑不定中错失。机遇也是需要时间去成长,乃至成熟的。若眼光长远,厚积薄发,待时机成熟,成功也就水到渠成。

从某种意义上讲,李嘉诚是一个投资商人,一个具备惊人洞察力的投资者。李嘉诚制造了无数的投资神话,这与他高瞻远瞩,一贯善于做长线投资的做法是有着极大关系的。只要是他经过仔细研究后做出的投资,他便会长期经营下去,绝不因为眼前一时的沉浮而动摇决心。

李嘉诚曾在接受记者采访时激动地表示:"这是我最最骄傲的交易。"让李嘉诚志满意得的这次交易指的是和记黄埔与德国电信公司曼内斯曼(Mannesmann)之间的交易。

1999年10月21日,经过一周时间的谈判,和黄与德国电信公司曼内斯曼终于达成协议,曼内斯曼以价值1130亿港元的价格购得Orange电讯公司44.81%的股份,而曼内斯曼将以现金、票据和1184万股曼内斯曼新股形式支付。

通过成功卖"橙",李嘉诚再次谱写了一个成功的投资神话。和记黄埔在这次与曼内斯曼的交易中,斩获颇丰。此番交易后,和记黄埔不仅持有曼内斯曼的股权,一跃成为该公司单一最大股东,而且套现220亿港元的现金、价值220亿港元的欧元3年期票据。通过这次合作,和记黄埔不仅可以间接地控制市值7000多亿港元的曼内斯曼股票,而且一举成为欧洲最大的GSM电讯经营商。

然而此前的经营可不是一帆风顺的,其境遇甚至说是有点惨淡。

Orange(橙)电讯公司原本是英国Rabbit电讯公司。1989年,李嘉诚斥资84亿港元收购了这家英国电讯服务公司,准备在英国的电讯市场一显身手。然而到了90年代初,和记黄埔对其的投资一直处于亏损状态,在欧洲电讯市场拓展业务一开始并不顺利,仅1993年就导致和记黄埔损失了14亿港元。就在外界看来该项业务的前景暗淡的时候,李嘉诚则公开表示,将继续支持和记黄埔在英国的电讯事业。那么,这项业务以后的发展如何?外界也在拭目以待。李嘉诚果然对这项英国电讯业务进行了一系列包装。先是在1994年,将电讯业务重新包装,并冠名"橙"(Orange),推出GSM流动电话服务业务。之后又有一系列的动作,实现了转亏为盈的目标。1996年4月和记黄埔在英国将"橙"分拆上市,从上市的股权转让中盈利41亿港元。1999年,和记黄埔又从出售

"橙"4%股权中获取50亿港元现金。事实胜于雄辩,业绩也验证了李嘉诚对"橙"寄予的厚望变为现实。因为当时的和记黄埔成绩显著,和记黄埔从数次的交易中套现近百亿港元,不仅收回了全部投资,同时把"橙"发展成网络覆盖英国98%人口、拥有250万用户的英国第三大移动电信运营商。

"橙"的不俗业绩也吸引了很多同行的极大关注,其中就有德国最大的无线电话业务商曼内斯曼。1999年10月中旬,海外媒体率先透露德国工业界巨头曼内斯曼正在谈判收购和记黄埔旗下"橙"电讯公司的消息。就在外界纷纷猜测的时候,李嘉诚在10月21日的记者招待会上证实了这个消息。谈判过程也较为顺利,仅通过6天的磋商,双方就达成一致,完成了这项引起全球电讯领域广泛关注的巨额交易。

这项巨额交易,双方皆大欢喜。和记黄埔从中赚得盆满钵满。李嘉诚通过"橙"买卖的巨额盈利,一举扭转了1997年亚洲金融危机期间的利润下滑的局面。而曼内斯曼凭借"橙"一跃成为欧洲最大的电讯公司,市值达7000亿港元,而且为曼内斯曼今后的发展拓展了更为宽广的领域。

和记黄埔善于借势投资,低买高卖是李嘉诚的看家本领,"买橙神话"更是将此演绎得让人称绝。在"橙"市场前景暗淡之时,李嘉诚敏锐地看到其中的商机,果断投资,短短几年实现扭亏为盈,将Orange成功孵化成一只金蛋。但显然李嘉诚的用意并不在仅仅满足于这只金蛋,就在一路看好之时,他又果断出售,获得巨额现金,并一举加固了和记黄埔在欧洲电讯业的地位。用一只金蛋换取了一只会下金蛋的鸡。就像李嘉诚自己说的那样:"如果出售一部分业务可以改善我们的战略地位,我们会考虑这一步骤。除了考虑获取合理的利润以外,更重要的是在取得利润之后,能否在相同的经营领域中让我们的投资更上一层楼。"

商场风云变幻莫测。就在"橙"成功的余热还未散去之时,另一场收购大战又拉开了。1999年的11月，英国沃达丰电讯公司宣布，将以超过1万亿港元（129亿美元）收购德国曼内斯曼公司52.8%的股权。对此，曼内斯曼高层非常愤怒，坚决抵抗沃达丰的恶意收购行动。沃达丰与曼内斯曼公司展开了激烈的角逐。李嘉诚因为在出售"橙"的交易中，获取了曼内斯曼一成的股权，且是最大的单一股东，因此李嘉诚成为这场震惊全球的最大收购案中的关键人物。双方都竭尽所能地争取李嘉诚的支持。

李嘉诚究竟持何种态度，维持哪一方的利益呢？当然，也有人认为，此次收购案中，沃达丰、曼内斯曼两方都不会成为最大的赢家，反倒是李嘉诚有可能坐收渔翁之利，成为最大的赢家。就在人们议论纷纷，认定精明的李嘉诚必定不会舍弃这绝好的机会时，李嘉诚却做出了一个让很多人诧异的决定。11月23日晚，英国一个组织为李嘉诚颁发"杰出人士奖章"，李嘉诚借此机会公开表明立场，表示坚决支持德国曼内斯曼，反对沃达丰的恶意收购。对此，李嘉诚解释了之所以持此态度的理由在于和记黄埔与曼内斯曼一起发展对和记黄埔股东有利，并且沃达丰提出的收购价没有吸引力。

业界对此事也非常关注，纷纷猜测李嘉诚此举的真正用意。一些人认为，和记黄埔董事局的这一表态证明李嘉诚非常注重欧洲市场，绝不会轻易放弃欧洲市场；也有人认为李嘉诚之所以这么做，是基于李嘉诚与曼内斯曼先前的协议，出售"橙"获得的10.2%的曼内斯曼股权在18个月内不能出售，李嘉诚放弃眼前的经济利益换取的是以后能够在曼内斯曼发挥更大的作用。

李嘉诚花了5年的时间苦心经营这笔"橙"买卖，虽然刚开始经营惨淡，外界也一片质疑之声，但认定其有无限潜力的李嘉诚始终不改初衷，最后终于取得了惊人的回报。李嘉诚制造的神话再一次为人瞩目。

浮躁贪功者，缺乏自信和内心沉淀，具有极大的盲目性，容易受外界环境的影响，许多机遇往往在犹疑不定中错失。机遇也是需要时间去成长,乃至成熟的。若眼光长远,厚积薄发,待时机成熟,成功也就水到渠成。

第17个忠告

信誉是商人的最大资本

一个人一旦失信于人一次,以后别人就再也不愿意和他交往或发生贸易往来了。别人宁愿去找信用可靠的人,也不愿意再找他,因为他的不守信用可能会生出许多麻烦来。

曾有记者问李嘉诚做生意最大的收获是什么,李嘉诚回答说:"那就是诚信,就是不妨把自己看得笨拙一些,而不是投机取巧。"这个简单的回答体现了一个伟大成功者的质朴,正合乎孟子所说的"诚者,天之道;思诚者,人之道"。诚信是人们互相信赖的基础,诚信是建立世界道德秩序的重要品质。讲信用是最基本的做人之道,诚实守信是万物的自然法则。做生意也不例外。

孔子在《论语·为政》中曾说:"人而无信,不知其可也。"接着孔老夫子给我们做了个比喻:"大车无輗,小车无軏,其何以行之哉?"同样,在商业社会里,没有诚信也是走不远的。日本赫赫有名的富商岛村芳雄也曾说:"我是从一毛钱的诚信起家的。"

李嘉诚也是如此,他说:"注重自己的名声,努力工作、与人为善、遵守诺言,这样对你们的事业非常有帮助。"李嘉诚的成功得益于逆境中自强不息和脚踏实地的奋斗精神,以及缜密的思维和冷静的判断力,还有他那种最为朴实的做人原则和为人处世的方式。纵观李嘉诚几十年的商海生涯,无处不透露着一个儒商的道德水准和独特的人格魅力。他始终坚持诚信为本,处世低调,待人豁达,做生意从不做绝,与对手竞争从不乘人之危,成功而不忘回馈社会……

"信誉是事业的生命。综观华商的创业历程,没有哪一个成功的人是不讲诚信的。"年逾古稀的曾宪梓言辞恳切:"广东话讲'牙齿出金石',就是说一言九鼎,落地成诺。无论企业大小,都要以诚信作为首要的出发点。"

1978年,李嘉诚旗下的长江实业与汇丰银行合作发展旧华人行地盘,重建华人行。

香港第一财团汇丰全称是"香港上海汇丰银行",在1864年创建,第二年正式开始营业。起初是由英国、美国、德国、丹麦和犹太人的洋行出资组成。之后,由于股东之间存在很多分歧,先后退出,变成一家英资银行。汇丰拥有强大的资金实力,扮演着香港准中央银行的角色,取得了特许的发钞权,发行了几乎全部的港纸(港币)。

汇丰银行在1974年购得华人行产权。当时的华人行大楼因建筑年代久远,显得十分陈旧,而且在高楼林立的中环银行区中,显得颇为矮小。因此,汇丰考虑拆除旧华人行,发展新的出租物业。1976年开始动工拆除。当时,很多人都跃跃欲试希望能够与汇丰银行合作,在新建华人行中发挥作用。汇丰则对李嘉诚尤其欣赏,原因就在于李嘉诚一贯奉行的"诚实"原则。李嘉诚在香港多年树立起来的"讲信誉"形象,尤其是地铁车站上盖发展权事件,以及大坑虎豹别墅的做法博得了汇丰的高度赞誉,成为他与汇丰合作的基础。

李嘉诚在大坑虎豹别墅中的表现令外界对他的信誉大加赞赏。虎豹别墅是星系报业胡氏家族的祖业,曾有人评论虎豹别墅道:"所谓别墅,其实不是一座私人花园住宅,而是规模宏伟,饶有特色的公园。有巍然屹立的7层白塔,红墙绿瓦的亭台楼阁、展览馆,碧波荡漾的游泳池,动物雕塑装饰着崖壁,还有叙述警世故事的泥塑及假山、山洞等,参观、游乐、购物、休息场一应俱全。到过虎豹别墅的人,无不称赞它的丰富多彩、富丽堂皇。"李嘉诚在1977年中期,购入面积为15万平方英尺的大坑虎豹别墅的部分地皮。购得地皮后,由于李嘉诚在上面兴建了一座大厦,遭到了游客的批评,说大厦破坏了整个别墅风格。李嘉诚诚恳地接受了批评,并马上停止了施工,尽量保留别墅花园的原貌,这为他这次合作加分不少。

讲信誉需要实实在在,不是表面一套背后一套,也不是空口白话。"要说到做到,不放空炮,做不到的宁可不说",李嘉诚讲信誉不是做表面文章,而是实实在在地拿出实际行动来,用事实说话。"如果取得别人的信任,你就必须做出承诺,一经承诺之后,便要负责到底,即使中途有困难,也要坚守诺言",从中我们可以看出李嘉诚对追求诚信的坚决态度。他多次谈到一个故事。

"50年代,我初做塑胶花的时候,皇后大道中有间公爵行,我常去那里接洽生意。我经常看见一个四五十岁很斯文的外省妇人,虽是乞丐,但她从不伸手要钱。我每次都会拿钱给她,一天天很冷,我看见人们都快步走过,并不理会她,我便和她交谈,问她会不会卖报纸,她说,她有同乡干这行,于是我便约她带同乡一起来见我,想帮她做这个小生意。

"时间约在后天的同一地点,而客户偏偏在前一天提出要到我工厂参观,客户至上,我也没办法,于是在交谈时,我突然说了'请原谅',便匆忙跑开。客人以为我上洗手间,其实我跑出工厂,飞车跑到约定地点,途中,超速和危险驾驶的事全做了,但好在没有爽约,见到那妇人和她卖报纸的同乡,问了一些问题而直觉感到不会受骗后,就把钱交给她,她问我姓名,我没有说,只要她答应我一件事,就是要勤劳工作,不要再让我看见她在香港任何一处伸手向人要钱。

"事毕，我又飞车回工厂，客户正在着急，他说：'为什么洗手间都找不到你？'我笑一笑，这事就过去了。"

为了这件事，不惜撂下客户超速驾驶赶到约定地点，这样做似乎太笨拙、太不灵活了。但是讲信用就是实实在在地履行好每一件小事，虽然有时候劳苦，但李嘉诚总是能从中收获完成承诺后的喜悦。

李嘉诚说："讲信用，够朋友。这么多年来，差不多到今天为止，任何一个国家的人，任何一个省份的中国人，跟我做合作的，合作之后都成为好朋友，从来没有一件事闹过不开心，这一点是我引以为荣的。"

但是把自己看得笨拙，从不投机取巧，这种行为方式在无商不奸的商业世界里，显得不合时宜。在别人看来，商场如战场，讲究的是"兵不厌诈"和不择手段，否则落后就会挨打。在商场中，一两次狡猾的投机取巧也许会带来一些好处，但是在李嘉诚看来，这并不是正确聪明的行为，他说："一个人一旦失信于人一次，别人以后再也不愿意和他交往或发生贸易往来了。别人宁愿去找信用可靠的人，也不愿意再找他，因为他的不守信用可能会生出许多麻烦来。"

自毁信誉绝不是长久的立足之道，没有人愿意与这种没有诚信的商人打交道。但是"当你建立了良好的信誉后，成功、利润便会随之而至"，诚信的人不管走到哪里，不管际遇如何，从长远来看，他们才是商场上的胜者。

清人王永彬在《围炉夜话》里说："世风之狡诈多端，到底忠厚人颠扑不破。世俗以繁华相尚，终觉冷淡处趣味弥长。"意思是说尽管社会上盛行尔虞我诈的风气，但说到底还是忠厚老实人能永远立于不败之地。腐朽的社会习俗争相以奢靡浮华为时尚，但毕竟还是在清净平淡之中体会到的淡泊趣味更为持久耐长。正如哲学家康德所说："诚实比一切智谋更好，而且它是智谋的基本条件。"

■ 第18个忠告

保持低调，隐藏虚实

保持低调，才能避免树大招风，才能避免成为别人进攻的靶子。如果你不过分显示自己，就不会招惹别人，别人也就无法捕捉你的虚实。

李嘉诚曾如此感叹道："在看完苏东坡的故事后，就知道什么叫无故受伤害。苏东坡没有野心，但就是被人陷害，他弟弟说得对，他哥哥错在出名，错在高调。这个真是很无奈的过失。"如今已名满天下的李嘉诚也不免有同样的无奈，为了避免无辜受伤害，沉稳谨慎的李嘉诚总是表现得低调谦恭，让人敬佩不已。不但自己躬身力行，而且在教育后辈时，也是告诫他们保持低调。

2005年9月，李嘉诚接受《香港商报》的访问时提及，会将在香港的上市公司交给长子李泽钜打理，在海外的个人投资则归次子李泽楷所有。这意味着李泽钜将接掌以长江实业及和记黄埔为首的9家香港上市公司，总市值超过6300亿港元。李嘉诚如此信任李泽钜，主要是因为他低调沉稳，以及在此基础上表现出来的能力。李泽钜进入和记黄埔后，不仅在传统的房地产项目上成就显赫，而且控制了欧洲第三代移动电话网以及世界最大的港口运营业。2009年10月，李泽钜又成为加航的最大单一股东。因为低调稳健，李泽钜很受李嘉诚的喜爱。所以众人认为李嘉诚让李泽钜主掌家族企业的这个决定还是比较合理的。

李泽钜出生于1964年8月1日。1989年，他被任命为长江实业集团副主席，1991年，长江实业集团副董事总经理，1994年，长江实业集团副主席，并兼任长江集团系内多家上市公司的重要职位。事业的稳健步伐就如李泽钜低调沉稳的为人，做任何事情，他都持稳扎稳打的严谨态度。

李泽钜为人低调内敛，诚恳勤奋。在美国斯坦福大学留学时，他顺从父意，选择土木工程系，后获结构工程硕士学位——这些理论的积淀，无疑为继承家业打下了坚实基础。毕业后，李泽钜回到香港，加入长江实业。之后，李嘉诚欲收购加拿大赫斯基石油公司，而加拿大有法律规定：非加拿大籍人士不可持有加航超过25%的股份。因此李嘉诚安排李泽钜加入加拿大籍，最终顺利收购了52%的赫斯基的股权。

回到香港的李泽钜，仍然保持了他一贯的低调作风，在外界看来，稳健的李泽钜与弟弟李泽楷相比起来，实在显得有些暗淡，只是一直安心在长江实业做父亲的左膀右臂。直到2003年，李泽钜才活跃在众人眼前。原因在于李泽钜被美国《时代》杂志和美国世界新闻网评为"2003年全球最具影响力企业家"，与其他19位来自全球电信、汽车、媒体、食品及金融等行业的"大亨"们一同享受这一殊荣。一时间，历来低调为人所知之不多的李嘉诚长子李泽钜被推到了台前。

然而，或许并不像许多人想象的那样。事实上，长期以来李泽钜的作为一直是可圈可点的。24岁的李泽钜回到香港，被安排在长江实业的办公室上班，跟随父亲学习经营之道；其25岁时，李嘉诚大胆提拔他为长江实业的执行董事；26岁，又被委任为机场咨询商务委员会委员；27岁，总督商务委员会委员，李嘉诚似乎有意在为自己的"淡出"作安排，而低调沉稳的李泽钜一直颇被李嘉诚看好。故李嘉诚对其着力栽培，可谓用心良苦。在长江实业期间，李泽钜曾操作了温哥华万博豪园计划的主要策划。而这也成为李泽钜的得意之作。而最终让李泽钜显耀锋芒的却是

2003年加航一役。当时加航正面临破产的困境,李泽钜长剑出鞘,通过自己控股的 Trinity Time 投资公司,击败向以精于重组和出售濒临破产企业著称的美国资产管理公司 Cerberus,以 6.5 亿加元(约合 38 亿港元),一举购入加航 31% 的股权,最终使这家位居全球第 11 位的加拿大最大的航空公司迎来了摆脱破产困境的曙光。因而当年美国《时代》杂志将其评为"全球 2003 年最具影响力企业家"时,虽然公众一片哗然,但一些业界人士却也认识到了李泽钜的能力不容小觑。

而李泽钜的婚姻也同样保持了他一贯的低调风格。当李泽钜在加拿大投资时,结识了一位名叫王富信的女孩,这个女孩成为他后来的夫人。

1990 年,李泽钜在加拿大处理地产业务,王富信当时也恰在加拿大温哥华的英属哥伦比亚大学攻读工商管理学。在某次烧烤聚会上,两人相识,都给对方留下美好的印象。返港后,李泽钜便正式对她展开追求。

王富信并非豪门出身,1969 年生于香港,比李泽钜小 5 岁,与其他女子不同的是,她亲切可人,从不忌讳也不炫耀李泽钜家世显赫。两人恋爱平平淡淡,没太多浪漫曲折的故事情节。王富信后来回忆说:"我对李泽钜的第一个印象是他平易近人,人品不错,但我完全不知道他就是李嘉诚的儿子。后来知道了,我说,'哦,原来他是一个有名的人,但我一直没有担心过什么。'"

倒是王富信的父亲王华瑞,起初对这未来女婿颇为担心,觉得出身豪门的富家子弟难免会有些养尊处优的脾性,怕委屈了自己的女儿。所幸,李泽钜谦逊的态度和诚恳的谈吐言辞,很快消除了他的忧虑。据说,李泽钜第一次拜见未来岳父,开口谦恭地问道:"老伯,我能与您的女儿交个朋友吗?"如此坦承有礼,岳父又有什么可担忧呢。

李嘉诚对儿子婚事的态度倒是十分理解,他说:"我对儿媳妇没什么要求,不讲什么门当户对,最重要的是儿子喜欢,出身正当家庭,最好是中国人啦!"

1993年5月16日,李泽钜在刚刚被任命长江实业集团副董事总经理之后又迎来了新婚大喜。各大华文报刊大规模报道这次豪门婚宴,极尽辞藻描写宴会的奢华。

本来,李嘉诚因媒体的大肆渲染觉得十分不安,李泽钜也曾考虑过旅行结婚。但若不请亲戚友人,又显得礼数不周,因此最后还是决定按照传统婚礼的方式进行。

婚后,王富信专心相夫教子,贤淑优雅,为人低调,与李泽钜恩爱有加,相敬如宾。深知太太钟情音乐,李泽钜在工作之余时常陪伴太太去听音乐会或是逛街购物。1996年,李泽钜喜得大女儿燕宁,2000年6月李泽钜又得次女,2004年8月5日,三女儿出世,2006年李家得第一个男孙。王富信对夫妻相处之道简单总结为:"太太要顺从老公,老公要尊重太太。"

李嘉诚曾告诫说:"保持低调,才能避免树大招风,才能避免成为别人进攻的靶子。如果你不过分显示自己,就不会招惹别人,别人也就无法捕捉你的虚实。"具有优秀表现而又低调稳健的李泽钜被寄予厚望,作为李氏家族传奇的续写者,李泽钜身负重担。但是沉稳低调的李泽钜的能力还是得到了商界人士和公众的认可。

■第19个忠告

先做人,再做商人

很多媒体问我,如何做一个成功的商人,其实,我很害怕被人这样定位。我首先是一个人,然后才是一个商人。

李嘉诚从一无所有到富甲天下,从默默无闻到闻名遐迩,其中充满了无数传奇。他光芒耀眼,人人对其赞赏有加。为无数人瞩目的李嘉诚并没耀武扬威,相反表现得总是一如既往的谦虚恭谨,他总是重复强调这样一句话:"很多媒体问我,如何做一个成功的商人,其实,我很害怕被人这样定位。我首先是一个人,然后才是一个商人。"

中国人自古从来便推崇谦虚为怀,正所谓:"满招损,谦受益",人无完人,没有任何的人具有足以傲视一切的资本,李嘉诚,亦对此深以为然。

李嘉诚在年轻的时候,曾加盟一家塑胶公司,短短一年时间,他便成功超越了另外6名推销员,而这些经验丰富的老手,也只能望尘莫及。当老板拿出财务统计结果时,众人都不免惊叹——他的销售额竟然是第二名的7倍!

18岁的李嘉诚被提拔为部门经理,两年后,他又被提升为总经理,全权处理公司日常事务。

全公司的人都啧啧赞叹"后生可畏",李嘉诚并没有骄傲自满,而是依然保持着谦虚谨慎的态度,依然脚踏实地地着眼于每一个细节。

他已熟稔推销工作,也渐渐了解了生产和管理方面是他的薄弱项。虽然身为总经理,李嘉诚却常常亲自到工作现场向工人学习各种工序。每道工序他都一定要亲自尝试,从来不叫苦。有一次,李嘉诚在操作台上割塑胶裤带的时候,手指不小心被割破,鲜血直流,年轻的李嘉诚并不在意,缠上胶布又继续工作。就这样李嘉诚凭借着自己的勤奋和聪颖,逐渐掌握了生产中的每个环节。工厂生产势头渐好,销售系统也日臻于完善,不少的大生意,只通过电话便可以谈妥,从各个细节到统筹大局,李嘉诚逐渐变得驾轻就熟。

可以说,李嘉诚将谦虚为怀、注重细节的态度坚持到底,在整个经商过程中都一以贯之，而结果也是有目共睹的。正是由于他的这种虚怀若谷、身体力行、不放过每一个细节的精神，使他得以成就如今这样的骄人业绩。

我们对李嘉诚总是赞赏和敬佩不已，也许有一句话说明了原因所在。因为他始终把自己当作一个和大家一样的普通人，没有自视高人一等，因此才被大众乐于接受。万通公司董事长冯仑对此深有体会：

"李嘉诚76岁，是华人世界的财富状元，也是内地商人的偶像。大家可以想象，这样的人会怎么样。一般伟大的人物都会等大家到来坐好，然后才会缓缓过来，讲几句话，如果要吃饭，他一定坐在主桌，我们企业界20多人中相对伟大的人会坐在他边上，其余的人坐在其他饭桌上。饭还没有吃完，李嘉诚就应该走了。如果他是这样，我们也不会怪他，因为他是伟大的人。

"但是，我非常感动和意外的是，我们开电梯门的时候，李嘉诚在门口等着我们，然后给我们发名片，这已经大大出乎我们的意料——李嘉诚的身价和地位已经用不上名片了！但是他像做小买卖一样给我们发名片。发名片后我们一个人抽了一个签，这个签就是一个号，就是我们照相站的位置，是随便抽的。我当时想为什么照相还要抽签，后来才知道，这是用心良苦，为了大家都舒服，否则怎么站呢？

"抽号照相后又抽号，说是安排吃饭的位置，这一举动无疑又让大家感到舒服。最后让李嘉诚说几句，他说也没有什么讲的，主要和大家见面，后来大家鼓掌让他讲，他就说我把生活当中的一些体会与大家分享吧。然后看着几个老外，用英语讲了几句，又用粤语讲了几句，把全场的人都照顾到了。

"之后我们就吃饭。我抽到的正好是挨着他隔一个人的位子，我以为可以就近聊天，但吃了一会儿，他起来了，说抱歉我要到那个桌子坐一会儿。后来，我发现他们安排李嘉诚在每一个桌子坐15分钟，总共4桌，每桌都只坐15分钟，正好一小时。

"临走的时候他说一定要与大家告别握手，每个人都要握到，包括边上的服务人员，然后又送大家到电梯口，直到电梯关上才走。"

潘石屹在博客中，曾经将李嘉诚宴请宾客时的细节加以总结：李先生事先已经通过秘书仔细了解了客人的详细资料，并在宴请前等在电梯口迎接客人，每桌都会留有李先生的位子，宴会开始做简短发言后，李先生会在每桌轮流坐上约10分钟，向到场的每位客人致意、问好，并面带微笑倾听每位客人的自我介绍，每人都能感觉到自己是李先生今天宴请的重要客人。

一个可以在商界呼风唤雨的人物，在接人待物上如此谦逊恭谨，怎能不让人感动而对其肃然起敬？或许会有人会想，这会不会是因为谈生意而刻意表现出来的？其实这并非例外，李嘉诚总是在竭尽所能对周围任何一个人都保持谦虚恭谨，即便是他已经名满天下，是一个成功得不能再成功的人。2007年，《全球商业》杂志的记者采访李嘉诚时也受到了礼遇："在我们抵达之前，他已在会客室等候，见我们抵达，立即站起掏出名片，双手递给我们。笑容让他的双眼如同弯月。财富并未在他身上留下刻痕，虽有霸业，却无霸气。"

"虽有霸业，却无霸气"，李嘉诚的确如此。在收购中，李嘉诚没有因为自己财大气粗就目中无人。因此在收购中，无论成与不成，李嘉诚都能得到对方心悦诚服的敬佩。如果收购成功，李嘉诚不会像其他多数老板那样，立即大刀阔斧地进行人事改组以及大规模进行资产调整，他会尽可能地挽留被收购企业的高层管理人员并且尽可能地考虑到小股东的利益，因此被收购公司不会处于动荡不安的状态。如果收购不成，李嘉诚也不会以自己所持股权作为要价的筹码相要挟，逼迫对方开出高价赎购。

在对待股东方面，作为10余家公司的董事长或董事的李嘉诚，他把所有的董事年薪全部归入长江实业公司账上，归大家所有。李嘉诚自己全年只拿5000港元，一直如此。5000港元的董事袍金，还不及长江实业公司一个清洁工在20世纪80年代的年收入。以80年代的水平，像长江实业这样盈利极佳的大公司董事局主席，一年最少也有数百万港元薪水。李嘉诚的大商人风范赢得了公司股东的一致好评，这不仅仅是一个商人的成功，更是一个人的成功。

作为商场大鳄的李嘉诚，依然能够如此谦谨待人，细心地照顾到每个细节，这样的精神，着实令人赞叹，令人由衷感佩。从这个例子中我们似乎可以看到，谦谨待人的态度和注重细节的精神帮助李嘉诚成就了他的事业，而李嘉诚正是怀着虚怀若谷的心态，注重一个个看似微小的细节，慢慢地建立起了他的财富王国。

登高爬山，如果不俯下身子，一路昂首挺胸的话就容易跌入山谷，躬下身子才更容易前进。人一直昂着头走路就难免会陷入失败的泥潭，所以有时候，我们有必要把头低下来，是为了更好地前进。"我首先是一个人，然后才是一个商人"，为人谦逊恭谨，平易近人，或许这正是李嘉诚创造霸业的重要品质。

■ **第20个忠告**

多做一点，就可能多赢一点

勤奋努力是获得成功的最可靠途径，而幸运在很多时候只不过是锦上添花，并非绝对的倚仗之物，如果没有通过勤奋努力将自己充实起来，没有接受幸运的条件，即使是运气来了也是会跑掉的。

鸿硕在《巨富与世家》一书中提到："1979年10月29日的

《时代周刊》说李氏是'天之骄子',这含有说李氏有今天的成就多蒙幸运之神眷顾的意思。英国人也有句话:'一盎司的幸运胜过一磅的智慧。'从李氏的体验,究竟幸运(或机会)与智慧(及眼光)对一个人的成就孰轻孰重呢?"

不止鸿硕,还有其他人做过更为细致的估算:1957年,在经营塑料花时,在无人担保的情况下,李嘉诚就获得了大客户的全额订金;1972年,李嘉诚将长江实业集团上市,恰逢股市牛市的大好时机;1977年,李嘉诚获得地铁公司主席唐信的信任,获得在车站盖楼的发展权;1980年,李嘉诚被委任为汇丰银行董事,成为继包玉刚之后的第二位华人董事;1981年,李嘉诚被选为和记黄埔有限公司董事局主席,成为香港第一位入驻英资洋行的华人老板,并在短短10年内赢得10倍多的纯利润。

香港《时代周刊》称李嘉诚是"天之骄子",认为李嘉诚取得的成就是得之于幸运之神的眷顾。从上面的经历来看,李嘉诚的确很幸运,他在1981年被香港电台评为"风云人物"的时候,就表明是"时势造英雄"。但这些都是谦虚恭谨的李嘉诚的自谦之词,而后他就"成功与幸运"这个话题发表过这样的看法:"对于成功,一般中国人多会自谦那是幸运,绝少有人说那是由勤劳及有计划地工作得来。我觉得成功有3个阶段。第一个阶段完全靠勤劳工作、不断奋斗而取得成果;第二个阶段,虽然有少许运气存在,但也不会很多;第三阶段,当然也靠运气,但如果没有个人条件,运气来了也会跑掉的。"李嘉诚还用了一个确切的比例来说明勤奋与机会对于成功的关系:"在20岁前,事业上的成果百分之百靠勤劳换来;20~30岁之间,事业已有些小基础,那10年的成功,10%靠运气好,90%仍是由勤劳得来;之后,机会的比例也渐渐提高;到现在,运气已差不多要占三四成了。"

这些话是恳切的,李嘉诚的辉煌事业有其幸运的因素,但更多的是靠自己的勤奋创造而来的。李嘉诚的勤奋和敬业是人所共知的,也是人所佩服的。李嘉诚在拥有自己的塑料厂之前,经历了七八年的底层打工生涯,他先后做过许多种工作,他做过茶楼跑堂伙计、钟表店伙计、五金厂推销员、塑料裤带公司推销员等。每换一次工作,都对他是一次挑战,每次挑战他都要自己力求完美,成为同事中的佼佼者。

李嘉诚在做茶楼伙计时,每天总是最早一个赶到茶楼。到了茶楼后,他对来喝茶的三教九流各色人等注意观察,潜心揣摩,根据茶客的外貌、言语去揣测他们的籍贯、年龄、职业、收入和性格等,然后找机会巧妙地验证。于是,他很快对茶楼的每一位顾客的消费习惯了如指掌,被他招待的客人都非常满意,成了茶楼的常客。李嘉诚也因此成为茶楼加薪最快的伙计。

当他做推销员时,每天背着大包四处奔波,马不停蹄地走街串巷,寻找客户,这对于身体并不强壮的他实在不易。幸好他在做茶楼跑堂时,每天拎着大茶壶十几个小时楼上楼下地跑,练就了腿功和脚力,也练就了他察言观色的本领。在与客户交往时,他很快就能根据客户的反应判断成交的可能,并采取相应的对策。经过一段时间的努力,他的销售额在所有的推销员中遥遥领先。

在接受记者的专访时,李嘉诚对他的创业与成功做了一些真诚的讲解。"成功实际上是相对的。创业的过程,实际上就是恒心和毅力坚持不懈的发展过程。这其中并没有什么秘密,但真正做到中国古老的格言所说的'勤'和'俭'也不太容易。而且,从创业开始,还要不断地学习,把握时间。我自己从创业开始到1963年这一二十年来,平均每天工作16个小时,而且每星期至少有一天是通宵达旦的。一个小公司在实力和资金都很单薄的情况下,与众多实力雄厚的大公司竞争,其中的艰辛是可想而知的。"

没有任何成功不经过努力行动就能垂手而得的,不是站在原地垂着双手,光凭幸运就能获得成功的。那些被认为是天才或者获得巨大成功的人,他们付出的努力通常比平常人更多,他们时常因为专注于学习或工作而废寝忘食,他们付出的辛劳是其他人不能比拟的。

其实一个人事业的成败,最关键的因素还是在于他是否付出努力,靠勤奋努力以及对于事业的巨大投入实现事业上的成功,这样的成功来得才最可靠,也最有意义。勤奋努力是获得成功的最可靠途径,而幸运在很多时候只不过是锦上添花,并非绝对的倚仗之物,如果没有通过勤奋努力将自己充实起来,没有接受运气的条件,即使是运气来了也是会跑掉的。

李嘉诚说:"我认为勤奋是个人成功的要素,所谓'一分耕耘,一分收获',一个人所获得的报酬和成果,与他所付出的努力有极大的关系。运气只是一个小因素,个人的努力才是创造事业的最基本条件。"的确,在竞争激烈的今天,要想多赢一点,那么就要比别人多付出一点。

第21个忠告

人事有代谢,与时代并进

"不读书,不掌握新知识,不提高自己的知识资产照样可以靠吃'老本'潇潇洒洒过日子"这种旧时代不少靠某种"机遇"发财致富的生意人的心态,如今已不合时宜。

孟浩然有诗句云:"人事有代谢,往来成古今。"大到朝代更替,小至个人的荣辱得失、生老病死及悲欢离合,总是处于不断的发展变化之中;日月交替,一往一来即成古今。

世界时刻都在变化，如今的时代更是瞬息万变，观念稍有滞后就会与时代脱节。而李嘉诚的神话仍在继续，这与他与时并进的观念是分不开的。他说："我们生活于瞬息万变的年代，对一些曾经深信不疑的事物，需要经常做出灵活的反思，令我们的认知能够与时俱进。"只有在与时代保持步调一致时，才能保持生命力和竞争力。

然而有的人在事业上稍微取得了一点成就就高兴，这可以理解，但是将这点成果奉为"完美"并且没完没了地进行自我欣赏就大错特错了。没有任何事物是尽善尽美的，世上永远不存在无懈可击的完美。李嘉诚创造了一个神话，一个靠资本运营撬动市场，实现增长，并得以迅速做大做强的神话。谁都知道，李嘉诚从来没有失败过，是名副其实的常胜将军。然而李嘉诚仍在力求加强自身能力，力求创新，时刻在为不可预料的新情况的出现做准备。

从一个名不见经传的小小推销员，到一位拥有巨额资产的大企业家，多年在商海中的打拼，李嘉诚已经将他对自身的静态管理成功地延伸至对企业的动态管理。想要了解怎样才能从静态管理成功地延伸至动态管理，我们首先需要知道什么是静态管理，而动态管理又是什么。

想要管好别人，先要管好自己。其实，自我管理就是一种静态管理。自我能力的挖掘首先要建立在对自我正确的认识之上，然后再通过对自我合理的管理一步步地迈向目标，最终达到成功。在这个过程中，我们还要时不时地回过头去反省自己过去的言行举止：哪一些是合乎情理的，哪一些伤害到了他人；哪一些是切合实际的，而哪些又是高估自我能力的；有哪些不良的后果是由于自己的冲动所致，又有哪些成功的案例是因为自己的智慧才最终得来。

李嘉诚在建立自己的公司之前一直努力地做好自我管理，即便是一个小小的职员，他也要求自己成为职员中的精英。在努力工作的同时，年轻的李嘉诚还不忘在空余的时间里充实自己，阅读书籍一直是他最大的乐趣。然而,当他成立了自己的公司之后,李嘉诚发觉,单靠个人的努力已经不能够保证公司的正常运转。于是,他开始尝试着将自我管理延伸至动态管理。

动态管理指的是企业在运转的过程中,管理者根据内外部的环境因素的变动来适时地调整企业的经营思路,从而保证企业始终能够适应内外部环境的变化,以便发展壮大。李嘉诚认为,通往成功的路有很多,并不见得都用相同的模式,关键要看哪种方式能够把风险降到最低。动态管理的内部因素有很多,其中比较重要的就是对员工以及整个团队的领导与管理。一个好的领导者就像伯乐一样能够选拔出优秀的员工,为企业的发展做出极大的贡献。而由优秀的员工所组成的团队更是促进企业发展壮大的重要因素。

在注重对内外部因素进行适时调整的同时,对企业的管理也需要掌握良好的管理艺术。李嘉诚在谈到企业的管理艺术时曾经这样谈杠杆原理:"不知从什么时候开始,这个概念被简单地扭曲为四两拨千斤,教人以小搏大。但聪明的管理者会精确算出支点的位置,因为支点的正确无误才是取得成果的核心。这门功夫倚仗领导人的专业知识与综合能力,倚仗其能否洞察出那些看不见的联系。今天我们看到,很多公司只注意千斤和四两的转化可能而忽视支点的寻找,因过度扩张而陷入困境。"

此外,在找准支点的同时,管理艺术还需要通过新颖的思维来充实。李嘉诚从来不认为自己是一个全能的人,但是他却能够以自强不息的精神来不断提升自我。这里的自强不息并不是所谓的日夜加班,而是让自己的思想与时俱进,甚至还要超越时代的某些束缚,具有超前的思维。勇于开拓,勇于创新,这是企业屹立不倒的前提条件。

李嘉诚说过,他不愿意做希腊神话中的伊卡罗斯,因为翅膀是蜡做成的而最终悲惨地摔倒在地。凭借自己的管理智慧,李嘉诚将自己原本只有几个员工的小公司最终发展成为一个拥有20多万员工的大型企业，其中的辛酸只有他自己知道。然而，一个企业不是单靠员工与领导者的勤恳工作就能成功的，企业的成功更在于领导者的管理水平。在这方面，李嘉诚管理公司的经验就给了我们很好的借鉴。

他不拘泥于过去和现状，敢于开拓创新，不断寻找新的信息和经验，努力探求先进的科学技术和管理方法，为未来的发展开辟新路。李嘉诚的看法是："眼光要放远，做好自己的工作，最重要的是自我充实，相信很多本来认为不可能的事情也可以变成可能。"现在的李嘉诚为了与时代保持同步，仍在不间断地读新科技、新知识方面的书籍。

李嘉诚在接受记者采访时说："现在社会变化的确是非常快，但是我相信有些知识是永远有用的。宋朝的一个画家范宽，我没有机会看到他的真画，是通过电脑来看的。范宽有一句话'师古人不如师造化'。我知道那里边有几个故事。他一个人去深山野林，一两个月就看看天气的变化，其中水、树木的颜色都随时间变化有不同的变化，这样一来他看到的东西都已经装在自己的脑子里。等想画画的时候就想想在那个地方看到的景色就可以了。我也是这样，做生意时一通百通，不是每一样都要学，有的事一通其他的也通了。最要紧的是要追求最新的知识、最新的商业动态，这些东西每天都在变。"他认为，"不读书，不掌握新知识，不提高自己的知识资产照样可以靠吃'老本'潇潇洒洒过日子"这种旧时代靠某种"机遇"发财致富的生意人的心态，如今已经不可取了。

李嘉诚说："保持创新意识，用自己的眼光注视世界，而不随波逐流。当你遇到困难时，你也应该想出解决方法。"因循守旧、亦步亦趋的保守做法，在这个日新月异的时代越发吃力，最后会渐渐不支以致淹没在时代的潮流下。只有创新才能保证事物的生命力，只有跟时代同呼吸才不会被时代所遗弃。

第 22 个忠告

跟好市场导向

计算机网络的兴起,标志着一个新的经济时代的到来。在科技经济的新时代,那些靠地产、航运以及港口致富的传统型富豪不被经济评论家所看好,他们认为在高科技领域必定会有新崛起的富豪取代传统富豪的地位。

当比尔·盖茨以数百亿美元的资产携风雷之势迅速崛起成为世界首富之时,立即成为了人们心中的财富偶像。计算机网络的兴起,标志着一个新的经济时代的到来。在科技经济的新时代,那些靠地产、航运以及港口致富的传统型富豪不被经济评论家所看好,他们认为在高科技领域必定会有新崛起的富豪取代传统富豪的地位。

具有敏锐洞察力的李嘉诚当然不会忽略高科技行业带来的冲击,李嘉诚看到了其中的巨大机遇。在 20 世纪 80 年代,李嘉诚就频频出击电讯行业,在欧洲、亚洲、美洲和非洲都能看到李嘉诚的投资动作。李嘉诚通过出售"橙"把最初的 84 亿港元投资魔术般地变成 1100 亿港元,以及通过投资德国电信公司曼内斯曼获得的收益,都表明了李嘉诚在高科技行业的远见卓识。

此外,李嘉诚对高科技行业的关注更表现在对两个儿子的扶持上。

李泽楷毕业于斯坦福大学计算机系,对科技发展尤为关心。回到香港后,李泽楷于 1990 年创办了卫星电视,正式涉足科技行业。1991 年,香港政府发放卫星电视牌照,得到父亲李嘉诚 5 亿元港币资助的李泽楷顺利买下香港首个卫星电视。在两年内,李泽楷的卫星电视便覆盖了将近50个国家和地区,拥有5300万家庭用户,实际上已经成为了一个卫视王国。

1993年,李泽楷将卫视64%的股份出售给传媒大王默多克,从中赚得利润4亿港元。在卖出卫视不久,李泽楷立即做出新的决定,创立盈科拓展集团。旗下公司包括在中国香港上市的盈科保险公司、盈科数码动力有限公司、在新加坡上市的盈科亚洲拓展有限公司。

李泽楷在美国读书时,对硅谷的发展就有一个很好的认识,基于此,他有了一个建设"香港硅谷"(即"数码港")的设想。他认为,"数码港"建成后,香港可望在软件开发上取得长足的进展,形成今后经济发展的优势。

1998年6月,李泽楷正式提出"数码港"计划。1999年3月,李泽楷取得"数码港"项目的发展权,这成了他事业腾飞的起点。据了解,在众多签署租用"数码港"意向书的公司里,包括和盈科互换股份的美国上市公司CMGI。该公司计划让旗下55家国际互联网公司向"数码港"提供设施和技术,盈科还将与CMGI成立一家合营公司,发展亚洲的互联网市场。

1999年5月中旬,李泽楷购入"得信佳"集团,改名盈动上市。当天股票狂升23倍,李泽楷的个人财富也由15亿港元升至100亿港元以上。之后一路攀升,短短几个月内,盈动的市值暴升至2200多亿港元,成为香港市值第六大的企业,被称为香港经济界的一个奇迹。

2000年,李泽楷又大肆出手,率盈动以估价280亿美元的交易额从英国大东电报局(Cable & Wireless of Britain)手中收购了香港电讯公司(HKT),并与盈科动力合并为"电讯盈科",这成为当年亚洲最大的一笔并购案。合并后的公司成为一家市值超过700亿美元的宽带互联网集团,市值超过了长和系,成为仅次于中国电信和汇丰银行的全港第三大市值公司。

父亲和弟弟均在科技领域有所斩获，准备接管"李氏王朝"的李泽钜也相应在计算机领域做出行动。1999年10月，李泽钜宣布通过长江实业、和记黄埔共同投资网络。最初定下的方向是综合性门户网站，其预算的投资额高达10亿美元。

1999年12月7日，在域名的争夺战中，李泽钜以2000万港元的代价如愿以偿地买到了他想要的域名：www.tom.com。12月16日，李泽钜的tom.com网站正式推出，其注册用户在短短两个月里迅速超过4万人。2000年2月23日，是李泽钜旗下的科技股tom.com递交认股申请表的最后一日。当日有超过40万的香港人涌到香港上海汇丰银行10间分行递交认购表格，其中有超过20万的香港人在旺角区递表，一时间街道上人声鼎沸、道路不通，部分地方排队人龙长达4000米，其数有5万之众。

李氏家族不仅用自己的网络概念感染了香港，而且还以利益的驱动令香港万人空巷，他们确实是领时代潮流的先进一群。在科技经济给人类社会带来的巨大影响越来越显著之时，李嘉诚更没有间断对科技的投资和经营，他始终将此作为事业发展的新方向之一。

李嘉诚家乡的汕头超声电子是国产移动通讯手机印制板独家配套企业，而李嘉诚旗下的和记黄埔集团是全球3G产业领跑者。李嘉诚便考虑参与2007年超声电子的非公开增发活动，入股超声电子，以增强其对3G产业链的控制。

2006年，香港和记黄埔3G业务已开始实施全球扩张战略，3G手机在全球市场上一时供不应求。早在2002年，和记黄埔就获得了3G牌照，在全球拥有100多万的用户。和记黄埔于2005年，又分别在英国、意大利和澳大利亚等地推出了3G服务，因此3G手机及配件进一步告急。这也是超声电子公告公司多层高密度印制板（HDI板）订单急增，生产线已处于超负荷运作状态，必须公开增发扩大产能的原因。在交给韩国LG公司一笔高达80多亿元的300万部3G手机中，其印制线路板李嘉诚指定由超声电子制造。

超声电子控股公司,汕头超声仪器公司主要经营超声波探伤仪和超声换能器,是我国最早研制和生产超声电子仪器的厂家,"汕头牌"超声探伤仪累计至今已有80多个型号共十多万台,产销量居全国首位。李嘉诚在向国内医院、医科大学捐献的医疗器械中,就有超声电子公司的产品。

超声电子公司作为国内有名3G产业链上通信设备制造商,全国唯一一家生产用于手机的多层高密度印制板(HDI板),主要从事覆铜板和应用于手机和通信设备的PCB的生产,是我国印制线路板龙头企业之一,旗下的汕头超声印制板公司(CCTC)享有"中国印制线路板之冠"的美誉,是国产移动通讯手机印制板的独家配套企业,并大量出口美国、日本等发达国家。

2007年订单急增,披露生产线已处于超负荷运作状态,急需扩建以提高产能。2007年进行非公开发行不超过6000万A股,并于11月获证监会批准。募集资金将用于高密度互连(HDI)印制板产业升级项目和超薄覆铜板及半固化片生产线二期技术改造项目,以及第一大股东资产的全面收购实现整体上市。

在科技时代,李嘉诚超前一步发掘出具有很高含金量的市场,通过投资的培育和孵化、整合资源,不断强化其概念的市场吸引力,最终通过股权转让(上市或并购)获得超额回报。

■第23个忠告

最大的智慧在于知人用人

假如今日,没有那么多人替我办事,我就算有三头六臂,也没有办法应付那么多的事情,所以成就事业最关键的是要有人能够帮助你,乐意为你工作,这就是我的哲学。

古人云:"智莫大乎知人。"人才是事业成功最重要的资本和基础。深受中华传统文化熏陶的李嘉诚深谙此道,他表示:"假如今日,没有那么多人替我办事,我就算有三头六臂,也没有办法应付那么多的事情,所以成就事业最关键的是要有人能够帮助你,乐意为你工作,这就是我的哲学。"

以5万港元开始创业的李嘉诚,何以一跃成为统领20多万人庞大商业帝国的当今世界华人首富?他行之有效的人才理念和人才实践,是其成功的法宝之一。在他建立长江实业之初就表示:"长江取名基于长江不择细流的道理,因为你要有这样豁达的胸襟,然后你才可以容纳细流,没有小的支流,又怎能成长江?"

李嘉诚谋事决策的成功,有相当一部分得益于多位顶尖谋士的长期忠贞不渝的合作。杜辉廉是一位精通证券业务的专家,被业界称为"李嘉诚的股票经纪",备受李嘉诚的青睐和赏识。李嘉诚多次请其出任董事均被谢绝。但杜辉廉绝不因为未支干薪而拒绝参与长江实业系股权结构、股市集资、股票投资的决策。我们无法知道杜辉廉这样做是怎样想的,但我们起码可以从这样的现象中,感觉到李嘉诚人格魅力产生的巨大力量。为了回报杜辉廉的效力之恩,当杜辉廉与梁伯韬合伙创办百富勤融资公司时,李嘉诚发动连同自己在内的18路商界巨头参股,为其助威。在百富集团成为商界小巨人后,李嘉诚等又主动摊薄所持的股份,好让杜梁二人的持股量达到绝对的"安全"线。李嘉诚的投桃报李、知恩图报、善结人缘,更使得杜辉廉极力回报李嘉诚,甘愿为李嘉诚服务,心悦诚服地充当李嘉诚的"幕僚"。杜辉廉在身兼两家上市公司主席的情况下,仍忠诚不渝地充当李嘉诚的股市高参。

古有"千里马常有,而伯乐不常有"的感叹,然而,港人却盛赞李嘉诚具有九方皋相马的慧眼。李嘉诚正是因为极为高明地辨识和使用了众多的"千里马",他指挥的高速前进的商业巨舰,才驰骋商场几十年而无坚不摧、无往不胜。

身为怡和贸易代表的英国人马世民，到长江实业公司推销冷气机。虽然李嘉诚一般不过问此类业务，但马世民却一再坚持要求面见李嘉诚。他的倔强吸引了李嘉诚，这次偶然的接触，彼此间留下了相见恨晚的深刻印象。后来时机成熟，李嘉诚不惜重金收购了马世民创办的 Davenham 工程顾问公司，延揽了马世民这位不可多得的人才。

李嘉诚为邀得袁天凡的加盟，历尽"峰回路转"到"柳暗花明"的曲折历程。袁天凡的才华在香港金融界人人皆知。尽管两人过往甚密，但袁天凡却多次谢绝了李嘉诚邀其加入长江实业的好意。李嘉诚并不言弃，仍一如既往地支持袁天凡：荣智健联手李嘉诚等香港富豪收购恒昌行，李嘉诚游说袁天凡出任恒昌行行政总裁一职；袁天凡与他人合伙创办天丰投资公司，李嘉诚主动认购了天丰公司9.6%的股份。李嘉诚多年来的真诚相待，终于打动了孤傲不羁而才华出众的袁天凡，他应邀出任盈科亚洲拓展公司副总经理。在袁天凡的鼎力协助下，李泽楷孕育出了叫响香港的腾飞"神话"。

精于用人之道的李嘉诚深知，不仅要在企业发展的不同阶段大胆起用具有不同才能的人，还要在企业发展的同一阶段注重发挥人才特长。因此，他的智囊团里既有一批老谋深算的谋士，又有朝气蓬勃、精明强干的年轻人。

长江实业在20世纪80年代得以急速扩展及壮大，股价由最初的6港元上升到90港元，这和李嘉诚不断提拔风华正茂的年轻人有关。有长江实业系新型三驾马车之称的霍建宁、周年茂、洪小莲，正是长江实业年轻才俊的杰出代表。霍建宁1985年任长江实业董事，两年后被提升为董事副总经理，当年35岁，如此年轻就任香港最大集团的要职，在香港实属罕见。周年茂1985年任长江实业董事副总经理时才30岁出头，负责长江实业系的地产发展，具体策划了多项大型住宅屋村，身负众望。由秘书成长起来的长江实业董事洪小莲，全面负责长江实业公司楼宇销售时不到40岁。正是这些青年才俊的鼎力帮衬，才有李嘉诚演绎出巨额财富的惊天神话。

在人才的使用上,聪明人总是能从实际需要出发,用最适合事业发展的人才。李嘉诚通晓唯才是举的用人方略,在集团内部,李嘉诚彻底摒弃家族式管理方式,人们看不到家长制作风的痕迹,完全是按照现代企业管理模式进行运作。李嘉诚常说:"唯亲是用,必损事业。"有位员工这样评价李嘉诚:"对碌碌无为之人,管他三亲六戚,老板一个不要。"

在李嘉诚庞大的商业王国中,只要是人才,就能够在企业中有用武之地。李嘉诚说:"要知人善任,大多数人都会有部分的长处,部分的短处,好像大象食量以斗计,蚂蚁一丁点便足够。各尽所能,各得所需,以量才而用为原则。这就是说,一个公司需要员工共同努力,才能完成发展公司的大业。就如在战场,每个战斗单位都有其作用,而主帅未必对每一种武器的操作都比士兵纯熟,但最重要的是首领亦非常清楚每种武器及每个部队所能发挥的作用——统帅只有明白整个局面,才能做出出色的统筹并指挥下属,使他们充分发挥最大的长处以取得最好的效果。"

是的,人都有各自的优缺点。诸葛亮就说:"老子善于养性,但不善于解救危难;商鞅善于法治,但不善于施行道德教化;苏秦、张仪善于游说,但不能靠他们缔结盟约;白起善于攻城略地,但不善于团结民众;伍子胥善于图谋敌国,但不善于保全自己的性命;尾生能守信,但不能应变;前秦方士王嘉善于知遇明主,但不能让他来侍奉昏君;许子将善于评论别人的优劣好坏,但不能靠他来笼络人才。"用人之道在于如何各尽其才,李嘉诚的话极为透彻地说明其关键所在:"大部分人都有长处和短处,必须各尽所能、各得所需,以量才而用为原则。这就像一部机器,主要的零件需要用500匹马力发动,虽然半匹马力与500匹相比小得多,但也能发挥其部分作用。"

此外,李嘉诚极其重视企业的领导班子,他深知,企业在不同发展阶段需要有不同的管理和人才需求,适应这样的需要,企业就突飞猛进,否则,企业就要被淘汰出局。在李嘉诚组建的公司高层领导班子里,既有具备杰出金融头脑和非凡分析本领的财务专家,也有经营房地产的"老手";既有生气勃勃、年轻有为的港人,也有作风严谨、善于谋断的外国人;既有公司内部的人才,又有企业外部的智囊。曾任和记黄埔行政总裁的马世民把李嘉诚的协助团队称为"内阁"。曾有人这样评论说:"这个'内阁',既结合了老、中、青的优点,又兼备中西方的色彩,是一个行之有效的合作模式。"

孙权说:"能用众力,则无敌于天下矣;能用众智,则无畏于圣人矣。"善于让别人为自己工作且知人善任,正是李嘉诚无敌于天下的重要原因之一。

■第24个忠告

和气生财

商业合作必须有三大前提:一是双方必须有可以合作的利益,二是必须有可以合作的意愿,三是双方必须有共享共荣的打算。此三者缺一不可。

通用电气公司前CEO杰克·韦尔奇曾说:"在一个公司或一个办公室里,几乎没有一件工作是个人能独立完成的,大多数人只是在高度分工中担任部分工作。只有依靠部门中全体员工的互相合作、互补不足,工作才能顺利进行,才能成就一番事业。"我们常说"单丝不成线,独木不成林",一个人的能力是非常有限的,在这个竞争激烈的时代，仅凭一己之力是很难取得很大的成功的。通过与别人的合作，除了发挥各自的优势之外，还能因彼此思想的碰撞产生创造力的火花。

李嘉诚同样非常看重与别人的合作，他说："人面对力所不及的事时，往往逞一时之气，显一时之威，到头来只能是自己打落了牙往肚子里咽，自己酿的苦酒自己喝。我们常常就是缺乏这种进退自如的状态，往往为了某些既得利益拼命争取，就算力所不及也毫不在意。到头来甘苦自知。与其那时来收拾残局，甚至造成亏本，倒不如从一开始就克制一些。对本身力所不及，又面临强大竞争对手时，可能会使自己受损，不妨以'和'的心态来面对，以求和，即双方合作，双方受益。"

1991年5月，李嘉诚、荣智健联手收购恒昌集团，一时成为股市佳话，体现了有钱大家赚的原则。在收购恒昌之前，荣智健和李嘉诚秘密策划收购活动，与此同时，郑裕彤家族的周大福公司、恒生银行首任已故主席林炳炎家族、中漆主席徐展堂等成立了备贻公司，提出每股254港元的价格全面收购恒昌，涉及资金56亿港元。得知此消息之后，李嘉诚和荣智健按兵不动，静待时变。起初备贻公司的三大股东已经对恒昌集团的物业、汽车代理权及粮油代理等业务做好了瓜分计划。不过备贻却出师不利，恒昌的大股东并不支持他们的计划，还没有进入谈判环节，备贻公司就被拒之门外。这时荣智健带领的中泰新财团加入了角逐。其中李嘉诚占19%的股份。同年8月，新财团向恒昌提出收购建议，每股作价比当时备贻高出82元港币，涉及资金69.4亿港币。经过一个月的商谈，双方达成了共识，同年9月由荣智健、李嘉诚的新财团完成的并购成为香港收购史上最大的一宗交易。中泰集团自此次并购之后，逐渐成为香港股市的中流砥柱，荣智健、李嘉诚的这番作为不得不让人另眼相看。次年，中泰集团宣布集资，并收购恒昌剩余的股权。荣智健开出了收购条件，这时李嘉诚欣然接受荣智健的条件。经过一番苦战，中泰集团终于完成对恒昌全面收购。自此，中泰开始拥有蓝筹股。他们之间完美的合作，让荣智健和李嘉诚均名利双收。

要在合作中收到效益，李嘉诚认为要有三个大前提，否则也就无所谓合作。他说："商业合作必须有三大前提：一是双方必须有可以合作的利益，二是必须有可以合作的意愿，三是双方必须有共享共荣的打算。此三者缺一不可。"众所周知，李嘉诚的成功并不都是偶然，他的管理方法，为人处世的原则，正在为追逐事业高峰的人们指引航程。李嘉诚为人谦和，知识广博，喜欢结交朋友，与人互惠的精神，这也是他奠定自己的事业不可或缺的条件。

合作中，李嘉诚最看重的是"和"。他认为，即便是出现冲突，也不能丢掉以和为贵的态度，毕竟做生意最重要的还是"和气生财"。

握手言和，以退为进，是商战的高境界。李嘉诚与人做生意往往能维护自己的整体利益，同时也显示以和为贵、弃小赢大的全局观念。

我们需要在充满竞争的时代学会生存，一个人的才能和力量总是有限的，为了让生存不再那么艰难，我们唯有合作，互惠互利，和气生财。李嘉诚说到了，也做到了。

第25个忠告

让别人赚钱

只有让合作伙伴赚到钱了，他才会安心地与你做生意，并且保持长久合作。而如果你老是对合作伙伴心怀不轨，那合作伙伴将会变成你的竞争对手。

在商业世界，对手和伙伴之间界限不是泾渭分明的，他们之间的角色是可以相互转换的。我们习惯于非此即彼的思维方式，在残酷的事实面前，认为只有不断地壮大自己和打压对手才能立足生存。要立足生存，壮大自己固然没错，可我们也忽视了另一个事实：让合作伙伴盈利，也是壮大自己的一个手段。

李嘉诚认为："成功学中，有一条'互利法则'即你给人一份利，别人就会给你一份利。一个人不能把目光仅仅局限于自己的利益上。舍得让利，让对方得利，最终还是会给自己带来较大的利益。"

1978年李嘉诚初任老牌洋行和记黄埔集团的执行董事，刚上任时困难重重，遭受到不少人的质疑，当时几家报社的记者穷追不舍地追问汇丰银行总经理沈弼为什么一定要选择李嘉诚来接管和记黄埔时，一向和李嘉诚私交甚好的沈弼说："李嘉诚带领的长江实业近年来成绩颇佳，声誉又好，而和记黄埔的业务自摆脱1975年的困境步入正轨后，现在已有一定的成就。汇丰在此时出售和记黄埔股份是理所当然的。"

这时李嘉诚一边顶住巨大的外界压力，不露声色，一边用实际业绩来再一次证明他的远见。功夫不负有心人，李嘉诚从接手和记黄埔开始的1978年到1989年，集团的年纯利润就增长了10倍多，丰厚的回报，不仅使股票一路飙升，而且赢得了股民和股东的信任及好感。再不会有人对李嘉诚的能力抱怀疑的态度，也不再有汇丰"偏袒"长江实业的嘘声。

事实上，李嘉诚作为和记黄埔的执行董事也是集团公司最大的股东，他完全可以行使自己的权力做最后的决策，但他并没有那样做，在股东会议上，他总是以商量的口气发表看法，并耐心征求股东的意见，他的谦让让董事会股东和管理层员工都对他更加佩服和敬重。

此外，李嘉诚的惯例是拒绝收取和记黄埔董事会袍金，赢得股东们充分信任之后，他们更加信任长江实业系股票，有了股东们的拥护和支持，长江实业系股票一路被抬高，市值大增，股民股东均从中得到好处，最后得大利的自然是李嘉诚。

李嘉诚说："我觉得，顾及对方的利益是最重要的，不能把目光仅仅局限在自己的利上，两者是相辅相成的，自己舍得让利，让对方得利，最终还是会给自己带来较大的利益。占小便宜不会有朋友，这是我小的时候我母亲就告诉给我的道理，经商也是这样。"顾及到了对方的利益，除了脸皮极厚的人，一般对方也都会投桃报李，李嘉诚对此深信不疑。

九龙仓是香港最大的货运港，它是九龙货仓有限公司的产业，包括九龙尖沙咀、新界及港岛上的大部分码头、仓库，以及酒店、大厦、有轨电车和天星小轮。历史悠久，资产雄厚，可以说，谁拥有九龙仓，谁就掌握了香港大部分的货物装卸、储运及过海轮渡。但是一直以来，九龙仓的经营者固守用自有资产兴建楼宇，只租不售，造成资金回流滞缓，使集团陷入财政危机。为解危机，大量出售债券套取现金，又使得集团债台高筑，信誉下降，股票贬值。

李嘉诚非常看好这块宝地，他认为九龙仓是一块蒙了灰尘的宝玉，只要细心呵护，一定能够重新焕发光彩。基于这种考虑，李嘉诚不动声色地一直在收购九龙仓股票，买下约2000万股散户持有的九龙仓股，意欲进入九龙仓董事局。但不料九龙仓股被职业炒家炒高，九龙仓老板不甘示弱，组织反收购。与此同时，船王包玉刚也加入到收购行列。包玉刚是何方神圣？据1977年吉普逊船舶经纪公司的记录，世界十大船王排座次，包玉刚稳坐第一把交椅，船运载重总量1347万吨；他拥有50艘油轮，一艘油轮的价值就相当于一座大厦。可谓财大气粗。

他的加入，一时间强手角逐，硝烟四起，逼得九龙仓向汇丰银行求救。于是汇丰经理沈弼亲自出马周旋，奉劝李嘉诚放弃收购九龙仓。李嘉诚考虑到日后长江实业的发展还期望获得汇丰的支持,即使不从长计议,如果驳了汇丰的面子,汇丰必贷款支持怡和,收购九龙仓将会是徒劳,于是趁机卖了一个人情给汇丰银行经理,答应沈弼,鸣金收兵,不再收购。

李嘉诚权衡得失,已胸有成竹,决定卖一个人情,顺水推舟把球踢给包玉刚,于是,香港开始上演一幕传奇故事。1978年8月底的一天下午,李嘉诚密会包玉刚,提出把手中的1000万股九龙仓股票转让给他。包玉刚略一思索,不禁感叹:"这真是只有李嘉诚这样的脑袋才想得出来的绝妙主意!"包玉刚在心里不禁暗暗佩服这位比自己小但精明过人的地产界新贵。

李嘉诚这一招可谓一箭双雕:从包玉刚这方面来说,他一下子从李嘉诚手中接受了九龙仓的1000万股股票,再加上他原来所拥有的部分股票,他已经可以与怡和洋行进行公开竞购。如果收购成功,他就可以稳稳地控制资产雄厚的九龙仓。而从李嘉诚这一方面来说,他把自己的九龙仓股票直接脱手给包玉刚,一下子可以获利数千万元。更为重要的是,他可以通过包玉刚搭桥,从汇丰银行那里承接和记黄埔的股票9000万股,一旦达到目的,和记黄埔的董事会主席则非李嘉诚莫属。

于是两人一拍即合,秘密地签订了一个对于双方来说都划算的协议:李嘉诚把手中的1000万股九龙仓股票以3亿多港元的价钱,转让给包玉刚;包玉刚协助李嘉诚从汇丰银行承接和记黄埔的9000万股股票。李嘉诚虽然表示自己退出"龙虎斗",却通过包玉刚取得与汇丰银行合作的机会。在此番商战中,李嘉诚是最大的赢家。

曾有记者问李嘉诚与包玉刚、汇丰银行合作成功的奥秘,他表示奥秘实在谈不上,他认为重要的是首先得顾及对方的利益,不可为自己斤斤计较。对方无利,自己也就无利。要舍得让利使对方得利,这样,最终会为自己带来较大的利益。他还说母亲从小就教育他不要占小便宜,否则就没有朋友,他认为经商的道理也应该是这样的。

把机会让给伙伴,得到的回报将是信任,在商业领域,别人的信任是至关重要的。而且人都有投桃报李的想法,合作中让伙伴赚钱,当然在以后会得到相应的补偿。补偿甚至比你付出的往往要大得多。

李嘉诚说:"只有让合作伙伴赚到钱了,他才会安心地与你做生意,并且保持长久合作。而如果你老是对合作伙伴心怀不轨,那合作伙伴将会变成你的竞争对手。"让合作伙伴赚到钱,也是壮大自己的方法。互惠互利,这也是聪明的生意人应该具备的能力,凡事多照顾他人,不要光以自己的利益为先,从而在自己能力范围之内,做到利他人之益,日后才能利于己。"有钱大家赚,利润大家分享,这样才有人愿意合作。假如拿10%的股份是公正的,拿11%也可以,但是如果只拿9%的股份,就会财源滚滚来",李嘉诚的这段话足以说明合作者乐于接受他的原因。

■第26个忠告

嘉千骏之长,诚万川之江

"以诚待人。"尽管有时候会因为这样而吃亏,但坏人毕竟是少数,人不能因噎废食,不能为了防备极少数坏人而丢弃以诚待人的原则。更重要的是,为了防备坏人的猜疑,算计别人,必然会使自己成为孤家寡人,既没有了朋友,也失去了事业上的合作者,最终只能落个失败的下场。

"嘉千骏之长,诚万川之江",这是香港一位女作家形容李嘉诚的一副对联。作者巧妙地在头尾点出"嘉诚""长江",可谓用心良苦,虽有人指责其语意夸张,有哗众之嫌,但熟知李嘉诚的人,还是同意下联的含意,"诚"是万川之江的源头。

李嘉诚在接受采访时表示:"其实人长得不英俊不要紧,最要紧的是以诚待人。如果你没有诚意,你周围的人迟早都会离开你。一个企业,不只是靠一个人,是靠大家,单单你一个人,再有能力也没有用。汉朝的时候,项羽是非常勇敢的,打仗也是打得非常好的,但最后却失败了。这就告诉你,你再有魅力,单靠自己也成不了事。你要以诚待人,还要有个好的组织,否则,你就是再出名、再能干,也难以成事。大企业都要有制度,有好的组织,有好的人员,有好的制度,每个人都帮助你的话,你一定能成功。"以诚待人,一直是李嘉诚生活上坚守不移的准则。尽管有时候会因为这样而吃亏,但坏人毕竟是少数,人不能因噎废食,不能为了防备极少数坏人而丢弃以诚待人的原则。更重要的是,为了防备坏人的猜疑,算计别人,必然会使自己成为孤家寡人,既没有了朋友,也失去了事业上的合作者,最终只能落个失败的下场。

以赤诚之心接人待物,是赢得人格魅力的重要原因,更是取得事业辉煌的重要因素。在李嘉诚创业之初,香港的对外贸易基本上为洋行垄断,而华人商行的优势,在中国内地与东南亚的华人社会。李嘉诚决定把他们的产品打到东南亚各国去。公司销售科增加了十几位推销员,李嘉诚派他们分头到泰国、马来西亚和新加坡去,这些推销员也像李嘉诚当年一样,人人背上长江公司的塑胶花样品,到各国去游说推销,悄悄占据各国的商场。

由于李嘉诚公司的产品越来越好,而价格也愈来愈低,所以不但上述各国购进量可观,而且菲律宾、印度尼西亚、斯里兰卡、不丹、越南甚至印度等国也纷纷有订单飞到中国香港的长江公司销售科。

当时,世界最大的消费市场在欧美,占世界消费量的一半以上。李嘉诚无时不渴望将产品打入欧美市场。当时进入欧美市场，只有通过香港的洋行，他们在欧美设有分支机构，拥有稳定的客户，双方建有多年的信用。

李嘉诚本人不甚满意这种交易方式，他希望自己能全方位了解塑胶花具体的销售情况。李嘉诚对包销也兴趣不大，他清楚地意识到，绕过香港洋行这个中间环节，将会为企业注入新的动力。李嘉诚的全力运作在一定程度上改变了这种格局。

然而有改变并不等于完全改变。与此同时，资金问题也开始困扰他，担心陷于前几年的被动局面，故而李嘉诚对资金问题把控十分严格，不敢放手接受订单，也不敢轻易接受银行许可的小额贷款。这样，因为资金有限，设备不足，严重地阻碍了生产规模的扩大。李嘉诚陷入了苦恼之中。

就在此时，一个意想不到的机遇来到他的面前。

1959年夏，一架从北美洲远航而来的波音客机，降落在香港启德机场上。在一批外国客人中有来自加拿大的一个商贸采购团，为首者名叫特鲁多，他是一家商贸财团的总裁。信息灵敏的欧洲批发商特鲁多早就听说了李嘉诚——一个白手起家，在简陋旧厂房生产出精美艳丽的塑胶花的年轻人。

第二天，特鲁多就在维多利亚海湾附近的湾仔大厦见到了应邀前来洽谈生意的李嘉诚。当时，特鲁多已经预先考察了香港市场，再与北美同类产品价格进行反复对照以后，才决定飞到香港来的。李嘉诚温文尔雅的风度让特鲁多十分敬佩，他决定，即刻去参观李嘉诚在北角的长江公司并看看样品。

"比意大利产的还好。我在香港跑了几家，就数你们的款式齐全，质优美观！"特鲁多对长江公司塑胶花赞不绝口，很爽快地说，"李先生，您的产品当然无可厚非，价格我也不想继续深谈。只要李先生依从我们买主的两个条件，我们就能在合同上签字。"

特鲁多开出的条件是：

第一，按国际上的惯例，在签约之前，需要由李嘉诚这方面提出一位有相当资质的担保单位。

第二，在决定购买长江公司生产的大批塑胶花产品之前，首先要对长江公司的现状进行一次实地考察。这也是国际上的惯例之一。

李嘉诚很高兴地说："只要我能做到的，当然要满足先生。"

面对特鲁多的条件，李嘉诚感到了前所未有的压力。若要达到他进军欧美两洲的宏图远略，就必须让特鲁多满意，而两个条件都不简单。

特鲁多之所以看好自己的塑胶花，是因为它物美价廉，所以他必然是大量订购，全面倾销的。这必然要要求李嘉诚的厂房设备、人员技术等的规模，而刚刚处于发展期的李嘉诚是无论如何都难以在短时间内完成的。但很快地，特鲁多就表示，如果我们能合作，那么我可以先行做生意，边做边扩大，这样，李嘉诚才微微松了一口气。

于是，他加紧寻找实力雄厚的公司或担保人。所谓担保人，即被担保人一旦无法履行合同，或者丧失偿还债务能力时，担保人必须替被担保人承担一切风险和过失。

当时，作为已经有一定实力的李嘉诚来说，寻找担保人看起来并不难，他在香港商界的朋友多得很，但是，要寻找实力雄厚的担保人却并不是那么容易。

当时的香港商界，有相当实力的实业公司和企业人也不在少数，比如李嘉诚的舅舅庄静庵的中南公司，其时已经在德辅道设立了总装大楼，并在湾仔拥有中南大厦。1955年，又取得了瑞士乐都表和得共利是表的经销权，经销网遍及东南亚、韩国等地，营业额在香港首屈一指。然而李嘉诚似乎并没有获得什么担保，至于他是否曾向自己的舅舅提起此事，我们不得而知。后来祝春亭与辛磊曾经这样叙述过一段话：李嘉诚一贯抱诚意待人待事，在往后的岁月，他总是回避求殷富担保之事。然而没有寻到担保者，李嘉诚下一步该如何。

也许此时的李嘉诚身上，那股坚韧、自信的品质已经牢牢扎根，他没有因此而气馁，更不会因为厂房旧而弄虚作假，只是照例派员工把厂区打扫得干干净净。李嘉诚决定用事实来说服特鲁多，实在不行好聚好散，争取下一次再合作。他和几位核心技术人员连夜赶制出9款精心设计的样品，默默地放在他面前。

特鲁多没有说什么，看着李嘉诚熬得通红的双眼，猜想这个年轻人大概通宵未眠。他太满意这些样品了；同时更欣赏这位年轻人的办事作风及效率，不到一天时间，就拿出9款别具一格的极佳样品。

特鲁多请李嘉诚带他转了整个厂。李嘉诚不卑不亢地把加拿大客人带进了车间，所到之处特鲁多见到的都是陈旧的机器和紧张操作的工人。在参观完了工厂之后，特鲁多简洁地说了这样一句话："李先生，现在我更加放心了，我们的合约可以马上签署了！"

李嘉诚有些意外，并且有些拘谨地说尚未找到担保人。不料特鲁多竟仰面哈哈大笑："李先生，我看就不需要再找什么担保人了，因为我已经从你的眼睛里看到了诚意，这难道不比一个担保人更重要吗？"

谈判在轻松的气氛中进行，他们很快签了第一单购销合同。按协议，批发商提前交付货款，基本解决了李嘉诚扩大再生产的资金问题。

临走时，李嘉诚很感激特鲁多，他紧握着特鲁多的手说："请相信我的信誉和能力，我是一个白手起家的小业主，在同行和关系企业中有着较好的信誉，我是靠自己的拼搏精神和同仁的帮助，才发展到现在这规模的。先生您已考察过我的公司和工厂，大概不会怀疑本公司的生产管理及产品质量。因此，我真诚地希望我们能够建立合伙关系，并且是长期合作。尽管目前本公司的生产规模还满足不了您的要求,但我会尽最大的努力扩大生产规模。至于价格,我保证会是香港最优惠的,我的原则是做长生意,做大生意,薄利多销,互利互惠。"

这笔生意签约之后,特鲁多一行就飞回多伦多。一个月后他在加拿大收到了李嘉诚如期运去的第一批塑胶花,质量甚至比特鲁多在香港见到的还要好。从此,长江公司的塑胶花逐渐占领了欧洲市场,营业额及利润也成倍增长,李嘉诚的事业真正进入第一个腾飞期。

李嘉诚办公室经理区小燕,已为李嘉诚工作8年,每天跟进跟出,比起其他人,她有更多机会接触李嘉诚。她说:"我认识的是一个真性情的李先生。"其意思是,虽然是公众人物,但在人前人后,李嘉诚都是一样,真诚待人。以诚待人,正是李嘉诚人格魅力的体现,也是其辉煌事业的保障。

松下幸之助给年轻管理者的 22 个忠告

松下幸之助简介

　　松下幸之助是日本著名的企业家,被誉为"经营之神",他创造的一套经营管理制度风靡全世界,有专家称赞松下幸之助是世界级的管理天才。由最初的只有3个人的小作坊开始,经过几十年的努力拼搏,发展成为现今享誉全球的松下电器公司,白手起家的松下幸之助创造了一个传奇。

　　1894年,松下幸之助出生于日本和歌山县。小时候家境贫寒,只接受了4年正式教育的松下幸之助就辍学去给人当学徒,此时的松下年纪不过9岁。最初,他是在火盆店给人当学徒,之后,在别人的介绍之下,又转到一家自行车店当学徒。在7年的学徒生涯里,松下幸之助锻炼出了勤勉的品格,并一直将勤勉努力当作为人处世的一大原则。

　　松下幸之助工作勤勉,颇为老板看重。经过几年的发展,自行车也越来越普遍,就在这时候,15岁的松下幸之助决定辞职。因为当时大阪市正计划在全市铺设电车,松下幸之助意识到自行车行业势必受到挤压,于是辞职后转投电器行业。从此,松下幸之助便与电器结下了不解之缘。

　　松下幸之助第一份与电器有关的工作是在一家电灯公司当内

线员见习生，做屋内配线员的助手。因为松下幸之助聪明勤奋，3个月后，年仅16岁的他就转为正式工。在电灯公司担任技术工期间，松下幸之助就着手研究电灯插座的改良设计，花费其大量心血的最终产品却没有得到认可，再加上其他原因，松下幸之助再次辞职，决定自立门户。

做出这个决定是非常不容易的，因为当时只有100元的资金和3个劳动力，但松下幸之助并没有因此退缩，既然选择了就勇往直前地走下去。1918年，23岁的松下幸之助在大阪建立了"松下电气器具制作所"。资金短缺、人手不够，而且在技术方面不甚明了的松下幸之助对于管理和销售也是一无所知，其经营的惨淡之状可想而知，松下幸之助为了维持生计，不得不把自己和妻子的衣物首饰送进当铺。55年后的一天，松下幸之助偶然发现一本年轻时典当衣物的账册，依据账面上的记载，从1917年4月13日到1918年8月止，他共有十几次将他妻子的衣服首饰等物送进当铺。

尽管一路苦苦支撑而且渐露不支的状态，但松下幸之助认为，既然走到这一步了就不能半途而废，否则前功尽弃，而且他深信这项工作的前景非常光明，所以他咬着牙继续坚持下去。终于事情出现了转机，一家生产电风扇的厂商看上了松下幸之助生产的合成塑料。该厂商需要松下幸之助为他们生产电风扇底盘，订单的持续下达让松下幸之助的生意逐渐红火。1918年，历时4年的第一次世界大战结束。战争及战后带来了销售旺盛的景象，日本工业生产每年连续保持30％的高速度增长，日本全面进入了电器时代。

虽然松下幸之助此前一直在做电风扇底盘的生意，但是对于电器方面的生意，松下幸之助仍然是不改初衷，更何况是在这样的一个时代背景下。所以在生产底盘的同时，松下幸之助也着手开发电气方面的产品，除了他早已着手研究的插座之外，主要是附属插头。松下幸之助生产的附属插头实用且又便宜,广受好评,产品也一路畅销。松下电器便由此打入电器行。

20世纪20年代,日本主要的代步工具是自行车。松下幸之助在与客户接洽业务时,经常要骑自行车外出。可是当时有一个不便之处,就是天黑的时候不好赶路。因为当时的车灯普遍是煤油灯,容易被吹灭。于是松下幸之助就想生产一种方便实用的自行车灯,经过松下幸之助亲自设计,在6个月的上百次试验后,松下幸之助终于生产出炮弹形电池灯。炮弹形电池灯的成功,让松下幸之助大喜过望。当时的情况,几乎没有一个地方不在使用他们生产的电池灯。除了当作车灯以外,电池灯还被用来当作手提灯。炮弹形电池灯的成功,对松下电器的发展有着莫大的贡献,是松下电器发展史上一个重要的里程碑。

1927年,松下电器成立电热部,计划生产电熨斗。当时电熨斗的价格为4~5日元之间,因为价格昂贵,其在全日本的年销量也不超过10万个。松下幸之助对此感叹道:"这么方便实用的东西,但是因为价格昂贵,以致许多想要拥有的人望而却步。如果降低价格至普通人都能够接受的话,其销量一定会迅速上升。"于是松下幸之助决定,以大规模生产来降低价格,每月生产1万个,销售价格则降为3.2日元。结果如松下幸之助所料,松下电器的电熨斗大获成功,不但松下电器收益可观,而且普通大众也因为物美价廉的产品而获益不少。

基于这种思想,松下幸之助提出了他的"自来水哲学"。他曾解释,自来水是有价值的,偷取有价值的东西就会遭到处罚。尽管如此,但是谁要去打别人的水龙头喝上一点,估计也不会有人加以责备。道理很简单,因为自来水有丰富的资源。如果生产者把生产出的物品变得如自来水一样丰富,那么再贵重的物品都会降低价格。松下幸之助说:"经营的最终目的不是利益,而只是将寄托在我们肩上的大众的希望通过数字表现出来,完成我们对社会的义务。企业的责任是,把大众需要的东西,变得像自来水一样便宜。"在这种思想的指导下,松下电器大规模地生产物美价廉的产品,普通大众在松下电器的不断实践中获益。

20世纪20年代末,收音机是风靡一时的新产品,因为其市场前景不错,所以有许多代理商劝松下电器制造收音机。这个提议引起了松下幸之助的关注,他自己使用的收音机也频频出现故障,这也是收音机市场普遍存在的毛病。所以,松下幸之助就考虑制造无故障收音机,这种产品的市场前景肯定十分可观。松下幸之助立即派人进行市场调查,根据调查的结果,松下幸之助研究后决定联手一家制造技术优良的厂商。但是该厂商生产出的产品同其他市场上的收音机一样,也是会出现故障。所以不但收音机销售不理想,就连松下电器的其他产品的销售情况也受到了影响,松下电器在利润和信誉方面严重受损。

为了挽回声誉,松下幸之助决定由松下电器来制造收音机。可是在松下电器,根本就没有具备相关技术的员工,可松下幸之助本着"体积这么大的机器,应该可以做得更牢固"的想法,霸王硬上弓,终于在3个月后制造出了无故障收音机。无故障收音机的问世,让松下电器再一次取得了飞跃式的发展。

1933年,松下幸之助采用事业部制度。该制度是以某个产品、地区或顾客作为依据,将相关的研究开发、采购、生产、销售等部门结合成一个相对独立单位的组织结构形式。事业部分公司能够自主经营,决策权并不完全集中于总公司的最高管理层,这样有利于统一管理以及独立核算。而总公司在摆脱日常事务后,能够集中精力进行重大决策的研究。

1934年,松下电器开办员工培训学校,松下幸之助本着"以人为本"的经营理念将培育人才以及留住人才当作公司的根本。

第二次世界大战结束后,作为战败国的日本经济遭到严重打击。而盟军对日本经济进行的调整措施,对松下电器和松下幸之助更是一个致命的打击。为战争提供生产军需品的松下电器被迫接受盟军的解散制裁，松下电器面临着有史以来最严峻的危机。这个时候，松下幸之助坚毅的精神以及平素里树立的形象帮了他的大忙，让濒临倒闭的松下电器得以起死回生。虽然得免制裁，但是战败后的经济不景气还是让松下电器遭到了重创。松下幸之助迅速应对调整，制定了一些合乎时代的政策，如全体员工薪津制、8小时劳工制等；同时，松下对工厂进行整顿，开始重建经营，进行机构改革，并重点加强销售网；这些措施为松下电器在战后复兴与发展奠定了基础。

朝鲜战争爆发后，美国就近取材，所以日本的经济得以迅速回升，松下电器在此期间也得到了极大的发展。此时的松下电器已经俨然成为电器界的巨人，但松下幸之助并没有被大好形势冲昏头脑，而是以"重新开业"的心态投入到松下电器的下一步发展。1951年1月，松下幸之助决定亲自调查海外市场，以引进国外的先进技术。

1952年，松下幸之助促成松下电器与荷兰飞利浦公司的技术合作。此次与飞利浦公司的合作，不但使得松下电器的产品品质提升到了国际水准，而且松下电器在此期间也建立了本身独特的技术基础，即开设自己的中央研究所。

经过不断发展，松下电器因其独特的经营理念，如"自来水哲学""玻璃式经营""水坝式经营"，而逐渐蜚声国际。1962年2月，美国《时代》杂志将松下幸之助作为封面人物，对松下幸之助和松下电器进行了专题报道，美国人在文中对白手起家的松下幸之助给予了很高的评价。

1989年，松下幸之助以松下电器顾问的身份去世，享年94岁。

自松下幸之助创业以来，经过很长时间的奋斗，松下电器已经成为世界著名的综合性大型电子企业，在全世界范围内设有230

多家公司，员工总数超过 25 万人。松下电器以"为了使人们生活变得更加丰富、更加舒适，并为了世界文化的发展做出贡献"为经营理念从事着企业经营活动，得到了许多人的尊敬。

  毫无疑问，如今的松下电器公司已经是一个世界级的大型企业，你几乎可以在世界的任何一个角落看到松下电器的身影。松下幸之助的事迹和作风也广为人知。由白手起家，到创立一个国际性的巨型企业，松下幸之助被称为奇迹。其本人的事迹以及经营哲学和管理方法，乃至他为人处世的方法都引起了人们广泛的关注。而其中对其加以研究和效仿的也大有人在。

  美国企业管理专家的论断，大体上能代表西方经管界对松下的评断。他们对松下评说道："松下似乎同时拥有很多人的智慧和才能，但我们却似乎很难找出哪一位西方经理是同时拥有这么多才能的。如果说松下幸之助使日本拥有了世界级的管理天才，这绝不应该视作夸大其词。在松下身上，同时拥有了史龙的管理才能，以及希尔斯百货公司的伍德将军的销售本领。"

第1个忠告

苦难是试金石

松下幸之助对中山鹿之助的行为发表看法:"我想,鹿之助祈求七难八苦,用意是想通过种种困境来考验自己、激励自己。"对于强者来说,苦难是不可避免甚至是不可或缺的,只有通过苦难的考验才能得到真正的成功,没有与艰苦困顿斗争的经历就不是真正的人生。

日本战国时代的著名英雄中山鹿之助,每次向神明祈祷时,祷告内容只有一件事情,他总是说:"请给我七难八苦!"一般人对神明的祈祷,其内容虽然各有不同,但大体上都基于一个美好的愿望:有人希望自己得到平安和幸福,有的人则对财富和权力充满渴望……但没有人希望神明赐予更多的苦难。所以对中山鹿之助这种祈求苦难的行为,常人都觉得是一件不可思议的事情。

对于中山鹿之助这种异于常人的行为,松下幸之助的看法是:"我想,鹿之助祈求七难八苦,用意是想通过种种困境来考验自己、激励自己。"对于强者来说,苦难是不可避免甚至是不可或缺的,只有通过苦难的考验才能得到真正的成功。松下对中山鹿之助的行为深表赞同,在他看来,没有与艰苦困顿斗争的经历就不是真正的人生。

松下最初的人生经历是非常坎坷的,由于家境贫寒,年仅9

岁、只念了4年书的他就不得不去给人当学徒。这对年幼且带病的松下来说，无疑是非常吃力的。但最让松下感到悲痛的事情是他父亲的死。1906年9月，他父亲忽然生病，仅仅3天后就去世了。母亲、姐姐和松下的哀痛不言而喻，最令松下幼小的心灵感到难过的是，父亲做了不该做的投机生意，把祖先遗留下来的家产赔光了，虽然对家族和祖先都心存内疚，他大概还是想挽回名誉吧，只要身边有了一点钱，就不顾母亲的阻止，仍去做他的投机买卖，一直到死为止。且不论是非曲直，父亲那样的心态，年幼的松下也是非常难过。每次想到父亲的模样，考虑到在老家乡村里的父亲和家乡，又联想起父亲训诫自己的话，松下就勉励自己：非好好努力不可。随着父亲的突然离世，小松下成了松下家的户主，从此担起重担。在父亲离世之后，母亲和姐姐都不愿意住在不大熟悉的大阪，回到住惯了的和歌山去了。只松下一人留了下来，立志完成父亲的遗训。

　　学徒的日子虽然清苦却也充满乐趣，已功成名就的松下回想起打工时的情形历历在目。

　　一天的工作，从早到晚没有一刻清闲。当时学徒的衣食，现在看来很怪。尤其是有一种特别给学徒穿的衣服，中秋节和过年会发棉衣，夏天发单衣，冬天也发衣服，有些商店另外加上衬衫和裤子各一件。

　　至于零用钱，十一二岁的小徒弟，每月三四角钱。十四五岁，1日元左右。松下从10岁到15岁，服务了6年，离职时的薪水才只有2日元。可见当时的工资很低，虽然领得这么少，当时的学徒却都有积蓄。

　　除了领钱之外，每逢过节可以添一件衣服。松下他们还引以为乐呢！再说当时的三餐，早餐是酱菜，午餐是青菜，晚餐还是酱菜，只有初一和十五的午餐有鱼。所以一过了初十，大家都等待着十五午餐的鱼。

当时的公休日,只有过年、天长节(天皇的生日)和夏祭,其他日子都不休息。松下服务的五代商行,在当时还算是新兴行业,多少比别家时髦些,比起船场边火盆店的主人家,也显得轻松许多,当然这跟每个星期日都有休的人是没法比的。因此,松下天天都等待着过年、天长节和夏祭的来临。到了10月末,同事之间就会谈起过年的事情,个个喜形于色,怀着对新年的憧憬,工作起来也是干劲十足。

松下对他早年的苦难生活充满了感激之情,因为生活教会了松下许多道理,使他变得坚强。他相信,在艰难困苦中,精神的力量是重要的,能否踏过坎坷、迈向光明,往往就在一念之间。在与年轻人谈论到这类问题时,松下曾经鼓励年轻人说:"面对挫折,不要失望,要拿出勇气来!扎扎实实地坚持向既定的目标前进,自然会有办法的。一个人如果能够心无旁骛、专心致志,此时此地,即可聆听到福音自九天而降。我劝大家保持精神的沉静和坚定,不可因一时的小挫折而丧失斗志。如此,世间再没有什么事情是办不成的了。"

根据自己以及其他伟人的成功经验,松下对苦难和不幸有一个很清醒的认识,他认为:"人生没有百分之百的不幸;此一方面有不幸,彼一方面却可能有弥补。"在他看来,人生多少总是要有一些缺陷的,不可能100%的幸运,但这些缺陷也不会是100%的不幸。就某一件事情来说,看似不幸,但其中却可能有50%的福气在其中。例如缺一条腿的人上电车,大多数的情况下都会有人让座。如果双腿齐全,可能就不会有人让座了。这是弥补缺掉一条腿的不幸的一种行为,是存在这种属于自己的意志以外的东西。如此看来,就没有所谓的100%的不幸。50%的不幸是存在的,可是在另一方面就会有50%的福分。生而为人,就必须知道这些。

对于这种生活观点,松下以他自己的例子作说明。松下体弱多病,但仍旧努力工作,所以手下的员工都纷纷效法,充满热情地积极工作。如果派某人去顾客那里办事情,人家就会认为这个人很了不起,能代替老板努力工作。以后如果有机会,就会相当地照顾,成为公司最好的顾客。如此,生意做好了,同时手下员工的能力也得到了锻炼。松下认为,松下电器能够人才济济,有一支强有力的、完全可以独当一面的干部队伍,和他自己的体弱多病很大关系。本来是不幸的事情,却因此有了50%的福气。

所以苦难的生活并不是100%的不幸,在苦难中,人可以学会许多宝贵的东西,其中的坚强、勇气等品质是成功必不可少的因素。就如许多伟大人物都有其独特的想法和做法一样,松下不畏艰难困苦,视艰难的生活为必不可少的因素,把苦难当作试金石,真心地祈盼它的来临。

■第 2 个忠告

走自己的路

在很多时候,或是碍于情面,或是因为条件的束缚,人不能按照自己的意志去做自己想要做的事情。这多半是因为没有坚定的追求,如果有了执着的追求,生活中的一切都将变得可以忍受。所以有时候,你需要抛开一切去走自己的路。

在很多时候,或是碍于情面,或是因为条件的束缚,人不能按照自己的意志去做自己想要做的事情。这多半是因为没有坚定的追求,如果有了执着的追求,生活中的一切都将变得可以忍受。所以有时候,你需要抛开一切去走自己的路。

经过几年的时间,自行车的普及越来越广。较之以前,自行车的价格大大降低,需求量也越来越大,自行车已进入实用时代,五代商行从零售店发展到具有相当规模的批发商。松下颇受老板的照顾,而聪明的松下干起活来也很让人放心,所以老板对他很是期待。

然而就在这时,松下提出了辞职的请求。因为当时,大阪市计划要在全市铺设电车。从梅田经过四座桥的筑港线已经贯通,其他路线的工程也在积极进行。松下想,有了电车以后,自行车的市场需求势必受到挤压,未来不容乐观。

日俄战争爆发后,日本产业界进入第二次革命的阶段,大阪市街景大异往昔,许多家庭开始使用电灯,古老的商店改建西式洋房,大型工厂到处可见,烟囱冒出的黑烟,更加醒目,取代学徒、工匠的工人以及薪水阶级愈来愈多。由于重工业的发展,日本已向近代工业国的方向迈进。在这种情势下,尽管对老板充满了歉意,但松下还是下定决心辞去工作,转投电器行业。也正是这个决定,让他与电器结下了不解之缘。

松下对长期培育自己的老板一家很是留恋,辞职的事让他左右为难。后来,他把心中的计划向龟山姐夫表明,征得他的同意,并请他给自己交涉进入电灯公司当职员。虽然已经下了决心,但碍于情面还是开不了口。拖了几天,松下没有办法,就托人打来"母亲病危"的电报。老板看到电报,很为松下担心,同时可能已觉察到他这四五天的异常行为,便对他说:"你也许因为母亲生病而担心,可是,如果你有意辞职,应老实说出来。我觉得你最近总是坐立不安。你已经为我工作了6年,你要辞职,我不会不答应的。"但松下毕竟还是没有开口,只带了一件换洗的衣服便离开了老板的家。后来他写了一封信,向老板道歉并提出辞职。

结束了学徒生涯,松下对老板的家及附近的景物,仍是怀念不已,思念之情不亚于故乡。到电灯公司工作,大约半年之久,只要有休假，他都会回到老板家，整天帮忙做事。老板对他说："你还是回来吧。你现在领多少薪水，我们也给你多少。"松下拒绝了老板的一番美意。他去帮忙，完全是因为对整个店有说不出的感情，并不是其他的意思。后来，他们慢慢地疏远，也就不联系了。就这样，松下离开了自行车店，转行做大阪电灯股份公司内线员。

当时的电灯公司，还是民间的私人公司，社长是土居通夫。本来说好立刻录用松下的，可是不知道什么原因，20 天过去了，录用消息还是迟迟没有来到。介绍人说："本来说好立刻上班，可是人事部说，要等到有空缺才能正式录用，所以，只好请你再等等。"这使松下很为难，尤其是在他没有储蓄、一直都寄住在姐夫龟山家的情形下。

于是松下就跟姐夫商量，在去电灯公司工作之前，先找一份临时工作。在姐夫的介绍下，松下来到位于筑港新生地的樱花水泥股份公司做临时搬运工。这家水泥公司的资本有 100 万日元，是新创立不久的公司。姐夫当工厂职员，对松下有方便之处。可是，当时他才 15 岁，尚在发育之中，而其他的搬运工个个强壮，多半是力大气粗的壮汉。松下跟这些人一起工作，非常担心自己不能胜任。事实上，这样的工作对松下来说实在是太勉强了。

在水泥公司工作了 3 个多月后，介绍人才通知松下，大阪电灯幸町营业所内线员有空缺，可以去报到了，于是松下赶快去办理就职手续。就这样，松下终于踏出了步入电气界的第一步，那是 1910 年 10 月 21 日，松下只有 15 岁。

大阪电灯公司，是当时电气行业中较为特殊的一家公司，它和大阪市订立了"报偿合约"，在获得大阪市电气供应独占权的同时，必须对市政府提供一定报偿作为公益。当时的电气事业，以电灯电力为主，一般大众只有通过电灯才能感受到电的存在。电是只有电灯公司的人才能处理的东西,大家都认为电很可怕,一碰就会死。大家也都把电灯公司的技工或职工,当作特殊技术人员,十分尊重。

松下在电灯公司担任内线员见习生,是做屋内配线员的助手,每天为了上工,常到客户家去。助手的具体工作包括:扶着载满着材料的手把车,跟在正式技工屁股后面走。这手扶车一般人都叫作"徒弟车",虽然车身轻,却很难用,效能很差,只要载上一点东西,就会使扶车的人感到沉重。松下就是用这种车子到客户家去帮忙做工的。一两个月后,松下对配线工作已经相当了解,已经能独自胜任简单的工作,对工作的兴趣也愈来愈高。

3个月后,公司扩充,要在高津增设营业所,松下被派去当内线员,同时由见习生升级为正式技工。因为是扩充时期,从见习生升级为正式工人的机会较多,但在短短的3个月内就升为正式技工,仍是非常少见的,更何况松下当时只有16岁。

16岁就做正式技工的松下,每次都带着20岁以上的见习生出去工作。松下的技术非常好,在同事中也具有相当的地位。松下也颇为幸运,一开始就常被分配到好工作,常常被派去高级住宅。因为松下的年纪小,再加上当时的人对电的认识薄弱,所以,常常有人夸奖他说:"你虽然年轻,可是真了不起!"因为有好的技术而且工作态度认真,松下常常被客户指名负责特殊工程。

当时的电灯公司,从不把电灯工程交给承包商去做,都是公司直营,所以大阪市内的新增设工程,小自普通住宅、店铺大至剧场、大工厂,全部经由公司职工亲手完成。松下在7年间做遍了所有的工程。其中比较重要的工程有两三件:每日新闻社于明治五年(1912年)在滨寺公园开设海水浴场。那年松下17岁。海水浴场要设置广告用的装饰灯,委托大阪电灯公司来做。当时这类工程很少,所以很被重视。公司选拔了15个职工参与,松下幸运地成为了其中一员。从6月中旬起,预定要到滨寺公园出差两个星期。当时的工程是很少见的明灭装饰灯,所以技工们充满了对挑战的热忱。7月初,工程顺利地如期完成。

在电灯公司工作的7年间,松下勤恳努力、虚心好学,电灯方面的所有工程也做了个遍,这为以后创办松下电器公司打下了坚实的基础。

■第3个忠告

勇气与魄力让希望升腾

松下创业之初,面临资金短缺、人手不够、不懂技术、不会销售等问题,一路磕磕绊绊,曾一度深陷困境。但是松下并没有失去信念,他用排除万难的勇气和魄力坚持了下来,一路披荆斩棘,最终与成功不期而遇。

在电灯公司做技术工时,松下就着手研究电灯插座的改良设计。最终的试验成品花费了松下的大量心血,但是却没有得到主任的肯定。这让松下非常沮丧,但松下也因此下定决心,必须研究出成功的产品。就在这时,松下被提拔为检察员,所以插座的事情也就搁在一边。检察员的工作非常轻松,但松下却无法忍受这种日子,因为他是上进心比别人强过几倍的热血青年。

在这种情况下,雄心勃勃的松下选择了辞职,决定另立门户,着手做自己充满信心的革新插座。但这并不是一件容易的事情,松下首先面临的就是资金问题。当时只有100日元的松下连一台机器或者一套模具都买不起;第二个难题就是人手问题,最初他们只有5个人,松下夫妇和松下的内弟以及松下的两位同事;第三个难题便是场地；但创业中最大的问题是松下他们很少考虑的技术问题。松下虽然醉心于设计改良，但他一向所从事的还仅仅是修理和装配方面的工作，和制造没有多大的关系。他的两位同事也并不比他高明多少，至于妻子和内弟，就更是彻头彻尾的门外汉了。

这些困难都不是松下放弃创业的理由，凭着对技术革新的兴趣以及对未来事业的期待，同时也迫于资金、人手等条件的局限和压力，他们不得不亲自动手，开源节流，倒也克服了一些困难。

在革新的过程中，最难解决的便是插座外壳的材料问题。松下等人都知道那是一种合成材料，其成分大概是沥青、石棉、滑石粉一类的东西，但究竟是何比例、怎样合成，他们对此毫无头绪。今天，这类的合成品随处可见，其配方和合成技术也大多进入了公用领域。可在当时，那是一种新型行业，不用说许多技术工艺还处在摸索阶段，就是已有的资料也被发明者视为绝对机密的技术资料。

但松下没有退却，他认为，"不懂有不懂的好处"。因为，不那么了解当然也就没有什么顾忌，敢于试验，敢于往前闯。松下和他的几个合作者反复实验，找回一些生产此产品的厂家的材料加以分析，但进展还是特别缓慢。

就在松下为此一筹莫展之际，辗转得到一个消息，过去的一个同事正在研究这类合成品。于是松下立即前去请教，同事告诉他说：自己本来也准备搞电料制造一类的事情，可进行得很不顺利，合成的事情倒是知道一些。他把自己的研究心得很快就告诉了松下他们，并给予详尽的讲解。这时候，松下他们才知道，自己的方法和正确的工艺相当接近，只差一点诀窍而已。经过进一步摸索，虽然技术还欠缺一点火候，但已经八九不离十了。

材料的合成技术得以解决，剩下的金属片等问题也就迎刃而解。两个月之后，第一批改良插座制造出来了。一直充满自信的松下此时也不免犯难起来，因为他们不仅是技术门外汉，对于销售也是一无所知。插座的定价成了第一个问题，他们商量带着样品找电器行老板看看，然后再做决定。

销售的结果松下他们非常沮丧，但他们不愿就此放弃。在以后的十几天内，他们带着插座几乎跑遍了整个大阪市的大街小巷，总算卖掉了 100 多个，收入只有 10 多日元。在这种情况下，大家知道，这种新插座并不符合市场要求，只能放弃了。要想继续维持下去，只能以新产品代替这种插座。但新产品的开发谈何容易，看来只能在已有的基础上，再对插座进行改良。但要进行改良，必须要有资金投入。可一提出这个问题，大家都不免有些尴尬。花了近 4 个月的时间，收入不过 10 日元，连本钱都没有收回来。

这种情况下，不要说无法筹集重新设计制作的资金，就是大家的生计也都成了问题。因为大家毕竟都是拖家带口的人，薪水多少倒不要紧，可是总得有饭吃呀。而且，新插座能否成功，还是个未知数，这样的改良不能不让人担心。没有具体计划，没有资金，也没有薪水的保证，松下的两个同事深感为难，便退出了。这样一来，就只有松下的妻子、内弟和松下 3 个人坚持经营下去。

松下认为，他们辛辛苦苦走到这一步，不能半途而废，他深信这项工作的前景无限光明，所以他们咬着牙坚持下去。在创业的艰难过程中，松下便把自己和妻子的衣服首饰等物送进当铺来维持生计。

松下说："经营事业，不论遭遇何种困难，都要忍耐。如果一个人能忍耐到底，即使他的计划不能成功，但随着周围情势的转变，也会有新的出路；或者别人看到他坚毅的精神，使他们内心感动，从而向他伸出援助之手。此时，纵使事情未能照他的计划进行，也仍然能够达到预期的目的。"基于这样的人生哲学，松下一直坚持着。

松下经过苦苦的忍耐，事情终于出现了转机。先前他们卖出的100余只插座出现在了一些电器商的货架上,一家制造电风扇的公司在商店见到后,对它的外壳合成材料表示很感兴趣,并向松下订购1000只用这种合成材料制造的电风扇底盘。订货商对松下说:"你的这种材料,看来比较适合做电风扇的底盘。我们先订1000只,请尽快送样品过来。如果好的话,以后每年两三万只订货不成问题。"这张订单对处在困境中的松下来说,简直是恩赐。因为时间紧迫,他便放下了插座的改良,专心做电风扇底盘,以便能在对方要求的时间内交货。

为了抓住这个机会,他们拼命地工作,做好的样品也让对方感到满意。当时他们干活的人只有3个,设备也只有模压成型机和加热经料用的锅。妻子做一些后勤工作,内弟井植帮忙做磨光等杂务,压型则主要由松下来完成。他们每天做100个左右,终于如期地把1000件订货交齐了。他们因此得到了160日元的货款,扣除成本,大约净剩80日元,这是松下创业以来的第一笔收入,3个人的欣喜之情溢于言表。

电风扇厂商经过使用后,得出的结论是:"合成材料的底盘,和其他部分配合,情况良好,形成定案,继续订购。"接着他们又向松下下达了2000只的订单,松下的经营状况逐渐良好。1917年7月,松下创办了自己的工厂,到年底,有了初步的收获,由此奠定了事业的基础。

松下创业之初,面临资金短缺、人手不够、不懂技术、不会销售等问题,一路磕磕绊绊,曾一度深陷困境。但是他并没有失去信念,而是用排除万难的勇气和魄力坚持了下来,一路披荆斩棘,终于与成功不期而遇。

■第4个忠告

用别人的钱做大自己的生意

在跟吉田商店订立合约之前,松下要求吉田预先提供保证金用以扩大生产规模。在没有出货之前就得到一笔资金,帮助自己发展事业,这种机会一旦出现就不容错过。

电风扇底盘的订单持续下达,松下的生意持续好转。松下便开始打算认真把生意做大,但是以现在的设备和条件是远远不够的。于是他考虑找一个更适当的房子,几经辗转,打听到在大开路有一个合适的房子,在1918年3月7日松下搬到大开路,决心在那里奋斗一番。

正是在这一年,历时4年的第一次世界大战结束了。战争及战后带来了销售旺盛的景象,日本工业生产每年连续保持30%的高速度增长,电动机取代了蒸汽机,工厂动力电气化已达60%,电灯也从都市普及到乡村,全国已有近半数家庭使用电灯,电扇、电熨斗等家电产品,电车、电信电话急速发展,日本进入了电器时代。

虽然一直在做底盘的生意,但松下一直没有忘记自己做电器方面工作的初衷,何况在这样的一个时代背景下,更不容错过。所以松下着手开发新产品,新产品除了研究已久的插座之外,主要是附属插头。这附属插头是用旧灯泡的铁帽制成的,是当时最新型的产品,效能有保证而且价钱又比市价便宜3成,所以广受好评,产品一路畅销。松下电器的名声由此打入电器行。

不久后，松下又改进了"双灯用插座"。双灯用插座是由东京和京都的制造商制造出来的，其方便性得到了公众的认可。松下发现在品质上还有改良的余地，于是做了多方面的改进，使它的质量和使用性能得以进一步提高，并拿到了专利。新产品一面向市场开始销售就得到了极为热烈的响应，比附属插头更为畅销。这与当年推销插座的情景相比，简直是天壤之别。

双灯用插座面向市场后不久，大阪的一个批发商吉田找到松下，他表示对双灯用插座很感兴趣，并向松下表达了做产品总经销商的意愿。吉田表示，大阪方面由他自己批发，而东京方面则交给跟他有密切关系的批发商负责。松下对这一提议表示极大的赞同，他早就有做大生意的打算，这正是一个机会。但松下转念想到，插座的销售情况大好，如果要接下这笔生意，势必要扩大生产规模，添置生产设备，才能改变供不应求的现状。

但是松下的手头资金有限，于是他对吉田说："我现在的工厂设备不够，就是让你做总经销，恐怕制造量也赶不上销售量。如果你有意做总经销，我打算把工厂规模扩大，以便增加生产量。所以，当作保证金也好，当作资金贷款也好，请你提供3000日元给我。这笔钱用在扩充工厂设备方面，以后不论你销多少都可以应付了。"吉田对此表示赞同，当即答应提供3000日元给松下做保证金。

得到吉田的帮助后，当时的松下只有一个念头："我要好好干！马上改善工厂设备，产品一定会畅销。我的工厂会赚钱，吉田商店也会赚钱。好！我要生产，我要拼命生产。"

达成协议后，吉田商店向社会公开发表："松下工厂的新产品'双灯插座'由本店总经销。"东京的德川商店也发布同样声明。于是松下插座的月产量迅速由2000个变成3000个，继而增加到5000个，插座的销量一路飙升。这给其他制造商带来了很大的冲击，四五个月后，东京方面的制造商面对气势汹汹的松下产品，决定以大减价予以还击。松下产品的销量立刻有了反应，因此经销商都来跟吉田交涉减价事宜。

面对这种情况，吉田找到松下商量对策，他面带忧色地对松下说："松下君，糟糕了，销售量显著下降。东京方面的制造商减价了，经销商都要求减价。现在怎么办？"当时在总经销契约书上注有吉田负责销售量，所以这件事不得不由吉田自己负责。松下向吉田说明情况，但还不等松下说完，吉田就说："不论如何请让我解除契约吧。看这种情形，恐怕无法销售约定的数目。我也没有想到，别的制造商会这样减价，这是当初没有预料到的事情。"面对这种情况，松下已经无法阻止吉田了。但是吉田提供给松下的保证金全部投入到设备里了，就此解除契约的话也没法归还，于是松下说："虽然契约书上说明了负责销售的数目，可是我不能强迫你，以后我自己慢慢销售，保证金请你稍等一下，我会每月分期还的。"于是，两个人的协议在半途中止。这么一来，每月产量五六千只的插座不得不由松下自己来销售。

接着，松下便到大阪几家经销店了解情况，并将情况告诉了这些经销店的老板。由于改为制造商直接批发，他们都表示欢迎，有人就说："松下君，说来是你不应该。你制造了这么好的东西，却交给一家包办，真是莫名其妙。要是直接批发，我们今天开始就买你的东西。"让松下喜出望外的是，东西很快就销售出去了。

大阪方面已经妥善解决，松下接着要做的就是去东京解决销售问题。这是松下第一次去东京，东京的景象让松下很吃惊，但来不及考虑太多，他最关心的事情是要赶快销售插座。他立刻找到了川商店，商店老板一脸歉意地对松下说："松下君，抱歉！抱歉！我们很卖力地销售，可因为竞争激烈，所以存货还有这么多，你看吧！"松下说："上次是通过吉田商店把东京经销权包给你们，现在是麻烦你们销售，别家我也要托卖。"商店老板回答道："吉田商店已经转达了，我们很了解，请不必客气，让我们来销售吧。"

商店老板非常痛快地答应了，并鼓励松下说："电器用品都由东京制造，批发到大阪去，大阪制造商跑到东京来推销，在电器界很稀少，尤其是小型电器界，你是第一家，要好好加油啊！"松下当时非常感激。

第二天松下在东京转了一天，因为价格和质量方面的优势，松下拿到不少订单，然后返回大阪。这次东京之行，松下认识到东京商人注重义气，不理睬新来的大阪商人。松下认为虽然不容易渗入，但也意味着一旦建立合作关系，地位就会很稳固。基于这样的认识，松下决定以后每月去一次东京。

于是松下经常往来于东京和大阪之间，但这样来回奔波，十分辛苦。起初还可以勉强应付，由于东京方面的业务不断扩大，后来就渐感不支。在这种情况下，松下萌发了在东京设立办事处的念头。经过一番考量后，松下委派内弟井植岁男负责东京方面的业务，于是，松下电器在东京的办事处也正式建立并运转起来。

由于附属插头和双灯插座这两个新产品出现，大家都知道，松下电器是"把改良的新产品卖得特别便宜"的公司。

这样，松下电器在大阪和东京两地的销售成绩相当不错。从1917年到1918年，松下电器以双灯插座和附属插头为主要产品并继续承接制造电风扇底盘的订单，生意一路顺风，工厂也越做越大，到1918年年底，松下电器的从业人员已由原来的3人增加到20多人。

■第5个忠告

坚持相信自己

回顾这段制造和销售自行车灯的经历，松下庆幸自己能够始终相信自己。成功有时候需要坚持你所坚持的、相信你所相信的。

20世纪20年代,日本主要的代步工具是自行车。以前当学徒的时候,松下总想试着制造自行车零件。这只是一个很模糊的想法,并没有什么具体的计划,这一想法的逐渐清晰源于松下的亲身经历。

自经营工厂以来,松下始终工作在第一线,他每天要骑自行车接洽业务。天黑后就要点上蜡烛灯来照明,但常常被风吹灭,这样赶路实在太不方便了。于是松下就在心里盘算,如果有不会熄灭的灯就好了。想到此,松下有点激动,便开始着手调查。他得知当时除了蜡烛灯以外还有瓦斯灯和电池灯。瓦斯灯是进口货,价格昂贵,不是大众消费品;而电池灯只能维持两三个小时,既不经济也不实用。绝大多数人用的仍然是石油灯和蜡烛灯。松下想,如果有一种不会被吹灭的车灯来替代蜡烛灯的话,市场将会是巨大的。

经过研究后,松下决定用电池设计新车灯。

新车灯的设计工作由松下亲自负责,设计的理念只基于一个考虑:构造简单、廉价而且耐用,至少能持续照明10个小时。话虽简单,可做起来却相当困难。期间,松下做了将近100个试验品,结果仍旧不能让人满意。6个月后,松下终于做成了第一个炮弹形电池灯。新产品的构造采用的是简单而好看的炮弹形;特殊的组合电池做电源;灯泡则是采用刚刚推出不久的"豆灯泡",它的耗电量只有旧灯泡的1/5,因此也被称为"五倍灯"。新产品的使用效果非常不错,竟可以连续照明达30~50个小时之久。而在价格方面,一组电池可使用四五十个小时,价格才3毛多,而一小时点一支蜡烛也要花费2分钱,新产品的价格优势非常明显。这种耐用性和价格优势,连松下自己都没有想到,他们完成了一个革命性的新产品。

渴望已久的理想终于实现,而且可以成为今后赚钱的生意,松下的欣喜之情难以平复,他对这个产品充满信心。松下在准备大量生产新车灯的过程中，先是与木器行建立合作关系，以保证新车灯的外壳供应；然后又与电池厂进行交涉，以解决新车灯的电源问题。1923年6月底，终于一切准备就绪，松下开始大量制造并销售新型车灯。

与新车灯设计获得的意外性成功不同，新产品的销售情况却寸步难行，松下没有取得任何实质性的进展，这让他大出意料。刚推出新产品时，松下亲自送货到经销店，向经销商说明新产品的优点。然后满心期待经销商会这么说："这个很不错，一定会很畅销。"可让松下大感意外的是，松下听到的却是："听你的说明好像很不错，但是这新产品真能卖得出去吗？电池灯的毛病多、信用差，恐怕不大好卖。尤其是你用的是特殊电池，买不到备用品。如果路上电池耗尽，附近又买不到，那就很不方便了。这个东西恐怕很有问题。"构造简单好看、廉价且又耐用，这些优点在经销商老板的眼里几乎全部成了缺点。松下听完非常气愤，先前的热情全部消失，但还是克制住了情绪，对老板说："请卖卖看吧，我放一些样品在这里。"

虽然出师不利，但松下仍旧是信心满满。松下继续在大阪各经销店推销新产品，让他大为吃惊的是，几乎所有的经销店老板都是同一个看法："因为使用特殊电池，所以买的人不方便。买不到备用电池，恐怕就很难卖出去了。"松下有些失望了，收拾心情后，松下重整旗鼓，决定去东京试试。遗憾的是，在东京的结果还是一样，没有人愿意订购他的新产品。

面对处处碰壁的情况，松下做了一次反思，但他始终也想不出新车灯不能畅销的理由。他认为，经销商对新产品有一种误解，他们只看重标准电池。如果转向电器行以外的人或者是自行车店，可能就不会太顾虑电池的问题，反倒会比较客观地看待这个电池灯。也许走自行车店路线，会更好地开拓销售网。于是松下暂时放弃电器行，转向自行车店推销自己的新产品。可是自行车店的经销商们没有人认识松下电器,这一次的推销结果更惨。他们根本对电池灯不感兴趣,原因是之前试卖的电池灯质量太差了,所以因噎废食。他们说:"电池灯吗?我们再也不敢卖了,不论你怎么说都不卖。请你看看那个商品架,去年买的电池灯还在那儿,到现在还卖不出去,我们亏本亏大了。"花了一个多月的时间进行推销,事情却没有任何进展。6月份制造的2000个新产品一直积压在仓库里,因为契约的关系,库存还会不断增加,如果再拖延下去,电池的质量也会受损,此时的松下已被逼至绝境。

库存越积越多,时间一天也不能再拖了,松下想出一条死里求生的计策:暂时不卖,只请大家试用,以便证实它的价值。松下相信,只要他们使用了就自然会明白,明白了之后就自然会有需求。

在请人试用方面,松下也做了一番思考,最后决定让零售店帮忙宣传。松下往所有大阪的零售店里寄去两三个电池灯,并要求其中一个要现场点亮,告诉他们说:"一定可以点30个小时以上,请注意看灯什么时候熄灭。如果真的可以点30个小时以上,你们又认为卖得出去的话,就请把其余的卖出去。如果有不良品或时间没有达到30个小时的电池灯,可以不用付钱。"松下安排3个业务员分别巡视每一家零售店的销售情况。

3个业务员一天寄出去七八十个电池灯,这是一笔不小的数额,如果情况不好的话,也许一毛钱也收不回来,这对当时的松下来说是一个大问题。这种办法非常冒险,但是松下没有第二条路可走了,而且松下也相信,好东西到最后必定会畅销的。

果然皇天不负有心人,不久,3个业务员就给松下带来了零售店老板的话:"电灯的效果非常好,比说明书上的时间还长。这样的电池灯还是第一次见到,另外的两个灯已经卖出去了。这是货款,以后请送货过来。"

紧接着更是捷报频传,在一个月之内,松下就卖了5000个电池灯。又过了两三个月,零售店常常因为等不及业务员的寄送,便主动打电话或写明信片进行订购。电池灯越来越畅销,每个月可以卖出2000个。看到电池灯在市场上走俏,原来的经销商也不得不找到松下,商谈合作事宜。

炮弹形电池灯的制作和销售,获得了意外的成功,而且产生了自行车灯界的革命。当时的情况是,几乎没有一个地方不在使用电池灯。除了当作车灯以外,电池灯还可以是手提灯,因此以前因为点蜡烛发生火灾的事件也很少出现了。

炮弹形电池灯的成功,对后来松下电器的发展有着莫大的贡献,是松下电器发展史上一个重要的里程碑。回顾这段制造和销售自行车灯的经历,松下庆幸自己能够始终相信自己,成功有时候需要坚持你所坚持的,相信你所相信的。倘若在困难面前因为失去信心而放弃了坚持,松下电器的发展将会如何,松下不敢多想。

■第6个忠告

时机成熟了再行动

一个人要想成就一番事业,除了自身要具备一定的才能之外,还需要等待一个好的时机助其一臂之力。"时则动,不时则静",这是一个成功者应当具备的素质。

时机对于成功的重要性不言而喻。一个人要想成就一番事业,除了自身要具备一定的才能之外,还需要等待一个好的时机助其一臂之力。"时则动，不时则静"，这是一个成功者应当具备的素质。松下在开关插座的市场竞争中就很好地诠释了这一点。

1920年至1921年间，尽管经济境况越来越差，但松下电器却发展蓬勃。随着企业的不断发展、经营规模的日益增大，松下成就大事业的信念也日益增强。到了1921年的秋天，以松下工厂的规模，无论他们怎么努力，也应付不了纷至沓来的订单。所以松下打算扩建工厂以满足大量的订货需求。

说干就干，虽然这其中遇到了资金和时间等方面的问题，但不管怎样，松下还是挺过来了。1922年，新工厂如期竣工。新工厂的规模比原来的扩大了4倍，生产设备也依照纯工厂的需要而重新设计，使用效率比以前提高了5～6倍。关于设备和人员，松下在工厂建筑进行时就准备妥当，此时全体员工有30多人。

27岁的松下第一次拥有完全属于自己的工厂，激动的心情可想而知。他下定决心要以此作为新事业的基础，尽最大的努力，追求更大的成功，并且他相信自己一定能成功。

新工厂的效率高，松下的生意越来越好。除了插头、插座和底座外，松下电器每个月还增加一两种新产品以满足市场的需求。由于松下的产品实用又廉价，而且经常推出新产品，所以松下电器很受大众期待。经销店的数量每月都在增加，东京方面业务也愈来愈稳固。此外，松下开始着手将业务拓展到名古屋，现在许多名古屋的代理店都是在这个时期建立合作关系的。

在东京和名古屋之后，松下紧接着将销售路线拓展到了遥远的九州。在九州，松下与平冈商店建立了合作关系。当时的平冈商店经营的是玻璃，很少涉及电器方面的生意。但是老板平冈很有眼光，他看准了松下电器，对松下电器的未来发展充满信心，他对松下说："你要开发九州，让我打先锋，咱们好好地干一番吧！"松下认为平冈非常可靠，便将九州的开发交给他办。

经过四五个月的发展，松下电器已经极具竞争力。此时业界制造商之间的竞争也越来越激烈,各家都接二连三推出自己的新产品。当时,配线器具的制造商是以东京电器为首,东京的石渡电器也不小,大阪的时和商会在关西是一流的,可是和东京电器仍不能相比。

松下电器虽也略具规模,但比起这些财大气粗的制造商,还相去甚远。此时松下的所有想法就只有一个:赶上它们,向配线器具界拓展。松下最初的想法是从开关插座方面首先发起冲锋,这个想法在松下心里也酝酿了许久,他做过一些计划,并且进行了少量的生产。可最后松下还是暂时搁置了这个计划,原因就在于时机还未成熟。

松下对当时的市场进行了充分的调查,他发现市场的竞争相当激烈。尤其是在开关插座方面,竞争更显得异常激烈,制造商们对开关插座的研究已经到达极致,松下电器无法做出革命性的改良品。松下电器的经营理念就是卖便宜的改良品,做不出改良品,也就意味着松下不具备竞争优势。如果松下硬要在这一领域分得一杯羹,就只有和所有的制造商们混在一起竞争了。为了避免这种竞争局面,所以松下才停止了他的计划。

除了这一原因,还有一点值得考虑的是:各制造商都在竞争,只有东京电气一家站在竞争圈外自行定价。为了使得松下电器的产品齐全,制造开关插座是非常有必要的,但是松下清楚地明白,他们不能像东京电器一样制定自己的价格。如果去跟东京电器以外的制造商打混仗,一定非常困难。虽然松下非常看好开关插座,但是他知道时机不到,太勉强了也不会有好结果。

经过一番权衡之后,松下撇开制造开关插座的想法,把精力集中在对产品的改良上并继续增加新产品,这样既赚钱又稳健。但是放弃制造开关插座的想法是让松下感到非常遗憾的一件事情,毕竟这一领域有极大的利润。一位对松下电器非常捧场的经销商对松下说:"松下君,你为什么不制造开关插座呢?没有开关插座不是很不方便吗?你们不做这种产品,我们只好向别家买了!"

虽然感到遗憾，但松下认为时机成熟之前，也只有忍耐。

松下说："不要急着做任何一件事情，更不可因为面子而以身犯险。一定要安全合算，谋定而后动才能把事情做得出色。"松下认为，自己在过去的5年当中，也做了许多勉强的事情，但那些都是生意以外的东西。虽然对这个开关插座有着强烈的制造意愿，但是最终还是不得不放弃了，这完全是基于不做亏本生意的原则。凡事要由易人难这是常识，也是成功之路。在正常情况之下，都要依照这个原则行事，不可勉强。尤其是做生意或做事业时，更应当谨慎。松下认为，年轻人常常因为热情过度而败事，多半是由于没有守住这个原则的缘故。

松下经过一段时间的蛰伏之后，时机终于成熟。1929年，松下电器对开关插座的制造技术有了极大完善，松下开始着手大量制造并销售开关插座。松下电器制造出的开关插座和东京电器一样，以一级品的身份在市场上销售。制造成本或销售价格方面，都在合算的范围以内，而生产量比别家超出很多，所以在这场竞争中还是松下占据上风。

对此，松下认为，发展事业不能勉强，要等待时机成熟再行动，这是他能够超越同行、取得成功的重要原因。

■第7个忠告

好时别看得太好，坏时也别看得太坏

事情发展顺利的时候，别看得太好；事情遇到困境之时，也别看得太坏。危机来临时，巨大的机遇也紧随其后，所以能不能在危机中取得发展，关键要看一个人能不能正确认识危机。

松下说:"神不会只给一个人单纯的好或者坏的事情,一定好坏各给一半,结果是非常平等的。"任何事物都存在两面性,正所谓"祸兮福所倚,福兮祸所伏"。事情发展顺利的时候,别看得太好;事情遇到困境之时,也别看得太坏。危机来临时,巨大的机遇也紧随其后,所以能不能在危机中取得发展,关键要看一个人能不能正确认识危机。松下把危机看作是"转祸为福"的机会,他说:"我们一定要相信,做生意景气也好,不景气也好,都能够巩固进展的基础。"

松下电器在1927与1928两年中有了很大进展,到1929年,松下电器已经拥有3处工厂,全体员工也增至300多人。松下电器的持续壮大,让已有的工厂规模显得有些局促,所以松下决定建筑一个更大的工厂。经过与多方进行交涉,松下筹得资金和人力,于1930年5月完成新工厂的建筑。松下电器由此进入第二个阶段的活跃期,在业界开拓并确立了稳定的地位。

1929年、1930年是全世界经济最不景气的时候,为了应对糟糕的经济情况,刚组建的滨口内阁采取了紧缩政策。但是情况并没有得到有效的控制,到了井上财政部长计划"黄金解禁"的时候,财经界更是一天比一天萎缩,不景气的征候愈加明显。到11月,令大家恐惧的黄金解禁终于公布。这虽然是预料中的事情,可还是引起了财经界巨大震动。不但物价下跌,而且销售量也显著地减少。报纸每天都报道各工厂缩小或关闭的消息,还有员工减薪和解雇以及其他劳资纠纷等问题。就连员工待遇一直是全国模范的钟纺公司,也因为工资减额而发生了纠纷,像钟纺这么优良的公司,也发生这种情况,其他小工厂更不用提了,总之财经界一片混乱。财经界的不稳定,带来社会不安定,境遇每况愈下。

为了应对不景气的经济状况,政府各机关以身作则、为民做表率,把文明的宠儿——汽车停用,并劝导社会大众配合政府的紧缩政策,一切节约,共渡难关。然而这一措施不但没有收到成效,反而让情况越变越糟,许多大企业、工商大财团跟随政府实行紧缩政策,不但不能解决经济不景气的危机,反倒造成经济萧条,收支愈来愈不平衡,进而促使失业率增高,导致社会的不稳定。

松下认为,政府采取的紧缩政策才是经济不景气的罪魁祸首。由于政府的紧缩政策,使大家节省消费,大家不去消费,工人们便没有工作,而刚从学校毕业的学生要想谋求一份工作就更是难上加难。如此恶性循环,人心愈加惶恐,社会也跟着动荡不安。松下对此表示怀疑,萧条景象若持续下去,日本的产业是否还能有发展的可能?松下认为在这种关键时期,站在指导地位的人,应该分秒必争地为使日本繁荣而努力才对。为了达到繁荣的目的,应该要"活动,再活动"。本来走路的地方,要改骑自行车;本来骑自行车的地方,要改开汽车。借此提高活动效率。东西用得愈多愈好,这样才能促进新旧产品的更新循环,工业技术才会更加提升,才能消除不景气,实现繁荣日本的目标,国民才会有朝气、有干劲,国家才会富强。

基于这种认识,松下采取了与政府截然相反的方法。政府提倡节约,但松下认为,这时候就是有钱人应该花钱的时候。松下的第一辆汽车就是在这时候买的,因为不景气,大家都不愿意买车,所以价钱特别便宜,而且因为汽车的使用,使得工作效率也提高了。便宜的价格、高速的工作效率,证明松下的判断没有错。一位想盖一所大房子的人怕被批评,便来请教松下,松下回答说:"像你这样的有钱人不盖房子的话,木工和粉刷匠靠什么生活呢?他们会埋怨不景气,他们会更穷,以致无法维持生计。最后他们会诅咒你们这些有钱人为什么不盖房子。你以为在这样的时代盖房子会被人批评吗?那些批评者都是不明白事理的人,你大可置之不理。如果你真想为社会做事,就算被批评,也应该有牺牲的精神,泰然自若地接受批评好了。你能供给很多人工作的机会,又可盖成很便宜的房子,这是一举两得的事情。我就是以这种想法，买了这一部新车。"

这种观念还被运用到公司的管理上，在当时大多数的企业因为业绩下滑，都进行了裁员、降薪，希望能以此渡过难关。松下电器和其他企业一样，销售额剧减，仓库里也堆满了滞销品。更糟的是，新工厂创建不久，资金短缺。若情况持续下去，不久之后，只有倒闭了。为了要应付销售额减少一半的危险，生产量也只好随着减少一半，同时员工也要减少一半。就在这个紧要关头，当老板的松下却又偏偏躺在病床上。

松下将管理重任交给了井植和武久两位，他们花了很多心思去思考如何应对，最后得出的结论是：为了改变目前的窘困状态，只好先裁减一半的员工。当他们把这个想法告诉松下的时候，松下当即表示反对，他告诉他们说："生产额立刻减半，但员工一个也不许解雇。工厂勤务时间减为半天，但员工的薪资照全额给付，不减薪。不过，员工得全力销售库存品。用这个方法，先渡过难关，静候时局转变。照这种方法行事，我们也可因而获得资金，免于倒闭。至于半天工资的损失，是个小问题。如何使员工们有'以工厂为家'的观念，才是最重要的。所以任何员工都必须照旧雇用，不得解雇一个。"两人听了松下的话后，很高兴地向松下表示："我们一定将您的意思，转达给员工，并且遵照您的意思行事。请您安心养病，不用挂虑。"

他们回去之后，便集合全体员工，将松下的意思传达下去，并表示将按松下既定的计划做事。员工听后欣然表示，愿尽全力销售公司库存。这一计划的结果令人喜出望外，公司所生产的产品，由于员工的倾力推销，不但没有滞销，反倒造成生产不够销售的现象，创下公司历年来最大的销售额，解决了公司的危机。

在此期间，松下在西宫的养病所，每天听取经营状况的简报，了解到员工们努力将库存品销售出去的情景，感到欣慰至极。另一方面，也对于自己能够判断得正确，感到相当满意。松下电器"任何事情，只要坚持到底，最后一定会成功"这种强而有力的信念，就是在此时培育出来的。有了这次经验，松下电器的经营，可以更大的信心，向前迈进。1930年的不景气，丝毫没有影响松下电器的成绩，反叫躺在疗养所遥控指挥的松下创建了第五、第六工厂。

松下说："面对艰难的时局，我们要把它当成空前发展的基础，进而巩固松下电器百年发展的根基。困难的时候，是我们开拓事业、改变环境、支配命运的大好机会。我们应该利用环境，谋求发展。谁都不欢迎不景气的来临，但我们不妨将不景气当作'转祸为福'的机会。"因为冷静的思考和对自我的坚持，松下采取了与大势相反的方法，使得松下电器在萧条时期取得了为业界瞩目的发展。

■第8个忠告

把事情看得简单些

许多事情能不能成功，关键在于你有没有"绝对能做到"的信心。与其把事情看得很困难，倒不如把事情看得简单些，这样更容易成功。

1929年到1930年，由于滨口内阁的紧缩政策，日本的经济状况江河日下。但松下电器的业绩却一路领先，因此得到许多代理商的信赖。收音机是当时流行的新产品，因此有许多代理商劝松下电器制造收音机。

这个提议引起了松下的关注，因为自己所使用的收音机常常发生故障，因此松下在此之前就关注过它。松下想："体积这么大的机器，为什么就不能做得牢固一些呢？"虽然在当时，收音机出现故障是理所当然的事,但松下却不这么认为。听到别人的提议后,松下决定在松下电器制造收音机。于是派人去做市场调查,得到的报告如下:

(1)收音机是常常发生故障的机器,没有专门技术,就没有办法做收音机的生意。

(2)就算销售收音机,售后服务也是一件很棘手的问题。所以在零售店里,收音机的价格非常高昂。在竞争激烈的市场中,要高价卖出是不容易的。这种生意不好做。

(3)有些电器行,因为收音机常常发生故障而被顾客指责没有信用。后来零售店就干脆不卖收音机了。

(4)批发商以为收音机利润很高,不过这要以不发生故障为前提。而事实上,退还的收音机数量众多。

(5)各制造商拼命地推出新型产品,一不小心,就会堆积一些卖不出去的过时品。这好像是一场流行货品的战争,没有安全性,是一种容易赚钱,也容易亏本的生意。

(6)收音机是时代的宠儿,所以非常具有发展性。不过,非减少故障不可,如果松下电器能制造故障少的收音机,代理店都很愿意经销。

听了报告后,思索良久的松下决定接受代理商的建议,在松下电器制造收音机。可是松下电器没有任何制造收音机方面的常识,也没有哪位员工具有这方面的专业技术。但是想要制造出比别人更好的收音机,短时间内又难以完成。于是松下想了一个折中的办法:不由松下电器自己制造,找一家最优秀的收音机制造商,请他在松下电器的指导方针下,改良并制造出更好的收音机。

经过多方面的调查,松下找到一家信用和技术都颇有口碑的制造商,这家制造商制造的产品是市面上发生故障最少的。松下找到制造商进行磋商,制造商对松下电器的作风相当了解,双方很快便达成了协议。松下以5万日元的代价,将制造商的工厂组成一个股份公司，开始从事生产收音机。

通过松下的销售网，新产品被迅速推销出去。代理商都认为这是渴望已久的松下电器的产品，所以非常放心地销售。在宣传方面，松下也投入了高额的广告费。可是，结果却非常糟糕。因为故障百出，退货情况不断增加。有的代理商甚至愤怒地指责松下："我们以为松下的产品一向都很有信用，结果却糟糕透顶。不但收音机的货款收不到，就连其他商品的货款也受到牵连。我们实在被你害惨了。你到底打算如何赔偿我们？"

松下觉得非常意外，虽然这些收音机算不上是最理想的，也不至于有这么高的故障率。请来的制造商的产品，就算有故障，其比例也应该比其他产品低才对。可是，面对眼前堆积如山的故障收音机，松下无话可说。信誉扫地是一件很严重的事情，现金的亏损也相当严重。尤其令松下感到遗憾的是——他们自信满满地向代理商推荐收音机，代理商也对他们给予高度信任，结果却使代理商的努力付诸东流。事已至此，已经无法挽回，松下所能做的，只有着手去调查原因，做一次全盘的检讨。从来少有故障的产品，为什么由松下销售以后，便会发生故障？到底是制造商的制造方法改变了，还是松下的销售方法有了缺陷？调查的结果报告如下：

（1）制造商的制造方法一点没有改变，技术人员也都按部就班地工作，技术上也没有什么不同的地方。只不过是生产量稍微增多罢了。故障的原因，不可能发生于制造过程中。

（2）制造商以往的销售方法，大多是通过收音机店或者销售收音机为主的电器行进行销售。这些店对收音机，较一般人具有丰富的专业知识。他们知道收音机是很容易发生故障的，所以在卖出以前，都一个一个加以检验。如果查出了毛病，一定自己先行修好，然后才交给顾客。所以退货给收音机工厂的几乎没有。

（3）松下的销售网，多半都以电器行为主，有收音机专门知识的零销店比较少。他们不会像收音机店那样，先检验之后，才交给顾客。没有经过检验,从箱子里拿出来,打开开关看看,能响就以为没有问题,不能响就是故障品而退回。只要真空管松一点,或是螺丝松了,就不响。若把这些当作故障,那么几乎所有的收音机都是故障品了。

基于这种情况,是按照制造商以前的销售方法,只卖给有技术的收音机行,还是重新制造一种可靠而不需要经过检验就可以通过一般电器行进行销售的收音机,成了松下必须面对的抉择。松下反复冷静地思考这个问题,最后他得到的结论就是:既然要在松下制造销售收音机,就应该制造出能让一般电器行销售的收音机,如此才有意义,否则宁可不经营收音机。

拿定主意后,松下便对制造商说:"今天的失败,不是你的责任。原因是没有经过详细考虑,就把收音机交给缺乏技术的松下代理店推销,我也感到惭愧万分。这点我觉得很对不起你。不过,由于这次的经验,我才了解收音机界的实际,反而更觉得责任重大,我的信念更为坚强。不管付出多少代价、克服多少困难都要依照当初的方针,制造不会发生故障的收音机,生产出'没有技术的商人也能销售出去'的收音机。手表这么精细,都不会出问题,像收音机那么大的体积,应该可以再改良,使它成为绝对不会出故障的东西,请你重新设计好不好?我虽然对收音机是外行,可是我觉得现在的收音机,尚未脱离玩具阶段。今天的失败,可以造就明天的成功。我们不要气馁,我们应该拿出勇气,向改良迈进,实现我们的理想。"

制造商认为这不是简单的事情,他说:"目前的收音机,没有办法做到'绝对不会出故障'的地步,如果大量生产的话,会造成不可收拾的后果。既然松下的销售网不适宜经销收音机,不如按照以前那样,委托销售收音机的专卖店卖出去比较安全。"松下很执拗地说:"我想你的想法错了,你一直认为收音机是会出故障的东西,这种先入为主的观念,本身就不对。那等于是对病人说,你的病非常严重,无法治愈。现在你的意思就如同给病人那样的暗示。我们应该相信病是很轻的,很容易治好,要有这种观念才对。同样的道理,我们要把收音机当作构造简单的东西。它外形很大,里面的零件乱糟糟的,只要把零件整顿一下,就能成为完全没有缺点的东西,你自己要有这样的观念,同时要让每一个员工都有这种观念。不要多久,就能制造出理想的收音机了。"制造商听了,感到非常吃惊,他说:"制造收音机如果像你所说的,好像吃速食面那么简单的话,任何制造商都不会那么伤脑筋了。"两人并未达成一致。

由于退货导致巨大亏损,制造商常常跑来找松下要求恢复以前的销售方法,但是松下的信念非常坚定。双方经过一场和气的研讨之后,由松下负担全部损失,制造商依旧独自经营。所以,松下不得不从头开始,用更好的产品来挽回损失和信誉。松下当即向研发部门发出紧急命令,要求它们设计出合乎理想的收音机。但是有一个巨大的现实难题是,松下研发部门只研究一般电器用品,从来没有研究过收音机,当然也没有研究收音机的专业人才。

当时研发部主任中尾君听到这道命令后,对松下说:"松下研发部从来没有研究过收音机。现在突然要我们设计理想的收音机,难度很大。我们愿意试试看,但是需要一段时间。"松下向他说明收音机的销售经过和现状,然后说:"不能慢慢来。尽管目前工厂里没有一个专业技术员,尽管你们不愿意,但还是得由研发部门承接研究工作。你们都是优秀的电器技术人员,收音机和电器不是一样吗?现在也有很多业余的收音机制造者,他们拿零件拼凑组合,也能成为一台性能优良的收音机。你们有齐全的设备,市面上到处买得到收音机零件。为什么不能在短期内设计出一台很好的收音机呢?你们有没有'绝对能制造得出来'的信心是问题的关键所在。我相信一定做得到,希望你们努力去试,尽快完成任务。"

中尾听松下如此一说,不敢表示推辞之意,只好回答说:"我来想办法。"结果在短短3个月的时间里,完成了与理想相当接近的收音机。刚好这时候,日本广播电视台举办组合收音机比赛。松下把刚试验完成的产品送出去参加比赛,很荣幸地得到了第一名。对此,松下和中尾都感到非常惊喜。

很多前辈制造家一同参加比赛,但谁也没想到松下电器竟能拔得头筹,大家都感到非常意外。但仔细想一想,这也是情理之中的事情,因为松下的信念和中尾的努力,以及全体松下员工的热忱促使了这件事的成功。松下说:"许多事情能不能成功,关键在于你有没有'绝对能做到'的信心。与其把事情看得很困难,倒不如把事情看得简单,这样更容易成功。"

■第9个忠告

把事业当作崇高的使命

生产者的使命就是要把生活物质变得如同自来水一般无限丰富,"物以稀为贵",相反,无论多么贵重的东西,只要把它的量增至无限多,那么它的价格便会低到几乎等于免费。

1932年3月,一位朋友鼓励松下信教,松下说自己从不信教。那位朋友说:"我过去也不信,但自从我了解宗教的价值之后,看到了自己从前处理人生诸事之谬误,也发现以前恼人之事离我而去,精神非常愉快,我的事业也随之兴旺起来。我愿与你分享信教之幸福。"虽然松下仍是婉言谢绝,但是朋友的诚挚与"掩饰不住的快乐"却留给他深刻的印象。10天之后,这位朋友再次来邀请,好奇心驱使松下幸之助接受了邀请,到该宗教的总部去参观。

好友向松下介绍说，在制材所（制造木材的地方），每天都有大约100个义务工人，把从全国各地方信徒捐献来的木材制造成柱子、天井、栋梁。每天有100个人来从事制材的工作，真有那么多的用途吗？松下幸之助有所怀疑，问道："主殿盖好了之后，制材所不是就没有用处了吗？"好友很有把握地说："松下先生，你不用担心，正在建设的房子盖好了以后，还会有其他的，每年都有建筑物要盖。我们必须扩大，绝对没有缩小之理。"松下幸之助听了非常钦佩，这种永远扩大的事业是企业家很难做到的。他们一走进制材所，就听到马达和机械锯子锯断木材的声音。在轰隆轰隆的杂音里，在满地堆放的木材边，只见很多工人流着汗，认认真真地从事制材工作。那种态度，有一种独特的、严肃的味道，和一般木材制造厂的气氛截然不同。规模如此庞大而又肃穆的场面令松下幸之助十分惊奇与感动，不由得再三询问自己：我们的敬业精神与他们的最大差别到底在哪里呢？

俗语说："穷病最苦。"消除贫穷，可以说是最有意义的工作。松下常想："我们人类的生活，必须是物质和精神并重，两者缺一不可。就像车轮一样，左右轮子缺哪一边都不行。我们的事业，正如某宗教的事业，都是神圣的事业，并且也是人类不可缺少的事业。"思及于此，松下的脑海里突然冒出一个想法："我们经营的事业，应该可以达到比某种宗教更为神圣、更为旺盛的境地。"企业的倒闭或者倒退，都是经营不当所导致的，原因就在于经营者的私心、唯利是图、因循苟且等。要避免这些不正当的经营方式，企业才能长久发展下去。

那么什么才是真正神圣的经营方式呢？松下提出了一个观念，那就是"自来水哲学"。他解释说，加工过的自来水是有价值的，我们都知道偷取有价值的物品会遭到处罚。尽管自来水是有价值的东西，但是如果有一个乞丐打开水笼头，痛痛快快地畅饮一番，大概不会有人去处罚他。这其中的道理大家也都明白，因为自来水非常丰富,只要它的量丰富,偷取少许是可以被原谅的。松下由此想到:生产者的使命就是要把生活物质变得如同自来水一般无限丰富,"物以稀为贵",相反,无论多么贵重的东西,只要把它的量增至无限多,那么它的价格便会低到几乎等于免费。只有把事情做到这种地步,贫穷才可以消除,因贫穷而产生的烦恼也将消失得无影无踪。生活的苦闷,更会减少到零。以物质作为中心的乐园,获得精神的寄托,人生就可以无忧无虑,逍遥自在了。

这就是松下眼中真正神圣的经营法则,松下的经营方式也完全是按照这个原则进行。松下电器的经营光明大道,便是以"自来水哲学"为指引,走向消灭贫穷之路。背负着这个使命,松下感到雄心万丈。为了将这个想法付诸实际行动,1932年5月5日,松下把全体员工召集到大阪中央电器俱乐部的礼堂,向他们说明了松下电器的真正使命,发表了松下公司历史上最重要的一次演讲:

"今天我请各位集合在此地,就是要告诉你们,松下电器从今起到将来所应负的使命,也就是我和各位作为生产业者所应担负的重大责任,希望各位能够充分配合,并请各位有所自觉。

"我们松下电器自创业以来,历时15个年头,当初从3个员工开始,发展到今天,已经有店员100多个,作业员1000多个,销售金额高达1300万日元。一年年、一步步向前迈进,终于有了今天的成就,这是一个值得大家一起庆贺的事,完全得归功于'有坚实、积极的方针',并且能够获得各位的鼎力相助,大家精诚团结,冲破艰险,才获得这样的成果。回忆过去,对各位一直为松下电器流汗、尽力,我要表示十二万分的谢意。

"我在前些日子,有所领悟,发现了我们应该担负的大使命。松下电器创业至今,可谓披荆斩棘,对产品下了很大的功夫,建立了'物美价廉'的销售主义。我们在宣传广告以及海报设计等方面也有惊人的表现,这是各位都知道的。接着更进一步,建立了健全的代理店销售制度。我一直在忙碌中度日。松下电器现在已经有十几个工厂,虽然都是小工厂,数量也很可观了。专利品也有280多件。最近研究人员增加不少,申请专利品每日平均十几件。在金融方面,获得了银行的信用,因此能周转顺利。到了今天,虽然是私人经营,但也已成为一个强大、坚实的工厂。

"可是我冷静地思考,这样的发展也只不过是一种生意人的成功而已。工厂方面也只不过是经营得法而已。我认为目前的成果,很值得安慰。可是在另一方面,我心中却有了疑问,我们可以满足于现状吗?

"最近我参观了某宗教总部,那种盛况令我惊异,于是开始想,到底宗教的使命何在?和生产业者的使命不正有相似之处吗?都是为了更幸福的人生而努力。企业家的使命,是要使贫穷彻底消失。作为生意人或生产者,其目的并不单单是使零售店和经销商繁荣,而是要使社会上的每一个人都能富有。制造商和商店只不过是社会繁荣的工具而已,所以商店和制造商的繁荣是次要的。那么如何达成这个使命呢?唯一的方法就是生产再生产。

"今日的各水泥公司,虽然有很好的设备,却不肯降低售价,从产业人的使命来看,这一点我认为是应该检讨的。"接着松下又把他的"自来水哲学"向在座的员工阐述了一遍,然后作了一个完成使命的规划,说:

"从今天起,往后算250年作为达成使命的期限。把250年分成10个阶段。再把第一个25年分成三期。第一期的10年,当作建设时代;第二期的10年,当作活动时代;第三期的5年,当作是贡献时代。以上3期,第一阶段的25年,就是在座各位所要活动的时间。第二阶段以后,由我们的下一代,用同样的方法重复实践。第三阶段,也同样由我们的下下一代,用相同的方法重复实践。依此类推,直到第十个阶段。换句话说,250年以后,要把这个世界变成一个物质丰富的乐土。

"如上所述,我们的使命,任重而道远。从此刻起,我们要把这个远大的理想和崇高的使命,当作我们松下电器的使命。你们应该要自觉、勇敢地挑起担子。很遗憾,没有责任自觉的人,我不得不认为他是与我们松下电器无缘的人。我们并不希求人数众多,我们需要的是有使命感的人团结起来,朝着目标前进,这才是有意义的事。在此我必须声明一句话,我们的使命重大、理想崇高,因此,有时我不得不以严峻的态度要求你们。可是对各位的辛劳,一定会重重地酬谢。

"松下电器从未设过创业纪念日,也未曾举办过纪念典礼。可是今天我要指定5月5日为我们的创业纪念日。以后每逢这一天,一定要举行隆重的典礼来祝贺。我要把今年取名叫'命知'创业第一年,以后就是'命知'第二年、第三年……依此类推,直到'命知'250年。'命知'的意义就是'知道生命'。过去15年,只是胚胎期,今天叫了一声,新的生命终于诞生了。释迦牟尼在母亲胎中,孕育了3年3个月的时间,所以他会有异于常人、不平凡的创举。松下电器在母亲肚子里,孕育了整整15个年头,我们应该有超越释迦牟尼的表现,完成我们的任务才行。"

松下的这番演讲得到了所有员工的热烈响应,老员工、新员工一个接着一个争先恐后抢着上台发表感想。新老员工一个个慷慨激昂,有人甚至表示愿意为使命牺牲,令人振奋的场面一幕接一幕地出现。为了使每个人都能上台讲话,不得不将3分钟发言改为2分钟,后来再缩短成1分钟。

1932年5月5日,成为松下电器固定的创业纪念日。之前全体员工也很努力,但此后的员工们的精神更加饱满。由此,松下对自己的信念更加坚定,他甚至相信,有这样一群充满热情的员工,不用250年就能完成使命。

松下认为,任何事情要成功,必须得先确立崇高的目标,然后一步一步踏稳脚步向前走去。除此之外,别无他法。松下电器就是这样走过来的,今后也要一如既往地走下去。

■第 10 个忠告

危机中的机会

在最不利的环境里,奋起改革,除了应对当前的危机,意义更在于未来。

1945 年 8 月 15 日,日本无条件投降,第二次世界大战结束。作为战败国的日本,受到沉重打击,经济几近崩溃。第二天,松下迅速做出反应,他便把所有公司干部集中到礼堂,宣布立即由军需生产转变为民生必需品生产的方针。

1945 年 8 月底,由麦克阿瑟指挥的盟军进入日本。盟军总部陆续发表了战后处理与民主化的政策,基于这些政策,日本的政治经济和人民生活受到巨大的影响。在一纸命令下,松下公司不得不停止生产民生必需品的计划。松下立即向有关部门提出强烈抗议,经过再三交涉,终于获得恢复生产的权利。恢复与老代理店的交易,生产销售大致走上正轨,于 11 月开始首次战后销售。可是由于这一段时间的人事费及转变生产费用增加,销售额一个月不到 100 万日元,而借入的款项已达 2 亿日元以上。每个月光是利息,就得负担 80 万日元以上。设备不足、粮食稀缺,整个生产效率根本无法提高,松下公司几乎陷入了无能为力的困境。

面对种种恶劣条件,惯于逆势而为的松下并没有失去信心。松下认为,此后将会是竞争更为残酷的时代,要想保持公司的优势竞争力,就必须发挥全体员工的积极性,但前提是员工生活的安定必须得到保证。在这种情势下,松下提出"高薪津、高效率"的制度。在保证全体员工的经济利益的前提下,将各单位的工作详加细分,并进一步专门化,使员工所担任的业务、生产、经营各方面,都成为世界上最高的专项权威。接着松下废止职员区别制,并实行全体员工薪金制、8小时劳工制等合乎时代的政策。这一些大刀阔斧的改革措施,为松下电器在战后复兴与发展奠定了基础。

就在松下电器要以新制度、新政策为指导进行新的经营时,一个巨大的危机向松下电器袭来,松下电器陷入有史以来最为艰难的困境。1946年3月,因为盟军"解散财阀"的政策,松下电器被盟军指认为财阀。因此,一切和松下电器及子公司有关的资产,甚至连松下私人财产也被冻结,以至于他不得不依靠向朋友借债度日。福无双至,祸不单行。一个更为严峻的危机让松下电器濒临分崩离析的边缘。1946年11月,松下以及松下电器常务董事以上的高层人员,都以"曾经担任军需品公司高级职员"之名,遭到盟军的解职命令。这一变故使松下电器产生了巨大的震荡,公司随时面临解散的危险。

盟军的两个命令让松下电器遭受巨大冲击,松下顽强的性格是化解危机的重要因素。对于被指定为财阀一事,松下感到莫名其妙。他认为松下电器公司,是在这一代才白手起家建立起来的,不过20多年的发展历史。换句话说,松下电器等于一家普通电器厂的扩大,跟大财阀而且经过好几代的情形不同。松下电器平时的营业项目,属于家电产品,过去在军方的要求下参加军需工业,但也为此举债,成了战争受害者,被指定为财阀完全错误,必须加以纠正。于是在以后的4年当中,松下去东京驻军总部共50多次,不断提出抗议,并委派担任常务董事的高桥荒太郎君,与之进行了100多次的交涉。

其他被指定为财阀的公司负责人,按照规定陆陆续续地辞职了,只有松下为坚持纠正错误,奋斗到底。要盟军总部撤回决定并不容易,然而在不断持续地说明实际情形之后,盟军占领日本的政策也告缓和，松下终于在1949年年底获得"财阀"的解除令。至于限制公司的指令，也在1950年解除。自此，松下电器自由了。

松下曾在战争期间提供并生产军需用品，面对盟军的解职命令，松下毫无争辩的余地，只有辞职。而通常会与公司对立的工会竟然主动发起解除"社长被驱逐"运动，这与松下公司在多次危机时坚决维护员工利益有着密不可分的关系。经过4个月的不懈努力，松下以及公司其他高级人员的驱逐令一并得以解除。

松下电器总算在死亡边缘被拉了回来。然而，过程是极为艰难的，因为在此期间，松下电器又遭遇了另一个新的危机。为了抑制战后严重的通货膨胀，政府从1948年春天起，开始实施紧缩金融政策。虽然在一定程度上缓和了物价上升的趋势，但产业界却因此遭遇到严重的资金困难，企业纷纷倒闭。在这期间，松下电器在1947年初每月1亿日元的销售额，到1948年开始严重下降。当年秋天，资金仅有4630万日元的松下电器，借款已高达4亿日元，而且还有4亿日元的未付支票、未付款项。第二年的情况进一步恶化，松下电器的收音机、电灯泡等12家工厂，不得不半日休工，松下电器滞纳货物税见诸报端，松下为此赢得了"欠税大王"的封号，情势可说困难到了极点。

然而，令人难以想象的是，就在这种腹背受敌的关键时刻，松下再次进行了工厂整顿，开始重建经营，进行机构改革，并重点加强销售网。松下亲自到全国各地拜访代理商、经销店，成立代理店的亲睦组织——"国际共荣会"，并恢复联盟店制度，全力辅助代理店，巩固向心力。同时在全国设立营业所，再以县市单位设立办事处，全力强化销售体系。到1950年3月，松下公司再次进行机构大改革，恢复事业部制度，并与代理公司合资成立销售公司，专卖松下产品。这些举措使代理商、经销商的销售热情高涨，并建立了"松下是代理店的工厂，代理店是松下的分公司"这样一种极为稳固、亲密的关系，这种关系为松下公司在战后混乱时期安然渡过各种危机起到了不可忽视的作用。

1950年6月,朝鲜战争全面爆发,美国开始向日本订购大量的物资,沉到谷底的日本经济迎来曙光。此时的松下公司,在经历困难时期的不断改革、完善后,犹如凤凰涅槃,依托科学、合理的公司内部结构,强大的生产、技术能力,无与伦比的员工凝聚力以及无比畅通、向心力极强的营销网络,抓住机遇,迅速崛起,并开始海外市场的征程,迈开了走向国际市场的尝试性而又无比坚实的一步。

松下幸之助在回忆这段岁月时说:"然而大战结束了,战时需给的补偿费全部停止;应向军方收回的贷款,亦一律一笔勾销;同样,有好多公司关门倒闭,我手里的股票自然变成废纸,不名一文。可是用我个人名义向银行的借款,却必须如数奉还,想要有一分钱的赖账也是做不到的。在这样情形之下,战后那一段时间,要缴纳财产税实在无能为力,当时以个人来说,我恐怕是日本全国之中负债最多的一个人。"在战后短短的几年中,松下经历了许多不幸,蒙受7项指斥、惩罚,可是,松下没有被不幸所困扰,而且他也不相信所谓"倒霉的命运"。

在最不利的环境里,奋起改革,除了应对当前的危机,意义更在于未来。

第11个忠告

在竞争与合作中谦虚学习

松下不是天生的经营大师,他通过不懈的努力以及见贤思齐的谦虚态度,才达到了令人瞩目的成绩。一个人常常具有谦虚的态度，才能够吸收新知识，然后才会有进步。松下被人称为"经营之神"，实际上，经营诀窍一类的内容并不是支撑他的柱石，支撑松下的不过是一些砖瓦，支撑松下"经营之神"丰碑的，是他为人处世的态度，是他不凡的思想见识。

女演员高峰三枝子对松下作如此评价："松下先生的地位虽然那么崇高，却一点也不骄傲，对人一视同仁，平易近人，所以和他交谈时，往往会忘记你眼前是一位伟大的大人物。而他的谈话内容，不时会有令人温暖感动的人生哲理。他有一对竖立的大耳朵，对自己不明白的事，一定会率直地问'这是为什么'并彻底查明，真是活到老，学到老。"不管何时何地，松下总是保持着谦虚低调的作风，始终以一种低姿态不断学习，不断进步。

朝鲜战争的爆发，使得日本经济得以迅速恢复。据统计，朝鲜战争之前，日本全国工厂的存货总额达1000亿～1500亿日元，及至朝鲜战争爆发，这些存货在短时间内一销而空。松下电器在时代浪潮下，也取得了长足的发展。在朝鲜战争爆发之前，松下电器每月的销售额只有几千万日元，战争爆发后，销售额直线上长，利润猛增。松下电器接到的军需品订单有干电池、蓄电池、通信机械、电灯泡等，总额将近4亿日元，处处先人一步的松下电器获得了一次飞跃性的发展。

尽管松下电器日渐步入佳境，但松下并没有被这一片大好形势冲昏头脑。松下给自己的企业进行了一次重新定位，他不再把自己当成一个有所成就的企业家，而是把自己当成业界的小字辈；也不把松下电器当成是一个"小巨人"，而是把它当成刚起步的新企业。当然，松下并不是鄙薄自己和松下电器，而是站在世界企业界的立场审视、评价自己和松下电器。松下从更大的世界观来看待事情，将心灵恢复到如同一张白纸一样，"重新开始，从头做生意"便成了松下的新观念。

松下认为，做生意免不了激烈的竞争，所以要保持高昂的斗志，但此外更重要的是谦虚的态度，这才是带来进步的根本。当初松下初创之时，便保持着一种向人学习的谦虚态度；如今松下电器"重新开始"，松下所期待的是能恢复当年初创时的热情与谦虚的态度。

松下幸之助以"重新开业"的心态投入松下电器重建以及进一步发展的时候，技术是其最为重视的问题之一。1951年1月，松下决定第一次前往美国。此行的目的，主要在于调查海外市场，以及引进国外技术，学习别人经营的长处。此次美国之行，松下见识到了美国的先进与繁荣：电视普及率非常高，全国有700万台，收音机也突破1亿台，此外还有各种电子仪器陆续大量生产。松下参观了一家扩音器制造厂，其生产效率之高让松下瞠目结舌，该厂只有员工350名，但每月却能制造出15万台产品。而在工作报酬方面，美国一家电子管制造厂女工的薪水，比日本一个总经理还高。美国企业高效率的秘密和先进技术特别是电子技术，让人称奇。

此外，松下还看到"专业分工"管理制度在美国以惊人的规模和速度推动实现。除了相当规模的集团公司以外，大多数企业都是专业化的，只生产一种或几种产品，甚至是生产一种产品的一个或几个部件。至于具体工人的工作，就更是专业到了不能再分割的地步。如此一来，无论工厂还是工人，大家都把财力、设备、人力集中于某一方面，当然就能做得既精又快。松下当时想，引进美国的长处，活用其优点，则日本必将变得十分进步和繁荣。

4月7日，松下结束行程返回日本。关于这次行程，松下做了认真思考和总结，进一步肯定了"专门分工"方针实施的必要，同时确认电子技术方面应该向海外学习。根据这个结论，除原先已成立第四事业部外，再把第一事业部的电灯泡、日光灯、电子管等部门独立出来，新设立第五事业部，积极进行引进海外技术的准备工作。

1951年10月,松下再度赴美,然后转往欧洲,此行的目的是寻找电子工业方面的合作厂商。就合作的对象而言,荷兰飞利浦在战前就跟松下有过交易,战后的1948年末期仍继续保持来往,另外,美国的RCA公司也是松下考虑合作的对象。最终松下选择了飞利浦作为合作伙伴。

吸引松下的是飞利浦公司优秀的技术,出色的经营能力。松下认为,比起日本,荷兰土地狭窄、资源缺乏,然而在这样的环境中,飞利浦却能在60年内从制造电灯泡开始,成长为在全球拥有近300家工厂和销售网点的世界知名电器厂商。这么辉煌的历史,显然有很多地方值得松下电器学习。

松下了解到,飞利浦有一个庞大的、实力雄厚的研究院。这个研究院共有3000多名研究员,而且大多是荷兰优秀的人才,其中曾经有人获得过诺贝尔奖。这家研究院已经有多年的历史,花费上亿美元。一般来说,办研究院是政府或大学的事情,而飞利浦却独树一帜,以企业身份办起了研究院,而且获益良多。

这次考察,让松下感到不安。他初次到美国,看到过一家工厂的干电池制造设备,据说是当时最新式的。当他第二次到美国的时候,不到半年,那台机器已经成为这家工厂最老式的机器。在市面上看到的此类机械,都是普通的货色,并非最好,最好的都在工厂里。这就是说,美国的一流厂商不仅制造产品,而且也制造"制造产品的机器",都有自己的研究机构研制这类机器。松下电器要想保持巨型企业的稳固地位,要想生产出一流的产品,实现自己的使命,非增加技术研究与开发力量不可。于是,松下一方面着手和飞利浦谈判合作,一方面着手建立自己公司的研究开发机构。

1953年,松下电器公司的"中央研究所"正式成立。为了集中人才、便于研究开发,当年5月,松下专门为此建设了一幢大楼,占地2000多坪。松下给研究所确立的目标是:从事基本研究和指导；开发新产品；为适应自动化时代的到来，进行制造设备、工具的研究和开发；产品的设计也包括在内。

这个研究所附设有专门的生产设备及工具的制造工厂。研究所附设工厂，这是松下在美国参观后所得出的经验，也可以说出国进行技术考察的意外收获。本来，他的目的是引进技术和设备，经参观考察发现，除非像与飞利浦那样的合作，否则是很难得到人家最先进的技术和设备的，因为拥有这些技术和设备的厂商都不愿意把自己最好的技术和设备卖给别人，尽管出价相当可观。

如此来看，从长远考虑，就必须自力更生，自己把这一套搞起来。松下深有感触地对他的部下说："如果没有自主的心理准备，只想依赖别人的力量或金钱，是不可能产生真正好的设计的。我看到这个事实，觉得还不太迟，可以迎头赶上。只要资本许可，要全力更新生产设备。"在松下公司中央技术研究所成立以后，虽然名义上有变更，但松下注重技术、松下电器拥有一支实力雄厚的科研技术队伍的事实则从无变更。在此期间，松下电器还成立过技术研究所、松下工学院。

在这次经历中，松下始终保持谦虚心态，不断向优秀者学习，这不但使松下电器的产品品质提升到了国际水准，而且使松下电器在此期间终于建立了本身独特的技术基础。

松下不是天生的经营大师，他通过不懈的努力以及见贤思齐的谦虚态度，才取得了令人瞩目的成绩。一个人常常具有谦虚的态度，才能够吸收新知识，然后自然就会有进步。松下被人称为"经营之神"，实际上，经营诀窍一类的内容并不是支撑他的柱石，支撑松下的不过是一些砖瓦，支撑松下"经营之神"丰碑的，是他为人处世的态度，是他不凡的思想见识。

■第 12 个忠告

适应市场需求是企业竞争力的保证

　　针对不断变化的市场需求，不断调整企业的经营结构和推出适应变化的新产品，是企业发展的关键因素。在经营中，任何时期的方针或方法是绝不能一成不变的，松下说，今天跟昨天比，昨天被肯定的产品，今天未必还能畅销。因此形势的变化，要求企业经营也要有所变化。

　　判断一个企业的实力，其是否具有应对市场需求的能力是一个很重要的参考标准。松下电器在"经营之神"松下幸之助的领导下一直稳步前进，其中自然不会缺少因为应对变化而做出正确调整的神来之笔。

　　1951年9月，日本的民营电台广播开始启动，收音机的需求量大增。为了使产品更加普及，松下决定建立新的分期付款销售网。这一年10月，与全国各地代理店共同出资，设立"国际牌收音机分期付款销售公司"。这一变革果然奏效，松下的收音机产品销售迅速增长，新的销售制度逐渐完善，松下电器的市场地位也更加巩固。

　　松下看到，那时自行车代理店的利润微薄，即使是一流产品，也只有4%~5%的盈利，而电器却高达10%，相差悬殊。因此自行车业不太稳定，倒闭的公司不少。针对这一情况，松下公司率先成立"国际牌轮荣会"，加强销售网的团结，并致力于提高自行车代理店的利润。松下认为，薄利多销是资本主义经济的缺陷，也是非常自私的做法。薄利多销，换句话说就是降低薪资，或许可以一时赚钱，然而必定会使绝大多数人陷于贫困，使业界陷于混乱。松下希望纠正这一错误，于是决心建立有力的销售网。

所谓"有力的销售网"，也就是对消费者做到充分服务的意思。有了充分的服务，即能得到消费者满意的支持，经销店的经营才能稳定下来，才能保证制造商的稳定发展，促进人们更丰裕的生活，实现社会的繁荣。

1951年9月，对日和约在旧金山签订，松下电器开始产销全面性的电气化产品洗衣机。最早销售的洗衣机，价格每台46000日元，虽然仅仅是搅拌式的简单构造，但是影响却很大，它不但受到一般消费大众的欢迎，也象征女性从繁重的家务的桎梏中解放出来，提高了妇女的地位。

这一年的12月，松下公司推出电视机，是17英寸的机型。推出前，松下公司先用巡回车到各地展示，受到热烈追捧。电视机和收音机一样，随着民营广播网的发展，成为新的强力大众传播媒体，也形成电气化产品流行的推动力。电视传播普及到普通家庭，对国民的生活与文化造成了莫大的影响。

1953年，松下推出第三种大型家电——电冰箱。战后因为生产冰箱供应给驻日美军而获得佳绩的中川电机，要求参加松下系列工厂。这家工厂的前身，是早年曾给松下第一批电扇底盘订单的川北电气，此时已是松下的一员。电视、冰箱、洗衣机上市，改变了人们的生活，同时进入了崭新的电气化时代。

其他小型家电如果汁机、烤面包器、咖啡炉、吸尘器、蒸气电熨斗等50多种新产品，也在1950到1953这几年间，陆续推向市场。朝鲜战争之后的3年内，电器界每年销售增长高达四五成。但1953年夏季之后，开始呈现消退的趋势。为了应付变化的市场，松下采取了一系列措施，削减一半经费，立刻着手紧缩整个公司的经费，谋求资金应用效率化。

同时决定采用"本部制"机构，分别设立管理、事业、技术、营业四大本部，集中经营。本部制乃是集合众智，将分权化和自主经营加以整合发挥的经营，因此每星期举行一次本部部长会议，以求整体协调。

1954年，松下电器与日本胜利公司合作，该公司的商标 Victor 在战前非常有名。后因遭受空袭，损失重大，美国的母公司又忙于战后重建，自顾不暇，眼看着就撑不下去了，最后由日本兴业银行出面，请求松下电器予以协助。松下觉得好不容易才建立起来的日本胜利牌，如果任它消失，实在是日本产业界的一大损失，就在这年1月正式签约合作。同时松下认为正当的竞争，才能发挥 Victor 的特长，以求得真正的发展。松下电器就在与 Victor 的合作中，获得了巨大的进步。

1955年，松下电器举行创业35周年纪念，战后混乱时期结束了，人们都希望享受更丰富、更便利的文化生活，一般家庭电气化产品的需要也大幅增加。

1956年，松下电器销售额提高为320亿日元，预计到1960年，将达到年营业额800亿日元。员工预计每年增加10%，将由11000人增加到18000人，资本额则由30亿日元增为100亿日元。这个长期发展计划，就一家民营公司来说，并不多见。然而松下却认为这个计划是社会对松下电器的期望，因此要求全体员工，对松下电器的社会责任要有所自觉："5年后，我们公司的资本额，将由目前的30亿日元变成100亿日元，那时候到底还会不会赚钱呢？我认为一定会。假如不赚钱的话，等于犯了一项罪。我们从社会取得资本，集中人才，使用很多原料设备，还没有成果的话，就是对不起社会。

"以这种想法工作，公司的收益必定增加，各位员工也能得到同业中最高的薪金。只要我们不偷懒，一定可以实现。本公司拥有几百家代理店、几万家连锁店，背后还有几千万的消费大众。

当他们为了提高生活水准而需要商品的时候,如果得不到供应,只好安于贫乏的生活了。所以我们必须事先预期大众的需要,立即做好充分准备,免得到时候手忙脚乱。这是我们产业界的一大责任。

"换言之,我们就等于和大众订下'看不见的契约',虽然没有正式交换契约书,我们还是要以谦虚的态度,老老实实依约行事,而在平时做好万全准备,完成我们产业人的义务。"

5年计划之外,松下公司又拟定了有关技术、生产、人事、销售各方面的方针,来配合执行。结果,这项计划在4年内就完成了。

与荷兰飞利浦公司合作的松下电力工业高规工厂,是松下新式工厂的代表,被认为是最新电子时代的象征。1956年,到关西旅行的天皇、皇后,曾莅临该厂参观,由于其品质管理优良,在1958年荣获"戴明奖"。

电视机是1955年建成的门真工厂开始大量生产的。同一时期,在大阪府茨木市,进行筹建大规模的自动化工厂,1958年7月完成建厂。产量从过去月产1万台增加到3万台以上。这座电视事业部茨木工厂,和电子工业的高规工厂,并列为全世界最有名的新设备高产量工厂。松下希望他的每一座工厂都达到世界水准。

除了天皇夫妇曾莅临高规工厂,各国元首、政要也纷纷前来松下工厂参观。包括法国总理比尼、新西兰总理荷里奥克等人。各国政界、财经界人士前来参观的人数,到1960年已超过3000人。松下电器的声名远播,不仅成为产品与技术输出的一大力量,同时也在介绍日本工业给海外的工作方面,扮演了重要的角色。

1959年10月,在日本召开的嘉德总会全体会员,到高规工厂与茨木工厂参观,一位代表说出了他的感想:"本人因参加嘉德总会而来到日本,亲眼看到日本迅速发展,实在非常惊讶。我一直在想,该用什么语言来表达这个感想。今天我参观过松下电器的工厂之后,方才明白我该说些什么。如果用一句话来形容日本的工厂,那就是十全十美,我愿意把十全十美这句话,毫不犹豫地献给日本。"

松下电器受到如此高度赞扬,松下公司表现出的强大竞争力和使命感,这些都是松下公司受人尊敬的原因。松下公司强大竞争力的保证,还是来自于松下正确的经营策略。针对不断变化的市场需求,不断调整企业的经营结构和推出适应变化的新产品,是企业发展的关键因素。在经营中,任何时期的方针或方法是绝不能一成不变的,松下说,今天跟昨天比,昨天被肯定的产品,今天未必还能畅销。因此形势的变化,要求企业经营也要有所变化。

■第13个忠告

慎重选择合作伙伴

合作必须考虑各种问题,研究对方的品格和作风。对方是否真正考虑合作方的利益,如果是这样,才去和他们合作。与这样的伙伴合作,就算把事情全部委托给了他们,他们也会好好地照顾我们的。

在商业世界里,一个人所能做的事情是极为有限的。合作在这个世界上所扮演的角色越发显得至关重要,如比尔·盖茨所说:"你可以不想成功,但你不能不要合作。否则连生存都有问题。"一个优秀的合作伙伴可以是你事业上的良师益友,能使得双方得到共同发展;而一个差的合作伙伴则可能导致事业功败垂成。合作伙伴对事业的发展有着非常重要的影响,所以在选择合作伙伴时，必须要慎重考虑。

松下对合作伙伴的挑选是非常谨慎的，在建立合作关系之前，松下都会先对合作方进行细致的调查。松下会通过对其经营策略、经营状况、管理风格和工作作风等多个方面进行调查分析，以确认其综合实力。对经过分析后得出的结果权衡之后，松下才会做出选择。

在松下电器的发展历程中，许多合作者来了又去、去了又来。总体来说，这些合作伙伴对松下电器的发展给予了相当的帮助。在松下电器的发展初期，松下公司刚推出新产品双灯插座不久，吉田商店的老板找到松下商谈合作事宜。

松下电器在创业初期，在选择合作伙伴上就显得极为谨慎，也非常成功。随着松下电器的日益壮大，对合作方的考察和分析就更加细致和谨慎。与荷兰电子公司飞利浦的合作过程，就充分体现了松下慎重的态度。

二战后，盟军的整顿以及战后的经济不景气让松下电器一度陷入绝境，通过松下电器全体员工的努力，松下电器得以恢复运营，生产渐入正轨。随后因为朝鲜战争的刺激，松下电器的业绩取得长足进步。为了谋求进一步的发展，松下决定引进国外的先进技术。因此，松下一年内两次亲赴欧美，考察并寻求合作伙伴。

就当时而言，有两家公司是松下重点考虑的对象，一个是荷兰的飞利浦公司，另一个则是美国的 RAC 公司。当时两家公司相比较，RAC 的技术相对要先进一点，而且合作的技术转让费也不算高。但是，松下却选择了飞利浦公司作为合作伙伴，对于这样的选择，松下是经过了一番谨慎考虑的。

在当时，一些与国外，尤其是美国企业合作的公司，因为双方了解不够，最后不欢而散，以失败告终。因此，松下坚定地主张寻求合作者，首先注重的因素就是对方公司的品格作风，以及考虑对方公司经营者的品质人格。松下之所以这样做，其实并不是要挑出对方的毛病。

在与美国RAC公司的合作谈判中,松下对他们的技术感到非常满意,他们提出的价格也合理。但是对方提出,如果在合作中某些方面出现了问题,他们表示概不负责。也就是说,他们觉得只要自己严格履行了合约,就算是完成了合作,对于松下日后的种种境遇,他们既不予以同情也无义务援助。对于一个法治国家来说,这些做法都是绝对正常的。

而荷兰飞利浦公司则不同。虽说它也不断谋求与外国公司的合作,但绝不轻易草率地签合约。对于松下电器的合作申请,它表现出相当的审慎,在承诺合作之前,它要求能够对松下电器的现状作充分的调查了解,然后再做出决定。飞利浦公司的人员是这样解释他们的想法的:"我们和世界上48个国家的公司有着成功的合作,合作就应该成功,使双方都受益。如果贸然合作,就可能不成功,这是我们双方都不愿意看到的。合作就像结婚,当然要细致了解、研讨对象是否合适。"

飞利浦公司的作风让松下深为感动。正是这种品格、作风,以及其雄厚的技术实力,使松下在一次次动摇的时候,最终能够下定决心与之合作。而后来的实践表明,飞利浦做到了最初的想法,他们甚至不厌其烦地一年三次派人到松下电器考察,一年以后才做出了合作的承诺,飞利浦公司的负责人把这一次合作称为"与松下电器结婚"。1952年12月,双方合作的子公司"松下电子工业株式会社"正式诞生。他们在大阪设厂,生产电灯泡、日光灯、电子管、电视显像管、手提收音机等产品。松下电器的有关事业部门,利用生产的产品把松下电器的产品品质提高到了世界水准。1951年8月,松下派公司职员到东南亚、中东、南美等地,用他们的新产品开拓海外新市场。1953年成立纽约办事处,1954年,将2万台电子管手提收音机向美国出口,其他国家的外销业务也迅速成长,年营业额达到了5亿日元。此次合作无疑是成功的。

松下在总结此次合作经验时说:"合作必须考虑各种问题,研究对方的品格和作风。对方是否真正考虑合作方的利益,如果是这样,才去和他们合作。与这样的伙伴合作,就算把事情全部委托给了他们,他们也会好好地照顾我们的。"松下认为,技术引进与合作,看起来投资巨大,得不偿失。其实这样做的结果等于拥有了一个技术先进的工厂,等于雇用了一家大公司作雇员,所以又何必舍不得花钱呢?无论就合作的深入程度来说,还是合作费用的大小、合作的成功系数来说,松下公司与飞利浦公司的合作,都是堪称一流的。

好的合作者能促使双方得到共同发展,如果草率做出决定,最终的结果不但会是不欢而散,而且对公司的损失也是巨大的。所以在选择合作伙伴时,必须保持审慎的态度。松下认为,除了技术之外,合作者的品格和作风也是重要的参考标准。

■第14个忠告

人力不是成本,而是资源

在知识经济时代,人才是企业最重要的资产,也是企业可持续发展最核心的生产力。松下认为,企业经营的基础是人,"要造物先造人",如果企业缺少人才,企业就没有希望可言。可以毫不夸张地说,在竞争激烈的市场环境中,人才决定企业命运。

绝大多数管理人员都完全知道,在所有的资源中,人力资源被利用得最少,任何一个组织都很少能够把人的潜力充分挖掘出来并发挥其作用。尽管许多管理者号称人力是他们的主要资源,但是他们的实际做法并没有把人力作为一种资源来重视,而是看作问题、程序和成本。松下则不是如此,在他看来,人是企业最重要的资源。

在松下电器公司的一期人事干部研讨会上,松下莅临讲话并直接发问:"你们在拜访客户时,如果对方问你,松下电器是制造什么产品的公司,你们将如何回答?"业务部的人事科长恭恭敬敬地回答:"我会这样说,松下电器是制造电器产品的公司。"出人意料的是,松下对这个回答很不满意,训斥道:"错!像你这样回答是不负责任的!你们整天都在想什么?"难道松下电器公司不是生产电器产品的吗?参会者都莫名其妙,遭训斥的人事科长更是不明白自己错在哪里。松下面带怒色,拍着桌子吼道:"你们这些人都在人事部门任职,难道不懂得培育人才是你们人事干部最主要的职责吗?如果有人问松下电器是制造什么的,你们就要回答松下电器是培育人才的公司,兼做电器产品!经营的基础是人,对于这一点,我不知说过多少遍。在企业经营上,资金、生产、技术、销售等固然重要,但人却是经营的主宰,归根结底人是最重要的。如果不从培育人才开始,那松下电器还有希望吗?"

在知识经济时代,人才是企业最重要的资产,也是企业可持续发展最核心的生产力。松下认为,企业经营的基础是人,"要造物先造人",如果企业缺少人才,企业就没有希望可言。可以毫不夸张地说,在竞争激烈的市场环境中,人才决定企业命运。

松下对于选才、育才、用才,都有自己独特的一套方式方法。在松下的眼里,究竟什么样的人符合他的选才标准呢,有人从10个方面总结了松下的选人之道:

1. 不忘初衷而虚心学习的人

所谓初衷,也就是松下公司的经营理念,即创造优质廉价的产品以满足社会、造福社会。只有抱着这种初衷,才可能谦虚,也只有谦虚才能实现这种使命。松下在任何时候都很强调这种初衷,可以说,他的谦虚正是为了达成初衷。同时,谦虚使人容易发现别人的长处,当然也就能够顺利实行活用人才之道。松下特别指出,处于领导岗位的人,尤其不可没有谦虚之心。不忘初衷,又能谦虚学习的人,才是企业所需人才的第一要件。

2. 与公司荣辱与共的人

不少欧美人,当被问及从事什么工作时,他的回答总是先说职业,后说公司;而日本人的回答是先说公司,后说职业。松下要求自己的员工保持日本人的这种观念,要有公司意识,和公司共同进退。

3. 不墨守成规而敢于推陈出新的人

松下公司允许员工在按照基本方针行事的基础上,充分发挥自己的聪明才智,使每一个人都能展现其独特才能。同时,也要求上司能让部下自由行事,活用每一个人的才能至其极限。

4. 以团队为重的无私者

松下公司不仅培养个人的实力,而且要求把这种实力充分地运用到团队上,形成合力。这样,才能带来蓬勃的朝气和良好的效果。

5. 对工作随时充满热忱的人

松下认为,人的热忱是成就一切的前提,事情的成功与否,往往是由做这件事情的决心和热忱的强弱而决定的。碰到问题,如果拥有非做成功不可的决心和热忱,困难就会迎刃而解。

6. 有正确的价值判断能力的人

松下的所谓价值判断,是包括多方面的。大体而言,有对人类的看法、对人生的看法,小到对公司经营理念的看法,对日常工作的看法。松下认为,不能做出正确价值判断的人,实际上是一群乌合之众。

7. 有自主经营能力的人

松下认为，一个员工只是照上面交代的去做事，以换取一月的薪水，是不行的。每一个人都必须以预备成为社长的心态去做事。如果这样做了，在工作上一定会有种种新发现，也会逐渐成长起来。

8. 能得体支使上司的人

所谓支使上司，也就是提出自己对所负责工作的建议，并促使上司同意；或者对上司的指令等提出自己的看法，促使上司修正。松下说："如果公司里连一个这样支使上司做事的人也没有，公司的发展就会成问题；如果有10个能真正支使上司的人，那么公司就有光明的发展前途；如果有100个人能支使上司，那公司的发展将会更加辉煌。"

9. 有责任意识的人

松下要求处在某一职位、某一岗位的干部或员工，能自觉地意识到自己所担负的责任。有了自觉的责任意识之后，就会产生积极、圆满的工作效果。

10. 有气概担当公司经营重任的人

尽管在心里已有确定的选人标准，但真要网罗这些人才还是极为不易的，松下明白，就如同世事多不尽如人意一样，人也常常让人感到失望。

社会上有各种各样的人，各人有各人的脾性，要找到合自己脾性、意气相投的人是不容易的。经营者必须明白这一点，因此绝对不能采用"顺我者昌，逆我者亡"的用人方式。

松下说："得到和自己意气相投之人的帮助，当然是件值得欣慰的事；相反地，如遇见观念作风和自己格格不入的人，也无须懊恼。一般来说，在十个下属中，总有两个和我们非常投缘的；

六七个顺风转舵,顺从大势的;当然也难免有一两个抱着反对态度的。也许有人认为部属持反对意见,会影响到业务的发展。但在我看来,这是多虑的。适度地容纳不同的观点,反而能促进工作更顺利地进行。若十个下属中有六七个能和自己意气相投、共同努力,那是再好不过的了,事实上这是很难达成的愿望。

不过,对一个经营者来说,除非是自己的经营方式和处事态度太不得体,否则十个下属中有六七个人反对自己的情形应该很少,如碰到这种情形,就要深刻反省自己了。在正常的情形下,能有两三个人配合工作,业务就能推动。可能有人会认为我这种想法太消极,但这些都是我数十年来用人所得到的经验。"

如今,人才之于企业的重要性,不言而喻,从人才价值的市场就可以看出来。面对人才短缺、一将难求的情形,许多公司必须要想出各种办法来招徕人才,尤其是中小型企业,人才问题就显得更为突出。松下电器现在已经是世界性的大企业,求才自然容易一些。但是,其他大的企业毕竟还多,而且人才的总量是有限的。

松下分析了人才紧缺的原因。他认为,人的本性是根本原因,因为多数人好吃懒做、好逸恶劳的缘故才导致了这种状况的出现。如果不认识这个根本原因,人才的问题就无从解决。另一个人才紧缺的原因在于,大家都一味地寻求高端人才,大家一拥而上,争夺抢占,乃至造成了恶性竞争。

对此,松下有不同意见。所以,他招徕人才的第一条诀窍,就是不往高端处挤。松下有一种认识,他认为具有70%才气的人,往往更能安心工作,发挥才干,当然也能愉快胜任工作。如此,就大可不必去争抢那些"一流"人才,这样,求得人才也自然就容易一些。

要吸引人才还应该有一些吸引人才的条件。一般的经营者往往更注重薪资、福利待遇,等等。松下以为,这些固然重要,但在大多数人已经解决了基本要求的前提下,薪水的吸引力已大为降低。这种情况下,最具魅力的因素,已经转变为能让员工感到自豪的企业形象,是社会大众发自内心称赞的企业口碑。正是基于对企业形象重要性的认识,松下指出,假如想雇用合适的人才,就必须使你的企业具有吸引人的魅力。

此外,松下还认为,真正的人才,是可遇不可求的,绝对不是经营者有强烈的爱才、求才的心意就可以办到的。除了积极求才以外,还要有些运气。但运气又不全然是客观的,也要主观努力去争取。唯有经营者以最诚恳的态度去不断访求,细心去爱才、用才,运气才会到来。

松下以其独特的选才理念,使松下公司的麾下聚集了一批相当优秀的人才。在松下看来,这些人才是松下公司最为重要的资源,是松下公司强大竞争力的保证。

第15个忠告

人事决策是最根本的管理

一个组织同另一个组织的真正区别就在于人员的成绩不同,至于其他的资源都是相同的。管理者的任务在于用心保护和合理调配组织内部的资产。

没有人才,企业就没有希望。但是光有人才,而领导者缺乏对人才进行正确调度的能力,企业同样会走向衰败。在一个组织中,任何一项决策都没有人事决策重要。松下认为,人事决策是最根本的管理。因为人决定了企业的绩效能力,没有一个企业能比它的员工做得更好,人所产生的成果决定了整个企业的业绩。

没有任何决策会比人事决策更重要,领导人员花在对员工的管理与做人事决策上的时间,远甚于花在其他事情上的时间。事实上也应如此,因为没有任何决策所造成的影响和后果,会像人事决策如此持久而又难以消灭。

进入知识经济时代后,人们接受的挑战已不仅仅是知识经济、网络技术,而是"以人为本"的现代管理方式。知识经济时代的核心资源是知识劳动者,组织要发展就必须吸引人才、留住人才。作为管理者,就必须重新认识自己和组织内的成员,设身处地为自己的成员服务,想方设法地激励自己的成员,尽可能地满足成员的需要。知识劳动者是企业最重要的资产,这要求企业管理必须有所变革。

松下公司制订了长期人才培养计划,开办了关西地区职工研修所、奈良职工研修所、东京职工研修所、宇都宫职工研修所和海外研修所等8个研修所和一个高等职业学校,供全体员工进修。现在松下公司课长、主任以上的干部,多数是公司自己培养起来的。松下公司事业部长一级干部中,多数是有较高学历的、熟悉现代企业管理的,不少人会一门或几门外语,经常出国考察,有相当的知识优势。在如何培养与使用人才上,松下幸之助有自己独到的见解:

1. 注重员工的品德培养

如果员工缺乏应有的品德锻炼,就会在商业道义上产生不良的影响。

2. 注重员工的精神教育

松下幸之助力主培养员工的向心力,让员工了解公司的创业动机、传统、使命和目标。

3. 要培养员工的专业知识和正确的价值判断

员工如果没有足够的专业知识，就不能满足工作上的需要，人与知识相结合才能拥有强大的力量；没有统一的价值观，公司就是一群乌合之众，员工如果总能依据公司价值观判断事务，做事时就能尽量减少失误。

4. 训练员工的细心

细节往往足以影响大局。如果员工犯一点错，就可能招致不可挽回的局面，因此培养员工的细心至关重要。

5. 培养员工的竞争意识

无论身处政坛或者商场，都因比较而产生督促自己向上的力量，有竞争意识才能彻底地发挥出潜力。

6. 教育的中心是以培养一个人的人格为第一

一个具有良好人格的人，在工作环境条件好时，能够自我激励，不断进步。在形势不好时，也能承受压力，以积极的态度渡过难关。

7. 人才搭配要合理

在用人时，必须考虑员工之间的相互配合，如此才能发挥个人的聪明才智，这是人事管理上的金科玉律。松下幸之助举例说，有三个能力强、充满智慧的企业家合资创办了一家公司，他们分别担任会长、社长和常务董事的职位。但没想到三个顶尖人才一起经营却不断地亏损，这让人觉得很不可思议。企业集团的总部研究解决对策，最后的决定是请这家公司的社长离开。不可思议的情况再次发生。在留下的会长和常务董事两人的齐心努力下，竟然发挥了公司最大的生产力，在短期内就使生产和销售额都达到原来的两倍。而那位离开的社长，自从担任别家公司的会长后，反而更能充分发挥他的经营才能，也做出了不错的业绩。所以，公司里不一定每个职位都要选择精明能干的人来担任。如果把10

个自认一流的优秀人才集中在一起做事，每个人都有他坚定的主张，那么事情就无法决断。但是，如果10个人中只有一两个特别杰出，其余的才识平凡，杰出的人负责决策，其余人真心服从指挥，事情反而可以顺利进行。

8. 用一个人，就要信任他；不信任他，就不要用他，这样才能让下属全力以赴

用人最重要的技巧就是信任和大胆地委派工作。通常一个受上司信任、能放手做事的人，都会有较高的责任感，会自发地去努力。相反，如果上司不信任下属，会使下属觉得他只不过是奉命行事的机器而已，对于交代的任务也不会全力以赴了。领导者如果能培养起信任别人的度量，不但可以提高办事效率，还可以营造和谐的氛围。

9. 创造能让员工发挥所长的环境

在日本，越大的机构越不容易发挥效率。公务员和大企业的员工并不是不想好好地干，而是缺少使他们勤奋工作的环境。身处不能施展才干的工作气氛中，容易有"多一事不如少一事"的倾向。企业越大，官僚作风就越浓厚。

大企业往往只能发挥员工70%的能力，中、小企业却能发挥100%甚至200%的工作效率。因为中小企业的员工如果不努力工作，企业就无法生存。企业无法生存，员工也会受到很大的影响。这是中小企业很大的长处，大企业应该积极地向它们学习，随时促进组织或制度的专业化、分工的细密等，创造出能充分发挥员工能力的环境。

10. 适时地提升员工是最能激励员工士气的方法，这也是有助于带动其他员工努力的方法

提升员工职位，应以员工的才能高低作为职位选定的主要标

准,资历应列为辅助材料。如果确信某个员工有60％的能力,便可试用另一较高的职务。这其中有40％是冒险因素,他不一定能胜任,但被提拔的员工常因公司的信任和支持而努力工作,最终不负众望,将业务管理得有条不紊。可见,关于职员的职位提升,还不能缺少冒险的勇气。

对于管理者的实践,有两个方面是必须要注意的:首先,要使工作和劳动力承担起责任和有所成就。由实现工作目标的人员同其上级一起为每一工作制定目标;必须使工作本身富于活力,以便员工能通过工作使自己有所成就。

其次,管理人员必须把同他一起工作的人员看成是他自己的资源。他必须从这些人员中寻求有关他自己的职务的指导。他必须要求这些人员把下述事件看成是自己的责任,就是帮助他们的管理人员能更好地、更有效地做好自己的工作。管理人员必须使他的每一个下属承担起对上级的责任和做出相应的贡献。

做到这点的一种方法是使每一个下属对以下一些简单问题深入思考并做出回答——"我作为你们的上级所做的事以及公司所做的事中,有些什么对你们的工作最有帮助""我作为你们的上级所做的事以及公司所做的事中,有些什么对你们的工作最有妨碍""你们能做些什么,使得作为你们的上级的我能为公司工作得最好"。

一个组织同另一个组织的真正的区别就在于人员的成绩不同,至于其他的资源都是相同的。管理者的任务在于用心保护和合理调配组织内部的资产。

由于松下幸之助长期坚持对人才的培养,最终极大地提高了工作效率,改善了产品及工作质量,使企业获得了持续快速的增长。也正因为他对人才工作的成功,才使松下公司有今天这样的成就。

■第 16 个忠告

给员工充分的信任

　　松下曾说："用他，就要信任他；不信任他，就不要用他。"相对于其他企业的员工，松下的员工都能清楚地看到自己的努力成果，同时也能感受到老板的诚恳和信任。这种对待员工的方式催生出员工的主人翁意识，提高了员工的士气。

　　松下在谈到用人时，曾说："用他，就要信任他；不信任他，就不要用他。"松下不仅是这么说的，也是这么做的，完全信任员工也是松下"玻璃式经营"的基础。将财务甚至技术、管理、经营方针和经营实况全部向员工公开，这一举动收到了十分正面的效果。相对于其他企业的员工，松下的员工都能清楚地看到自己的努力成果，同时也能感受到老板的诚恳和信任。这种对待员工的方式催生出员工的主人翁意识，提高了员工的士气。这便是松下"充分信任"哲学的功效。

　　松下每次视察企业内部员工工作时，看见员工们表现出的努力，他都会予以高度的肯定，甚至觉得他们好过自己，他时常会说这样的话来鼓励员工："我对这事情没自信，但我相信你一定能胜任，所以就交给你去办吧。"当对方听到这样的鼓励时，由于感觉受到重视，不仅乐于接受安排，而且一定会尽全力将事情办好。

　　1926 年，松下电器公司首先在金泽市设立了营业所。金泽这个地方，松下从来没有去过，但是经过多方面的考虑，他觉得有必要在那里成立一个营业所。有能力去主持这个新营业所的高级主管为数不少,但是,为了避免影响到总公司的业务,这些老资格的人却必须留在总公司工作。

这时候,松下想起了一个年轻的业务员,这个人刚满20岁。松下认为年轻并不意味着做不好。于是,松下决定派这个年轻的业务员担任筹备金泽营业所的负责人。松下把他找来,对他说:"这次公司决定在金泽设立一个营业所,我希望你去主持。现在你就去金泽,找个合适的地方,租下房子,设立一个营业所。资金我已准备好,你拿去进行这项工作好了。"

听了松下这番话,这个年轻的业务员受宠若惊,感觉不可思议。他惊讶地说:"这么重要的职务,我恐怕不能胜任。我进入公司还不到两年,等于只是个新来的小职员,也没有什么经验……"他脸上的表情有些不安。可是松下对他有足够的信任,所以,松下几乎以命令似的口吻对他说:"没有你做不到的事,你一定能够做到的。放心,你可以做到的。"他在松下的鼓励下前去赴任。

事实证明,松下的判断没有错,这个员工一到金泽,就立即开展工作。他每天都把进展情况写信告诉松下。没多久,筹备工作就绪,于是松下又从大阪派去两三个员工,正式开设了这个新的营业所。

给员工以高度的信任,员工就会感到自己被重视,所产生的责任感和热忱将会是巨大的,这些都能在高效的工作效率上得以体现。

终身雇佣制是日本企业特别是松下电器的一个显著特色。松下幸之助"七大精神"里就包括"同舟共济精神",而终身雇佣制正是这种精神的具体体现,它将公司与员工变成一个同舟共济的利益共同体。但是,如果人性中的弱点——惰性不被克服的话,这种制度也会成为束缚企业发展的老茧,当然也就背离了松下以保证就业促进员工努力工作的初衷。

松下幸之助对人性有深刻而独到的理解。从一开始,松下对员工的态度就有别于其他雇主。一般雇主都认为，让员工了解公司的技术方法是危险的，因为员工可能会将这些技术方法泄露给对手。相比之下，松下对员工要信任得多。他不仅认为有知识的员工会做得更好，而且还进一步指出，企业的竞争力就是员工活力与能力的总和。

松下创业的最初阶段，所有的工作人员只有松下、松下的妻子以及松下的内弟井植3人。自从开始制造附属插头，松下的生意越来越好，他们3人每天加夜班做到12点，但仍然无法应付纷至沓来的订单，于是松下就雇用了四五个工人。当时，松下的主要工作是压底盘，井植一天造原料、一天压附属插头，别的职工压附属插头，女工做组合，松下的妻子负责包装。

松下制造的附属插头有创意，实用而且价格低廉，东西畅销是理所当然的事情。有时松下送货太慢，客人竟会自己去松下那里取货，附属插头是非常成功的一件产品。当时的合成原料的制法是一项高级技术，在当时的电气业界，各工厂都把它列为机密。工作中工厂主人多半会请自己的兄弟或近亲负责现场。

可是松下却认为，把合成原料的制法当作机密技术的话，在制作过程中就得多费些心神，经营上不见得合算。所以松下决定采取开放态度，为了给大家提供方便，任何人都可以在场。所以，刚进松下电器工作的职工也能得到合成原料的制法。这样做，就比别家更经济地活用了员工。一位同行出于好心警告松下说："松下君，你这样做是很危险的。你把那样重要的机密工作教给进来才一天的人，等于把技术公开，这样一来，等于在制造竞争的同行，你自己要吃亏的。应该要多多考虑啊！"

松下的回答却是："我认为不必那么担心。只要先告诉他，那是必须保密的工作，就不至于像你担心的那样把情报泄露出去。员工彼此信任，比什么都重要。我不喜欢为了一个秘密，而做疑心重重的经营。那样做不但对事业的进展有阻碍，也不符合培养人才之道。我并不是故意乱开放,只要我认为这个人可以信任,就算他是今天才来,我也会让他知道机密。"

松下一直以这样的想法经营自己的企业,以致后来形成了松下"玻璃式经营"。看看松下电器的发展与成功,我们就可以看出信任员工的重要性,用松下自己的话说:"在用人上,我觉得比别家圆满顺利。在当时的制造业中,我是进展特别快的。"

■第17个忠告

管理应该人情化

人情化管理,从细节对员工表示关心与爱护,会激发员工更大的工作热情,这对于企业的发展来说,无疑是十分重要的。得到关心和爱护,是人的精神需要。它可沟通人们的心灵,增进人们的感情,激励人们奋发向上,挖掘人们的潜力。

主教大学教授野田一夫评价松下时说:"松下先生是个人情家,又是个合理主义者。我曾问过几位松下员工被降级的感觉,竟然都一致回答:'这是我自己的错误。也幸亏松下先生给我重新再起的机会。'这不单可看出他的处罚能令员工心服口服,他不埋怨、不推卸责任、懂得感恩的精神,也感染了员工。"

在对待员工方面,松下是非常具有人情味的。松下认为,企业管理者首先要平等地对待员工,不要把他们当作雇员,而要把他们当作同事、助手。管理者的事业离不开员工的努力,因为,每一个成就之中都包含着员工的汗水与心血。

松下幸之助说:"当我看见员工们同心协力地朝着目标奋进,不禁感慨万分。"所以,他提出并倡导社长"替员工端上一杯茶"

的精神。在松下看来,社长并不是高高在上,而是站在员工背后推动他们前进的人。社长若有了这种温和谦虚的心胸,一旦看见负责尽职的员工,自然会满怀感激地说:"真是太辛苦你了,请来喝杯茶吧!"

松下关心和爱护员工,并以此来激发员工为企业而奋发的斗志。从细节上关心、爱护员工,这样会使员工更加认真地工作。松下之所以能有今天的成就,这一切都离不开细节的管理。给员工端上一杯茶,给员工送上一份生日礼物等,从生活中的每一个细节来关心、体贴员工,都会产生润物细无声的神奇效果。

从细节之处关心、爱护员工,会激发员工更大的工作热情,这对于企业的发展来说,无疑是十分重要的。得到关心和爱护,是人的精神需要。它可沟通人们的心灵,增进人们的感情,激励人们奋发向上,挖掘人们的潜力。作为企业管理者,对全体员工应关怀备至,为员工创造一个和睦、友爱、温馨的环境。员工生活在团结友爱的集体里,相互关心、理解、尊重,会产生兴奋、愉快的感情,这有利于开展工作。相反,如果员工生活在冷漠的环境里,就会产生孤独感和压抑感,情绪会低落,积极性会受挫。

松下公司基本上没有裁员的历史,即使是在经济最不景气的情况下,松下也没有裁员,松下推行员工终身雇佣制。这体现了对人的尊重和关怀,员工备受公司尊重,当然会热爱自己的公司。松下认为,要为顾客服务,必须先为自己公司的员工服务,如果连自己人都不满意,谈何服务于顾客呢?谈何优秀服务呢?松下电器公司因此给员工提供了很多精神和物质上的满足。

松下幸之助的"玻璃式经营"就是对员工的一种尊重与信任,它能让员工感觉自己确确实实是公司的一员,他们把公司的事业看成是自己的事业,从而激发了一股蓬勃的朝气。松下幸之助说:"为了使员工能有开朗的心情和好的工作态度,我认为采取开放式的经营确实比较理想。"集思广益,全员经营,是松下电器公司一贯遵循的原则,这也巧妙地使员工们对公司产生亲切感,营造出一种命运与共的氛围,员工们都积极参加提供合理化建议活动。全公司没有上下的区别,谁想到了好主意,就提出来,共同经营松下公司。

松下公司的一位管理者说:"我们的职工随时随地——在家里、在火车上,甚至在卫生间里——都在思索提案。"松下说:"如果职工无拘无束地向课长提出各种建议,那就等于课长完成了自己的一半,或者是一大半;反之,如果造成唯命是从的局面,那只有使公司走向衰败。"

对于职工提出的合理化建议,有的表扬,有的奖励,贡献大的给予重奖。凡未被采用者,提案发还本人,说明未被采用的原因,这样,他们也能获得成长。松下公司还在这项活动中,发现、选拔人才。

松下幸之助起用山下俊彦就是一个典型例子。山下俊彦原是一名普通雇员,但他对公司内部因循守旧等弊端看得很准,提出了很好的改革建议。松下幸之助认为他是松下家庭中少有的杰出人员,于是松下不计出身,力排众议,破格起用山下俊彦担任总经理。山下俊彦上任6年,公司利润增加了近1倍。

松下经常问他的下属管理人员:"说说看,你对这件事是怎么考虑的?""要是你干的话,你会怎么办?"一些年轻的管理人员,开始还不太愿意说,但当他们发现董事长非常尊重自己,认真地倾听自己的讲话,而且常常拿笔记下自己的建议时,他们就开始认真发表自己的见解了。由于听的人既表示了对说话人的尊重,又不走形式、毫不马虎地专注倾听,回答的人就会十分认真地畅所欲言。这是一场比认真的竞赛,对于下级管理人员迅速掌握经营的秘诀,是大有裨益的。

此外,松下幸之助一有时间就要到工厂去转转,一方面便于发现问题,另一方面有利于听取一线工人的意见和建议。这其中,他认为后一点更为重要。每当他走在工厂中,工人向他反映意见时,不管对方有多唆,也不管自己有多忙,他总是认真地倾听,不住地点头,不时对赞成的意见表示肯定。他总是说:"不管谁的话,总有一两句是正确可取的。"

在物质方面,松下致力于不断提高职工的工资收入。1951年,松下到美国学习经营理念和发展方式。当他得知通用电气的员工工资水平时,很是吃惊。在当时,通用电气生产的标准收音机在商场售价为24美元,工人只要工作两天就可以买一台;而松下电器的工人需要工作一个半月才能买一台。他决心提高松下公司的生产效率,进而提高员工的工资水平。

1971年,经过不懈努力,松下电器的工资赶上了号称欧洲工资最高的德国,大大缩短了与美国的距离。松下幸之助还说:"既然雇用员工为自己工作,就应在待遇、福利方面制定合理的制度——这是理所当然的用人基本法则。"他制定的"职工拥有住房制度"规定了"35岁能够有自己的房子";松下幸之助还将2亿日元私人财产赠给职工设立福利基金;松下公司实行支付给死亡职工家属年金的"遗族育英制度"等。

松下公司的经营额从二战后至今,增加了4000多倍,这与物质和精神的双重激励是分不开的,它们产生了无法想象的伟大力量。在充满人情味的管理下,松下的员工始终都具有一种归属感。

■第18个忠告

销售服务是品质竞争的关键

在产品普及率大抵相同的情况下,售后服务就成了影响产品竞争的关键。松下表示,在任何场合,都应在服务的范围内做买卖。

如果对于销售的产品无法做周到的服务，这时就应该考虑把销售的范围缩小。

1965年，日本电视机的普及率已超过90%，洗衣机达到70%，电冰箱接近60%，三大家电已成了民生必需品，在这种十分普及的情况下，售后服务就成了影响产品竞争的关键。松下电器为谋求彻底的售后服务，一方面将1954年实施的产品审查制度进一步充实；另一方面，1960年加强品质联络员制度，这个制度是在经销商协助之下，组织全国性的品质联络网，将产品售后发生故障或使用上的问题转告有关事业部门予以改善，把售出前的审查和售出后的联络打成一片，对于产品改良和品质提高都很有帮助。

为了提高服务质量，松下员工总是一副"洗耳恭听"的恭谨态度，他们认真听取顾客反映的情况，并尽力予以满足。这种"洗耳恭听"活动的实施，不但提高了服务质量，而且还有令人惊喜的新发现。松下电器公司的管理者发现，几乎所有新产品概念有50%以上来自于使用者。

在日本电熨斗生产领域，松下电器公司的电熨斗事业部很有威信，到了20世纪80年代，随着电器市场高度饱和，电熨斗也进入了滞销的行列。事业部的科研人员心急如焚。一天，被人称为"电熨斗博士"的事业部长岩见宪一召集了几十名年龄不同的家庭主妇，让她们不客气地对松下公司的电熨斗挑毛病。

一位妇女抱怨说："电熨斗若没有电线就方便多了。""妙！无线电熨斗。"松下公司的负责人兴奋地叫了起来。事业部马上成立了攻关小组。开始他们想用蓄电的办法取消电线，但是，研制出来的蒸汽电熨斗底厚5厘米，重量达5千克，妇女用起来简直像举铅球。为了解决这一难题，攻关小组将主妇们用电熨斗熨衣服的过程拍成录像片，分析研究其运用规律。

在研究录像的过程中他们发现，妇女并非总拿着电熨斗熨衣服，而是多次把电熨斗竖在一边，调整好衣服后再熨。于是攻关小组修正了蓄电方法，他们设计了一种蓄电槽，每次熨衣服后可将电熨斗放入槽内蓄电，8秒钟即可蓄足电，电熨斗的重量也大大减轻了。蓄电槽装有自动继电器，十分安全。

这样，新型无线电熨斗就诞生了，成为当年最抢手的畅销产品。

松下一向认为："正当的宣传是一件善行，愈是良好的产品，企业愈有义务让人们知道。"顾客购买产品总希望买到称心如意的商品，称心不仅来自产品本身质量，也来自产品销售者的服务质量和服务态度。"自来水哲学"讲的是产品的生产，松下幸之助对产品的销售服务同样重视，这是松下电器"顾客至上"的应有之义。

对于"厂价销售""让利销售""有奖销售""配送销售""降价销售"等形形色色的促销法，松下不太重视，他认为这些都是促销法的皮毛、枝节，根本的问题在于服务。顾客希望买到优质的产品，并在购买的时候受到热情的接待，在售后能获得周到的服务，这才是企业经营要注意的重点。松下说："在任何场合，都应在服务的范围内做买卖。如果对于销售的产品无法做周到的服务，这时就应该考虑把销售的范围缩小。"他对服务的重视由此可见一斑。

松下集多年来的经营经验，总结出的许多条经营秘诀中，其中有16条是在讲服务质量：

（1）不可一直盯着顾客，纠缠不休，要让他们轻松自在地尽兴逛店，否则顾客会被赶走。

（2）能否把顾客看成自己的亲人，决定了商品的兴衰。只有把顾客当成自家人，将心比心，才会得到顾客的好感和支持。因此，要诚恳地去了解顾客的需求。

（3）销售前的奉承，不如事后的服务。生意的成败，取决于能否使新顾客成为常客。而要做到这样，就得看是否有完美的售后服务了。

（4）要把顾客的所有责备当成神明的呵护，倾听顾客意见后立即着手改进，这是做好生意绝对必要的条件。

（5）只花1元的顾客，比花100日元的顾客，对生意兴隆更具有根本影响力。小顾客是多数，对他们的热情接待可以给商店带来源源不断的生意。

（6）不是卖顾客喜欢的东西而是卖对顾客有用的东西，这样是真心为顾客着想，当然，也要尊重他的嗜好。

（7）无论发生什么情况，都不要对顾客摆出不高兴的脸孔，这是商人的基本态度。切记遇到顾客前来退换货品时，态度要比出售时还要和气，这样才能换来顾客的满意。

（8）当着顾客的面斥责店员，或夫妻吵架，这同样是对顾客的不礼貌。

（9）广告是把商品信息正确、快速地提供给顾客的方法。因此宣传好商品和出售好商品一样，是件善事。为好商品打广告也是企业对顾客应尽的义务。

（10）即使赠品是一张纸，顾客也会高兴的。如果没有赠品，就赠送"笑容"。赠品送久了会失去新鲜感，但笑容是魅力长存的。

（11）要不时创新、美化商品的陈列，这是吸引顾客登门的一个秘诀。

（12）商品卖完缺货，等于是怠慢顾客，这时理应道歉，并留下顾客的地址，说"我们会尽快补寄到府上"。但漠视这种补救行动的商店特别多。平日是否注意累积这种能力，会使经营成果有极大的差距。

（13）要节约生产经营的成本，争取低价。对杀价顾客就减价，对不讲价的顾客就高价出售，这种行为对顾客是极不公平的。对所有顾客都应统一价格。

（14）孩子是"福神"，先照顾好跟随大人来的小孩使顾客心里舒服，是永远有效的经商手法。

（15）商店应该营造顾客能轻松愉快进出的气氛。敞开商店的大门，并且员工精神饱满地工作，使店里充满生气和活力，顾客自然会聚拢过来。

（16）要得到顾客的真心赞美："只要是这家店卖的，就是好的。"商店如人，也有自己独特的面孔，因为信任那张脸、喜爱那张脸，人们才会去光临。

如今，服务质量已是产品质量的一部分，真正能做到"顾客至上"的企业，自然会门庭若市。

第19个忠告

分清大事和小事

在处理事情时，一定要保持思路清晰，善于分清主次，然后再利用自身现有的条件将问题漂亮地解决掉。该做的没做好，不该做的全被打乱了，直接导致事情变得愈来愈复杂，时间愈来愈不够用。

在处理事情时，一定要保持思路清晰，善于分清主次，然后再利用自身现有的条件将问题漂亮地解决掉。该做的没做好，不该做的全被打乱了，直接导致事情变得愈来愈复杂，时间愈来愈不够用。很多有能力的人失败是因为他们找不到重点的突破口，一直纠缠于繁枝末节之中以致毫无建树。

松下公司对员工的这种能力非常重视，因为这是影响工作效率的重要因素。在录用新职员的一次面试中，松下公司体现了对此的重视。

这年，松下公司要招聘一名高级女职员，一时应聘者如云。经过一番激烈的比拼，山川秀子、原亚纪子、宫崎慧子3人脱颖而出，成为进入最后阶段的候选人。3个人都是名牌大学的高才生，条件不相上下，竞争到了白热化程度。她们都在小心翼翼地做着准备，力争使自己成为"笑到最后"的胜利者。

这天早上8点，3人准时来到公司人事部。人事部长给她们每人发了一套白色制服和一个精致的黑色公文包，说："3位小姐，请你们换上公司的制服，带上公文包，到总经理室参加面试。这是你们最后一轮考试，考试的结果将直接决定你们的去留。"3位美女脱下精心搭配的外衣，穿上那套白色的制服。人事部长又说："我要提醒你们的是，第一，总经理是个非常注重仪表的先生，而你们所穿的制服上都有一小块黑色的污点。毫无疑问，当你们出现在总经理面前时，必须是一个着装整洁的人，怎样对付那个小污点，就是你们的考题；第二，总经理接见你们的时间是8点15分，也就是说，10分钟以后，你们必须准时赶到总经理室，总经理是不会聘用一个不守时的职员的。好了，考试开始了。"

3个人立即行动起来。山川秀子用手反复去擦那块污点，反而把污点越弄越大，白色制服最终被弄得惨不忍睹。山川秀子紧张起来，红着脸央求人事部长能否给她再换一套制服，没想到，人事部长抱歉地说："绝对不可以，而且，我认为，你没有必要到总经理室去面试了。"山川秀子一下子愣住了，当她知道自己已经被取消了竞争资格后，失望地离开了。

与此同时，原亚纪子已经飞奔到洗手间，她拧开水龙头，撩起自来水开始清洗那块污点。很快，污点没有了，可麻烦也来了，制服的前襟处被浸湿了一大片，紧紧贴在身上。于是，原亚纪子快步移到烘干器前，打开烘干器，对着那块浸湿处烘烤着。烤了一会儿,她突然想起约定的时间,抬起手腕看表:坏了,马上就到约定时间了。于是,原亚纪子顾不得把衣服彻底烘干,赶紧往总经理室跑。赶到总经理室门前,原亚纪子一看表,8点15分,还没迟到。更让她感到庆幸的是,白色制服上的湿润处已经不再那么明显了,要不仔细分辨,根本看不出曾经洗过。何况堂堂大公司总经理,怎么会死盯着一个女孩的衣服看呢?

原亚纪子正准备敲门进屋,门却开了,宫崎慧子大步走出来。原亚纪子看见,宫崎慧子的白色制服上,那块污迹仍然醒目地躺在那里。原亚纪子的心里踏实了,她自信地走进办公室,得体地说声:"总经理好。"总经理坐在办公桌后面,微笑地看着原亚纪子白色制服上湿润的那个部位,好像在"分辨"着什么。原亚纪子有点不自在。这时,总经理说话了:"原亚纪子小姐,如果我没有看错的话,你的白色制服上有块地方被水浸湿了。"原亚纪子点了点头。"是清洗那块污渍所致吗?"总经理问。原亚纪子疑惑地看着总经理,点了点头。总经理看出原亚纪子的疑惑,浅笑一声道:"污点是我抹上去的,也是我出的考题。在这轮考试中,宫崎慧子是胜者,也就是说,公司最终决定录用宫崎慧子。"原亚纪子感到愕然:"总经理先生,这不公平。据我所知,您是一位见不得污点的先生。但我看见,宫崎慧子的白色制服上,那块污点仍然清晰可见。""问题的关键是,宫崎慧子小姐没有让我发现她制服上的污点。从她走进我的办公室,那只黑色公文包就一直幽雅地横在她的前襟上,她没有让我看见那块污点。"总经理说。原亚纪子说:"总经理先生,我还是不明白,您为什么选择了宫崎慧子而淘汰了我呢?我准时到达您的办公室,也清除了制服上的污点,而宫崎慧子只不过耍了个小聪明,用皮包遮住了污点。应该说,我和宫崎慧子打了个平手。""不,"总经理果断地说,"胜者确实是宫崎慧子,因为她在处理事情时,思路清晰,善于分清主次,善于利用手中现有的条件,她把问题解决得从容而漂亮。而你,虽然也解决了问题,但你却是在手忙脚乱中完成的,你没有充分利用你现有的条件。其实,那只公文包就是我们解决问题的杠杆,而你却将它弃之一旁。如果我没猜错的话,你的'杠杆'忘在洗手间里了吧?"原亚纪子终于信服地点了点头。总经理又微笑着说:"如果我没猜错的话,宫崎慧子小姐现在在洗手间里,正清洗她前襟处的污点呢。"

在行动之前一定要深思熟虑,分清事物的主次,然后再做出一个合理的安排,否则,如果莽撞行事的话,事情只会弄得一团糟。那些有成就的人都已经培养出一种习惯,就是找出并设法控制那些最能影响他们工作的重要因素。能找到重要的因素,事情就容易得多。

■第20个忠告

储存信誉就是储存资金

我做过很多事,不过我敢说,我一向都根据事实,凭良心说话。也许正因为这样,一般来说,我很少遭到反抗,即使与工会之间的问题,在紧急之时,也能获得谅解。我想,这都是由于我随时讲实话,诚实做事,才获得了大家的支持。

在唯利是图的商业世界,到处充满心机和诡计,似乎只有用狡诈的手段才能从中获利。松下对此予以否定,他说:"经营绝不是魔术或权术。我觉得,经营就是不欺骗别人,正正当当地做事,因而获得别人的信赖。"

获得别人的信赖,建立良好的信誉。这种观念在他还是学徒的时候就已经根深蒂固了。在大阪当学徒时,他发现大阪商界对招牌非常重视。当时的五代自行车店,就处在船场一带,虽说不是老字号,但也是有好评的招牌,因此松下对招牌的体验就更为深刻了。松下逐渐认识到,招牌代表着特色,更代表着信誉。所以,在松下后来的经营实践中,继承了大阪船场商人的传统,视信誉如同生命。在处理许多事情的时候,宁肯别的什么损失,也不做一丝一毫有损信誉的事情。

大战期间,针对业界粗制滥造的现象,松下立即把关产品质量。他督促员工,不能因为谋取利润而做出有损松下电器信誉的事。为此,松下在1940年8月倡导开展"优质产品制造总动员"运动,干部员工秉承松下电器一向的原则,生产优良产品。

在动员会上,松下指出:"不论制造部门或销售部门均应以消费者的需要为标准,生产物美价廉的优良产品,不仅制造上,就是市场销售方面,也要切实注意我们的服务能否使消费者满意,还有哪些地方做得不够周到。"

1941年1月,松下又以总经理的名义发出"第47号通知",对全体干部员工强调信用的重要性,并要求严加遵行。通知说:"信用至为重要,生意人更是不可或缺。需知我们制造厂家若想获得他人信任,务求在任何方面都能迎合消费者的需要,满足他们的需求。须常记'顾客第一,信用至上'之信条,绝不生产或销售粗劣货品。此一原则,务须严加遵守,永久奉行。制造或销售粗劣产品,必然招致信用的损失,并将危及企业的生命,不可不慎!前此曾倡导全体生产优良产品,用意即在于此。自今日起,我们务须奉行,付诸实践。今后假使任何部门违背上述宗旨,由于货品之粗劣而影响本公司的信誉,其部门主管需承担全部责任。责任重大,敬希特别注意。"

接着在1942年10月,松下再次发出通报,其中有5点是关于产品质量方面的:

（1）制品要注意情趣、雅致以及足料，以使消费者喜爱，此为最基本信念。

（2）不可为了谋利，而在产品的材料、工艺及外观等方面有所忽略，生产出粗劣产品。

（3）应关心业界情况和市场动态，并将同业产品与本公司产品比较优劣。

（4）虽然原材料统制加强、资源匮乏，但绝不允许出现偷工减料之劣品。

（5）国际牌商品信誉卓著，为优良品的象征，务请念及此点，制作完美的产品。

松下对产品质量的把关，对企业信誉的维护可谓用心良苦。他说："一开始就坚持名副其实的信用，等于是自己储备了庞大的资金。"他清楚，信誉就是企业的生命，所以有关信誉方面的事宜，松下都表现得极为谨慎。

随着松下电器的经营情况日进佳境，松下打算建设新工厂来扩大规模。但是当时资金有限，松下还差 15 万日元，所以松下首先想到了向银行借贷。松下找到银行负责人竹田氏，把当时的生产状态、销售状况以及资金的回收情形详细地向对方说明。竹田氏听完后说："很好。金额相当大，本来需要保证人的，因为你们是信用很好的老主顾，所以免了。不过，我得跟本行商量，请稍等两三天。我很信任你的作风，15 万日元是不少的金额，我愿意尽力帮忙。"

两三天后，松下得到的答复是："我们同意借 15 万日元给你。这个金额如果全部没有抵押，恐怕有困难。15 万日元的贷款，至少也要 20 万日元以上的抵押品。我想你们可能没有适当的抵押品，所以请你把这一次要买的土地和建筑物做抵押好了。我们银行是不欢迎不动产的，对松下先生特别优待，不够的部分，用信用贷款通融。不过，我们不能做长期贷款。最迟在两年以内，必须还清。你有没有把握呢?"这已经是很优待的做法了,但是松下还是感到有些为难。松下认为,用信誉作抵押对松下电器有不良的影响,于是进一步要求无条件贷款。竹田氏似乎很信任松下,立即答应松下他会尽量帮忙。结果几天之后,松下得到了无条件贷款,这让业界大为震惊。当大家明白松下的信誉,自然也就明白了他不用抵押也能贷款的原因了。

拥有一个良好的信誉,好处是非常多的。松下曾表示说:"向别人请托某一事情,说服工作往往是很困难的。大多数人都不会痛快地答应,找出种种理由来搪塞,或是故意提出一些苛刻的条件婉拒。被请求的一方,当然可能有他们的苦衷,而有的则并非如此。如果你的信誉够好的话,你通常很少会遭到拒绝。"

住友银行某营业所的职员希望与松下公司建立业务往来,几次请求希望松下能与其合作,说是珍视松下电器的信誉。

松下正是抓住了这一点,让住友给了在建立关系前就贷款2亿日元的允诺,从而在后来的一次世界性经营危机中得以生存下来。

松下电器要接手一家新公司,松下委派属下前去洽谈。但属下既没有带资金,又不带订单。当那家工厂的工会负责人责问他们为何两手空空时,他们只一句"我们是代表松下先生来的"就解决了问题。类似这种情况经常出现,对方的答复也经常是这样的话"要是松下先生的话,那就另当别论了""只要是松下,当然可以"。

松下说:"我做过很多事,不过我敢说,我一向都根据事实,凭良心说话。也许正因为这样,一般来说,我很少遭到反抗,即使与工会之间的问题,在紧急之时,也能获得谅解。我想,这都是由于我随时讲实话,诚实做事,才获得了大家的支持。"良好的信誉对松下的事业有着积极的影响。

■第 21 个忠告

随时反省，才能领悟经营的要诀

不论国家或个人，没有反省就没有进步。同样的道理，不会反省的公司，也会停滞不前。从这个意义上说，进步是从反省中诞生的。不能因为业绩上升，就认定昨天和以前的做法是对的。一定要知道，今天的做法并不能得到满分，一定还有值得改进的地方，然后每个人都以 100 分为目标去努力。即使做不到，也要经常保持这种反省的态度。

在松下电器创业 50 周年的集会上，松下与石山四郎有这样一段对话。

石山：今年 5 月 5 日举行了庆祝创业 50 周年的集会，请问你对于迈进创业第 50 年有什么感想？

松下：我觉得 50 年在一刹那就过去了。今年 5 月 5 日虽然是第 50 届社庆，但实际上创业才满 49 年，明年才满 50 年。因此，今年这一年可以说是检讨过去 50 年的时候，我希望在明年 5 月 5 日以前的这短暂的一年间，彻底反省过去的行为，然后公开发表下一个 50 年的经营计划。

石山：反省？

松下：回顾过去 50 年，我觉得有许多值得反省的地方。有许多事情现在回想起来，叫人总是有"这事不应该做才对"或者"这事怎么没有做到"的感觉。

石山：依我们的看法，好像并没有这样的事情呀！

松下：虽然从表面看一切顺利，但确实有些事我自己觉得不对，或者站在公司的立场上也是应该反省的。如果仔细想想，这种事实在不少。

石山：创业 50 年以后，你自己认为可以给松下电器公司的成就打几分？

松下：差不多 85 分吧。

石山：还差 15 分吗？

松下：是的。不过，凡事都不可能十全十美，我想能达到 90 分的标准就不错了。

松下认为，不论国家或个人，没有反省就没有进步。同样的道理，不会反省的公司，也会停滞不前。从这个意义上说，进步是从反省中诞生的。不能因为业绩上升，就认定昨天和以前的做法是对的。一定要知道，今天的做法并不能得到满分，一定还有值得改进的地方，然后每个人都以 100 分为目标去努力。即使做不到，也要经常保持这种反省的态度。

朝鲜战争后，日本经济以惊人的速度发展，引起全世界的瞩目。但在 1964 年的奥运热潮过后，日本经济开始滑坡。由于经济过度发展，造成经济过热，因此不得不加强金融紧缩，工商界面临自朝鲜战争以来最大的一次经济萎缩。

早在 1961 年，松下就对这种情况有所警觉。他明白，因为日本经济的繁荣，在很大程度上是得益于美国的援助以及朝鲜战争的特殊需求。在这种依赖性的经济背景下，日本产业界继续扩大生产规模，实际上已经超出了自身的负荷，贷款和设备过剩就会导致企业体质弱化，一旦金融紧缩，立刻会有经营困难之虞。就此，松下提出警告，呼吁日本工商业切勿陶醉于表面上的高速成长，必须早日巩固基础，防患于未然。

为了配合贸易自由化，产业界固然需要完成设备现代化，然而，经济发展不平衡，物价上涨，国家竞争力也由强转弱。在这种情况下，如果继续持贸易自由化的做法，势必导致自身在外国厂商的竞争与输出中一蹶不振，使得本国产业界遭受重大损失。

在此之前，日本电器业每年以30％的速度高度发展，但自1961年后，发展速度逐渐低落，金融紧缩，遂使设备过剩的问题日趋尖锐。在1963年经营方针座谈会上，松下就企业体质的改善问题发表了看法，他呼吁全体员工将松下电器培育成"世界上一流健康的优良公司"。松下采取的一些改善措施，收到了明显的正面效果。在当时经济整体下滑的情形下，电器业的成长降到10％以下，松下电器却凭着全体员工的努力，奇迹般达到18％，并创造了突破2000亿日元的年销售成绩。

1964年后，情况进一步恶化。销售公司、代销商陷入赤字经营的激增到170家之多，只剩20多家还算生意顺利，略有盈余。松下召集干部以及全国各地的代理店、经销商，在热海举行了为期3天的恳谈会。各经销商及代理店众口一词，他们抱怨时下经营艰难，对松下电器的产品及销售方案也提出许多意见。有人责怪说松下的产品已经没有特色了，还有人指责松下的职员作风官僚化，也有人抱怨他们常常被迫进货……

松下在台上整整站了13个小时，倾听来自各方的怨言。其中有一个人的话让松下印象深刻，他说："我的店从父亲那一代开始，就和松下来往。如今我们虽然认真地做买卖，却不再赚钱了。松下有利可图，我们却没钱赚，这究竟是怎么回事啊？"听到这番话，松下心里颇为难过。

松下解释说："经销商应该是独立自主的经营体，必须主动去努力，才能增加收益。如果一味地依赖松下电器，情况当然得不到改善。然而，经销商和松下电器虽然是不同的经营主体，但却是共存共荣、密切结合的合作对象，经销商不赚钱，就等于松下电器不赚钱，不可以弃大家而不顾。导致这种情况的原因，固然由于日本经济衰退，但大家多年来经营顺利产生的安逸感，也是一个原因。"当然松下不会只是责备经销商的依赖心理,同时,松下进行了一番自我反省,松下幸之助意识到松下电器必须立即进行改革,才能解除眼前的危机。

会议结束后,松下当即宣布接替因病休职的营业总部部长,着手解决问题。松下考虑到,经销商制度是合乎时代要求的制度,如能正常经营,一定能确保合理的利益。但是在当时情况,存在销售死角即有些地方尚未设立经销商;而已设有的经销商,常被营业所强迫买下产品,失去自主的销售意愿。当市场情况好的时候,营业所只例行公事地给经销商分发货品,缺乏积极开发的意愿;而经销商则被动接受,而不是主动批购,因而形成了一种怠惰的买卖方式。为了摒弃依赖心理,养成独立打开困境的习惯,消除赤字经营,松下决定改变销售体制,新的销售体制主要有以下3点:

第一,广设经销商消灭销售死角,充实全国销售网。

第二,加强事业部自主责任,为了使经销商主动开展活动,改为"事业部直销制",营业所只负责辅导工作及收款业务。

第三,分期付款业务移转给一般经销商,营业所从事征信及收款业务。

此一新体制的目的在于发挥销售活动的自主性,并谋求提高经销商的收益。而对于松下电器内部,此新体制也能起到强化事业部自主责任的作用,能促使松下电器进行自我反省:有没有产生安逸的想法?有没有向经销商强迫分配产品?对客户有没有不亲切或回避责任的言行?是否忘了自己是生意人?是否因为业务扩大,失去了自主性和机动性?

为了新制度的成功实施,即使是牺牲松下电器3年的利益为代价,松下也在所不惜。因此他再三与经销商、代理店磋商,希望求得他们的理解和信任。起初大家纷纷反对,松下便从各个角度阐明利害关系,企图说服他们,最后他们终于满意地接受合作。

对此松下并不是要求他们盲目赞成，他一再重申提出反对意见或者是疑问有助于大家精诚团结并进行反省思考，如此新合作才能得到更好的发展。松下说："我并不希望大家怀有为松下抬轿子的心理，好像对我说，'松下加油！'并且高举双手帮我的忙。'因为他那么热心，所以不要反对他算了'，这样的盲目赞成，对事情有害无利。既然赞成，那么你们就应当伸出双手，共同携手好好去干，如果没有做到这些，那就算不上是真正的赞成。"

对于松下表现出的诚恳态度，大阪1200家经销店老板备受感动，纷纷接受松下的建议。于是在此新体制下，松下与众多经销商携手全力以赴。自1965年3月起，松下电器决定全力推出能使消费大众满意的畅销产品，以促进新体制的成功。松下电器相继开发出多种畅销品，各事业部在4月间，推出"黄金系列"型电视机，家具型音响"飞鸟""宴"和手提收音机"先锋七号""先锋八号"、手提音响"比克比"及家用闭路电视、小型电子炉、吸尘器"强力海克林"等品质优良的新产品，新产品面向市场的密度之大、效率之高令人咋舌。

1966年1月10日的经营发布会上，松下勉励大家进一步推动新销售制度，并致力使经营体制健全化，他说："所谓景气不景气，本来是人制造出来的，因此我们要主动地制造景气，克服不景气。"

1966年11月，日本国内382家经销商合赠一座"天马行空像"给松下，这是为了纪念松下在1965年荣获日本天皇颁授的"二等旭日重光勋章"。在此新销售体制赢得成功之际，"天马行空像"被松下置于总社前广场，象征着"向明日飞跃"。

当公司出现经营问题时，松下总是叹道："啊，我的公司还是不行啊！"并进行自我反省，这便是松下率直观察事物的结果。就这样，松下在反省与总结中一步步强大起来，最后取得辉煌的成就，正如他自己所说："经营者除了具备学识、品德外，还要全心投入，随时反省，才能领悟经营要诀，结出美好的果实。"

第22个忠告

"玻璃式"经营法

所谓"玻璃式",也就是要像玻璃那样透明,其要旨在于内部管理的公开。这种公开和透明,建立在对员工信任的基础之上。所有的经营状况,都可以像透过玻璃看东西般清楚了解,不加掩饰。

"玻璃式"经营法,实际上主要是关于内部管理的内容。所谓"玻璃式",也就是要像玻璃那样透明,其要旨在于内部管理的公开。这种公开和透明,建立在对员工信任的基础之上。所有的经营状况,都可以像透过玻璃看东西般清楚了解,不加掩饰。

对此,松下曾解释说,在工厂还只有五六个员工的时候,他每月都和公司的会计作公开的结算,然后把结算的结果向大家公布。这种方法起到了激发员工热情的作用,大家在听到这种结果后,都兴奋地认为,这月如此,下月应该更加努力。

"玻璃式"经营法不是松下深思熟虑的产物,也不是学究式逻辑推理的结果,而是经营实践中的"不得已"。这种"玻璃状态"能够持续发展,并形成一种经营思想,同松下自身的经营体验密不可分。在松下的经营思想中,玻璃式经营是诞生最早的。当松下公司还是几个人的小作坊时,生产与销售混同一起,发明、研制与制造无法区分,甚至生产与生活也融合为一体。这种情况下,白手起家的松下,没有那种老板与雇工之间的界限,所有人可以说都是合伙人,所以,松下要随时把经营情况通报给其他人。由此,形成了松下的"玻璃式"习惯。他的开诚布公、力求信息对称，是他早期创业时赖以生存的基本方式。随着业务的扩大、人员的增加，尽管老板和雇工之间的界限开始明朗化，原来亲密无间的熟人关系也开始等级化，但公开透明的"玻璃状态"却没有退隐，一直被保持下来。

"玻璃式"经营法的实质是雇主与员工坦诚相待，互相信任。小型作坊采用"玻璃式"经营法比较简单，而中型企业就已经有了难度，大型公司则更是难上加难。松下能够一直坚持"玻璃式"经营，在很大程度上，得益于松下的发展是一种自然的增长，是顺应市场需要的增长，没有揠苗助长人为地扩大规模。公司增长的欲望和劲头，不是来自于上层的压力，而是来自于下层的自觉。更主要的是，精明的松下对经营状况非常熟悉，并能清楚正确地总结出各人的贡献情况，能做到全局的宏观把握。

松下"玻璃式"经营法的目的何在？他说："为了使员工能抱着开朗的心情和喜悦的工作态度，我认为采取开放式的经营确实比较理想。开放式经营法的另一重要作用，是唤起和加强员工的责任感，消除他们的依赖心。"在实践中，松下能强烈感觉到它带来的正面效果。相对于其他企业的员工，松下的员工都能清楚地看到自己的努力成果，同时也能感受到老板的诚恳和信任，由此而催生出员工的主人翁意识，提高员工的士气。

松下说："开放的内容不只是财务，甚至技术、管理、经营方针和经营实况，都尽量让公司内的员工了解。"我们可以知道，除了在财务方面的公开透明之外，在经营方针、管理、技术等多个方面也都是如此。

明确目标，是松下"玻璃式"经营法的核心内容。松下向来注重向部下和员工说出松下公司的经营目标。公司的最终目标体现在1933年松下公司的那次会议中，即松下"自来水"的经营理念，松下给所有员工作了250年的远景规划。所有在场的员工听完松下的演讲后，个个情绪激昂，纷纷表示了对松下公司未来的热情与信心。可见，这种公开目标是可以唤起员工的责任感和工作热情的。

公开经营实况，也是"玻璃式"经营法的重要内容。有些经营者，总是把经营实况掩盖起来，不论好坏，都是如此。松下则不然，好的时候，他把喜讯带给员工，请大家分享成功的欢乐；坏的时候，他也如实地把所有的一切都讲出来，依靠大家的力量共渡难关。可以说，松下所以能一次次渡过这样那样的难关，能够在别的公司员工罢工的时候还能获得员工的支持，其个中缘由是和他向员工公开经营实况分不开的。

财务公开，在现代股份公司中，其重要性不言而喻。松下在经营小型私人公司的时候，就全面公开财务，清晰明白地告诉大家赚了多少，多少留作个人所用，多少作为工厂的资本储存起来。松下电器成为股份公司以后，更是每年公开结算，不仅对内，而且对社会大众。

"玻璃式"经营法会使领导者的关注重心向员工倾斜。企业大了，"玻璃式"经营法的上下一心、协调一致就会发生困难。对此，松下幸之助用"精神灯塔"来指引员工的方向，增进企业的凝聚力。我们现在经常关注的企业文化，松下公司的做法是同"玻璃式"经营法紧密结合的。为了使员工真正融入企业，与公开透明的经营思想相配合，松下在扩张中形成了一整套对员工的"教育"方式。通过确定公司精神的信条(即松下七大精神)，唱《松下社歌》，奏《松下进行曲》等方式，使员工真正融入了公司。

松下从员工进厂开始，就郑重其事地进行入社教育，朗读、背诵《松下精神》，熟唱《松下社歌》，学习松下幸之助"语录"，参观公司创业史展览。正式工作后，每天早晨在工作前集体背诵松下精神和歌唱社歌，每个月要在所属群体进行一次关于公司精神和公司社会责任的公开演讲，每年组织一次隆重的送产品(由工厂送到经销商)仪式，每个松下人都要不断回答"我真正想做的是什么""我需要学习什么""我有什么缺点"等问题。通过这些方式，使员工的自主性和公司的凝聚力得以增强。有人曾经对这种做法产生疑问,松下的回答是:"朝会、唱社歌、朗诵松下七大精神,是松下电器的传统,必须遵照执行,贯彻到底。事情一旦决定之后,必须坚持到底,不得迷失方向,或被他人言行迷惑,否则不会成功。做生意也是一样,必须贯彻志向。"

松下将"玻璃式"经营法规范到如此程度,因为松下清楚地明白"玻璃式"经营法的深远意义。实行"玻璃式"经营,可以使经营现状如同玻璃般透明,经营者与员工都很容易透视其中的优劣情势,及时纠正错误,发扬优异之处。而且,身处透明的工作系统中,每位员工的行为都"暴露"在众目睽睽下,这样自然形成一种公众监督的机制,不仅可以有效约束和规范个人行为,而且可以凸显榜样的力量,促进良性竞争,推动员工成长,提高工作效率。此外,"玻璃式"经营还便于领导者查看公司全景,有效管控人与事,清除管理"死角"。

正如松下所说:"企业的经营者应该采取民主作风,不可以让部下存有依赖上司的心理而盲目服从。每个人都应以自主的精神,在负责的前提下独立工作。所以,企业家更有义务让公司职员了解经营上的所有情况。总之,我相信一个现代的经营者必须做到'宁可让每个人都知道,不可让任何人心存依赖',才能在同事之间激起一股蓬勃的朝气,推动整个企业的发展。"